"十三五"普通高等教育本科部委级规划教材

"十二五"普通高等教育本科国家级规划教材

教育部普通高等教育精品教材

# 纺 织 材 料 学

## （第5版）

姚 穆　　主　编

孙润军　　副主编

中国纺织出版社有限公司

# 内 容 提 要

《纺织材料学(第5版)》介绍了纺织纤维、纱线、织物的分类、形态、结构以及它们的力学、热学、电磁学、光学等性能和织物服用性能,并分析了各种性能的主要特征指标、测试方法及影响因素。

本书主要作为高等纺织院校纺织工程、非织造材料与工程、纺织材料与纺织品设计等专业的专业基础课程教材,也可供其他相关专业师生、纺织企业和科研院所的工程技术人员及营销人员参阅。

**图书在版编目(CIP)数据**

纺织材料学/姚穆主编. --5 版. --北京 : 中国纺织出版社有限公司,2019.12(2024.5重印)

"十三五"普通高等教育本科部委级规划教材 "十二五"普通高等教育本科国家级规划教材 教育部普通高等教育精品教材

ISBN 978 - 7 - 5180 - 7136 - 4

Ⅰ.①纺… Ⅱ.①姚… Ⅲ.①纺织纤维—材料科学—高等学校—教材 Ⅳ.①TS102

中国版本图书馆 CIP 数据核字(2019)第 281361 号

责任编辑:孔会云 责任校对:寇晨晨 责任印制:何 建

中国纺织出版社有限公司出版发行
地址:北京市朝阳区百子湾东里 A407 号楼 邮政编码:100124
销售电话:010—67004422 传真:010—87155801
http://www.c-textilep.com
中国纺织出版社天猫旗舰店
官方微博 http://weibo.com/2119887771
三河市宏盛印务有限公司印刷 各地新华书店经销
2024 年 5 月第 5 版第 5 次印刷
开本:787×1092 1/16 印张:26.25
字数:537 千字 定价:49.00 元

# 第 5 版前言

  2008 年以来,在中国纺织出版社的支持下,在 13 所纺织院校、23 位纺织专家的共同努力下,完成了第 3 版、第 4 版的补充和修订工作,在全国纺织院校的关心支持及老师和同学们的关注下,本书入选了"十二五"普通高校教育本科国家级规划教材和教育部普通高等教育精品教材。

  纺织产业和纺织科学教育工作正站在新的起点向国际纺织强国迈进,纺织肩负的责任和担子非常沉重,教材也是其中之一,因此教材的改进是永无止境的。本次第 5 版的修订,经各方征求意见,听取各方反馈情况,认真仔细核查,更正了第 3 版、第 4 版中存在的一些错误,同时增加了一些与服装、家用纺织品、产业用纺织品实用性能有关的重要信息和观念。同时,由于十年来,有的老师离开职务,编辑人员有一点改动,但原著内容未作增改,参加编写人员共 26 人。补充及替换的编者如下:

第二章由内蒙古工业大学王东宁代替武志云;

第三章大连工业大学吕丽华补充吴坚;

第五章第三节浙江理工大学吴子婴补充杨斌;

第八章东华大学王妮补充王府梅;

第九章第二节由苏州大学潘志娟代替李栋高。

我们十分感谢!

编者

2019 年 12 月

# 第 1 版前言

　　《纺织材料学》按高等纺织院校棉纺、毛纺、机织、针织专业的基本要求编写，可作为这些专业的纺织材料学课程教材。各专业所需有关纤维、纱线、织物、针织物的更深入知识，由各专业分别进行补充。考虑到各院校不同专业的不同需要，本教材各章节选材的繁简不尽相同，使用时可根据不同要求摘选部分章节或增补有关内容。

　　本书由上海纺织工学院、天津纺织工学院、大连轻工业学院和西北纺织工学院的纺织材料教研室合编。第一、第三章由周锦芳执笔；第二章由黄淑珍执笔；绪论、第四、第七章由姚穆执笔；第五、第八章由安瑞凤执笔；第六章由邵礼宏执笔；第九、第十章由范德炘、李永椿、余序芬执笔；全稿由姚穆校订和整理。教材初稿经编写的院校和无锡轻工业学院、苏州丝绸工学院、浙江丝绸工学院、山东纺织工学院、上海纺织工业专科学校的纺织材料教研室以及陕西省纺织科学研究所、陕西省纺织品公司的同志审阅讨论，修改后又经棉纺专业教材编审委员会复审。在编写过程中，各院校纺织材料教研室的同志和许多院校的棉纺、毛纺、机织、针织、丝织教研室的同志提供了许多宝贵的意见和资料，部分同志协助审阅、实验、绘图、整理原稿等，我们在此表示衷心的感谢。

　　由于编者水平有限，目前本课程尚无统一教学计划和教学大纲，因此本教材难免会有缺点和错误，我们热忱欢迎批评指正。

编　者
1979 年 4 月

# 第 2 版前言

　　《纺织材料学(第 2 版)》是在第 1 版基础上考虑到纺织材料科学近年来的发展和纺织工程、针织工程专业的需要进行修订的。由于纺织材料学是专业基础性质的课程,以基本理论、基本知识(结合实验同时培养基本技能)为主,所以在结构上未作太大的改动。只是为了教学的方便,将原第四章第一节分到绪论和第一、第二、第三章中。在修订中,删去了一些陈旧的指标、试验方法和提法。考虑到丝绸工程、非织造布专业的可能需要,增加了有关内容。但各专业本身专业内容所需的更深入的知识,要由各专业分别进行补充。考虑到各院校不同专业的不同需要,本教材各章节选材内容的繁简不尽相同,使用中可根据不同要求摘选部分章节或增补有关内容。

　　本书由西北纺织工学院姚穆,中国纺织大学周锦芳、范德炘,天津纺织工学院安瑞凤、黄淑珍,大连轻工业学院邵礼宏编写。修订工作,绪论及第四、第七章由姚穆执笔,第一、第三章由周锦芳执笔,第二章由黄淑珍执笔,第五、第八章由安瑞凤执笔,第六章由邵礼宏执笔,第九、第十章由范德炘执笔。全书由姚穆修改定稿。修订稿曾油印寄各纺织院校征求意见,并在部分院校对各有关章节试用。最后修订中吸取了这些试用的意见,在此向各院校的纺织材料学教师们表示衷心的感谢!

　　由于编者水平、教学经验和专业范围有限,教材会存在一些缺点和错误,热忱欢迎批评指正。

编　者

1988 年 8 月

# 第 3 版前言

《纺织材料学(第 2 版)》1990 年出版以来已经历了 18 年,纺织纤维原料、纺织产品、纺织生产技术都经历了重大创新与变革,学科专业设置也经历了重大变化。为适应当前专业设置现状及适当照顾专业设置即将面临的变革,为培养有创新精神和实践能力的高素质工程技术人才服务,按照教育部关于普通高等教育"十一五"国家级规划教材的要求,对《纺织材料学(第 2 版)》进行了修订。

本次修订考虑到纺织工程专业、非织造材料与工程专业、纺织材料与纺织品设计专业和各专业方向及新增试办专业的要求;各校实施教学计划中纺织材料学课程学时差别较大的实际情况;各校毕业生适应社会需求中行业侧重的不同等,教材中增扩部分选学内容,根据各班级情况而定。

本教材修订过程中得到教育部纺织工程专业教学指导委员会的支持和帮助,得到多所高等院校纺织院、系教师的指导和参与,并对编写大纲、内容和初稿提出意见和修改建议,在此表示衷心的感谢。

本教材各章节参加编写人员:

| | | |
|---|---|---|
| 绪 论 | 西安工程大学 | 姚 穆 |
| 第一章 | 西安工程大学 | 陈美玉 |
| 第二章 | 内蒙古工业大学 | 武志云 |
| 第三章 | 大连工业大学 | 吴 坚 |
| 第四章 | 浙江理工大学 | 胡国樑 |
| 第五章第一、第二节 | 天津工业大学 | 李亚滨 |
| 第五章第三节 | 浙江理工大学 | 杨 斌 |
| 第六章 | 西安工程大学 | 姚 穆 |
| 第七章第一节 | 新疆大学 | 李惠军 |
| 第七章第二节 | 南通大学 | 石宏亮 |
| 第八章 | 东华大学 | 王府梅 |
| 第九章第一节 | 武汉科技学院 | 徐卫林 |
| 第九章第二节 | 苏州大学 | 李栋高 |
| 第九章第三节 | 中原工学院 | 杨红英 |
| 第九章第四节 | 西安工程大学 | 徐 军 |
| 第九章第五节 | 东华大学 | 王 妮 |
| 第九章第六节 | 青岛大学 | 马建伟 |

| 第十章第一、第二、第三、第四节 | 西安工程大学 | 杨建忠 |
| 第十章第五、第六、第七、第八节 | 东华大学 | 顾伯洪 |
| 第十一章 | 西安工程大学 | 张一心 |
| 第十二章 | 西安工程大学 | 孙润军 |
| 第十三章 | 江南大学 | 张海泉 |
| 第十四章 | 西安工程大学 | 姚　穆 |
| 第十五章第一节 | 浙江理工大学 | 吴子婴 |
| 第十五章第二节 | 绍兴文理学院 | 段亚峰 |

全书由姚穆统稿,由安瑞凤教授、黄淑珍教授主审。安教授和黄教授根据教育部对规划教材的要求、纺织科技发展、专业课程结构体系、产业人才要求形势,对教材结构、体系、内容、文字、图表、符号提出了审改意见。胡文侠教授也提出了近二百处修改意见,使本书更贴近当前实际。作者们对审稿的三位教授表示衷心的感谢。

本书修订过程中参考了许多教材、专著、论文、标准、测试报告,引用了许多相关图、表、数据、资料及许多老师的多年教学研究成果和科学研究成果,因而是集体智慧的结晶。在各章末集录了这些文献名称,因限于篇幅未列出每一图、表、数据的页码,谨向各位作者表示歉意和诚挚的感谢。

本书在编写过程中得到许多学校老师的大力支持,并得到西安工程大学许多同学,特别是黄鑫鑫、党旭艳、贾高鹏、陈琳、孙垂卿、杜瑞、陈伟态等的支持,在此一并表达衷心的感谢。

由于二十多年来纺织纤维品种暴增,服装用、家用、产业用纺织品的性能、加工方法也出现了极大的变化,以致本书在选材、论述等方面存在许多缺点,加上时间紧促,还有许多考虑不周之处,热忱欢迎读者批评指正。

编　者
2008 年 4 月

# 第 4 版前言

　　《纺织材料学(第3版)》2009年出版以来已经历了5年,纺织纤维原料、纺织产品、纺织生产技术都经历了重大创新与变革,学科专业设置也经历了重大变化。为适应当前专业设置现状及适当照顾专业设置即将面临的变革,为培养有创新精神和实践能力的高素质工程技术人才服务,按照教育部关于"十二五"普通高等教育本科国家级规划教材的要求,对《纺织材料学(第3版)》进行了修订。

　　本次修订考虑到纺织工程专业、非织造材料与工程专业、纺织材料与纺织品设计专业和各专业方向及新增试办专业的要求;各校实施教学计划中纺织材料学课程学时差别较大的实际情况;各校毕业生适应社会需求中行业侧重的不同等,教材中增扩部分选学内容,根据各班级情况而定。

　　本教材修订过程中得到教育部纺织工程专业教学指导委员会的支持和帮助,得到多所高等院校纺织院、系教师的指导和参与,并对编写大纲、内容和初稿提出意见及修改建议,在此表示衷心的感谢。

　　本教材各章节参加编写人员:

| 绪　论 | 西安工程大学 | 姚　穆 |
|---|---|---|
| 第一章 | 西安工程大学 | 陈美玉 |
| 第二章 | 内蒙古工业大学 | 武志云　王东宁 |
| 第三章 | 大连工业大学 | 吴　坚　吕丽华 |
| 第四章 | 浙江理工大学 | 胡国樑 |
| 第五章第一、第二节 | 天津工业大学 | 李亚滨 |
| 第五章第三节 | 浙江理工大学 | 杨　斌　吴子婴 |
| 第六章 | 西安工程大学 | 姚　穆 |
| 第七章第一节 | 新疆大学 | 李惠军 |
| 第七章第二节 | 南通大学 | 石宏亮 |
| 第八章 | 东华大学 | 王府梅　王　妮 |
| 第九章第一节 | 武汉纺织大学 | 徐卫林 |
| 第九章第二节 | 苏州大学 | 李栋高　潘志娟 |
| 第九章第三节 | 中原工学院 | 杨红英 |
| 第九章第四节 | 西安工程大学 | 徐　军 |
| 第九章第五节 | 东华大学 | 王　妮 |
| 第九章第六节 | 青岛大学 | 马建伟 |

全书由姚穆统稿，根据教育部对规划教材的要求、纺织科技发展、专业课程结构体系、产业人才要求形势，对教材结构、体系、内容、文字、图表、符号提出了审改意见。

本书修订过程中各章节执笔人参考了许多教材、专著、论文、标准、测试报告，引用了许多相关图、表、数据、资料及许多老师们多年的教学研究成果和科学研究成果，因而是集体智慧的结晶。在各章末集录了这些文献名称，因限于篇幅，未列出每一图、表、数据的页码，谨向各位作者表示歉意和诚挚的感谢。

本书在编写过程中得到许多学校老师的大力支持，并得到苏州大学潘志娟教授和西安工程大学许多同学，特别是黄鑫鑫、党旭艳、贾高鹏、陈琳、孙垂卿、杜瑞、陈伟态、冯燕等的支持，在此一并表达衷心的感谢。

由于三十多年来纺织纤维品种暴增，服装用、家用、产业用纺织品的性能、加工方法也出现了极大变化。当前，我国正在由全球纺织制造大国向纺织强国转变，纺织行业正处于技术创新必须引领、产品质量必须优先的关键时期，教材必须为教育奠定基础，本书在选材、论述等方面存在许多缺点，加上时间紧张，还有许多考虑不周之处，热忱欢迎读者批评指正。

编者

2014 年 6 月

**课程设置意义** 纺织材料学是纺织科学与工程类专业的公共专业基础课程。它为学生提供纺织纤维原料、纱线、织物的结构、性能、评价的原理、状态、基本依据和分析方法。为纺织专业课程(纺织纤维原料、纺纱、织造、针织、编结、非织造、织物设计及后加工)提供材料基础知识和基本指标、基础数据。纺织材料测试技术与本课程亦紧密相关。

**课程教学建议** 纺织工程专业、非织造材料与工程专业、纺织材料与纺织品设计专业及其他试办专业的不同专业方向在应用本书时应有不同的侧重点。部分纺织及织造专业方向的班级可根据各校毕业生面向的企业群特征而侧重于不同纤维品种,织物设计专业方向的班级可将织纹组织移入专业课讲授。

建议理论教学 80～90 学时,每课时讲授版面字数 6000 字左右(包括图、表在内)。

**课程教学目的** 通过本课程的学习,学生应了解纤维、纱线、织物等纺织材料的基本结构、主要性能、评价指标、基础数据,作为学习、理解、分析、掌握纺织科学与工程学科各专业有关课程内容和专业实习内容的基础。

# 目录

# 绪　论

## 一、纺织材料的概念与范畴

纺织材料学是纺织工程专业的一门基础课程。重点介绍纺织加工的原料、半成品和其各阶段产品的结构、主要性能、设计及评价依据。各种性能具体的测试方法和检测仪器的知识在纺织材料检测技术课程中介绍。

纺织材料隶属于材料科学领域,包括纺织加工用的各种纤维原料和以纺织纤维加工成的各种产品,如一维形态为主的纱、线、缆绳等;二维形态为主的网层、织物、絮片等;三维形态为主的服装、编结物、器具及其增强复合体等。这些产品可以作为最终产品由消费者直接使用,如内外衣、纱巾、鞋、帽等服用纺织品;被、帐、床单、窗帘和椅罩、桌布等家用纺织品;绳索、牵引用缆绳、露天篷盖、武器中的炮衣等产业用纺织品。同时,这些产品也可以与其他材料复合制造最终产品,如帘子布与橡胶结合制造各种车辆的轮胎、作为纤维增强复合材料的增强体与基质结合制造各种机械设备和机械零件,从火车车厢、飞机壳体、风力发电设备的桨叶、公路和铁路路基增强和反渗透的土工布、防弹车的防弹装甲、火箭头端的整流罩及喷火喉管、飞机的刹车盘、海水淡化的滤材、烟囱烟气过滤的滤材等。纺织材料是工程材料的一个重要分支。

## 二、纺织材料的分类

纺织材料按形态分为纺织纤维、纱线及其半成品、织物等。

### (一)纺织纤维(textile fibers)

纺织纤维是截面呈圆形或各种异形的、横向尺寸较细、长度比细度大许多倍的、具有一定强度和韧性的(可挠曲的)细长物体。

纺织纤维按材料类别分为有机纤维和无机纤维。纺织纤维按材料来源分为天然纤维和化学纤维。天然纤维按原料来源分为植物纤维、动物纤维、矿物纤维,其中植物纤维,又按取得部位分为种子纤维(棉、木棉、椰壳等)、韧皮纤维(苎麻、亚麻、黄麻即无毒大麻、苘麻、罗布麻等)、叶纤维(蕉麻、剑麻等)、维管束纤维(竹纤维等);动物纤维分为毛纤维(绵羊毛、山羊绒、骆驼毛绒、兔毛绒、羊驼毛、骆马毛、貉毛绒、狐毛、貂毛、藏羚羊毛绒等）、分泌腺纤维（桑蚕丝、柞蚕丝、蓖麻蚕丝、天蚕丝、蜘蛛拖丝等）；矿物纤维是天然无机化合物纤维，主要有石棉（温石棉、角闪石石棉、青石棉等）；此外还有细菌纤维等。化学纤维按聚合物来源分为有机再生纤维、有机合成纤维和无机纤维。再生纤维可由天然高聚物溶解后纺丝制得，如纤维素纤维（黏胶纤维）、蛋白质纤维、甲壳素纤维等；天然高聚物化学改性后溶解纺丝制得的纤维，有人称为半合成纤维，如铜氨纤维、硝酯纤维（纤维素硝酸酯）、醋酯纤维（纤维素醋酸酯）等。有机合成纤维是以石油、天然气、煤、农副产品为原料人工合成高聚物纺丝制得的纤维，按纵向形态分为长丝（filaments，连续长度数千米甚至更长）、短纤维（staple fibres，又区分为棉型、中长型、毛型等）；按聚合物类型分为碳链纤维（聚烯烃、聚乙烯醇、含氯纤维、含氟纤维等）和杂链纤维（如聚酰胺、聚酯、聚丙烯腈、聚醚酯、聚氨酯、聚脲、聚甲醛、聚酰亚胺等）。无机纤维有玻璃纤维、石墨纤维及碳纤维（由黏胶纤维、聚丙烯腈纤维、沥青纤维等碳化而成）、金属纤维（铜、镍、不锈钢、钛、钨、银等）、碳化硅纤维、玄武岩纤维等。化学纤维按加工过程分为初生丝、未拉伸丝、预取向丝、拉伸丝、全取向丝等；按纤维粗细分为粗线密度、中线密度、细线密度、超细线密度和纳米纤维（静电纺丝的有机纤维和无机的碳纳米管等）等；按纤维截面形态分为圆形、异形（三角、三叶、四叶、五叶、中空、偏心中空、多中空、桥形、H形、E形、王字形等）；按纤维成分分为单一成分纤维、多种成分纤维，其中多种成分纤维又可按特征分为混抽纤维、复合纤维（皮芯、海岛、多层等）等。

纺织纤维中具有某些特殊功能（如超高强度、超高模量、耐高温、耐烧蚀等）或某些应用性能（如防紫外、防电磁辐射、抑菌、抗菌、防臭、防蚊虫等），有时也称高性能纤维和功能纤维。

**（二）纱线及其半成品**

纱线是由纺织纤维平行伸直（或基本平行伸直）排列利用加捻或其他方法使纤维抱合缠结形成连续的具有一定强度、韧性和可挠曲性的细长体。它们中较细的单股体称为纱（yarns），多股捻合体称为线（threads），很多股较粗的捻合体或编结体称为绳（cord，rope）或缆（cable，rope，hawser）。纱的半成品有粗纱、条（棉条、毛条、麻条等）、卷（棉卷等）。

单一品种的纺织纤维制成纱线称为纯纺纱线；两种或多种纺织纤维利用纺纱混合方法制成的纱线称为混纺纱线；两种或多种纯纺纱线加捻并合的纱、线、缆称为混并纱线或复合纱线。

纱线按纺织纤维长度分为短纤维纱线、长丝纱线及两者组成的复合纱线。

短纤维纱线按不同加工形成方法分为环锭纺纱线、转杯纺纱线、喷气涡流纺纱线、赛络纺纱线、平行纺纱线、嵌入式复合纺纱线、花式纱线、花色纱线等。

长丝纱线按不同变形加工方法分为加弹长丝纱（又分为低弹长丝纱、中弹长丝纱、高弹长丝纱等）、空气变形长丝纱、网络长丝纱和复合长丝纱（不同纤维品种、不同加工方法、不同特性长丝的复合纱）等。

**（三）纺织品**

由纺织纤维和纱线用一定方法穿插、交编、纠缠形成的厚度较薄、长及宽度很大、基本以二维为主的物体称为纺织品（textiles）。其中有织物（fabrics）和非织造织物（nonwovens）。

织物按结构及其形成方式不同分为机织物（weaving fabrics，也可称为梭织物，它是由两组或两组以上纱线用有梭织机或无梭织机编织成的织物）、针织物（knitting fabrics,它是由一组或多组纱线用针织机钩结成圈形互相串套编织成的织物,按织造方式的不同又可分为经编针织物和纬编针织物两大类）、编结物（braiding fabrics,它是由多组纱线用倾斜交编方法形成的织物）、非织造物（non-woven fabrics,它是开松铺层的纺织纤维层片利用各种方式包括针刺、水刺、黏合剂黏结、热压黏结、纱线缝合等使层片稳定所形成的织物;或是由平行均匀排列长丝用膜片黏托的片层形成的织物,也可称为"无纬织物"或"无纬布"）和复合织物（composited fabrics,它是用上述四类织物和膜片等之中的两类或多类织物叠层复合而成的织物,包括机织物与针织物并联交织而成的织物,机织物、针织物或非织造织物与有机高聚物薄膜复合的织物等）。

织物按不同纺织纤维原料的种类分为棉织物、麻织物、毛织物、丝织物（丝绸）、化纤织物等纯纺织物和两种、两种以上纤维混纺纱线织制的混纺织物及两种或两种以上纯纺纱线织制的交织织物。

织物也可按织纹组织分为许多种,如机织物中的平纹组织、斜纹组织、缎纹组织等织物;纬编针织物中的平针组织、罗纹组织、双反面组织、双罗纹组织等织物;经编针织物中的经平组织、经缎组织等织物;编结物中的各种编结组织的织物等。

纺织品按用途区分为服装用纺织品、装饰用纺织品和产业用纺织品三大类。产业用纺织品又区分 16 类。

### 三、纺织产业的发展

纺织纤维作为原始的纺织材料,人类种植、畜养、采集、利用至少已有上万年历史。近 200 年来,纺织工业随人口增长而迅速扩展,其总加工量增长了近 45 倍（图 1）。各种主要纺织纤维（不计麻类纤维、矿物纤维等）占世界纺织纤维总产量的比例也发生了明显变化,天然纤维由 100% 降到 37.81%,化学纤维从零增加到 57.59%（图 2）,2010 年全球及中国纺织纤维生产形势见表 1。

纺织工业是我国经济中的重要产业之一,它支撑着人民生活、国民经济、人民就业、国际贸易等。1949 年以来中国各种纺织材料的产量和经济发展见表 2。

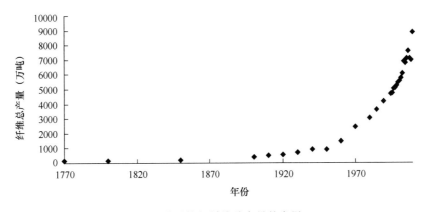

图 1　世界纺织纤维总产量的发展

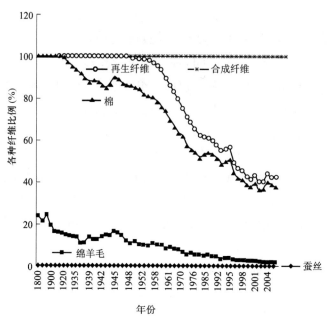

图2　世界纺织纤维总产量中各类纤维（不计麻纤维）的比例

**表1　2014年全球及中国纺织纤维生产形势**　　　　　　　　　单位：万吨

| 纤维品种 | 全球产量 | 中国产量 | 中国进口 | 中国出口 | 中国加工 |
|---|---|---|---|---|---|
| 天然纤维总计 | 2717.27 | 743.25 | 312.34 | 11.3175 | 1044.27 |
| 棉纤维 | 2395.1 | 692.9 | 244.0 | 0.15 | 936.75 |
| 毛纤维小计 | 118.1 | 10.72 | 46.40 | 9.3146 | 47、86 |
| 绵羊毛（折洗净毛） | 110.4 | 8.97 | 35.64 | 9.05 | 24.04 |
| 山羊绒（折无毛绒） | 1.35 | 0.92 | 0.04 | 0.2536 | 0.71 |
| 兔毛（净毛） | 0.34 | 0.18 | 0.00 | 0.008 | 0.17 |
| 其他动物毛（净毛）[①] | 6.01 | 0.65 | 10.72 | 0.003 | 11.37 |
| 蚕丝纤维小计 | 19.72 | 17.66 | — | 1.3384 | 16.32 |
| 桑蚕丝（生丝、绢丝） | 19.45 | 14.49 | — | 1.3384 | 16.15 |
| 柞蚕丝（生丝、绢丝） | 0.17 | 0.16 | — | — | 0.16 |
| 其他蚕丝（生丝、绢丝）[②] | 0.10 | 0.005 | — | — | 0.005 |
| 麻纤维小计 | 184.35 | 21.97 | 21.94 | 0.5145 | 43.40 |
| 苎麻（精干麻） | 2.23 | 2.11 | 0.00 | 0.003 | 2.11 |
| 亚麻（打成麻） | 30.3 | 2.20 | 1.68 | 0.05 | 3.83 |
| 黄麻（熟黄麻） | 82.3 | 0.00 | 0.53 | 0.20 | 0.33 |
| 无毒大麻（汉麻）（精干麻） | 5.3 | 3.03 | — | — | 3.03 |
| 槿麻（熟洋麻） | 21.3 | 6.82 | | | |
| 剑麻（麻纤维） | 28.2 | 3.39 | | | 33.50 |
| 蕉麻（麻纤维） | 10.1 | 0.13 | | | |
| 其他麻（麻纤维）[③] | 3.72 | 3.69 | 19.73 | 0.2615 | |

| 纤维品种 | 全球产量 | 中国产量 | 中国进口 | 中国出口 | 中国加工 |
|---|---|---|---|---|---|
| 再生纤维总计 | 625.85 | 371.51 | 88.24 | 0.2615 | 424.84 |
| 黏胶纤维 | 498.1 | 333.76 | 17.93 | 34.91 | 316.78 |
| 醋酯纤维④ | 101.5 | 36.90 | 70.31 | — | 107.21 |
| 其他再生纤维⑤ | 26.25 | 0.85 | — | — | 0.85 |
| 合成纤维总计 | 6147.07 | 3980.04 | 321.59 | 283.89 | 4017.74 |
| 聚酯纤维 | 4914.1 | 3565.80 | 24.04 | 246.45 | 3343.39 |
| 聚酰胺纤维 | 455.0 | 259.16 | 15.03 | 15.28 | 258.91 |
| 聚丙烯腈纤维 | 184.9 | 67.57 | 15.86 | 1.93 | 81.50 |
| 聚乙烯醇纤维 | 16.37 | 11.07 | 0.67 | 3.08 | 8.66 |
| 聚丙烯纤维⑥ | 490.8 | 26.70 | 263.25 | 12.57 | 277.38 |
| 聚氨酯纤维 | 70.76 | 49.30 | 2.46 | 4.55 | 47.21 |
| 其他有机合成纤维⑦ | 15.14 | 0.44 | 0.28 | 0.03 | 0.69 |
| 人工无机纤维 | 219.32 | 80.67 | 1.466 | — | 82.14 |
| 碳纤维 | 12.30 | 1.50 | 1.429 | — | 2.93 |
| 玻璃纤维⑧ | 200 | 75 | — | — | 75.00 |
| 金属纤维⑨ | 0.15 | 0.05 | 0.006 | — | 0.06 |
| 其他无机纤维⑩ | 6.87 | 4.12 | 0.031 | — | 4.15 |
| 纺织纤维总计 | 9709.51 | 5175.47 | 732.636 | 330.1175 | 5568.99 |

| 附:其他有机合成纤维 | 全球生产 | 中国生产 | 中国进口 |
|---|---|---|---|
| 芳香聚酰胺纤维 | 8.62 | 0.34 | 0.4667 |
| 聚酰亚胺纤维 | 0.72 | 0.007 | — |
| 聚苯硫醚纤维 | 0.33 | 0.016 | 0.6815 |
| 聚氟乙烯纤维 | 2.04 | 0.022 | — |
| 超高分子量聚乙烯纤维 | 1.38 | 0.08 | 0.01368 |
| 小计 | 13.09 | 0.465 | |

①包括骆驼绒、牦牛绒、羊驼绒、狐绒、貂绒、乌苏里貉绒。

②包括蓖麻蚕丝、栗蚕丝、柞蚕丝。

③包括蓖麻、罗布麻、竹纤维(竹原纤维)。

④国产中大部分及进口主要用于香烟过滤嘴。

⑤包括海藻酸钙纤维、甲壳素纤维、壳聚糖纤维、聚乳酸纤维、细菌纤维素纤维。

⑥包括膜裂纤维纱。

⑦聚对苯二甲酰对苯二胺纤维、聚间苯二甲酰间苯二胺纤维、聚全对位苯砜酰胺纤维、聚苯硫醚纤维、聚四氟乙烯膜裂纤维纱、聚四氟乙烯长丝、聚偏氟乙烯纤维、聚酰亚胺纤维、超高分子量高强度高模量聚乙烯纤维、聚对亚苯基苯并二噁唑纤维。

⑧玻璃纤维相当部分不经纺织加工直接使用。

⑨包括铜纤维、镍纤维、不锈钢纤维、金纤维、银纤维。

⑩包括碳化硅纤维、玄武岩纤维、活性碳纤维。

表2 中国纺织工业发展情况一览

| 指标 | 1949年 | 1952年 | 1957年 | 1965年 | 1978年 | 1980年 | 1985年 | 1990年 | 1995年 | 2000年 | 2005年 | 2006年 | 2011年 | 2015年 |
|---|---|---|---|---|---|---|---|---|---|---|---|---|---|---|
| 原棉产量（万吨） | 44.44 | 130.35 | 164.00 | 209.75 | 216.70 | 170.7 | 424.51 | 442.5 | 476.8 | 432.0 | 571.4 | 664.6 | 639.9 | 560.3 |
| 净毛产量（万吨） | 0.65 | 1.82 | 2.16 | 3.75 | 6.91 | 7.95 | 9.20 | 11.95 | 13.85 | 14.60 | 16.70 | 8.30 | 9.98 | 10.415 |
| 生丝产量（万吨） | 0.18 | 0.56 | 0.99 | 0.91 | 2.47 | 3.54 | 4.22 | 5.66 | 11.34 | 7.33 | 13.25 | 14.15 | 10.80 | 16.23 |
| 苎麻、槿麻、亚麻产量（万吨） | — | 34.6 | 35.4 | 30.9 | 111.4 | 113.6 | 159.4 | 91.44 | 49.8 | 45.5 | 20.5 | 21.65 | 12.50 | 21.1 |
| 化纤产量（万吨） | 0.0 | 0.0 | 0.02 | 5.01 | 28.46 | 45.03 | 94.78 | 165.42 | 341.17 | 694.00 | 1664.79 | 2025.49 | 3361.36 | 4831.79 |
| 棉型纱产量（万吨） | 32.7 | 65.7 | 84.4 | 130.0 | 238.2 | 292.6 | 353.5 | 462.6 | 542.3 | 657.0 | 1450.5 | 1722.24 | 2894.47 | 3538 |
| 毛线产量（万吨） | 0.18 | 0.20 | 0.57 | 1.10 | 3.78 | 5.73 | 12.59 | 23.80 | 61.38 | 42.36 | 38.70 | 40.20 | 30.59 | 40.47 |
| 棉布产量（亿米） | 18.9 | 33.8 | 50.5 | 62.8 | 110.3 | 134.7 | 146.7 | 188.8 | 260.2 | 277.0 | 484.4 | 235.49 | 619.82 | 509.53 |
| 呢绒产量（亿米） | 0.054 | 0.042 | 0.182 | 0.424 | 0.889 | 1.010 | 2.182 | 2.951 | 6.539 | 2.783 | 3.296 | 4.448 | 5.184 | 6.33 |
| 丝织品产量（亿米） | 0.50 | 0.65 | 1.45 | 3.42 | 6.11 | 7.59 | 14.49 | 17.12 | 65.91 | 37.43 | 77.74 | 82.17 | 6.18 | 6.24 |
| 苎麻、亚麻布产量（万米） | 18 | 68 | 2542 | 2711 | 2551 | 4062 | 6198 | 9852 | 17796 | 12907 | 37500 | 32097 | 69731 | 8.84 |
| 工业生产服装（亿件） | — | — | — | 3.85 | 6.73 | 9.45 | 12.67 | 31.75 | 96.85 | 95.4 | 147.98 | 170.02 | 254.20 | 308.25 |
| 纺织工业总产值（亿元） | — | 94.3 | 143.6 | 220.7 | 529.1 | 735.5 | 710.3 | 2312.0 | 7035.0 | 7071.96 | 20470.6 | 25016.89 | 54786.50 | 30540.19 |
| 纺织工业总产值占工业总产值（%） | — | 27.5 | 20.4 | 15.5 | 11.2 | 13.4 | 11.8 | 9.66 | 14.55 | 9.56 | 8.14 | 11.95 | 11.62 | 12.62 |
| 纺织工业利税占全国财政收入（%） | — | 3.8 | 5.7 | 9.8 | 9.8 | 14.5 | 6.89 | 3.11 | 5.27 | 6.27 | — | — | 4.06 | 9.17 |

| 指　标 | 1949 年 | 1952 年 | 1957 年 | 1965 年 | 1978 年 | 1980 年 | 1985 年 | 1990 年 | 1995 年 | 2000 年 | 2005 年 | 2006 年 | 2011 年 | 2015 年 |
|---|---|---|---|---|---|---|---|---|---|---|---|---|---|---|
| 纺织服装占全国消费品零售总值(%) | — | 19.3 | 18.7 | 19.1 | 22.0 | 23.1 | 17.2 | 16.3 | — | — | — | 17.0 | 24.2 | — |
| 纺织品出口总额占全国出口总额(%) | — | 5.2 | 17.7 | 20.3 | 22.1 | 17.7 | 13.38 | 23.9 | 25.50 | 20.90 | 15.42 | 15.18 | 13.38 | 12.79 |
| 纺织服装业职工总数（万人） | 74.5 | 99.89 | 200.17 | 155.04 | 311.21 | 386.05 | 585.0 | 746.15 | 1243.41 | 1235.76 | 978.94 | 77.74 | 1026.38 | 960.58 |

为保证环境的可持续发展,天然纤维尽量不用"粮田"、不用"耕地"种植,在盐碱地、荒滩地、山坡地种植。现在纺织工业正由大量依赖石油化工资源,转向利用可再生、可降解、可循环的生物质资源,其原材料更是扩及农、林、牧、渔、废弃的许多领域。它的产品既满足了服装和家用纺织品的消费,也向机械、电工材料、电子、土建、水利、农业、渔业、公路、水运、航空、航天等产业提供原材料及其增强体。因此,新型纺织原料包括高性能纤维、新功能纤维的开发和应用正在蓬勃发展,纺织材料在今后将会以更快的速度发展和提高。

### ☞ 思考题

1. 纺织材料的范畴、纤维原料和产品分别包括哪些?

2. 纺织纤维在天然纤维、再生纤维和合成纤维中有哪些最常见的种类?

3. 纱线及半成品有哪些种类?

4. 纺织品的种类按结构和形成方法分为哪几类?

5. 纺织工业近半个世纪以来,其总加工量增长了多少倍?今后发展趋势如何?

6. 纺织产品除用作服装外还在哪些方面有广泛应用?

### 参考文献

[1] 中国纺织工业协会. 中国纺织工业发展报告[M]. 北京:中国纺织出版社,2001～2013.

[2] 中国纺织工业年鉴编委会. 中国纺织工业年鉴[M]. 北京:中国纺织出版社,1980～2000.

[3] 中华人民共和国农业部. 中国农业发展报告2006[M]. 北京:中国农业出版社,2006.

[4] 中国畜牧业年鉴编委会. 中国畜牧业年鉴[M]. 北京:中国农业出版社,2000～2012.

[5] 中国棉花信息中心. 2004/2005中国棉花年鉴[M]. 北京:中国统计出版社,2007.

[6] W S Simpson,G H Grawshaw. Wool:science and technology[M]. The Textile Institution,Boca,Ratom,Boston,NewYork,Washaington:Woodhead Publishing Limiited(Cambridge England),2002.

[7] 中国统计局工业交通统计司. 中国工业经济年鉴,2006[M]. 北京:中国统计出版社,2006.

# 第一章　纤维结构基础知识

从绪论中已知,可供纺织加工使用的纤维原料品种有许多种类,它们具有不同的物理和化学特性,进而在不同的使用环境中表现出各自的使用特性,这也决定其应用的价值和领域。纤维是由一种或多种大分子通过某种形式集聚堆砌而成的,其所表现出来的某种使用特性,取决于构成纤维的大分子组成、结构及其聚集结构状态和纤维中各种组成成分的含量比例、分布状态。这些大分子的组成元素或基团、排列方式以及它们之间的相互作用构成了纤维的各项内在性能,而它们又受到纤维加工工艺的影响,选择不同的加工工艺,可以使其性能得到最大限度地体现,因此学习纤维的结构是开发新型纤维产品、设计纤维生产加工方式和工艺以及了解纤维各种物理性能和使用特性的基础。

纤维是通过自然生物合成或人工制造的方法形成的,由成千上万个大分子组成。纤维内的大分子根据加工、形成条件的不同,按照一定的规律排列构成纤维的整体结构形态,且不同纤维的结构呈现复杂多样的特点。为了能够清晰地认识和表征纤维结构,一般将纤维的微细结构(fine structure)按照不同的结构层次进行分析,如图1-1所示。纤维结构的内容主要包括高分子链的结构和高分子的凝聚态结构(又称聚集态结构、超分子结构)及其形态结构。本章主要进行纤维大分子链结构和大分子凝聚态结构的相关基础知识的学习,纤维形态结构将在以后的章节中结合具体纤维品种和纤维形成的工艺特点进行介绍。

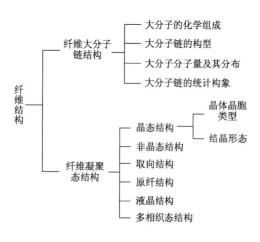

图1-1　纤维的结构层次

# 第一节　纤维大分子结构

纤维的性能首先是由其大分子结构决定的,纤维大分子结构包括其主链的化学组成及连接方式、侧基和端基的结构、大分子链的形态和相对分子质量及其分布等。

## 一、纤维大分子主链的化学组成及连接方式

纤维大分子主链是由某个结构单元(链节)以化学键的方式重复连接而成的线型长链分子。链结构主要是由碳和氢两元素构成,还可以有氧、氮、磷、氯、硫、铝、硅、硼等元素。这些元素是构成纤维的基础物质,它们之间通常是以共价键的形式连接。按主链构成的化学组成,纤维大分子可以分为以下三种。

**1. 均链大分子(homochain polymer)**　主链均由一种原子以共价键形式组式的大分子链,且其通常是以碳—碳键相连,这类大分子一般由加聚反应制得。该类纤维品种有聚丙烯纤维、聚氯乙烯纤维等。

**2. 杂链高分子(heterochain polymer)**　主链是由两种或两种以上的原子组成的大分子链,且其通常由碳—氧、碳—氮、碳—硫等以共价键相联结而成,主要通过缩聚反应或开环聚合而成。该类纤维品种有聚酰胺纤维、聚酯纤维等,其特点为大分子链刚性较大,力学性能和耐热性较好,但由于主链中含有极性基团,所以易产生水解、醇解和酸解。

**3. 元素有机高分子(elementary organic polymer)**　大分子主链上含有磷、硼、铝、硅、钛等元素,并在其侧链上含有有机基团。该类纤维品种有碳化硅纤维、氧化铝纤维、硼纤维等。此类纤维具有有机物的弹性和塑性,也具有无机物的高耐热性,属于高性能纤维。

构成纤维大分子主链的结构单元称为“单基”。不同纤维大分子,其单基组成结构是不同的,如纤维素的单基为葡萄糖剩基;蛋白质单基是 $\alpha$-氨基酸剩基;聚酯单基是对苯二甲酸乙二酯,各种纤维的单基结构式见表 1-1。单基的重复次数称为大分子的聚合度。

表 1-1　部分纤维的单基结构式

| 纤维品种 | | 英文缩写 | 结构式 |
|---|---|---|---|
| 纤维素纤维 | 棉纤维 | | |
| | 麻纤维 | | |
| | 再生纤维素纤维 | | |
| 蛋白质纤维 | 毛纤维 | | |
| | 丝纤维 | | |

续表

| 纤维品种 | | 英文缩写 | 结 构 式 |
|---|---|---|---|
| 聚酯纤维 | 聚对苯二甲酸乙二酯纤维 | PET | $+OCH_2CH_2O-C-\bigcirc-C-O+_n$ |
| | 聚对苯二甲酸丙二酯纤维 | PTT | $+OCH_2CH_2CH_2O-C-\bigcirc-C-O+_n$ |
| | 聚对苯二甲酸丁二酯纤维 | PBT | $+OCH_2CH_2CH_2CH_2O-C-\bigcirc-C-O+_n$ |
| 聚酰胺纤维 | 聚酰胺6 | PA6 | $+HN(CH_2)_5CO+_n$ |
| | 聚酰胺66 | PA66 | $+HN(CH_2)_6NHCO(CH_2)_4CO+_n$ |
| | 聚间苯二甲酰间苯二胺纤维 | PMIA | $+HN-\bigcirc-NH-CO-\bigcirc-CO+_n$ |
| | 聚对苯二甲酰对苯二胺纤维 | PPTA | $+HN-\bigcirc-NH-CO-\bigcirc-CO+_n$ |
| 聚乙烯纤维 | | PE | $+CH_2-CH_2+_n$ |
| 聚丙烯腈纤维 | | PAN | $+CH_2-CH+_n$ ; CN |
| 聚丙烯纤维 | | PP | $+CH_2-CH+_n$ ; $CH_3$ |
| 聚乙烯醇纤维 | | PVA | $+CH_2-CH+_n$ ; OH |
| 聚对亚苯基苯并二噻唑纤维 | | PBZT | 结构式（聚对亚苯基苯并二噻唑结构） |
| 聚苯硫醚纤维 | | PPS | $+\bigcirc-S+_n$ |
| 聚对亚苯基苯并二噁唑纤维 | | PBO | 结构式（聚对亚苯基苯并二噁唑结构） |
| 聚间亚苯基苯并二咪唑纤维 | | PBI | 结构式（聚间亚苯基苯并二咪唑结构） |
| 聚(2,5二羟基-1,4苯撑吡啶并二咪唑)纤维 | | M5纤维,PIPD | 结构式（含OH取代基的苯并二咪唑结构） |
| 聚苯胺纤维 | | PANI | $+\bigcirc-NH+_n$ |
| 聚四氟乙烯纤维 | | PTFE | $+CF_2-CF_2+_n$ |
| 聚氨酯纤维 | | PU | $+O(CH_2)_2O-CNH(CH_2)_6NHC+_n$ ; O  O |

| 纤维品种 | 英文缩写 | 结 构 式 |
|---|---|---|
| 共聚杂环聚芳酰胺纤维（简称） | | |
| 聚酰亚胺纤维 | PI | |

大分子长链中，大分子链的键接方式可以由一种结构单元组成，称为均聚物纤维；也可以由两种或两种以上的结构单元组成，称为共聚物纤维。在均聚物纤维中，其单基可以是完全相同的（如纤维素、聚乙烯等），也可以是基本相同的（如蛋白质等）。此外，在均聚物纤维中，也会出现大分子链节内各原子和基团通过化学键所形成的空间排列及链节之间的排列顺序不同，即大分子产生不同的"构型"，其中若只是原子和基团在顺序上的改变称为构造同分异构体；空间位置上的改变称为立体同分异构体。不同构型所形成的大分子，虽然组成物质是相同的，但纤维的性能可能存在较大差异。大分子的聚合度反映大分子主链的长度，对纤维的许多性能有重要影响。

结合日常生活经验可知，构成单基的组成特征不同，将会形成不同种类的物质形式，也就是说纤维大分子的性能具有本质的差异，即单基的结构特征是决定大分子性能的基础，因此可以通过学习认识单基的组成基团的特征，对纤维的性能进行分析评价。

## 二、侧基与端基

**1. 侧基（side groups）** 它是指分布在大分子主链两侧并通过化学键与大分子主链连接的化学基团。侧基的性能、体积、极性等对大分子的柔顺性和凝聚态结构具有影响，进而影响到纤维的加工工艺，也影响到纤维的热学性质、力学性质和耐化学性质等。在生产实践中，可采用对大分子主链进行接枝或组装具有某种特性的侧基基团，使纤维实现功能化。

**2. 端基（end groups）** 它是指大分子两端的结构单元，且与主链"单基"结构有很大差别。大分子端基的结构取决于聚合过程中链的引发和终止方式，其可以来自单体、引发剂、溶剂、分子质量调节剂等，并对纤维的光、热稳定性有较大影响。通常可利用端基上的活性官能团对纤维进行改性处理（如扩链、嵌段等），也可通过准确测定端基结构和数量，来研究大分子的相对分子质量。

## 三、大分子链的柔性

大分子链的柔性（flexibility）是指其能够改变分子构象的性质，也就是大分子链可以呈现出

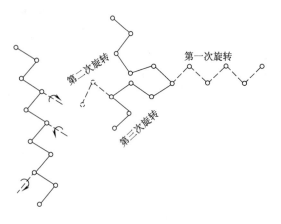

第二次旋转　　　　　　第一次旋转

第三次旋转

图1-2　大分子旋转示意图

各种形态的性质。纤维的线性大分子,如果主链包含大量的旋转性较好的 $\sigma$ 键,并且其四周的侧基分布比较均衡,也比较小,即侧基之间的结合力也较弱,从而使链节较容易绕主链键旋转,大分子链伸直和弯曲比较容易,可呈现出多种构象形态,也就是大分子链比较"柔软"。反之,大分子链比较"僵硬",不宜弯曲和伸直。大分子旋转如图1-2所示。

大分子链的柔性可以用末端距表示,末端距是指大分子链两端之间的直线距离,末端距越小,大分子链的柔性越高。

大分子链柔性受多方面因素的影响,一般情况下,当大分子链的主链结构中含有 C—C、Si—O、C—O 键时,其具有较好的柔性,如聚乙烯纤维;当大分子链的主链结构中含有共轭双键时( —C ＝C—C ＝C— ),其柔性会显著降低,如聚乙炔纤维;当大分子链中含有芳杂环时,其柔性较差,如聚苯硫醚纤维;当大分子链含有侧基时,如果侧基的极性和体积越大,则其越僵硬;当大分子之间形成氢键时,其刚性会增加,如纤维素纤维。此外,纤维所处的环境因素(温度、湿度、应力等)和制造加工或改性处理过程中的添加剂(如增塑剂)也会对大分子链的柔性产生影响。

## 四、相对分子质量及其分布

为了保证纤维的使用性能要求,纤维中的线性大分子链必须具有一定的长度,通常大分子链的大小(或长短)可用单基的重复次数表示,如纤维素大分子式可表示为 $[C_6H_{10}O_5]_n$ ,这样就需要由 $n$ 个重复单元(单基)相互连接而成,从而达到一定的聚合度。所谓"聚合度"是指大分子链中单基的重复个数,即纤维分子式中的 $n$ 值,其可由大分子相对分子质量和单基相对分子质量的比值求得,且单基相对分子质量可依据单基结构式的元素构成计算求得。

大分子相对分子质量可通过化学法(端基分析法)、热力学法(蒸气压法、渗透压法、沸点升高和冰点下降法)、光学法(光散射法)、动力学法(黏度法)、凝胶渗透色谱法测量得到。需要特别强调的是,纤维大分子的相对分子质量并不是一个定值,而是呈现一个分布,因此其相对分子质量是一个统计平均值。根据不同的测试统计方式,统计平均分子量有如下几种方法。

(1)数均摩尔质量法:按分子数加权平均的相对分子质量。

(2)重均分子量法:按分子质量加权平均的相对分子质量。

(3)黏均分子量法:用溶液黏度法测出的平均的相对分子质量。

纤维大分子相对质量的大小,对纤维的拉伸、弯曲、冲击强度和模量、热学及热稳定性能、光学性能、透通性能、耐化学药品性能等具有较大影响,同时也对纤维的加工性能具有相当大的影响。如超高分子质量的聚乙烯纤维(PE)的拉伸强度要比普通聚乙烯纤维大 2~3 倍。

# 第二节 纤维的凝聚态结构

纤维从宏观上讲,是由大分子按一定方式和规律堆砌而成的。纤维的性能,除了受到纤维大分子结构的影响,大分子链堆集形成的状态规律也是重要的因素。在分子间作用力下,纤维内大分子之间的排列和堆砌结构称为纤维的凝聚态结构,也可称为超分子(supermolecule)结构。

纤维凝聚态结构的形成,取决于其组成大分子的结构、纤维形成过程的条件和纺织后加工的工艺。它们还影响着纤维的使用性能。因此学习和掌握纤维凝聚态结构的表征参数及其与大分子链结构和各种外部条件之间的关系,是进一步学习纤维成形加工过程的控制、纤维性能的利用和纺织设计加工及对纤维进行物理改性的必要理论基础。

## 一、纤维大分子间的作用力

**1. 作用力的性质和种类** 纤维大分子之间的堆砌方式和作用力对其凝聚态的结构形式起着关键作用,并且还影响着纤维的力学、热学等性能。大分子之间的作用力形式有范德华力、氢键、盐式键、化学键等,表1-2为各种作用力的键能和作用距离。

表1-2 各种作用力的键能和作用距离

| 项　　目 | 范德华力 | 氢　　键 | 盐　式　键 | 化　学　键 | 熵　　联 |
|---|---|---|---|---|---|
| 键能(kJ/mol) | 2.1~23.0 | 5.4~42.7 | 125.6~209.3 | 209.3~837.4 | 31.0~48.6 |
| 作用距离(nm) | 0.3~0.5 | 0.23~0.32 | 0.09~0.27 | 0.09~0.19 | 0.44~0.49 |

(1)范德瓦尔斯力(Van der Waals force):范德瓦尔斯力分为取向力、诱导力和色散力三种作用形式,其特点是普遍存在于分子之间,没有方向性和饱和性。取向力存在于偶极分子之间,是由极性基团的永久偶极引起的,与相互作用的两种极性分子的偶极矩的平方积成正比,与分子间距离的六次方成反比,并与材料绝对温度(决定偶极的定向程度)成反比。取向力的作用能量为12~20kJ/mol,如聚乙烯醇纤维、聚酯纤维等分子间作用力主要为取向力。诱导力主要存在于极性分子与非极性分子之间,是由极性分子的永久偶极与其他分子的诱导偶极之间的相互作用引起的,其大小与分子偶极距的平方和极化率的乘积成正比,与分子间距离的六次方成反比。色散力是由于分子间瞬间偶极的相互作用引起的,其作用能大小与两种分子的电离能和极化率,以及分子间的距离有关。

(2)氢键(hydrogen bond):是氢原子与其他电负性很强的原子之间形成的一种较强的相互作用静电引力,其具有方向性和饱和性。氢键的作用能强度与其他原子的电负性和半径有关,电负性越大,原子半径越小,则氢键的作用能强度越强。一些分子中含有极性基团(如羧基、羟基等)的纤维如聚酰胺、纤维素、蛋白质纤维中都可在分子间形成氢键。

（3）盐式键（coordinate bond）：部分纤维的侧基在成对的某些专门基团之间产生能级跃迁原子转移，形成络合物类型、配价键性质的化学键，称为盐式键。如在羧基（—COOH）与氨基（—NH$_2$）接近时，羧基上的氢原子转移到氨基上，形成一对羧基离子—COO$^-$和氨基离子—NH$_3^+$，在它们之间结合成—COO$^-$…$^+$H$_3$N—盐式键。

（4）化学键（chemical bond）：部分纤维的大分子之间，存在着化学键的形式连接，如蛋白质纤维大分子中的胱氨酸是用二硫键（化学键）将两个大分子主链联结起来的。

与分子内化学键相比，虽然分子间力的键能要小 1~3 个数量级，但是由于大分子的分子链很长，因此大分子间作用力的总和还是相当可观的。

（5）熵联（entropy union）：高聚物大分子之间吸附的（溶剂）分子撤离成为自由分子的过程中，高聚物分子熵的增加显示为大分子之间所显示的相互吸引能。它主要存在于无氢键、盐式键、化学键的分子之间，但其作用能显著高于范德华力。

**2. 内聚能密度**　为了从宏观上直观地表达分子间作用力的大小，常采用内聚能和内聚能密度指标来表征。内聚能是将 1mol 的固体气化所需要的能量（kJ），可表示为：

$$\Delta U = \Delta H - RT \tag{1-1}$$

式中：$\Delta U$——内聚能，kJ；

　　　$\Delta H$——摩尔汽化热，kJ；

　　　$RT$——汽化时的膨胀功，kJ。

内聚能密度为单位体积的内聚能（kJ/cm$^3$），可表示为：

$$CED = \frac{\Delta U}{V} \tag{1-2}$$

式中：$V$——摩尔体积，cm$^3$。

表 1-3 为部分纤维的内聚能密度。由于纤维大分子汽化之前，化学键已经断裂，纤维的内聚能密度可用纤维能全面溶解的溶剂的内聚能密度来估计得出。

表 1-3　部分纤维的内聚能密度

| 纤 维 品 种 | 内聚能密度（kJ/cm$^3$） | 纤 维 品 种 | 内聚能密度（kJ/cm$^3$） |
| --- | --- | --- | --- |
| 聚对苯二甲酸乙二醇酯 | 477 | 聚乙烯 | 260 |
| 聚酰胺 66 | 774 | 聚氯乙烯 | 381 |
| 聚丙烯腈 | 992 | | |

## 二、纤维的凝聚态结构

由于纤维的形成方式和条件的不同，造成不同纤维凝聚态结构的多样性，目前人们利用各种测试技术，得到了大量的实验数据和结构图片，从不同的观察角度分析，形成了对纤维结构多方面的认识。下面从纤维凝聚态细微结构对纤维物理和实用性能影响角度出发，介绍纤维凝聚态结构的基本特征。

**1. 纤维结构的一般特征** 纤维结构是一个复杂问题,历史上曾经有许多科学家提出过几十种结构模型对其进行描述,如图 1-3 所示为 Morton 和 Hearle 提出的修正穗边微束结构模型的示意图。可以看出,纤维是由成千上万根线性长链大分子组成,这些大分子有些部分排列整齐,有些部分排列紊乱;整齐排列部分为结晶区,紊乱排列部分为非晶区;在结晶区中,数根大分子以某种形式进行较整齐且沿晶粒长度方向上平行排列。在两个结晶区之间,由缚结分子进行连接,并由缚结分子进行无规则地排列形成紊乱的非晶区(无定形区)。每个大分子可能间隔地穿越几个结晶区和非结晶区,大分子之间的结合力以及大分子之间的缠结把其相互联结在一起,靠穿越两个以上结晶区的缚结分子把各结晶区联系起来,并由组织结构比较疏松紊乱的非晶区把各结晶区间隔开来,使纤维形成一个疏密相间而又不散开的整体。纤维中大分子的排列方向与纤维长度方向(轴向)呈现一定的取向。从总体上讲,纺织纤维是由结晶区和非晶区构成的混合体。

 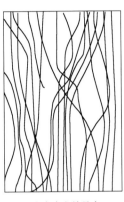 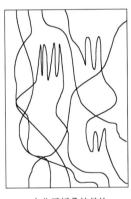

取向度和结晶度 　　 取向度和结晶度 　　 大分子折叠结晶的
较低的纤维结构 　　 较高的纤维结构 　　 纤维结构

图 1-3 纤维修正穗边微束结构模型的示意图

宏观上,首要影响是大分子主链的长度(大分子的聚合度),其次是凝聚态结构。上述结构特征可以从两个方面进行表示:一方面纺织纤维中结晶区的大小占纤维的比例,通常用纤维的结晶度来表示;另一方面大分子的排列方向与纤维轴向符合程度,通常用纤维的取向度来表示。

**2. 纤维的结晶态结构**

(1)结晶结构形态:纤维中的结晶区是由晶体构成。晶体是纤维大分子按照规则的三维空间点阵结构进行周期性有序排列所形成的结构体,其中构成晶体的最小单元为晶胞,也就是说晶体是由晶胞的周期性重复构成的。晶胞的形态和大小,可用三维立体结构中的三个边的长度 $a$、$b$、$c$ 以及三个边之间的夹角 $\alpha$、$\beta$、$\gamma$ 六个参数来表征,这些参数通常称为晶格常数,如图 1-4 所示(边长 $c$ 的方向一般是纤维长度轴方向)。目前已发现纤维高聚物中共有七个典型的晶胞结构,其结构参数列举在表 1-4 中。再加上某几个四方面中心有大分子链段(称面芯结构)和六方体中心有大分子链段(称体芯结构),共有 14 种典型晶体结构。

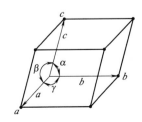

图 1-4 晶胞结构图

表 1 - 4　七种典型晶胞结构参数

| 晶　系 | 图　形 | 晶胞参数 |
|---|---|---|
| 立方 | | $a = b = c,\ \alpha = \beta = \gamma = 90°$ |
| 六方 | | $a = b \neq c,\ \alpha = \beta = 90°,\ \gamma = 120°$ |
| 四方 | | $a = b \neq c,\ \alpha = \beta = \gamma = 90°$ |
| 三方(菱形) | | $a = b = c,\ \alpha = \beta = \gamma \neq 90°$ |
| 斜方(正交) | | $a \neq b \neq c,\ \alpha = \beta = \gamma = 90°$ |
| 单斜 | | $a \neq b \neq c,\ \alpha = \gamma = 90°,\ \beta \neq 90°$ |
| 三斜 | | $a \neq b \neq c,\ \alpha \neq \beta \neq \gamma \neq 90°$ |

　　晶胞的结构参数不同,表示晶体中大分子的排列方式和结构不同。对于相同大分子纤维,若所形成的晶体中的晶胞具有不同的晶格参数,其性能特征就会有较大差异。晶胞结构参数取决于大分子性质和纤维生长(天然纤维)、加工过程中的条件。另外纤维在经过纺织染整加工中某些条件处理后,其晶体中的晶胞结构参数是可以改变的。

　　(2)纤维中的结晶形态:对于纤维结晶结构人们采用了 X 射线衍射、中子散射、显微分析等手段,分别研究了各种高聚物在不同条件下所形成的结晶,发现高聚物中存在不同形式的结晶形态,包括单晶、树枝状晶、球晶、原纤状晶、串晶和柱晶等,而组成这些晶体的片晶主要有折叠链片晶和伸直链片晶。

单晶是一些具有规则几何形状的薄片状的晶体,厚度通常在 10nm 左右,大小可以从几个微米到几十个微米,一般是在小于 0.01% 极稀的溶液中缓慢结晶生成,且它是由折叠链片晶组成。树枝状晶是由单晶在特定方向上择优生长,从而使结晶发展不均匀形成。一般当高聚物相对分子质量很大,而所形成的溶液浓度较高时,并且在低温条件下,就会形成此类结晶。球晶是大分子在无应力状态下,从浓溶液或熔体中缓慢冷却形成的球状复杂晶体结构。球晶中的晶片为折叠链片晶,而在各片晶之间还存在伸直链片晶的联结。原纤状晶体是高聚物大分子在结晶过程中受到搅拌、拉伸或剪切作用时所形成,是由完全伸展的分子链所组成。串晶是由高分子溶液边搅拌边结晶形成的结晶形态,串晶的中心是伸直链结构的原纤状晶体,外延间隔地生长着折叠链晶片。柱晶是高聚物熔体在应力作用下冷却结晶形成的以折叠链片晶为主的柱状晶体。

化学纤维一般是在高压力挤出加工条件下形成的,在其结晶区中,常存在着串晶、柱晶和原纤状晶体等结晶形式,有时也会存在球晶形式。虽然在通常情况下球晶形式应该在生产中尽量避免,但如果纤维被要求具有一些特殊的光学性质时,球晶形式就是一种希望得到的结晶形态。

(3)结晶度:从上述讨论知道,结晶区和非晶区的性能存在着较大差异,纤维中结晶区的大小和所占纤维的比例,直接影响纤维的性能和加工工艺的控制。因此通常采用结晶度对结晶部分的含量进行定量表述,结晶度是纤维中晶区部分的质量或体积占纤维总质量或总体积的百分数。

测试纤维结晶度的方法有密度法、X 射线衍射法、红外光谱法、量热分析法等。但要注意的是,在同一根纤维中晶区和非晶区相互交织、同时存在,且没有明确的界限,而不同的测定方法对晶区和非晶区的界定不同,因此采用上述各种方法测试结晶度时,所测得的结果存在较大差异。所以给出某纤维的结晶度时,必须说明相对应的测试方法;而比较不同纤维结晶度时,必须采用相同方法的测试结果。

**3. 纤维的非晶态结构** 非晶态结构是指大分子链不具备三维有序的排列结构。纤维中呈现非晶态结构的区域称为非晶区。目前对于非晶态结构的主导认识,主要是 1942 年 P.J. Flory 从统计热力学出发,提出的非晶态的"无规线团模型",该模型认为非晶态的高聚物是由大分子的无规线团组成,每条大分子链处于其他许多相同的大分子链的包围中,而且分子内和分子间的相互作用是相同的。根据无规线团理论建立的数学模型,能较好地计算和预测非晶态高聚物的行为。

当然对于非晶态结构的认识,也存在其他的观点,其中比较典型的是 1972 年 Yel 提出的"两相球粒模型",认为非晶态的高聚物是由折叠链构象的"粒子相"和无规线团构象的"粒间相"构成。也就是说,在无规线团中存在着局部有序的大分子排列。根据此模型也能够解释部分实验现象。

纤维非晶态结构也是一种非常重要的凝聚态结构,它直接影响纤维的力学、热学以及吸附等性能,但其确切的理论尚需进一步研究。

**4. 纤维的取向结构** 由于纤维大分子链为细而长的结构形式,且其长度是宽度的几千甚至上万倍,因此纤维中大分子链、链段和晶体的长度方向沿着纤维的几何轴向呈现一定夹角排列,这种排列方式称为纤维大分子的取向排列。取向后纤维凝聚态结构称为取向态结构。大分子排列方向与纤维几何轴向符合的程度称为取向程度。取向程度可用取向度 $f$ 表达,定义为:

$$f = (3\,\overline{\cos^2\theta} - 1)/2 \tag{1-3}$$

式中:$\theta$ 为大分子链节排列方向与纤维几何轴线之间的夹角,$\overline{\cos^2\theta}$ 为平均取向因子。例如,当大分子排列与纤维轴平行时,$\theta = 0°$,$f = 1.000$,表示完全取向;当大分子排列与纤维轴垂直时,$\theta = 90°$,$f = -0.500$;当 $f = 0.000$ 时,$\theta = 54.74°$。由于纤维中结晶区和非晶区的大分子排列状态的不同,故分别有结晶区取向度、非晶区取向度和纤维平均取向度等指标。结晶区取向度采用广角 X 射线衍射法能够精确地获得,非晶区取向度的测试常采用声波传播法、偏振荧光法、光学双折射法、红外二相色法等。

取向度是表示纤维材料各向异性结构特征的重要参数,纤维中大分子的取向排列造成纤维的力学性能、光学性能、热学性能所表现出的各向异性。

对于化学纤维,大分子取向排列的形成通常是由于加工过程中纤维受到拉伸(牵伸),大分子沿受力方向移动实现的。所以控制化纤生产工艺参数,可获得不同的取向结构,而天然纤维的取向度则取决于其种类和品种。

**5. 纤维的原纤结构** 根据显微分析方法对纤维结构的观察,可以知道从高聚物大分子排列堆砌组合到形成纤维,经历了多级微观结构层次,且该微观结构表现为具有不同尺寸的原纤结构特征。一般认为纤维中包含了大分子、基原纤、微原纤、原纤、巨原纤、细胞、纤维等结构层次,其各级原纤结构特征如下。

(1)基原纤(protofibril 或 elementary fibril):通常由几根或十几根直线链状大分子,按照一定的空间位置排列,相对稳定地形成结晶态的大分子束。其形态可以是伸直平行排列,也可以是螺旋状排列,取决于大分子的组成结构特征。基原纤的结构尺寸为 $1 \sim 3$nm($10 \sim 30$Å),是原纤结构中最基本的结构单元。

(2)微原纤(microfibril):由若干根基原纤平行排列结合在一起的大分子束。微原纤内一方面靠相邻基原纤之间的分子间力联结,另一方面靠穿越两个基原纤的大分子将两个基原纤连接起来。在微原纤内,基原纤之间存在一些缝隙和孔洞。微原纤的横向尺寸一般为 $4 \sim 8$nm($40 \sim 80$Å),也有大到 10nm 的。

(3)原纤(fibril):由若干根基原纤或微原纤基本平行排列结合在一起形成更粗大些的大分子束。原纤内,两基原纤或微原纤靠"缚结分子"连接,这样就造成比微原纤中更大的缝隙、孔洞,并还有非结晶区存在。在这些非晶区内,也可能存在一些其他分子的化合物。原纤中基原纤或微原纤之间也是依靠相邻分子之间的分子结合力和穿越"缚结分子"进行联结的。原纤的横向尺寸为 $10 \sim 30$nm($100 \sim 300$Å)。

(4)巨原纤(macrofibril):是由原纤基本平行堆砌得到的更粗大的大分子束。在原纤之间存在着比原纤内更大的缝隙、孔洞和非晶区。原纤之间的联结主要依靠穿越非晶区的大分子主链和一些其他物质。巨原纤的横向尺寸一般为 $0.1\sim1.5\mu m$。

（5）细胞是构成生物体最基本的单元，它是由细胞壁和细胞内物质组成，并且每个细胞具有明显的细胞边界。细胞壁是由巨原纤或微原纤堆砌而成的，且其存在着从纳米级到亚微米级的缝隙和孔洞。目前我们使用的具有细胞结构的纤维主要包括棉纤维、麻纤维、毛纤维。其中棉纤维、麻纤维为单细胞纤维。毛纤维为多细胞纤维，细胞之间是通过细胞间物质黏结的。

并非所有纤维都具有上述每一个结构层次，大部分合成纤维仅具有从基原纤、微原纤到原纤的结构层次；凝胶纺丝纤维和液晶纺丝纤维具有原纤结构；天然纤维中也存在原纤结构，并且棉纤维、毛纤维几乎具有所有上述结构层次。

**6. 纤维的液晶结构**　物质具有气态、液态、固态三种形态。当大多数物质呈液态时，其分子结构排列与非晶态固体中的分子排列结构基本相同，但对于部分具有刚性结构的大分子材料，在满足一定条件（受热熔或被溶剂溶解）时，虽然其宏观形态处于液体状态，表现出良好的流动性，但其大分子的排列保留了晶态物质分子的有序性，而且在物理性能上呈各向异性。通常把这种兼有晶体和液态部分性质的过渡状态称为液晶态，处于液晶态的物质叫液晶。

能够形成液晶的分子的结构特点为：

（1）大分子应含有苯环、杂环、多重键刚性结构，同时还应含有一定数量的柔性结构，并且大分子总体表现为刚性链结构；

（2）分子具有不对称的几何结构；

（3）大分子应含有极性或可以极化的基团。

按液晶的形成条件可分为溶致型液晶和热致型液晶。溶致型液晶是把物质溶解于溶剂中，在一定浓度范围内形成的液晶；热致型液晶是将物质加热到熔点或玻璃化温度以上形成的液晶。

由于液晶高分子具有各向异性的流变性能，使纤维可以在低序液晶态纺丝，而且纺丝黏度小，具有更好的加工性能。液晶高分子形成的纤维通常具有高结晶度、高取向度的原纤结构特征，其表现为优良的力学性能、热学性能和热氧稳定性能，因此常采用该方法纺制高性能纤维。目前商业化使用量最大的液晶高分子纤维是芳族聚合物纤维，如聚对苯二甲酰对苯二胺纤维（芳纶 1414，PPTA，Kevlar®）。

**7. 纤维的织态结构**　采用两种或两种以上不同的高分子材料以共混方式进行纺丝，形成共混高聚物纤维，也可称为"高聚物合金纤维"。通过共混方式可以达到提高纤维应用性能、改善加工性能和降低生产成本的目的。

在共混高聚物纤维中，由于不同的加工条件和多相的组分，会得到不同的形态结构，从而会显著地影响纤维性能。对于热力学上相溶的共混体系，会形成均相的形态结构；反之则会形成两个或两个以上的多相体系。纤维的织态结构就是研究共混高聚物纤维中所呈现相体系的形态结构、相体系中各单相材料的分布形式和状态以及各相之间的界面性质。

# 第三节　纤维结构测试分析方法

人们对纤维结构逐步深入的认识,建立在纤维结构测试方法和技术不断发展的基础之上,每种新型测试方法的研究成功,无疑对纤维结构研究起到巨大推动作用,因此新型纤维结构测试技术的研究已成为纺织材料学研究的重要内容之一。目前我们在研究大分子链组成方面,已广泛采用色谱法、质谱法、紫外和红外吸收光谱法、拉曼光谱法、离子或电子探针能谱法等;在研究凝聚态结构、形态结构等方面,已广泛采用多种(光学、电子、原子力)显微分析、各种射线(X射线、中子射线、电子射线)衍射和散射分析、固体小角激光散射分析、核磁共振分析、热分析等各种测试方法(表1–5)。本节将对常用测试方法原理进行简单的论述,使读者能够对纤维结构测试的几种常用方法及其应用有一个初步了解,更加详细的内容需要参考有关文献和专业书籍。

表1–5　纤维结构的相关研究测试方法

| 研 究 内 容 | | 研 究 方 法 |
| --- | --- | --- |
| 纤维大分子结构 | 大分子结构和组成 | 紫外吸收光谱、红外吸收光谱、拉曼光谱、核磁共振谱、质谱、气相色谱、电子能谱、原子力显微镜、电子探针显微镜 |
| | 相对分子质量及分布 | 溶液光散射法、凝胶渗透色谱法、黏度法、溶液激光小角光散射法、渗透压法、气相渗透压法、沸点升高法、端基滴定法、紫外吸收光谱、激光质谱、电喷雾质谱 |
| | 大分子链的构象 | X射线衍射法、光谱分析、核磁共振谱 |
| 纤维凝聚态结构 | 纤维结晶度 | X射线衍射、电子衍射、核磁共振、红外光谱、密度法、热分析 |
| | 纤维取向度 | X射线衍射、双折射、声速法、红外光谱、偏振荧光、拉曼光谱 |

## 一、显微分析技术法

显微分析技术是采用透镜光学放大原理或探针等方式,直接观察纤维微观形态结构的方法,不同显微分析技术具有不同放大倍数和分辨距离,目前共有三种不同类型的显微分析方式:

(1)光学显微镜,其放大倍数可达1000倍左右,分辨距离约为$0.2\mu m$。

(2)电子显微镜,其放大倍数可达到100万倍以上,分辨距离可达$0.1\sim0.2nm$。

(3)原子力显微镜,其横向分辨距离为$0.2nm$,纵向分辨距离为$0.1nm$。

**1. 光学显微镜**　由17世纪荷兰人Antonie Van Leeuwenhock发明,使人们第一次看到了细胞这种生命体。由于对操作环境条件要求较低，光学显微镜常被作为研究纤维形态结构的主要工具。光学显微镜是由目镜、物镜、试样台、光源系统组成，其放大作用主要是置于试样台上的被观察物体的反射或透射光线，经过透镜组中焦距很短的物镜和焦距较长的目镜的放大实现，如图1-5所示。

如果在显微镜中增加各种相应的附件，可以使显微镜具有某些特殊功能，形成特种规格的显微镜，如偏振光显微镜、相差显微镜、干涉显微镜、荧光显微镜、红外显微镜、X射线显微镜等，在纤维结构测试中常用的为偏振光显微镜。偏振光显微镜是在普通光学显微镜中的试样台上下分别增加一块起偏器和检偏器，利用偏振片只允许某一特定振动方向的光通过的特性，可以进行纤维（或高聚物）结晶形态（特别是球晶）、高聚物或复合材料的多相体系结构以及液晶相态结构观察研究，结合可加热的试样台，则可以进行高聚物结晶过程研究，也可以进行纤维双折射率的测定。

**2. 电子显微镜** 1932年由德国人Helmut Ruska研制出第一台电子显微镜。电子显微镜是利用具有波长更短的电子束替代可见光，从而实现更大程度的放大倍数和分辨距离。电子显微镜分为透射电子显微镜和扫描电子显微镜两种。扫描电子显微镜结构示意图如图1-6所示，包括电子发射和聚焦系统、扫描系统、信号检测系统、显示系统、电源和真空系统等。电子枪发射能量最高可达到30keV的电子束，经过几级电磁透镜聚焦，电子束集中成为直径仅几埃到几十埃的细线，在经过水平和垂直偏转线圈的磁场作用下，可使电子细束在样品表面进行X-Y方向的逐行扫描，电子束与样品表面之间相互作用，产生二次激发电子、透射电子、背散射电子、吸收电子和X射

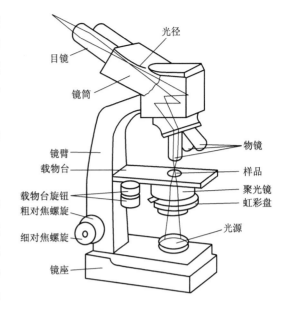

图1-5 光学显微镜原理示意图

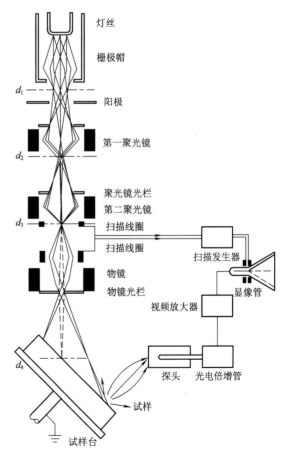

图1-6 扫描电子显微镜结构示意图

**21**

线等,用各种接收转换器分别接收这些信号,经信号放大器后供给转换成像。同时扫描信号发生器给电子显微镜的扫描线圈和观察、摄影用示波管的扫描线圈供给行扫描与帧扫描信号,并将接收器接收的信号(如二次激发电子)放大后供给示波管的加速阳极。

**3. 扫描隧道显微镜** 1981 年由德国人 G. Binnig 和瑞士人 H. Roher 根据量子力学原理中的隧道效应而设计发明的。用一个极细的尖针(针尖头部为单个原子)去接近样品表面,当针尖和样品表面靠得很近,即小于 1nm 时,针尖头部的原子和样品表面原子的电子云发生重叠。此时若在针尖和样品之间加上一个偏压,针尖与样品之间产生隧道效应,且有电子逸出,从而形成隧道电流。通过控制针尖与样品表面间距的恒定,并使针尖沿表面进行精确的三维移动,就可将表面形貌和表面电子态等有关表面信息记录下来。当针尖沿 X 和 Y 方向在样品表面扫描时,连续的扫描可以建立起原子级分辨率的表面结构,并可绘出立体三维结构图像。

扫描隧道显微镜可在真空、常压、空气、甚至溶液中探测物质的结构,其空间分辨能力,横向可达 0.1nm,纵向可优于 0.01nm。

**4. 原子力显微镜** 1986 年由 G. Binnig、F. Quate 和 C. Gerber 发明,原子力显微镜是利用一悬臂探针在接近被测试样表面并移动时,探针针尖会受到力的作用而使悬臂产生偏移,其偏移振幅变化量经检测系统检测后转变为电信号,并经成像系统合成试样表面的形态图片信息。原子力显微镜主要由带针尖的微悬臂、微悬臂运动检测装置、监控其运动的反馈回路、使样品进行扫描的压电陶瓷扫描器件、计算机控制的图像采集、显示及处理系统组成。

原子力显微镜可用于进行纤维的表面形态、原子尺寸和纳米级结构、多组分共混纤维的相分布等研究,可给出试样表面的三维立体形貌图形,也可进行纳米尺寸下的材料性质研究,以及进行材料中原子重新排列等材料改性研究。

### 二、X 射线衍射法

图 1-7 为 X 射线衍射法的示意图,由 X 射线管中的灯丝发射高速电子流轰击铜靶产生特征 X 射线,经单色器(滤光器)和准直器分出一束计息的平行单色 X 射线(射线波长为0.1539nm),照射到纤维样品上,X 射线会受到纤维中的各链节、原子团等的散射、反射,这些散射或反射光会产生相互干涉,由物理光学可知,由于纤维结晶区中规则排列的原子间距离与 X 射线波长具有相同的数量级,这些相互干涉的射线,在光程差等于波长的整数倍的各方向上得到加强,而在光程差等于波长的各整半倍数$\left(如\frac{1}{2}、1\frac{1}{2}、2\frac{1}{2}等\right)$的各个方向上相互抵消,从而形成特定的 X 射线衍射斑点图样,根据衍射方向(斑点的位置、形状)和衍射强度(斑点黑度)确定纤维晶胞的晶系、晶粒的尺寸和完整性、结晶度以及晶粒的取向度。

根据获取试验结果的方式不同,X 射线衍射有两种方法,一种为照相法,利用照相底片摄取试样衍射图像的方法;另一种为扫描法,利用衍射测角仪、核辐射探测器等装置获得 X 射线通过试样的衍射强度与衍射角度的关系曲线。

照相法常被用来确定晶胞的结构特征和参数,不同纤维的衍射图不同,可以根据衍射图中

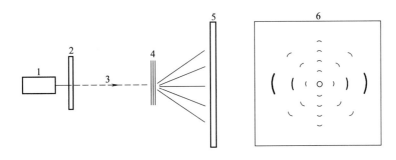

（a）X射线衍射照相示意图

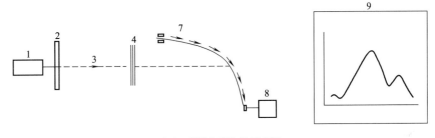

（b）X射线衍射扫描示意图

图1－7　X射线衍射照相及扫描示意图

1—X射线源　2—滤光片　3—X射线 $K_\alpha$　4—纤维束样品　5—照相底片　6—照相衍射图

7—扫描轨道　8—接收器　9—扫描曲线图

斑点的位置、形状、黑度等确定各组晶面间的距离，并由此推断出显微晶胞的晶系，各级重复周期和晶胞的结构参数。

　　扫描法可以较为方便地计算纤维中的结晶度以及晶粒的取向度等。结晶度的算法有衍射曲线拟合分峰法、作图法、结晶指数法、回归线法、Ruland法等。图1－8为非取向棉纤维素的沿赤道方向的衍射扫描曲线，纵坐标为衍射强度的相对值，横坐标为衍射角度，记录的角度范围 $2\theta = 5° \sim 60°$。曲线下的面积为结晶区和非晶区共同作用的结果。

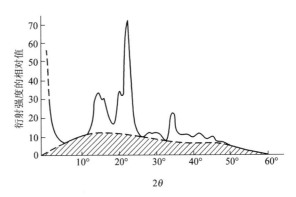

图1－8　非取向棉纤维素的沿赤道方向的
衍射扫描曲线

### 三、红外光谱分析法

　　高聚物纤维中大分子的原子或基团会在其平衡位置处产生周期性的振动，按照振动时键长和键角的改变，这种振动包括伸缩振动和变形振动（价键的弯曲振动和原子团绕主键轴扭摆振动），而每一种振动均有其各自特有的自振频率，也就是说大分子中的各种键有各自特有的自振频率。采用连续不同频率的红外线照射样品，当某一频率的红外线与分子中键的振动频率相同时,将会产生共振而被吸收的现象,从而获得红外吸收光谱,并且这种基团越多,这种波长的光被吸收得越多。根据对红外吸收光谱中各吸收峰对应频率的分析,可以对纤维的分子结构判定,进而鉴别纤维的品种类别;也可以对纤维超分子结构中的结晶度、取向度等进行测定。

组成分子的各种基团都有其自己的特定红外吸收区域,所产生的吸收峰称为特征吸收峰,其对应的频率称为特征频率。一般在波数1300~4000波/cm区域的谱带有比较明确的基团与频率的对应关系,可根据这种对应关系,初步推测分子中可能存在的基团性质,进而确定纤维分子结构特征,鉴别纤维品种。由于大多数纤维品种的红外光谱吸收谱图都已通过实验手段测试获得,所以也可通过与这些已有的红外光谱图做对比,来鉴别纤维品种。

用红外吸收光谱还可以测定纤维的结晶度以及结晶形态等信息。对于同一纤维来讲,结晶区中分子或原子之间的相互作用与非晶区中的分子之间的相互作用不同,结晶态吸收特征频率与非晶态吸收频率也存在不同,测定并标定所测试纤维中大分子结晶态主吸收峰和非晶态主吸收峰,根据其吸收率的比值就可计算出纤维结晶度。

在红外光谱仪的入射光路中加入一个起偏器就可以形成偏振红外光谱,并且通过调整偏振器的方向,可获得平行或垂直于纤维轴向的吸收光谱。若纤维中基团的振动偶极矩变化方向与偏振光方向平行时,则吸收光谱可达到最大吸收强度,反之吸收强度为零,因此可以分析某些价键或基团在纤维中的方向,进而推断纤维中的分子取向程度。

此外,利用红外吸收光谱还可以研究纤维的降解和老化反应机理,纤维化学接枝改性反应,纤维对水分子的吸收等现象。

## 四、核磁共振法

核磁共振是指利用核磁共振现象获取分子结构、纤维内部结构信息的技术。原子核是带正电的粒子,能绕自身轴作自转运动,并形成一定的自转角动量。当原子核自转时,会由自转产生一个磁矩,这一磁矩的方向与原子核的自转方向相同,大小与原子核的自转角动量成正比。通常原子核的磁矩可以任意取向,但若将原子核置于外加磁场中,且当原子核磁矩与外加磁场方向不同时,则原子核除自转外还将沿外磁场方向发生一定的量子化取向,并按不同的方向取向,产生能级的分裂。

根据量子力学原理,原子核磁矩与外加磁场之间的夹角并不是连续分布的,而是由原子核的磁量子数决定的,原子核磁矩的方向只能在这些磁量子数之间跳跃,而不能平滑地变化,这样就形成了一系列的能级。当用具有特定频率并且方向垂直于静磁场的交变电磁场作用于样品时,原子核接受交变磁场能量输入后,就会发生能级跃迁。这种能级跃迁是获取核磁共振信号的基础。

根据物理学原理可以知道在外加射频场的频率与原子核自转运动的频率相同时,射频场的能量才能够有效地被原子核吸收,为能级跃迁提供助力。因此采用连续波频率扫描,或用经过调制的射频脉冲电磁波辐射,对于某种特定的原子核,在给定的外加磁场中,只吸收某一特定频率射频场提供的能量,这样就形成了一个核磁共振信号。

在核磁共振技术中常用的原子核为$^1$H和$^{13}$C,但对于高分子材料,通常采用$^{13}$C核磁共振谱进行分析。$^{13}$C核磁共振是研究化合物中$^{13}$C原子核的核磁共振,可提供分子中碳原子所处的不同化学环境和它们之间的相互关系的信息,依据这些信息可确定分子的组成、联接方式及其空间结构。

核磁共振可用于测定纤维大分子的相对分子质量、高聚物的空间结构及结构规整性、共聚物的结构以及高分子的运动研究等方面。

## ☞ 思考题

1. 纤维大分子的特征有哪些?

2. 应用广泛的纤维大分子有哪些种类?

3. 纤维中大分子凝聚态中,结晶区晶系有哪几种类型,分子间依靠什么能量结合?非结晶区(无定形区)形态如何?纤维结构层次有多少种?

4. 表达纤维结构的主要指标有哪些?它们最常用的测试方法有哪些?

## 参考文献

[1] 大卫·R.萨利姆.聚合物纤维结构的形成[M].高绪姗,吴大诚,译.北京:化学工业出版社,2004.

[2] 焦剑,雷渭媛.高聚物结构、性能与测试[M].北京:化学工业出版社,2003.

[3] Nageli,C. Micellartheorie. Original papers reprinted as Ostwalds Classiker, No. 227(1928) A. Frey(Ed.) Leipzig.

[4] Nodder,C R. Some observation on the chemical degration of linen cellulose[J]. Trans Faraday Soc.,1993 (29):317 – 324.

[5] Staudinger H. Die hochmolekularen organischen verbindungen[M]. Berlin:Springer-Verlag,1932.

[6] Hermes M E. Enough for one lifetime:Wallace Carothers, Invertor of nylon[J]. American Chemical Society,1996.

# 第二章　纺织纤维的形态及基本性质

## 本章知识点

1. 纤维的细度、细度不匀、长度、长度分布、卷曲、转曲及拉伸强度指标的定义。
2. 异形截面纤维的特征与指标。
3. 纤维细度、长度指标与可纺性及纺织产品性能的关系。
4. 纤维的回潮率、公定回潮率以及吸湿机理，吸湿性对性能的影响。

纤维形态结构可分为纤维表面形态结构和纤维内部形态结构。表面形态结构是基于宏观尺度的研究，而内部形态结构是基于分子或原子尺度的微观研究。本章讨论的内容属于前者，主要介绍纤维表面形态结构。

纺织纤维的表面形态是以纤维轮廓为主的特征，其主要包括纤维的长短、粗细、截面形状与结构、卷曲和转曲等几何外观形态。纤维形态结构不仅与纤维的物理性能、纺织工艺性能有着密切关系，而且对纺织制品的使用性能有直接影响，故在现代纤维材料科学的研究领域内，对纤维形态结构的研究始终都受到重点关注。近年来，随着电子技术和数据、图像处理技术的发展，已经形成了一系列的纤维材料结构与性能的测定方法和评价模式。

## 第一节　纤维的细度

纤维细度是指以纤维的直径或截面面积的大小来表达的纤维粗细程度。在更多情况下，常因纤维截面形状不规则及中腔、缝隙、孔洞的存在而无法用直径、截面面积等指标准确表达，习惯上使用单位长度的质量（线密度）或单位质量的长度（线密度的倒数）来表示纤维细度。

当用线密度及几何粗细来表达纤维细度时，其值越大，纤维越粗；而在使用单位质量纤维所具有的长度来表达纤维细度时，其值越大，纤维越细。

### 一、纤维的细度指标

纤维的细度指标分为直接指标和间接指标两类。

**（一）直接指标**

主要指直径、截面积及宽度等纤维的几何尺寸表达。

当纤维的截面接近圆形时，纤维的细度可以用直径、截面积和周长等直接指标表示，通过光学显微镜或电子显微镜观测纤维的直径 $d$ 和截面积 $A$。在直接指标中最常用的是直径，单位为微米（μm），常用于截面接近圆形的纤维，如绵羊毛及其他动物毛等。对于近似圆形的纤维，其截面积计算可近似采用下式：

$$A = \frac{\pi \cdot d^2}{4}$$

**（二）间接指标**

**1. 线密度**　法定计量制的线密度单位为特克斯（tex），简称特，表示 1000m 长的纺织材料在公定回潮率时的重量（g）。一段纤维的长度为 $L$（m），公定回潮率时的重量为 $G_k$（g），则该纤维的线密度 Tt 为：

$$\text{Tt} = 1000 \times \frac{G_k}{L} \tag{2-1}$$

由于纤维细度较细，用特数表示时数值过小，故常采用分特（dtex）或毫特（mtex）表示纤维的细度，且 $1\text{dtex} = 10^{-1}\text{tex}$，$1\text{mtex} = 10^{-3}\text{tex}$。

特克斯为定长制，如果同一种纤维的特数越大，则纤维越粗。

**2. 纤度**　单位为旦尼尔（denier），简称旦，表示 9000m 长的纺织材料在公定回潮率时的重量（g），它曾广泛应用于蚕丝和化纤长丝的细度表示中。一段纤维的长度为 $L$（m），公定回潮率时的重量为 $G_k$（g），则该纤维的纤度 $N_d$ 为：

$$N_d = 9000 \times \frac{G_k}{L} \tag{2-2}$$

纤度为定长制，如果同一种纤维的旦数越大，则纤维越粗。

**3. 公制支数**　单位质量纤维的长度指标称为支数，按计量制不同可分为公制支数和英制支数。公制支数 $N_m$ 是指在公定回潮率时重量为 1g 的纺织材料所具有的长度（m），简称公支，设纤维的公定重量为 $G_k$（g），长度为 $L$（m），则该纤维的公制支数为：

$$N_m = \frac{L}{G_k} \tag{2-3}$$

公制支数为定重制，如果同一种纤维的公制支数越大，则纤维越细。

**（三）细度指标的换算**

线密度（Tt）、纤度（$N_d$）和公制支数（$N_m$）的数值可相互换算，其换算关系如下：

$$N_m = \frac{9000}{N_d} \qquad N_d = \frac{9000}{N_m} \qquad N_m = \frac{1000}{\text{Tt}}$$

$$\text{Tt} = \frac{1000}{N_m} \qquad N_d = 9\text{Tt} \qquad \text{Tt} = \frac{N_d}{9} \tag{2-4}$$

纤维的截面为圆形时,如已知纤维密度,则纤维直径与线密度、纤度或公制支数之间可相互换算。设纤维直径为 $d(mm)$,体积密度为 $\delta(g/cm^3)$,则

$$d = \sqrt{\frac{4}{10^3 \pi} \cdot \frac{Tt}{\delta}} = 0.03568 \times \sqrt{\frac{Tt}{\delta}} (mm) \qquad (2-5)$$

$$d = \sqrt{\frac{4}{9 \times 10^3 \pi} \cdot \frac{N_d}{\delta}} = 0.01189 \times \sqrt{\frac{N_d}{\delta}} (mm) \qquad (2-6)$$

$$d = \sqrt{\frac{4}{\pi} \cdot \frac{1}{N_m \cdot \delta}} = 1.12867 \times \sqrt{\frac{1}{N_m \cdot \delta}} (mm) \qquad (2-7)$$

由上式可知,各种纤维因受到各自密度(表 2-1)不同的影响,当线密度、纤度、公制支数分别相同时,其直径并不相同。密度越小,纤维直径越粗。例如,1.50dtex 的涤纶直径为:

$$d = 0.03568 \times \sqrt{\frac{Tt}{\delta}} = 0.03568 \times \sqrt{\frac{1.50 \times 10^{-1}}{1.38}} = 1.176 \times 10^{-2} (mm)$$

1.50dtex 的丙纶直径为:

$$d = 0.03568 \times \sqrt{\frac{Tt}{\delta}} = 0.03568 \times \sqrt{\frac{1.50 \times 10^{-1}}{0.91}} = 1.449 \times 10^{-2} (mm)$$

表 2-1　各种干燥纤维的体积密度 $\delta$　　　　单位:g/cm³

| 纤维 | 密度 | 纤维 | 密度 | 纤维 | 密度 |
|---|---|---|---|---|---|
| 丙纶 | 0.91 | 羊毛 | 1.30 ~ 1.32 | 黏胶纤维 | 1.52 ~ 1.53 |
| 乙纶(低压法) | 0.95 | 三醋酯纤维 | 1.30 | 富强纤维 | 1.49 ~ 1.52 |
| 锦纶 6 | 1.14 ~ 1.15 | 蚕丝 | 1.00 ~ 1.36 | 棉 | 1.52 ~ 1.54 |
| 锦纶 66 | 1.14 ~ 1.15 | 聚醚酯纤维 | 1.34 | 偏氯纶 | 1.70 |
| 腈纶 | 1.14 ~ 1.19 | 涤纶 | 1.38 ~ 1.39 | 碳纤维 | 1.77 |
| 腈纶(蛋白接枝纤维) | 1.22 | 芳纶 1313 | 1.38 | 石墨纤维(气相法) | 2.03 |
| 锦纶 4 | 1.25 | 氯纶 | 1.39 ~ 1.40 | 氟纶 | 2.30 |
| 腈氯纶 | 1.23 ~ 1.28 | 芳纶 14 | 1.46 | 硼纤维 | 2.36 |
| 维纶 | 1.26 ~ 1.30 | 芳纶 1414 | 1.47 | 玻璃纤维 | 2.54 |
| 氨纶 | 1.0 ~ 1.30 | 聚酰胺硼纤维 | 1.47 | 石棉纤维 | 2.10 ~ 2.80 |
| 维氯纶 | 1.32 | 苎麻 | 1.54 ~ 1.55 | | |

天然纤维由于每根纤维沿长度方向细度不匀(棉纤维、各种麻纤维中段粗两端细;羔羊毛纤维根端粗梢端细,成年羊毛纤维两端粗中间细),因此线密度又分为中段线密度和全长线密

度。如陆地棉纤维全长线密度约为中段(10mm)线密度的85.75%,海岛棉纤维全长线密度约为中段(10mm)线密度的91.90%。

### 二、纤维的细度不匀及其指标

纤维的细度不匀的内容主要包括两方面,一是纤维之间的粗细不匀,二是单根纤维沿长度方向上的粗细不匀。长期以来,对纺织纤维纵向及横截面形态和结构特征的分析都借助于高分辨率的光学显微镜或电子显微镜以及现代光电图像处理技术。但是对于离散较大的天然纤维,绝大多数不仅截面非圆形而且有不规则的空腔,因此,除毛纤维外基本不用直径测量方法。

#### (一)各类纤维的细度不匀

天然纤维的细度常因在生长过程中受到自然环境及其他因素的影响而存在很大差异。就棉纤维而言,棉纤维的细度(即线密度)与棉纤维形态和结构有关。一方面,棉纤维的外周长在生长的初期已确定;另一方面,纤维的胞壁不断增厚,即成熟度提高,棉纤维的细度与外周长和成熟度直接相关。由于外周长与棉的品种和产地,甚至与棉株、棉籽的生长部位有关,而成熟度与生长条件和采摘时间有关,所以棉纤维的细度主要取决于棉花品种、生长条件等。因此,不仅同一棉包的棉纤维存在着粗细不同,同一根棉纤维也呈现两端细、中段粗的不对称截面形态变化,其线密度同样是中间粗、两端细,不对称的。

对于毛纤维细度及细度不匀的重要性更为突出,绵羊毛纤维细度的差异主要是受到绵羊的品种、年龄、羊体上生长部位及一个毛丛内羊毛的差异等的影响,另外绵羊毛纤维因生长季节和饲养条件的变化也会有明显的粗细差异(粗细差异可达3~10μm),并且其截面形态也会有所变化。国产绵羊毛纤维直径形态及变化规律较为相似,从毛尖向毛根开始逐步增粗,达到最粗处后,逐步下降,达到最细处后再逐步增粗。

麻纤维的粗细差异更为显著,各种麻纤维不仅受生长条件、初生韧皮纤维细胞和次生韧皮纤维细胞生长期不同等影响,造成单纤维的粗细差异大(变异系数可达30%~40%),而且工艺纤维因纤维分裂度的随机性导致的粗细差异更大。

蚕丝的粗细差异在蚕茧结构上较为明显,茧衣和蛹衬的丝较细不能缫丝,而茧层的丝相对较粗也是中段粗两端细,经过缫丝并合后所得到的生丝的细度及细度不匀,由茧丝的并合根数及茧丝的细度差异决定,所以缫丝并合时的粗细搭配较好,则生丝的均匀性就较好。

化纤长丝的线密度是其成形过程中的主控参数,故其细度均匀性总体来说较天然纤维好。在生产过程中由于受到温度、时间、牵伸力等因素的影响,不同时间生产的长丝直径也有差异,从喷丝孔出来的长丝直径会沿着其长度的方向发生变化。传统的静态测量方法只能够反映长丝某一段的直径,很难准确地得到连续长丝的直径和细度不匀。现在多使用条干均匀度仪连续测量或在线测量的方法来测试长丝束及其成品的直径和细度不匀。

化学短纤维的细度及其均匀度则主要是借鉴天然纤维的相关指标来表达。

#### (二)细度不匀指标及分布

**1.不匀率指标** 由细度的定义可知,对细度不匀较为合理的表达应为纤维直径或线密度的差异。也就是说通过纤维的平均直径及其离散指标或平均线密度及其离散指标来表示纤维的细度不匀是最有效的,相关的离散指标主要包括直径或线密度的标准差 $\sigma$ 及其变异系数 $CV$ 值。

**2. 纤维间细度不匀的分布**　在纤维分组测量的基础上,将纤维直径的测试结果用直方图表示,不但可以反映出该批羊毛纤维细度的分布状况,还可以计算出纤维细度的离散系数。其直径分布曲线如图 2-1 所示。

纤维平均直径的计算公式为:

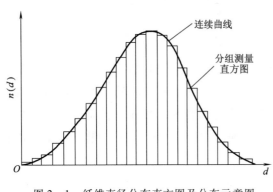

图 2-1　纤维直径分布直方图及分布示意图

$$\overline{d} = \frac{\sum_{i=1}^{m} d_i \times n_i}{\sum_{i=1}^{m} n_i} \qquad (2-8)$$

或

$$\overline{d} = \int_{d_{\min}}^{d_{\max}} n_i(d) \cdot d_i \cdot \mathrm{d}d \qquad (2-9)$$

式中:$\overline{d}$——纤维的平均直径,μm;

$\qquad d_i$——纤维测定后,数据整理分组,以组中值为每组纤维的代表直径,μm;

$\qquad n_i$——每组测量的纤维根数,根;

$\qquad n(d)$——直径为 $d_i$ 组的纤维根数的密度函数;

$d_{\max}, d_{\min}$——分别为被测纤维的最粗、最细直径,μm。

可用标准差 $\sigma$ 表示纤维的每个试验值对其平均数的差异情况,计算公式为:

$$\sigma = \sqrt{\frac{\sum_{i=1}^{N} (d_i - \overline{d})^2 \cdot n_i}{N-1}} = \sqrt{\frac{\sum_{i=1}^{N} d_i^2 \cdot n_i}{N-1} - \left(\frac{\sum_{i=1}^{N} d_i n_i}{N-1}\right)^2} \qquad (2-10)$$

式中:$N$——试验纤维总根数,根。

直径变异系数 $CV_\mathrm{d}$(又称离散系数)(%)的计算公式为:

$$CV_\mathrm{d} = \frac{\sigma}{\overline{d}} \times 100 \qquad (2-11)$$

或

$$CV_\mathrm{d} = \frac{\sqrt{\int_{d_{\min}}^{d_{\max}} (d_i - \overline{d})^2 \cdot n_i(d) \cdot \mathrm{d}d}}{\overline{d}} \times 100 \qquad (2-12)$$

纤维、纱线、织物各种指标在计算算术平均值和变异系数时均采用上述计算方程式。

### 三、纺织纤维细度测量方法

纺织材料细度测量方法很多,由于有湿胀、干缩的变化,因此细度测量规定必须在标准温湿度环境(温度20℃,相对湿度65%)中平衡后进行。

细度(线密度、纤度、公制支数)测量方法基本上是测长称重法。短纤维整理成束,一端排齐或者中段切取后,称重、数根数,或按长度分组、称重、数根数。按式(2-1)~式(2-3)计算。多份试样测试后计算算术平均数、标准差和变异系数。

长纤维传统采用周长1m(或其他标准尺寸)在一定张力下绕取一定圈数(如50圈或100圈,即50m或100m),达到吸湿平衡后称重计算。

圆形截面的纤维可以测平均直径及变异系数,一般将纤维整理成束,中段切取一定长度(0.2~3.0mm,不同仪器要求不同),将其均匀分散后在光学显微镜、光学扫描仪、激光扫描仪、电子显微镜或其他仪器中逐根测量并记录直径后计算分布,并计算算术平均数、标准差、变异系数、粗端5%概率的直径、一定直径(如25μm)以上粗纤维的概率等。

除此之外,对不同纤维对象还有其他测试方法,举例如下:

(1)振动测量法:根据纤维在一定模量及一定应力下的共振频率与线密度的关系,求出单根纤维的线密度。

(2)气流仪测量法:根据不同细度的纤维比表面积不同,使试样在一定压缩比条件下测量气流阻力的方法间接测量纤维的线密度或实心圆截面纤维的直径。麻纤维脱胶后分裂程度也可用气流仪测量。棉纤维因转基因抗虫棉全面推广,此方法已暂时失效。

(3)声阻仪测量法:根据不同细度纤维比表面积和共振频率不同,试样在一定压缩比条件下测量声振动的阻尼系数,折算成纤维的线密度或平均直径。

### 四、纤维细度对纤维、纱线及织物的影响

纤维细度及其离散程度不仅与纤维强度、伸长度、刚性、弹性和形变的均一性有关,而且极大地影响织物的手感、风格以及纱线和织物的加工过程。细度不匀比长度不匀和纤维种类的不同更容易导致纱线不匀及纱疵。但另一方面,具有一定的异线密度,对纱的某些品质(如丰满、柔软等毛型感)的形成是有利的。

**(一)对纤维本身的影响**

纤维的粗细将影响纤维的比表面积,进而影响纤维的吸附及染色性能,纤维越细,其比表面积越大,纤维的染色性也有所提高;纤维较细,纱线成形后的结构较均匀,有利于其力学性能的提高。

但是纤维间的细度不匀会导致纤维力学性质的差异,最终导致纤维集合体的不匀,甚至加工过程控制的困难。此外,纤维内的细度差异,会直接导致纤维的力学弱节,不但影响外观和品质,最终将影响产品的使用。

**(二)对纱线质量及纺纱工艺的影响**

一般纤维细,纺纱加工中容易拉断,在开松、梳理中要求作用缓和,否则易产生大量短绒,在

并条高速牵伸时也易形成棉结。不过,细纤维纺纱时,由于纤维间接触面积大,牵伸中纤维间的摩擦力较高,会使纱线中纤维伸直度较高。

其他条件不变时,纤维越细,相同线密度纱线断面内纤维根数越多,摩擦越大,成纱强力越高,因为成纱断面内纤维根数较多时纤维间接触面积大,滑脱概率低,可使成纱强度提高。

纤维的细度对成纱的条干不匀率有显著影响。设纤维的线密度为 $Tt_1$,成纱的线密度为 $Tt_2$,细纱截面中平均纤维根数即 $Tt_2/Tt_1$,当成纱中不计纤维细度的变异时,则纱线条干变异系数的极小值如下:

$$CV(\%) = \sqrt{\frac{Tt_1}{Tt_2}} \times 100$$

因此纤维越细时,纱的条干变异系数 $CV$ 越低,条干均匀度越好。

细纤维可纺较细的纱。一定细度的纤维,可纺纱线的细度是有极限的。纤维细,纱截面中纤维根数增加,纺纱断头率低,因此在纱线品质要求一定时,细纤维可纺细线密度的纱线。

**(三)对织物的影响**

不同细度的纤维会极大地影响织物的手感及性能,如内衣织物要求柔软、舒适,可采用较细纤维;外衣织物要求硬挺,一般可用较粗纤维;当纤维细度适当时,织物耐磨性较好。具体影响见表2-2。

表2-2 纤维细度与功能的关系

| 纤维细度种类 | 线密度(dtex) | 直径(μm) | 功能特征 |
|---|---|---|---|
| 细线密度(丝型) | 1.1~2.8 | 4~10 | 柔软、滑爽、轻薄 |
| 棉、丝型纤维 | 0.89~1.33 | 8.41~13.7 | 柔软、均匀、轻薄 |
| 毛、麻型纤维 | 2.0~3.5 | 13.7~17.7 | 柔软、均匀、轻薄 |
| 超细化纤 | 0.11~0.89 | 0.4~4 | 柔软、细腻、吸湿、导湿 |
| 合成革(特细) | <0.11 | <0.4 | 透气、防水、细密、麂皮特征 |
| 极细纤维 | 0.0001~0.01 | 0.09~0.12 | 吸附、超滤 |
| 纳米纤维 | $10^{-8}\sim10^{-4}$ | 0.001~0.1 | 特殊功能 |

## 第二节 纤维的截面形状

纤维的截面形状随纤维种类而异,天然纤维具有各自的形态,化学纤维则可以根据人们的意愿设计异形喷丝孔,从而获得具有各种异形截面的纤维。此外,即使喷丝孔相同,也可通过控制纤维的成形过程而形成不同的截面形状。

截面形状影响纤维的卷曲状态、比表面积、抗弯刚度、密度、摩擦性能等,并与纤维的手感、风格及性能密切相关,进而在纤维复合成纱时,不同截面形态的纤维在纱线截面内的填充程度也不同,这同样也会影响到最终织物产品的品质。

天然纤维中毛纤维大部分为圆形,棉纤维接近腰圆形,木棉纤维为近圆形,丝纤维近似三角形,麻纤维为椭圆形或多角形等。

### 一、纤维异形化

非圆形截面的化学纤维称为异形纤维。为了使纤维品种多样化,国内外不断研究利用物理、化学和机械等方法使合成纤维变性,以改善其性能,扩大其使用范围,使化学纤维从形态、性能上模仿天然纤维,并向超天然纤维的方向发展。

纤维截面变化又称异形化,是物理改性的一项重要手段,可分为两种:一种是纤维截面形状的非圆形化,包括轮廓波动的异形化和直径不对称的异形化;另一种是截面的中空和复合化。异形截面纤维一般蓬松度较好,抗起毛起球,可以消除化纤光滑的手感,可以获得丝的光泽和丝鸣效果;异形中空丝与常规纤维相比改变了纤维集合体的密度、热阻、孔隙率、蓬松度、纤维截面的极惯性矩、比表面积,中空纤维的空隙内有大量的静止空气,从而可提高其热阻和保暖性能;中空纤维降低了纤维的密度,实现了纤维材料的轻量化;纤维中空化还可以提高纤维截面的极惯性矩,即提高了纤维的刚度;纤维中空化改变了其光学特性,中空部对光的漫反射可增强纤维的不透明感;中空化可以提高纤维的孔隙率、蓬松度及比表面积,从而改善了纤维集合体的湿热传递特性,可以使织物具有较好的吸湿、透气、保温功能。中空微孔纤维也可作为过滤材料。常见的异形纤维及中空异形纤维截面如图 2 - 2 所示。

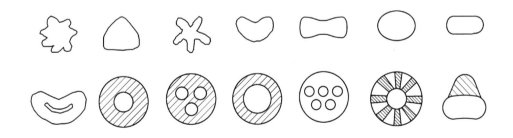

图 2 - 2　常见异形与中空异形纤维的截面

纤维异形化的发展过程是逐渐从单一改变纤维直径到纤维截面轮廓的波动,从单孔到多孔,从单组分到多组分,从对称到不对称,甚至从径向截面异形丝发展到纵向随机变形的异形丝。这不仅丰富了纺织纤维的内容,而且使纤维制品及其性能趋向于多样化、功能化和舒适化。常见异形截面纤维的形状与所突出的功能效果见表 2 - 3。

表 2 - 3　常见异形截面纤维的截面形状和功能效果

| 用　　途 | | 截面形状 | 功　能　效　果 |
|---|---|---|---|
| 服装用纤维 | | △ | 丝的光泽,蓬松 |
| | |  人 | 导汗,透湿 |
| | |  ☆ | 宝石样光泽,导汗,透湿 |
| | | 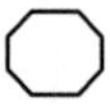 ○ | 丝的风格 |
| | |  C | 输水性优于半环形截面,有蓬松感 |
| | |  L | 轻量,柔软的风格,消极光 |
| | |  ⊛ | 轻量,消极光 |
| | |  C ◎ | 麻的风格,消极光 |
| 装饰用纤维 | 毯 |  △ | 压缩弹性模量高(耐倒伏性好,变形恢复快),抗污性好(不易看出污垢) |
| | |  ⊡ | 压缩弹性模量高(优于三角形截面),保温性好(锦纶) |
| | 絮 |  C ◎ | 轻量,蓬松性好,压缩弹性模量高,保温性好(涤纶) |

## 二、异形纤维的特征与指标

异形纤维与一般圆截面的纤维相比具有下列特征。

(1)具有优良的光学性能,如涤纶仿真丝织物采用三角形截面丝后,织物表面光泽优雅;锦纶三角形截面丝则使织物具有钻石般的光泽;多叶形丝可使织物表面消光,光泽柔和。

(2)能增加纤维的覆盖能力,提高抗起球能力。

(3)能增加纤维间的抱合力,使纤维的蓬松性、透气性及保暖性均有提高。

(4)可减少合成纤维的蜡状感,使织物具有丝绸感,并能增加染色的鲜艳度。

(5)表面沟槽起到导汗、导湿作用。同时还可增大比表面积,有利于水分蒸发,从而使织物具有快干的性能。

异形纤维上述各项性能的优劣,主要决定于其不同的截面形状及异形度的大小。纤维异形度是纤维截面形态相对于圆形的差异程度,也是表示异形纤维符合异形规格程度的指标。

### (一)径向异形度及其变异系数

径向异形度 $D$ 是异形纤维截面外接圆半径 $R(\mu m)$ 与内切圆半径 $r(\mu m)$ 差值对某一指定径向参数的百分数。

**1. 相对径向异形度 $D_R$(%)**

$$D_R = \frac{R - r}{R} \times 100 \qquad (2 - 13)$$

**2. 平均径向异形度 $D_M$（%）**

$$D_M = \frac{R - r}{\dfrac{R + r}{2}} \times 100 \qquad (2-14)$$

**3. 理论径向异形度 $D_r$（%）**

$$D_r = \frac{R - r}{r_0} \times 100 \qquad (2-15)$$

式中：$r_0$——截面积折算为正圆形的半径，即根据该纤维线密度值理论换算所得的半径，$\mu$m。

$$r_0 = \frac{d}{2} \qquad (2-16)$$

式中：$d$——由线密度折算得实心圆直径，$\mu$m。

$D_R$、$D_M$ 和 $D_r$ 相应的变异系数为 $CVD_R$、$CVD_M$ 和 $CVD_r$。

**（二）截面面积异形度及其变异系数**

截面面积异形度 $S$ 是异形纤维外接圆面积（$\pi R^2$）与某一指定半径圆面积（$\pi r^2$）的差值相对于外接圆面积的百分数。

**1. 相对截面面积异形度 $S_R$（%）**

$$S_R = \frac{R^2 - r^2}{R^2} \times 100 \qquad (2-17)$$

**2. 平均截面面积异形度 $S_M$（%）**

$$S_M = \frac{R^2 - \left(\dfrac{R + r}{2}\right)^2}{R^2} \times 100 \qquad (2-18)$$

**3. 理论截面面积异形度 $S_r$（%）**

$$S_r = \frac{R^2 - r_0^2}{R^2} \times 100 \qquad (2-19)$$

$S_R$、$S_M$ 和 $S_r$ 相应的变异系数为 $CVS_R$、$CVS_M$ 和 $CVS_r$。

径向异形度、截面面积异形度及其变异系数主要用于对纤维截面的轮廓波动异形的表达。

**（三）截面中空度**

中空纤维在壁厚较小时易被压扁，这样会使空腔缩小。实际有效空腔截面积占有效外周界内截面积的百分数为截面中空度，它的表示符号是 $C_o$。

# 第三节　纤维的长度

纤维的长度是其外部形态的主要特征之一。各种纺织加工用的纤维中，天然纤维的长度根据其种类的不同,具有各自的长度分布;化纤短纤维通常是根据所模仿的天然纤维的平均长度进行等长切断或异长度牵切,而化纤长丝则不进行切断。一般来说,能够满足纺织加工使用性能要求的纤维,其长度 $L$ 与纤维直径 $D$ 之比为 $10^2 \sim 10^5$,具体数值范围见表 2-4。

表 2-4 常规纤维 L/D 的数值范围

| 纤维 | 棉 | 麻(工艺纤维) | 羊毛 | 化纤短纤维 | 蚕丝 | 化纤长丝 |
|---|---|---|---|---|---|---|
| L/D | $2 \times 10^3$ | $10^5$ | $4 \times 10^3$ | $3 \times 10^3$ | $10^8$ | $10^8$ |

纤维长度在纺织加工工艺上的重要性仅次于纤维细度,它影响织物和纱线的品质,而且是确定纺纱系统及工艺参数的重要因素。表 2-5 为主要纤维品种的纤维长度范围。

表 2-5 常见纤维品种的长度范围 单位:mm

| 纤维品种 | 长度 | 纤维品种 | 长度 | 纤维品种 | 长度 |
|---|---|---|---|---|---|
| 陆地棉 | 25~31 | 马海毛 | 45~70 | 马尼拉麻 | 3~20 |
| 海岛棉 | 33~46 | 绢丝 | 60~1300 | 汉(大)麻 | 5~55 |
| 细绵羊毛 | 40~100 | 亚麻 | 12~24 | 中长化纤 | 51~65 |
| 半细绵羊毛 | 70~300 | 苎麻 | 20~200 | 毛型化纤 | 76~120 |
| 山羊绒 | 22~36 | 黄麻 | 1.5~5 | 棉型化纤 | 38~41 |

## 一、纤维长度分布与指标

各种纤维在自然伸展状态都有不同程度的弯曲或卷缩,它的投影长度为自然长度。纤维在充分伸直状态下两端之间的距离,称为伸直长度,即纤维伸直但不伸长时的长度,也即一般所指的纤维长度。纤维自然长度与纤维伸直长度之比,称为纤维的伸直度。

天然短纤维及部分拉断化学纤维的长短不齐形成一定的长度分布,纤维长度因纤维种类不同和各自测量方法不同而不同。在实用中根据统计或物理意义有许多不同的纤维长度指标,但根据纤维长度指标的共性表达意义,可归纳为纤维长度集中性指标和离散性指标两类。集中性指标表示纤维长度的平均性质,离散性指标表示纤维长度不匀情况。长度分布图有三种形式,即长度频率分布、长度一次累积频率分布和长度二次累积频率分布,三者之间存在有一定数学关系。频率分布又可分为两大类,一类以根数为单位进行计量的,称为纤维长度计数频率分布和纤维长度计数累积频率分布;另一类以重量为单位进行计量的,称为纤维长度计重频率分布和纤维长度计重累积频率分布。相应的长度指标为计数平均长度、计数长度变异系数和计重平均长度、计重长度变异系数。

### (一)纤维长度分布

短纤维的纤维长度都按一定规律分布,各种长度分布的频率密度函数为 $f(l)$(它可以是根数的频率密度函数也可以是重量的频率密度函数)。如图 2-3 所示,它可以用 $l_0 \sim l_{max}$ 内的纤维长度分布曲线来表征,$l_0$ 为最短纤维长度,$l_{max}$ 为最长纤维长度,其密度函数的积分分布以分

布函数 $F(l)$ 来表示,则:

$$F(l) = \int_{l_0}^{l_{\max}} f(l)\,\mathrm{d}l \qquad (2-20)$$

而纤维长度 $l_0 \sim l_{\max}$ 的根数密度一次积分分布函数为:

$$S(l) = 1 - \int_{l_0}^{l} f(l)\,\mathrm{d}l = -\int_{l_{\max}}^{l} f(l)\,\mathrm{d}l \qquad (2-21)$$

分布曲线通常为偏态的近高斯分布,或泊松分布。

常规手排法纤维长度实验是在黑绒板上将纤维试样整理成一端平齐、密度均匀并由长到短顺次排列的纤维束,如图 2-4 所示,则式(2-20)是计数密度分布函数,也可以是计重密度分布函数。

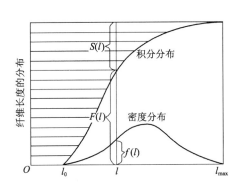

图 2-3 短纤维长度分布的数学示意图

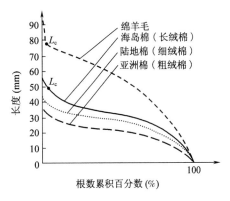

图 2-4 纤维自然长度排列图(拜氏图)

### (二)纤维长度的集中性指标

**1. 纤维加权平均长度** 纺织纤维长度的集中性指标,是指一束纤维试样中长度的平均值。根据测试方法不同,可分为计数加权平均长度、计重加权平均长度和调和平均长度等。主要用于毛、麻、绢和化学短纤维。

(1)计数加权平均长度:以纤维计数加权平均所得到的长度值称为计数平均长度,即将对应于某一纤维长度的根数 $N_l$ 与该长度 $l$(mm)积的和的平均值 $\overline{L_n}$。分布如图 2-5 所示,且计算公式为:

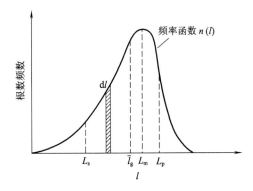

图 2-5 纤维长度分布示意图

$$\overline{L_n} = \frac{\sum n(l) \cdot l}{\sum n(l)} = \frac{1}{N} \int_{0}^{l_{\max}} n(l) \cdot l \cdot \mathrm{d}l \qquad (2-22)$$

式中:$N$——纤维的总根数,根;

$n(l)$——各长度组的根数,纤维根数密度分布函数;

$l_{max}$——最长纤维长度,mm。

在测定中,纤维的逐根测量操作很困难,一般采用分组测量的方法。

(2)计重加权平均长度:纤维计重加权平均长度$\overline{l}_g$一般由分组称重法测得,此值又称巴布(Barbe)长度,国际上常用$B$表示,在计算时,用重量的密度分布函数置换式(2-20)中的根数密度分布函数即可,即公式为:

$$\overline{l}_g = \frac{\sum W(l) \cdot l}{\sum W(l)} = \frac{1}{W} \int_0^{l_{max}} W(l) \cdot l \cdot dl \qquad (2-23)$$

式中:$W(l)$——各长度组的重量;

$W$——总重量。

由于短纤维同样根数的重量小于长纤维同样根数的重量,所以计重平均长度恒大于计数平均长度。而且短纤维的比例,计数分布恒大于计重分布。

**2. 主体长度($L_m$)** 常用纺织纤维长度指标之一,是指一束纤维试样中根数最多或重量最大的一组纤维的长度,称计数或计重主体长度。

**3. 品质长度($L_p$)** 是用来确定纺纱工艺参数的纺织纤维长度指标,又称右半部平均长度或上半部平均长度,不同测试方法得出的品质长度不同,目前主要指可见光扫描式长度分析仪测得的比平均长度长的那一部分纤维的计数加权平均长度。计重(罗拉式仪器法)主体长度以上平均长度亦称右半部平均长度。

**4. 跨距长度(span length)** 它是使用 HVI 系列数字式照影仪测得的纤维长度指标。该指标的测定是利用伸出梳子的纤维的透光量与纤维层遮光量即纤维相对根数成函数关系的特性来快速测定纤维长度及长度整齐度。跨距长度是指采用梳子随机夹持取样(纤维须丛),纤维由夹持点伸出的长度。所形成的分布是纤维长度计数的二次积分函数,可在照影仪上自动快速测出,并且已成为重要的长度指标。棉纤维常采用的 2.5% 跨距长度,是指二次积分频率曲线中由最长纤维向短纤维方向累积频率,2.5% 处的分界长度以及 50% 跨距长度,照影仪曲线跨距长度如图2-6所示。

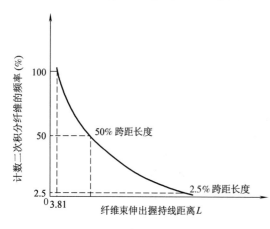

图 2-6 跨距长度示意图

**5. 手扯长度(staple length)** 在手感目测的检验方法中,用手扯尺量法测得的棉纤维长度称为手扯长度。测定时用手扯的方法整理纤维,并除去丝团、杂质使成为伸直平行、一端平齐的纤维束,在黑绒板上量取平齐端到另一端不露黑绒板处长度即为手扯长度,其度量单位为毫米(mm),以组距1mm的单数值表示,如28mm、29mm 等。各国的手扯长度值是不同的,这是根据各使用的仪器长度来定义的。

**6. 交叉长度(crossover length)** 计数的纤维长度一次累积曲线由长向短方向累积频率

0.5%处或拐折点处的长度 $L_c$ 称为交叉长度,如图2-4所示。

**(三)纤维长度的离散性指标**

**1.纤维长度的均方差和变异系数**　包括计数分布的均方差和变异系数及计重分布的均方差和变异系数。

**2.短绒率**　计数和计重纤维长度分布曲线中短于一定界限长度(图2-5中 $L_s$)的纤维量与总量的百分数称短绒率,分别称计数短绒率和计重短绒率。界限长度按纤维品种不同而有不同规定,如细绒棉为16mm,长绒棉为20mm,绵羊毛为30mm等。

**3.超长纤维与倍长纤维**　切断化学短纤维中因设备故障夹入的切断不完全的纤维,长度超过切断长度的纤维称为超长纤维;长度为其名义长度两倍及以上的化学短纤维称为倍长纤维。超长纤维和倍长纤维重量占总重量的百分数分别称为超长纤维率和倍长纤维率。这些纤维在纺纱牵伸中无法正常运动,会造成疵点,影响纤维的可纺性和成品质量。

**4.纤维长度整齐度**　一般指计数平均长度与计数平均以上平均长度(上半部平均长度)的比值。

## 二、纺织纤维长度测量方法

近一个半世纪以来,纺织纤维长度测量方法和仪器已发展了40多类100余种,但常规使用的基本上有以下几类。

**1.长丝纤维**　用测长方法,包括测化纤长丝的长度和蚕茧的可解舒丝长等。但对于成筒的长丝,一般按筒重和丝的线密度计算长度。

**2.天然短纤维和化学纤维的切断纤维或牵切拉断纤维**

(1)逐根测量法:有人工或螺杆仪器协助逐根伸直测量、铺纤器铺于逆向黑色鼠皮绒布上人工测量、分散平面上投影放大测曲线轨迹长度、气流输送中测遮光时间等。积累一定数据量后按数理统计方法计算计数平均长度、计数长度标准差、变异系数、短绒率、倍长纤维率以及其他指标(主体长度、长度整齐度、交叉长度等)。

(2)成束一端排齐测量法:将纤维样品用人工或仪器运用梳片梳理等方法排成伸直、平行、一端平齐的纤维束后利用压缩测截面面积,或利用电容介电系数法测截面面积,或利用遮光法测截面面积方法,测出计数一次累积(积分)曲线,经电子计算机微分后,求出各种集中性指标和离散性指标。

(3)平行排列测量法:用已整理成伸直、平行、一端平齐的纤维束,从不整齐的一端逐步抽拔出纤维在黑绒板上依次排列成纤维长度排列图(图2-4),利用作图法计算各种长度集中性指标和离散性指标。

(4)分组称重测量法:用已整理成伸直、平行、一端整齐的纤维束,从不整齐的一端,按长度逐步抽取出不同长度的组(利用梳片式仪器、罗拉式仪器或滚车式仪器等),再分别用称重法或反光强度法测量各组的重量,得到计重频率分布曲线,然后按数理统计方法计算各种集中性指标和离散性指标。

(5)计数二次累积曲线测量法:从纤维样块中或均匀纤维条中用梳夹拔取纤维束,使纤维伸直平行后,采用遮光法或切断称重法获得计数的二次累积曲线。按数理统计方法计算集中性指标和离散性指标。但遮光法数据的准确性受到天然纤维全长细度变化的干扰。

### 三、纺织纤维长度与工艺的关系

从纺织加工工艺的角度观察,通常纤维长度越长则其加工性能越好,并且纤维长度与纱线品质的关系也十分密切。

在其他条件相同的情况下,纤维越长,且长度整齐度越好,则成纱强力就越高。这是因为在纱线拉伸至断裂的过程中,纱中纤维与纤维之间的抱合力随纤维长度的增大而提高,则纤维与纤维之间的滑脱率则相对减少,这时使纱线拉断的因素是以纤维拉断为主,滑脱次之,这样可使成纱的强度增大,同时在纺纱时断头率相应减小。

在保证成纱具有一定强度的前提下,纤维长度长、整齐度好,则可纺性越高,细纱条干较均匀,成纱表面光洁,毛羽较少;纤维长度短,尤其是长度整齐度很差时,短纤维在牵伸区域不受控制,容易成为浮游纤维,易形成粗细节、大肚纱等疵点,致使纱线条干恶化,成纱品质下降。

纤维长度除了与纺纱质量有关外,同时也是调节或设计各纺纱系统工艺参数的依据之一,在确定各纺纱设备的结构尺寸、各道加工工序的工艺参数(如隔距、捻系数)时,都必须保证其与所用原料的长度相互配合。如在各纺纱工序的机台上,其罗拉隔距随加工纤维的长度的增长而增大;如对成纱强度的要求一样,用长纤维纺纱时,可取较低的捻系数,这样可以提高细纱机产量,同时还可使成纱捻度小、毛羽量少,纱线表面光洁。原料的短绒率是影响成纱条干和制成率的重要因素,原料中的短绒含量越高,则纱线毛羽就越多,产品起球概率也越高;短绒率大的纤维纺成纱的条干也较差,故为了提高细纱强度,改善细纱条干,还必须通过精梳工序去除大量短纤维,提高原料的长度整齐度。

# 第四节　纤维的卷曲与转曲

卷曲或转曲是纺织纤维特殊的特征之一,大部分用于纺织加工的纤维或多或少都有一定的卷曲或转曲。卷曲可以使短纤维纺纱时纤维之间的摩擦力和抱合力增加,成纱具有一定的强力;卷曲还可以提高纤维和纺织品的弹性,使其手感柔软,突出织物的风格;同时卷曲对织物的抗皱性、保暖性以及表面光泽的改善都有影响。

天然纤维中棉具有天然转曲,羊毛具有天然卷曲。一般化学纤维表面光滑,纤维摩擦力小、抱合力差,纺纱加工困难,所以在加工到最终制品之前,要用机械、化学或物理方法,赋予纤维一定卷曲。

### 一、纤维的卷曲及表征

纤维的卷曲是指在规定的初始负荷作用下,能较好保持的具有一定程度规则性的皱缩形态结构。卷曲与纤维单纯地由于其形态细长而引起的纠缠弯曲是截然不同的,它是一个相对较为复杂的形态。

**1.卷曲纤维的形态结构** 纤维的卷曲有自然卷曲和人工机械卷曲两种,自然卷曲如毛纤维,是由于结构形成的,人工形成的卷曲则是利用高分子聚合物的可塑性而施以机械卷曲形成的。

(1)毛纤维的卷曲:天然毛纤维自然状态下的卷曲形态,取决于毛纤维正、偏皮质细胞的分布情况。美利奴绵羊细毛纤维由于正、偏皮质细胞沿截面双侧分布,干缩中收缩率呈现较规则的卷曲波形[图2-7(d)]。这种波形的弧度接近或等于半圆形,卷曲对称于中心线,称为常波卷曲;波幅更大时形成深波、密波、拆线波,山羊绒等常呈三维螺旋卷曲[图2-7(e)~(j)];粗毛绵羊毛其卷曲弧度小于半圆形,属浅波、弱波、平波,且卷曲数少[图2-7(a)~(c)];羊毛髓腔过大、皮质层含量过少时,毛纤维的卷曲会消失[图2-7(a)]。

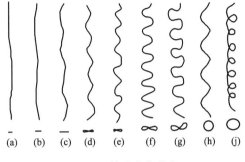

(a) (b) (c) (d) (e) (f) (g) (h) (j)

图2-7 羊毛卷曲形状

(2)其他纤维的卷曲:为了满足纺织加工的要求,提高化学纤维的可纺性,改善其他短纤维织物的服用性与风格、身骨,在其他天然纤维和化学纤维的后加工时,要用机械、化学或物理方法使纤维具有一定卷曲。

化学纤维的卷曲,有的利用纤维内部结构的不对称而在热空气、热水等处理后产生卷曲;也有利用纤维的热塑性采用机械方法挤压而成卷曲。如维纶、黏胶纤维在加工中不经机械方法卷曲,而只通过热空气和热水处理产生卷曲,称为热风卷曲和热水卷曲。这是因为维纶与黏胶纤维具有皮芯结构,断面是不对称的,在成形时经受拉伸,纤维内部存在不均等的内应力,当内应力松弛时,纤维收缩而产生卷曲,这种卷曲的数量较少,但卷曲呈立体型,卷曲牢度好;复合纤维内部不对称性更为明显,即由两种原液或聚合物形成一根纤维的两侧,它们的收缩性能不同,经成形或热处理后两侧应力不同而形成卷曲,这种卷曲可表现为三维空间的立体卷曲,卷曲数多,而且卷曲牢度好。化学纤维长丝经旋转气流(丝光变形)加工后形成卷曲和转曲,见图2-8。

合成纤维的卷曲通常是利用其热可塑性进行机械卷曲。机械卷曲早期用齿轮热轧卷曲法,但由于波纹太大,纤维卷曲效果不好,现已少用。目前机械加卷曲的主要方法为填塞箱卷曲法,将丝束从两个罗拉间送入一个金属的密闭小填塞箱中折叠填满,强迫纤维弯折,形成锯齿状二维空间的平面卷曲后,再通入蒸汽热定形,这种卷曲数量多(4~6个/cm),但卷曲牢度差,容易在纺织加工中逐渐消失;另外卷曲在遇到其定形温度以上的温度时候会被消除,其卷曲结构本质上是由于屈曲的纤维外侧和内侧的组织不同或不对称而形成的。

蚕丝、麻纤维、化学纤维长丝经拉伸、热处理、加捻退捻、热刀边刮烫、空气流翻折、网络变形或丝圈丝弧变形等也是卷曲加工。纤维卷曲形态多样,如有的具有周期性正、反螺旋等。卷曲加工可改变纺织品的风格,使之具有特殊的手感和外观,同时还可改善纤维的使用性能。

一般情况下,纤维越细,由于抗弯刚度低,应力不平衡程度高,因而卷曲更细密。

**2.卷曲的表达指标** 关于一般纤维卷曲性能系统测量除卷曲形态及卷曲数之外,还要注意模量、伸长率、弹性恢复率和稳定性等。用目前已在实施的方法,且在标准温湿度条件下,将纤维(或纤维束或长丝)上端夹持悬挂,下端加各种负载测其长度变化。负载按被测线密度分三种,轻负荷为 0.001cN/dtex,中负荷为 0.125 cN/dtex,重负荷为 1.0 cN/dtex。测试过程为:挂上轻负荷测纤维长度 $L_0$(mm),数取卷曲数 $n$;加挂中负荷 10s 后,测长度 $L_1$(mm);卸除中负荷(保留轻负荷)2min 后测长度 $L_2$(mm);加挂重负荷,保持 3min 后,测长度 $L_3$(mm);卸除重负荷(保留轻负荷)2min 后,测长度 $L_4$(mm);再加挂中负荷 10s 后,测长度 $L_5$(mm);卸除中负荷(保留轻负荷)2min 后,测长度 $L_6$(mm)。计算各相应指标:

(1)卷曲数 $J_n$(个/cm):

$$J_n = \frac{n \times 10}{L_0} \qquad (2-24)$$

(2)卷曲模量 $E$(cN/dtex):

$$E = \frac{0.125 \times L_0}{L_1 - L_0} \qquad (2-25)$$

(3)定负荷伸长率 $\varepsilon$(%):

$$\varepsilon = \frac{L_3 - L_2}{L_2} \times 100 \qquad (2-26)$$

(4)第一次卷曲弹性回复率 $R_{\varepsilon1}$(%):

$$R_{\varepsilon1} = \frac{L_3 - L_4}{L_3 - L_2} \times 100 \qquad (2-27)$$

(5)卷曲稳定度 $B$(%):

$$B = \frac{L_3 - L_5}{L_3 - L_4} \times 100 \qquad (2-28)$$

(6)第二次卷曲弹性回复率 $R_{\varepsilon2}$(%):

$$R_{\varepsilon2} = \frac{L_5 - L_6}{L_5 - L_4} \times 100 \qquad (2-29)$$

这些指标在系统考核评价中还要注意其变异系数。一般优良的纤维卷曲模量可达 1cN/dtex 以上;卷曲弹性恢复率第一次可达 120%,第二次可达 75%;卷曲稳定度可达 60%。

对特殊的化学纤维空气变形长丝(图 2-8)则更应注意其丝圈数、丝弧数及卷曲稳定度。其一般指标仍按上述条件及式(2-25)~式(2-29)计算。但丝圈、丝弧测量在 80~100 倍光学显微镜下,定长 2mm 数取视野内丝圈数和丝弧数(准确到 0.5 个)不少于 100 处,然后分别计算 100mm 长度中的丝圈数和丝弧数。

图 2 - 8 空气变形长丝

## 二、纤维的转曲及表征

**1.纤维转曲的概念** 纤维的"转曲"是纤维沿轴向发生扭转的现象,棉纤维具有的天然转曲是其具有良好的抱合性能与可纺性能的主要原因之一,由此可见天然转曲越多的纤维品质越好。棉纤维转曲的形成,是由于棉纤维生长发育过程中微原纤沿纤维轴向正反螺旋排列,在其干缩后内应力释放而引起的结果。热湿涨或碱处理棉纤维,胞壁膨胀,转曲近乎消失。仅湿涨的棉纤维重新干燥后,转曲又恢复原状。

一般正常成熟的棉纤维转曲最多,不成熟的薄壁纤维转曲很少,过成熟纤维转曲也少。不同品种的棉纤维转曲数也有差异,细绒棉较长绒棉的转曲少。棉纤维的转曲沿纤维长度方向不断改变转向,时而左旋,时而右旋,这样的现象称为转曲的反向。

**2.纤维转曲的表达** 扁平带状的纤维的扭转,如棉纤维的天然转曲可以直接在显微镜或投影仪中一定长度的纤维(通常看一个视野)上扭转 180°的次数,再换算成每厘米中转曲个数,即以单位长度(1cm)中扭转 180°的个数来表征。转曲角的大小也可在显微镜或投影仪测得后进行计算,如图 2 - 9 所示。

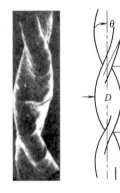

图 2 - 9 棉纤维转曲角测定
计算方法示意图

转曲的反向可在显微镜或投影仪中直接计数单位长度中的反向次数,也可在偏光显微镜中观察计数微原纤的反向次数。当棉纤维平行放置在正交的起偏与检偏的偏光显微镜中,S 捻呈黄色到橘红色,Z 捻呈纯蓝色。这种捻向可用手工加捻的黏胶长丝进行校对。在 S 到 Z 的反向处有一段消光带,因此能在偏光镜下直接计数消光带出现的次数,来表示微原纤的反向次数。

转曲反向与偏光镜下原纤螺旋线反向是一致的。只有在两次微原纤反向的距离很近时,由于纤维胞壁无法扭转而转曲不呈现反向,但偏光镜中的改变十分明显,故这种颜色改变次数更能反映微原纤的反向次数较转曲的反向次数多,各根纤维的微原纤反向次数的差异也很大。

由于天然转曲的测定值受到纤维含水和纤维张力的影响,转曲的测定必须在一定张力与一定温湿度条件下进行,否则会影响测试数据的正确性。相对湿度对转曲的影响见表 2 - 6。

表 2 - 6　相对湿度对棉纤维转曲的影响

| 相对湿度 | 干 态 | 32% | 86% | 湿 态 |
|---|---|---|---|---|
| 每厘米转曲数 | 62 | 60 | 56 | 36 |
| 纤维宽度（μm） | 18.2 | 18.7 | 19.7 | 20.3 |
| 转曲角（°） | 10.0 | 10.0 | 9.8 | 6.6 |

棉纤维的转曲较多时,纤维间的抱合力大,在棉纺加工中不易产生破棉网、破卷等现象,有利于纤维的纺纱工艺与成品质量。但转曲的反向却使棉纤维的强度下降。有研究得出,单位长度中反向次数多的棉纤维强度较低,反向次数少的棉纤维则强度较高。在大量的强度测试中也显示,棉纤维断裂处常靠近微原纤的反向处,也有一部分纤维断在反向处或两个反向的中间。在反向处断裂的纤维的强度较靠近反向处的强度高 25%,故可以认为,反向处本身不一定是棉纤维弱环所在,但微原纤的反向确实引起了棉纤维的弱环。

# 第五节　纤维的吸湿性

纤维材料能吸收水分,不同结构的纺织纤维,其吸收水分的能力是不同。通常把纤维材料在大气中吸收或放出气态水的能力称为吸湿性。纺织纤维的吸湿性是关系到纤维性能、纺织工艺加工、织物服用舒适性以及其他物理力学性能的一项重要特性。另外,在纤维和纺织品贸易中,须充分考虑到吸湿对重量产生的影响,以决定成本结算,故吸湿对商贸中的重量与计价有重要影响。

## 一、纤维的吸湿平衡

纤维材料的含湿量随所处的大气条件而变化,在一定的大气条件下,纤维材料会吸收或放出水分,随着时间的推移逐渐达到一种平衡状态,其含湿量趋于一个稳定的值,这时,单位时间内纤维材料吸收大气中的水分等于放出或蒸发出的水分,这种现象称为吸湿平衡。需要进一步指出的是所谓的吸湿平衡是一种动态平衡状态。如果大气中的水汽部分压力增大,使进入纤维中的水分子多于放出的水分子,则表现为吸湿,反之则表现为放湿。纤维的吸湿或放湿是比较敏感的,一旦大气条件变化,则其含湿量也立即变化,由于纺织材料的性质与吸湿有关,所以在进行物理力学性能测试时,试样应趋于吸湿平衡状态(图 2 - 10)。纤维的吸湿、放湿是呈指数增长的过程,严格地说达到平衡所经历的时间是很长的,纤维集合体体积越大,压缩越紧密达到平衡的时间也就越长。一般单纤维或 3mg 以下的小束,6s 将基本平衡;50g 的块体达到平衡约要 1h

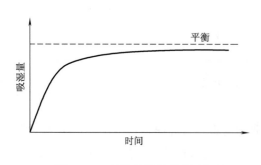

图 2 - 10　纤维材料的吸湿平衡

或更多;100kg 的絮包达到平衡约要 4 ~ 12 个月。

## 二、纤维的吸湿指标

**1.回潮率与含水率** 纤维及其制品吸湿后,含水量的大小可用回潮率或含水率来表示。回潮率 $W$ 是指纤维材料中所含水分的重量占纤维干重的百分数;含水率 $M$ 则是纤维材料所含水分的重量占纤维湿重的百分数。纺织材料吸湿性的大小,绝大多数用回潮率表示。设试样的湿重为 $G(\text{g})$,干重为 $G_0(\text{g})$,则有下列计算式:

$$W = \frac{G - G_0}{G_0} \times 100 \qquad (2-30)$$

$$M = \frac{G - G_0}{G} \times 100 \qquad (2-31)$$

回潮率与含水率之间的关系为:

$$W = \frac{M}{100 - M} \times 100 \quad 或 \quad M = \frac{W}{100 + W} \times 100 \qquad (2-32)$$

两者与纺织材料重量的关系为:

$$G = G_0 \times \frac{100}{100 - M} \qquad (2-33)$$

$$G = G_0 \times \frac{100 + W}{100} \qquad (2-34)$$

**2.平衡回潮率** 平衡回潮率是指纤维材料在一定大气条件下,吸、放湿作用达到吸湿平衡时的回潮率。表 2-7 为几种常见纤维在不同相对湿度下的吸湿平衡回潮率。

**3.标准回潮率** 由于各种纤维的实际回潮率随温湿度条件而改变,为了比较各种纺织材料的吸湿能力,在统一的标准大气条件下,吸湿过程达到平衡时的回潮率称为标准回潮率。

标准大气亦称大气的标准状态,它的三个基本参数为温度、相对湿度和大气压力。在 1 标准大气压力(86 ~ 106kPa)下的大气状态,国际上有多种规定,我国规定为温度 20℃,相对湿度 65%;而允许的误差,各国略有不同,我国对此颁布的有《纺织材料试验标准温湿度条件规定》,见表 2-8。

在实际工作中可以根据试验要求,选择不同标准级别(如一级用于仲裁检验,二级用于常规检验,三级用于要求不高的检验)。

**4.公定回潮率** 在贸易和成本计算中纺织材料并不处于标准状态,为了计量和核价的需要,各国依据各自的具体条件,对各种纺织材料的回潮率作统一规定,称为公定回潮率。公定回潮率为折算公定(商业)重量时要加到干燥重量上的水分量对干燥重量的百分数。通常公定回潮率接近于标准状态下的实际回潮率,但不是标准回潮率,一般稍高于标准回潮率或取其上限。

表 2-7　几种常见纤维的吸湿平衡回潮率(%)

| 纤　维 | 空气温度20℃,相对湿度为 φ | | |
|---|---|---|---|
| | φ=65% | φ=95% | φ=100% |
| 原　棉 | 7~8 | 12~14 | 23~27 |
| 苎麻(脱胶) | 7~8 | | |
| 亚麻(打成麻) | 8~11 | 16~19 | |
| 黄麻(生麻) | 12~16 | 26~28 | |
| 黄麻(熟麻) | 9~13 | | |
| 无毒大麻(汉麻) | 10~13 | 18~22 | |
| 槿(洋)麻 | 12~15 | 22~26 | |
| 绵羊毛 | 15~17 | 26~27 | 33~36 |
| 桑蚕丝 | 8~9 | 19~22 | 36~39 |
| 普通黏胶纤维 | 13~15 | 29~35 | 35~45 |
| 富强纤维 | 12~14 | 25~35 | |
| 醋酯纤维 | 4~7 | 10~14 | |
| 铜氨纤维 | 11~14 | 21~26 | |
| 锦纶6 | 3.5~5 | 8~9 | 10~13 |
| 锦纶66 | 4.2~4.5 | 6~8 | 8~12 |
| 涤　纶 | 0.4~0.5 | 0.6~0.7 | 1.0~1.1 |
| 腈　纶 | 1.2~2 | 1.5~3 | 5.0~6.5 |
| 维　纶 | 4.5~5 | 8~12 | 26~30 |
| 丙　纶 | 0 | 0~0.1 | 0.1~0.2 |
| 氨　纶 | 0.4~1.3 | | |
| 氯　纶 | 0 | 0~0.3 | |
| 玻璃纤维 | 0 | 0~0.3(表面含量) | |

表 2-8　标准温湿度及允许误差

| 级　别 | 标准温度(℃) | | 标准相对湿度(%) |
|---|---|---|---|
| | A 类 | B 类 | |
| 一　级 | 20±1 | 27±2 | 65±2 |
| 二　级 | 20±2 | 27±3 | 65±3 |
| 三　级 | 20±3 | 27±5 | 65±5 |

注　A类为温带测试标准,B类为热带测试标准。

　　各国对于纺织材料公定回潮率的规定并不一致,我国常见的几种纤维的公定回潮率见表2-9。

表 2 - 9 几种常见纤维及其制品的公定回潮率

| 种　　类 | 公定回潮率(%) | 种　　类 | 公定回潮率(%) |
|---|---|---|---|
| 原　棉 | 8.50 | 棉　纱 | 8.50 |
| 棉织物 | 8.50 | 精梳毛纱 | 16.00 |
| 同质洗净毛 | 16.00 | 粗梳毛纱 | 16.00 |
| 异质洗净毛 | 15.00 | 精梳落毛 | 16.00 |
| 干梳毛条 | 18.25 | 油梳毛条 | 19.00 |
| 山羊绒 | 15.00 | 毛织物 | 14.00 |
| 骆驼绒 | 14.00 | 兔　毛 | 15.00 |
| 桑蚕丝 | 11.00 | 牦牛绒 | 16.00 |
| 柞蚕丝 | 11.00 | 绢纺蚕丝 | 11.00 |
| 苎麻 | 12.00 | 亚麻(精干麻) | 12.00 |
| 黄麻(生麻) | 14.00 | 槿(洋)麻产品 | 14.00 |
| 黄麻(熟麻) | 14.00 | 黏胶纤维及长丝 | 13.00 |
| 汉(大)麻 | 12.00 | 涤　纶 | 0.40 |
| 涤纶纱及长丝 | 0.40 | 腈　纶 | 2.00 |
| 锦　纶 | 4.50 | 维　纶 | 5.00 |
| 丙　纶 | 0.00 | 玻璃纤维 | 2.50(石蜡乳剂含量) |
| 二醋酯纤维 | 9.00 | 三醋酯纤维 | 7.00 |
| 铜氨纤维 | 13.00 | 氯　纶 | 0.50 |

关于几种纤维的混合原料,其公定回潮率的计算,可根据各原料重量混合比加权平均。设 $W_1, W_2, \cdots, W_n$ 分别为各原料的公定回潮率,$P_1, P_2, \cdots, P_n$ 为各原料的干燥重量百分率,则混纺材料的公定回潮率 $W$ 为:

$$W = \frac{P_1 W_1 + P_2 W_2 + \cdots + P_n W_n}{100} = \frac{1}{100} \sum_{i=1}^{n} W_i P_i \qquad (2 - 35)$$

**5. 公定重量**　纺织材料在公定回潮率时的重量称为公定重量($G_k$),是交付结算的依据。

纺织材料的标准重量与实际回潮率 $W_a$ 下的称见重量 $G_a$ 之间的关系为:

$$G_k = G_a \times \frac{100 + W_k}{100 + W_a} \qquad (2 - 36)$$

在生产上对于标准重量的计算,在折成干燥重量($G_0$)进行计算,公式如下:

$$G_k = G_0 \times \left(1 + \frac{W_k}{100}\right) \qquad (2 - 37)$$

当两种纤维混纺时,成品的干重混纺比百分数折算成投料时湿重混纺比百分数的算法如下。设甲纤维的回潮率为 $W_1$,湿重混纺比百分数为 $g_1$,干重混纺比百分数为 $g_0$,乙纤维的回潮率为 $W_2$,湿重混纺比百分数为($100 - g_1$),干重混纺比百分数为 $100 - g_0$,则可得到:

$$\frac{g_1}{100 - g_1} = \frac{g_0(100 + W_1)}{(100 - g_0)(100 + W_2)} \qquad (2 - 38)$$

例:涤纶的实际回潮率为 0.3%,黏胶纤维的实际回潮为 12%,为了使涤黏干重混纺比的百分数为 65/35,问涤黏湿重混纺比百分数应为多少?

代入公式(2 - 38),可得出:

$$\frac{g_1}{100 - g_1} = \frac{65 \times (100 + 0.3)}{35 \times (100 + 12)} \frac{6519.5}{3920.0} = \frac{\dfrac{6519.5}{6519.5 + 3920.0}}{\dfrac{3920.0}{6519.5 + 3920.0}} = \frac{62.45}{37.55}$$

即涤黏的湿重混纺比百分数应为 62.45/37.55,才能使干重混纺比百分数为 65/35。

### 三、纤维的吸湿等温线

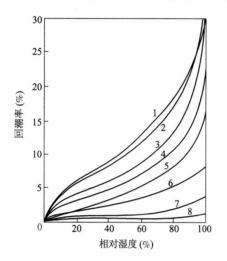

图 2-11 各种纤维的吸湿等温线
1—羊毛 2—黏胶纤维 3—蚕丝
4—棉 5—醋酯纤维 6—锦纶
7—腈纶 8—涤纶

在一定的大气压力和温度条件下,分别将纤维材料预先烘干,再放在各种不同相对湿度的空气中,使其达到吸湿平衡回潮率,可以分别得到各种纤维在不同相对湿度下与平衡回潮率的相关曲线,即"吸湿等温线",如图 2-11 所示。由图可见,虽然不同纤维材料的吸湿等温线并不相同,但曲线的形状都是反 S 形,这说明它们的吸湿机理本质上是一致的。当相对湿度小于 15% 时,曲线斜率比较大,说明在空气相对湿度稍有增加时,平衡回潮率增加很多,这主要是因为在开始阶段,纤维中极性基团直接吸附水分子;当相对湿度在 15%~70% 时,曲线斜率比较小,由于纤维自由极性基团表面已被水分子所覆盖,再进入纤维的水分子主要靠间接吸附,并存在于小空隙中,形成毛细水,所以纤维在此阶段吸收的水分比开始阶段减少;当相对湿度很大时,水分子进入纤维内部较大的空隙,毛细水大量增加,特别是由于纤维本身的膨胀,使空隙增加,表面的吸附能力也大大增强,进一步增加了回潮率上升的速率,故表现在曲线的最后一段,斜率又有明显地增大。

纤维吸湿等温线的形状说明了纤维吸湿的阶段性,同时也说明了纤维吸湿,绝不是一种机理在起作用。由图可知,在相同的相对湿度条件下,不同纤维的吸湿平衡回潮率是不相同的,这表明不仅不同纤维的吸湿性能有差异,而且它们的吸湿机理也不完全相同,可能偏重于某一种吸湿方式。如吸湿性较高的纤维,S 形比较明显;吸湿性差的纤维,S 形不明显,这说明纤维开始形成水合物的差异比较大。另外,需要指出的是:吸湿等温线与温度有密切的依赖性,故其一般均在标准温度下试验而得,如果温度过高或过低,即使是同种纤维,吸湿等温线的形状也会有很大的不同。

### 四、吸湿滞后现象

相同的纤维在一定的大气温湿度条件下,从放湿达到平衡和从吸湿达到平衡时,两种平衡回潮率是不相等的,且放湿达到的平衡回潮率大于吸湿达到的平衡回潮率,这种现象称为纤维的吸湿滞后性。如图 2-12 所示,纤维吸湿达到平衡所需要的时间和放湿达到平衡所需的时间是不同的。

纤维的吸湿滞后性,更明显地表现在纤维的吸湿等温线和放湿等温线的差异上,纤维的放湿等温线,是指一定的纤维在温度一定,相对湿度为100%的空气中达到最大的回潮率后,再放在各种不同相对湿度的空气中,所测得的平衡回潮率与空气相对湿度的关系曲线,如图2－13所示。同一种纤维的吸湿等温线与放湿等温线并不重合,而形成吸湿滞后圈。滞后值与纤维的吸湿能力有关。一般的规律是吸湿性好的纤维差值比较大,而涤纶等吸湿性差的合成纤维,吸湿等温线与放湿等温线则基本重合。有资料表明,在标准状态下几种常见的纤维因吸湿滞合性造成的误差范围羊毛为2.0%,黏胶纤维为1.8%～2.0%,棉为0.9%,锦纶为0.25%。

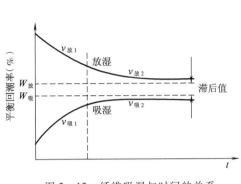

图2－12　纤维吸湿与时间的关系

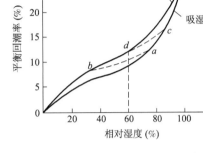

图2－13　纤维的吸湿滞后现象

纤维因吸湿滞后性造成的差值并非常数,其值还与纤维吸湿或放湿前原有的回潮率有关,如图2－13所示,如果纤维并未完全润湿,而是在某一回潮率$a$时,放入相对湿度较低的大气中,纤维进入放湿过程,这时纤维的平衡回潮率和相对湿度的关系曲线如$ab$所示,这段曲线在吸湿等温线与放湿等温线之间;当纤维具有某一回潮率$c$时,由放湿状态重新吸湿时,它的平衡回潮率和相对湿度的关系曲线如$cd$所示,也位于吸湿等温线和放湿等温线之间,由此可见,在同样的相对湿度下,纤维的实际平衡回潮率是在吸湿等温线和放湿等温线之间的某一数值,这一数值与纤维在放湿或吸湿前的历史有关,因此,一般提到纤维的平衡回潮率时,是指它的吸湿平衡回潮率。

纤维吸湿滞后性产生的原因可以归结为以下的一些方面的影响:在吸湿或放湿的过程中,纤维表面到内部存在着水分子蒸汽压力的势能差,当吸湿时,水汽压力的势能外高内低;当放湿时,水汽压力的势能内高外低。在纤维中的非结晶区或晶区的界面间,纤维大分子链上的亲水基团(如羟基)相互形成横向结合键——氢键,即带有较多的横向联结键。当大气的相对湿度增加时,大气中水分子进入纤维时需要克服这些纤维分子间的氢键力,才能被纤维吸收,由于水分子的挤入,纤维分子间微结构单元间的距离会被拉开。在此基础上,当蒸汽压力减小时,由于已经有较多的极性基团与水分子结合,水分子离开要赋予更多能量,故同一种纤维尽管在相同的温湿度条件下,但处于吸湿中的纤维与处于放湿中的纤维内部结构并不相同,其无定形区大分子的交键数不同,前者大于后者;同时吸湿后水分的进入使纤维内的孔隙和内表面增大,这种变形通常是塑性变形,在应力去除后,回复也不可能是完全的,因而导致吸湿条件的改善,纤维能保持更多的水,阻碍水分的离去,所以纤维从放湿达到平衡比从吸湿达到平衡具有较高的回潮率。

纤维的吸湿滞后性在加工及性能测试中必须予以注意,因纤维的各种物理性质都与纤维的回潮率有关,故在检验纺织材料的各种物理性能时,为了得到准确的回潮率指标,避免试样由于历史条件不同造成的误差,不仅需要统一在标准大气条件下进行吸湿平衡,还要预先将材料在较低的温度下烘燥(一般在温度为40~50℃的条件下去湿0.5~1h),使纤维材料的回潮率远低于测试所要求的回潮率,然后再使之在标准状态下达到吸湿平衡,以尽量减少吸湿滞后性所造成的误差,这一过程被称为试样的预调湿。

### 五、温度对吸湿的影响

影响纤维吸湿的外因主要是吸湿时间、吸湿滞后和环境温湿度。温度对纤维吸湿的影响比相对湿度要小,其一般规律是温度越高,平衡回潮率越低。这主要是因为在相对湿度相同的条件下,空气温度低时,水分子热运动能小,一旦水分子与纤维亲水基团结合后就不易再脱离。空气温度高时,水分子热运动能大,纤维大分子的热振动能也随之增大,这样会削弱水分子与纤维大分子中亲水基团的结合力,使水分子易于从纤维内部逸出。同时,存在于纤维内部空隙中的液态水蒸发的蒸汽压力也随温度的上升而升高,这样会导致水分子容易逸出。因此,在一般情况下,随着空气和纤维温度的升高,纤维的平衡回潮率会下降。另外,在高湿高温的条件下,纤维会因热膨胀,导致内部孔隙增多,故使其平衡回潮率略有增加。

纤维在一定大气压力下,相对湿度一定时,平衡回潮率随温度而变化的曲线,称为纤维的吸湿等湿线。图2-14是羊毛和棉的吸湿等湿线,它们表明了平衡回潮率随温度变化的情况。

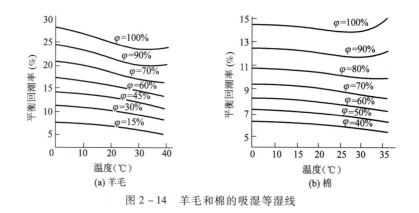

图2-14 羊毛和棉的吸湿等湿线

### 六、纤维结构与吸湿的关系

纤维吸湿后会使纤维的质量、形态尺寸、密度等发生变化,其间的主要关系分述如下。

**1. 对质量的影响** 纤维材料吸湿后的重量随吸着水分量的增加而成比例地增加。纺织材料的重量,实际上都是一定回潮率下的重量,因此正确表示纺织材料的重量或与重量有关的一些指标,如纤维或纱线的线密度,织物的面密度等,应取公定回潮率时的重量,即公定重量。

**2. 吸湿膨胀** 纤维吸湿后,其长度和横截面均要发生膨胀,体积增大,而且这种膨胀表现了明显的各向异性,即直径方向膨胀大,而长度方向膨胀小。这种各向异性也说明纤维内部分子排列结构在长度方向和横向明显的不同。由于纤维中长链大分子沿轴向排列,水分子进入无定形区,打开长链分子间的联结点(氢键或范德华力),使长链分子间距离增加,使纤维横向容易变粗。至于纤维长度方向,是由于大分子不完全取向,并存在有卷曲构象,水分子进入大分子之间而导致构象改变,使纤维长度有一定程度的增加,但其膨胀率远小于横向膨胀率。

直径膨胀率(%): $$S_D = \frac{\Delta D}{D} \times 100 \qquad (2-39)$$

长度膨胀率(%): $$S_L = \frac{\Delta L}{L} \times 100 \qquad (2-40)$$

截面积膨胀率(%): $$S_A = \frac{\Delta A}{A} \times 100 \qquad (2-41)$$

体积膨胀率(%): $$S_V = \frac{\Delta V}{V} \times 100 \qquad (2-42)$$

式中:$D, L, A, V$——分别为纤维原来的直径、长度、截面积和体积;

$\Delta D, \Delta L, \Delta A, \Delta V$——分别为纤维膨胀后的直径、长度、截面积和体积的增加值。

直径膨胀率和长度膨胀率可分别用显微镜和测长仪测得。表2-10列出了各种纤维浸在水中时所得的膨胀率,但不同资料所测得的数据相差很大,除了纤维结构差异原因外,主要是测试方法有较大的实验误差。

表 2-10　各种纤维在水中的膨胀性能

| 纤　　维 | $S_D$(%) | $S_L$(%) | $S_A$(%) | $S_V$(%) |
|---|---|---|---|---|
| 棉 | 20~30 | 0.8~1.4 | 40~42 | 42~44 |
| 蚕丝 | 16.3~18.7 | 1.3~1.6 | 19 | 30~32 |
| 绵羊毛 | 15~17 | 2.9~3.0 | 32~37 | 36~41 |
| 黏胶纤维 | 25~52 | 3.7~4.8 | 50~114 | 74~127 |
| 铜氨纤维 | 32~53 | 2~6 | 56~62 | 68~107 |
| 醋酯纤维 | 3.0~3.9 | 0.1~0.3 | 6~8 | 6~8 |
| 锦纶 | 1.9~2.6 | 2.8~6.9 | 2.6~3.2 | 8~11 |

**3. 对纤维密度的影响**　吸湿对纤维密度的影响,开始时是随着回潮率的增大而密度上升,以后又下降。这是由于回潮率小时,吸附的水分子与纤维以氢键结合,而氢键长度短于范德华力的结合长度,故纤维吸附水分子后增加的体积比原来水分子体积小,从而使密度有所增加。实验表明,大多数吸湿性较高的纤维在回潮率为4%~6%时密度最大。待水分子大量进入充满孔隙后,纤维的体积显著膨胀,从而使纤维密度反而降低。纤维密度与回潮率间的关系如图2-15所示。

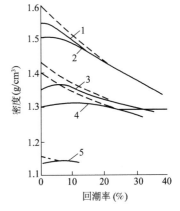

图 2-15　纤维密度与回潮率的关系
1—棉　2—黏胶纤维　3—蚕丝
4—羊毛　5—锦纶

# 第六节　纤维的拉伸强度

纺织纤维在纺织加工和纺织品的使用过程中,会受到各种外力的作用,这样就要求纺织纤维必须具有一定的抵抗外力作用的能力,同时纤维的强度也是纤维制品其他物理性能得以充分发挥的必要基础。

纺织纤维是长径比很大的柔性物体,轴向拉伸是其受力的主要形式,纤维的弯曲性能也与它的拉伸性能有关,因此纤维的拉伸性能是衡量其力学性能的重要指标。纤维的拉伸性能包括强力和伸长两方面,主要是指纤维的断裂强力、相对强度、断裂伸长率及纤维拉伸的初始模量。

## 一、纤维拉伸断裂性能的基本指标

纺织纤维在外力作用下破坏时,主要的基本方式是纤维被拉断。表达纤维抵抗拉伸的能力的指标很多,但通常采用以下两类。

**1. 断裂强力**　即纤维受外力直接拉伸到断裂时所需要的力,是表示纤维能承受最大拉伸外力的绝对值的一种指标,又称绝对强力、断裂强力。强力的法定计量单位是牛顿(N),纤维以往曾用的单位是千克力(kgf)和克力(gf)。

**2. 相对强度**　纤维粗细不同时,强力也不同,因而对于不同粗细的纤维,强力指标无可比性。为了便于比较,可以将强力折合成规定粗细时的力,这就是相对强度。纤维的相对强度因折合的细度标准不同而有很多种,最常用的有以下三种。

(1)断裂应力 $\sigma$:为纤维单位截面积上能承受的最大拉伸力,这是各种材料通用的表示材料相对强度的指标,一般用 $\sigma$ 表示,标准单位为 $N/m^2$(帕,Pa),但常用 $N/mm^2$(兆帕,MPa)表示。由于纺织纤维的截面形状的不规则性,真正的截面面积很难求测,故实际应用中很少使用断裂应力指标,但在理论研究时,常用其进行分析,亦称为体积比强度(在相同体积下比较材料之间强度的差异)。计算式为:

$$\sigma = \frac{P}{A} \qquad (2-43)$$

式中:$\sigma$——断裂应力或体积比强度,Pa;

　　$P$——断裂强力,N;

　　$A$——截面面积,$m^2$。

(2)断裂比强度 $P_0$:纺织纤维(纱线)的粗细,标准规定用特克斯作为单位,因而强度常是指纤维 1tex 粗细时能承受的拉伸力,单位为 N/tex,常用 cN/dtex,简称强度或重量比强度(相同重量材料的强度)。

当单根纤维的线密度是 Tt(dtex),强力是 $P$(cN)时,则其计算式为:

$$P_0 = \frac{P}{Tt} \qquad (2-44)$$

式中：$P_0$——断裂强度，cN/dtex。

（3）断裂长度 $L$：单根纤维悬挂重力等于其断裂强力时的长度（km）。生产实践中测定时不是用悬挂法，而是按强力折算出来的。

$$L = \frac{P}{Tt \cdot g} \times 10^4 \tag{2-45}$$

式中：$g$——重力加速度，$m/s^2$，在海平面处为9.80665；

　　　$Tt$——单纤维的线密度，dtex；

　　　$P$——断裂比强度，cN/dtex。

即

$$L = P_0 \times 10.1972 \tag{2-46}$$

（4）强度指标之间的换算：法定计量单位和非法定计量单位之间的换算关系见表2-11。

表2-11　相对强度指标换算表

| $\sigma$ | | $P_0{}'$ | $P_0$ | $L$ |
|---|---|---|---|---|
| MPa | kgf/mm² | gf/d | cN/dtex | km |
| 1 | 0.101972 | $\frac{1.13302}{\gamma} \times 10^{-2}$ | $\frac{1}{\gamma} \times 10^{-2}$ | $\frac{0.101972}{\gamma}$ |
| 9.80665 | 1 | $\frac{1}{9\gamma}$ | $\frac{9.80665}{\gamma} \times 10^{-2}$ | $\frac{1}{\gamma}$ |
| 88.25985$\gamma$ | 9$\gamma$ | 1 | $88.25985 \times 10^{-2}$ | 9 |
| 1000$\gamma$ | 10.1972$\gamma$ | 1.13302 | 1 | 10.1972 |
| 9.80665$\gamma$ | $\gamma$ | $\frac{1}{9}$ | $9.80665 \times 10^{-2}$ | 1 |

注　$\gamma$ 为材料的密度，单位为 $g/m^3$。

## 二、断裂伸长率

任何材料受力作用和产生变形，这两者总是同时存在、同时发展的。在拉伸力作用下，材料一般要伸长。纤维拉伸到断裂时的伸长率（应变率），叫断裂伸长率，用 $\varepsilon_a$（%）表示。断裂伸长率可表示纤维承受最大负荷时的伸长变形能力。

$$\varepsilon_a = \frac{L_a - L_0}{L_0} \times 100 \tag{2-47}$$

式中：$\varepsilon_a$——拉伸断裂伸长率，%；

　　　$L_0$——试样原长，mm；

　　　$L_a$——试样拉断时的长度，mm。

### 三、纤维拉伸的初始模量

纺织纤维拉伸初始模量一般定义为拉伸伸长率为1%时应力的100倍。单位与应力相同，且一般为cN/tex或cN/dtex。拉伸初始模量是反映纤维在小应力条件下的弹性或刚性。

## ☞ 思考题

1. 表达纤维细度的指标有哪些？分别适用于哪些品种的纤维？

2. 天然纤维和化学纤维的截面形状可以区分为哪些种类？棉、麻、毛、蚕丝的截面形状各是怎样的？

3. 表达纤维长度的指标有哪些？它们之间的差异和用途各如何？

4. 纤维的卷曲形态如何？各有何种用途？

5. 纤维回潮率和含水率的定义各如何？标准回潮率和公定回潮率的差异是什么？

6. 纤维吸湿和放湿过程的差异是什么？标准吸湿状态应取哪种过程？为什么纺织测试要在标准过程完成后进行？

7. 纤维拉伸强度的基本指标有哪几种？法定计量单位是什么？

## 参考文献

[1] 李栋高.纤维材料学[M].北京:中国纺织出版社,2006.

[2] 于伟东.纺织材料学[M].北京:中国纺织出版社,2006.

[3] 陈维稷.中国大百科全书:纺织卷[M].北京:中国大百科全书出版社,1984.

[4] 梅自强.纺织辞典[M].北京:中国纺织出版社,2007.

[5] 俞加林.丝纺织工艺学[M].北京:中国纺织出版社,2005.

# 第三章　植物纤维

植物纤维的主要组成物质是纤维素,还有果胶、半纤维素、木质素、脂蜡质、水溶物、灰分等。植物纤维在化学组成和物理性质方面的差异主要取决于纤维在植物中的生长部位和它们本身的结构。根据纤维的生长部位不同,植物纤维分为四大类:种子纤维、韧皮纤维、叶纤维和维管束纤维。

## 第一节　种子纤维

种子纤维来源于生长在热带、亚热带和温带气候地区的植物种子中的纤维状物质,其原始功能是帮助植物种子在风中传播。它主要包括棉纤维、木棉纤维、牛角瓜纤维和椰壳纤维。棉纤维是人类使用的天然纤维中最重要的纺织纤维,具有悠久的发展史。木棉纤维因其使用性能的特点,多用于制作填充材料。

### 一、棉纤维

棉(cotton)的别名为吉贝、草棉,属被子植物门、双子叶植物纲、锦葵科棉属,主要是一年生草本植物,但也有木本种。中国、印度、埃及、秘鲁、巴西、美国等为世界主要棉纤维产地。黄河流域、长江流域、华南、西北、东北为我国五大产棉区。

#### (一)棉纤维的种类

棉纤维的种植历史悠久,种植区域广泛,因此棉纤维的品种较多。棉纤维种类一般按照品种、初加工和色泽进行分类。

**1. 按品种分类**

(1)陆地棉种(细绒棉):陆地棉种属四倍体棉种(染色体52条),它的一个主要分支起源于南美洲大陆的安第斯山脉,由于纤维较细,又称为细绒棉,是世界棉花种植量最多的品种。陆地棉于 19 世纪末传入中国,1955 年经政府倡导,在我国长江、黄河流域西北内陆棉区等主要产棉区种植陆地棉,种植面积占棉田总数 98% 以上,为棉纺织产品的主要原料。陆地棉长度适中,纤维平均长度为 23 ~ 32mm,中段复圆直径为 16 ~ 20μm,中段线密度为 1.4 ~ 2.2dtex,比强度为 2.6 ~ 3.2cN/dtex。

(2)海岛棉种(长绒棉):海岛棉种也属四倍体棉种(染色体 52 条),它的一个主要分支起源于美洲西印度群岛,因纤维长而细,又称为长绒棉。长绒棉现在的主要产地为非洲的尼罗河流域,新疆、广东等地区是我国长绒棉的主产地。海岛棉纤维细而长,平均长度为 33 ~ 75mm,中段复圆直径为 13 ~ 15μm,中段线密度为 0.9 ~ 1.4 dtex,比强度为 3.3 ~ 5.5cN/dtex。海岛棉品质优良,是高档棉纺织产品和特殊产品的原料。

(3)亚洲棉种(粗绒棉):亚洲棉种属二倍体棉种(染色体 26 条),它的一个主要分支起源于印度及中国广西、云南等地区,因为纤维粗而短,又称为粗绒棉。纤维平均长度为 15 ~ 24mm,中段复圆直径为 24 ~ 28μm,中段线密度为 2.5 ~ 4.0dtex,强度较低,比强度为 1.4 ~ 1.6cN/dtex。亚洲棉因为产量低,纤维品质差,中国于 1955 年开始停止生产性种植,印度于 1993 年开始停止生产性种植。

(4)非洲棉种(草棉):非洲棉种属二倍体棉种(染色体 26 条),该品种早期发展于非洲和亚洲西部,纤维粗短,平均长度为 17 ~ 23mm,中段复圆直径为 26 ~ 32μm ,比强度为 1.3 ~ 1.6cN/dtex。公元前传入中国,经新疆等西北地区,20 世纪中期开始,基本停止种植。

(5)山地木本种:近年发现木本种棉纤维植物,在北纬 25°以南山区生长,一年可开花三次,结棉铃三次。

**2. 按纤维初加工分类**

(1)籽棉:籽棉是由棉田中采摘的带有棉籽的棉花。籽棉要经过晾晒干燥后,进行除去棉籽的加工,即轧棉,或称轧花。

(2)皮棉(原棉):皮棉是经过轧花加工后去除棉籽的棉纤维,又称为原棉。籽棉经轧棉加工后,得到的皮棉重量占籽棉重量的百分数,称为衣分率。白棉衣分率一般为 30% ~ 40%,彩色棉衣分率比白棉低,一般为 20% ~ 30%。

(3)锯齿棉:由锯齿轧棉机加工得到的皮棉称为锯齿棉。锯齿轧棉机用锯片齿抓住纤维,由平行排列的肋条排阻挡住棉籽,采用撕扯方式使棉纤维沿根部切断,与棉籽分离。锯齿轧棉作用剧烈,容易损伤长纤维,也容易产生加工疵点,但纤维长度整齐度高,杂质和短纤维含量少。一般纺纱用棉多为锯齿棉。

(4)皮辊棉:由皮辊轧棉机加工得到的皮棉称为皮辊棉。皮辊轧棉机采用表面粗糙的皮辊黏带纤维运动,棉籽被紧贴皮辊的定刀阻挡而无法通过,并且受到冲击刀的上下冲击,使棉纤维沿根部切断。这种挤切轧棉的方式作用缓和,不易损伤纤维,轧工疵点少,但皮辊棉含杂、含短纤维多,纤维长度整齐度较差,黄根多(棉籽上生长初期即停止生长的棉纤维细胞,一般长度为 6 ~ 9mm,即棉短绒。陆地棉的棉短绒中单宁含量高,常呈褐黄色,即黄根。长绒棉上的棉短绒称蓝根)。皮辊轧棉机产量低,多用于长绒棉的轧棉加工。

**3. 按纤维色泽分类**

(1)白色棉:白色棉中分为白棉、黄棉和灰棉。白棉是正常成熟的棉花。色泽呈洁白、乳白或淡黄色,是棉纺厂使用的主要原料。黄棉是在棉花生长晚期,棉铃经霜冻伤后枯死,棉籽表皮单宁染到纤维上呈现黄色。黄棉属于低级棉,棉纺厂用量很少。灰棉是棉花生长过程中,雨量过多,日照不足,温度偏低,纤维成熟度低或受空气中灰尘污染或霉变呈现灰褐色。灰棉纤维品质差,棉纺厂很少使用。

(2)彩色棉:彩色棉是指天然生长的非白色棉花,又称为有色棉,主要属粗绒棉品种。彩色棉是纤维细胞发育过程中色素沉积的结果,是白色棉纤维色素基因变异的类型。中国和印度早年已有棕、黄等天然彩色棉。近年定向培育的彩色棉有棕、绿、红、黄、蓝等颜色,但是色调偏暗。现在新疆、江苏、四川等地种植的彩色棉主要为棕色和绿色。我国彩色棉的生产面积和产量仅次于美国,居世界第二位。彩色棉的单产是白棉的75%,其价格约为白棉的3倍,种植彩色棉可以获得较高的经济效益。

彩色棉与白色棉相比,纺织品不用染色,生产过程无污染。彩色棉的抗虫害、耐旱性好。但是彩色棉产量低,衣分率较低,纤维素含量少于白棉。彩色棉纤维长度偏短,强度偏低,可纺性差。彩色棉色素不稳定,在加工和使用中会产生色泽变化。彩色棉纤维长度一般为20～25mm,中段线密度为2.5～4.0dtex。

**(二)棉纤维的形态及结构**

棉纤维在棉属植物的棉铃中生长,由棉籽表皮细胞经过伸长和加厚两个阶段发育而成。棉纤维在闭合的棉铃中发育的伸长期为16～25天,细胞长度及外直径增加形成充满原生质的薄壁细胞,呈中段粗、两端细(根端直径约为中段直径的1/3,梢端封闭,直径约为中段直径的1/6～1/7)。细胞基本停止伸长后纤维素开始沉积在纤维内壁,形成"日轮"而使细胞壁加厚,为期35～55天。这时棉纤维成为含有许多水分的管状细胞,截面为圆形。棉铃开裂后,纤维细胞死亡,棉纤维与空气接触,纤维水分蒸发,棉纤维收缩压瘪,胞壁产生扭转,形成天然转曲。部分棉纤维细胞在棉籽受精后6～8日停止生长,最终纤维长度为6～9mm时,称为棉短绒,轧棉时不能被轧下,只能用棉籽剥绒机剥取。

棉纤维经轧棉机从棉籽上剥离,成为可以进行纺织加工的原料——原棉。棉纤维因沿根部切断,故根端开口,顶端封闭,呈现具有中腔和扭转的扁平带状外观。正常成熟的棉纤维截面为腰圆形,中腔干瘪,纵向转曲较多;未成熟的棉纤维胞壁很薄,截面极扁,中腔很大,纵向转曲较少;过于成熟的棉纤维截面为圆形,中腔很小,纵向几乎无转曲。棉纤维截面和纵向外观如图3-1所示。

**1. 棉纤维的化学组成**　棉纤维的主要组成是纤维素、半纤维素、可溶性糖类、蜡质、脂肪、灰分等物质,彩色棉还含有色素。纤维素(cellulose)是天然高分子化合物,其化学结构是由许多 $\beta$-D-吡喃葡萄糖基以(1-4)-$\beta$-苷键连接的线形高分子。纤维素的化学式为 $C_6H_{10}O_5$,化学结构的实验分子式为 $(C_6H_{10}O_5)_n$,$n$ 为聚合度,棉纤维聚合度为6000～15000,其重复单元为纤维素双糖,化学结构式如图3-2所示。吡喃葡萄糖为了保持结构的稳定,大分子形成椅式折曲的构象(图3-3),采用 X 射线衍射法可测得棉纤维结晶度为65%～72%。

吡喃葡萄糖每个基环中含有3个醇羟基,分别在2、3、6位碳原子上,且都在椅式结构的平

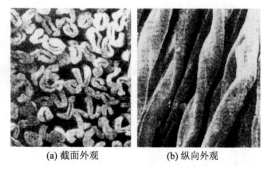

(a) 截面外观　　　(b) 纵向外观

图 3-1　棉纤维截面和纵向外观的扫描电镜照片　　图 3-2　纤维素分子链结构式（n 为聚合度）

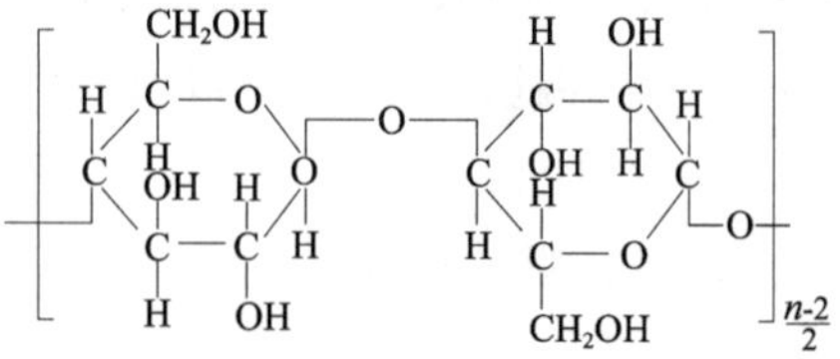

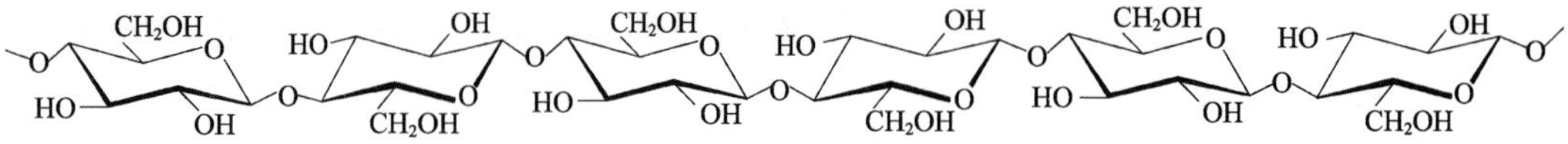

图 3-3　纤维素分子链的椅式构象

面上，醇羟基能进行一系列酯化、醚化、氧化及取代等反应，而其中伯醇羟基化学性质最活泼，仲、季醇羟基则依次次之。纤维素大分子中的苷键对酸十分敏感，而对碱的作用则相当稳定，所以纤维素耐碱不耐酸。

半纤维素是一群复合聚糖的总称，其分子链短，大多有短的侧链，侧链的糖基是由两种或两种以上的单糖基组成的多聚糖。木素（lignin）由木脂素和木质素组成，是支撑植物生长的主要物质。果胶、木素和半纤维素一起作为细胞间质填充在细胞壁的巨原纤之间。蜡质，俗称棉蜡，是棉纤维表面保护纤维的物质，具有防水作用。细胞腔中原生质、细胞核等蛋白质在干涸后附着在内腔壁面上。除此之外，高聚物生物聚合中依赖某些金属元素的整合，这些金属元素在处理中形成氧化物等，称为灰分。表 3-1 为成熟白棉与彩色棉的化学组成。

表 3-1　棉纤维的化学组成（%）

| 品　　种 | 白色细绒棉 | 棕色彩棉 | 绿色彩棉 |
|---|---|---|---|
| $\alpha$-纤维素 | 89.90~94.93 | 83.49~86.23 | 81.09~84.88 |
| 半纤维素及糖类物质 | 1.11~1.89 | 1.35~2.07 | 1.64~2.78 |
| 木　素 | 0.00~0.00 | 4.27~6.84 | 5.19~8.87 |
| 脂蜡类物质 | 0.57~0.89 | 2.67~3.88 | 3.24~4.69 |
| 蛋白质 | 0.69~0.79 | 2.22~2.49 | 2.07~2.87 |
| 果胶类物质 | 0.28~0.81 | 0.42~0.94 | 0.46~0.93 |
| 灰　分 | 0.80~1.26 | 1.39~3.03 | 1.57~3.07 |
| 有机酸 | 0.55~0.87 | 0.57~0.97 | 0.61~0.84 |
| 其　他 | 0.83~1.01 | 0.88~1.29 | 0.38~0.87 |

**2. 棉纤维的微观结构**　棉纤维的截面结构是由许多同心圆柱组成，由外至内依次为表皮

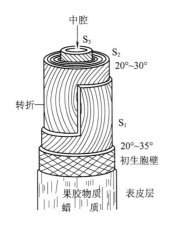

图 3-4　棉纤维微观结构示意图

层、初生层、次生层和中腔。图 3-4 为棉纤维微观结构示意图。表皮层由蜡质、脂肪和果胶的混合物组成,表皮有深度为 $0.5\mu m$ 的细丝状皱纹,具有防水和润滑作用。初生层是纤维的初生细胞壁,厚度约 $0.12\sim0.28\mu m$,占纤维重量的 $2.5\%\sim2.7\%$。由与纤维轴呈 $70°$ 左右倾角排列的网状原纤组成,对棉纤维的整体起约束和保护作用。次生层是棉纤维的主体,占成熟棉纤维重量的 $90\%$。次生层可以分为 $S_1$、$S_2$、$S_3$ 三层,由初生层向内是结构紧密的 $S_1$ 层,由与纤维轴呈 $20°\sim35°$ 倾角排列的原纤组成,厚度约 $0.1\mu m$。$S_2$ 层是由同心环状排列的许多层纤维素巨原纤层组成,每日白天阳光使叶绿素将水与 $CO_2$ 结合成葡萄糖及低聚糖,到晚上输送至棉籽进入棉纤维细胞腔中,聚合成纤维素大分子,结晶成微原纤、巨原纤沉淀在腔内壁,形成一层。逐日积累,称之为日轮层。(当棉株经连续光照时,将连续沉淀,不形成日轮层)每层厚度 $0.12\sim0.25\mu m$,随沉积日数不同,层数不同,$S_2$ 层厚度不同,一般累积 $35\sim55$ 日。巨原纤与纤维轴呈 $20°\sim30°$ 倾角螺旋排列,旋转方向周期性发生改变纤维全长可以达到五十多次,各日轮层间螺旋方向各异。$S_2$ 层厚度约 $1\sim4\mu m$,微原纤与原纤间形成空隙,使棉纤维具有多孔性。次生层的最内层为厚度约 $0.1\mu m$ 的 $S_3$ 层,具有与 $S_2$ 层相近的结构特征,但淀积有细胞原生质、细胞核干涸后的物质。图 3-5 为棉纤维截面的日轮照片。中腔是棉纤维停止生长后,胞壁内留下的空腔。中腔的大小取决于次生层的厚度,未成熟棉纤维的中腔较大,过成熟棉纤维的中腔较小。一般正常成熟白棉纤维中腔面积为纤维截面积的 $10\%$ 左右,彩色棉的中腔较大,为纤维截面积的 $30\%\sim50\%$。图 3-6 与图 3-7 分别为棕色棉和绿色棉的截面及纵向外观照片。

图 3-5　棉纤维截面的日轮

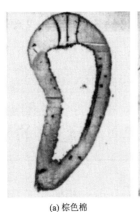

(a) 棕色棉

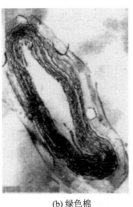

(b) 绿色棉

图 3-6　彩色棉横截面

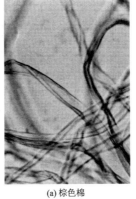

(a) 棕色棉

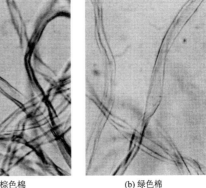

(b) 绿色棉

图 3-7　彩色棉纵向外观

棉纤维细胞壁次生层中微原纤内纤维素大分子组成的结晶结构,在不同处理条件下有不同的结构。天然棉纤维的基原纤中的晶胞单斜晶系如图3-8所示,即纤维素Ⅰ。棉纤维受浓氢氧化钠溶液作用后,晶胞扭转,形成的截面如图3-9所示,即纤维素Ⅱ。棉纤维受液态氨以及甲基胺或乙基胺处理后,晶胞将转变成纤维素Ⅲ。洗脱液氨后,纤维素Ⅲ将转变成纤维素Ⅱ。纤维素Ⅱ或纤维素Ⅲ在极性溶液中经高温处理,将形成纤维素Ⅳ晶胞。再者,纤维素Ⅰ经浓盐酸或磷酸处理将形成纤维素Ⅴ,它们的参数见表3-2。纤维素Ⅴ晶胞尺寸接近纤维素Ⅳ。

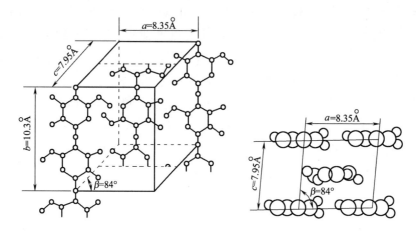

图3-8　棉、麻纤维的晶胞结构示意图

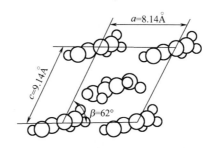

图3-9　丝光棉、麻及黏胶纤维晶胞结构示意图

表3-2　纤维素晶胞结构尺寸

| 结晶类型 | 结构尺寸 | | | |
|---|---|---|---|---|
| | $a$(nm) | $b$(nm) | $c$(nm) | $\beta$(°) |
| 纤维素Ⅰ | 0.835 | 1.03 | 0.79 | 84 |
| 纤维素Ⅱ | 0.814 | 1.03 | 0.914 | 62 |
| 纤维素Ⅲ | 0.774 | 1.03 | 0.99 | 58 |
| 纤维素Ⅳ | 0.811 | 1.03 | 0.79 | 90 |

**(三)棉纤维的主要性能指标**

(1)棉纤维的长度、中段线密度 Tt。表3-3为我国彩色棉与白棉的物理指标。

(2)棉纤维的成熟度。棉纤维生长周期长,生长期间日照充分,纤维素合成多,细胞壁厚

表 3 - 3 中国棉纤维的主要物理性能

| 物理指标 | 白长绒棉 | 白细绒棉 | 绿色棉 | 棕色棉 |
|---|---|---|---|---|
| 上半部平均长度（mm） | 33 ~ 35 | 28 ~ 31 | 21 ~ 25 | 20 ~ 23 |
| 中段线密度（dtex） | 1.18 ~ 1.43 | 1.43 ~ 2.22 | 2.5 ~ 4.0 | 2.5 ~ 4.0 |
| 断裂比强度（cN/dtex） | 3.3 ~ 5.5 | 2.6 ~ 3.1 | 1.6 ~ 1.7 | 1.4 ~ 1.6 |
| 转曲度（个/cm） | 100 ~ 140 | 60 ~ 115 | 35 ~ 85 | 35 ~ 85 |
| 马克隆值 | 2.4 ~ 4.0 | 3.7 ~ 5.0 | 3.0 ~ 6.0 | 3.0 ~ 6.0 |
| 整齐度（%） | | 49 ~ 52 | 45 ~ 47 | 44 ~ 47 |
| 短绒率（%） | ≤10 | ≤12 | 15 ~ 20 | 15 ~ 30 |
| 棉结（粒/g） | 80 ~ 150 | 80 ~ 200 | 100 ~ 150 | 120 ~ 200 |
| 衣分率（%） | 30 ~ 32 | 33 ~ 41 | 20 | 28 ~ 30 |

时，成熟度高，其主要指标有以下几点内容。

①成熟度比 $K_m$：按式（3 - 1）计算。

$$K_m = \frac{D^2 - d^2}{0.5775D^2} \qquad (3 - 1)$$

式中：$D$——纤维中段复圆成圆形截面时的外直径，μm；

$d$——纤维中段复圆时中腔的直径，μm。

②成熟度系数 $K_3$：按式（3 - 2）计算。

$$K_3 = \frac{19}{3} - \frac{20}{3}\left(\frac{d}{D}\right) \qquad (3 - 2)$$

式中：$K_3$——成熟度系数。

（3）马克隆值 $M_{ic}$：棉纤维用气流仪测试的一种指标，它与成熟度比和线密度的乘积和其他因素有关，其计算公式如下。

$$M_{ic} = K_m \cdot Tt \cdot f(D) \qquad (3 - 3)$$

式中：$f(D)$——棉纤维中段直径的函数。

（4）断裂比强度与断裂伸长率：棉纤维的比强度由于品种不同有较大的差异，且其主要力学性能如表 3 - 3 所示。

（5）初始模量：棉纤维的初始模量为 60 ~ 82cN/dtex。

（6）弹性：棉纤维的弹性较差，伸长 3% 时的弹性回复率为 64%；伸长 5% 时的弹性回复率仅为 45%。

（7）密度：棉纤维细胞壁的密度为 1.53g/cm³，外轮廓中的密度为 1.25 ~ 1.31g/cm³。

（8）天然转曲：棉纤维纵向的转曲是由于次生层中螺旋排列的原纤多次转向，使纤维结构不平衡而形成的。棉纤维的转曲因纤维品种、成熟程度及部位的不同而有所不同。转曲在纤维中部最多，稍部最少。正常成熟的棉纤维转曲多，陆地棉中段约为 39 ~ 65 个/cm，未成熟纤维转曲少,过成熟的纤维几乎无转曲。白棉天然转曲多,棕色棉次之,绿色棉转曲最少。

(9)吸湿性:棉纤维不溶于水,因为水分不能渗透纤维素密实的结晶区内,但棉纤维的多孔结构使水分可以迅速向原纤间的非结晶区渗透,与自由的纤维素羟基形成氢键。白棉的公定回潮率为8.5%,在室温和相对湿度100%时,其值可以高达25%~27%。彩色棉的蜡质含量高,其吸湿性不如白棉。棕色棉公定回潮率为7.6%,绿色棉公定回潮率为5.1%。

(10)耐酸性:纤维素对无机酸非常敏感,酸可以使纤维素大分子中的苷键水解,大分子链变短,还原能力提高,纤维素完全水解时生成葡萄糖。有机酸对棉的作用比较缓和,酸的浓度越高,作用越剧烈。

(11)耐碱性:在一般情况下,纤维素在碱液中不会溶解,但会在伯羟基上取代氢,形成碱纤维素并扭转结晶构型,由纤维素Ⅰ转变为纤维素Ⅱ(参见表3-1)。在浓碱和高温条件下,纤维素会发生碱性降解(碱性水解和剥皮反应)。稀碱溶液在常温下处理棉纤维不会产生破坏作用,并可以使纤维膨化。利用棉纤维的这种性能进行的加工,称为"丝光"处理。采用18%~25%的氢氧化钠溶液,浸泡在一定张力作用下的棉织物,可以使纤维截面变圆,天然转曲消失,使织物有丝一样的光泽。

(12)耐热性:棉纤维的处理温度在150℃以上时,纤维素热分解会导致强度下降,且在热分解时生成水、二氧化碳和一氧化碳。超过240℃时,纤维素中苷键断裂,并产生挥发性物质。加热到370℃时,结晶区破坏,质量损失可达40%~60%。

(13)染色性:棉纤维的染色性较好,可以采用直接染料、还原染料、活性染料、碱性染料、硫化染料等染色。

(14)防霉变性:棉纤维有较好的吸湿性,在潮湿环境下,容易受到细菌和霉菌的侵蚀。霉变后棉织物的强力明显下降,还有难以除去的色迹。

## 二、木棉

木棉(kapok、bembax cotton)属被子植物门、双子叶植物纲、锦葵目、木棉科植物。木棉科植物约有20属180种,主要产地在热带地区。我国现有7属9种木棉科植物,异木棉植物是观花乔木,不结果实,多作为路边绿化树木。结果实并产纤维的木棉有6种,目前应用的木棉纤维主要指木棉属的木棉种、长果木棉种和吉贝属吉贝种三种植物果实内的纤维。我国的木棉主要生长和种植地区为广东、广西、福建、云南、海南、台湾等地,木棉不仅可以观赏,还具有清热利湿、活血消肿等药用功能。

我国的木棉纤维主要是木棉属木棉种,又称为英雄树、攀枝花,是一种落叶大乔木,树高20~25m,掌状复叶,早春开红色或橙红色花。夏季椭圆形蒴果,成熟后裂为5瓣,露出木棉絮。长果木棉种开黄色或橙黄色花,蒴果长度长,上下一样粗。吉贝属吉贝种是速生落叶乔木,主要产地是印度尼西亚、尼日利亚、美国,树高可达30m,叶为指状复叶,开白色花。一株成年期的木棉树年产木棉纤维5~8kg,全球木棉纤维年产量约为19.5万吨。表3-4为我国木棉的主要品种。

表 3 - 4　我国木棉的主要品种

| 属　种 | 学　名 | 纤　维 | 原产地 | 种植地 |
|---|---|---|---|---|
| 木棉属 | 木棉 bombax malabaricum | 有 | 中国 | 中国亚热带 |
| 木棉属 | 长果木棉 bomax insigis | 有 | 中国 | 云南 |
| 异木棉属 | 异木棉 chorisia speciosa | 无 | 南美洲 | 海南 |
| 吉贝属 | 吉贝 ceiba pentandra | 有 | 美洲 | 云南、海南、广东 |
| 瓜栗属 | 瓜栗 pachira macrocarpa walp | 有 | 中美洲 | 云南、海南、广东 |
| 轻木属 | 轻木 ochroma lagopus swartz | 有 | 美洲 | 云南、海南、广东 |

木棉纤维由木棉蒴果壳体内壁细胞发育、生长而成。木棉纤维的初加工不用像棉花那样必须经过轧棉加工除去棉籽,由于木棉纤维在蒴果壳体内壁的附着力小,比较容易分离,只要手工将木棉种子剔出或装入箩筐中筛动,木棉种子就可以自行沉底而获得木棉纤维。

**(一)木棉纤维的形态与结构**

木棉纤维的纵向呈薄壁圆柱形,表面有微细凸痕,无转曲。纤维中段较粗,根端钝圆,梢端较细,两端封闭,细胞未破裂时呈气囊结构,破裂后纤维呈扁带状。纤维截面为圆形或椭圆形,纤维的中空度高,胞壁薄,接近透明,木棉纤维表面有较多的蜡质,使纤维光滑、不吸水、不易缠结,并具有驱螨虫效果。

木棉纤维具有独特的薄壁、大中空结构,图 3 - 10 为木棉纤维横截面及纵向外观照片(木棉纤维的横截面图,切时已被压扁)。

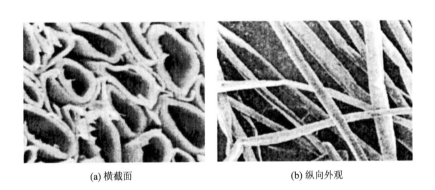

(a) 横截面　　　　　　　　　　　(b) 纵向外观

图 3 - 10　木棉纤维横截面形态及纵向外观

木棉纤维胞壁具有清晰可见的多层状结构,基本上可以区分为表皮层、胞壁 $W_1$ 层、胞壁 $W_2$ 层、胞壁 $W_3$ 层,共四个基本层次,各层胞壁厚度不同,原纤堆砌密度和排列方向亦不同。表皮层最为致密,同时也最薄,它含有大量蜡质,且纤维素的原纤排列没有规律,厚度为 40 ~ 70nm,起保护纤维的作用。紧贴表皮层的胞壁 $W_1$ 层结构也较致密,仅次于表皮层,主要为纤维素原纤堆砌层,厚度较表皮层厚,为 90 ~ 120nm。向内为胞壁 $W_2$ 层,厚度为 100 ~ 200nm,纤维素原纤平行致密排列。$W_3$ 层是细胞原生质及细胞核干涸物质。除纤维素堆砌外,木棉纤维横截面最小结构单元宽度为 3.2 ~ 5.0nm,与棉纤维基原纤尺寸相当。采用 X 射线衍射法测得木棉纤维的结晶度为33%。木棉纤维素的聚合度为10000左右。

木棉纤维为单细胞,是以纤维素为主的纤维,胞壁含有约64%的纤维素、13%的木质素、1.4%~3.5%的灰分、4.7%~9.7%的水溶性物质和2.3%~2.5%的木聚糖以及0.8%的蜡质和8.6%的水分,细胞壁平均密度为1.33g/cm³。

**(二)木棉纤维的主要性能**

**1.纤维规格** 木棉纤维长度较短,为8~34mm。纤维中段直径范围是20~45μm,线密度为0.9~1.2dtex。近年发现木棉果壳内壁区域纤维长度为16~34mm,果壳中心籽区纤维长度8~20mm。

**2.密度** 木棉纤维的中空度高达94%~95%,胞壁极薄,未破裂细胞的密度为0.05~0.06g/cm³。木棉纤维集合体浮力好,在水中可承受相当于自身20~36倍的负载重量而不致下沉。木棉集合体在水中浸泡30天,其浮力也仅下降10%。

**3.强度与伸长** 木棉纤维的强力较低,伸长能力小。单纤维平均强力为1.4~1.7cN,纤维比强度为0.8~1.3cN/dtex,断裂伸长率为1.5%~3.0%。

**4.扭转刚度** 木棉纤维的相对扭转刚度很高,为71.5×10⁻⁴(cN·cm²)/tex²,大于玻璃纤维的扭转刚度,使纺纱加捻效率降低,因此很难用加工棉或毛的纺纱方法单独纺纱。

**5.吸湿性** 木棉纤维吸湿性好于棉纤维,则其标准回潮率为10%~10.73%。

**6.光学性能** 木棉纤维的平均折射率为1.718,略高于棉纤维的平均折射率1.596。

**7.耐酸性** 木棉纤维的耐酸性较好。常温下稀酸、弱酸对其没有影响,木棉纤维溶解于30℃时75%的硫酸和100℃时65%的硝酸,部分溶解于100℃时35%的盐酸。

**8.耐碱性** 木棉纤维耐碱性能良好,常温下氢氧化钠溶液对其没有影响。

**9.染色性** 木棉可用直接染料染色,但其上染率低,约为63%,而同样条件下棉的上染率为88%。由于木棉纤维含有大量木质素和半纤维素,它们和纤维素互相纠缠和分子间力作用导致了纤维素部分羟基饱和,染料分子不能顺利结合。

**10.色泽** 木棉纤维有白、黄和黄棕色三种颜色。

## 三、牛角瓜纤维

牛角瓜(akund)是近年来发现的有利用潜力的能源植物之一,主要分布在我国广东、广西、海南等地,以及印度、越南、非洲等干旱、半干旱及盐碱地区。牛角瓜属,隶属于萝摩科牛角瓜属植物,该属约有6种,广泛分布于亚洲和非洲的热带亚热带地区。我国盛产其中的两种,一种为牛角瓜,分布于海南、广东、四川和云南,另一种为白花牛角瓜,在广东、广西、云南有零星分布。不同地区牛角瓜纤维结构和性能都存在一定差异性,肯尼亚地区纤维的拉伸性能优于中国云南地区的纤维,且纤维长度、强度与果实体积呈正相关,纤维线密度与果实体积呈负相关。

牛角瓜纤维是生长在牛角瓜和大牛角瓜植物种子上的天然植物纤维,其成分基本由纤维素组成,与棉纤维同属天然植物种子纤维,是一种亟待开发和利用的天然纤维。

**(一)牛角瓜纤维的形态与结构**

牛角瓜纤维纵向呈现光滑的圆柱形,几乎没有转曲,纤维为圆形或椭圆形的大中空管壁,如图3-11所示。与棉纤维相比,最明显的是,牛角瓜纤维的壁很薄,平均仅有0.6~1.2μm,而直径达到 20 ~ 28μm,中空程度达到 80% ~ 90%,纤维宽壁厚的比值达到 20,因此牛角瓜纤维作为保暖絮料具有优势,相比而言,棉纤维是相当丰满的,胞壁厚而胞腔小,棉纤维宽壁厚比值仅为 2.1。

(a)纵向外观

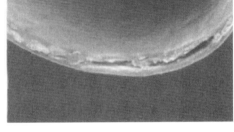

(b)横截面

(c)中部截面

图 3 - 11 牛角瓜纤维横截面形态及纵向外观

从图 3 - 12 可以看出牛角瓜纤维的稍端与末端比较可知,稍端较细,顶端封闭,末端开口。与中部截面相比,末端壁厚较薄,内外壁的结合较好,而中部截面明显可以看出内外壁及中间存在空隙。

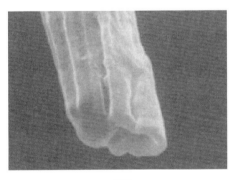

(a)稍端

(b)末端

图 3 - 12 牛角瓜纤维的稍端与末端

**(二)牛角瓜纤维的主要性能**

**1. 纤维规格** 牛角瓜纤维长度为 20 ~ 40.5mm,平均长度为 34.175mm,标准偏差为

4.2493。直径 20 ~ 28μm, 壁厚 0.6 ~ 1.2μm。

**2. 密度**　牛角瓜纤维中空程度达到 80% ~ 90%, 胞壁很薄, 线密度为 0.93 ~ 0.97dtex。

**3. 强度与伸长**　牛角瓜纤维断裂伸长率较低, 但是断裂强度基本和棉纤维一样。纤维断裂强度 3.4cN/dtex, 断裂伸长率为 2.6%。

**4. 吸湿性**　牛角瓜纤维比棉纤维有更好的吸湿性, 其标准回潮率为 11.4%, 含水率为 11.88%。牛角瓜纤维的吸湿滞后性大于棉, 放湿速率显著高于棉纤维, 吸湿与放湿平衡时间的差异更大。

**5. 化学性能**　牛角瓜纤维具有较好的化学性能, 耐酸性好, 常温下稀酸对其没有影响。

**6. 耐热性能**　牛角瓜纤维在 250℃ 左右开始降解。

**7. 染色性能**　牛角瓜纤维可使用靛蓝染料进行染色, 染色的优化工艺为:染色温度 20℃ 左右(即常温)、氧化时间 8min、渗透剂质量浓度 0.4g/L 以上。牛角瓜纤维经过前处理去除果胶、脂蜡质等杂质后, 会使得靛蓝染料染色上染率有所提高。除此之外还可用直接染料进行染色, 直接染料上染牛角瓜纤维的最佳工艺为:70℃, 60 ~ 70min, 染料用量 1% (owf), 盐用量 20g/L。

# 第二节　韧皮纤维

韧皮纤维来源于麻类植物茎秆的韧皮部分, 纤维束相对柔软, 又称为软质纤维。韧皮纤维多属于双子叶草本植物, 主要有苎麻、亚麻、黄麻、汉(大)麻、槿(洋)麻、苘麻(青麻)、红麻、罗布麻等。亚麻纤维在 8000 年前的古埃及就被人类发现并使用, 是人类最早开发利用的天然纤维之一。大麻布和苎麻布在中国秦汉时期已是人们主要的服装材料, 制作精细的苎麻夏布可以与丝绸媲美, 由宋朝到明朝麻布才逐渐被棉布取代。

## 一、韧皮纤维种类

### (一)苎麻

苎麻(ramie)属苎麻科苎麻属, 多年生草本植物。又名"中国草", 是中国独特的麻类资源, 种植历史悠久, 且我国的苎麻产量占世界 90% 以上, 主要产地有湖南、四川、湖北、江西、安徽、贵州、广西等地区。

苎麻俗称有白苎、线麻、紫麻等, 其可分为白叶种和绿叶种。白叶种苎麻叶正面呈绿色, 叶背面长满白色绒毛, 纤维品质好, 主要种植地在我国。绿叶种苎麻纤维的品质略差, 主要种植地区在南洋群岛等少数地区。

**1. 苎麻纤维结构**　苎麻纤维是由单细胞发育而成, 纤维细长, 两端封闭, 有胞腔, 胞壁厚度与麻的品种和成熟程度有关。苎麻纤维的纵向外观为圆筒形或扁平形, 没有转曲, 纤维外表面有的光滑, 有的有明显的条纹, 纤维头端钝圆。苎麻纤维的横截面为椭圆形, 且有椭圆形或腰圆形中腔, 胞壁厚度均匀, 有辐射状裂纹。图 3 - 13 为苎麻纤维截面及纵向外观。苎麻纤维初生胞壁由微原纤交织成疏松的网状结构, 次生胞壁的微原纤互相靠近形成平行层。苎麻纤维截面有若干圈的同心圆状轮纹,每层轮纹由直径0.25~0.4μm的巨原纤组成,各层巨原纤的螺旋方向多为S形,平均螺旋角为8°15′。苎麻纤维结晶度达70%,取向因子0.913。

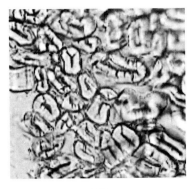 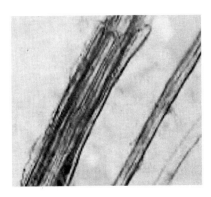

(a) 横截面　　　　　　　　　　　　　　(b) 纵向外观

图3-13　苎麻纤维横截面形态及纵向外观

**2. 苎麻纤维的主要性能**

(1)纤维规格:苎麻纤维的细度与长度明显相关,一般越长的纤维越粗,越短的纤维越细。苎麻纤维的长度较长,一般可达20~250mm。纤维宽度约为20~40μm,传统品种线密度约为6.3~7.5dtex,细纤维品种的线密度有3.0~5.5dtex,最细品种的线密度可达2.5~3.0dtex。

(2)断裂比强度与断裂伸长率:苎麻纤维的强度是天然纤维中最高的,但其伸长率较低。苎麻纤维平均比强度为6.73cN/dtex,平均断裂伸长率为3.77%。

(3)初始模量:苎麻纤维硬挺,刚性大,具有较高的初始模量。因此苎麻纤维纺纱时纤维之间的抱合力小,纱线毛羽较多。苎麻纤维初始模量约170~210cN/dtex。

(4)弹性:苎麻纤维的强度和刚性虽高,但是伸长率低,断裂功小,加之苎麻纤维弹性回复性较差,因此苎麻织物抗皱性和耐磨性较差。苎麻纤维在1%定伸长拉伸时的平均弹性回复率为60%,伸长2%时的平均弹性回复率为48%。

(5)光泽:苎麻纤维具有较强的光泽。原麻呈白、青、黄、绿等深浅不同的颜色,脱胶后的精干麻色白且光泽好。

(6)密度:苎麻纤维胞壁密度与棉相近,为1.54~1.55g/cm³。

(7)吸湿性:苎麻纤维具有非常好的吸湿、放湿性能,纤维的公定回潮率为13%,润湿的苎麻织物3.5h即可阴干。

(8)耐酸碱性:苎麻与其他纤维素纤维相似,耐碱不耐酸。苎麻在稀碱液下极稳定,但在浓碱液中,纤维膨润,生成碱纤维素。苎麻可在强无机酸中溶解。

(9)耐热性:苎麻纤维的耐热性好于棉纤维,当达到200℃时,其纤维开始分解。

(10)染色性:苎麻纤维可以采用直接染料、还原染料、活性染料、碱性染料等染色。

**(二)亚麻**

亚麻(flax)属亚麻科、亚麻属,为一年生草本植物。亚麻分为纤维用、油纤兼用和油用三类,我国传统称纤维用亚麻为亚麻,油纤兼用和油用亚麻为胡麻。

亚麻适宜种植地区在北纬45°~55°之间,亚麻的主要产地在俄罗斯、波兰、法国、比利时、德国、中国等。我国的亚麻种植主要集中在黑龙江、吉林、甘肃、宁夏、河北、四川、云南、新疆、内蒙古等省区。目前,我国亚麻产量居世界第二位。

亚麻植物由根、茎、叶、花、蒴果和种子组成,纤维用亚麻茎基部没有分支,上部有少数分支,茎高一般为60~120cm。叶为绿色,下部叶小,上部叶细长,中部叶为纺锤形。亚麻植株花为圆盘形,呈蓝色或白色。结3~4个蒴果,蒴果为桃形,成熟时为黄褐色,每个蒴果可结8~10粒种子。油纤兼用及油用亚麻植株茎基部以上即有分支。

**1. 亚麻纤维结构**　亚麻茎的结构由外向内分为皮层和芯层,皮层由表皮细胞、薄壁细胞、厚角细胞、维管束细胞、初生韧皮细胞、次生韧皮细胞等组成;芯层由形成层、木质层和髓腔组成。韧皮细胞集聚形成纤维束,有20~40束纤维环状均匀分布在麻茎截面外围,一束纤维中约有30~50根单纤维由果胶等粘连成束。每一束中的单纤维两端沿轴向互相搭接或侧向穿插。麻茎中皮层约占13%~17%,皮层中韧皮纤维含量约11%~15%。在皮层和芯层之间有几层细胞为形成层,其中一层细胞具有分裂能力,这层细胞向外分裂产生的细胞,可以逐渐分化成新的次生韧皮层;向内分裂产生的细胞则逐渐分化成次生木质层。木质层由导管、木质纤维和木质薄壁细胞组成,木质纤维很短,长度只有0.3~1.3mm,木质层约占麻茎的70%~75%。髓部由柔软易碎的薄壁细胞组成,是麻茎的中心,成熟后的亚麻麻茎在髓部形成空腔。

亚麻单纤维包括初生韧皮纤维细胞和次生韧皮纤维细胞,纵向中间粗,两端尖细,中空、两端封闭无转曲。纤维截面结构随麻茎部位不同而存在差异,麻茎根段纤维截面为圆形或扁圆形,细胞壁薄,中腔大而层次多;麻茎中段纤维截面为多角形,纤维细胞壁厚,纤维品质优良;麻茎梢段纤维束松散,细胞细。亚麻纤维横截面细胞壁有层状轮纹结构,轮纹由原纤层构成,厚度约为0.2~0.4μm,原纤层由许多平行排列的原纤以螺旋状绕轴向缠绕,螺旋方向多为左旋,平均螺旋角为6°18′,原纤直径约为0.2~0.3μm。亚麻纤维结晶度约66%,取向因子为0.934。图3-14为亚麻纤维纵向外观和截面形态。亚麻纤维加工的半成品和产品,英文改称"linen"。

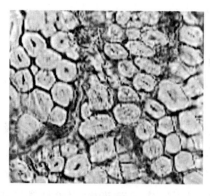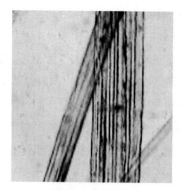

(a) 横截面　　　　　　　　　　　(b) 纵向外观

图3-14　亚麻纤维横截面形态及纵向外观

**2.亚麻纤维主要性能**

(1)纤维规格:亚麻单纤维的长度差异较大,麻茎根段纤维最短,中段次之,梢段最长。单纤维长度为10~26mm,最长可达30mm,宽度为12~17μm,线密度为1.9~3.8dtex。纱线用工艺纤维湿纺长为400~800mm,线密度为12~25dtex。

(2)断裂比强度与断裂伸长率:亚麻纤维有较好的强度,断裂比强度约为4.4 cN/dtex,断裂伸长率为2.50%~3.30%。

(3)初始模量:亚麻纤维刚性大,具有较高的初始模量。亚麻单纤维的初始模量为145~200cN/dtex。

(4)色泽:亚麻纤维具有较好的光泽。纤维色泽与其脱胶质量有密切关系,脱胶质量好,打成麻后呈现银白或灰白色;次者呈灰黄色、黄绿色;再次为暗褐色,色泽萎暗,同时其纤维品质较差。

(5)密度:亚麻纤维胞壁的密度为1.49g/cm³。

(6)吸湿性:亚麻纤维具有很好的吸湿、导湿性能,在标准状态下的纤维回潮率为8%~11%,公定回潮率为12%。润湿的亚麻织物4.5h即可阴干。

(7)抗菌性:亚麻纤维对细菌具有一定的抑制作用。古埃及时期人们用亚麻布包裹尸体,制作木乃伊。第二次世界大战时,人们将剪碎的亚麻布蒸煮,然后用蒸煮液代替消毒水给伤员冲洗伤口。亚麻布对金黄葡萄球菌的杀菌率可达94%,对大肠杆菌杀菌率达92%。

**(三)黄麻**

黄麻(jute)属于椴树科、黄麻属,为一年生草本植物,黄麻俗称络麻、绿麻。黄麻主要有两大品系,分为圆果种黄麻和长果种黄麻。圆果种黄麻因为纤维脱胶后色泽乳白至淡黄,又称为白麻(white jute),纤维较粗短;长果种黄麻纤维脱胶后呈浅金黄色,纤维细长。黄麻茎为较光滑的圆柱形,黄麻茎高1~5m,茎粗1.5~2cm,且麻茎有深浅不同的绿、红、紫色。黄麻叶为披针形。

中国有近千年的黄麻种植历史,是圆果种黄麻的起源地之一。黄麻适宜在高温多雨的气候中生长,原麻产量仅次于印度和孟加拉国。我国原为黄麻重要生产国,1955年起,因病虫害停种,目前正在恢复。

**1.黄麻纤维结构**　黄麻茎与苎麻、亚麻相似,分皮层和芯层。皮层中初生韧皮细胞和次生韧皮细胞发育成黄麻纤维。在麻茎皮层分为多层分布,每层中的纤维细胞大都聚集成束,每束截面中约有5~30根纤维。每束中的单纤维的顶部嵌入另一束纤维细胞之间,形成网状组织。黄麻纤维细胞开始生长时,初生胞壁伸长,横向尺寸相应增大,然后纤维素、半纤维素、木质素等在初生胞壁内侧开始沉积加厚,形成次生胞壁,中腔逐渐缩小,直至纤维停止生长。图3-15为黄麻纤维截面形态及纵向外观。黄麻纤维纵向光滑,无转曲,富有光泽。纤维横截面一般为五角形或六角形,中腔为圆形或椭圆形,且中腔的大小不一致。黄麻纤维的结晶度约为62%,取向因子为0.906。

**2.黄麻纤维主要性能**

(1)纤维规格:黄麻单纤维长度很短,一般1~2.5mm,宽度10~20μm,因此需要采用成束

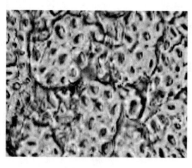

(a) 横截面

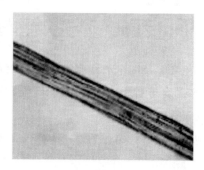

(b) 纵向外观

图 3 - 15　黄麻纤维横截面形态及纵向外观

的工艺纤维纺纱,生产麻绳和麻袋的黄麻工艺纤维长度为 80 ~ 150mm,线密度为 18 ~ 35dtex。生产麻布的工艺纤维的长度为 18 ~ 25mm,线密度为 5.5 ~ 8.5dtex。不同品种和产地的黄麻单纤维和工艺纤维规格也有一些差异,表 3 - 5 为不同品种和产地的黄麻纤维规格。

表 3 - 5　不同品种和产地的黄麻纤维规格

| 品　　　种 | 圆果种 | 长果种 | |
| --- | --- | --- | --- |
| 产　　　地 | 广东 | 浙江 | 孟加拉国 |
| 单纤维长度(mm) | 1.84 ~ 2.09 | 1.83 ~ 2.41 | 1.92 ~ 2.07 |
| 单纤维宽度(μm) | 17.93 ~ 18.1 | 17.06 ~ 17.43 | 15.80 ~ 16.55 |
| 纤维横截面积(μm²) | 182 ~ 194 | 200 ~ 230 | 176 ~ 200 |
| 中腔面积(μm²) | 56 ~ 58 | 60 ~ 76 | 54 ~ 57.5 |
| 工艺纤维截面积(μm²) | 2118 ~ 2446 | 3520 ~ 4930 | 1836 ~ 2362 |
| 工艺纤维截面单纤维数(根) | 13.8 ~ 14.4 | 16.2 ~ 17.1 | 12.5 ~ 13.4 |

(2)断裂比强度与断裂伸长率:黄麻纤维有较好的强度,工艺纤维平均断裂强度为 2.7cN/dtex,断裂伸长率为 2.3% ~ 3.5%。

(3)色泽:黄麻纤维富有光泽,且纤维色泽与其纤维本身的颜色和脱胶质量有密切关系。黄麻长果种纤维本色为乳黄色或淡金黄色,圆果种为乳白色或淡乳黄色。脱胶时水质混杂,可以使黄麻纤维变成深浅不同的黄、棕、灰、褐等色;麻皮组织中的单宁质溶于水,与浸麻中的铁元素化合,会使黄麻纤维呈现暗黑色。

(4)密度:黄麻纤维胞壁密度为 1.21g/cm³。

(5)吸湿性:黄麻纤维的吸湿、导湿性很强。在标准状态下黄麻生麻的回潮率为 12% ~ 16%,熟麻的回潮率为 9% ~ 13%,黄麻的公定回潮率为 14%。

(6)耐热性:黄麻纤维燃点低,易燃。加热至 150℃ 以上时,纤维将失去水分变为焦黄色,如果温度继续升高,纤维会逐步分解而炭化,第一失重阶段为 250 ~ 380℃,第二失重阶段为

$400\sim480℃$。

黄麻纤维短而硬,传统产品多为麻袋、绳索、包装材料等低档纺织品。但是黄麻纤维具有强度高、吸湿好、导湿快、耐腐蚀等特点,近年采用新型复合脱胶工艺,生产精细黄麻工艺纤维可以开发高档服装、家用纺织品、非织造布等。

### (四)无毒大麻(汉麻)

汉(大)麻(China Hemp)又名工业用大麻、花麻、寒麻、线麻、火麻、魁麻等,属大麻科大麻属,为一年生草本植物。大麻品种有高毒性大麻(Marijuana,Hashish,Cannabis 四氢大麻酚含量极高5%～17%属于毒品)和低毒或无毒大麻(四氢大麻酚含量0.3%以下及0.1%以下),无毒大麻不属于毒品,可以工业应用。大麻在中国有超5000年的种植历史。1953年起,因属于毒品,禁止种植。近年育成无毒品种,解禁开始种植。

**1. 无毒大麻(汉麻)纤维的品种与结构** 汉麻适应环境能力强、耐贫瘠、抗逆性强、适生性广,具有喜光照、光合作用效率较高的生物学特性。我国的大麻历史上曾广泛种植。1953年我国在禁毒公约上签字后开始停止种植,只有药用的少量种植,并且这部分由公安部禁毒委员会管理。20世纪80年代开始逐步培育出了无毒大麻,目前世界各国正在逐步推广,将会有一个广阔的前景。

传统汉麻雌雄异株,雄株开花不结籽,俗称花麻,雌株授粉后可以结籽,俗称籽麻。汉麻茎直立,高度为2～5m,茎有绿色、淡紫色和紫色等。茎下段为圆形,茎上段为四棱形或六棱形,茎上均有凹的沟纹,且呈四方形或六棱形。茎的表面粗糙有短腺毛。一般雄株的节间较长,节数较少;雌株的节间较短,节数较多。雌麻的茎径较粗,分支多,成熟期晚,出麻率低;雄麻茎较细,分支少,木质部不发达,出麻率高。目前已培育出雌雄同株品种。

汉麻茎截面由表皮层、初生韧皮层、次生韧皮层、形成层、木质层和髓部组成,表皮层中表皮细胞下为厚角细胞、薄壁细胞和内皮细胞,如图3-16所示。汉麻纤维分为初生韧皮纤维和次生韧皮纤维。初生韧皮纤维在麻株为幼株时开始在皮层生长,次生韧皮纤维在麻株拔节初期开始生长。一般纤维束层的最外一层为初生韧皮纤维,次生韧皮纤维位于韧皮内层。初生韧皮纤维的长度为5～55mm,平均长度为20～28mm。次生韧皮纤维的平均长度为12～18mm,宽度为17μm。

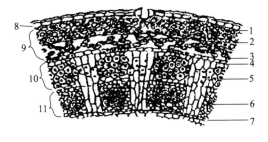

图3-16 汉麻茎皮层截面示意图

1—表皮鳞片状角质细胞 2—厚角细胞 3—初生薄壁细胞 4—内薄壁细胞 5—初生韧皮纤维细胞 6—次生韧皮纤维细胞 7—形成层 8—表皮膜层 9—表皮组织 10—初生韧皮细胞 11—次生韧皮细胞

汉麻工艺纤维束截面以10～40个单纤维成束分布在韧皮层中,束内纤维与纤维之间,分布着果胶和木质素,汉麻中含7%的果胶、含量高于苎麻和亚麻。汉麻韧皮约含有59%的纤维素,聚集成原纤结构,在原纤的空隙中,充填着木质素和果胶。随着汉麻的生长,它们分层淀积,组成纤维的胞壁。汉麻纤维主要由细胞壁和细胞空腔组成,细胞壁又由细胞膜、初生壁和次生壁组成。初生壁的木质素含量较多,纤维素分子排列无规,并倾向于垂直纤维轴向排列。次生壁的木质素含量较少,且其还可以分为三层,纤维素分子以不同方向和角度螺旋排列。汉麻纤维的结晶度约为44%。

汉麻纤维细胞间木质素不易分解,一般成束存在,横截面如图3-17所示,多为不规则的三角形、四边形、六边形、扁圆形、腰圆形或多角形等。中腔呈椭圆形,中腔较大,约占截面积的1/3~1/2。纤维纵向有许多裂纹和微孔,并与中腔相连。

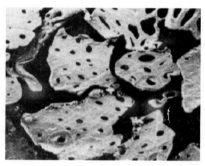

(a) 横截面        (b) 纵向外观

图3-17 汉麻纤维横截面形态及纵向外观

**2. 无毒大麻(汉麻)纤维主要性能**

(1)纤维规格:无毒大麻,简称汉麻(hamp),单纤维长度较短,平均长度为16~20mm,最长可达27mm。汉麻单纤维在麻类纤维中是较细的,纤维平均宽度为18μm。表3-6为汉麻与其他麻纤维的细度与长度比较。

表3-6 汉麻纤维与苎麻、亚麻和黄麻纤维规格

| 纤 维 | 单纤维中段细度(μm) | | | 单纤维长度(mm) | | |
|---|---|---|---|---|---|---|
| | 最宽 | 最细 | 平均 | 最长 | 最短 | 平均 |
| 苎麻 | 80 | 20 | 29 | 600 | 20 | 60 |
| 亚麻 | 18 | 12 | 17 | 30 | 10 | 21 |
| 黄麻 | 18 | 15 | 17 | 5.08 | 1.52 | 2.32 |
| 汉麻 | 30 | 10 | 18 | 27 | 12 | 18 |

(2)断裂比强度与断裂伸长率:汉麻纤维细度较细,但是纤维断裂强度优于亚麻,低于苎麻。单纤维平均断裂比强度为4.8~5.4cN/dtex,断裂伸长率为2.2%~3.2%。表3-7为汉麻与其他麻类纤维力学性能对比。

表3-7 汉麻与苎麻、亚麻纤维力学性能比较

| 纤维 | 纤维线密度(dtex) | 断裂比强度(cN/dtex) | 断裂伸长率(%) | 拉伸比模量(cN/dtex) |
|---|---|---|---|---|
| 汉麻精干麻 | 10.6~16.2 | 3.6~4.0 | 2.0~2.4 | 140~180 |

| 纤维 | 纤维线密度（dtex） | 断裂比强度（cN/dtex） | 断裂伸长率（%） | 拉伸比模量（cN/dtex） |
|---|---|---|---|---|
| 亚麻单纤维 | 3.0～3.6 | 4.1～5.2 | 2.3～3.9 | 150～205 |
| 苎麻单纤维 | 3.5～5.5 | 5.4～7.7 | 3.5～4.5 | 150～195 |
| 汉麻单纤维 | 2.2～3.8 | 4.8～5.4 | 2.2～3.2 | 160～210 |

（3）密度：汉麻单纤维胞壁密度为 1.52 g/cm$^3$。

（4）吸湿性：汉麻纤维表面有许多纵向条纹，这些条纹深入纤维中腔，可以产生优异的毛细效应，因此汉麻纤维具有很好的吸湿透气性。国家纺织品质量监督检测中心检测，汉麻帆布的吸湿速率达 7.34mg/min，散湿速率可达 12.6mg/min，汉麻纤维的公定回潮率为 12%。当空气湿度达 95% 时，汉麻纤维的回潮率可达 30%。

（5）光泽与颜色：汉麻纤维横截面的形状为不规则的腰圆形或多角形等。光线照射到纤维上，一部分形成多层折射或被吸收，大量形成了漫反射，使汉麻纤维光泽自然柔和。汉麻纤维的颜色因收获期早晚及脱胶状况不同而有差异，多呈黄白色、灰白色，同时还有青白色、黄褐色和灰褐色。

（6）抗菌性：汉麻具有天然抗菌性，在其生长过程中几乎不需要使用农药。汉麻织物对不同微生物（如金黄色葡萄球菌、绿脓杆菌、大肠杆菌、白色念珠菌、肺炎杆菌等）的杀菌率均达 99% 以上。

（7）抗静电性：由于汉麻纤维的吸湿性能很好，质量比电阻小于苎麻，大于亚麻和棉纤维，其纺织品能避免静电积累，即具有较好的抗静电性能。表 3-8 为汉麻纤维与其他天然纤维素纤维的比电阻的测试结果。

表 3-8　天然纤维素纤维的比电阻

| 纤维 | 体积比电阻（Ω·cm） | 质量比电阻[（Ω·g）/cm$^2$] | 纤维 | 体积比电阻（Ω·cm） | 质量比电阻[（Ω·g）/cm$^2$] |
|---|---|---|---|---|---|
| 亚麻 | $1.67 \times 10^8$ | $2.59 \times 10^8$ | 苎麻 | $4.25 \times 10^8$ | $6.58 \times 10^8$ |
| 黄麻 | $3.26 \times 10^8$ | $5.05 \times 10^8$ | 棉 | $2.46 \times 10^8$ | $3.82 \times 10^8$ |
| 汉麻 | $3.31 \times 10^8$ | $5.31 \times 10^8$ | | | |

注　测试条件：试验环境温度为 23℃，相对湿度为 65%，试验仪器为 YG321 型纤维比电阻仪。

（8）耐热性：汉麻纤维具有良好的耐热性，纤维素的分解温度为 300～400℃，高于苎麻纤维。

（9）抗紫外线功能：汉麻纤维截面多种多样，纤维壁随生长期的不同其原纤排列取向不同，并且分为多个层次，因此其纤维光泽柔和。汉麻韧皮中的化学物质种类繁多，有许多 σ-π 价键，使其具有吸收紫外线辐射的功能。

### (五)罗布麻

罗布麻(kender,apocynum)属夹竹桃科罗布麻属,多年生宿生草本植物。罗布麻含有黄酮类化合物、强心苷、花色素、酚类、芳香油、三萜化合物等,具有降压强心、清热利水、平悸止晕、平肝安神的功效。罗布麻纤维用于纺织叶可以制烟、茶和饮料,茎和叶中的乳胶液可以药用和提炼橡胶,麻秆芯可以造纸和做纤维板。

罗布麻具有防风固沙的作用,其茎高根深,对土壤要求不严格,可以生长在盐碱荒地、多石山坡、沙漠边缘,是具有抗旱、耐盐、抗风、抗寒特性的植物。罗布麻多生长在北半球温带和寒温带,广泛分布在伊朗、阿富汗、印度、俄罗斯、加拿大和中国。罗布麻在我国分布范围很广,新疆、甘肃、青海、宁夏、内蒙古、河北、辽宁、山东等地区均有生长,其中以青海的柴达木盆地和准噶尔盆地较多。

罗布麻分为红麻和白麻两个品种,红麻植株较高,为 1.5~3m,幼苗为红色,称为红麻,叶片较大,花朵较小且呈紫红色或粉红色,其耐旱、耐盐能力略弱;白麻植株较矮,为 0.5~2.5m,幼苗为浅绿色或灰白色,叶片较小,花朵较大呈粉红色,其耐旱、耐盐能力极强。

**1.罗布麻纤维组成及结构** 罗布麻茎秆截面与苎麻、亚麻等相似,也是由皮层和芯层组成,芯层髓部组织较发达,纤维取自皮层的韧皮纤维细胞。罗布麻麻秆分支多而细,麻皮薄,黏结力强,因此不易剥麻。罗布麻纤维细长而有光泽,聚集为较松散的纤维束,但也有个别纤维单独存在。罗布麻单纤维为两端封闭,中有空腔,即中部较粗而两端较细,纵向无扭转的厚壁长细胞。纤维表面有许多竖纹和横节。横截面为多边形或椭圆形,中腔较小,胞壁很厚,纤维粗细差异较大。图3-18为罗布麻纤维的截面及纵向外观。罗布麻的原纤组织结构与苎麻相似,具有较高的结晶度和取向度,罗布麻的结晶度为59%,取向因子为0.924。

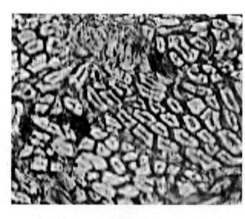
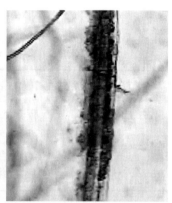

(a)横截面        (b)纵向外观

图3-18 罗布麻纤维横截面及纵向外观

罗布麻纤维的化学组成见表3-9。不同生长地区的罗布麻化学组成有所不同,罗布麻的纤维素含量与苎麻相近,但其半纤维素含量较苎麻低,木质素含量较高。

表 3 – 9 罗布麻纤维的化学组成

| 罗布麻品种 | 纤维素（%） | 半纤维素（%） | 木质素（%） | 果胶（%） | 脂腊（%） | 水溶物（%） |
|---|---|---|---|---|---|---|
| 新疆罗布麻 | 44.19 | 13.74 | 4.98 | 6.55 | 14.16 | 8.06 |
| 山东罗布麻 | 31.10 | 23.54 | 6.95 | 9.29 | 11.53 | 7.41 |
| 甘肃罗布麻（脱胶前） | 48.20 | 21.65 | 19.00 | 5.20 | 1.68 | 4.17 |
| 甘肃罗布麻（脱胶后） | 82.13 | 6.43 | 5.31 | 0.17 | 1.67 | 4.27 |

**2. 罗布麻纤维的主要性能**

（1）纤维规格：罗布麻红麻纤维平均长度为 25 ~ 53mm，宽度为 14 ~ 20μm；白麻纤维平均长度为 50 ~ 60mm，最长可达 180mm，宽度约为 18μm。

（2）断裂比强度与断裂伸长率：罗布麻单纤维平均断裂比强度为 2.9cN/dtex，断裂伸长率为 3.33%。

（3）密度：罗布麻纤维壁密度与棉纤维相近，为 1.55g/cm³。

（4）吸湿性：罗布麻纤维的标准回潮率为 6.98%，纤维吸湿速度较慢，放湿速度较快。

（5）弹性：罗布麻纤维压缩弹性回复率为 49.25%。

（6）色泽：罗布麻纤维随脱胶程度不同，有灰白色、灰褐色、褐色等色泽。

（7）表面摩擦性能：罗布麻纤维动摩擦因数为 0.555，静摩擦因数为 0.453，表面光滑，纤维间抱合力较小。

（8）染色性：罗布麻染色性能与亚麻相似，染色均匀性较差。因为罗布麻纤维中纤维素含量低，木质素、半纤维素、果胶等天然共生物含量高，容易与纤维素形成染色差异。另外，罗布麻纤维结晶颗粒大，取向度高，染料上染困难。

（9）抗菌性：罗布麻纤维具有天然抑菌功能，对金黄色葡萄球菌抑菌率为 47.7%；对大肠杆菌的抑菌率为 56.8%；对白色念珠菌的抑菌率为 40.2%。

**（六）香蕉纤维**

香蕉纤维（banana fiber）存在于香蕉茎的韧皮中，也是一种韧皮纤维。将香蕉茎秆用切割机切断，手工将茎秆撕成片状，然后用刮麻机制取香蕉纤维。目前，香蕉纤维没有得到大规模的开发与利用，印度采用手工剥制的纤维主要用于生产手提包和装饰品，还有的用于绳索和麻袋等包装用品。我国的香蕉资源非常丰富，在广东、广西、福建、海南、四川、云南等地都大面积种植香蕉，开发和利用香蕉纤维具有很大的资源潜力。

香蕉纤维的化学组成为纤维素、半纤维素、木质素、灰分和水溶物质，其中纤维素含量为 58.5% ~ 76.1%，半纤维素含量为 28.5% ~ 29.9%，木质素含量为 4.8% ~ 6.13%，灰分为 1.0% ~ 1.4%，水溶物质为 1.9% ~ 2.16%。香蕉纤维的纤维素含量低于亚麻和黄麻，纤维光泽、柔软性、弹性和可纺性略差。

采用 X 光衍射法和贝克线法测试香蕉纤维的内部结构，其结晶度约为 44%，取向角为 14°，取向因子为0.810,密度为1.36g/cm³,且其纤维的大分子排列规整性不如亚麻,因此香蕉纤维的结晶度和取向度低于亚麻纤维。

香蕉纤维具有麻类纤维的特点,香蕉纤维可以溶于热硫酸,并且具有抗碱性,耐丙酮、氯仿、甲酸和石油酚。

香蕉纤维的单纤维较短,长度为2.0~3.8mm,纤维宽度为8~20μm。工艺纤维的长度为80~200cm,平均长度为115cm,宽度为11~34μm,平均约为21.28μm,工艺纤维断裂比强度为1.96~8.65cN/dtex,断裂伸长率为2.2%~4.3%。

## 二、韧皮纤维的初加工

麻类植物的茎秆主要由皮层和芯层(木质部)组成,皮层由外向内依次为表皮细胞、厚角细胞、薄壁细胞、维管束细胞、初生韧皮细胞、次生韧皮细胞等。芯层分形成层、木质部和髓部。韧皮纤维细胞集束排列,每5~6个纤维束集聚。麻茎收割后,先要经过剥皮、脱胶等初步加工除去表皮细胞、厚角细胞、薄壁细胞等以及一些胶质和非纤维杂质,保留韧皮细胞的纤维束,再将韧皮细胞间的半纤维素、果胶、木质素等胶类物质脱除,最后麻茎经干燥、打麻,就得到了可纺的长纤维和束纤维。其中脱胶通常采用酶处理或化学处理的方法去掉胶质,常用脱胶方法有雨露浸渍法、温水浸渍法、生物酶处理法、细菌脱胶法、化学脱胶法、机械搓揉敲击法等。

**1. 苎麻(ramie)纤维初加工**  苎麻收割后,经过剥皮、刮青(刮去表皮细胞、厚角细胞和薄壁细胞)、晒干后成丝状或片状原麻(生苎麻),再经过脱胶处理后得到色白而有光泽的精干麻。原麻的公定回潮率为12%,含胶率为20%~28%,精干麻含胶率约为2%。

**2. 亚麻(flax)纤维初加工**  亚麻茎的直径为1~3mm,木质部不甚发达,因此不能采用一般的剥皮方式获取纤维。亚麻初加工工艺为:亚麻原茎→选茎→脱胶→干燥→入库养生→干茎→碎茎→打麻→打成麻。

打成麻是亚麻干茎经过碎茎打麻后取得的长纤维。打成麻中的亚麻纤维为工艺纤维,工艺纤维是由果胶黏结的细纤维束,截面约有10~20根亚麻单纤维,工艺纤维线密度为2.2~3.5tex。

**3. 黄麻(jute)纤维初加工**  黄麻纤维有剥皮精洗和带秆精洗两种脱胶加工方式,未脱胶的黄麻原麻称生麻,脱胶后的黄麻称熟麻。精洗后所得的熟麻纤维占原麻的百分率称为精洗率,且精洗方式不同,精洗率差异较大。如圆果种黄麻的剥鲜皮精洗率为8.2%~13.5%,剥干皮精洗率为47.0%~53.9%;带鲜茎精洗率为3.72%~4.95%,带干茎精洗率为3.7%~4.6%。

剥皮精洗:剥麻皮→选麻扎把→浸麻→洗麻→收麻→整理分级→打包。

带秆精洗:麻茎→选麻成捆→浸麻→压麻→碎根剥洗→晒麻收麻→整理分级→打包。

**4. 无毒大麻(汉麻,hemp)纤维初加工**  汉麻杆茎皮杆分离后,再去除青皮后,进行脱胶处理。汉麻单纤维长度短,整齐度差,原麻的果胶、半纤维素、木质素的含量高,因此纤维脱胶较苎麻等困难,有效成分的利用也不及苎麻、亚麻。汉麻传统的化学脱胶工艺为:原麻扎把→装笼→浸酸→水洗→煮练→水洗→敲麻→漂白→水洗→酸洗→水洗→脱水→开松→装笼→给油→脱油水→烘干→精干麻。新工艺采用物理、生物工程、机械、化学脱胶方法复合显著提高了效率。

### 三、韧皮纤维的化学组成

韧皮纤维的主要组成物质为纤维素,另外还有半纤维素、糖类物质、果胶、木质素、脂、蜡质、灰分等物质,各组成物质的比例因韧皮纤维的品种而异。韧皮纤维的化学成分虽然与棉纤维相似,但其非纤维素成分含量较高。韧皮纤维中的半纤维素、木质素对纤维力学性能和染色效果都有较大的影响。半纤维素是聚合度很低的纤维素、聚戊糖(五碳糖包括木糖、阿拉伯糖等)、聚己糖(六碳糖包括半乳糖、甘露糖等)各种聚合度化合物的总称。韧皮纤维的化学组成见表3-10。

表 3-10　韧皮纤维的化学组成(%)

| 组成 | 苎 麻 | 亚 麻 | 汉 麻 | 黄 麻 | 槿 麻 |
|---|---|---|---|---|---|
| 纤维素 | 65~75 | 70~80 | 58.16 | 64~67 | 70~76 |
| 半纤维素 | 14~16 | 12~15 | 18.16 | 16~19 | — |
| 木质素 | 0.8~1.5 | 2.5~5 | 6.21 | 11~15 | 13~20 |
| 果 胶 | 4~5 | 1.4~5.7 | 6.55 | 1.1~1.3 | 7~8 |
| 脂蜡质 | 0.5~1.0 | 1.2~1.8 | 2.66 | 0.3~0.7 | — |
| 灰 分 | 2~5 | 0.8~1.3 | 0.81 | 0.6~1.7 | 2 |

**1. 半纤维素(hemicellulose)**　半纤维素具有较高黏性,将植物细胞黏结成束。半纤维素的聚合度一般为150~200,分子链短且大多有短的侧链。半纤维素的苷键在酸性介质中会断裂,使半纤维素发生降解。半纤维素在碱性条件下可以降解,产生碱性水解或剥皮反应。

**2. 木质素(lignin)**　木质素是植物细胞壁的主要成分之一,亦简称木素。它是以苯基丙三醇为基本单基(其中三个醇基可以接枝不同基团)通过各位置形成"C—C"键或醚键(—C—O—C—)聚合的种类极多的(至少数百种)、且聚合度差异极大的聚合物的混合物。大部分韧皮纤维细胞壁内含有少量木质素,部分韧皮纤维(如汉麻)及叶纤维,木质素存在于细胞之间成为黏结物质,使细胞不易分离。

木质素相对分子质量为400~5000。韧皮纤维中木质素含量愈高则纤维愈粗硬,且脆,缺乏弹性和柔软度差。木质素不溶于冷水及低温稀碱液中,能溶于温度在165℃以上的碱液中;其在酸性亚硫酸盐的溶液中会变成木质磺酸,且能溶解。

**3. 脂蜡质(wax)**　脂肪和蜡主要成分为饱和烃族化合物及其衍生物、高级酸脂蜡以及类似的醛类物质等,亦称为蜡质。蜡质以薄膜状态覆盖于植物的外围,能防止植物的水分过多蒸发或潮气侵入。同时,蜡质也覆盖于纤维表面,增加纤维的柔软度及光泽。它能溶于有机溶剂(如醛、乙醚等)中,其中一部分饱和烃,也可与苛性钠溶液皂化。脂肪和蜡在一定温度下,能部分地熔融和软化。

**4. 果胶(pectin)**　果胶是一种含有水解乳糖醛酸基的复杂碳水化合物,呈黏性物质状态,在纤维细胞之间黏结成束。果胶质(pectic substances)是植物产生纤维素、半纤维素等成分的营养物质,由含有糖醛酸基环的一种混杂链构成,是一种具有酸性的混杂糖,主要组成成分是果胶酸及其衍生物,还有与之共生的其他许多糖类物质。它们存在于植物细胞壁、细胞内和细胞间。

纤维束之间的果胶,易受细菌的作用而分解。

# 第三节　叶纤维

叶纤维来源于植物的叶脉和叶鞘部分,纤维束相对较硬,又称为硬质纤维。叶纤维多属于单子叶草本植物,主要有剑麻、蕉麻、菠萝叶纤维等。

## 一、剑麻

剑麻(sisal hemp)属单子叶植物龙舌兰科、龙舌兰属,又名西沙尔麻、龙舌兰麻。剑麻是热带多年生草本植物,因其叶片形似宝剑而得名。其生长期为 6~8 年,收获期为 4~6 年,一般在种植后 2~2.5 年进行第一次叶片采割,叶长为 1.2~2.0m。剑麻原产于中美洲热带和亚热带高温、少雨的半荒漠地区,剑麻适应性广,容易栽培,并且耐干旱,抗风沙,在丘陵、盐碱地、山地都可以生长。世界剑麻主要生产国为巴西、墨西哥、坦桑尼亚、肯尼亚、中国、马达加斯加等。中国是 1901 年从菲律宾引入剑麻,种植剑麻的主要产区有台湾、广东湛江、广西玉林和南宁、海南昌江和东方、福建漳州和厦门以及云南大理等地区。

剑麻纤维具有色泽洁白、质地坚韧、强度高、耐海水腐蚀、耐酸碱、耐摩擦以及耐低温等优点,剑麻传统产品主要是白棕绳、钢丝绳芯、编织地毯、麻袋以及制造特种高级纸张。剑麻棕绳广泛用于国防、渔业、石油、冶金、交通运输、手工业等方面。剑麻纤维还可以用于抛光轮。剑麻纤维可以代替化学纤维用于环保型包装材料,剑麻复合材料还可制造生活用品、工艺品、房屋装修材料、宠物窝巢等,此外剑麻还用于光缆外的屏蔽材料和电子工业的绝缘材料。

**1. 剑麻的组成及结构**　剑麻的主要品种有西沙尔麻(剑麻)、灰叶剑麻和番麻。剑麻一般在种植两年后,叶片长度达 80~100cm,有 80~100 片时就可以采割叶片。剑麻纤维加工工艺为:鲜叶片→刮麻→锤洗→压水→烘干→拣洗分级→打包。可以采用机械破碎法、酸法蒸煮、碱法蒸煮、氨水处理和蒸汽爆破等预处理方法,除去剑麻中部分木质素和杂质,以提高剑麻纤维的可纺性能。

剑麻纤维由纤维素、半纤维素、木质素、果胶等组成,其中纤维素占 44.86%、半纤维素占 14.38%、木质素占 32.16%、果胶占 3.02%、水溶物占 5.38%、脂蜡质占 0.20%。剑麻纤维木质素含量比其他麻类纤维高,脂蜡质含量偏低,纤维较刚硬粗糙,抱合力小,弹性和伸长率小。

剑麻成熟的叶片含有纤维束 1000~1200 个,束纤维截面由 50~150 根单纤维组成,单纤维排列整齐、紧密。剑麻单纤维无卷曲,表面粗糙。剑麻纤维纵向呈圆筒形,中间略宽,两端钝而厚,有的呈尖形或分叉。单纤维长度 2.7~4.4mm,宽度 20~32μm。相邻纤维横向由木质素黏结,耐细菌和酶的作用及耐化学药品作用,不易分离成单纤维。单纤维横截面为多角形或卵圆形,多数为不规则六角形,有明显的中腔,中腔呈卵圆形或较圆的多边形,细胞具有狭的节结和明显的细孔,胞壁平均厚度为 4.6μm。图 3-19 为剑麻纤维纵向电镜照片(a)为未处理的剑麻纤维,(b)为混酸处理的剑麻纤维。剑麻纤维结晶度为 58%~61%,取向因子为 0.883。

**2. 剑麻纤维的主要性能**

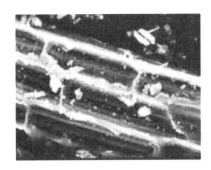 

(a) 未处理(600 倍)　　　　　　　　　　(b) 混酸处理(600 倍)

图 3 - 19　剑麻纤维纵向形态照片

(1)纤维规格:剑麻工艺纤维的平均长度为 78cm,重量加权平均长度为 91cm,工艺纤维平均细度为 169dtex。

(2)断裂比强度与断裂伸长率:剑麻纤维为高强低伸型纤维,平均断裂比强度为 5.72 ~ 7.33cN/dtex,平均断裂伸长率为 3.02% ~4.50%。

(3)初始模量:剑麻纤维刚性大,具有较高的初始模量,平均初始模量为 34.4 ~42.2cN/dtex。

(4)弹性:剑麻纤维的强度和刚性高,但是伸长率低,断裂功小,属于脆性纤维。剑麻纤维的弹性回复性不如黄麻,且其压缩回弹率为 9.57%,压缩率为 37.50%,黄麻纤维的压缩回弹率为 11.2%,压缩率为 63.52%。

(5)密度:剑麻工艺纤维比较轻,密度为 1.29g/cm$^3$。

(6)吸湿性:剑麻纤维具有很好的吸、放湿性能。在标准大气条件下,剑麻纤维的回潮率为 10% ~14%。剑麻纤维放湿速度很快,每小时为 6% ~10%。

(7)染色性:剑麻纤维的结晶度、取向度高,染色较困难,且其上染率为 12.8%。

(8)耐腐蚀性:剑麻对 HCl 的耐腐蚀性比其他麻类纤维好,且其与黄麻相比高 50%;比苎麻高 33%;比亚麻高 38%。剑麻浸泡于 H$_2$SO$_4$ 中 10 ~30min,对其强力无明显影响,但随着 H$_2$SO$_4$ 浓度增加其强力会有明显下降。各种剑麻纤维的主要性能见表 3 - 11。

表 3 - 11　几种剑麻纤维主要性能

| 性能 | 剑 麻 | 番 麻 | 灰叶剑麻 |
| --- | --- | --- | --- |
| 单纤维平均长度(mm) | 2.10 | 1.47 | 2.30 |
| 单纤维中段平均宽度(μm) | 15.1 | 16.8 | 18.5 |
| 单纤维长宽比 | 139.0 | 87.5 | 124.3 |
| 工艺纤维长度(cm) | 77.8 | 78.2 | 78.3 |
| 工艺纤维线密度(dtex) | 168.6 | 201.2 | 294.1 |
| 束纤维断裂强度(cN/dtex) | 2.88 | 1.46 | 2.25 |
| 束纤维断裂伸长率(%) | 2 ~3 | 2 ~3 | 2 ~3 |
| 标准状态下回潮率(%) | 12.82 | 13.36 | 14.29 |

## 二、蕉麻

蕉麻(abaca)又称马尼拉麻(Manila hemp)、菲律宾麻等,属芭蕉科芭蕉属,是多年生宿根植物。蕉麻生长在热带和亚热带,适宜在温度 26 ~ 32℃、相对湿度 80% ~ 90% 的高温、高湿环境中生长。蕉麻原产国和主产国是菲律宾,但在印度尼西亚、厄瓜多尔、危地马拉、洪都拉斯等国家也有种植。蕉麻有坦冈冈(Tangongon)、蜡纹(Lawaan)、吉那班克(Ginaback)、艾莫克德(Amokid)等二十多个品种。

蕉麻由种子或吸芽萌发繁殖,真茎细小而丛生,12 ~ 30 条为一丛;假茎由 15 ~ 20 个叶鞘互卷组成。蕉麻株高 5 ~ 8m,花为黄色,叶长 1 ~ 2.5m,宽 20 ~ 40cm,叶表面有光泽,背面有蜡粉,叶柄内有纤维。蕉麻种植一年后开始割取叶鞘,可连割 10 年。菲律宾种植的蕉麻每公顷可产干纤维 1000 ~ 1600kg,出麻率为 1.5% ~ 3%。

蕉麻纤维由蕉麻叶鞘中抽取,叶鞘由茎的中部自下而上生长,最外层的叶鞘生长时间长,中间和里层的叶鞘生长时间短。每个叶鞘分为三层,最外层纤维最多;中间层有许多含有空气的细胞间隙,仅有少量纤维;内层纤维含量最少。

蕉麻纤维表面光滑,直径较均匀,纵向呈圆筒形,头端为尖形。横截面为不规则卵圆形或多边形,中腔圆大,细胞壁较薄,细胞间由木质素和果胶黏结,极难分离。蕉麻工艺纤维长度为 1 ~ 3m,最长达 5m 以上;单纤维长 6 ~ 7mm,宽 12 ~ 14μm。束纤维断裂比强度为 0.88cN/dtex,断裂伸长率为 2% ~ 4%,胞壁密度为 1.45g/cm³,标准状态下回潮率约为 12%。

## 三、菠萝叶纤维

菠萝叶纤维(pineapple leaf fiber)是由菠萝叶片中提取的纤维,又称菠萝麻纤维、凤梨麻纤维,是热带水果——菠萝生产的副产品。菠萝叶纤维的开发和利用,可以使菠萝叶由废变宝,其提取纤维后的菠萝叶渣还可以制造饲料。我国每年菠萝的种植面积为 4 万 ~ 8 万公顷,由新鲜菠萝叶中可以提取 1.5% 的干纤维,则预测每年可提取 7.5 万吨纤维。

**1.菠萝叶纤维的初加工**

(1)纤维提取:菠萝叶纤维的提取方法主要有水浸法、生物化学法和机械提取法。水浸法是将叶片用水浸泡 7 ~ 10 天,自然发酵后经过人工刮取、清洗后获得纤维;生物化学法是将叶片用生物和化学溶液浸泡,使纤维周围的组织破坏,再经过人工刮取、清洗后获得纤维;机械提取法是利用机械力破坏纤维周围组织,并且进行纤维和叶渣分离,最后经过清洗获得纤维。

(2)脱胶:菠萝叶纤维的脱胶方法主要有化学脱胶法和生物脱胶法,但由于其单纤维长度短,故采用半脱胶工艺,得到工艺纤维。其化学脱胶法工艺为:浸碱→脱碱→酸浴→水洗→脱水→给油→脱水→抖松→烘干。生物脱胶法工艺为:菌种制备→接种→生物脱胶→洗麻机洗麻→漂洗→脱水→抖麻→渍油→脱水→抖麻→烘干。

**2.菠萝叶纤维组成及结构**　　菠萝叶纤维由纤维素、半纤维素、木质素等构成,其化学组成与其他麻类纤维相似。菠萝叶纤维中的纤维素含量为56%～62%,半纤维素含量为16%～19%,木质素约为9%～13%,果胶约为2%～2.5%,脂蜡质为3%～7.2%,灰分为2%～3%,水溶物为1%～1.5%,由以上可见其纤维的纤维素含量较低,木质素和半纤维素含量较高,脂蜡质含量也相对较高。

菠萝叶纤维是由许多纤维细胞紧密聚集成束,细胞间由木质素和果胶黏结,每个纤维束截面由10～20根单纤维细胞结合而成。菠萝叶纤维细胞壁的次生胞壁分成较薄的外层和较厚的内层。外层稍有木质化,原纤与纤维轴的夹角为60°;内层的表面覆盖一层很薄的无定形物质,原纤与纤维轴的夹角为20°。菠萝叶纤维表面比较粗糙,有纵向缝隙和孔洞,有天然转曲。单纤维细胞纵向呈圆筒形,两端细尖。单纤维截面为卵圆形,有中腔。菠萝叶纤维的结晶度约为73%,取向因子为0.972。

**3.菠萝叶纤维的主要性能**

（1）纤维规格:菠萝叶纤维单纤维长3～8mm,宽约7～18μm;工艺纤维的平均长度为10～90cm,线密度为25～40dtex。

（2）断裂比强度与断裂伸长率:菠萝叶纤维为高强低伸型纤维,工艺纤维的平均断裂比强度为3.96cN/dtex,平均断裂伸长率为3.42%。

（3）拉伸比模量:菠萝叶纤维的拉伸比模量为76.8 cN/dtex。

（4）密度:菠萝叶纤维胞壁密度为1.542g/cm³。

（5）热稳定性:菠萝叶纤维在306.7℃时开始分解,并在372.2℃时完全分解。

（6）色泽:菠萝叶纤维色泽洁白,有绢丝般光泽。

（7）吸湿性:菠萝叶纤维吸湿性好,标准状态下回潮率为13%～14%。

# 第四节　维管束纤维

## 一、竹纤维

维管束纤维取自植物的维管束细胞。目前对维管束纤维的开发和利用主要是各种性能优良、风格独特的竹纤维。竹是一种常绿植物,速生丰产,种植成活率高,生长周期短,2～3年即可成林砍伐,且还具有生长过程中不需撒药、施肥,不怕旱涝,不会对生态环境造成不利影响等优点。

中国是世界上竹类品种最多的国家。我国早在5000年前就开始了对竹的开发利用,制造箭矢、书简、笔管、编制竹器以及造纸等。我国的竹资源非常丰富,种植面积达420万公顷,位居世界第一位。对竹资源在纺织领域的开发和利用我国已走在了世界的前列,现在用于纺织工业的有竹原纤维和竹纤维素加工的黏胶纤维,另外还有可以用于环境清洁的竹炭纤维。

竹纤维（bamboo fiber）是一种原生竹纤维,也可称为竹原纤维。它是利用特种材料将竹材中的木质素、果胶、糖类物质等除去,再通过机械、蒸煮等物理方法,从竹竿中直接分离出来的纯天然的竹纤维。竹纤维是由我国自主研发的新型天然植物纤维,它可以在棉纺设备上纺制竹纤维纱线,并应用于建筑材料、汽车制造、环境保护等领域。

**1. 竹纤维的初加工** 竹纤维的初加工分为前处理、分解、成形和后处理工序。

(1)前处理工序:将竹材料去枝、节、尖梢,锯成相应长度的竹筒,用机械方法将竹筒劈成一定宽度的竹片,再将竹片浸泡在特制的脱胶软化剂中。

(2)分解工序:蒸煮→水洗→分丝。将竹片连同浸泡液一起加热到特定的温度,同时施加一定压力,去除杂质。再经水洗,除去浸泡液。用机械轧压分丝后再用成丝机分解出粗纤维束。

(3)成形工序:蒸煮→分丝→还原→脱水→软化。将粗纤维分解为更细的纤维束并脱胶、脱水,最后加软化剂使竹纤维具有一定柔软度。

(4)后处理工序:竹纤维烘燥至含水率低于10%,然后用梳理机对其进行梳理,整理成工艺纤维,并且除去短纤维。

**2. 竹纤维的化学组成** 竹纤维的主要成分是纤维素、半纤维素和木质素,总量占纤维干质量的90%以上,其次是蛋白质、脂肪、果胶、单宁、色素、灰分等。竹纤维的化学成分随竹的品种和生长地区而异,纤维素含量一般为40%~53%。竹的化学成分与竹竿高度及部位密切相关,竹竿外侧的纤维素明显多于内侧,而木质素是内侧多于外侧。竹中的蛋白质、淀粉、脂肪、果胶等,对竹纤维的色泽、气味、抗虫、抗菌性能有密切关系。不同产地竹材的化学组成见表3-12。

表3-12 不同产地、不同品种竹材的化学组成(%)

| 竹 材 | 纤维素 | 半纤维素 | 木质素 | 果胶 | 灰分 |
|---|---|---|---|---|---|
| 甘肃小毛竹 | 46.50 | 21.56 | 23.40 | — | 1.23 |
| 四川慈竹 | 44.35 | 25.41 | 31.28 | 0.87 | 1.20 |
| 四川白夹竹 | 46.47 | 22.64 | 33.46 | 0.65 | 1.78 |
| 广西丹竹 | 47.88 | 18.54 | 23.55 | — | 1.93 |
| 湖南毛竹 | 52.57 | 23.71 | 26.62 | — | 1.03 |

**3. 竹纤维结构** 竹材秆部由表皮组织、维管束组织、基本组织及髓腔等几个部分组成,而竹秆的维管束组织存在着两类纤维群体,如图3-20所示为茶秆竹壁局部截面图。竹纤维多沿竹材轴向排列,竹节部分纤维较少,并且分布不规则;竹材中竹纤维沿径向从内层到外层是逐渐增加的,且竹材外层有蜡状物质。

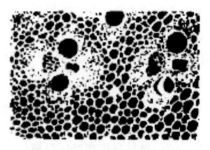

图3-20 茶秆竹壁局部截面图

竹纤维细胞壁有两类结构。一类纤维细胞壁呈多层结构,且由宽层与窄层交替组合而成(各4~5层),其中宽层木质素含量较少,窄层木质素含量较高。多层结构类型的纤维主要存在于维管束组织的周边部位,约占纤维总数的50%左右,如图3-21(a)所示。另一类纤维细胞壁很厚,胞腔狭小,纤维次生壁内层由两个宽层组成,且中部的宽层较内部宽层宽得多,如图3-20(b)所示。竹纤维壁上的纹孔稀少,且纹孔口较小,细胞腔也较小。

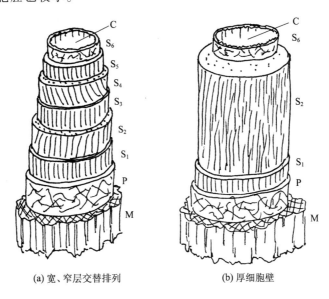

(a) 宽、窄层交替排列　　　　　　　　(b) 厚细胞壁

图3-21　竹纤维微结构模型

M—胞间物质　P—初生壁层　$S_1$—次生壁外层　$S_2$—次生壁中层

$S_3 \sim S_6$—次生壁内层　C—中腔

在竹纤维束结构中,纤维的胞间物质是木质素果胶无定形的胶黏体。纤维初生胞壁中微原纤被半纤维素、木质素和果胶填充分隔而排列稀疏,呈不规则网状结构。纤维次生胞壁外层中较厚,其微原纤的取向偏离纤维的轴向而更接近横向;纤维次生胞壁的中层是细胞壁中最厚的一层,它的结构决定了纤维的性质;次生胞壁内层的微原纤取向几乎与纤维轴向平行。竹纤维结晶度约为31.6%。

**4. 竹纤维的形态结构**　天然竹纤维单纤维细长,呈纺锤状,两端尖。纵向有横节,粗细分布很不均匀,纤维内壁比较平滑,胞壁甚厚,胞腔小,纤维表面有无数微细沟槽,有的壁层上有裂痕。竹纤维的横截面为不规则的椭圆形或腰圆形,有中腔,且截面边缘有裂纹,在其横截面上还有许多近似于椭圆形的空洞,其内部存在着许多的管状腔隙。竹纤维是一种天然多孔、中空纤维。

**5. 竹纤维主要性能**

(1)纤维规格:竹纤维单纤维长1.33~3.04mm,宽10.8~22.1μm,其长宽比为79.5~210。

(2)断裂比强度与断裂伸长率:竹纤维断裂比强度为3.49cN/dtex,断裂伸长率为5.1%。

(3)初始模量:竹工艺纤维干态初始模量为22.70cN/dtex,湿态初始模量为6.30cN/dtex。

(4)吸湿性:竹纤维的多孔、多缝隙和中空结构,具有良好的吸湿性、渗透性、放湿性及透气性能,竹纤维在标准状态下的回潮率可达11.64%~12%,纤维保水率为34.93%。在温度为36℃、相对湿度100%的条件下,竹纤维的回潮率可达45%,且吸湿速率特别快。竹纤维的径向湿膨胀率为15%~25%。

（5）密度：竹纤维很轻，是天然纤维中最轻的纤维，其密度为 $0.679 \sim 0.680 g/cm^3$。

（6）抗菌性：竹本身具有独特的抗菌性，在其生长过程中无虫蛀、无腐烂，不需使用杀虫剂和农药。因此竹纤维与苎麻、亚麻等麻类纤维同样具有天然的抗菌性能。日本纺织检验协会对竹纤维抗菌性的测试结果为：竹纤维产品 24h 抑菌率达 71%。特别是大肠杆菌等 4 种细菌，在竹纤维中 40min 以上将会被全部杀死。竹纤维的天然抗菌性对人体安全，不会引起皮肤的过敏反应。表 3-13 为竹纤维与苎麻、亚麻纤维的抗菌性能测试结果。

表 3-13　竹纤维、苎麻纤维和亚麻纤维的抗菌率（%）

| 抗菌菌种 | 竹 纤 维 | 苎 麻 纤 维 | 亚 麻 纤 维 |
| --- | --- | --- | --- |
| 金黄葡萄球菌 | 99.0 | 98.7 | 93.9 |
| 白色念珠菌 | 94.1 | 99.8 | 99.6 |
| 芽孢菌 | 99.7 | 98.3 | 99.8 |

## 二、莲杆纤维（莲纤维）

莲是一种富含植物纤维的作物，在亚洲具有悠久的种植历史，中国、东南亚等是传统的莲种植区。在中国根据莲的不同用途，将莲分为藕莲、花莲、子莲。在对莲的开发利用中，发现从藕中能提取出纤维，因此有人称这种纤维为藕丝纤维。后有研究发现，藕丝纤维在莲的根茎（藕）、莲叶杆和莲花杆等组织中都大量存在，且莲叶杆和莲花杆中含量最多，并提出藕丝纤维应称为莲丝纤维。莲杆纤维在莲杆和莲藕组织中的维管束中有大量分布，因此将从莲杆中提取的纤维称为莲杆纤维。

**1. 莲杆纤维的制备**　莲杆纤维的提取工艺既要分析莲杆纤维自身的结构和性能，还应该分析莲植物的生物特性，例如莲杆以及莲杆中维管束等组织的生物结构和组成成分等。目前，莲杆纤维的提取方法按照提取工艺的不同可以分为物理法和生物化学法，其中物理法按照加工方式不同可细分为手工加工法和机械加工法。

（1）物理法。

①手工加工法：每年荷叶成熟后，将收割的新鲜莲杆切割成相等长度，清水洗净。用小刀每隔 3cm 环切莲杆表皮，然后在不弄断纤维的情况下折断莲杆并向两边牵引，即可看到大量的莲纤维。将这样一束纤维加水加捻成丝，即得纱线，加工工艺见图 3-22。手工加工法得到的莲纤维柔软细长，颜色乳白泛黄，并略带清香，但是生产效率低。

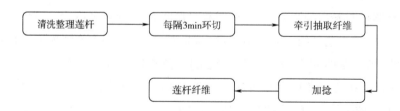

图 3-22　手工加工法制备莲杆纤维工艺流程图

②机械加工法:将新鲜莲杆去叶除梗洗净,切成相同长度,在温水中浸渍24h;然后将莲杆在滚轴压轧机中进行压轧,抽离出粗纤维束,再送入气流开纤分离机,梳解开纤分离得到细纤维束;将细纤维束脱胶处理,即制得莲纤维,图3-23是机械加工的工艺流程图。对新鲜莲杆直接加工的方法,属于湿态机械加工法,将新鲜莲杆换成干态莲杆,直接通过物理挤压搓揉分离出莲纤维,则属于干态机械加工法。通过对比发现鲜莲杆人工抽取的纤维更具有蚕丝的特点,长度长,细度细,色泽洁白,柔软飘逸;而干态机械加工方法制取的纤维更像麻纤维,纤维较粗硬,色泽棕白。

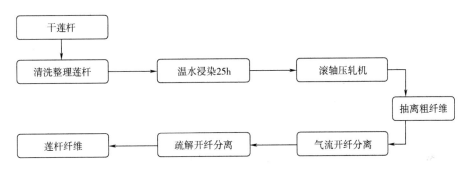

图3-23 机械加工法制备莲杆纤维工艺流程图

(2)生物化学法:将新鲜莲杆洗净去根,利用生物发酵脱胶技术,在预处理阶段将莲杆在河水中浸渍1~4周,可以辅助加菌加酶处理,对发酵后的莲杆使用物理加工法提取莲杆纤维;或用15%~22% NaOH溶液在温水中处理一定时间,继而采用物理方法抽取。该法制得的纤维呈现浅棕色或棕色,质感较柔软。

**2.莲杆纤维的形态结构**

图3-24为莲杆纤维的微观结构图,可以看出莲杆纤维表面较光滑,单纤维直径大约4μm;纵向每隔3~5μm存在细横纹,且轴向上间隔10~20μm分布许多结点,结点将单丝缔合联结。莲杆纤维长度范围为40~300mm,最长可达480mm。莲杆纤维为实心纤维,形状不规则,椭圆形或近似圆形。莲杆纤维的复丝结构和螺旋转曲形态赋予织物大量的空隙,从而提高织物的亲水性和透气性。

**3.莲杆纤维的主要性能**

(1)纤维规格:莲杆纤维平均密度为$1.184g/cm^3$与蚕丝的密度接近,但低于棉与苎麻纤维密度。莲杆纤维线密度为1.55dtex,与棉接近,但低于蚕丝和苎麻。

(2)力学性能:莲杆纤维刚性较佳,平均初始模量为146.81cN/dtex,平均断裂强度为3.44cN/dtex,平均断裂伸长为2.75%。莲杆纤维模量接近苎麻,断裂强度接近棉和蚕丝,断裂伸长稍高于苎麻,是一种高强低伸性纤维。

(3)化学性能:莲杆纤维在NaOH溶液中较稳定,但在煮沸的15g/L的NaOH溶液中,会有轻微的色泽变化,如果浓度过高,纤维会变得脆且易断。

(4)吸湿性能:与棉纤维和麻纤维相比,莲杆纤维的吸湿速率和放湿速率均高于棉与亚麻

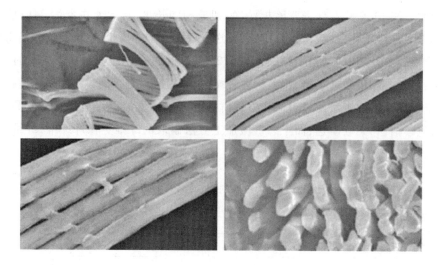

图 3-24 莲杆纤维的微观结构图

纤维,因此,莲杆纤维吸湿性优于棉、麻纤维,主要由于莲杆纤维含有较多的亲水性基团,莲杆纤维带状螺旋复丝结构促使莲杆纤维表面含有大量孔隙,增加了莲杆纤维的比表面积。

(5)化学组成:莲杆纤维的化学成分组成类似于其他植物纤维,主要由纤维素、木质素、半纤维素、果胶和少量蜡质及蛋白质组成。其中,纤维素含量达$(41.4 \pm 0.29)$%,半纤维素和木质素含量分别为$(25.87 \pm 0.64)$%和$(19.56 \pm 0.32)$%,非纤维素含量明显高于棉和麻纤维。

(6)抗菌性:莲杆纤维与金黄色葡萄球菌作用 4h 后,即表现出明显的抑制效果;18h 后,抑菌率达 99%。因此,莲杆纤维对金黄色葡萄球菌具有优异的抑制效果。莲杆纤维对大肠杆菌具有一定的抑制效果,作用 4h 后,抑菌率为 86.4%。

### 👉 思考题

1.植物纤维具有哪些共同的优点,其化学组成的不同对其性能有什么影响?

2.棉纤维和木棉纤维在初加工、结构、形态和性能上有哪些差异?

3.叙述棉纤维的微观结构和外观形态结构,并解释结构对其性能的影响。

4.叙述白色棉与彩色棉在结构和性能上的差异。

5.韧皮纤维与叶纤维在纤维来源、初加工和性能上有什么不同?

6.苎麻纤维具有哪些性能特点?为什么苎麻可以采用单纤维纺纱?

7.解释原棉、锯齿棉、皮辊棉、工艺纤维、精干麻、打成麻的意义。

8.叙述亚麻、黄麻、汉麻、罗布麻、菠萝叶纤维的性能特点。

9.叙述竹原纤维的化学组成、微观结构、形态结构和性能。

10.为什么韧皮纤维和维管束纤维具有天然抗菌性?

### 参考文献

[1] 詹怀宇,李志强,蔡再生,等.纤维化学与物理[M].北京:科学出版社,2005.

[2] 顾名悖,汪家俊,王景葆,等.麻纤维开发利用[M].北京:纺织工业出版社,1993.

[3] 阿瑟・D.布罗德贝特.纺织品染色[M].北京:中国纺织出版社,2004.

[4] 张镁,胡伯陶,赵向前,等.天然彩色棉的基础和应用[M].北京:中国纺织出版社,2005.

[5] 于翠英,夏敬义.亚麻纺纱工艺学[M].哈尔滨:黑龙江科学技术出版社,1997.

[6] 于伟东.纺织材料学[M].北京:中国纺织出版社,2006.

[7] 于伟东,储才元.纺织物理[M].上海:东华大学出版社,2002.

[8] 吴德邻.广东植物志:第三卷[M].广州:广东科技出版社,1995.

[9] 周启澄,屠恒贤,程文红,等.纺织科技史导论[M].上海:东华大学出版社,2003.

[10] 张建春,张华,张华鹏,等.汉麻综合利用技术[M].北京:长城出版社,2006.

[11] 浙江麻纺织厂《黄麻纺织手册》编写组.黄麻纺织手册[M].北京:纺织工业出版社,1982.

[12] 杨建忠,崔世忠,张一心,等.新型纺织材料及应用[M].上海:东华大学出版社 2003.

[13] 邬义明.植物纤维化学[M].2版.北京:中国轻工业出版社,1995.

[14] 肖红,于伟东,施楣梧.木棉纤维的微细结构研究:胞壁层次结构与原纤尺度[J].东华大学学报,2006 (3):85-87.

[15] 肖红,于伟东,施楣梧,等.木棉纤维的特征与应用前景[J].东华大学学报,2005(2):121-125.

[16] 李艳."麻"考[J].北京林业大学学报.2005(2):86-89.

[17] 龚友才,黎宇.恢复黄麻生产开发黄麻新产品[J].中国麻业,2003(6):300-301.

[18] 李志贤.木棉纤维及其应用[M].山东纺织科技,2006(3):52-54.

[19] 高山,由瑞华,曲丽君,等.有广泛用途和应用前景的大麻纤维[J].上海纺织科技,2005(12):4-5.

[20] 俞春华,冯新星,贾长兰,等.高温脱胶对大麻纤维成分与结构影响[J].纺织学报,2006(10):80-83.

[21] 孙小寅,管映亭,温桂清,等.大麻纤维的性能及其应用研究[J].纺织学报,2001(4):34-36.

[22] 蒋少军,吴红玲,李志忠,等.罗布麻纤维的改性及染色性能研究[J].染料与染色,2004(2):102-104.

[23] 王飞龙,杜建民.罗布麻纤维制取方法及其利用初探[J].甘肃轻纺科技,1992(5):14-16.

[24] 邢声远.天然医疗保健纤维:罗布麻[J].北京纺织,2004(2):56-57.

[25] 张毅,郭秉臣.罗布麻纤维理化性能探讨[J].纺织学报,1995(2):80-82.

[26] 雷建功,倪一忠.罗布麻纤维性能初探[J].丝绸技术,1996(2):31-34.

[27] 廖双泉,马凤国,邵自强,等.不同预处理对剑麻纤维组分和结构的影响[J].纤维素科学与技术,2002 (2):37-41.

[28] 姜繁昌.剑麻纤维的性能研究[J].中国麻业,2003(4):172-177;2003(5):228-234.

[29] 姜繁昌.龙舌兰麻纤维性能研究[J].北京纺织,1998(3):52-55.

[30] 史倩青.香蕉纤维的开发及应用研究进展[J].上海纺织科技,2006(9):18-19.

[31] 柳新燕,郁崇文.香蕉纤维的性能与开发应用分析[J].上海纺织科技,1997(5):8-11.

[32] 刘恩平,郭安平,郭运玲,等.菠萝叶纤维的开发与应用现状及前景[J].纺织导报,2006(2):32-35.

[33] 熊刚,高金花.菠萝叶纤维的性能研究及其发展现状[J].新纺织,2005(9-10):22-25.

[34] 瞿彩莲,杨锁廷.竹资源在纺织领域的应用[J].中国纤检,2006(1):38-39.

[35] 罗丹实.天然植物染料用于竹纤维织物染色性能的研究[D].大连:大连轻工业学院,2007.

[36] 毕蕾.云麻品质评定及皮杆分离技术的研究[D].大连:大连轻工业学院,2007.

[37] 储咏梅.竹纤维结构性能与产品开发研究[D].苏州:苏州大学,2005.

[38] 程隆棣,徐小丽,劳继红,等.竹纤维的结构形态及性能分析[J].纺织导报,2003(5):101-103.

［39］邢声远,刘政,周湘祁,等.竹原纤维的性能及其产品开发[J].纺织导报,2004(4):110-113.

［40］隋淑英,李汝琴.竹纤维的结构与性能研究[J].纺织学报.2003(6):27-28.

［41］李梦杰,王树根.竹纤维的理化性能及染色研究[J].染整技术,2006(5):5-8.

［42］孙宝芬.再生竹纤维的结构与性能研究[D].青岛:青岛大学,2004.

［43］赵博,李虹,石陶然,等.竹纤维基本特性研究[J].纺织学报,2004(6):100-101.

［44］周衡书,邓力斌.竹原纤维产品抗菌整理与性能研究[J].纺织科技进展,2005(5):12-15.

［45］日本纤维机械学会纤维工学刊行编委会.纤维工学(Ⅱ):纤维之创造、构造及物性[M].大阪:日本纤维机械学会,1983.

# 第四章　动物纤维

## 第一节　毛纤维

天然动物毛的种类很多,主要有绵羊毛、山羊绒、马海毛、骆驼绒、兔毛、牦牛毛等。毛纤维是纺织工业的重要原料,它具有许多优良特性,如弹性好、吸湿性好、保暖性好、不易沾污、光泽柔和等。

### 一、毛纤维的分类

**1. 按纤维粗细和组织结构分类**　可分为细绒毛、粗绒毛、刚毛、发毛、两型毛、死毛和干毛。

（1）细绒毛（fine wool）:直径为 $8 \sim 30 \mu m$（上限随不同品种有差异,如骆驼细绒毛上限为 $40 \mu m$）,无髓质层,鳞片多呈环状,油汗多,卷曲多,光泽柔和。异质毛中的底部绒毛,也为细绒毛。

（2）粗绒毛（coarse wool）:直径为 $30 \sim 52.5 \mu m$,无髓质层。

（3）刚毛（hair）:直径为 $52.5 \sim 75 \mu m$,有髓质层,卷曲少,纤维粗直,抗弯刚度大,光泽强,亦可称为粗毛。

（4）发毛（coarse hair）:直径大于 $75 \mu m$,纤维粗长,无卷曲,在一个毛丛中经常突出于毛丛顶端,形成毛辫。

（5）两型毛（heterotypical hair）:一根纤维上同时兼有绒毛与刚毛的特征,有断断续续的髓质层,纤维粗细差异较大,我国没有完全改良好的羊毛多含这种类型的纤维。

（6）死毛（kemp）:除鳞片层外,整根羊毛充满髓质层,纤维脆弱易断,枯白色,没有光泽,不易染色,无纺纱价值。

（7）干毛（trank hair）:接近于死毛,略细,稍有强力。绵羊毛纤维有髓腔。当在500倍显微镜投影仪下观察,髓腔长达 25mm 以上、宽为纤维直径的 1/3 以上的为腔毛。粗毛和腔毛统称为粗腔毛。

**2. 按动物品种分类** 目前加工应用的天然毛纤维的动物品种繁多,主要有以下品种。

(1)绵羊:粗绵羊毛(coarse hair)、细绵羊毛(fine wool)、超细绵羊毛(supper fine wool)。

(2)山羊:山羊绒(cashmere)、山羊毛(goat hair)、安哥拉山羊毛(马海毛 mohair,Angora goat hair)、绒山羊与安哥拉山羊杂交种山羊毛(cashgora)。

(3)骆驼:骆驼绒(camel wool)、骆驼毛(camel hair)。

(4)牦牛:牦牛绒(yak wool)、牦牛毛(yak hair)。

(5)羊驼:羊驼毛(alpaca wool)。

(6)骆马:骆马毛(vicuna wool)。

(7)原驼:原驼绒(guanaco wool)。

(8)兔:安哥拉兔毛(长毛兔兔毛 angora rabbit wool)、兔毛(rabbit hair)。

(9)貂:貂绒(mink wool)、貂毛(mink hair)。

(10)狐狸:狐绒(fox wool)、狐毛(fox hair)。

(11)貉:貉绒(racoon dog wool)、貉毛(racoon dog hair)。

(12)藏羚羊:藏羚羊绒(xizang antelopewool,Tibeton antelopewool)。

(13)其他特种毛皮动物:马的鬃毛(horse bristle);禽类如鸭、鹅、鸡的羽绒(eiderdown)和羽毛(feather,plume)等。

**3. 按取毛后原毛的形状分类** 可分为被毛、散毛和抓毛。从绵羊身上剪下的毛,粘连成一个完整的毛被叫被毛。被毛分为封闭式和开放式两种。从整个外观上看,封闭式被毛像一个完整的毛纤维集合体,美利奴毛和我国高代改良细毛的被毛属于这种类型。开放式被毛在外观上有突出的毛辫,各个毛丛底部相连,上部毛辫却互不相连,我国土种毛的被毛属这种类型。剪下的毛不成整个片状的,叫散毛。如果在羊脱毛季节,用铁梳把毛梳下来,这种毛叫抓毛。抓毛中含有不同类型的毛纤维,加工时需要分开。山羊绒一般为抓毛。

**4. 按纤维类型分类** 可分为同质毛和异质毛。如果毛被中仅含有同一粗细类型的毛,叫同质毛。如果毛被中兼含有绒毛、发毛和死毛等不同类型的毛,叫异质毛。我国土种绵羊毛、山羊毛、骆驼毛、牦牛毛等均属于异质毛。

**5. 按剪毛季节分类** 可分为春毛(春天剪取的毛)、秋毛(秋天剪取的毛)和伏毛(有的地方夏天剪取的毛),春毛毛长,底绒多,毛质细,油汗多,品质较好;秋毛毛短,无底绒,光泽较好;伏毛毛短,品质差。

**6. 按加工程度分类** 原毛或原绒(剪下或梳下的原始毛纤维 raw wool)称为污毛;洗净后的称洗净毛(净毛)或净绒(scoured wool);经分梳除去刚毛及粗绒毛后的细绒毛称为无毛绒(wool without hair)。

## 二、毛纤维的分子结构

毛纤维大分子是由许多种 $\alpha$ - 氨基酸用肽键联结构成的多缩氨酸链为主链。在组成毛纤

维的二十多种 α - 氨基酸中,以二氨基酸(精氨酸、松氨酸)、二羟基酸(谷氨酸、天冬氨酸)和含硫氨基酸(胱氨酸)等的含量最高,因此在毛纤维角蛋白大分子主链间能形成盐式键、二硫键和氢键等空间横向联键。毛纤维大分子间,依靠分子引力、盐式键、二硫键和氢键等相结合,呈较稳定的空间螺旋形态。

### 三、毛纤维的形态结构

在组织学构造上,各种毛纤维都是由角质细胞(细胞变性,细胞壁中大分子间交联,细胞死亡、失水、硬化称为角质化,动物的角、蹄、指甲等均是)堆砌而成的细长物体,它分为鳞片层、皮质层和髓质层。细毛纤维没有髓质层,仅有鳞片层、皮质层。部分品种的毛纤维髓质层细胞破裂、贯通呈空腔形式(如羊驼羔毛等)。毛纤维的基本形态结构如图4-1所示。

**1.鳞片层** 鳞片层居于羊毛纤维表面,由方形圆角或椭圆形扁平角质蛋白细胞组成,它覆盖于毛纤维的表面。由于外观形态似鱼鳞,故称为鳞片层。鳞片的上端伸出毛干,且永远指向毛尖,鳞片底部与皮质层紧密相连。鳞片是角质蛋白细胞,每一个细胞的平均高度为 $37.5 \sim 55.5 \mu m$,宽度为 $35.5 \sim 37.6 \mu m$,厚度为 $0.3 \sim 2.0 \mu m$。鳞片细胞由跟向梢层层叠置,在每毫米长度内,一般叠置34~40层(骆驼毛纵向叠层约20层)。

超细绒毛每一个鳞片围绕毛干一周呈环状。同时每一鳞片的边缘相互覆盖,不同品种有斜有正,一般绒毛和刚毛鳞片排列纵向由根向梢重叠,圆周方向接压、部分重叠,且通常半周重叠较多,另半周重叠较少。部分刚毛鳞片排列较稀,例如骆驼刚毛、鳞片间基本不重叠覆盖。

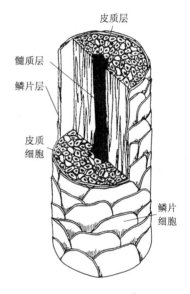

图4-1 粗羊毛结构及鳞片层构造

鳞片细胞与所有细胞一样,最外层为磷酯分子和甾醇分子平行排列双分子层薄膜,即细胞表皮薄膜。毛纤维鳞片细胞表皮膜基础成分是磷酯(包括卵磷脂、神经鞘磷酯等以磷酸基团的一端为头端向外,两根14~20碳的碳氢链长尾为另一端向内的分子)的长尾分子和甾醇分子(包括胆甾醇、类甾醇、羊毛甾醇等多复环碳氢化合物)按1:1平行排列的分子层,两层尾对尾衔接。极性基团向外结合氨基酸及蛋白质颗粒。膜层嵌有蛋白质分子团块,成为某些物质的细胞内外通道。膜本身具有很强的憎水性和化学稳定性,但这些蛋白质团块成为液体和离子的通道,如图4-2所示。薄膜的厚度约3.0~4.0nm,在氯水或溴水中会被剥离,成为可观察的Allwörden反应。

在鳞片表皮细胞薄膜下面依次是鳞片外层与鳞片内层。它们是鳞片细胞角质化后的细胞壁,厚度分别为 $0.15 \sim 0.5 \mu m$ 和 $0.2 \sim 1.3 \mu m$。鳞片外层由 a、b 两个微层组成,a 层的胱氨酸含量比 b 层高,角蛋白分子排列呈不规则状态,为无定形结构。鳞片内层,胱氨酸含量极低,化学稳定性较差,易被酸、碱、氧化剂、还原剂降解和解朊酶酶化。鳞片外层和鳞片内层间,局部有细胞腔,且这些细胞腔内有残余细胞核与细胞原生质干涸后的残余物。

图4-2 细胞壁表层膜结构示意图

**2. 皮质层** 皮质层位于鳞片层的里面,由稍扁的截面细长的纺锤状细胞组成,它在毛纤维中沿着纤维的纵轴排列,皮质细胞紧密相连,细胞间由细胞间质黏结。

皮质细胞和大部分蛋白质纤维的基本组成物质是蛋白质。它们是由25种$\alpha$-氨基酸($H_2N$—CHR—COOH)缩合的大分子堆砌而成。其中,随基团R不同分为不同的氨基酸,它们的代号和天然蛋白质纤维中的含量见表4-1和表4-2。侧向基团R上只有碳、氢元素的属中性$\alpha$-氨基酸,R带有氨基或羟基的,属碱性氨基酸,R带有羧基的,称酸性氨基酸,此外还有带有硫桥、硫醇和硫氢(巯)基的$\alpha$-氨基酸。

表4-1 $\alpha$-氨基酸的主要品种、代号

| 序号 | 名 称 | 侧基结构式(R) | 英文名 | 代 号 三字母 | 代 号 一字母 | 特 性 |
|---|---|---|---|---|---|---|
| 1 | 甘氨酸 | H— | Glycine | Gly | G | 中性氨酸 |
| 2 | 丙氨酸 | $CH_3$— | Alamine | Ala | A | 中性氨酸 |
| 3 | 亮氨酸 | $(CH_3)_2CHCH_2$— | Leucine | Leu | L | 中性氨酸 |
| 4 | 异亮氨酸 | $CH_3CH_2CH(CH_3)$— | Isoleucine | Ile | I | 中性氨酸 |
| 5 | 苯丙氨酸 | ⬡—$CH_2$— | Phenghanine | Phe | F | 中性氨酸 |
| 6 | 缬氨酸 | $(CH_3)_2CH$— | Valine | Val | V | 中性氨酸 |
| 7 | 脯氨酸 | —$CH_2CH_2CH_2$— | Proline | Pro | P | 中性氨酸 |
| 8 | 鸟氨酸 | $H_2N(CH_2)_3$— | Ornithin | Orn | O | 碱性氨酸(胺基) |
| 9 | 赖氨酸 (松氨酸) | $H_2N$—$(CH_2)_4$— | Lysine | Lys | K | 碱性氨酸(胺基) |
| 10 | 组氨酸 | ⬠—$CH_2$— | Histidine | His | H | 碱性氨酸(胺基) |
| 11 | 精氨酸 | $HN=CNH(CH_2)_3$—$\,$$NH_2$ | Arginine | Arg | R | 碱性氨酸(胺基) |
| 12 | 色氨酸 | ⬡—$CH_2$— | Tryptophane | Try | W | 碱性氨酸(胺基) |

续表

| 序号 | 名　称 | 侧基结构式（R） | 英文名 | 代号 | | 特　性 |
|---|---|---|---|---|---|---|
| | | | | 三字母 | 一字母 | |
| 13 | 丝氨酸 | $HOCH_2-$ | Serine | Ser | S | 碱性氨酸（羟基） |
| 14 | 苏氨酸（酥氨酸） | $CH_3CH(OH)-$ | Threonine | Thr | T | 碱性氨酸（羟基） |
| 15 | 酪氨酸 | $HO-\!\!\!\bigcirc\!\!\!-CH_2-$ | Tyrosine | Tyr | Y | 碱性氨酸（羟基） |
| 16 | 羟脯氨酸 | （吡咯烷环结构，HOOC—，—OH） | Hydroxy‑proline | Hyp | X | 碱性氨酸（羟基） |
| 17 | 天冬氨酸 | $HOOC-CH_2-$ | Aspartate Aspartic acid | Asp | D | 酸性氨酸 |
| 18 | 天冬酰胺 | $H_2NCOCH_2-$ | Asparagine | Asn | N | |
| 19 | 谷氨酸（肤氨酸） | $HOOC(CH_2)_2-$ | Glutamate Glatamic acid | Glu | E | 酸性氨酸 |
| 20 | 谷酰胺 | $H_2NCO(CH_2)_2-$ | Glutamine | Gln | Q | |
| 21 | 瓜氨酸 | $H_2N-NH-CO(CH_2)_3-$ | Citrulline | Cit | J | |
| 22 | 羊毛硫氨酸 | $-CH_2-S-CH_2-$ | Lanthionine | Lan | B | 含硫氨酸 |
| 23 | 胱氨酸 | $-CH_2-S-S-CH_2-$ | Cystine | Cyt | U | 含硫氨酸 |
| 24 | 半胱氨酸 | $HS-CH_2-$ | Cysterne | Cys | C | 含硫氨酸 |
| 25 | 蛋氨酸 | $CH_3-S-(CH_2)_2-$ | Methionine | Met | M | 含硫氨酸 |

表4–2　各种天然蛋白质中 $\alpha$ – 氨基酸的含量（%）

| 氨基酸 | 绵羊绒毛 | 绵羊刚毛 | 桑蚕丝素 | 桑蚕丝胶 | 柞蚕丝素 | 酪素蛋白 | 卵蛋白 | 胶原蛋白 | 大豆蛋白 |
|---|---|---|---|---|---|---|---|---|---|
| 甘氨酸 | 3.10~6.50 | 3.59~3.76 | 37.5~48.3 | 1.1~8.8 | 20.3~24.0 | 0.5 | — | 32.4~35.0 | 4.00~7.77 |
| 丙氨酸 | 3.29~5.70 | 3.70~3.88 | 26.4~35.7 | 3.5~11.9 | 34.7~39.4 | 1.9 | 2.2 | 3.0~11.5 | 4.31~4.85 |
| 亮氨酸 | 7.43~9.75 | 6.95~7.53 | 0.4~0.8 | 0.9~1.7 | 0.4 | 9.7 | 10.7 | 1.9~5.6 | 7.71~9.69 |
| 异亮氨酸 | 3.35~3.74 | 3.84~4.35 | 0.5~0.9 | 0.6~0.8 | 0.4 | 9.7 | 10.7 | 0.6~3.8 | 4.40~5.27 |
| 苯丙氨酸 | 3.26~5.86 | 3.80~3.94 | 0.5~3.4 | 0.3~2.7 | 0.5 | 3.9 | 5.1 | 0.8~3.6 | 5.70~6.12 |
| 缬氨酸 | 2.80~6.80 | 5.20~5.53 | 2.1~3.5 | 1.2~3.1 | 0.6 | 8.0 | 2.5 | 0.4~3.5 | 3.93~5.72 |
| 脯氨酸 | 3.40~7.20 | 6.70~6.83 | 0.4~2.5 | 0.3~3.0 | 0.3 | 8.7 | 4.2 | 7.3~13.0 | 5.32~6.78 |
| 鸟氨酸 | — | 0.05~0.09 | | | | | | — | |
| 赖氨酸 | 2.80~5.70 | 4.07~4027 | 0.2~0.9 | 5.8~9.9 | 0.2 | 6.2 | 5.0 | 3.5~5.8 | 4.67~5.56 |
| 组氨酸 | 0.62~2.05 | 1.05~1.25 | 0.14~0.98 | 1.0~2.8 | 2.2 | 2.5 | 1.5 | 0.2~1.4 | 1.30~1.63 |
| 精氨酸 | 7.90~12.10 | 10.33~11.02 | 0.4~1.9 | 3.7~6.1 | 9.2~13.3 | 3.7 | 6.7 | 2.2~5.0 | 7.46~9.15 |

| 氨基酸 | 绵羊绒毛 | 绵羊刚毛 | 桑蚕丝素 | 桑蚕丝胶 | 柞蚕丝素 | 酪素蛋白 | 卵蛋白 | 胶原蛋白 | 大豆蛋白 |
|---|---|---|---|---|---|---|---|---|---|
| 色氨酸 | 0.64~1.80 | 0.63~0.76 | 0.1~0.8 | 0.5~1.0 | 1.8~2.1 | 0.5 | 1.2 | — | 0.12~0.47 |
| 丝氨酸 | 2.90~9.60 | 7.20~7.42 | 9.0~16.2 | 13.5~33.9 | 9.8~12.2 | 5.0 | — | 2.3~3.9 | 4.32~4.83 |
| 苏氨酸 | 5.00~7.02 | 5.40~5.70 | 0.6~1.6 | 7.5~8.9 | 0.1~1.1 | 3.5 | — | 1.6~2.9 | 3.21~4.12 |
| 酪氨酸 | 2.24~6.76 | 4.62~4.86 | 4.3~6.7 | 3.5~5.5 | 3.6~4.4 | 5.4 | 4.0 | 0.1~0.7 | 0.11~0.24 |
| 羟脯氨酸 | — | 1.5 | — | — | — | 0.2 | — | 9.2~12.5 | 0.11~0.24 |
| 天冬氨酸 | 2.12~3.29 | 6.42~7.02 | 0.7~2.9 | 10.4~17.0 | 4.2 | 6.0 | 8.1 | — | 10.89~13.87 |
| 天冬酰胺 | 3.82~5.91 | 6.42~7.02 | 0.7~2.9 | 10.4~17.0 | 4.2 | 6.0 | 8.1 | — | 10.89~13.87 |
| 谷氨酸 | 7.03~9.14 | 15.15~16.51 | 0.2~3.0 | 1.0~10.1 | 0.7 | 21.6 | 16.1 | 6.5~10.0 | 20.96~24.73 |
| 谷酰胺 | 5.72~6.86 | 15.15~16.51 | 0.2~3.0 | 1.0~10.1 | 0.7 | 21.6 | 16.1 | 4.2~9.9 | 20.96~24.73 |
| 瓜氨酸 | — | 0.03~0.25 | | | | | | | — |
| 羊毛硫氨酸 | — | 0.17~0.84 | | | | | | | — |
| 胱氨酸 | 10.84~12.28 | 5.99~9.93 | 0.03~0.9 | 0.1~1.0 | — | 0.4 | 1.8 | 0~0.2 | 0 |
| 半胱氨酸 | 1.44~1.77 | 5.99~9.93 | — | — | — | — | — | — | 0 |
| 蛋氨酸 | 0.49~0.71 | 0.83~0.92 | 0.03~0.2 | 0.1 | — | 3.3 | 5.8 | 0.5~1.1 | 0.91~1.76 |

皮质细胞是毛纤维的主要组成部分,也是决定毛纤维物理化学性质的基本物质。皮质细胞间及其与鳞片层之间由细胞间质紧密联结。皮质细胞的平均长度为 80~100μm,宽度为 2~5μm,厚度为 1.2~2.6μm。细胞间质亦为蛋白质,含有少量胱氨酸,约占羊毛纤维重量的 1%,厚约 150nm,充满细胞的所有缝隙,易被酸、碱、氧化剂、还原剂降解和酶解。

皮质细胞按结构不同,分为正皮质细胞(ortho-cortex cell)、偏皮质细胞(para-cortex cell)和间皮质细胞(mesa-cortex cell)。

毛纤维的所有皮质细胞的堆砌,经历了纤维结构的各复杂层次,由单分子、基原纤、微原纤、原纤、巨原纤到细胞壁的多个层次。

绵羊毛皮质细胞中多缩氨酸大分子的聚合度 $n$(未受破坏切断的)有许多种,最短的为 104,其次为 163~183、212~221、238~270、385~442、493~494、538~556 等。单分子链在半胱氨酸含量低(≤2%)的片段,形成 α 螺旋链主链 8 个原子(占 3.6 个氨基酸剩基单元),第 1 原子 N 上的—N—H 与第 9 原子 C 上的 C═O 形成氢键,螺旋升距为 0.514nm,直径约为 1nm。在单分子链半胱氨酸含量高(7%~12%)的片段形成无规线团。当纤维受到拉伸,分子链伸展形成曲折链时,将可能在相邻分子链之间产生氢键,这时每2个α氨基酸剩基单元的长度是0.723nm。所以在螺旋链段部分,由α螺旋到完全伸展可伸长140.6%,连同其他部分混合总伸长可达105%,且这些大分子将形成束状结构,即原纤(fibril)结构。另一部分α氨基酸分子中半胱氨酸含量很高(一般为17%~22%)。基本上具有以一定空间结构的空间三维颗粒为主的、不规则线团,成为"原纤"之间的基质(matrix)。

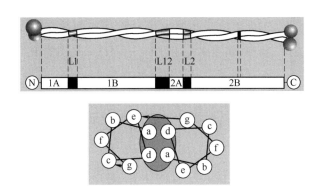

图4-3　毛纤维结构(二聚体模型)

对于绵羊毛皮质细胞中原纤的结构,60多年来许多科学家都做过系统研究,特别是最近三十年借助扫描电子显微镜、透射电子显微镜、原子力显微镜和电子密度分布分析技术等对其各层次原纤进行了详细地测试、分析与计算,建立了绵羊毛皮质细胞结构模型,其中最典型的有两种。

首先呈α螺旋的单根大分子,两根平行排列,形成二聚体(dimer)。如图4-3所示,每根大分子由端氨基到端羧基间1A、1B、2A、2B均为α螺旋链区段,L1、L12、L2为无规则区段。双股略有S捻,两根螺旋大分子(从端视图看)其氨基的剩基单元依次按a、b、c、d、e、f盘旋。并在ad对da区依靠范德瓦尔斯力、氢键、盐式链、半胱氨酸键联结。

绵羊毛第一种结构模型(1985年由Eichner提出)如图4-4所示,2根二聚体平行排列形成基丝(proto-filament),2根基丝平行排列形成基原纤(protofibril),4根基原纤平行排列结合成微原纤(microfibril),500根左右微原纤平行排列,其间填充基质(matrix)形成巨原纤(macrofibril)。巨原纤平行排列及基质填充形成偏皮质细胞壁。细胞壁外层有磷酯与甾醇的双分子层膜。细胞之间由细胞间质黏合。细胞壁局部透射电子显微镜照片如图4-5所示。细胞中心有角质化后干缩的空腔,其中保留着原生长过程中的细胞原生质、细胞核等。正皮质细胞的结构层次与偏皮质细胞类似,只是巨原纤内基质较少,堆砌紧密;巨原纤之间基质较多。绵羊毛皮质层中原纤占41.1%,基质占44.4%,细胞原生质及细胞核残余等占14.5%。

绵羊毛第二种典型结构模型(由澳大利亚联邦科学院的Robert C. Marshall绘制)如图4-6所示,9根

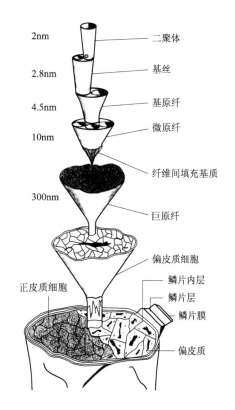

图4-4　毛纤维结构第一种模型

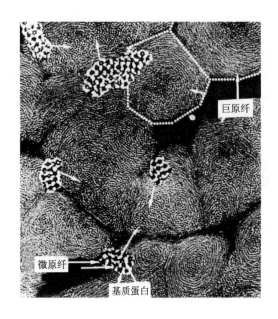

图4-5 毛纤维皮质细胞截面透射电镜照片

二聚体围成圆圈,中心有二聚体、基质等平行排列形成微原纤,微原纤依靠基质黏附堆砌成巨原纤。巨原纤平行堆砌成细胞壁,外有细胞膜,中有残余细胞原生质、细胞核的中腔。

正皮质细胞、偏皮质细胞及间皮质细胞堆砌成毛纤维皮质细胞壁。美利奴种绵羊毛的正皮质细胞和偏皮质细胞分别集合呈现双侧分布,如图4-4与图4-6所示,偏皮质细胞由水湿到干缩中收缩率显著大于正皮质细胞,双侧分布收缩率不平衡,使毛纤维产生卷曲,而且正皮质细胞在卷曲的外侧如图4-7所示,黑面种绵羊、安哥拉山羊等的细绒毛正皮质细胞分布于中心部位,偏皮质细胞环形分布在截面的四周(皮芯分布);林肯种绵羊等的细绒毛正皮质细胞环形分布于截面四周,偏皮质细胞分布于中心部位。因此,以上这些品种动物毛很少卷曲。但也有一些动物毛纤维正皮质细胞呈星点分布于纤维截面中。

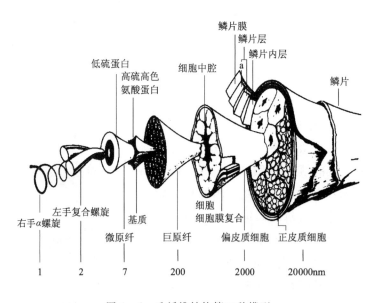

图4-6 毛纤维结构第二种模型

**3. 髓质层** 毛纤维的髓质细胞的共同特点是薄壁细胞,椭球形或圆角立方形,中腔大。髓质细胞壁中 α-氨基酸成分与皮质细胞、鳞片细胞有重大差异,其含有较多的羊毛硫氨酸、鸟氨酸、瓜氨酸等,因此有髓毛和无髓毛的组成就有较明显的差异。髓质细胞外有细胞膜、细胞壁,同时它们也是由巨原纤堆砌而成,但壁内面有较多巨原纤须丛,形成似"毛绒"的表面。又由于细胞壁空腔较大,所以细胞原生质、细胞核残余等,均黏附在其内表面上。

髓质细胞一般分布在毛纤维的中央部位,绵羊、山羊、骆驼、牦牛、狐、貂、貉、藏羚羊等的细绒毛,一般没有髓质细胞。它们的粗绒毛中,髓质细胞呈断续分布。它们的刚毛中髓质细胞呈连续分布。它们的死毛中几乎没有皮质细胞,只有鳞片层和髓质层,且髓质细胞连续,但髓质细胞的细胞壁极薄,一般加工中,其细胞壁均破裂,形成中心连续孔洞。

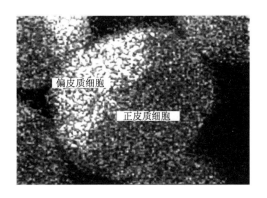

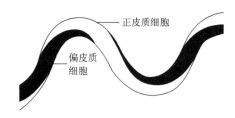

图4-7 毛纤维正皮质、偏皮质双侧分布

## 四、毛纤维的品质特征

### (一)物理特征

**1.长度** 由于天然卷曲的存在,毛纤维长度可分为自然长度和伸直长度。一般用毛丛的自然长度表示毛丛长度,用伸直长度来评价羊毛品质。自然长度是指不伸直纤维,且保留天然卷曲的纤维两端的直线距离。自然长度指标,主要用于养羊业鉴定绵羊育种的品质。把羊毛纤维的天然卷曲拉直,用尺测出其基部到尖部的直线距离数字,称为伸直长度。伸直长度指标主要有平均长度、主体长度及其变异系数和短毛率。根据测量方法不同引入不同的权重,如重量加权平均长度[巴布(Barbe)长度]、截面加权平均长度[毫特(Hautear)长度]。

细绵羊毛的毛丛长度一般为6~12cm,半细绵羊毛的毛丛长度为7~18cm。长毛种绵羊毛丛长度为15~30cm。

**2.细度** 毛纤维截面近似圆形,一般用直径大小来表示它的粗细,称之为细度,单位为微米(μm)。细度是确定毛纤维品质和使用价值的重要指标。绵羊毛的细度,随着绵羊的品种、年龄、性别、毛的生长部位和饲养条件的不同,有相当大的差别。在同一只绵羊身上,毛纤维的细度也不同,如绵羊的肩部、体侧、颈部、背部的毛较细,前颈、前腿、臀部和腹部的毛较粗,喉部、腿下部、尾部的毛最粗。最细的细绒毛直径约7μm,最粗的刚毛直径可以达240μm。绵羊毛平均直径越粗,它的细度变化范围也越大。正常的细绒毛横截面近似圆形,截面长宽比为1~1.2,不含髓质层。刚毛含有髓质层,随着髓质层增多,横截面呈椭圆形,截面长宽比为1.1~2.5。死毛横截面是扁圆形截面,长宽比可达3以上。绵羊毛的细度指标有平均直径、线密度、公制支数和品质支数。

绵羊毛平均直径为11~70μm,直径变异系数一般在20%~30%,相应的线密度为1.25~42dtex。绵羊毛的品质支数简称"支数",是1875年在英国勃来德福(Bradford)召开的国际纺织大会上,决定把各种绵羊毛纤维可能纺制成精梳毛纱的最细支数(可纺支数)命名为绵羊毛纤维细度。130多年来纺织工业有了长足的进步,可以用较粗的纤维纺制更细的纱线;但另一方面人类对毛纱线的各种要求(包括强度、条干等)显著提高。当前绵羊毛纤维细度的"品质支数"与"可纺支数"差距极大。近60年来各国分别对不同毛纤维制定过不同的品质支数对应表。我国规定的一般细、粗绵羊毛品质支数与平均直径的对应关系见表4-3。2003年国际毛纺织组织(IWTO)最后公布了超细至极细绵羊毛的国际标准,规定了绵羊毛细度品质支数的标准,见表4-3。

表4-3 绵羊毛品质支数与平均直径的关系

| 我 国 规 定 | | 国 际 标 准 | | |
|---|---|---|---|---|
| 品质支数(S) | 平均直径(μm) | 纯纺产品品质支数代号(S) | 混纺产品品质支数代号(S) | 平均直径(μm) |
| 32 | 55.1~67.0 | Supper80 | 80 | 19.25~19.75 |
| 36 | 43.1~55.0 | Supper90 | 90 | 18.75~19.24 |
| 40 | 40.1~43.0 | Supper100 | 100 | 18.25~18.74 |
| 44 | 37.1~40.0 | Supper110 | 110 | 17.75~18.24 |
| 46 | 34.1~37.0 | Supper120 | 120 | 17.25~17.74 |
| 48 | 31.1~34.0 | Supper130 | 130 | 16.75~17.24 |
| 50 | 29.1~31.0 | Supper140 | 140 | 16.25~16.74 |
| 56 | 27.1~29.0 | Supper150 | 150 | 15.75~16.24 |
| 58 | 25.1~27.0 | Supper160 | 160 | 15.25~15.74 |
| 60 | 23.1~25.0 | Supper170 | 170 | 14.75~15.24 |
| 64 | 21.6~23.0 | Supper180 | 180 | 14.25~14.74 |
| 66 | 20.1~21.5 | Supper190 | 190 | 13.75~14.24 |
| 70 | 19.75~20.0 | Supper200 | 200 | 13.25~13.74 |
| | | Supper210 | 210 | 12.75~13.24 |
| | | (Supper220) | (220) | 12.25~12.74 |
| | | (Supper230) | (230) | 11.75~12.24 |

**3. 密度** 细绵羊毛(无髓毛)的密度约等于 $1.32g/cm^3$,在天然纺织纤维中是最小的。有髓毛因细胞空腔大密度小,一般刚毛约为 $1.10g/cm^3$,死毛则更低。

**4. 卷曲** 毛纤维沿长度方向因正皮质、偏皮质细胞分布不同,干缩中形成自然的周期性卷曲。一般以每厘米的卷曲数来表示毛纤维卷曲的程度,称为卷曲度或卷曲数。卷曲度与动物品种、纤维细度有关,同时也随着毛丛在动物身上的部位不同而有差异。因此卷曲度的多少,对判断毛纤维细度、同质性和均匀性有较大的参考价值。按卷曲波的深浅,毛纤维卷曲形状可分为弱卷曲、常卷曲和强卷曲三类。常卷曲(常波)为近似半圆的弧形相对连接,略呈正弦曲线形状,细绵羊毛的卷曲大部分属于这种类型[图2-7(d)];卷曲波幅高深的为强卷曲,细毛中的腹毛多属这种类型;卷曲波幅较为浅平的,称为弱卷曲,半细毛卷曲多属这种类型。

毛纤维的卷曲波有多种形态,如美利奴种绵羊毛纤维以圆柱曲面上的常波卷曲为主,其为分梳加工、成纱蓬松弹性创造了良好的前提;有的品种的毛纤维以不规则曲面上的常波或深波卷曲为主,成纱蓬松、弹性良好,但分梳加工较困难;山羊绒等品种毛纤维呈螺旋状卷曲(连续数个正螺旋,再连续数个反螺旋),分梳加工困难。

**5. 摩擦性能和缩绒性**　羊毛表面有鳞片,鳞片的根部附着于毛干,尖端伸出毛干的表面而指向毛尖。由于鳞片的指向这一特点,羊毛沿长度方向的摩擦,因为滑动方向不同,则摩擦因数不同。滑动方向从毛尖到毛根,为逆鳞片摩擦,摩擦因数大;滑动方向从毛根到毛尖,为顺鳞片摩擦,摩擦因数小,这种现象称为摩擦效应。这一差异是毛纤维缩绒的基础。一般用摩擦效应 $\delta_\mu$ 和鳞片度 $d_\mu$ 等指标来表示羊毛的摩擦特性,指标计算如式(4-1)和式(4-2)所示。顺鳞片和逆鳞片的摩擦因数差异愈大,羊毛缩绒性愈好(详细分析见第十章第六节)。

$$\delta_\mu = \frac{\mu_a - \mu_s}{\mu_a + \mu_s} \times 100\% \qquad (4-1)$$

式中:$\mu_a$——逆鳞片摩擦系数;
　　　$\mu_b$——顺鳞片摩擦系数。

$$d_\mu = \frac{\mu_a - \mu_s}{\mu_s} \times 100\% \qquad (4-2)$$

毛纤维在湿热及化学试剂作用下,经机械外力反复挤压,纤维集合体逐渐收缩紧密,并相互穿插纠缠,交编毡化,这一性能称为羊毛的缩绒性。

毛织物整理过程,经过缩绒工艺(又称缩呢),织物长度收缩,厚度和紧度增加。表面露出一层绒毛,可得到外观优美、手感丰厚柔软、保暖性能良好的效果。

利用毛纤维的缩绒性,把松散的短纤维结合成具有一定强度、一定形状、一定密度的毛毡片,这一作用称为毡合。毡帽、毡靴等就是通过毡合制成的。

当毛织物或散纤维受到外力作用时,纤维之间产生相对移动,由于表面鳞片的运动具有定向性摩擦效应,纤维始终保持根端向前蠕动,又由于卷曲的存在,蠕动方向沿曲线螺旋前行,致使集合体中纤维紧密纠缠、穿插、交编。高度的回缩弹性是羊毛纤维的重要特性,也是促进羊毛缩绒的因素。外力作用下纤维受到反复挤压,毛纤维时而蠕动伸展,时而回缩恢复,形成相对移动,这样有利于纤维纠缠、穿插、交编,从而导致集合体密集。毛纤维缩绒性是纤维各项性能的综合反映。定向摩擦效应、高度回缩弹性和卷曲形态、卷曲度等是缩绒的内在原因,且它们与品种细度等密切相关。

温湿度、化学试剂和外力作用是促进羊毛缩绒的外因。缩绒分酸性缩绒和碱性缩绒两种,常用方法是碱性缩绒,如皂液在 pH 值为 8~9,温度为 35~45℃时,其缩绒效果较好。

缩绒性使毛织物具有独特的风格,显示出其优良的弹性、蓬松、保暖、透气和细腻的外观。但缩绒性使毛织物在穿用洗涤中易产生尺寸收缩和变形,并产生毡合、起毛、起球等现象,影响了穿用舒适性和美观。近代各种毛织物和毛针织物,在织造染整加工达到性能和外观的基本要求后,均要进行"防缩绒处理",以降低毛纤维的后续缩绒性。

毛纤维防缩绒处理有氧化法和树脂法两种。氧化法又称降解法,它是使羊毛鳞片损伤,以降低定向摩擦效应,减少纤维单向运动和纠缠能力。通常使用的化学试剂有次氯酸钠、氯气、氯胺、氢氧化钾、高锰酸钾等,其中以含氯氧化剂用得最多,故此方法又称氯化。树脂法也称添加法,是在羊毛上涂以树脂薄膜或混纺入黏结纤维,以减少或消除羊毛纤维之间的摩擦效应,或使纤维的相互交叉处黏结,限制纤维的相互移动、失去缩绒性,通常使用的树脂有脲醛、密胺甲醛、硅酮、聚丙烯酸酯等。

### (二)化学性质

在毛纤维分子结构中含有大量的碱性侧基和酸性侧基,因此毛纤维具有既呈酸性又呈碱性的两性性质。

**1. 酸的作用**　酸的作用主要使角蛋白分子的盐式键断开,并与游离氨基相结合。此外,可使稳定性较弱的缩氨酸链水解和断裂,导致羧基和氨基的增加。这些变化的大小,依酸的类型、浓度高低、温度高低和处理时间长短而不同。如80%硫酸溶液,短时间在常温下处理,毛纤维的强度损伤不大。由于稀硫酸的作用比较缓和,毛纤维在稀硫酸中,沸煮几小时也无大的损伤。不同类型的毛纤维,用硫酸处理,它们的强度损失是不同的。表4-4是用0.05mol/L、0.01mol/L、0.005mol/L的硫酸处理的绵羊毛强力损伤情况,从表中可以看出,有髓的粗刚毛耐酸能力较弱,强度损失大;有机酸的作用较无机酸的作用缓和。醋酸和蚁酸等有机酸是毛纤维染色工艺中的重要促染剂,在毛染整工艺中广泛应用。

表4-4　不同浓度硫酸处理的不同类型绵羊毛的强度　　　　　　　　单位:cN/tex

| 处　　理 | | 同 质 毛 | 两 型 毛 | 刚　毛 |
|---|---|---|---|---|
| 乙醚萃取洗净毛 | | 14.0 | 12.6 | 11.8 |
| $H_2SO_4$ | 0.005mol/L | 13.7 | 11.1 | 10 |
| | 0.01mol/L | 12.5 | 10.7 | 8.4 |
| | 0.05mol/L | 11.7 | 9.9 | 7.4 |

注　处理条件:45℃,30min,浴比1:40

**2. 碱的作用**　碱对毛纤维的作用比酸剧烈。碱的作用使盐式键断开,多缩氨酸链分解切断,胱氨酸二硫键水解切断。随着碱的浓度增加,温度升高,处理时间延长,毛纤维会受到严重损伤。碱使毛纤维变黄,含硫量降低以及部分溶解。毛纤维在 pH 值 >10 的碱溶液中,不能超过 50℃。在温度100℃时,即使是 pH 值在 8~9,毛纤维也会受到损伤。在5%的氢氧化钠溶液中煮沸 10min,毛纤维全部溶解,根据这一反应,可以测定毛纤维与其他耐碱纤维混纺织品的混纺比例。

**3. 氧化剂作用**　氧化剂主要用于毛纤维的漂白,作用结果也导致胱氨酸分解,毛纤维性质发生变化。常用的氧化剂有过氧化氢、高锰酸钾、高铬酸钠等。卤素对毛纤维也发生氧化作用,它使羊毛缩绒性降低,并增加染色速率。氧化法和氯化法是当前工业上广泛使用的毛纺织品防缩处理法,通过氧化使毛纤维表面鳞片变性而达到防缩和丝光的目的。

光对毛纤维的氧化作用极为重要,光照会使鳞片受损,易于膨化和溶解,同时光照可使胱氨酸键水解,生成亚磺酸并氧化为 R—SO₂H 和 R—SO₃H(磺酸丙氨酸)类型的化合物。光照的结果,使毛纤维的化学组成和结构、毛纤维的物理机械性能以及染料的亲和力等都发生变化。日光对毛纤维光泽的影响有两种不同的看法:一种认为日光对毛纤维有漂白作用;另一种意见则认为日光会使毛纤维发黄,他们都是以色光的实验为依据。也有人指出,日光暴晒毛纤维150h,具有漂白作用,而且如果去除可见光,则可进一步增进日光对毛纤维的漂白效果。太阳光对毛纤维的最终作用,随光谱组成而变化,如紫外光引起泛黄,波长较长的光具有漂白作用。因此,日光照射时间和位置的变化引起了毛纤维漂白和发黄的结果。

**4. 还原剂作用**　还原剂对胱氨酸的破坏较大,特别是在碱性介质中尤为激烈。如毛纤维与硫化钠作用,由于水解生成碱,毛纤维发生强烈膨胀。碱的作用是使盐式键断裂,胱氨酸还原为半胱氨酸。亚硫酸氢钠和亚硫酸钠可作为毛纤维的防缩剂和化学定形剂。

**5. 盐类的作用**　毛纤维在金属盐类如氯化钠(食盐)、硫酸钠(含 10 分子结晶水者即芒硝)、氯化钾等溶液中煮沸,对毛纤维无影响,因为毛纤维不易吸收这类溶液。因此在染色时常采用硫酸钠(元明粉)作为缓染剂。而重金属盐类对毛纤维有影响。

## 五、毛纤维的初加工

毛纤维具有与其他纺织原料不同的特性,由于毛纤维生长的特殊性,所以从动物身上剪下后的原毛不能立即使用,一般都必须先经过初步加工,使原毛成为洗净毛、毛条或炭化毛后才能投入生产,以制造各种各样的毛纺织产品。这一加工过程叫作"毛纤维初加工",也可称为"毛纺准备工程",它包括选毛、洗毛、梳条、炭化各工序,也简称为"选、洗、梳、炭"。

原毛经选毛、开毛、洗毛和烘毛后成为洗净毛。选毛是将动物被毛中不同品质(细度、长度、损伤程度、沾色程度等)的毛纤维选择区分,以便分别加工及应用。开毛是用钉、棍类设备将毛块开松并去除泥沙、粪块、污物、草屑的机械加工过程。洗毛是利用机械和化学相结合的方法,主要洗去毛中脂汗、污垢、杂质,使毛纤维洁白松散,适合于纺纱工艺的要求;烘毛是利用热空气对羊毛进行干燥,除去洗涤毛中的过多水分,以满足生产中对净毛储存或连续生产的要求。炭化是将毛纤维中所含植物用硫酸等失水炭化的工序。

目前洗净毛的质量以其洗净后的毛纤维含油率、回潮率、残碱率作为评价内容,即洗净毛符合上述各项条件规定范围内的均为合格品。而洗净毛的含杂率、粘并率、沥青点、洁白松软程度为洗净毛的分等条件,即上述指标在规定范围内为一等品,超过此规定则为二等品。

提高洗净毛的质量是提高产品质量的基础,尤其对提高毛条质量和毛条制成率的关系更为密切。因此洗净毛的质量对产品质量的好坏和经济效果都有重要的影响。

## 六、用于毛纺工业的其他动物毛

毛纺原料,除用绵羊毛外,还有其他动物毛,主要有山羊绒、马海毛、兔毛、骆驼绒、牦牛绒、羊驼绒、骆马毛、原驼毛等。表 4-5 为多种动物毛的密度比较。

表 4 – 5　各种动物毛的密度

| 种　类 | 骆驼绒 | 山羊绒 | 绵羊细绒毛 | 山羊毛 | 骆驼毛 | 牦牛绒 | 兔　毛 |
|---|---|---|---|---|---|---|---|
| 密度（g/cm³） | 1.212 | 1.272 | 1.320 | 1.22 | 1.284 | 1.32 ~ 1.33 | 1.10 |

**（一）山羊绒（cashmere）**

山羊多生长在高原地区，为了适应剧烈的气候变化，全身长有粗长的外层毛被和细软的底层绒毛，以防风雪严寒和雨水侵入。山羊绒，又称开司米，是山羊的绒毛，通过抓、梳获得的，它的颜色有白、紫、青色。分梳山羊绒是指经洗涤、工业分梳剔除刚毛加工后的山羊绒。从山羊身上抓取下来的原绒由绒毛、刚毛、两型毛组成，一般均分梳为绒毛和刚毛两大类。18 世纪，中国生产的山羊绒经当时印度的克什米尔（Cashmere）地区集散售往世界各地，而开司米就成为山羊绒及其制品的商业名称。现在生产山羊绒的主要国家有中国、伊朗、蒙古、阿富汗，其中我国的山羊绒主产于内蒙古、宁夏、甘肃、陕西、西藏、辽宁、山西、河南、河北和山东等省区。

山羊绒纤维由鳞片和皮质层组成，没有髓质层。鳞片边缘光滑，覆盖间距比绵羊毛大，密度为 60 ~ 70 个/mm。鳞片的环状与完整性特征明显，且大而稀，紧贴于毛干，手感柔软滑糯。绒毛纤维平均细度多在 14 ~ 16μm，相当绵羊毛品质支数为 150 ~ 180，细度不匀率约为 20%。山羊绒计重平均长度 25 ~ 45mm，短绒率 18% ~ 20%。山羊绒纯纺难度较高、价格昂贵，且易起球、毡缩，通常它与超细绵羊毛混纺使用。山羊绒的拉伸断裂性能、弹性比绵羊毛好，具有细、轻、柔软、保暖性好等优良特性，一般用于作羊绒衫，粗纺作高级服装，如大衣呢、毛毯原料，也可作精纺高级服装和地毯的原料。

山羊的粗毛纤维由鳞片层、皮质层和髓质层三部分组成。鳞片形状，在粗毛毛干下部的鳞片，边缘光滑或稍有波形；近毛尖部分的鳞片，边缘呈锯齿形。粗毛横截面近似圆形，也有的呈椭圆形。山羊粗毛多用于制造刷子、毛笔，也用于低级粗纺产品、制毡原料及服装材料。

绵羊毛、山羊绒、山羊毛的扫描电镜照片如图 4 – 8 所示。

**（二）安哥拉山羊毛（angora goat wool，mohair）**

安哥拉山羊毛又称马海毛，是土耳其安哥拉山羊毛的音译商品名称。南非、土耳其和美国为马海毛的三大产地。

马海毛为异质毛，夹杂有一定数量的有髓毛和死毛，较好羊种所产毛中有髓毛的含量不超过 1%，较差羊种所产有髓毛含量在 20% 以上。马海毛的特点是直、长、有丝光。直径 10 ~ 90μm，长度 120 ~ 260mm。马海毛的皮质层几乎都是由正皮质细胞组成，只在中心有少量偏皮质细胞，纤维很少卷曲。鳞片平阔紧贴于毛干并且很少重叠，使纤维表面光滑，光泽强。马海毛的强度高，具有良好的弹性，不易收缩也难毡缩，容易洗涤。

马海毛制作的提花毛毯，以坚牢耐磨、丝样光泽和美丽图案著称。同时马海毛也与绵羊毛、棉、化纤混纺制作衣料，如顺毛大衣呢、银枪大衣呢等。

**（三）兔毛（rabbit hair）**

用于纺织的兔毛主要为安哥拉长毛种兔毛。中国的安哥拉品系兔叫中国白兔，我国兔毛年收购量占世界总产量的 90% 左右，出口量世界第一。

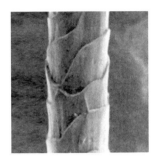

(a) 绵羊毛

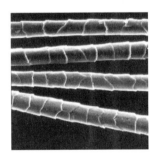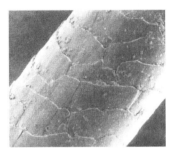

(b) 山羊绒　　　　　　　　　　(c) 山羊毛

图 4 - 8　绵羊毛、山羊绒、山羊毛的扫描电镜照片

兔毛有直径为 5 ~ 30μm 的绒毛（约占 90%）与少量直径为 30 ~ 100μm 的刚毛（约占 10%）两类纤维，大多数纤维集中在 13 ~ 20μm。刚毛含量多少，是衡量兔毛品质的重要指标之一。兔毛每年剪毛 4 ~ 5 次，纤维的长度，最短在 10mm 以下，最长可达 115mm，平均长度一般为 25 ~ 45mm。细绒毛比强度为 1.6 ~ 2.7cN/dtex，断裂伸长率为 30% ~ 45%。粗绒毛与刚毛都有发达的髓腔，它们的密度小、比强度较低，但很细的绒毛无髓质细胞，其中绒毛的毛髓呈单列断续状或窄块状，刚毛的毛髓层较宽，呈多列块状。绒毛的横截面呈近圆形或不规则四边形，刚毛的横截面为腰圆形、椭圆形或哑铃形。兔绒、兔毛扫描电镜照片见图 4 - 9 所示。

兔毛密度小，为 1.10g/cm³ 左右；含脂率较低，约 0.6% ~ 0.7%，通常不需洗毛，具有轻、软、暖、吸湿性好的特点。纤维细软、制品蓬松。表面光滑、少卷曲，所以光泽强，但鳞片重叠数少、鳞片尖边倾斜，摩擦因数小、抱合力差、易落毛，纺纱性能差。兔毛纯纺必须添加特殊和毛油，或经等离子体、酸处理获得有效的抱合力来实现。此外它还可与羊毛或其他纤维混纺加工，制成针织品、毛线、高级大衣呢、花呢等。

**（四）骆驼绒（camel wool）**

我国骆驼绒多产于内蒙古、新疆、甘肃、青海、宁夏等地的双峰驼的细绒毛纤维，是世界最大生产国。毛的质量以宁夏地区较好，被毛含绒量约 70%。

骆驼身上的外层刚毛粗而坚韧，称为骆驼毛（camel hair）；在外层刚毛之下有细短柔软的绒毛，称为骆驼绒，骆驼绒和骆驼毛扫描电镜照片如图 4 - 10 所示。骆驼绒的色泽有乳白、杏黄、

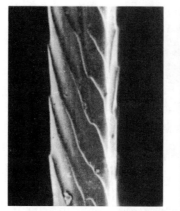

图 4 - 9　兔绒和兔毛的电镜照片

黄褐、棕褐色等,品质优良的骆驼绒多为浅色。骆驼绒主要由鳞片层和皮质层组成。鳞片少,平贴不连续,密度约为 70 ~ 90 个/mm,且鳞片边缘光滑。少量粗绒毛有髓质细胞,常呈不连续分布的两型毛。梳去粗绒毛后的骆驼绒可织造高级粗纺织物、毛毯和针织品,也可做衣服衬絮,且具有御寒保暖性很好的特点。刚毛可作填充料及工业用的传送带,强力高,经久耐用。骆驼绒及骆驼毛的主要物理性质如表 4 - 6 所示。

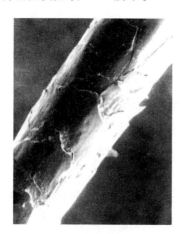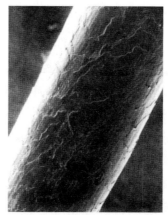

(a)白骆驼绒　　　　　　　　　　(b)白骆驼毛

图 4 - 10　骆驼绒和骆驼毛的扫描电镜照片

表 4 - 6　骆驼绒及骆驼毛的物理性质

| 毛　型 | 平均直径(μm) | 长度(mm) | 断裂比强度(cN/dtex) | 断裂伸长率(%) | 密度(g/cm³) |
|---|---|---|---|---|---|
| 骆驼绒 | 20 ~ 24 | 40 ~ 135 | 1.3 ~ 1.6 | 40 ~ 45 | 1.312 |
| 骆驼毛 | 50 ~ 209 | 50 ~ 300 | 0.7 ~ 1.1 | 40 ~ 45 | 1.284 |

### (五)牦牛绒(yak wool)

牦牛是高山草原上特有的耐寒畜种,主要分布在中国、阿富汗、尼泊尔等 9 个亚洲国家。我国西藏、青海、四川、甘肃等省区大量饲养牦牛,约占世界总头数的 85% 以上。

牦牛绒大多是黑色、褐色,少量白色。从牦牛蜕毛下来的毛被中有刚毛和绒毛,绒毛有很高的纺用价值。牦牛绒由鳞片层与皮质层组成,髓质层极少,且其鳞片呈环状,边缘整齐,紧贴于毛干上,弹性好。牦牛绒平均直径约为 $20\mu m$,平均长度为 $30\sim40mm$,断裂比强度在 $0.6\sim0.9cN/dtex$,具有无规则卷曲,缩绒性与抱合力较小。牦牛绒产品不易掉毛、有身骨、蓬松、丰满、手感滑软、光泽柔和,是毛纺行业的高档原料,可织制各类针织、机织衣料等,也可与绵羊毛、化纤、绢丝等混纺作精纺、粗纺原料。

牦牛毛(yak hair)略有毛髓,平均细度约 $45\sim100\mu m$,平均长度为 $100\sim120mm$,外形平直,表面有波纹状鳞片,光滑刚韧而有光泽。牦牛毛可作衬垫织物、帐篷及毛毡等。白牦牛毛品质与光泽最优,有纺用价值。

牦牛绒和牦牛毛的扫描电镜照片如图 4-11(a)(b)所示。

### (六)羊驼绒毛(alpaca wool)

羊驼属于骆驼科,这种动物主要产自秘鲁。羊驼绒毛有两大品系,霍加耶(huacaya)系绒毛纤维有卷曲及银光,绒毛平均直径为 $12\sim22\mu m$,两年剪毛一次;苏力(suri)系绒毛纤维外观似马海毛,卷曲少,光泽强,平均直径为 $20\sim30\mu m$,两年剪毛一次,长度为 $100\sim400mm$。羊驼毛髓腔随羊驼毛细度不同差异较大,使羊驼毛物理机械性能存在较大差异。羊驼毛表面的鳞片服帖、鳞片边缘光滑、卷曲少、卷曲率低,顺、逆鳞片摩擦因数较绵羊毛小,抱合力小、防毡缩性较绵羊毛好。羊驼羔毛细软,大部分为粉红色,髓腔连续,适于生产高档纺织品。羊驼毛原毛的净毛率高达90%以上,无需洗毛可直接应用,且多用于夏季服装、衣里料等。

### (七)骆马绒毛(vicuna wool)

骆马绒毛是南美洲高原动物骆马的绒毛。被毛中刚毛及两型毛含量约为10%,梳除刚毛后,绒毛纤维较细,直径在 $25\mu m$ 以下,平均直径为 $13\sim14\mu m$,平均长度为 $12\sim63mm$,且一般无髓质层,色泽以肉桂色为主,手感柔软,弹性高,光泽好,但其耐化学能力弱,大部分不易染色。骆马绒毛通常用于精细毛纺织产品及披肩。

### (八)原驼绒毛(guanaco wool)

原驼绒毛是南美洲高原动物原驼的绒毛。在其被毛中刚毛及两型毛含量为10%～20%,梳除刚毛后的绒毛,纤维较细,平均直径为 $18\sim24\mu m$,平均长度为 $50mm$,用于生产毛粗纺及精纺产品。直径为 $20\mu m$ 以上的纤维中,大部分为两型毛,含有髓质细胞。

### (九)貂绒(marten fibre)

貂绒主要是指产自大洋洲袋貂的绒毛。貂绒可以与美丽奴羊毛或其他珍稀动物纤维混纺成性能优良的纱线,用其制成的纺织产品色泽稳定、不起球,手感柔糯滑软,因其卓越的保暖效果和轻盈特性,成为深受高端人士青睐的奢侈消费品。

### (十)乌苏里貉绒(Wusuli rcoon dog wool)

乌苏里貉绒是近代人工养殖毛皮动物貉中东北亚品种脱毛中直径 $25\mu m$ 以下的细毛。乌苏里貉绒平均直径 $13\sim18\mu m$,平均长度 $40\sim60mm$,短毛率3%～6%,鳞片翘角较高,鳞片斜伸;乌苏里貉细绒毛大部分(97%)有毛髓,见图 4-11(c)(d)。乌苏里貉毛直径 $25\sim100\mu m$,平均直径 $65\sim80\mu m$,由根至梢一段白色,一段有色(黄、褐、咖啡、黑),色多段重复。

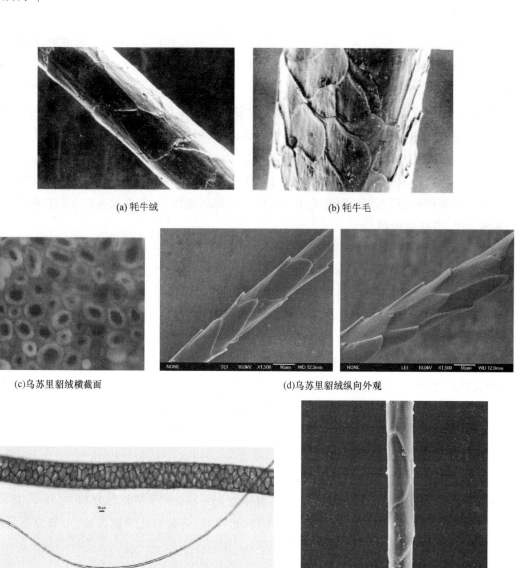

(a) 牦牛绒

(b) 牦牛毛

(c)乌苏里貂绒横截面

(d)乌苏里貂绒纵向外观

(e)藏羚羊粗毛和绒毛纤维的放大照片

(f)藏羚羊绒毛纤维

图 4 – 11　牦牛绒、貂绒和藏羚羊的绒毛、刚毛的扫描电镜照片

## （十一）藏羚羊绒（Xizang antelope wool，Tibetan antelope wool）

藏羚羊是原生于中国西藏、青海、新疆南部和阿富汗等地的一种野生食草动物，其被毛中的绒毛无髓质层，极细，平均直径 8μm 左右，平均长度 45～80mm，卷曲密，有银光，呈浅咖啡色，鳞片薄，见图 4 – 11（e）（f）。由于纤维特别细软，可加工成超轻薄织物，主要用于围巾、披肩，约 80cm 宽，2m 长的藏羚羊绒披肩，重 100～160g，可在指环中拉过，故名"指环头巾"，波斯语为"沙图什"，意为"绒之王"。藏羚羊绒极其珍贵，1990 年，印度每条藏羚羊绒围巾价值 5000～10000 美元，英、美市场高达 50000～100000 美元。由于大量盗猎，使藏羚羊数量大减，为保护品种，1996 年在青海西宁召开国际动物保护会议，宣布禁止猎杀，同时禁止藏羚羊绒加工、贸易的国际禁售。从那时起世界上禁止藏羚羊绒产品的加工、贸易和使用，近年已开始好转，已恢复至 14 万头。

## 七、改性羊毛

**1. 拉伸细化绵羊毛** 随着毛织物向单经单纬轻薄型产品方向发展,对 20μm 以下的超细绵羊毛需求量增大。澳大利亚联邦科学院(CSIRO)首先采用物理拉伸改性的方法获得的细绵羊毛称为拉伸细化绵羊毛,由于其直径变细、长度增长,从而提高了可纺纱支数,同时还可生产高档轻薄型毛纺面料,且具有布面光洁、手感柔软、悬垂性好、无刺痒感、滑爽挺括、穿着舒适等特点。由于羊毛在物理拉伸过程中,外层鳞片受到部分破坏,鳞片覆盖密度低,加之拉伸过程中,皮质层的分子间发生拆键和重排,在染色过程中造成染料上染快,易产生色花的现象。

羊毛拉细技术是近几年纺织原料生产中来取得的重要成就之一,它是高新科技的产物,有普通羊毛无法比拟的高附加值。澳大利亚与日本在羊毛拉细技术上获得了突破性的进展,澳大利亚 CSIRO 和羊毛标志公司为支持其 Optim 拉细羊毛技术的发展,进行了大量的投资,研制了新型的生产设备进行 Optim 拉细羊毛的加工,可把直径为 19μm 的羊毛纤维拉长 20% ~ 30%,使其纤维直径比正常纤维细 2 ~ 3μm。现该纤维已进入技术推广阶段,中国已生产供应。

**2. 超卷曲羊毛** 超卷曲羊毛又称膨化羊毛,绵羊毛膨化改性技术起源于新西兰羊毛研究组织(WRONZ)的研究成果。大量的杂种粗羊毛原料丰富,但毛干卷曲度很少,甚至不卷曲,羊毛条经拉伸、加热(暂时定形)松弛后收缩,使其纤维外观卷曲,可纺性提高,线密度降低,成纱性能更好。膨化羊毛与常规羊毛混纺可开发膨化或超膨毛纱及其针织品。膨化羊毛编织成衣在同等规格的情况下可节省羊毛约 20%,并提高服装的保暖性,手感更蓬松柔软、服用舒适,为毛纺产品轻量化及开发休闲服装、运动服装创造条件。

**3. 丝光羊毛和防缩羊毛** 丝光羊毛和防缩羊毛同属一个家族,两者都是通过化学处理将羊毛的鳞片进行不同程度的剥蚀,两种羊毛生产的毛纺产品均有防缩绒、可机洗效果,丝光羊毛的产品有丝般光泽,手感更滑糯,被誉为仿羊绒的羊毛。

丝光、防缩羊毛的改性方法有以下两种。

(1)剥鳞片减量法:绵羊细毛(绒)剥鳞片减量法即脱鳞片加工,其基本原理是将绵羊细(绒)毛表面的鳞片采用腐蚀法全部或部分剥除,以获得更好的性能和手感。

(2)增量法(树脂加法处理):树脂加法处理是利用树脂在纤维表面交联覆盖一层连续薄膜,掩盖了毛纤维鳞片结构,降低了定向摩擦效应,减少纤维的位移能力,以防缩绒。

经过丝光柔软处理后的羊毛,细度可减少 1.5 ~ 2.0μm。这种改善不受水洗、干洗和染色的影响,是永久性的。通过增量法可以使毛纤维的鲜艳度和舒适性得到改善,同时还使其具有可机洗、可与特种纤维混用的性能,这就为新颖设计提供了可能性。

# 第二节 蚕 丝

蚕丝纤维是蚕吐丝而得到的天然蛋白质纤维。蚕分家蚕和野蚕两大类。家蚕即桑蚕,结的茧是生丝的原料;野蚕有柞蚕、蓖麻蚕、樗蚕、天蚕、柳蚕、栗蚕等,其中柞蚕结的茧可以缫丝,其他野蚕结的茧不易缫丝,仅能作绢纺原料。

我国是桑蚕丝的发源地,已有六千多年历史。柞蚕丝也起源于我国,根据历史记载,已有三千多年的历史。远在汉、唐时期,我国的丝绸就畅销于中亚和欧洲各国,在世界上享有盛名。

## 一、桑蚕丝

桑蚕丝是高级的纺织原料,有较好的强伸度,纤维细而柔软,平滑,富有弹性,光泽好,吸湿性好。采用不同组织结构,丝织物可以轻薄似纱,也可厚实丰满。丝织物除供衣着外,还可作日用及装饰品,在工业、医疗及国防上也有重要用途。柞蚕丝具有坚牢、耐晒、富有弹性、滑挺等优点,柞丝绸在我国丝绸产品中占有相当的地位。

### (一)桑蚕丝的分子结构

蚕丝纤维主要是由丝素和丝胶两种蛋白质组成,此外,还有一些非蛋白质成分,如脂蜡物质、碳水化合物、色素和矿物质(灰分)等。

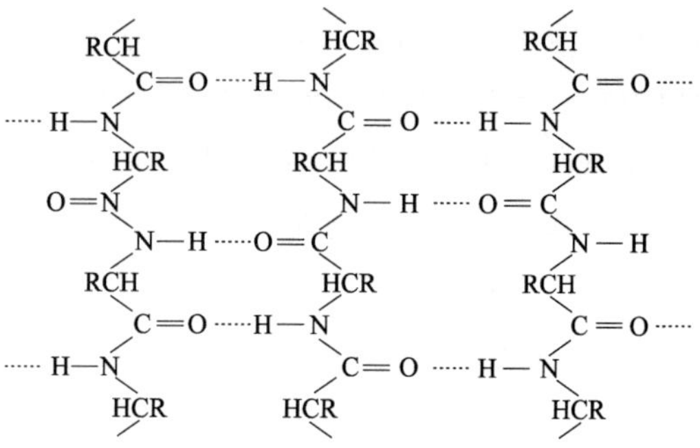

蚕丝的大分子是由多种 $\alpha$ - 氨基酸剩基以酰胺键联结构成的长链大分子,又称肽链,其组成见表 4 - 2。在桑蚕丝素中,甘氨酸、丙氨酸、丝氨酸和酪氨酸的含量占 90% 以上(在桑蚕丝胶中约占 45% ,柞蚕丝素中约占 70% ),其中甘氨酸和丙氨酸含量约占 70% ,且它们所含侧基

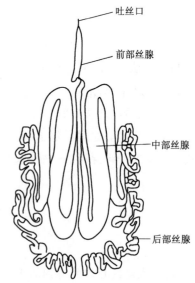

图 4 - 12　丝素的肽链配置情况

小,因而桑蚕丝素大分子的规整性好,呈 $\beta$ - 曲折链形状,有较高的结晶性。丝素的肽链间配置情形如图 4 - 12 所示。

柞蚕丝与桑蚕丝略有差异,桑蚕丝丝素中甘氨酸含量多于丙氨酸,而柞蚕丝丝素中丙氨酸含量多于甘氨酸(表 4 - 2)。此外,柞蚕丝含有较多支链的二氨基酸,如天冬氨酸、精氨酸等,使其分子结构规整性较差,结晶性也较差。

### (二)桑蚕丝的形成和形态结构

**1. 桑蚕丝的形成**　桑蚕丝是由桑蚕体内绢丝腺分泌出的丝液凝固而成。绢丝腺是透明的管状器管,左右各一条,分别位于食管下面蚕体两侧,呈细而弯曲状,在蚕的头部内两管合并为一根吐丝管。如图 4 -13 所示,绢丝腺分为吐丝口、前部丝腺、中部丝腺和后部丝腺,绢丝腺各部分的长度比例为 1:2:6。后部丝腺分泌丝素。中部丝腺分泌丝胶,丝胶包覆在丝素周围,起保护丝素的作用。丝素通过中部丝腺和丝胶一起并入前部丝腺。左右两条绢丝腺在头部合并,由吐丝口将丝液吐出体外并凝固成丝。

**2. 茧层的构成**　蚕到老熟后停止食桑叶,开始上蔟

吐丝口

前部丝腺

中部丝腺

后部丝腺

图 4 -13　蚕体绢丝腺结构示意图

吐丝结茧。茧的表面包围着不规则的茧丝,丝细而脆弱,称为茧衣。茧衣里面是茧层,茧层结构较紧密,茧丝排列重叠规则,粗细均匀,形成10多层重叠密接的薄丝层,是组成茧层的主要部分,占全部丝量的70%～80%。薄丝层由丝胶胶着,其间存在有许多微小的空隙,使茧层具有一定的通气性与透水性。最里层茧丝纤度最细,结构松散,即为蛹衬。茧层可缫丝,形成的连续长丝,即为"生丝"。茧衣、蛹衬因丝细而脆弱不能缫丝,只能作绢纺原料。

茧层主要成分是丝素和丝胶,一般丝素占72%～81%,丝胶占19%～28%。由于茧层内外部位不同,丝素与丝胶的比例也不同,外层丝胶比例较大,特别是茧衣的丝胶含量更高,而中层丝胶含量较少。其他物质有蜡类物质、糖类物质、色素及矿物质等,约占3%。

**3.桑蚕丝的形态结构**　桑蚕丝是由两根单丝平行黏合而成,各自中心是丝素,外围为丝胶。

桑蚕丝的横截面形状呈半椭圆形或略呈三角形,如图4-14所示。三角形的高度,从茧的外层到内层逐渐降低,因此,自茧层外层、中层至内层,桑蚕丝横截面从圆钝逐渐扁平。丝素大分子平行排列,集束成微原纤。微原纤间存在结晶不规整的部分和无定形部分,集束堆砌成原纤。平行的原纤束堆砌成丝素纤维。

包覆在丝素外面的丝胶,按对热水溶解性的难易,依次分为丝胶Ⅰ、丝胶Ⅱ、丝胶Ⅲ和丝胶Ⅳ。丝胶的四个组成部分形成层状的结构,如图4-15所

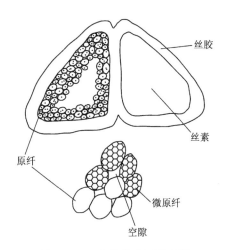

图4-14　茧丝横截面示意图

示。丝胶Ⅲ与丝胶Ⅳ不仅结晶度高,而且微晶取向度也高,取向方向可能与纤维轴平行。丝胶Ⅳ的突出特征是在热水或碱液中最难溶解。在精炼时,残留一些丝胶Ⅳ,对丝织物的弹性和手感是有益的。

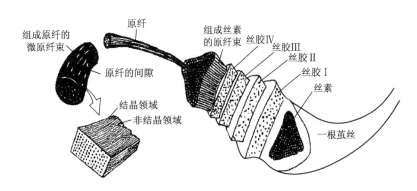

图4-15　丝胶组成结构示意图

桑蚕丝的粗细,用纤度(旦尼尔,denier)或线密度(dtex)表示。纤度因蚕的品种、饲养条件不同而有差异。同一粒茧上的茧丝纤度也有差异,一般外层较粗,中层最粗,内层最细。内层纤度比外层细40%～60%。纤度分布的规律呈抛物线,如图4-16所示。

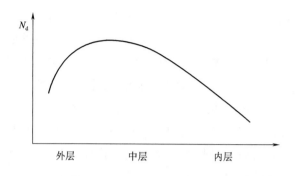

图 4 – 16　蚕茧外、中、内层茧丝纤度分布规律

在光学显微镜下观察蚕丝,可以发现生丝上有很多纤维不规则缠结的疵点——额节,如环额、小糠额、茸状额、毛羽额等,这是由于蚕吐丝结茧时温度变化、簇架振动,吐丝不规则等造成的。这些额节的存在,不仅影响生丝的净度,同时在缫丝过程中容易切断,降低了生丝的均匀度。

**(三)桑蚕生丝的外观结构**

茧丝一般很细,强度较低,而且单根各段粗细差异过大,不能直接作为丝织物的原料。必须把几根茧丝错位并合,胶着在一起,制成一条粗细比较均匀的生丝,才有实用价值。缫丝就是把煮熟蚕茧的绪丝理出后,根据目的纤度的要求,在一定的工艺条件下缫制成生丝。

生丝是由数根茧丝依靠丝胶黏合构成的复合体。黏合的均匀程度,影响生丝结构的均匀性。

生丝的外观结构,包括横截面结构与纵向结构。生丝的横截面结构是不均一的,没有特定形状,有近似三角形、四角形、多角形、椭圆形等。据测定,大部分生丝的横截面呈椭圆形,占 65% ~ 73%,呈不规则圆形的占 18% ~ 26%,呈扁平形的约占 9%。生丝截面的形状与缫丝速度、丝鞘长度有关。对于一般桑蚕品种在缫制 23.3dtex(21 旦)生丝时,以 7 ~ 8 粒茧较好,在缫制 15.6dtex(14 旦)生丝时,以 5 ~ 7 粒为宜。各粒茧起始引入(添绪)时尽量按长度错开位置,使之并合后线密度比较均匀。生丝截面形态如图 4 – 17 所示。

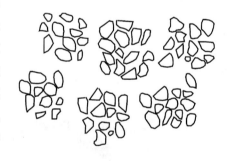

图 4 – 17　生丝横截面形态

茧丝沿着生丝长度方向的排列情况,比短纤维纺成纱的形态要简单很多。因为缫成一根生丝的茧粒少、茧丝长、加上丝胶的作用,茧丝一经黏合,位置即被固定。茧丝在生丝中的位置变化是比较显著的,一根茧丝在生丝截面的分布,时而在截面外部,时而在截面内部,以不规则的圆锥螺旋线排列,而且有轻微的曲折状。茧丝之间相互扭转,彼此靠紧又重新分散。这是由于缫丝过程中新茧替换,蚕茧位置变化和蚕茧翻动张力变化所造成的。

在显微镜下观察生丝,丝素呈透明状,丝胶呈暗黑色。由于茧丝在生丝中位置的变化,因此观察到明暗线条的数目与位置都不断变化。丝条纵向有各种疵点,如糙额、环结、丝胶块、裂纹等,这些都影响丝绸的外观。

**(四)长度、细度和均匀度**

桑蚕和柞蚕的茧丝长度和直径的变化范围(内含两根丝素纤维)如表4-7所示,虽然柞蚕茧的茧层量和茧形均大于桑蚕,但因其茧丝直径比桑蚕大,所以柞蚕茧丝长度还是比桑蚕短。茧丝直径的大小主要和蚕吐丝口的大小及吐丝时的牵伸倍数有关,一般速度愈大茧丝愈细。

表4-7 桑蚕丝与柞蚕丝的长度与直径

| 纤维种类 | 长度(m) | 平均直径(μm) |
| --- | --- | --- |
| 桑蚕茧丝 | 1200~1500 | 13~18 |
| 柞蚕茧丝 | 500~600 | 21~30 |

把一定长度的生丝绕取在黑板上,通过光的反射,黑板上呈现各种深浅不同、宽度不同的条斑,根据这些条斑的变化,可以分析生丝细度的均匀程度,或者用条干均匀度仪测试。

生丝细度和均匀度是生丝品质的重要指标。丝织物品种繁多,如绸、缎、纱、绉等。其中轻薄的丝织物,不仅要求生丝纤度细,而且对细度均匀度有很高的要求。细度不匀的生丝,将使丝织物表面出现色档、条档等疵点,严重影响织物外观,造成织物其他性质如强伸度的不匀。

影响生丝细度不匀的因素,是生丝截面内茧丝的根数和茧丝纤度的差异。此外,缫丝张力、缫丝速度等因素的变化,使生丝结构时而松散,时而紧密,也造成生丝细度不均匀。因此,提高蚕茧的解舒丝长,减少断头,认真进行选茧、配茧工作,特别是适位添绪工作,可减少茧丝纤度的差异,是改善生丝细度均匀度的重要途径。

**(五)力学性质**

影响茧丝的力学性质的因素,有蚕品种、产地、饲养条件、茧的舒解和茧丝纤度等。茧层部位的变化,对茧丝的性质影响更大。

一般桑蚕单根茧丝的强力为7.8~13.7cN,常用生丝的强力为59~78cN,相应的断裂伸长率分别为10%~22%和18%~21%,如折算为应力的单位,它们的强度约为2.6~3.5cN/dtex,在纺织纤维中属于上乘。吸湿后,蚕丝的断裂比强度和断裂伸长率发生变化。桑蚕丝湿强为干强的80%~90%,湿伸长增加约45%。柞蚕丝湿强增加,约为干强的110%,湿伸长约增145%,这种差别因柞蚕丝所含氨基酸的化学组成及聚集态结构与桑蚕丝不同所致。

由茧丝构成的生丝,其强度与断裂伸长率除取决于茧丝的强伸度外,还与并合茧粒数、生丝的纤度、缫丝速度及张力等因素有关。表4-8为不同细度生丝的强伸度。

表4-8 不同细度桑蚕生丝的断裂比强度和断裂伸长率

| 生丝平均线密度(dtex) | 16.7 | 23.3 | 25.6 | 33.3 | 51.1 |
| --- | --- | --- | --- | --- | --- |
| 生丝平均纤度(旦) | 15 | 21 | 23 | 30 | 46 |
| 干断裂比强度(cN/dtex) | 3.4 | 3.4 | 3.4 | 3.4 | 3.6 |
| 干断裂伸长率(%) | 17.6 | 18.6 | 18.7 | 18.9 | 19.5 |

### （六）其他性质

**1. 密度** 桑蚕丝的密度较小，因此其织成的丝绸轻薄。生丝的密度为 $1.30 \sim 1.37 g/cm^3$，精练丝的密度为 $1.25 \sim 1.30 g/cm^3$，这说明丝胶密度较丝素大。在分析一粒茧内、中、外三层茧丝密度情况时，同样说明，外层茧丝因丝胶含量多，故密度较内层大。据测定资料介绍，外层茧丝的密度为 $1.442 g/cm^3$，中层为 $1.400 g/cm^3$，内层 $1.320 g/cm^3$。

**2. 抱合** 生丝依靠丝胶把各根茧丝黏着在一起，产生一定的抱合力，使丝条在加工过程中能承受各种摩擦，而不会分裂。抱合不良的丝纤维受到机械摩擦和静电作用时，易引起纤维分裂、起毛、断头等，给生产带来困难。分裂出来的细小纤维使织物呈现"经毛"或"纬毛"疵点，影响织物外观。丝织生产，要求抱合试验中使丝条分裂的机械摩擦次数不低于 60 次。

**3. 回潮率** 无论是桑蚕丝还是柞蚕丝都有很好的吸湿性。在温度为 20℃、相对湿度为 65% 的标准条件下，桑蚕丝的回潮率达 11% 左右，在纺织纤维中属于比较高的。如果含丝胶的数量多，因丝胶比丝素更易吸湿，纤维的回潮率还会增加。柞蚕丝因本身内部结构特点的缘故，故其吸湿性要高于桑蚕丝。

**4. 光学性质** 丝的色泽包括颜色与光泽，丝的颜色因原料茧种类不同而不同，以白色、黄色茧为最常见。我国饲养的杂交种均为白色，有时有少量带深浅不同的淡红色。呈现这些颜色的色素大多包含在丝胶内，精炼脱胶后成纯白色。丝的颜色反映了本身的内在质量。但近年培养了少量天然彩色茧丝，包括杏黄色、绿色等。如丝色洁白，则丝身柔软、表面清洁，含胶量少，强度与耐磨性稍低，春茧丝多属于这种类型。如丝色稍黄，则光泽柔和，含胶量较多，丝的强度与耐磨性较好，秋茧丝多属于这种类型。近年培育出天然彩色桑蚕丝，有绿、黄、红等色。

丝的光泽是丝反射的光所引起的感官感觉。茧丝具有多层丝胶、丝素蛋白的层状结构，光线入射后，进行多层反射，反射光互相干涉，因而产生柔和的光泽。生丝的光泽与生丝的表面形态，生丝中的含茧丝数量有关。一般地说，生丝截面越近圆形，光泽越柔和均匀，表面越光滑，反射光越强，精练后的生丝光泽更为优美。

桑蚕丝的耐光性较差，在日光照射下，容易泛黄。在阳光暴晒之下，因日光中 $290 \sim 315 nm$ 近紫外线，易使桑蚕丝中酪氨酸、色氨酸的残基氧化裂解，致使其强度显著下降。日照 200h，桑蚕丝纤维的强度损失 50% 左右。柞蚕丝耐光性比桑蚕丝好，在同样的日照条件下，柞蚕丝强度损失较小。近年用转基因方法培育出绿色荧光桑蚕丝。

**5. 化学性质** 桑蚕丝纤维的分子结构中，既有酸性基团（—COOH），又有碱性基团（—NH₂—OH），呈两性性质。其中酸性氨基酸含量大于碱性氨基酸含量。因此桑蚕丝纤维的酸性大于碱性，是一种弱酸性物质。

酸和碱都会促使桑蚕丝纤维分解，水解的程度与溶液的 pH 值，处理的温度、时间和溶液的浓度有很大关系。丝胶的结构比较疏松，水解程度比较剧烈，抵抗酸、碱和酶的水解能力比丝素弱。酸对丝素的作用较碱为弱，弱的无机酸和有机酸对丝素作用更为稳定。在浓度低的弱无机酸中加热，丝的光泽和手感均受到损害，强伸度有所降低，特别是储藏后更为明显。高浓度的无机酸，如浓硫酸、浓盐酸、浓硝酸等的作用，丝素急剧膨胀溶解呈淡黄色黏稠物。如在浓酸中浸渍极短时间，立即用水冲洗，丝素可收缩 30% ~ 40%，这种现象叫酸缩，能用于丝织物的缩皱处理。

在丝绸精炼或染整工艺中,常用有机酸处理,以增加丝织物光泽,改善手感,但同时丝绸的拉伸断裂性质强度也稍有降低。

碱会影响丝素膨胀溶解,其对丝素的水解作用,主要取决碱的种类、电解质总浓度、溶液的pH值及温度等。氢氧化钠等强碱对丝素的破坏最为严重,即使在稀溶液中,也能侵蚀丝素。碳酸钠、硅酸钠的作用较为缓和,一般在进行丝的精炼时,多选用碳酸钠。

## 二、柞蚕丝

柞蚕丝是一种高贵的天然纤维,用它织造的丝织品具有其他纤维所没有的天然淡黄色和珠宝光泽,而且平滑挺爽,坚牢耐用,吸湿性强,水分挥发迅速,湿牢度高,耐酸耐碱,拒电绝缘。

**1. 茧丝的构造** 柞蚕茧的茧丝丝长平均为 800m 左右,其中长的在 1000m 以上,短的在 400m 以下,平均直径为 21～30μm。柞蚕茧的茧丝细度,因茧形大小、茧层厚薄、茧层部位的不同而差异较大。一般是茧形大、茧层厚的茧,茧丝长,细度粗。柞蚕茧茧丝的平均细度一般为 6.2dtex(5.6 旦)左右。在同一粒茧中,外、中、内层的茧丝细度是不同的,一般外层茧丝细度为 6.9dtex(6.2 旦)左右,中层为 6.1dtex(5.5 旦)左右,内层为 5dtex(4.5 旦)左右。柞蚕茧丝的横截面呈扁平状,且越到茧层的内层,扁平程度越大,一般长径为 65μm,短径为 12μm,即长径约为短径的 5～6 倍。

柞蚕茧茧丝是由两根单丝并合组成的。在单丝的周围不规则地凝固有许多丝胶颗粒,而且结合得非常坚牢,必须用较强的碱溶液才能把它们分离。

每一根单丝是由许多巨原纤集聚构成的。这种巨原纤粗细相近,边缘整齐,直径一般为 0.75～0.96μm。各个巨原纤之间都有一定的空隙,且位于纤维中心的空隙较大。巨原纤束之间的距离约为 0.53～0.60μm。这些空隙使茧丝对染料、气体、水分具有较易吸收和排出的特性。沿着每根巨原纤的长轴方向,仍有微小的纵线,这些纵线是构成巨原纤的微原纤。包围在丝素外围的丝胶层,其形状不规则,到处出现断裂或凸起以及无数的裂痕皱纹,这是因液状丝胶凝固或排出时附着而产生的。

柞蚕茧茧层的组成物质主要是丝素和丝胶,其中丝素占 84%～85%,丝胶占 12% 左右。

柞蚕丝的丝素和丝胶,都是由氨基酸缩合形成的蛋白物质。丝素的主要组成是丙氨酸、甘氨酸和丝氨酸,这三种氨基酸的含量约占整个氨基酸的 70%～75%;其次含量较多的是精氨酸、天冬氨酸和酪氨酸。柞蚕丝丝素的组成见表 4-2,而其主要性能见表 4-10 与表 4-11。

**2. 酸性溶液对柞蚕丝性能的影响** 将柞蚕丝在有机酸和无机酸中进行处理后,状态如表 4-9 所示,柞蚕丝在 75% 的硫酸和浓硝酸中立刻溶解;常温下在浓盐酸中不能立刻溶解,如果浸渍 30min 后,用玻璃棒触及丝条,出现一触即断的现象,如果将盐酸升温至 60℃,丝立刻溶解。而柞蚕丝在甲酸和乙酸中既不溶解,也不呈现颜色反应。碱对丝有较大的破坏作用,并能使丝色发暗,有消光作用。丝在碱液中开始水解,而在强碱中水解更快。随着浓度和温度的提高,破坏更剧烈,即使在低温、低浓度下也有一定的破坏作用,但弱碱对丝的破坏作用要比强碱小得多。因此,在煮漂茧和洗涤丝绸织物时,采用低浓度的弱碱和中性皂是有其内在原因的。

表 4 – 9　柞蚕丝在酸性溶液中的性能变化

| 溶剂种类 | 75%硫酸 | 浓硝酸 | 磷　酸 | 浓盐酸 | 甲　酸 | 乙　酸 |
|---|---|---|---|---|---|---|
| 溶解情况 | 速溶 | 速溶 | 缓溶 | 常温分解,60℃溶解 | 不溶 | 不溶 |
| 颜色反应 | 藕荷色 | 黄色 | 蓝色 | 黄色 | 不变色 | 不变色 |

### 三、其他蚕丝

通常把食用桑叶以外的蚕都称为野蚕,其中主要是柞蚕,除此之外,还有蓖麻蚕、天蚕、栗蚕等。天蚕丝是一种价值昂贵、有特殊外观效果(呈微绿色)的优良纤维,它可纺制长丝纱,主产于中国、日本、朝鲜及俄罗斯的远东地区。中国主要分布在黑龙江,而且在广东、广西、河南、台湾也有少量分布,目前产量很少;蓖麻蚕丝是一种优良的纺织原料,它原产于印度,在我国有广泛的资源基础,很有发展前途。

蓖麻蚕是一种以蓖麻叶为主要食物的野蚕,其食性很杂,除蓖麻叶外,还可食用多种植物的叶,如木薯叶、红麻叶、马桑叶、臭椿叶、乌桕叶等,而食用这些植物叶而得的茧和丝分别取名为蓖麻茧(丝)、木薯茧(丝)、马桑茧(丝)等。

蓖麻茧的主要特征见表 4 – 10,与桑蚕茧相比,蓖麻蚕丝的丝胶含量要少一些,有些蓖麻蚕丝的丝胶含量甚至在 8% 以下,但其和桑蚕丝一样,丝胶的分布一般也是外层茧丝多,内层茧丝较少。蓖麻蚕丝的无机物主要是 CaO 和 $K_2O$,含量分别占无机物总量的 51% 和 14%。蓖麻蚕丝的含蜡量高于其他蚕丝,而且它的熔点(约为 75℃)也高于其他蚕丝(桑蚕丝约为 60℃)。蓖麻蚕丝的丝胶含量虽然不高,但丝胶的溶解性能却比桑蚕丝困难,这显然和它的氨基酸组成中极性氨基酸含量较高有关,特别是它的酸性和碱性氨基酸含量都比较高。脱胶后的蓖麻蚕丝比桑蚕丝要粗一些,强度与摩擦因数均较桑蚕丝小,因此可纺绢丝纱比较粗。其主要性能见表 4 – 11。

表 4 – 10　主要野蚕茧特征

| 茧　类 | 茧　色 | 茧层特点 | 茧的尺寸<br>宽×长(cm×cm) | 组分含量(%) | | | |
|---|---|---|---|---|---|---|---|
| | | | | 丝　素 | 丝　胶 | 无机物 | 茧　蜡 |
| 柞蚕茧 | 褐 | 厚、硬 | 2.3×4.5 | 84～86 | 13～15 | 2.5～3.2 | 0.4～0.5 |
| 蓖麻蚕茧 | 灰褐 | 松、软 | 1.5×4.5 | 86～88 | 11～13 | 2～3 | 1.6～1.8 |
| 天蚕茧 | 黄绿 | 厚、硬 | 2.3×4.5 | 69～71 | 29～31 | 2.3～2.9 | 0.4～0.5 |

表 4 – 11　主要野蚕丝性能

| 丝　类 | 线密度(dtex) | 直径(μm) | 比强度<br>(cN/dtex) | 断裂伸长率(%) | 初始模量<br>(cN/dtex) | 密度(g/cm³) |
|---|---|---|---|---|---|---|
| 柞蚕丝 | 5.0～6.8 | 21～30 | 2.97 | 25.0 | 15.0 | 1.58～1.65 |
| 蓖麻蚕丝 | 4.4～5.6 | 23.64～28.67 | 3.31 | 23.0 | — | 1.30 |
| 天蚕丝 | 5.6～6.7 | 28.67～31.00 | 3.12 | 40.0 | 14.3 | 1.266 |

#### 四、天然彩色蚕茧

天然彩色蚕茧是由桑蚕吐出五颜六色的蚕茧,这样蚕茧经缫丝和织造可直接生产出彩色真丝制品。天然彩色蚕茧的生产,既能满足人们对美丽时尚和天然保健双重追求的消费需求,同时还可以减少丝绸印染工业带来的环境污染。

生产天然彩色蚕茧现有两种途径。一是在普通家蚕饲养过程中,在食物中添加经过处理的生物有机色素,从而改变家蚕绢丝腺的着色性能,生产出五颜六色的天然彩色蚕茧;二是通过遗传手段,由野蚕系列的彩色蚕茧与白色品种蚕茧正反交、经过多代选育或经过转基因培育而成,这种蚕茧的天然彩色色素是由蚕的主导基因控制的,饲养过程中对蚕本身及饲料没有经过任何色素处理。目前杏黄色、绿色、红色桑蚕丝已批量生产。近年用转基因方法培育出绿色荧光桑蚕丝。

#### 五、绢纺原料

绢纺原料来源广泛,种类复杂。它是养蚕业、缫丝和丝织业的副产品,包括茧衣、蛹衬、缫丝中的挽手、疵茧废丝等。桑蚕丝绢纺原料主要产地在江浙地区,其次是四川、广东、山东、安徽、湖南、湖北、陕西等省。柞丝绢纺原料主要在辽宁、四川、陕西等省。

绢纺原料是贵重的纺织原料,经过绢纺工艺加工,可以纺制 3.3 ~ 4.1tex 的细线密度绢纺纱,且其具有结构紧密,条干均匀,外观洁净,光泽好的特点,适于织造轻薄型高档绢绸。绢纺加工中的落绵可以制成 33 ~ 100tex 的粗线密度绢纺纱,是织造柔软、保暖性好的内衣原料。

**(一)桑蚕绢纺原料**

桑蚕绢纺原料是绢纺厂用得最多的原料,可分为茧类、长吐类、滞头和茧衣等几类。

**1. 茧类** 干下脚茧共分为:双宫茧、口类茧、黄斑茧、柴印茧、蛆茧、汤茧、薄皮茧和血茧等类。

(1)双宫茧:茧内有两粒或两粒以上的蚕蛹,它比一般茧的形状大,茧层厚。由于双蚕共营一个茧,茧丝排列交错紊乱,不能缫制高品质的生丝,但它是绢纺的优质原料。

(2)口类茧:包括蛾口茧、削口茧和鼠口茧等。蛾口茧是蚕种场的留种茧。茧壳内的蚕蛹孵化成蛾,蚕蛾口中吐出一种碱性液汁,将茧端的茧层润湿,丝胶溶解,蛾破茧而出,使茧层破坏无法缫丝。目前蚕种场多用刀把种茧削一小口,倒出蚕蛹,人工孵化,这种茧称削口茧,且其多带有切削的茧盖。鼠口茧是指鼠咬破的茧。这三类茧的丝质优良,是绢纺的上等原料。

(3)黄斑茧:蚕在营茧前,排出的粪尿污染了茧层、呈现大小不一的黄色污斑。根据茧层污染的程度,黄斑又分为尿黄、靠黄、硬茧和老黄。丝缕损伤的程度,视黄斑污染情况而定,未受污染的部位,是丝质优良的绢纺原料。

(4)柴印茧:又名簇印茧,由于簇枝贴于茧壳表面,使茧层上留有簇草的痕迹无法缫制生丝,它又分为光板柴印、钉头柴印和深柴印等。其茧丝亦为丝质优良的绢纺原料。

(5)蛆茧:又名穿头茧,是寄生在蚕体上的蝇蛆,咬破茧层钻出,使茧层上呈 1mm 左右小孔。这类茧是丝质极优的绢纺原料。

(6)汤茧:缫丝过程中,煮茧不适当,或者绪丝中断而不能再索绪的茧,沉潜在缫丝汤浴中,称为汤茧。由于蛹体浸在水里,易受油蒸而污染茧层,属次等的绢纺原料。

(7)薄皮茧:由于蚕饲养不足,发育不良,吐丝量少,或有未化成蛹的僵蚕,茧层薄,纤维强力低,属于次等绢纺原料。

(8)血茧:病蛹污汁渗透到茧层外面,污染茧层。有的污染面积大,粘连成团者称为血巴茧。一般为下级绢纺原料。

**2.长吐**　在缫丝过程中,从索绪中获得的废丝,经人工处理,除去蛹体、汤茧及杂质,将丝束理直到伸展条束状,长达1.5m左右,头部蓬松,称为手整理长吐。这种长吐,纤维松直,损伤小,是优良绢纺原料。

**3.滞头**　又称汰头。缫丝时遗留下来的蛹衬,含有蚕蛹。经过煮练后,丝层松解,然后用汰头机拉松,分离蚕蛹和蛹衬,被加工成长1m、宽0.5m的绵张,称为汰头。在汰头中,以白净有光泽的质量为最好,其次是略带灰黄色;灰黄无光泽,含油较高,有霉、油味者称重汰头,其纤维质量差,精练也较困难。

**4.茧衣**　当蚕营茧时,先吐出许多含胶量大的细丝,在簇草上展布成不整形的丝缕,作为营茧基础,这层附着于茧壳外围的乱丝称为茧衣。茧衣中常混有草屑、麻屑等杂质,须人工拣出。茧衣纤维细而脆,丝胶含量多达42%~48%,属质量差的绢纺原料。

**5.其他**　缫丝厂和丝绸厂所产生的废丝。缫丝厂的废丝,纤维较长,色泽白,强力好,丝胶含量均匀,质最好,一般称为毛丝。丝织厂在准备工程和织绸时产生的无捻度生丝屑,丝质好,色泽白,通常称为经吐。

**(二)柞蚕绢纺原料**

柞蚕绢纺原料主要来源于缫丝厂的下脚茧和副产品,其次是复摇与绸厂的少量废丝。

**1.大挽手**　在缫丝前,由剥茧、理绪所得的绪丝,经整理而成。与桑蚕的长吐丝纤维相似。它由索绪丝引伸呈束状,长达1.5m左右,约占茧层量的16%~20%,是绢纺的优质原料。

**2.二挽手**　在缫丝中的落绪茧,再经索绪获得的绪丝,经过加工整理成为二挽手,约占茧层量的21%~24%。

由于处理方法和原料不同,柞蚕挽手又可分为药水挽手、水缫挽手和灰挽手。药水挽手是用干缫法获得的绪丝经整理而成,且其色泽黄、纤维蓬松,含油量低,易于精练。水缫挽手是用水缫法获得的绪丝经整理而成,且其色泽白,含油量低,纤维易并粘,不易精练。灰挽手是用黑斑或黄斑茧缫制土丝时获得的绪丝经整理而成,且其色泽灰黑,含油量大,强力较差。

**3.扯挽手**　缫丝后所剩下的蛹衬,再经机械加工制成的纤维片,称为扯挽手。纤维粗细不一,附有茧皮和蛹屑。

挽手质量根据外观检验与物理检验两项指标来考核。外观检验包括杂纤维、杂物、硬茧皮、沾污、缠结和金属类杂物等,按规定数量查记分数,以总和分数计算其成绩;物理检验只进行练净率与重量检验两项。

# 第三节　蜘蛛丝

蜘蛛丝属于蛋白质纤维,可生物降解且无污染。蜘蛛丝具有很高的强度、弹性、伸长、韧性及抗断裂性,同时还具有质轻、抗紫外线、密度小、耐低温的特点,尤其具有初始模量大、断裂功大、韧性强的特性,被誉为"生物钢"。

## 一、蜘蛛丝的分类和形态

蜘蛛与蚕不同,蜘蛛在整个生命过程中产生许多不同的丝,每一种丝来源于不同的腺体。中国大腹圆蜘蛛可根据生活需要,由 7 种腺体分泌出具有不同性能的丝线,如牵引丝(拖丝)、蛛网框丝、包卵丝和捕获丝等,表 4 – 12 是不同丝的性能比较。

表 4 – 12　江苏地区的成熟雌性大腹圆蜘蛛的牵引丝、蛛网框丝、包卵丝的性能比较

| 类　别 | 平均直径（μm） | 截面积（μm²） | 密度（g/cm³） | 回潮率（%） | 颜　色 | 截面积形状 |
| --- | --- | --- | --- | --- | --- | --- |
| 牵引丝 | 5.03 ± 0.80 | 20.28 ± 6.18 | 1.354 | 12.7 | 白色,带蚕丝光泽 | 圆形 |
| 蛛网框丝 | 7.075 ± 0.75 | 39.590 ± 8.40 | 1.333 | 14.2 | 白色,带蚕丝光泽 | 圆形 |
| 外层包卵丝 | 10.87 ± 2.06 | 95.80 ± 33.41 | 1.306 | 17.4 | 深棕 | 基本圆形,纵向有凹凸不平的沟槽 |
| 内层包卵丝 | 7.66 ± 1.12 | 46.98 ± 13.19 | 1.304 | — | 浅棕 | 基本圆形,纵向有凹凸不平的沟槽 |

## 二、蜘蛛丝的组成和结构

蜘蛛丝是由多种氨基酸组成的,含量最多的是丙氨酸、甘氨酸、谷氨酸和丝氨酸,还包括亮氨酸、脯氨酸和酪氨酸等大约有 17 种。中国的大腹圆蜘蛛牵引丝的蛋白质含量约95.88%,其余为灰分和蜡质物。

大腹圆蜘蛛牵引丝、蛛网框丝及包卵丝都具有原纤化的结构。牵引丝经酶处理及离子刻蚀后,显示出明显的皮芯层构造,并且皮层结构的稳定性比芯层好。包卵丝与牵引丝有相似的皮芯层,但它们的表层较牵引丝的薄。

研究认为,中国大腹圆蜘蛛的牵引丝、蛛网框丝及包卵丝中都存在 $\beta$ – 曲折、$\alpha$ – 螺旋以及无规卷曲和 $\beta$ – 转角构象的分子链,同时可能还有其他更复杂的结构,且蜘蛛丝中具有 $\beta$ – 曲折构象的分子链沿纤维轴心线有良好的取向。这三种不同功能蜘蛛丝的分子构象以 $\beta$ – 曲折和 $\alpha$ – 螺旋为主。包卵丝中 $\beta$ – 曲折构象的含量比牵引丝和框丝多,而 $\alpha$ – 螺旋的含量相对较少,并且其 $\beta$ – 曲折构象的分子链具有比牵引丝和框丝更好的取向。框丝中 $\alpha$ – 螺旋含量比牵引丝多,而 $\beta$ – 曲折构象比牵引丝少,蜘蛛牵引丝中结晶部分的取向度很高,除结晶区和非结晶区

外,还存在分子排列介于结晶区和非结晶区之间的中间相构造,这部分约占纤维总量的1/3,并且具有良好的取向。结晶部分分布于非结晶区中,中间相连接于结晶和非结晶区之间,从而对蜘蛛丝纤维起增强作用。蜘蛛丝的结晶度很低,几乎呈无定形状态,其中未经牵伸的牵引丝的结晶度只有桑蚕丝结晶度的35%,但牵引丝牵伸后,取向度和结晶度大幅提高。

### 三、蜘蛛丝的力学性能

蜘蛛丝的皮芯层结构使纤维在外力作用下,由外层向内层逐渐断裂。结构致密的皮层在赋予纤维一定刚度的同时在拉伸起始阶段承担较多的外力,一旦内层的原纤及原纤内的分子链因外力作用而沿纤维轴线方向形成新的排列结构后,纤维内层即能承担很大的负荷,并逐渐断裂,因此蜘蛛丝最终表现出很大的拉伸强度和伸长能力,外力破坏单位体积纤维所要做的功很大。

根据测定,蜘蛛牵引丝的强度和弹性是令人难以置信的。从表4-13可看出蜘蛛牵引丝的强度与钢相近,虽低于对位芳纶纤维,但明显高于蚕丝、橡胶及一般合成纤维,伸长率则与蚕丝及合成纤维相似,远高于钢及对位芳纶,尤其是其断裂功最大,是对位芳纶的三倍之多,因而其韧性很好,再加上其初始模量大,密度最小,所以是一种非常优异的材料。蜘蛛丝的力学性质受温度、回潮率等的影响。干丝较脆,当拉伸超过其长度的30%时就断裂,而湿丝则有很好的弹性,拉伸至其长度的300%时才发生断裂。蜘蛛丝在常温下处于润湿状态时,具有超收缩能力(可收缩至原长的55%),且伸长率较干丝大(但仍有很高的弹性恢复率,当延伸至断裂伸长率的70%时,弹性回复率仍可高达80%~90%)。

表4-13 牵伸后蜘蛛牵引丝和其他纤维的力学性能比较

| 材　料 | 断裂伸长率（%） | 初始模量（GPa） | 比模量（cN/dtex） | 强度（MPa） | 比强度（cN/dtex） | 断裂功（J/g） |
|---|---|---|---|---|---|---|
| 蜘蛛牵引丝 | 10~33 | 1~30 | 10~220 | 1000 | 7.0 | 100 |
| 蚕丝 | 15~35 | 5 | 38 | 600 | 4.6 | 70 |
| 锦纶 | 18~26 | 3 | 25 | 500 | 4.2 | 80 |
| 棉 | 5.6~7.1 | 6~11 | 20~40 | 300~700 | 2.0~4.6 | 5~15 |
| 钢 | 8.0 | 200 | 250 | 2000 | 2.5 | 2 |
| 对位芳纶 | 4.0 | 100 | 690 | 4000 | 28 | 30 |
| 橡胶丝 | 600 | 0.001 | 0.005 | 1 | 5.9 | 80 |
| 氨纶 | 500 | 0.002 | 0.02 | 8 | 0.07 | |

### 四、蜘蛛丝的化学性能

蜘蛛丝是一种蛋白质纤维,具有独特的溶解性,不溶于水、稀酸和稀碱,但溶于溴化锂、甲酸、浓硫酸等,同时对蛋白水解酶具有抵抗性,不能被其分解,遇高温加热时,可以溶于乙醇。蜘蛛丝的主要成分与蚕丝丝素的氨基酸组成相似,有生物相容性,所以它可以生物降解和回收,同时不会对环境造成污染。蜘蛛丝所显示的橙黄色遇碱则加深,遇酸则褪色,它的微量化学性质与蚕丝相似。此外,不同种类蜘蛛丝的氨基酸组成有很大差异,在蜘蛛的不同丝腺中丝液的氨基酸组成也有较大的差异,蜘蛛的腺液离开身体后,在空气中挥发形成固体,成为一种蛋白质丝,这种蛋白丝不溶于水。

### 五、蜘蛛丝的其他性能

蜘蛛丝在200℃以下表现热稳定性,300℃以上才变黄;而一般蚕丝在110℃以下表现热稳定性,140℃就开始变黄。蜘蛛丝具有较好的耐低温性能,据报道,在-40℃时它仍有弹性,而一般合成纤维在此条件下已失去弹性。

蜘蛛丝摩擦因数小,抗静电性能优于合成纤维,导湿性、悬垂性优于蚕丝。因此蜘蛛丝纤维除了具有天然纤维和合成纤维的优良性能外,还具有其他纤维所无法比拟的独特性能。

### 六、蜘蛛丝的人工生产

蜘蛛丝是一种可生物降解的材料,而且蜘蛛制丝是在常温、常压,以水为溶剂的温和条件下进行的,故对环境无污染。因此,该领域近几年成为生物学家及材料学家的研究热点,但由于蜘蛛丝的来源极为有限,且蜘蛛是肉食动物,不喜群居,相互之间残杀,规模化生产困难极大(中国目前已有适量饲养),所以世界各国科学家对蜘蛛丝的化学组成、结构以及蜘蛛丝的基因组成进行了深入研究,以期研制出人工制造的蜘蛛丝。

目前对蜘蛛丝的研究主要集中在以下两个方面。

**1.利用转基因技术** 将蜘蛛牵引丝的相关基因转移到细菌、植物体、哺乳动物的乳腺上皮或肾细胞中进行表达,生成蜘蛛牵引丝蛋白质,并提纯出此蛋白质。该领域包括以下几个探索方向。

(1)蚕吐蜘蛛丝:有研究者提出将蜘蛛牵引丝的基因移植到蚕体内"吐"蜘蛛丝,此方法目前尚未实现。

(2)动、植物合成蜘蛛丝:将蜘蛛丝蛋白基因转移到山羊、奶牛、小白鼠等动物体或烟草等植物体内,然后将蛋白质单体从中分离出来,并经纺丝得到蜘蛛丝纤维,但目前此方法的效率极低。

(3)微生物合成蜘蛛丝:将蜘蛛牵引丝蛋白基因转入细菌中,通过细菌发酵的方法得到蜘蛛牵引丝蛋白,再进一步纺丝得到蜘蛛丝纤维。1997年中国福建师范大学曾在大肠杆菌和酵母中分别表达了蜘蛛丝蛋白基因。此方法目前尚在研究。

**2.采用合适的仿生纺丝技术** 这也是把蜘蛛丝蛋白最终转变成高性能纤维的一个关键点。1998年美国杜邦公司曾用六氟异丙醇溶解蜘蛛丝蛋白进行人工纺丝研究,但由于纺丝方法与蜘蛛吐丝过程并不一样,且所用溶剂有很强的极性作用,因此结果并不理想。2002年,美国陆军生物化学部首次用水作溶剂对蜘蛛丝蛋白进行了纺丝探索,但由于得到的丝极少,强度也较低,还需对纺丝过程进行进一步的研究和优化。

👆 **思考题**

1. 毛纤维按动物品种、纤维粗细和组织结构、加工类型分为哪些类别？名称分别是什么？

2. 毛纤维鳞片层的形态、构造、特征有哪些？

3. 毛纤维皮质层的形态、细胞及其内部结构、组成和特征有哪些？毛纤维皮质层的正皮质细胞、偏皮质细胞、间皮质细胞有什么区别？在毛纤维中的分布如何？毛纤维超分子结构有何特点？

4. 毛纤维髓质层的形态结构和特征有哪些？

5. 绵羊毛纤维细度指标有哪些？为什么对细度指标给予特别关注？

6. 毛纤维的化学性质有哪些特点？

7. 绵羊毛、山羊绒、骆驼绒、牦牛绒、羊驼绒毛各有哪些特点？

8. 蚕丝是如何形成的？它的形态结构和组成物质是怎样的？生丝是怎样形成的？它的超分子结构有何特点？蚕丝的化学性质有何特点？

9. 绢纺原料是什么？有哪些类别？有哪些特点？

10. 蜘蛛丝有哪些类别？蜘蛛牵引丝有哪些特点？

## 参考文献

[1] 于伟东.纺织物理[M].上海：东华大学出版社，2002.

[2] 天津市纺织工业局物资管理编写组.毛纺原料绵羊毛[M].天津：天津科学技术出版社,1987.

[3] 金·曼达夫.羊毛学[M].呼和浩特：内蒙古人民出版社,1982.

[4] 王树惠,王清波,张钟英.毛纺[M].北京：纺织工业出版社,1981.

[5] 周启澄.话说毛纺织[M].北京：纺织工业出版社,1991.

[6] 西北纺织工学院毛纺教研室.毛纺学[M].北京：纺织工业出版社,1980.

[7] 李栋高,蒋蕙钧.丝绸材料学[M].北京：中国纺织出版社,1994.

[8] 董凤春,潘志娟,贾永堂.野蚕丝的结构和性能分析[J].丝绸,2006(6):18-20.

[9] 辽宁省丝绸公司.柞蚕茧制丝技术[M].北京：纺织工业出版社,1984.

[10] 赵博.新一代高性能纤维——蜘蛛丝纤维[J].针织工业,2005(1):30-32.

[11] 刘庆生,段亚峰.蜘蛛丝的结构性能与研究现状[J].四川丝绸,2005,103(2):16-18.

[12] 潘志娟,张长胜.大腹圆蛛丝的形态结构[J].材料科学与工程,2002(4):523-526.

[13] 潘志娟,李春萍.蜘蛛丝的皮芯层及原纤化构造[J].纺织学报,2003,24(4):298-300.

[14] 潘志娟.蜘蛛丝的结构与力学性能[J].南通工学院学报,1999,15(2):6-8.

[15] 解芳.神奇的蜘蛛丝[J].合成纤维,2003,32(5):12-14,9.

[16] 潘志娟.蜘蛛丝优异力学性能的结构机理及其模化[D].苏州：苏州大学,2002.

[17] 梅自强.纺织辞典[M].北京：中国纺织出版社,2007.

[18] 邢声远.纤维辞典[M].北京：化学工业出版社,2007.

[19] 顾其胜,蒋丽霞.胶原蛋白与临床医学[M].上海：第二军医大学出版社,2003.

[20] MAX FEUGHELMAN. Mechanical properties and stractane of alpha - keratin fiber, wool, human haire and nelated fibers[M]. Sydney：UNSW（University of New south walles）Press,1997.

［21］ W S Simpson,G H Crawshaw. Wool:science and technology［M］. The Textile Institution,Woodhead Publishing Ltd,Norrth American by CRC Press,2002.

［22］ 刘明山. 蜘蛛养殖与利用技术［M］. 北京:中国林业出版社,2005.

［23］ 辛光武. 高原精灵藏羚羊［M］. 2 版. 北京:化学工业出版社,2005.

# 第五章　化学纤维

**本章知识点**

1. 化学纤维的分类。
2. 再生纤维的定义以及主要品种的结构和性能特点。
3. 半合成纤维的定义以及主要品种的结构和性能特点。
4. 合成纤维的定义以及其主要品种的结构和性能特点。

化学纤维是指以天然或合成的高分子化合物为原料，经过化学方法及物理加工制成的纤维。

## 第一节　再生纤维

再生纤维（regenerated fibre）也称人造纤维，是指以天然高分子化合物为原料，经过化学处理和机械加工而再生制成的纤维。

### 一、再生纤维素纤维

再生纤维素纤维是以自然界中广泛存在的纤维素物质（如棉短绒、木材、竹、芦苇、麻秆芯、甘蔗渣等）提取纤维素制成浆粕为原料，通过适当的化学处理和机械加工而制成的。该类纤维由于原料来源广泛、成本低廉，因此在纺织纤维中占有相当重要的位置。

**（一）黏胶纤维**

黏胶纤维是再生纤维中的一个主要品种，也是最早研制和生产的化学纤维。黏胶纤维是从纤维素原料中提取纯净的纤维素，经过烧碱、二硫化碳处理之后，将其制成黏稠的纺丝溶液，采用湿法纺丝加工而成，其基本制造流程如图 5－1 所示。

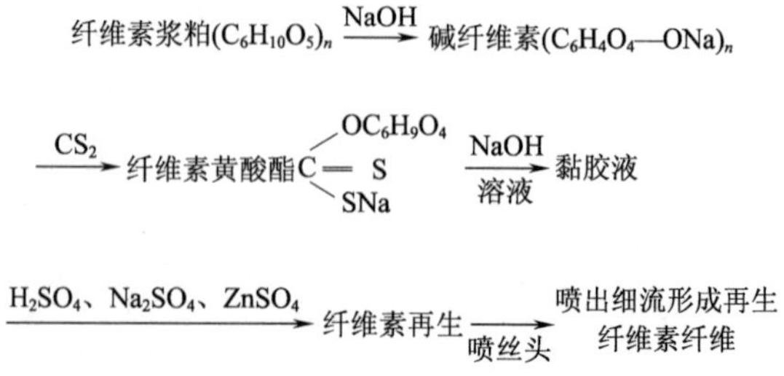

纤维素浆粕$(C_6H_{10}O_5)_n$
NaOH
碱纤维素$(C_6H_4O_4—ONa)_n$
$CS_2$
纤维素黄酸酯
$OC_6H_9O_4$
S
SNa
NaOH
溶液
黏胶液
$H_2SO_4$、$Na_2SO_4$、$ZnSO_4$
纤维素再生
喷丝头
喷出细流形成再生纤维素纤维


图 5－1　黏胶纤维的基本制造流程图

**1. 黏胶纤维的结构特征**　黏胶纤维的主要组成物质是纤维素，其分子结构式与棉纤维相同,聚合度低于棉,一般为 250～550。黏胶纤维的截面边缘为不规则的锯齿形,纵向平直有不连续的条纹。如对纤维切片用维多利亚蓝或刚果红染料进行快速染色,可以在显微镜中观察到纤维的表皮颜色较浅,而靠近中心的部分颜色较深。黏胶纤维中纤维素结晶结构为纤维素Ⅱ(图 3－9)。通过对其结构的研究发现,纤维的外层和内层在结晶度、取向度、晶粒大小及密度等方面具有差异,纤维这种结构称为皮芯结构。

黏胶纤维结构与截面形状源于湿法纺丝中,从喷丝孔喷出的黏胶流表层先接触凝固浴,黏胶溶剂析出并立即凝固生成一层结构致密的纤维外层(皮层);随后内层溶剂陆续析出,凝固较慢。在拉伸成纤时,皮层中的大分子受到较强的拉伸,不仅取向度高,形成的晶粒小,晶粒数量多;而芯层中的大分子受到的拉伸较弱,不仅取向度低,而且由于结晶时间较长,形成的晶粒较大,致使黏胶纤维皮芯层在结晶与取向等结构上差异很大。当纤维芯层最后凝固析出溶剂,收缩体积形成纤维时,皮层已经首先凝固,不能同时收缩,因此皮层便会随芯层的收缩而形成锯齿形的截面边缘。不同黏胶纤维截面皮芯层情况,如图 5－2 所示。

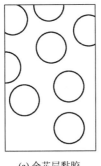 

(a) 全芯层黏胶　　　　　(b) 全皮层黏胶　　　　　(c) 皮芯层黏胶
（铜氨纤维）　　（高强纤维、强力黏胶纤维）　　（毛型普通黏胶纤维）

图 5－2　黏胶纤维的皮芯结构

黏胶纤维的皮层在水中的膨润度较低,吸湿性较好,对某些物质的可及性较低。

**2. 黏胶纤维的性能**

(1)吸湿性和染色性:黏胶纤维的吸湿性是传统化学纤维中最高的,标准大气条件下(温度为 20℃,相对湿度为 65%)的平衡回潮率为 12%～15%,相对湿度 95% 时的回潮率约为 30%。纤维在水中润湿后,截面积膨胀率可达 50% 以上,最高可达 140%,所以一般的黏胶纤维织物沾水后会发硬。普通黏胶纤维的染色性能良好,染色色谱全,色泽鲜艳,染色牢度较好。

(2)力学性质:普通黏胶纤维的断裂比强度较低,一般在 1.6～2.7cN/dtex,断裂伸长率为 16%～22%。润湿后的黏胶纤维比强度急剧下降,其湿干强度比为 40%～50%。在剧烈的洗涤条件下,黏胶纤维织物易受损伤。此外,普通黏胶纤维在小负荷下容易变形,且变形后不易恢复,即弹性差,织物容易起皱,耐磨性差,易起毛起球。

(3)热学性质:黏胶纤维虽与棉纤维同为纤维素纤维,但因为黏胶纤维的相对分子质量比棉纤维低得多,所以其耐热性较差,在加热到 150℃时强力降低比棉纤维慢,但在 180～200℃时,会产生热分解。

（4）其他性质：黏胶纤维耐碱不耐酸，密度为 $1.50 \sim 1.52 g/cm^3$。

**3. 黏胶纤维的种类和用途**　黏胶纤维按纤维素浆粕来源不同区分为木浆（木材为原料）黏胶纤维、棉浆（棉短绒为原料）黏胶纤维、草浆（草本植物为原料）黏胶纤维、竹浆（以竹为原料）黏胶纤维、黄麻浆（以黄麻秆芯为原料）黏胶纤维、汉麻浆（以汉麻秆芯为原料）黏胶纤维等。按结构不同区分为普通黏胶纤维、高湿模量黏胶纤维、新溶剂黏胶纤维等。

（1）普通黏胶纤维（viscose fibre，rayon）：普通黏胶纤维有长丝和短纤维之分。黏胶短纤维有棉型（长度为 $33 \sim 41mm$，线密度为 $1.3 \sim 1.8 dtex$）、毛型（长度为 $76 \sim 150mm$，线密度为 $3.3 \sim 5.5 dtex$）和中长型（长度为 $51 \sim 65mm$，线密度为 $2.2 \sim 3.3 dtex$），可与棉、毛等天然纤维混纺，也可与涤纶、腈纶等合成纤维混纺，还可纯纺，用于织制各种服装面料和家庭装饰织物及产业用纺织品。其特点是成本低，吸湿性好，抗静电性能优良。长丝可以纯织，也可与蚕丝、棉纱、合成纤维长丝等交织，用于制作服装面料、床上用品及装饰织物等，但断裂比强度较低，干态断裂比强度为 $2.2 \sim 2.6 cN/dtex$，湿干强度比为 $45\% \sim 55\%$。

（2）高湿模量黏胶纤维（polynosic rayon）：又称富强纤维，是通过改变普通黏胶纤维的纺丝工艺条件而开发的，其横截面近似圆形，厚皮层结构，断裂比强度为 $3.0 \sim 3.5 cN/dtex$，高于普通黏胶纤维，湿干强度比明显提高，为 $75\% \sim 80\%$。我国商品名称为富强纤维或莫代尔（modal），日本称虎木棉。

（3）强力黏胶丝：强力黏胶丝结构为全皮层，是一种高强度、耐疲劳性能良好的黏胶纤维，断裂比强度为 $3.6 \sim 5.0 cN/dtex$，其湿干强度比为 $65\% \sim 70\%$。其广泛用于工业生产，经加工制成的帘子布，可供作汽车、拖拉机的轮胎，也可以制作运输带、胶管、帆布等。

（4）新溶剂法黏胶纤维（lyocell）：采用专用溶剂（$N$－甲基吗啉－$N$－氧化物，NMMO 或离子溶液）直接溶解纤维素后纺制成的黏胶纤维。纤维截面呈圆形，巨原纤结构致密，拉伸、钩接、打结强度高。有的品种在挤破表面包膜后，分裂成超细的巨原纤，有利于生产桃皮绒类织物；有的品种皮芯不分，使产品悬垂性、柔软性良好。

**（二）铜氨纤维（cuprammonium fibre）**

铜氨纤维是将纤维素浆粕溶解在铜氨溶液中制成纺丝液，再经过湿法纺丝而制成的一种再生纤维素纤维。

铜氨溶液是深蓝色液体，它是将氢氧化铜溶解于浓的氨水中制得。将棉短绒（或木材）浆粕溶解在铜氨溶液中，可制得铜氨纤维素纺丝液，纺丝液中含铜约为 $4\%$、氨约为 $29\%$、纤维素约为 $10\%$。

铜氨纤维的纺丝液从喷丝头细孔压出后，首先被喷水漏斗中喷出的高速水流所拉伸，使纺丝液一边变细、一边凝固；凝固丝通过稀酸浴（一般采用 $5\%$ $H_2SO_3$）还原再生成铜氨纤维。刚纺出的铜氨纤维中含有其他物质，所以还需要进行酸洗、水洗等后处理。

**1. 铜氨纤维的结构特征**　由于铜氨纤维纺丝液的可塑性很好，可承受高度拉伸，因此可制成很细的纤维，其单纤维线密度为 $0.44 \sim 1.44 dtex$。铜氨纤维的横截面是结构均匀的圆形无皮芯结构，纵向表面光滑，如图 5－3 所示。

在铜氨纤维的制造过程中，纤维素的破坏比较小，平均聚合度比黏胶纤维高，可达450～550。

**2. 铜氨纤维的性能**

（1）吸湿性和染色性：在标准状态下，铜氨纤维的回潮率为 12% ~ 13.5%，吸湿性比棉纤维好，与黏胶纤维相近，但吸水量比黏胶纤维高 20% 左右，吸水膨胀率也较高。铜氨纤维的无皮层结构使其对染料的亲和力较大，上色较快，上染率较高。

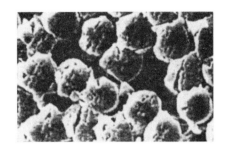

图 5 – 3　铜氨纤维的截面电镜图

（2）力学性质：铜氨纤维的断裂比强度较黏胶纤维稍高，干态断裂比强度为 2.6 ~ 3.0cN/dtex，湿干强度比为 65% ~ 70%。这主要是因为铜氨纤维的聚合度较高，而且铜氨纤维经过高度拉伸，大分子的取向度较好。此外，铜氨纤维的耐磨性和耐疲劳性也比黏胶纤维好。

（3）光泽和手感：铜氨纤维的单纤维很细，制成的织物手感柔软光滑。并且由于其单纤维的线密度小，同样线密度的长丝纱中可有更多根单纤维，使成纱散射反射增加，光泽柔和，具有蚕丝织物的风格。

（4）其他性能：铜氨纤维的密度与棉纤维及黏胶纤维接近或相同，为 $1.52g/cm^3$。铜氨纤维的耐酸性与黏胶纤维相似，能被热稀酸和冷浓酸溶解；遇强碱会发生膨化并使纤维的强度降低，直至溶解。铜氨纤维一般不溶于有机溶剂，但溶于铜氨溶液。

铜氨纤维与黏胶纤维等的性能比较见表 5 – 1。

表 5 – 1　铜氨纤维与黏胶等纤维的性能比较

| 性能 | lyocell 纤维 | 黏胶纤维 | 高湿模量黏胶纤维 | 铜氨短纤维 | 棉纤维 |
|---|---|---|---|---|---|
| 纤维线密度（dtex） | 1.7 | 1.7 | 1.7 | 1.4 | 1.65 ~ 1.95 |
| 干断裂比强度（cN/dtex） | 4.0 ~ 4.2 | 2.2 ~ 2.6 | 3.4 ~ 3.6 | 2.5 ~ 3.0 | 2.0 ~ 2.4 |
| 湿强度（cN/dtex） | 3.4 ~ 3.8 | 1.0 ~ 1.5 | 1.9 ~ 2.1 | 1.7 ~ 2.2 | 2.6 ~ 3.0 |
| 干断裂伸长率（%） | 14 ~ 16 | 20 ~ 25 | 13 ~ 15 | 14 ~ 16 | 7 ~ 9 |
| 湿断裂伸长率（%） | 16 ~ 18 | 25 ~ 30 | 13 ~ 15 | 25 ~ 28 | 12 ~ 14 |
| 公定回潮率（%） | 11.5 | 13 | 12.5 | 11 | 8.5 |
| 5% 伸长湿模量（cN/dtex） | 270 | 50 | 110 | 50 ~ 70 | 100 |

**3. 铜氨纤维的应用**

（1）铜氨纤维一般制成长丝，用于制作轻薄面料和仿丝绸产品，如内衣、裙装、睡衣等。

（2）铜氨纤维面料也是高档服装里料的重要品种之一，铜氨纤维与涤纶交织面料、铜氨纤维与黏胶纤维交织面料是高档西装的常用里料。铜氨纤维里料特点为滑爽、悬垂性好。

## 二、再生蛋白质纤维

再生蛋白质纤维是指用酪素、大豆、花生、牛奶、胶原等天然蛋白质为原料经纺丝形成的纤维。为了克服天然蛋白质本身性能上的弱点,通常将其他高聚物共同接枝或混抽成复合纤维。

### (一)大豆蛋白复合纤维

大豆蛋白复合纤维是由大豆中提取的蛋白质(球状结晶体)混合一定的高聚物(如聚乙烯醇)配成纺丝液,用湿法纺制而成。

**1.大豆蛋白复合纤维的结构** 大豆蛋白复合纤维横截面呈扁平状哑铃形、腰圆形或不规则三角形,纵向表面呈不明显的凹凸沟槽,纤维具有一定的卷曲。

**2.大豆蛋白复合纤维的性能**

(1)基本规格:短纤维常规线密度为 $1.67 \sim 2.78$ dtex,切断长度为 $38 \sim 41$ nm。

(2)力学性能:大豆蛋白复合纤维的干态断裂比强度接近于涤纶,断裂伸长与蚕丝和黏胶纤维接近,但变异系数较大。大豆蛋白复合纤维吸湿之后,强力下降明显与黏胶纤维类似。因此,在纺纱过程中应适当控制其含湿量,保证纺纱过程的顺利进行。

(3)卷曲性能:大豆蛋白复合纤维的初始模量较小,弹性回复率较低,卷曲弹性回复率亦低,在纺织加工中,有一定困难。

(4)吸湿透气性:大豆蛋白复合纤维的标准回潮率在4%左右,放湿速率较棉和羊毛快,这是影响织物湿热舒适性的关键因素。大豆蛋白纤维的热阻较大,保暖性能优于棉和黏胶纤维,具备良好的热湿舒适性。

(5)导电性能:大豆蛋白复合纤维的电阻率接近于蚕丝,明显小于合成纤维,在抗静电剂适当时,静电不显著,对生产无明显影响。

(6)摩擦性能:由于大豆蛋白复合纤维的摩擦因数相对其他纤维低,且动、静摩擦因数差异小,从而使纺出的纱条抱合力差,松散易断,所以在纺纱过程中应加入一定量的油剂,以确保成网、成条、成纱质量。又因其摩擦因数低,皮肤接触滑爽、柔韧,亲肤性良好,但易起球。

(7)溶解性:大豆蛋白复合纤维中,蛋白质为球状结晶,洗涤中会溶解逸失。因此,需要改进。在染整加工中增加固着技术,防止蛋白质逸失。

(8)染色性能:大豆蛋白复合纤维本色为淡黄色。它可用酸性染料、活性染料染色。尤其是采用活性染料染色时,其产品色彩鲜艳而有光泽。同时其耐日晒、汗渍色牢度较好。

**3.大豆蛋白复合纤维的应用** 一般用于与其他纤维混纺、交织,并采用集聚纺纱以减少起球性,多用于内衣、T恤及其他针织产品等。

### (二)酪素复合纤维

酪素复合纤维俗称牛奶蛋白复合纤维,由于100kg牛奶只能提取4kg蛋白质,所以其制造成本高。20世纪末采取与其他高聚物接枝或混抽,复合形成纤维,将液态牛奶去水、脱脂,利用接枝共聚技术将蛋白质分子与丙烯腈分子制成含牛奶蛋白的浆液,再经湿纺丝工艺制成复合纤维。日本生产的牛奶蛋白复合纤维含蛋白质约4%。

**1.酪素复合纤维的结构特征** 纤维横截面呈腰圆形或近似哑铃形,纵向有沟槽。

**2.酪素复合纤维的性能**

(1)物理性能:牛奶蛋白复合纤维初始模量较高,断裂比强度较高,钩接和打结强度较高,抵抗变形能力较强;质量比电阻高于羊毛,低于蚕丝;具有一定的卷曲、摩擦力和抱合力;具有良好的吸湿性及透气性。另外，牛奶蛋白复合纤维腰圆形或哑铃形的横截面和纵向的沟槽也有利于吸湿导湿性和透气性的增加。

（2）化学性能：牛奶蛋白复合纤维具有较低的耐碱性，耐酸性稍好；经紫外线照射后，强力下降很少，说明纤维具有较好的耐光性；由于化学和物理结构不同于羊毛、蚕丝等蛋白质纤维，适用的染色剂种类较多，上染率高且速度快，染色均匀，色牢度较好。

（3）生物性能：牛奶蛋白复合纤维具有天然抗菌功效，不会对皮肤造成过敏反应；对皮肤具有一定的亲和性，所制成的纺织品、服装舒适性良好。

（4）纺纱性能：牛奶蛋白复合纤维表面光滑柔软，在纺纱过程中的抱合力差，容易黏附机件，表现为清棉成卷困难、各工序纤维断裂严重和粗纱断头率高。由于牛奶蛋白复合纤维比重大、细度细、长度长、含异状纤维较多、表面光滑、抱合力差、静电严重、纤维卷曲少、易出现破网等问题，在生产中，纤维条定量应适当偏重控制。在纺纱过程中为满足成纱的需要，必须采取添加抗静电剂等措施进行预处理，以提高其抗静电能力。

**3. 酪素复合纤维的应用及存在问题**　牛奶蛋白复合纤维制成的面料光泽柔和、质地轻柔，手感柔软丰满，具有良好的悬垂性，给人高雅、潇洒、飘逸之感，可以制作多种高档服装（衬衫、T恤、连衣裙、套裙等）面料及床上用品。

牛奶蛋白复合纤维耐热性差，在湿热状态下轻微泛黄，在高热状态下，120℃以上泛黄，150℃以上变褐色。因此洗涤温度不要超过30℃，熨烫温度不要超过120℃，最好使用低温（80~120℃）熨烫。牛奶蛋白复合纤维的化学稳定性较低，耐碱性与其他蛋白质纤维相类似，不能使用漂白剂漂白。同时它的抗皱性差，具有淡黄色泽，不宜生产白色产品。

**（三）蚕蛹蛋白复合纤维**

蚕蛹蛋白复合纤维是将经过选择的新鲜蚕蛹经烘干、脱脂、浸泡，在碱溶液中溶解后，进行过滤，用分子筛控制相对分子质量，再经脱色、水洗、脱水、烘干制得蚕蛹蛋白，将蚕蛹蛋白溶解成蚕蛹蛋白溶液，加化学修饰剂修饰后，与高聚物共混或接枝后纺丝。

**1. 蚕蛹蛋白复合纤维的组成及结构特征**　蚕蛹蛋白复合纤维是由18种氨基酸组成的蛋白质与其他高聚物复合生产的纤维。这些氨基酸大多是生物营养物质，与人体皮肤的成分极为相似，其中丝氨酸、苏氨酸、亮氨酸等具有促进细胞新陈代谢，加速伤口愈合，防止皮肤衰老的功能；丙氨酸可阻挡阳光辐射，对于防止皮肤瘙痒等皮肤病均有明显的作用。蚕蛹蛋白黏胶共混纤维由纤维素和蛋白质构成，具有两种聚合物的特性，该纤维有金黄色和浅黄色两种，从纤维切片染色后的照片显示是皮芯结构。

**2. 蚕蛹蛋白复合纤维的性能**

（1）物理性能：蚕蛹蛋白黏胶共混长丝纤维的常用线密度为133dtex/48f，干态断裂比强度为1.32cN/dtex，干态断裂伸长率为17%，回潮率为15%。蚕蛹蛋白丙烯腈接枝共聚纤维的干态断裂比强度为1.41cN/dtex，断裂伸长率为10%~30%。蚕蛹蛋白丙烯腈接枝共聚纤维中含有天然高分子化合物和合纤成分，它具有蛋白纤维吸湿性、抗静电性等特点，同时又具有聚丙烯腈手感柔软、保暖性好的优良特性。

（2）化学性能：蚕蛹蛋白黏胶共混纤维为皮芯层结构，纤维素在纤维的中间，蛋白质在纤维的外层,因此很多情况下纤维表现蛋白质的性质。蚕蛹蛋白丙烯腈接枝共聚纤维同时含有聚丙烯腈和蚕蛹蛋白分子,同时表现出两种纤维的化学性能。

（3）生物性能:由于蛋白质在蚕蛹蛋白黏胶共混纤维的外层,所以蚕蛹蛋白黏胶共混纤维长丝织成的织物与人体直接接触时,其对皮肤具有良好的相容性、保健性和舒适性。

**3.蚕蛹蛋白复合纤维的应用** 蚕蛹蛋白黏胶长丝兼具真丝和黏胶纤维的优良特性,一定程度优于真丝,织物既可以达到高度仿真的程度,又在很多方面比真丝绸更有优势。此外还可以与真丝、棉纤维交织开发高档服用面料。目前产品设计开发以高档衬衫、春夏季服装面料及家纺面料为主。

**（四）再生动物毛蛋白复合纤维**

利用猪毛、羊毛下脚料等不可纺蛋白质纤维或废弃蛋白质材料研制再生蛋白纤维受到重视。此纤维性能良好,原料来源广泛,且充分利用了某些废弃材料,也有利于环境保护。但由于天然蛋白质性能的弱点,一般情况下与其他高聚物材料接枝（如聚丙烯腈等）或混合纺丝。用这种纤维制成的纺织品手感丰满,性能优良,价格远低于同类羊毛面料,具有较强的市场竞争力。

**1.再生动物毛蛋白复合纤维的结构特征** 再生动物毛蛋白与丙烯腈复合纤维的形态结构电镜照片,如图5-4、图5-5所示。纤维的截面形态呈不规则的锯齿形,而且随蛋白质含量的增加,纤维中的缝隙孔洞数量越多,体积越大,并存在着一些球形气泡;纤维的纵向表面较光滑,但随蛋白质含量的增加,其表面光滑度下降,且当蛋白质含量过高时,纤维表面就变得粗糙。

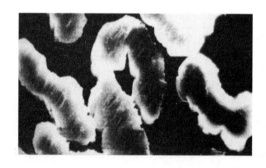

图5-4 再生毛复合纤维的电镜截面图    图5-5 再生毛复合纤维的电镜纵向图

**2.再生动物毛蛋白复合纤维的性能**

（1）物理力学性能:再生动物毛蛋白复合纤维干、湿态断裂比强度均大于常规羊毛的干、湿态比强度,且湿态比强度大于黏胶纤维。纤维中蛋白质含量越多,纤维的断裂比强度越低;其伸长率大于黏胶纤维,接近桑蚕丝纤维,且在湿状态下的各项性能稳定;回潮率仅小于羊毛纤维,并且随着蛋白含量的增加而变大,故用其制作成服装后,穿着舒适性较佳;体积比电阻随着蛋白质含量的增加而减小,并且远小于羊毛、黏胶纤维和蚕丝,因此其导电性能好,抗静电。

（2）化学性能:再生动物毛蛋白复合纤维有较好的耐酸、碱性,水解速率随酸浓度的增加而增大,再生动物毛蛋白复合纤维受到酸损伤的程度比纤维素纤维小。而纤维在碱中的溶解是先随浓度增大而增大,然后随浓度增大而降低。再生动物毛蛋白纤维具有一定的耐还原能力,即还原剂对其丝素作用也很弱,没有明显损伤,由此可知还原剂不会使再生动物毛蛋白纤维受到明显损伤。

**3.再生动物毛蛋白复合纤维的应用** 再生动物毛蛋白复合纤维性能非常优越,纤维中有多种人体所需的氨基酸,具有独特的护肤保健功能。无论蛋白质含量多少,各种氨基酸均匀分布在纤维表面,其氨基酸系列与人体相似,对人体皮肤有一定的相容性和保护作用。再生动物毛蛋白复合纤维制品吸湿透气性好,穿着舒适,具有良好的悬垂性和蚕丝般的光泽以及其作为新型面料而具有的独特风格,成为高档时装、内衣的时尚面料,具有良好的开发前景。

## 三、其他再生纤维

### (一)再生甲壳质纤维(chitin fibre)与壳聚糖纤维(chitosan fibre)

甲壳质是指由虾、蟹、昆虫的外壳及从菌类、藻类细胞壁中提炼出来的天然高聚物,壳聚糖是甲壳质经浓碱处理后脱去乙酰基后的化学产物。由甲壳质和壳聚糖溶液再生改制形成的纤维分别被称为甲壳质纤维和壳聚糖纤维。

**1.甲壳质与壳聚糖的结构** 甲壳质又称甲壳素、壳质、几丁质,是一种带正电荷的天然多糖高聚物,它是由 $\alpha$ - 乙酰胺基 - $\alpha$ - 脱氧 - $\beta$ - D - 葡萄糖通过糖苷连接起来的直链多糖,它的化学名称是(1,4) - $\alpha$ - 乙酰胺基 - $\alpha$ - 脱氧 - $\beta$ - D - 葡萄糖,简称为聚乙酰胺基葡萄糖。

壳聚糖是甲壳质大分子脱去乙酰基的产物,又称为脱乙酰甲壳质、可溶性甲壳质、甲壳胺。它的化学名称是"聚氨基葡萄糖"。甲壳质、壳聚糖和纤维素有十分相似的结构,如图5-6所示。可将它们视为纤维素大分子 $C_2$ 位上的羟基(—OH)被乙酰基(—NHCOCH₂)或氨基(—NH₂)取代后的产物。

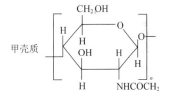

存在于自然界的甲壳质是多晶形态的,有三种结晶形态的甲壳质。

(1)$\alpha$ 甲壳质:结晶结构最稳定,结晶中分子链呈平行排列,有堆砌紧密的晶胞,存在于虾、蟹、昆虫等甲壳纲生物及真菌中,在甲壳质中占有的比例最大。

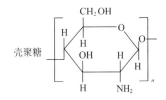

(2)$\beta$ 甲壳质:含有结晶水,结构稳定性较差,但可以通过溶胀或溶解沉淀转变成 $\alpha$ 甲壳质,存在于鱿鱼骨、海洋硅藻中。

(3)$\gamma$ 甲壳质:结晶结构不完善,只存在于少量甲虫壳中。

**2.甲壳质纤维和壳聚糖纤维的形成** 甲壳质纤维和壳聚糖纤维主要采用湿法纺丝。首先将制备的甲壳质或壳聚糖粉末溶解在合适的溶剂中成为纺丝液,然后经过滤脱泡,再用压力将纺丝原液从喷丝板喷出进入凝固浴中,可经历多次凝固成为固态纤维,再经拉伸、洗涤、干燥成为甲壳质纤维或壳聚糖纤维。

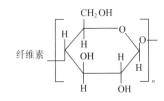

图5-6 甲壳质和壳聚糖的
分子结构

能够溶解甲壳质或壳聚糖的溶剂比较多,可以根据纺丝效率进行选择。如三氯乙酸和二氯甲烷混合溶剂(1:1)、含有氯化锂的二甲基乙酰胺混合溶液(1:20)均可溶解甲壳质,由5%醋酸溶液和1%尿素组成的混合溶液可溶解壳聚糖。

凝固成纤的过程可分成多次循序进行,用作甲壳质纤维凝固液的有丙酮、甲醇、异丙醇等,用作壳聚糖纤维凝固液的可以是不同浓度的氢氧化钠与乙醇的混合液。

**3. 甲壳质和壳聚糖纤维的性能**

(1)生物医药性能:生物医药性能是甲壳质与壳聚糖的优势性能,所以将它们再生纺制成纤维后,仍是该纤维的一种应用优势。由于它和人体组织具有很好的相容性,可以被人体的溶解酶溶解并被人体吸收,甲壳质和壳聚糖纤维还具有消炎、止血、镇痛、抑菌和促进伤口愈合的作用。

(2)化学性能与衍生物性能:在一定条件下,甲壳质与壳聚糖都能发生水解、烷基化、酰基化、羧甲基化、碘化、硝化、卤化、氧化、还原、缩合等化学反应,从而生成各种具有不同性能的甲壳质或壳聚糖的衍生物。

(3)溶解性能:由于甲壳质大分子内具有稳定的环状结构,并在大分子之间存在较强的氢键,因而甲壳质纤维溶解性能较差,它不溶于水、稀酸、稀碱和一般的有机溶剂,但能在浓硫酸、盐酸、硝酸和高浓度(85%)的磷酸等强酸中溶解,并在溶解的同时发生剧烈的降解,使相对分子质量明显下降。可以溶解甲壳质纤维的有机溶剂主要有六氟丙酮、三氯乙酸或二氯乙酸与氯烃类的混合物、二甲基乙酰胺与氯化锂的混合物等。由于壳聚糖纤维分子中存在着大量的氨基($-NH_2$),所以能在甲酸、乙酸、盐酸、环烷酸、苯甲酸等稀酸中制成溶液,而且因为壳聚糖大分子活性较大,其溶液即使在室温下也能被分解,黏度下降并完全水解成氨基葡萄糖。

(4)其他性能:甲壳质和壳聚糖纤维的其他性能见表5-2。

表5-2　甲壳质和壳聚糖纤维的性能

| 性能纤维 | 断裂比强度<br>(cN/dtex) | 断裂伸长率(%) | 打结强度<br>(cN/dtex) | 回潮率(%) | 密度(g/cm³) |
|---|---|---|---|---|---|
| 甲壳质纤维 | 0.97~2.20 | 4~8 | 0.44~1.14 | 12.5 | 1.45 |
| 壳聚糖纤维 | 0.97~2.20 | 8~14 | 0.44~1.32 | — | — |

甲壳质纤维具有良好的吸湿性,染色性能优良,可采用直接染料、活性染料及硫化染料等多种染料进行染色,而且色泽鲜艳。但甲壳质和壳聚糖纤维的强度均低于一般的纺织纤维,因此其在纺纱和织造时均有一定的困难,进一步提高甲壳质和壳聚糖纤维的力学性能将是今后需要解决的一个重要课题。

**4. 甲壳质和壳聚糖纤维的应用**　甲壳质纤维和壳聚糖纤维是优异的生物工程材料,可以制成无毒性、无刺激的安全生物材料。可以用作医用材料,用于创可贴及制作手术缝线,在直径为0.21mm时的断裂强力可达900cN以上,打结断裂强力也大于450cN;缝在人体内后,10天左右即可被降解并由人体内排出。还可用其制成各种抑菌防臭纺织品,具有一定的保健作用。

用甲壳质纤维与超级淀粉吸水剂结合制成的妇女卫生巾、婴儿尿不湿等具有卫生和舒适的特点。甲壳质纤维还可为功能性保健内衣、裤袜、服装及床上用品、医用非织造织物提供新型材料。

**（二）海藻纤维**

**1. 概述** 海洋中估计有 25000 多种海藻，按颜色可粗分为红藻、褐藻、绿藻和蓝藻四大类。海藻纤维的原材料来自天然海藻中所提取的海藻多糖。其有机多糖部分由 $\beta$-D-甘露糖醛酸（$\beta$-D-mannuronicacid，简称为 M）和 $\alpha$-L-古罗糖醛酸（$\alpha$-L-guluronic acid，简称为 G）两种组分构成。海藻酸分子中这两个组分是多聚甘露糖醛酸（M）和多聚古罗糖醛酸（G）以不规则的排列顺序分布于分子链中，两者中间以交替 MG 或多聚交替（MG）$n$ 相连接。

目前在可用作制备海藻纤维的原料中，最常用的是可溶性钠盐粉末，即海藻酸钠。先用稀酸处理海藻使不溶性海藻酸盐转变成海藻酸，然后加碱加热提取，生成可溶性的钠盐溶出，过滤后，加钙盐生成海藻酸钙沉淀，该沉淀经酸液处理转变成不溶性海藻酸，脱水后加碱转变成钠盐，烘干后即为海藻酸钠。海藻纤维通常由湿法纺丝制备，将高聚物溶解于适当的溶剂中以配成纺丝溶液，将纺丝液从喷丝孔中压出后射入到凝固浴中凝固成丝条。将可溶性海藻酸盐溶于水中形成黏稠溶液，然后通过喷丝孔挤出到含有二价金属阳离子（如 $Ca^{2+}$、$Sr^{2+}$、$B^{2+}$）的凝固浴（多用 $CaCl_2$）中，形成固态不溶性海藻酸盐纤维长丝。

**2. 海藻纤维的特点与用途** 海藻纤维的主要用途是制备创伤被覆材料。由于其本身对皮肤具有优异的亲和性，能帮助伤口凝血、吸除伤口过多的分泌物、保持伤口一定湿度，继而增进愈合效果。海藻纤维被覆材料在与伤口体液接触后，材料中的钙离子会与体液中的钠离子交换，使得海藻纤维材料由纤维状变成水凝胶状，由于凝胶具有亲水性，既可使氧气通过又可阻挡细菌，进而促进新组织的生长，因而海藻纤维材料使用在伤口上较舒适，在移除或更换敷材时也会减少病人伤口的不适感。海藻纤维所具有的另一特性是吸收性。它可以吸收 20 倍于自身体积的液体，也由于其高吸收性可以吸收伤口的渗出物，所以可以使伤口减少微生物滋生及其可能产生的异味。所有海藻纤维所制作的非织造织物创伤被覆材料结合了其高吸收性和成胶性，从而能提供伤口较佳的愈合环境，所以海藻纤维材料能作为一种良好的医用材料已被使用到临床上的创伤治疗。

此外，还可以在海藻纤维中加入一些抗菌剂（如银、PHMB 等），抵抗容易引起感染的细菌，从而减少部分或深层伤口引发感染的危险。这种医用材料还可以覆盖在皮肤缝线处和外科手术切口的部分，以避免伤口的感染。另外，这种材料在其他方面还有广泛的应用，如可制备多孔体、经编纱布、吸收性产品等。

# 第二节 半合成纤维

半合成纤维是以天然高分子化合物为骨架，通过与其他化学物质反应，改变组成成分，再生形成天然高分子的衍生物而制成的纤维。

## 一、醋酯纤维

醋酯纤维俗称醋酸纤维,即纤维素醋酸酯纤维,是一种半合成纤维。

纤维素和醋酸酐作用,羟基被乙酰基置换,生成纤维素醋酸酯。

$$Cell—(OH)_3 + 3(CH_3CO)_2O \longrightarrow Cell—(OCOCH_3)_3 + 3CH_3COOH$$

三醋酯纤维素溶解在二氯甲烷溶剂中制成纺丝液,经干法纺丝制成三醋酯纤维。三醋酯纤维素在热水中发生皂化反应,生成二醋酯纤维素。

$$Cell—(OCOCH_3)_3 + H_2O \longrightarrow Cell—(OCOCH_3)_2OH + CH_3COOH$$

将二醋酯纤维素溶解在丙酮溶剂中进行纺丝,可制得二醋酯纤维。

### (一)醋酯纤维的结构特征

纤维素分子上的羟基被乙酰基取代的百分数称为酯化度。二醋酯纤维的酯化度一般为75% ~ 80%,三醋酯纤维的酯化度为93% ~ 100%。

醋酯纤维无皮芯结构,横截面形状为多瓣形叶状或耳状,如图5 - 7所示。二醋酯纤维素大分子的对称性和规整性差,结晶度很低。三醋酯纤维的分子结构对称性和规整性比二醋酯纤维好,结晶度较高。二醋酯纤维的聚合度为180 ~ 200;三醋酯纤维的聚合度为280 ~ 300。

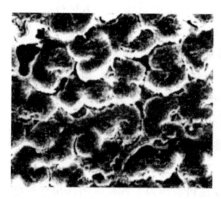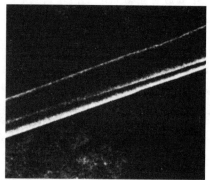

图5 - 7 醋酯纤维形态

### (二)醋酯纤维的性能

**1. 吸湿性与染色性** 醋酯纤维由于纤维素分子上的羟基被乙酰基取代,因而吸湿性比黏胶纤维低得多,在标准大气条件下,二醋酯纤维的回潮率为6.0% ~ 7.0%,三醋酯纤维为3.0% ~ 3.5%。醋酯纤维的染色性较差,通常采用分散性染料染色和特种染料染色。

**2. 力学性能** 醋酯纤维断裂比强度较低,二醋酯纤维的干态断裂比强度仅为1.1 ~ 1.2cN/dtex,三醋酯纤维为1.0 ~ 1.1cN/dtex,湿、干态比强度比为67% ~ 77%。醋酯纤维容易变形,也易恢复,不易起皱,柔软,具有蚕丝的风格。断裂伸长率为25%左右,湿态伸长率为35%左右,且当产生1.5%的伸长变形时,其回复率为100%。

**3. 热学性能** 醋酯纤维耐热性较差,二醋酯纤维在150℃左右表现出显著的热塑性,195 ~

205℃时开始软化,加热至230℃左右时,会随着热分解而熔融。三醋酯纤维有较明显的熔点,一般在290~300℃熔融,其玻璃化温度为186℃。

**4.其他性能** 醋酯纤维耐酸碱性比较差,在碱的作用下,会逐渐皂化而成为再生纤维素;在稀酸溶液中比较稳定,在浓酸溶液中会因皂化和水解而溶解。其耐光性与棉纤维接近。醋酯纤维密度小于黏胶纤维,二醋酯纤维为 $1.32g/cm^3$,三醋酯纤维为 $1.30g/cm^3$。醋酯纤维的电阻率较小,抗静电性能较好。

**(三)醋酯纤维的应用**

醋酯纤维表面平滑,有丝一般的光泽,适合于制作衬衣、领带、睡衣、高级女装等,同时还用于卷烟过滤嘴过滤和吸附卷烟烟气中的有害物质。

三醋酯纤维近年来发展较快。其他以纤维素为基础的半合成纤维还有1845年被发现的纤维素硝酸酯(cellulose nitrate),经过纺丝之后再经过脱硝后为硝酸纤维,并用于赛璐珞、火药、漆等。但三硝化物具有起火性、爆炸性,所以其使用受到严格管理和控制。

## 二、聚乳酸纤维(polylactic fiber,缩写 PLA 纤维)

**(一)概述**

从玉米、木薯等一些植物中提取的淀粉经酸分解后得到葡萄糖,再经乳酸菌发酵生成乳酸,乳酸分子中的羧基和羟基的反应性较高,在适当条件下容易合成高纯度的聚乳酸。纤维素分解后也可以生产乳酸,乳酸分子中有一个活性碳原子,即有两个光学异构体,即左旋乳酸(L—乳酸)和右旋乳酸(D—乳酸)。其环状二聚体—丙交酯分别有 L—丙交酯、D—丙交酯、D,L—丙交酯和内消旋丙交酯。

聚乳酸的合成方法包括直接聚合法和间接聚合法两种,直接聚合法的过程是:乳酸→低聚物→聚乳酸;间接聚合法的过程是:乳酸→丙交酯→聚乳酸。由于左旋聚乳酸具有结晶性,熔点较高(175℃左右),使纤维性能具有实用性,故目前生产的是聚左旋丙交酯纤维,左旋乳酸含量至少97%。

聚乳酸纤维具有与聚酯纤维相似的结晶性、透明性和耐热性。其纺丝方法有溶剂挥发法和熔融法两种。溶剂挥发法纺丝常用的溶剂为氯仿和甲苯的混合液。其纺丝工艺流程为:聚左旋乳酸→溶解→老化→过滤→计量→挤出→成形→拉伸→卷绕→纤维成品。

聚乳酸熔融法纺丝工艺与聚酯的熔融纺丝工艺相似,但熔融温度比聚酯纤维低,其纺丝工艺流程为:聚左旋乳酸→真空干燥→熔融挤压→过滤→计量→喷丝板挤出→冷却成形→卷绕→热拉伸→纤维成品。

从纺制的纤维力学性能上看,溶剂挥发法纺丝比熔融纺丝好,其原因有两方面。一是溶剂法纺丝液中,聚乳酸大分子的缠结比熔融纺丝的熔融体中的分子缠结要少得多。在纺丝过程中,若能将缠结少的网络结构有效地转移到初生纤维中,则初生纤维就会表现出很高的拉伸性能;二是与熔融纺丝相比,干法纺丝通常在较低温度下进行,热降解少,纺制的纤维具有较高的强度。干法纺丝需要回收溶剂的装置。虽然熔融纺丝的纤维强度较低,但由于其成本低,环境污染少,仍非常受关注。

**(二)聚乳酸纤维的性能**

**1.聚左旋乳酸纤维的物理力学性能** 聚左旋乳酸纤维与聚酯和聚酰胺纤维的物理力学性能比较见表5-3。由于聚左旋乳酸纤维具有较高的结晶性和取向性,因此具有较高的耐热性。聚乳酸纤维的燃烧热低于聚酯和聚酰胺纤维,燃烧产生的烟雾少。虽然聚乳酸纤维不能阻燃,但有一定自熄灭性,而且其续燃时间短,通过比较简单的阻燃处理,即可获得较为理想的阻燃性能。聚乳酸纤维具有优异的力学性能,其断裂比强度和断裂伸长率均与聚酯纤维接近,弹性回复和卷曲保持性较好,而且形态稳定性和抗皱性均很好。

表5-3 聚左旋乳酸纤维、聚酯纤维和聚酰胺纤维的性能比较

| 纤维性能 | 聚左旋乳酸纤维 | 聚酯纤维 | 聚酰胺纤维 |
|---|---|---|---|
| 密度(g/cm³) | 1.27 | 1.38 | 1.14 |
| 折射率 | 1.4 | 1.58 | 1.57 |
| 熔点(℃) | 175 | 260 | 215 |
| 玻璃化温度(℃) | 57 | 70 | 48 |
| 回潮率(%) | 0.5 | 0.4 | 4.5 |
| 燃烧热(kJ/g) | 18.8 | 23 | 31 |
| 断裂比强度(cN/dtex) | 3.97~4.85 | 3.8~5.2 | 3.3~5.3 |
| 断裂伸长率(%) | 30 | 20~32 | 25~40 |
| 初始模量(cN/dtex) | 31~46 | 71~141 | 20~35 |

**2.聚乳酸纤维的生物降解性** 聚乳酸纤维及其共聚物有良好的生物相容性和生物降解性,在人体内可逐渐降解为二氧化碳和水,对人体无害、无积累。聚乳酸及其共聚物的生物降解是一个间接的过程,首先是主链上不稳定的C—O键水解生成低聚物,然后在酶的作用下进一步降解成二氧化碳和水,大分子链端的酶水解作用也同时进行。第一步的水解发生在聚合物的非晶区和晶区表面,使聚合物相对分子质量下降,聚合物的规整结构受到破坏,水和微生物容易进入内部产生生物降解。

聚乳酸有各种用途,其生物降解性可通过多种方法测定,如土埋、在海水或河水中浸渍或通过活性污泥处理以及标准肥料堆制法等进行测试。在土埋实验中,PLA聚乳酸织物的重量几乎没有变化,断裂比强度经8~10个月后就几乎降为零了。这比棉和黏胶纤维织物经土埋3~4个月就完全分解要好得多,但远不如聚酯纤维织物。海水中浸渍实验情况与土埋类似,但比强度下降趋势较为缓慢。在活性污泥中,聚乳酸纤维织物强度经1~2个月就完全损失,这与污泥中存在大量的微生物有关。在标准肥料堆制实验中,由于实验时较高的湿度和温度(58℃),聚乳酸织物在40天内就完全降解。

**3.聚乳酸纤维的吸湿性和染色性** 聚乳酸纤维的吸湿性差,其回潮率与聚酯纤维相近,但

导湿性能比聚酯纤维好。聚乳酸纤维的染色性比一般的纺织纤维要差,通常要采用分散染料,但染色温度不需要高温高压,这一点优于聚酯纤维,染色的耗能低于聚酯纤维,此外聚乳酸纤维的折射率较低,容易染得深色。

**4. 其他性能** 聚乳酸纤维的密度为 $1.27g/cm^3$。聚乳酸纤维具有很好的抗紫外线的功能,在紫外线的长期照射下,其断裂比强度和断裂伸长率均变化不大。聚乳酸纤维还具有较好的抗污性能和抑菌性能。

**(三)聚乳酸纤维的应用**

**1. 服装用纺织品**

(1)内衣面料:聚乳酸纤维混纺织制内衣面料,有助于水分的转移,不仅接触皮肤时有干爽感,且可赋予优良的形态稳定性和抗皱性,不会刺激皮肤,对人体有亲和性。

(2)运动衣和外衣面料:聚乳酸纤维具有良好的吸水性和快干效应,具有较小的密度,断裂比强度和断裂伸长性能与涤纶接近,非常适合开发运动服装。同时聚乳酸纤维初始模量较高,尺寸稳定,保形性好,弹性和抗皱性优良,在外衣面料方面也具有一定的应用前景。

**2. 家用纺织品** 聚乳酸纤维具有耐紫外线、稳定性良好、发烟量少、燃烧热低、耐洗涤性好的特点,特别适合制作室内悬挂物(窗帘、帷幔等)、室内装饰品、地毯等产品。

**3. 产业用纺织品** 聚乳酸纤维由于具有自然降解性能,废弃之后对环境不会造成污染,所以在农业(保温膜、捆绑绳、防虫网)、林业(防草袋、防兽网)、渔业(渔网、线缆、钓鱼线)等领域有广泛的应用前景。也可以用于垃圾袋、尿布、卫生材料以及汽车装饰材料等。

在医疗器械领域,聚乳酸纤维用于制作手术缝合线,由于聚乳酸纤维具有身体吸收性能,聚乳酸纤维还可以用于制作修复骨缺损的器械和生物工程组织(包括骨、血管等)制作支架材料。药物缓释材料是聚乳酸纤维在医疗领域的又一个广泛应用的用途,尤其是缓释蛋白质类和多肽类药物具有特别的优越性。

# 第三节　合成纤维

## 一、合成纤维的种类

合成纤维(synthetic fiber)是由低分子物质经化学合成的高分子聚合物,再经纺丝加工而成的纤维。合成纤维可从不同的方面来进行分类:

按其分子结构,可分为碳链合成纤维,如聚乙烯(polyethylene)纤维、聚丙烯(polypropylene)纤维、聚丙烯腈(polyacrylonitrile)纤维、聚乙烯醇缩甲醛(polyvinyl formal)纤维、聚氯乙烯(polyvinal chloride)纤维、聚氟乙烯(polyvinyl fluoride)纤维等;杂链合成纤维,如聚酰胺(polyamide)纤维、聚酯(polyester)纤维等。

按合成纤维的纵向形态特征,可分为长丝和短纤维两大类;按照化学纤维的截面形态和结构,又可分成异形纤维和复合纤维。按照化学纤维的加工及性能特点又可分为普通合成纤维、差别化纤维及功能性纤维。

## （一）长丝和短纤维

化学纤维加工得到的连续丝条，不经过切断工序的称为长丝。长丝可分为单丝、复丝，单丝中只有一根纤维，复丝中包括多根单丝，单丝用于加工细薄织物或针织物，如透明袜、面纱巾等。一般用于织造的长丝，大多为复丝。

化纤在纺丝后加工中可以切断成各种长度规格的短纤维，长度基本相等的称为等长纤维，长度形成一个分布的称为不等长纤维，短纤维按长度区分为棉型（33mm、35mm、38mm、41mm）、中长型（45mm、51mm、60mm、65mm）、毛型（76～150mm），一部分毛型化纤采用牵切法加工成不等长纤维，使加工得到的产品更具有毛型的风格。

## （二）普通合成纤维、差别化纤维及功能性纤维

**1. 普通合成纤维** 普通合成纤维的命名，以化学组成为主，形成学名和缩写代码，简称为辅，或称俗名。国内以"纶"的命名，属简称，主要是指传统的六大纶，即涤纶、锦纶、腈纶、丙纶、维纶和氯纶和其他合成纤维（如乙纶、芳纶等）。其中前4种纤维在近半个世纪中发展成为大宗类纤维，以产量排序为涤纶＞丙纶＞锦纶＞腈纶，它们主要作为服用纺织原料。合成纤维的名称及分类见表5－4。

表5－4　常用合成纤维的名称及代号

| 类 别 | | 化学名称 | 代 号 | 国内简称 | 常见国外商品名 | 单 体 |
|---|---|---|---|---|---|---|
| 聚酯类纤维 | | 聚对苯二甲酸乙二酯 | PET 或 PES | 涤纶 | Dacron, Terelon, Terlon, Teriber, Lavsan, Terital | 对苯二甲酸或对苯二甲酸二甲酯，乙二醇或环氧乙烷 |
| | | 聚对苯二甲酸环己基－1,4 二甲酯 | | | Kodel, Vestan | 对苯二甲酸或对苯二甲酸二甲酯，环己烷二甲醇－1,4 |
| | | 聚对羟基苯甲酸乙二酯 | PEE | | A－Tell | 对羟基苯甲酸，环氧乙烷 |
| | | 聚对苯二甲酸丁二醇酯 | PBT | PBT 纤维 | Finecell, Sumola, Artlon, Wonderon, Celanex | 对苯二甲酸或对苯二甲酸二甲酯，丁二醇 |
| | | 聚对苯二甲酸丙二醇酯 | PTT | PTT 纤维 | Corterra | 对苯二甲酸，丙二醇 |
| 聚酰胺类纤维 | 脂肪族 | 聚酰胺 6 | PA 6 | 锦纶 6 | Nylon 6,Capron,Chemlon, Perlon, Chadolan | 己内酰胺 |
| | | 聚酰胺 66 | PA 66 | 锦纶 66 | Nylon 66, Arid, Wellon, Hilon | 己二酸，己二胺 |
| | | 聚酰胺 610 | PA610 | 锦纶 610 | Nylon610 | 癸二酸，己二胺 |
| | | 聚酰胺 1010 | PA1010 | 锦纶 1010 | Nylon 1010 | 癸二酸，癸二胺 |
| | | 聚酰胺 4 | PA4 | 锦纶 4 | Nylon 4 | 丁内酰胺 |
| | 脂环族 | 脂环族聚酰胺 | PACM | 锦环纶 | Alicyclic nylon, Kynel | 双－（对氨基环己基）甲烷，12 烷二酸 |

| 类　别 | 化学名称 | 代　号 | 国内简称 | 常见国外商品名 | 单　体 |
|---|---|---|---|---|---|
| 芳香聚酰胺纤维 | 聚对苯二甲酰对苯二胺 | PPTA | 芳纶1414 | Kevlar，Technora，Twaron | 芳香族二元胺和芳香族二元羧酸或芳香族氨基苯甲酸 |
| | 聚间苯二甲酰间苯二胺 | PMIA | 芳纶1313 | Nomex，Conex，Apic，Fenden，Mrtamax | 芳香族二元胺和芳香族二元羧酸或芳香族氨基苯甲酸 |
| | 聚苯砜对苯二甲酰胺<br>芳纶Ⅲ | PSA | 芳砜纶 | polysulfone amide | 4,4′-二氨基二苯砜,3,3′-二氨基二苯砜和对苯二甲酰氯 |
| 聚杂环纤维 | 聚对亚苯基苯并二噁唑 | PBO | | Zylon | 聚-p-亚苯丙二噁唑 |
| | 聚间亚苯基苯并二咪唑 | PBI | | polybenzimidazole | |
| | 聚醚醚酮 | PEEK | | Victrex® PEEK | |
| | 聚对亚苯基苯并二噻唑 | PBZT | | | |
| 聚烯烃类纤维 | 聚丙烯纤维 | PP | 丙纶 | Meraklon，Polycaissis，Prolene，Pylon | 丙烯 |
| | 聚丙烯腈系纤维（丙烯腈与15%以下的其他单体的共聚物纤维） | PAN | 腈纶 | Orlon，Acrilan，Creslan，Chemilon，Krylion，Panakryl，Vonnel，Courtell | 丙烯腈及丙烯酸甲酯或醋酸乙烯,苯乙烯磺酸钠,甲基丙烯磺酸钠 |
| | 改性聚丙烯腈纤维（指丙烯腈与多量第二单体的共聚物纤维） | MAC | 腈氯纶 | Kanekalon，Vinyon N | 丙烯腈,氯乙烯 |
| | | | | Saniv，Verel | 丙烯腈,偏二氯乙烯 |
| | 聚乙烯纤维 | PE | 乙纶 | Vectra，Pylen，Platilon，Vestolan，Polyathylen | 乙烯 |
| | 聚乙烯醇缩甲醛纤维 | PVAL | 维纶 | Vinylon，Kuralon，Vinal，Vinol | 乙二醇,或醋酸乙烯酯 |
| | 聚乙烯醇－氯乙烯接枝共聚纤维 | PVAC | 维氯纶 | Polychlal，Cordelan，Vinyon | 氯乙烯,醋酸乙烯酯 |
| | 聚氯乙烯纤维 | PVC | 氯纶 | Leavil，Valren，Voplex，PCU | 氯乙烯 |
| | 氯化聚氯乙烯（过氯乙烯）纤维 | CPVC | 过氯纶 | Pe Ce | 氯乙烯 |
| | 氯乙烯与偏二氯乙烯共聚纤维 | PVDC | 偏氯纶 | Saran，Permalon，Krehalon | 氯乙烯,偏二氯乙烯 |
| | 聚四氟乙烯纤维 | PTFE | 氟纶 | Teflon | 四氟乙烯 |

**2. 差别化纤维**

（1）基本定义与制备方法：差别化纤维是相对于常规纤维具有某些性能、获得改进及具有某些特点的纤维,主要通过物理方法或化学改性以改善常规化学纤维的服用性能。纤维的差别化加工处理起因于普通合成纤维的一些不足,大多采用模仿天然纤维的特征进行形态或性能的改进。纤维的差别化途径主要有三种。

①通过改变纤维高分子材料的物理结构使纤维性质发生变化的物理改性,主要包括改进聚合与纺丝条件,采用特殊的喷丝孔形状开发异形纤维,将两种或两种以上的高聚物或性能不同的同种聚合物通过同一喷丝孔纺成一根纤维的复合技术,利用聚合物的可混合性和互溶性,将两种或两种以上聚合物混合后喷纺成丝的混合纤维等。

②通过改变纤维原来的化学结构来达到改性目的的化学改性方法,主要包括共聚、接枝、交联、溶蚀、电镀等。

③表面物理化学改性主要是指如采用高能射线(γ射线、β射线)、强紫外辐射和低温等离子体对纤维进行表面蚀刻、活化、接枝、交联、涂覆等改性处理。

(2)差别化纤维的分类。

①变形丝:主要针对普通长丝的直、易分离或堆砌密度高所导致的织物光泽呆板、易于纰裂、手感滑溜、穿着湿冷而黏滑等缺陷,通过改变合成纤维卷曲形态,即模仿羊毛的卷曲特征来改善纤维性能。通过机械作用给予长丝(或纤维)二维或三维空间的卷曲变形,并用适当的方法(如热定形)加以固定,使原有的长丝(或纤维)获得永久、牢固的卷曲形态的过程,通常被称为卷曲变形加工,简称变形加工。这种卷曲变形大大改善了纤维制品的服用性能,并扩大了它们的应用范围。现在主要的变形方法有填塞箱法、刀刃卷曲变形法、假捻变形法、空气变形法、网络变形法等。

②异形纤维:异形是相对圆形而言,采用非圆形喷丝板孔加工的非圆形截面形状的纤维,称为异形纤维。其中兼有异形截面和中空结构两种特征的,称为异形中空纤维。目的是改善合成纤维的手感、光泽、抗起毛起球性、蓬松性等特性。为了仿蚕丝的光泽使截面呈三角形;为了仿棉的保暖性使纤维呈中空形。纤维截面形状的变化,使纤维反射光分布发生变化,导致纤维光泽的改变;使纤维间的摩擦与接触发生变化,导致纤维的触感及弯曲、扭转性质变化以及织物手感和风格变化。截面多叶形产生沿长度方向的沟槽,提高液态水的导湿能力。对异形截面纤维,相同线密度的同种纤维,异形纤维截面宽度和抗弯刚度大于圆形纤维,故可减少织物的起毛起球。异形纤维一般采用非圆形孔眼喷丝板纺丝制得。除此之外,也可采用膨化黏着法、复合纤维分离法、热塑性挤压法和变形加工法等制得。

③复合纤维:是将两种或两种以上的高聚物或性能不同的同种聚合物通过一个喷丝孔纺成的纤维。通过复合,在纤维同一截面上可以获得并列型、皮芯型、海岛型等其他复合方式的复合纤维,如图5-8所示。复合纤维是模仿羊毛正、偏皮质双边分布的永久卷曲和麻纤维的原纤—基质结构等产生。

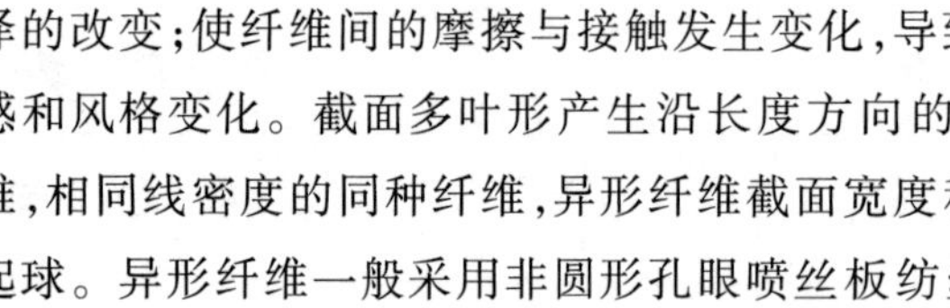

复合纤维不仅可以解决纤维的永久卷曲和弹性,而且可以多组分的连续覆盖作用,提供纤维易染色、难燃、抗静电、高吸湿等特性。

(a) 并列或双边

(b) 皮芯或芯鞘

(c) 海岛或原纤基质

图5-8 典型复合纤维的结构示意图

④超细纤维:根据国家标准,单根纤维线密度低于0.44dtex(0.4den)的纤维为超细纤维,主要用于人造麂皮仿桃皮绒等产品。超细纤维可通过直接纺丝法(如熔喷纺丝、静电纺丝等)、分裂剥离法和溶解去除法(图5-9)等方法加工而得。超细纤维抗弯刚度小,织物手感柔软、细腻、具有良好的悬垂性、保暖性和覆盖性,但回弹性

(a) 分裂剥离法　　　　(b) 溶解去除法

图5-9　分裂剥离法和溶解去除法示意图

低、蓬松性差。超细纤维比表面积大,吸附性和除污能力强,可用来制作高级清洁(擦镜)布。但超细纤维的染色要比同样深浅的常规纤维消耗染料多,且染色不易均匀。

⑤高收缩纤维:是指纤维在热或热湿作用下的长度有规律差异收缩弯曲或复合收缩的纤维。一般高收缩纤维在热处理时的收缩率在20%~50%,而一般纤维的沸水收缩率<5%(长丝<9%)。高收缩纤维广泛应用于仿毛产品的改性,泡绉织物、立体图形织物、提花织物、高密织物、膨体织物、人造麂皮等织物的生产。

⑥易染纤维:易染色是指可用不同染料染色,且色泽鲜艳、色谱齐全、色调均匀、色牢度好、染色条件温和(常温、无载体)等。涤纶是常用合成纤维中染色最困难的纤维,易染色合成纤维主要是指涤纶的染色改性纤维,如阳离子可染改性涤纶(CDP),常温常压阳离子可染涤纶(ECDP),另外,酸性染料可染涤纶,酸性或碱性染料可染涤纶,酸性染料可染腈纶,深色酸性可染锦纶,阳离子可染锦纶等。

⑦吸水吸湿纤维:是指具有吸收水分并将水分向临近纤维输送能力的纤维。与天然纤维相比,多数合成纤维吸湿性较差,尤其是涤纶与丙纶,严重地影响了这些纤维服装的穿着舒适性和卫生性。同时,纤维吸湿性差也带来了诸如静电、易脏等问题。吸水吸湿和导湿导汗纤维主要用于功能性内衣、运动服、训练服、运动袜和卫生用品等。

⑧混纤丝:是指由几何形态或物理性能不同的单丝组成的复丝。混纤丝的目的在于提高合成纤维的自然感。常见的混纤丝有异收缩、异截面形状、异线密度及多异混纤等几种类型。异收缩混纤丝是由高收缩纤维与普通纤维组成的复合丝,在织物整理及后加工过程中,高收缩纤维因受热发生收缩而成为芯丝,普通的纤维因丝长差而浮出表面,产生卷曲,形成空隙,赋予织物蓬松感。异形混纤丝是由截面形状不同的单丝组成的混纤丝,在纤维之间存在空隙及毛细管结构,可降低纤维间的摩擦因数,其织物具有良好的蓬松性、吸湿性和回弹性。多异混纤丝是指将具有不同的线密度、截面形状、热收缩率、伸长率、单丝粗细不匀等多种特征差异纤维的组合,目的是使之更接近天然纤维的风格。

**3.功能性纤维**　功能性纤维是具有特定功能(如吸水、高弹、防紫外、抗菌、抗静电等性能)的纤维。功能性纤维可分为三大类。

(1)对常规合成纤维改性,克服其固有缺点,如聚酯纤维的不吸湿,聚丙烯腈的静电作用等。

(2)针对天然纤维和化学纤维原来没有的性能,通过化学和物理改性手段赋予其蓄热、导电、导水、吸湿、抗菌、消臭、芳香、阻燃、紫外线遮蔽等附加性能,使之更适合于人类穿着安全舒

适和装饰应用。

（3）具有特殊性能（如高强度、高初始模量、耐热、阻燃等）的纤维。具有高强度和高模量性能的纤维，如对位芳纶（聚对苯二甲酰对苯二胺）、PBO（聚对亚苯基苯并二噁唑）、高强聚乙烯、碳纤维等；具有耐热性能的纤维，如间位芳纶、聚苯硫醚、聚酰亚胺纤维等阻燃纤维；具有高功能的纤维，如光导纤维、多孔中空纤维等各类高性能、智能化纤维。

差别化纤维是以生产各类仿真织物，如仿真丝、仿毛、仿麻、仿棉、仿麂皮等服装及装饰织物为主要目的，以改进服用性能为主；功能性纤维指具有某一特殊功能，如抗紫外，抗菌等；高性能纤维则突出耐高温、耐腐蚀、高强度及高模量等特殊性能。但随着科学发展，它们之间逐渐模糊而变得密不可分。

### 二、聚酰胺纤维

聚酰胺纤维（polyamide fiber，PA）是指其分子主链由酰胺键（—CO—NH—）连接的一类合成纤维，各国的商品名称不同，我国简称聚酰胺纤维为锦纶。聚酰胺纤维是世界上最早实现工业化生产的合成纤维，也是化学纤维的主要品种之一。脂肪族聚酰胺主要包括锦纶6、锦纶66、锦纶610等；芳香族聚酰胺包括聚对苯二甲酰对苯二胺即对位芳纶（我国称芳纶1414，美国杜邦公司称Kevlar）和聚间苯二甲酰间苯二胺即间位芳纶（我国称芳纶1313，美国杜邦公司称Nomex）等；混合型的聚酰胺包括聚己二酰间苯二胺（MXD6）和聚对苯二甲酰己二胺（聚酰胺6T）等。另外还合成了酰胺键部分或全部被酰亚胺键取代的聚酰胺酰亚胺和聚酰亚胺等品种。

脂肪族（aliphatic series）聚酰胺纤维一般可分成两大类。

（1）是由二元胺和二元酸缩聚制成的，其通式为$\left[CO(CH_2)_yCONH(CH_2)_xNH\right]_n$。根据二元胺和二元酸的碳原子数目，可得到不同品种的聚酰胺纤维。命名原则是聚酰胺纤维前面一个数字是二元胺的碳原子数，后一个数字是二元酸的碳原子数，如聚酰胺66纤维（锦纶66）即由己二胺和己二酸缩聚而成，聚酰胺610纤维（锦纶610）是由己二胺和癸二酸缩聚而成的。聚酰胺1010（锦纶1010）纤维是由癸二酸和癸二胺缩聚而成的。聚酰胺56是由戊二酸和己二胺缩聚而成的。

（2）是由$\omega$-氨基酸缩聚或由内酰胺开环聚合而得，其通式为$\left[NH(CH_2)_xCO\right]_n$。聚酰胺后面的数字即氨基酸或内酰胺的碳原子数，聚酰胺6纤维（绵纶6）即由己内酰胺经开环聚合而制成的纤维。

#### （一）结构特征

**1. 分子结构**　聚酰胺的分子是由许多重复结构单元（链节）通过酰胺键连接起来的线型长链分子，在晶体中为完全伸展的平面曲折形结构。成纤聚酰胺的平均分子量要控制在一定范围内，过高和过低都会给聚合物的加工性能和产品性质带来不利影响，通常成纤聚己内酰胺的相对分子质量为14000~20000，成纤聚己二酰己二胺的相对分子质量为20000~30000。

**2. 形态结构和聚集态结构**　锦纶是由熔体纺丝制成的，在显微镜下观察其截面近似圆形，纵向无特殊结构，在电子显微镜下可以观察到丝状的原纤组织，锦纶66的原纤宽度为10~15nm。

锦纶的聚集态结构是折叠链和伸直链晶体共存的体系。聚酰胺分子链间相邻酰胺基可以定向形成氢键，这导致聚酰胺倾向于形成结晶。纺丝冷却成形时由于内外温度不一致，一般纤维的皮层取向度较高,结晶度较低,而芯层则结晶度较高,取向度较低。锦纶的结晶度为50% ~ 60%,甚至高达70%。

**(二)聚酰胺纤维的主要性能**

聚酰胺纤维大分子中的酰胺键与丝素大分子中的肽键结构相同,但聚酰胺分子链上除了氢、氧原子外,并无其他侧基,因此分子间结合紧密,纤维的化学稳定性、力学强度、形状稳定性等都比蚕丝高得多。

**1. 密度**　聚己内酰胺的密度随着内部结构和制造条件的不同而有差异,通常聚己内酰胺是部分结晶的,测得的密度为 $1.12 \sim 1.14 \mathrm{g/cm}^3$;聚己二酰己二胺也是部分结晶的,其密度为 $1.13 \sim 1.16 \mathrm{g/cm}^3$。

**2. 热性能**

(1)热转变点:聚酰胺是部分结晶高聚物,具有较窄的熔融转变温度范围。锦纶6和锦纶66的分子结构十分相似,化学组成可以认为完全相同,但锦纶66的熔点比锦纶6高40℃。通常测得聚己内酰胺的熔点为215~220℃,软化点为160~180℃,玻璃化转变温度为47~50℃,聚己二酰己二胺的熔点为250~265℃,软化点为235℃,玻璃化转变温度为47~50℃。

(2)耐热性:锦纶的耐热性较差,在150℃下受热5h,断裂比强度和断裂伸长率会明显下降,收缩率增加。锦纶66和锦纶6的安全使用温度分别为130℃和93℃。在高温条件下,锦纶会发生各种氧化和裂解反应,主要是—C—N—键断裂形成双键和氰基。

**3. 力学性能**　锦纶的初始模量接近羊毛,比涤纶低得多,其手感柔软,但易变形。在同样条件下,锦纶66的初始模量略高于锦纶6。

锦纶短纤维的断裂比强度为 $3.35 \sim 4.85 \mathrm{cN/dtex}$;一般纺织用锦纶长丝的断裂比强度为 $3.53 \sim 5.29 \mathrm{cN/dtex}$,比蚕丝高1~2倍,比黏胶纤维高2~3倍;特殊用途的高强力丝比强度可达 $6.17 \sim 8.38 \mathrm{cN/dtex}$,甚至更高,这种强力丝适合制造载重汽车和飞机轮胎的帘子线及降落伞、缆绳等。湿态时,锦纶的断裂比强度稍有降低,为干态的85%~90%。

锦纶的断裂伸长率比较高,其大小随品种而异,普通长丝为25%~40%,高强力丝为20%~30%,湿态断裂伸长率较干态高3%~5%。

在所有普通纤维中,锦纶的回弹性最高。当伸长3%时,锦纶6的回弹率为100%,当伸长10%时,回弹率为90%,而涤纶为67%,黏胶长丝为32%。

由于锦纶的强度高、弹性回复率高,所以锦纶是所有纤维中耐磨性最好的纤维,它的耐磨性比蚕丝和棉纤维高10倍,比羊毛高20倍,因此最适合做袜子,与其他纤维混纺,可提高织物的耐磨性。

**4. 耐光性**　锦纶的耐光性较差,但优于蚕丝,在长时间日光或紫外光照射下,会引起大分子链断裂,强度下降,颜色发黄。实验表明,经日光照射16周后,有光锦纶、无光锦纶、棉纤维和蚕丝的强度分别降低23%、50%、18%和82%。

**5. 吸湿与染色性能**　锦纶除大分子首尾的一个氨基和一个羧基都是亲水性基团外,链中的酰胺基也具有一定的亲水性,因此它具有中等的吸湿性(标准大气条件下回潮率为4.5%左右)。锦纶膨胀的各向异性很小,几乎是各向同性的,关于这个问题,多数认为是皮层结构限制了截面方向的溶胀。

锦纶大分子两端含有氨基和羧基,因此可以用酸性染料染色,也可以用阳离子染料(碱性染料)染色,还可以用分散染料染色。

**6. 化学性质**　与碳链纤维相比,锦纶因含酰胺键,因此容易发生水解,在温度为100℃以下时,水解作用不明显;但温度超过100℃时,则水解反应逐渐剧烈。

酸是水解反应的催化剂,因此锦纶对酸是不稳定的,对浓的强无机酸特别敏感。在常温下,浓硝酸、盐酸、硫酸都能使锦纶迅速水解,如在10%的硝酸中浸渍24h,锦纶强度将下降30%。

锦纶对碱的稳定性较高,在温度为100℃、浓度为10%的苛性钠溶液中浸渍100h,纤维强度下降不多,对其他碱及氨水的作用也很稳定。

锦纶对氧化剂的稳定性较差。在通常使用的漂白剂中,次氯酸钠对锦纶的损伤最严重,氯能取代酰胺键上的氢,进而使纤维水解。双氧水也能使聚酰胺大分子降解。因此,锦纶不适于用次氯酸钠和双氧水漂白,而亚氯酸钠、过氧乙酸能使锦纶获得良好的漂白效果。

**(三)聚酰胺纤维的应用**

由于聚酰胺纤维具有良好的力学性能及染色性能,因此其应用非常广泛,在衣料服装、产业和装饰地毯等三大领域均有很好的应用。在服用方面,它主要用于制作袜子、内衣、衬衣、运动衫等,并可和棉、毛、黏胶纤维等混纺,使混纺织物具有很好的耐磨损性,还可制作寝具、室外饰物及家具用布等。在产业方面,它主要用于制作轮胎帘子线、传送带、运输带、渔网、绳缆等,涉及交通运输、渔业、军工等许多领域。

## 三、聚酯纤维

聚酯(polyester)通常是指以二元酸和二元醇缩聚而得的高分子化合物,其基本链节之间以酯键连接。聚酯纤维的品种很多,如聚对苯二甲酸乙二酯(polyethylene terephthalate;PET)纤维、聚对苯二甲酸丁二酯(polybutylene terephthalate;PBT)纤维、聚对苯二甲酸丙二酯(polytrimethylene terephthalate;PTT)纤维等,其中以聚对苯二甲酸乙二酯纤维,相对分子质量一般控制在18000~25000。其主分子结构简式如下:

$$H \left[ OCH_2CH_2O - \overset{O}{\underset{\|}{C}} - \underset{\text{苯环}}{\bigcirc} - \overset{O}{\underset{\|}{C}} - O \right]_n CH_2CH_2OH$$

我国将聚对苯二甲酸乙二酯含量大于85%的纤维简称为涤纶,也简称聚酯纤维,其中还有少量的单体(1%~3%)和低聚物(齐聚物)存在,这些低聚物的聚合度较低($n=2,3,4$等),以环状形式存在。

**(一)聚对苯二甲酸乙二酯——涤纶**

**1. 涤纶的结构特征**

(1)分子组成:从涤纶分子组成来看,它是由短脂肪烃类、酯基、苯环、端醇羟基所构成。

(2)分子结构:聚对苯二甲酸乙二酯(PET)是具有对称性苯环的线性大分子,没有大的支链,

因此分子线型好,易于沿着纤维拉伸方向取向而平行排列。PET 分子链中的 $-\underset{\text{}}{\bigcirc} - \overset{O}{\underset{\|}{C}} - O -$

基团刚性较大,因此纯净的 PET 熔点较高(约 267℃)。

由于分子内 C—C 链的内旋转,故分子存在两种空间构象。无定形 PET 为顺式构象:

结晶时即转变为反式构象:

聚酯分子链的结构具有高度的立体规整性,所有的苯环几乎处在同一平面上,这使相邻大分子上的凹凸部分便于彼此镶嵌,从而具有紧密敛集能力与结晶倾向。

聚酯分子间没有特别强大的定向作用力,大分子几乎呈平面构型,相邻分子的原子间距是正常的范德华距离,其单元晶格属三斜晶系,晶胞参数及晶胞密度的典型值见表 5－5。

表 5－5 聚酯的晶胞参数

| 名　　称 | $a$(nm) | $b$(nm) | $c$(nm) | $\alpha$(°) | $\beta$(°) | $\gamma$(°) | $\rho_c$(g/cm³) |
|---|---|---|---|---|---|---|---|
| PET | 0.448 | 0.588 | 1.075 | 99.5 | 118.4 | 111.2 | 1.515 |
|  | 0.450 | 0.590 | 1.076 | 100.3 | 118.66 | 110.8 | 1.501 |
| PTT | 0.458 | 0.622 | 1.812 | 97.0 | 89.0 | 111.0 | 1.429 |
|  | 0.459 | 0.621 | 1.831 | 98.0 | 90.0 | 111.7 | 1.432 |
| PBT | 0.495 | 0.567 | 1.259 | 101.7 | 121.8 | 99.9 | 1.545 |
|  | 0.469 | 0.580 | 1.300 | 101.0 | 120.5 | 105.0 | 1.637 |

(3)形态结构和聚集态结构:采用熔体纺丝制成的聚酯纤维,具有圆形实心的横截面,纵向均匀而无条痕。聚酯纤维大分子的聚集态结构与生产过程的拉伸及热处理有密切关系,采用一般纺丝速度纺制的初生纤维几乎完全是无定形的,密度为 1.335 ~ 1.337g/cm³,而经过拉伸及热处理后,就具有一定的结晶度和取向度。结晶度和取向度与生产条件及测试方法有关,涤纶的结晶度可达 40% ~ 60%,取向度高的双折射可达 0.188,密度为 1.38g/cm³。

**2.涤纶的性能**

(1)吸湿性:涤纶除了大分子两端各有一个羟基(—OH)外,分子中不含有其他亲水性基团,而且其结晶度高,分子链排列很紧密,因此吸湿性差,在标准状态下回潮率只有 0.4%,即使在相对湿度 100% 的条件下吸湿率也仅为 0.6% ~ 0.9%。由于涤纶的吸湿性低,在水中的溶胀度小,湿、干比强度和湿、干断裂伸长率比值皆近于 1.0,导电性差,容易产生静电现象,并且染色困难。高密涤纶织物穿着时感觉气闷,但具有易洗快干的特性。

（2）热性能。

①热力学形态。涤纶具有良好的热塑性能，在不同的温度下产生不同的变形，具有比较清楚的四种热力学形态。在脆折转变温度以下时，分子、链段、链节、侧基均被冻结，属脆折态，呈现高模量和脆性。在脆折转变温度至玻璃化转变温度之间时，分子侧基、链节可能转动，属玻璃态，变形能力很低。在玻璃化温度以上、软化点以下时，非晶区内某些链段活动，纤维柔韧，属高弹态。温度到230~240℃涤纶的软化点时，非晶区的分子链运动加剧，分子间的相互作用力被拆开，类似黏流态，但结晶区内的链段仍未被拆开，纤维只软化而不熔融，但此时已丧失了纤维的使用价值，所以在加工中不允许超越此温度。温度升至255~265℃时，结晶区内分子链开始运动，纤维熔融，此温度即涤纶的熔程。

涤纶在无张力的情况下，纱线在沸水中的收缩率达7%，在100℃的热空气中纤维收缩率为4%~7%，200℃时可达16%~18%。这种现象是涤纶纺丝时拉伸条件下应力残留的影响和结晶状况所造成的。如将未拉伸、未定形的纤维预先在高于其结晶温度、有张力的条件下处理，然后在无张力的条件下热处理，纤维就不会有显著的收缩。经过高温定形处理后，涤纶的尺寸稳定性提高。

在主要几种合成纤维中，涤纶的热稳定性最好。在温度低于150℃时处理，涤纶的色泽不变；在150℃下受热168h后，涤纶比强度损失不超过3%；在150℃下加热1000h，仍能保持原来比强度的50%。

②玻璃化转变温度。涤纶的玻璃化转变温度 $T_g$ 随其聚集态结构而变化，完全无定形的 $T_g$ 为67℃，部分结晶的 $T_g$ 为81℃，取向且结晶的 $T_g$ 为125℃。涤纶的 $T_g$ 对于纤维、纱线和织物的力学性能（特别是弹性回复）有很大影响。

（3）力学性能：涤纶大分子属线性分子链，侧面没有连接大的基团和支链，因此涤纶大分子相互间结合紧密，使纤维具有较高的比强度和形状稳定性。

①断裂比强度和断裂伸长率。涤纶的断裂比强度和拉伸性能与其生产工艺条件有关，取决于纺丝过程中的拉伸程度。按实际需要可制成高模量型（比强度高、伸长率低）、低模量型（比强度低、伸长率高）和中模量型（介于两者之间）的纤维。涤纶具有较高的强度和伸长率，由于其吸湿性低，所以干、湿比强度基本相等，干、湿断裂伸长率也接近。涤纶长丝的断裂比强度为3.8~5.2cN/dtex，断裂伸长率为20%~32%，初始模量为79.4~141.1cN/dtex。

②弹性和耐磨性。涤纶的弹性相比其他合成纤维较高，与羊毛接近，这是由于在涤纶的线型分子链中分散着苯环。苯环是平面结构，不易旋转，当受到外力后虽然产生变形，但一旦外力消失，纤维变形迅速回复。

涤纶的耐磨性仅次于锦纶，比其他合成纤维高出几倍。耐磨性是比强度、断裂伸长率和弹性之间的综合效果。由于涤纶的弹性极佳，比强度和伸长率又好，故耐磨性能也好，而且干态和湿态下的耐磨性大致相同。涤纶和天然纤维或黏胶纤维混纺，可显著提高织物的耐磨性。

③洗可穿性。涤纶织物的最大特点是优异的抗皱性和保形性，制成的衣服挺括不皱，外形美观，经久耐用。这是因为涤纶的比强度高、弹性模量高、刚性大、受力不易变形以及其弹性回复率高，变形后容易回复，再加上吸湿性低，湿态稳定性好，所以涤纶服饰穿着挺括、平整、形状

稳定性好,能达到易洗、快干、免烫的效果。

(4)化学稳定性:在涤纶分子链中,苯环和亚甲基均较稳定,结构中存在的酯基是唯一能起化学反应的基团,另外纤维的物理结构紧密,化学稳定性较高。

①对酸和碱的稳定性。涤纶大分子中存在酯键,可被水解,从而引起相对分子质量的降低。酸碱对酯键的水解具有催化作用,以碱更为剧烈,涤纶对碱的稳定性比对酸的差。

涤纶的耐酸性较好,无论是对无机酸或是有机酸都有良好的稳定性。将涤纶在60℃以下,用70%硫酸处理72h,其强度基本上没有变化;处理温度提高后,纤维强度迅速降低,利用这一特点用酸侵蚀涤棉包芯纱织物可制成烂花产品。

涤纶在碱的作用下发生水解,水解程度随碱的种类、浓度、温度及时间不同而异。由于涤纶结构紧密,热稀碱液能使其表面的大分子发生水解。水解作用由表面逐渐深入,当表面的分子水解到一定程度后,便溶解在碱液中,使纤维表面一层层地剥落下来,造成纤维的失重和强度的下降,而对纤维的芯层则无太大影响,其相对分子质量也没有什么变化,这种现象称为"剥皮现象"或"碱减量处理"工艺。此工艺可以使纤维变细,从而增加纤维在纱中的活动性,这就是涤纶织物用碱处理后可获得仿真丝绸效果的原因。

②对氧化剂和还原剂的稳定性。涤纶对氧化剂和还原剂的稳定性很高,即使在浓度、温度、时间等条件均较高时,纤维强度的损伤也不十分明显。因此在染整加工中,常用的漂白剂有次氯酸钠、亚氯酸钠、双氧水等,常用的还原剂有保险粉、二氧化硫脲等。

③耐溶剂性。常用的有机溶剂如丙酮、苯、三氯甲烷、苯酚—氯仿、苯酚—氯苯、苯酚—甲苯,在室温下能使涤纶溶胀,在70～110℃下能使涤纶很快溶解。涤纶还能在2%的苯酚、苯甲酸或水杨酸的水溶液、0.5%氯苯的水分散液、四氢萘及苯甲酸甲酯等溶剂中溶胀。所以酚类化合物常用作涤纶染色的载体。

(5)染色性能:涤纶染色比较困难,原因除涤纶缺乏亲水性、在水中膨化程度低以外,还可以从两方面加以说明。首先,涤纶分子中缺少像纤维素或蛋白质那样能和染料发生结合的活性基团,因此原来能用于纤维素或蛋白质纤维染色的染料,不能用来染涤纶,但可以采用醋酸纤维染色的分散染料。其次,即使采用分散染料染色,除某些相对分子质量较小的染料外,也还存在着另外一些困难,主要是由于涤纶分子排列得比较紧密,纤维中只存在较小的空隙。当温度低时,分子热运动改变其位置的幅度较小,并且在潮湿的条件下,涤纶又不会像棉纤维那样通过剧烈溶胀而使空隙增大,因此染料分子很难渗透到纤维内部去,所以必须采取一些有效的方法,如载体染色法、高温高压染色法和热熔染色法等。目前还开展了涤纶分散染料超临界 $CO_2$ 染色研究。

(6)起毛起球现象:涤纶的最大缺点之一是织物表面容易起毛起球。这是因为其纤维截面呈圆形,表面光滑,纤维之间抱合力差,纤维末端容易浮出织物表面形成绒毛,经摩擦后,纤维纠缠在一起结成小球,并且由于纤维强度高,弹性好,小球难于脱落,因而涤纶织物起球现象比较显著。

(7)静电现象:涤纶由于吸湿性低,表面具有较高的电阻率,当它与别的物体相互摩擦又立即分开时,涤纶表面易积聚大量电荷而不易逸散,产生静电,这不仅给纺织染整加工带来困难,而且使穿着者有不舒服的感觉。

（8）其他性能：

①燃烧性。涤纶与火焰接触时，伴随着纤维发生卷缩并熔融成珠状滴落。燃烧时会产生黑烟且具有芳香味，燃烧后灰烬为黑色硬颗粒状。

②微生物的作用。涤纶不受虫蛀和霉菌的作用，这些微生物只能侵蚀纤维表面的油剂和浆料，对涤纶本身无影响。

③耐光性。涤纶的耐光性好，仅次于腈纶和醋酯纤维，优于其他纤维。涤纶对波长为300～330nm范围的紫外光较为敏感，如果在纺丝时加入消光剂二氧化钛等，可导致纤维的耐光性降低；而在纺丝或缩聚时加入少量水杨酸苯甲酯或2,5－羟基对苯二甲酸乙二酯等耐光剂，可使其耐光性显著提高。

**（二）聚对苯二甲酸丙二酯（PTT）纤维**

PTT纤维是聚对苯二甲酸丙二酯（polytrimethlene terephthalate）纤维的简称。PTT纤维兼有涤纶和锦纶的特点，它像涤纶一样易洗快干，较好的弹性回复性和抗皱性，并有较好的耐污性、抗日光性和手感。它比涤纶的染色性能好，可在常压下染色，在相同条件下，染料对PTT纤维的渗透力高于PET，且染色均匀，色牢度好。PTT纤维与锦纶相比，同样有较好的耐磨性和拉伸回复性，并有弹性大、蓬松性好的特点，因而更适合制作地毯等材料。

**（三）聚对苯二甲酸丁二酯（PBT）纤维**

PBT纤维是聚对苯二甲酸丁二酯（polybutylene terephthalate）纤维的简称，它的晶胞参数见表5－5。PBT纤维是由涤纶的主要原料对苯二甲酸二甲酯（DMT）或对苯二甲酸（TPA）与1,4－丁二醇缩聚而成。用DMT与1,4－丁二醇在较高的温度和真空度下，以有机钛或锡化合物和钛酸四丁酯为催化剂进行缩聚反应，再经熔体纺丝制成PBT纤维。PBT纤维的聚合、纺丝、后加工工艺及设备与涤纶的基本相同。

与涤纶一样，PBT纤维也具有强度好、易洗快干、尺寸稳定、保形性好等特点，最主要的是它的大分子链上柔性部分较长，因而它断裂伸长大，弹性好，受热后弹性变化不大，手感柔软。PBT纤维的另一优点是染色性比涤纶好。PBT织物在常压沸染条件下用分散染料染色便可得到满意的染色效果。此外，PBT纤维还有较好的抗老化性、耐化学反应性和耐热性。

PBT纤维在工程塑料、家用电器外壳、机器零件上有着广泛的用途。

**（四）PEN纤维**

PEN纤维是聚对萘二甲酸乙二醇酯（polyethylene naphthalate）纤维的简称，与涤纶一样，PEN纤维是半结晶状的热塑性聚酯材料，它的生产工艺是通过2,6－萘二甲酸二甲酯（NDC）与乙二醇（EG）进行酯交换，然后再进行缩聚制得。若加入少量含有机胺、有机磷类的化合物则可提高PEN的热稳定性。

PEN纤维与常规涤纶相比，具有较好的力学性能和热性能，如比强度高，比模量高，抗拉伸性能好，刚性大；耐热性好，尺寸稳定，不易变形，有较好的阻燃性；耐化学性和抗水解性好；抗紫外线，耐老化。

**（五）聚氨酯（PU）弹性纤维**

聚氨酯弹性纤维（polyurethane elastic fibre）是一种以聚氨基甲酸酯为主要成分的嵌段共聚

物制成的纤维,我国简称为氨纶,国外的商品名中著名的有美国的"莱卡(Lycra)"。

由于氨纶不仅具有橡胶丝那样的弹性,还具有一般纤维的特性,因此作为一种新型纺织纤维受到人们的青睐。它可用于制作各种内衣、游泳衣、松紧带、腰带等,也可制作袜口及绷带等。

**1. 聚氨酯弹性纤维(氨纶)的结构**

(1)氨纶的结构:氨纶是软硬链嵌段共聚高分子化合物,其结构组成如下:

$$R—O—CONH \quad R'NHCONH \quad R''NHCONH \quad R'NHCO—O—R$$

式中：R ——脂肪族聚酯二醇或脂肪族聚酯二醚；

　　　R'——芳香族基；

　　　R''——脂肪族基。

聚氨酯弹性纤维根据链结构中软链段部分是聚酯还是聚醚分为聚酯型和聚醚型。聚酯或聚醚与芳香二异氰酸酯反应,生成异氰酸酯端基的预聚物,然后这种预聚物再和扩链剂—低相对分子质量的含有活泼氢原子的双官能团化合物(如二元胺或二元醇)反应而获得嵌段共聚物。合成的嵌段共聚物可通过干纺、湿纺或熔融纺制成氨纶。

(2)氨纶的弹性体结构:氨纶大分子链中有两种链段。一种为软链段,它由不具结晶性的低相对分子质量聚酯(1000~5000)或聚醚(1500~3500)链组成,其玻璃化温度很低(−50~−70℃),且在常温下,它处于高弹态,在应力作用下,它很容易发生形变,从而赋予纤维容易被拉长变形的特征;另一种为硬链段,它由具有结晶性并能形成横向交联、刚性较大的链段(如芳香族二异氰酸酯链段)组成,这种链段在应力作用下基本上不产生变形,从而防止分子间滑移,并赋予纤维足够的回弹性。在外力作用下,软链段为纤维提供大形变,使纤维容易被拉伸,而硬链段则用于防止长链分子在外力作用下发生相对滑移,并在外力去除后迅速回弹,起到物理交联的作用。用化学反应纺丝法制造的氨纶只有一种软链段,但交错的软链段之间有由化学交联形成的结合点,它与软链段配合,共同赋予纤维高伸长、高回弹的特点。这两种类型的氨纶分子间结构示意图如图5−10所示。

（a）物理交联　　　　　　　　　　　（b）化学交联

图 5 − 10　氨纶的弹性结构模型

**2. 氨纶的性能**

(1)密度和线密度:氨纶的密度为$1.20~1.21g/cm^3$,虽略高于橡胶丝(不加填料时,天然橡胶密度为$0.95g/cm^3$,各种合成橡胶在$0.92~1.23g/cm^3$),但在化学纤维中仍属较轻的纤维,氨纶的线密度一般为22~4778dtex,最细可达11dtex。

（2）吸湿性:在温度为20℃、相对湿度65%下,氨纶的回潮率为1.1%,虽较棉纤维、羊毛及锦纶等小,但优于涤纶、丙纶和橡胶丝。

（3）力学性能:氨纶的湿态断裂比强度为0.35~0.88cN/dtex,干态断裂比强度为0.5~0.9cN/dtex,是橡胶丝的2~4倍。氨纶的断裂伸长率可达500%~800%,瞬时弹性回复率为90%以上,与橡胶丝相差无几,比一般加弹处理的高弹聚酰胺纤维(弹性伸长大于300%)还大,它的形变回复率也比聚酰胺弹力丝高,见表5-6。另外,氨纶还具有良好的耐挠曲、耐磨性能等。

表5-6 两类氨纶的性能

| 项 目 | 聚 醚 型 | 聚 酯 型 |
|---|---|---|
| 断裂比强度(cN/dtex) | 0.62~0.79 | 0.49~0.57 |
| 断裂伸长率(%) | 480~550 | 650~700 |
| 弹性回复率(%) | 95(伸长500%) | 98(伸长600%) |
| 弹性模量(cN/dtex) | 0.11 | 0.13 |
| 密度(g/cm³) | 1.21 | 1.20 |
| 回潮率(%) | 1.3 | 0.3 |
| 耐热性 | 150℃发黄,170℃发黏 | 150℃有热裂塑性,190℃强度下降 |
| 耐酸碱性 | 耐大多数酸,在稀盐酸和硫酸中变黄 | 耐冷稀酸,在热碱中快速水解 |
| 耐溶剂性 | 良好 | 良好 |
| 耐气候性 | 暴晒于日光下强度有下降 | 暴晒于日光下强度有下降并变色 |
| 耐磨性 | 良好 | 良好 |

（4）耐热性:氨纶的软化温度约为200℃,熔点或分解温度约为270℃,优于橡胶丝,在化学纤维中属耐热性较好的品种。

（5）化学稳定性:氨纶对次氯酸钠型漂白剂的稳定性较差,推荐使用过硼酸钠、过硫酸钠等含氧型漂白剂。聚醚型氨纶的耐水解性好;而聚酯型氨纶的耐碱、耐水解性稍差。

（6）染色性:氨纶的染色性能尚可,染锦纶的染料都能使用,通常采用分散染料、酸性染料等染色。

## 四、聚烯烃类纤维

聚烯烃类纤维(polyolefin fiber)在合成纤维中属后起之秀,发展速度始终居于各种合成纤维之首。

聚烯烃类纤维以其表面性能和低密度著称,目前它的主要用途是产业用纺织品,如滤布和非织造织物。然而,它在家庭、运动和汽车用纺织品方面也有巨大的潜在市场。

聚烯烃类纤维是高分子长链合成聚合物的合成纤维,此聚合物由至少85%的乙烯、丙烯或其他烯烃类单体组成,且具有光滑表面的棒状结构。聚烯烃是非极性柔性高分子,熔点和玻璃化温度较低,结晶性较好。

聚烯烃类纤维一般采用熔体纺丝成形,且纤维比强度高,有很好的亲油性和疏水性。

**1. 聚烯烃类纤维的物理性能**

(1)优点:聚烯烃类纤维是一种轻型纤维,其比强度很高,耐磨性能良好,这类纤维还具有较强的抗阳光和耐气候能力。聚烯烃类纤维几乎是全疏水性(回潮率仅为 0.1%),污渍容易去除,可用于室内外地毯、浴室和厨房地毯及室内装饰品。聚烯烃类纤维可以水洗和干洗。虽然这种纤维为疏水性纤维,但是在非常细的时候具有优异的芯吸作用,同时,它还具有优异的回弹性。

(2)缺点:由于这类纤维几乎是全疏水性的,故不利于制作大多数服装,当聚烯烃类纤维与其他纤维混合时,其疏水性和芯吸作用能使其成为运动服面料和其他高性能用织物的组成部分。聚烯烃类纤维有时会产生静电和起球现象。因为这类纤维的软化点很低,所以其必须在低温(65℃)下熨烫、机洗和干燥。

**2. 聚烯烃类纤维的用途**　由于聚烯烃类纤维具有较优异的芯吸作用,所以其可作为运动服、体操装等的纤维原料,也可作为非织造织物和地毯表面的纱线,还可以用作装饰织物、工业用织物(如过滤布、袋包装布)。

**(一)超高分子量聚乙烯纤维**

超高分子量聚乙烯(UHMWPE)纤维,我国简称为乙纶,它是目前世界上强度最高的纤维之一,其相对分子质量一般为 $10^6$ 以上。采用凝胶纺丝工艺生产的长丝纤维,其断裂比强度达 2.7 ~ 3.8cN/dtex。这种纤维的密度低,只有 $0.96g/cm^3$,用它加工的缆绳及制品轻,可以漂在水面上。其能量吸收性强,可制作防弹、防切割和耐冲击品的材料。

超高分子量聚乙烯纤维具有良好的疏水性、耐化学品性、抗老化性、耐磨性、耐疲劳性和柔软弯曲性,同时又耐水、耐湿、耐海水、抗震。超高分子量聚乙烯纤维在极低温度下,其电绝缘性和耐磨性均优良,是一种理想的低温材料。这种纤维的主要缺点是耐热性差,使用温度为100 ~ 110℃以下,在125℃左右时即可熔化,其断裂比强度和比模量随温度的升高而降低,因此这种材料要避免在高温下使用。

**(二)聚丙烯纤维**

聚丙烯(polypropylene,PP)纤维,我国简称为丙纶,是以丙烯聚合得到的等规聚丙烯为原料纺制而成的合成纤维。目前其产量仅次于聚丙烯腈纤维,其产品主要有普通长丝、短纤维、膜裂纤维、膨体长丝、工业用丝、纺粘合熔喷法非织造织物等。

**1. 丙纶的形态结构和聚集态结构**　丙纶由熔体纺丝法制得,一般情况下,纤维截面呈圆形,纵向光滑无条纹。

从等规聚丙烯的分子结构来看,虽然不如聚乙烯的对称性高,但它具有较高的立体规整性,因此比较容易结晶。等规聚丙烯的结晶是一种有规则的螺旋状链,这种三维的结晶,不仅是单个链的规则结构,而且在链轴的直角方向也具有规则的链堆砌。

**2. 丙纶的性能**

(1)密度:丙纶的密度为 $0.90 ~ 0.92g/cm^3$,在所有化学纤维中是最轻的,因此聚丙烯纤维质轻、覆盖性好。

（2）吸湿性：丙纶大分子上不含有极性基团，纤维的微结构紧密，其吸湿性是合成纤维中最差的，其回潮率低于0.03%，因此用于衣着时多与吸湿性高的纤维混纺。

（3）热性能：丙纶是一种热塑性纤维，熔点较低，因此加工和使用时温度不能过高，在有空气存在的情况下受热，容易发生氧化裂解。

（4）力学性能：丙纶与其他合成纤维一样，断裂比强度与断裂伸长率与加工工艺有关，其主要力学性能见表5-7。聚乙烯纤维和丙纶无任何极性基因，如果只有范德华力，不可能具有如此高的拉伸比强度。1974~1983年发展了"熵变能"理论，在国际化学学会和国际物理化学学会联合大会上承认了"熵联"（entropy union）力，并对此做出了解释。

表5-7 丙纶的主要性能

| 性　能 | 短纤维 | 长丝 | 性　能 | 短纤维 | 长丝 |
|---|---|---|---|---|---|
| 初始模量（cN/dtex） | 23~63 | 46~136 | 弹性回复率（%）（伸长5%时） | 88~95 | 88~98 |
| 断裂比强度（cN/dtex） | 2.5~5.3 | 3.7~6.4 | 沸水收缩率（%） | 0~5 | 0~5 |
| 断裂伸长率（%） | 20~35 | 15~35 | | | |

丙纶的断裂比强度高，断裂伸长率和弹性回复率较高，所以丙纶的耐磨性也较高，特别是耐反复弯曲性能优于其他合成纤维，它与棉纤维的混纺织物具有较高的耐曲磨牢度，丙纶耐平磨的性能也很好，与涤纶接近，但比锦纶差些。

（5）染色性能：丙纶不含可染色的基团，吸湿性又差，故难以染色，采用分散染料只能得到很浅的颜色，且色牢度很差。通常采用原液着色、纤维改性、在熔融纺丝前掺混染料络合剂等方法，可解决丙纶的染色问题。

（6）化学稳定性：丙纶是碳链高分子化合物，又不含极性基团，故对酸、碱及氧化剂的稳定性很高，耐化学性能优于一般化学纤维。

（7）耐光性：丙纶耐光性较差，日光暴晒后易发生强度损失，这主要是由于光分解或光氧化作用。从化学组成来看，丙纶没有吸收紫外光的羰基，但由于分子链中叔碳原子的氢比较活泼，易被氧化，所以其耐光性差。

（8）其他性能：丙纶的电阻率很高（$7 \times 10^{19} \Omega \cdot cm$），导热系数很小，与其他化学纤维相比，它的电绝缘性和保暖性好。同时丙纶抗微生物性也好，不霉不蛀。

**3. 细线密度丙纶**　"芯吸效应"是细线密度丙纶织物所特有的性能，其单丝线密度愈小，这种芯吸透湿效应愈明显，且手感愈柔软。因此，细线密度丙纶织物导汗透气，穿着时可保持皮肤干爽，出汗后无棉织物的凉感，也没有其他合成纤维的闷热感，从而提高了织物的舒适性和卫生性。在纺丝过程中添加陶瓷粉、防紫外线物质或抗菌物质，可开发出各种功能性丙纶产品。

**（三）聚丙烯腈系（PAN）纤维**

聚丙烯腈系（polyacrylonitrile，PAN）纤维，通常是指含丙烯腈85%以上的丙烯腈共聚物或均聚物纤维，我国简称为腈纶，丙烯腈含量为35%~85%的共聚物纤维，则称为改性聚丙烯腈纤维或改性腈纶。腈纶自实现工业化生产以来,因其性能优良、原料充足,而发展很快。该纤维柔软,保暖性好,密度比羊毛小(腈纶密度为 $1.17g/cm^3$ ,羊毛密度为 $1.32g/cm^3$ ),可广泛用于代替羊毛制成膨体绒线、腈纶毛毯、腈纶地毯,故有"合成羊毛"之称。

**1. 腈纶的结构特征**

(1)化学组成:由于均聚丙烯腈制得的腈纶结晶度极高,不易染色,手感及弹性都较差,还常呈现脆性,不适应纺织加工和服用的要求,为此聚合时加入少量其他单体。一般的成纤聚丙烯腈大多采用三元共聚体或四元共聚体。通常将丙烯腈称为第一单体,它是腈纶的主体,对纤维的许多化学、物理及力学性能起着主要的作用;第二单体为结构单体,加入量为 5% ~ 10% ,通常选用含酯基的乙烯基单体,如丙烯酸甲酯、甲基丙烯酸甲酯或乙酸乙烯酯等,这些单体的取代基极性较氰基弱,基团体积又大,可以减弱聚丙烯腈大分子间的作用力,从而改善纤维的手感和弹性,克服纤维的脆性,也有利于染料分子进入纤维内部;第三单体又称染色单体,是使纤维引入具有染色性能的基团,改善纤维的染色性能,一般选用可离子化的乙烯基单体,加入量为 0.5% ~ 3% 。第三单体又可分为两大类,一类是对阳离子染料有亲和力,含有羧基或磺酸基的单体,如丙烯磺酸钠、苯乙烯磷酸钠、对甲基丙烯酰胺苯磺酸钠、亚甲基丁二酸(又称衣康酸)单钠盐等,其中用磺酸基的单体,日晒色牢度较高,而羧基的单体日晒色牢度差,但染浅色时色泽较为鲜艳;另一类是对酸性染料有亲和力,含有氨基、酰胺基、吡啶基的单体,如乙烯吡啶、2 - 甲基 - 5 - 乙基吡啶、丙烯基二甲胺等。显然,因第二、第三单体的品种不同,用量不同,可得到不同的腈纶,染整加工时应予注意。

(2)形态结构:腈纶的界面随溶剂及纺丝方法的不同而不同。用通常的圆形纺丝孔,采用硫氰酸钠为溶剂的湿纺腈纶,其截面是圆形的;而以二甲基甲酰胺为溶剂纺腈纶,其截面是花生果形的。腈纶的纵向一般都较粗糙,似树皮状。

湿纺腈纶的结构中存在着微孔,微孔的大小和数量影响纤维的力学及染色性能。微孔的大小与共聚体的组成、纺丝成形的条件等有关。

(3)聚集态结构:由于侧基—氰基的作用,聚丙烯腈大分子主链呈螺旋状空间立体构象。在丙烯腈均聚物中引入第二单体、第三单体后,大分子侧基有很大变化,增加了其结构和构象的不规则性。

腈纶中存在着与纤维轴平行的晶面,也就是说沿垂直于大分子链的方向(侧向或径向)存在一系列等距离排列的原子层或分子层,即大分子排列侧向是有序的;而纤维中不存在垂直于纤维轴的晶面,也就是说沿纤维轴(即大分子纵向)原子的排列是没有规则的,即大分子纵向无序。因此通常认为腈纶中没有真正的晶体存在,而将这种只是侧向有序的结构称为蕴晶(或准晶)。正因此,腈纶的光学双折射率为 - 0.005 。

腈纶的聚集态结构与涤纶、锦纶不同,它没有严格意义上的结晶部分,同时无定形区的规整度又高于其他纤维的无定形区。进一步研究认为,用侧序分布的方法来描述腈纶的结构较为合适,其中准晶区是侧序较高的部分,其余则可粗略地分为中等侧序度部分和低侧序度部分。

腈纶不能形成真正晶体的原因可以认为是聚丙烯腈大分子上含有体积较大和极性较强的侧基——氰基(—CN),同一大分子上相邻的氰基因极性方向相同而相斥,相邻大分子间因氰基极性方向相反而相互吸引。

**2.腈纶的性能**

(1)力学性能:腈纶的干态断裂比强度,毛型为 1.76 ~ 3.09cN/dtex,棉型为 2.911 ~ 3.18cN/dtex,湿态强度为干态强度的 80%~100%。腈纶的干态断裂伸长率一般为 25%~46%。初始比模量为 22 ~53cN/dtex,比涤纶小,比锦纶大,因此它的硬挺性介于这两种纤维之间。腈纶的弹性回复率在伸长较小时(2%),与羊毛相差不大,但在穿着过程中,羊毛的弹性回复率优于腈纶。

(2)玻璃化转变温度:腈纶不像涤纶、锦纶有明显的结晶区和无定形区,而只存在着不同的侧向有序度区,所以腈纶没有明显的熔点,其软化温度为 190 ~240℃,250℃以上出现热分解。一般认为,丙烯腈均聚物有两个玻璃化温度,分别为低序区的 $T_{g1}$(80 ~100℃)和高序区的 $T_{g2}$(140 ~150℃)。$T_{g1}$ 和 $T_{g2}$ 都比较高,而丙烯腈三元共聚物的两个玻璃化温度比较近,为 75 ~100℃,这是因为引入了第二、第三单体后,大分子的组成发生了变化,$T_{g1}$ 和 $T_{g2}$ 也产生了较大的变异,使 $T_{g2}$ 向 $T_{g1}$ 靠拢或消失,只存在一个 $T_g$。在含有较多水分或膨化剂的情况下,还会使 $T_g$ 下降到 75 ~80℃。因此,染色、印花时的固色温度都应在 75℃以上。

(3)热弹性:由于腈纶为准晶高分子化合物,不如一般结晶高分子化合物稳定,经过一般拉伸定形后的纤维还能在玻璃化温度以上再拉伸 1.1 ~1.6 倍,这是螺旋棒状大分子发生伸直的宏观表现。由于氰基的强极性,大分子处于能量较高的稳定状态,它有恢复到原来稳定状态的趋势。若在紧张状态下使纤维迅速冷却,纤维在具有较大内应力的情况下固定下来,这种纤维就潜伏着受热后的收缩性,即热回弹性,这种在外力作用下,因强迫热拉伸而具有热弹性的纤维,称为腈纶的高收缩纤维,可制作腈纶膨体纱。

(4)热稳定性:聚丙烯腈具有较好的热稳定性,一般成纤用聚丙烯腈加热到 170 ~180℃时不发生变化,如存在杂质,则会加速聚丙烯腈的热分解并使其颜色变化。

(5)燃烧性:腈纶能够燃烧,但燃烧时不会像锦纶、涤纶那样形成熔融黏流,这主要是由于它在熔融前已发生分解。燃烧时,除氧化反应外,还伴随着高温分解反应,不但产生 NO、$NO_2$,而且还产生 HCN 以及其他氰化物,这些化合物毒性很大,所以要特别注意。另外,腈纶织物不会由于热烟灰或类似物质溅落其上而熔成小孔。

(6)吸湿性和染色性:腈纶的吸湿性比较差,标准状态下其回潮率为 1.2%~2.0%,在合成纤维中属中等程度。聚丙烯腈均聚物很难染色,但加入第二、第三单体后,降低了结构的规整性,而且引入少量酸性基团或碱性基团,从而可采用阳离子染料或酸性染料染色,使染色性能得到改善,其染色牢度与第三单体的种类密切相关。

(7)化学稳定性:聚丙烯腈属碳链高分子化合物,其大分子主链对酸、碱比较稳定,然而其大分子的侧基—氰基在酸、碱的催化作用下会发生水解,先生成酰胺基,进一步水解生成羧基。水解的结果是使聚丙烯腈转变为可溶性的聚丙烯酸而溶解,造成纤维失重,比强度降低,甚至完全溶解。

腈纶对常用的氧化性漂白剂稳定性良好,在适当的条件下,可使用亚氯酸钠、过氧化氢进行漂白;对常用的还原剂,如亚硫酸钠、亚硫酸氢钠、保险粉(连二亚硫酸钠)也比较稳定,故与羊毛混纺时可用保险粉漂白。

(8)耐光、耐晒和耐气候性:腈纶具有优异的耐日晒及耐气候性能,在所有的天然纤维及化学纤维中居首位。腈纶优良的耐光和耐气候性,主要是聚丙烯腈的氰基中,碳和氮原子间的三价键能吸收较强的能量,如紫外光的光子,转化为热,使聚合物不易发生降解,从而使最终的腈纶具有非常优良的耐光性能。棉纤维如用丙烯腈接枝或氰乙基化处理后,耐光性能也大大改善。

(9)其他性能:腈纶不被虫蛀,这是优于羊毛的一个重要性能,另外对各种醇类、有机酸(甲酸除外)、碳氢化合物、油、酮、酯及其他物质都比较稳定,但可溶解于浓硫酸、酰胺和亚砜类溶剂中。

### (四)聚乙烯醇缩甲醛纤维

聚乙烯醇缩甲醛(polyvinyl formal,vinylon, vinal)纤维是合成纤维的重要品种之一,我国简称为维纶,日本及朝鲜称为维尼龙。其基本组成部分是聚乙烯醇(polyvingl alcohol,PVA)。

**1. 维纶的结构** 用硫酸钠为凝固浴成形的维纶,截面是腰子形的,有明显的皮芯结构,皮层结构紧密,而芯层有很多空隙,空隙与成形条件有关。

一般经热处理后,纤维的结晶度为60%~70%,经缩醛化后纤维的 X 射线衍射图基本不变,说明缩醛化主要发生在无定形区及晶区的表面。

**2. 聚乙烯醇缩醛化纤维的性能**

(1)密度:维纶的密度为 $1.26 \sim 1.30 \text{g/cm}^3$,约比棉纤维轻20%。

聚乙烯醇晶胞为单斜晶系,结晶区的密度为 $1.34 \text{g/cm}^3$,无定形区的密度为 $1.27 \text{g/cm}^3$,一般缩醛化后密度为 $1.27 \sim 1.30 \text{g/cm}^3$。

(2)回潮率:维纶在标准状态下的回潮率为 $4.5\% \sim 5.0\%$,公定回潮率 $5.0\%$。在主要合成纤维中名列前茅。由于导热性差,它具有良好的保暖性。

(3)力学性能:维纶外观形状接近棉纤维,因此俗称合成棉花,但比强度和耐磨性都优于棉纤维。棉/维(50/50)混纺织物,其强度比纯棉织物高60%,耐磨性可以提高 $50\% \sim 100\%$。维纶的弹性不如聚酯纤维等其他合成纤维,其织物不够挺括,在服用过程中易产生折皱。

(4)耐热水性:维纶的耐热水性能与缩醛化度有关,随着缩醛化度的提高,耐热水性能明显提高。在水中软化温度高于115℃的维纶,在沸水中尺寸稳定性好,如在沸水中松弛处理 1h,纤维收缩仅为 $1\% \sim 2\%$。

(5)耐干热性:维纶的耐干热性能较好。普通的棉型维纶短纤维纱在 40~180℃范围内,温度提高,纱线收缩略有增加;超过180℃时,收缩为 2%;超过200℃时,收缩增加较快;220℃时收缩达 6%;240℃后收缩直线上升;260℃时达到最高值。

(6)化学稳定性:维纶的耐酸性能良好,能经受温度为 20℃、浓度为 20% 的硫酸或温度为60℃、浓度为 5% 的硫酸作用。在浓度为 50% 的烧碱和浓氨水中,维纶仅发黄,而强度变化较小。

(7)染色性:未经缩醛化处理的聚乙烯醇纤维,无定形区存在大量的羟基,其染色性能与纤维素纤维相似,可以采用直接、硫化、还原、不溶性偶氮染料染色,而且吸附染料的量比棉纤维大;缩醛化处理后,无定形区的羟基与甲醛反应,生成亚甲醚键,使其具有类似醋酯、聚酯等纤维的染色性能,对分散染料具有亲和力。

维纶的染色性能较差,存在着上染速度慢、染料吸收量低和色泽不鲜艳等问题,其原因是采用湿法纺丝,使纤维存在着皮层和芯层结构,皮层结构紧密,影响染料扩散。纤维经热处理后结晶度提高(达60%~70%),缩醛化处理后无定形区的游离羟基有一部分被封闭,也影响了对染料的吸收。

(8)耐日晒性能:将棉帆布和维纶帆布同时放在日光下暴晒六个月,棉帆布强度损失48%,而维纶帆布强度仅下降25%,故维纶适合于制作帐篷或运输用帆布。

(9)耐溶剂性:维纶不溶解于一般的有机溶剂,如乙醇、乙醚、苯、丙酮、汽油、四氯乙烯等。在热的吡啶、酚、甲酸中溶胀或溶解。

(10)耐海水性能:将棉纤维和维纶同时浸在海水中20日,棉纤维的强度会降低为零(即强度损失100%),而维纶强度损失为12%,故适合于制作渔网。

不醛化的聚乙烯醇纤维可溶于温水,称可溶性维纶纤维,是天然纤维纺制超细线密度纱线的重要原料。目前我国聚乙烯醇纺丝厂主要生产可溶性维纶。其次,聚乙烯醇纤维在适当条件下可纺制成高强高模量维纶,目前也有少量生产。

**(五)聚氯乙烯纤维**

聚氯乙烯(polyvinyl chloride,PVC)纤维是最早的合成纤维,我国20世纪80年代初即建成大量生产厂,简称为氯纶。由于氯纶耐热性差,对有机溶剂的稳定性和染色性差,特别是有游离氯离子和含氯分子会析出形成致癌物质,所以对其限制使用,从而影响其生产发展,20世纪70年代初和氯纶生产厂逐步停产。

氯纶的产品有长丝、短纤维及鬃丝等,以短纤维和鬃丝为主。氯纶的主要用途在民用方面,主要用于制作各种针织内衣、毛线、毯子和家用装饰织物等。由氯纶制作的针织服装,不仅保暖性好,而且具有阻燃性,另外由于静电作用,对关节炎有一定的辅助疗效。在工业应用方面,氯纶可用于制作各种在常温下使用的滤布、工作服、绝缘布、覆盖材料等。鬃丝主要用于编织窗纱、筛网、绳索等。

**1. 氯纶的结构** 用一般方法生产的聚氯乙烯均属无规立构体,很少有结晶性,但有时能显示出在某些很小的区段上形成结晶区。随着聚合条件的改变,可以改变所得聚合物的立体规整性。随着聚合温度的降低,可使所得聚氯乙烯的立体规整性提高,使纤维的结晶度也随之提高,纤维的耐热性和其他一系列物理机械性能也可获得不同程度的改善。

**2. 氯纶的性能**

(1)密度:氯纶结晶区的密度为$1.440g/cm^3$,非结晶区的密度为$1.389~1.390g/cm^3$,聚氯乙烯的密度为$1.39~1.41g/cm^3$。

(2)力学性能:氯纶的主要力学性能见表5−8。

(3)耐热性:聚氯乙烯的耐热性极低,只适宜于40~50℃以下使用,65~70℃即软化,并产生明显的收缩。其黏流温度约为175℃,而分解温度为150~155℃。

(4)燃烧性:氯纶的独特性能就在于其难燃性,其极限氧指数LOI为37.1,在明火中发生收缩并炭化,离开火源便自行熄灭,其产品特别适用于易燃场所。

表 5 – 8　氯纶的力学性能

| 性　　　能 | 普通短纤维 | 强力短纤维 | 长丝 |
|---|---|---|---|
| 拉伸模量（cN/dtex） | 17 ~ 28 | 34 ~ 57 | 34 ~ 51 |
| 断裂比强度（cN/dtex） | 2.3 ~ 3.2 | 3.8 ~ 4.5 | 3.1 ~ 4.2 |
| 湿干强度比 | 1 | 1 | 1 |
| 断裂伸长率（%） | 79 ~ 90 | 15 ~ 23 | 20 ~ 25 |
| 弹性回复率（%）（伸长3%） | 70 ~ 85 | 80 ~ 85 | 80 ~ 90 |

（5）保暖性：聚氯乙烯大分子结构中具有不对称因素，所以具有很强的偶极矩，这就使氯纶具有保暖性和静电性。其保暖性比棉、羊毛纤维好。

（6）化学稳定性：氯纶对各种无机试剂的稳定性很好，对酸、碱、还原剂或氧化剂，都有相当好的稳定性。

（7）耐溶剂性：氯纶的耐有机溶剂性差，它和有机溶剂之间不发生化学反应，但有很多有机溶剂能使它发生有限溶胀。

（8）染色性和耐光性：一般常用的染料很难使氯纶上色，所以生产中多采用原液着色。氯纶易发生光老化，当其长时间受到光照时，大分子会发生氧化裂解。在某些情况下会释放氯离子或含氯的分子，对人体有害，使用时宜采取有效措施。

聚氯乙烯与聚丙烯腈混合纺丝的纤维，我国简称为腈氯纶，兼有两者的性能，一般在阻燃产品中使用。

### （六）聚四氟乙烯纤维

聚四氟乙烯（polytetrafluorethylene，teflon，polytef）纤维我国简称为氟纶。它是迄今为止最耐腐蚀的纤维，它的摩擦因数低，并具有不黏性、不吸水性。

氟纶的密度为 2.2g/cm³，标准回潮率只有 0.01%，其拉伸断裂比强度不高，约为1.3cN/dtex，比模量为 14.5 ~ 18.2cN/dtex，断裂伸长率为 13% ~ 15%。

氟纶具有非常优异的化学稳定性，其稳定性超过所有其他的天然纤维和化学纤维，如将这种纤维置于浓硫酸中，在 290℃ 下处理 1 日，然后在 100℃ 的浓硝酸中处理 1 日，最后再在 100℃、50% 烧碱中处理 1 日，其强度未见变化；对所有的强氧化剂也是稳定的。

氟纶具有良好的耐气候性，是现有各种化学纤维中耐气候性最好的一种，在室外暴露 15 年，其力学性能不会发生明显的变化；它既能在较高的温度下使用，也能在很低的温度下使用，其使用的温度范围是 -160 ~ 260℃。其极限氧指数值为 95，即在氧浓度 95% 以上的气体中才能燃烧，因此它是目前化学纤维中最难燃的纤维。

氟纶还具有良好的电绝缘性能和抗辐射性能。其摩擦因数为 0.01 ~ 0.05，是现有合成纤维中最小的，而且可在很高的温度和很宽的荷重范围内保持不变。

氟纶本身没有任何毒性，但是在 200℃ 以上使用时，有少量有毒气体氟化氢释出，因此在高温下使用时应注意采取相应措施。

### 五、高性能纤维

高性能纤维包括高强度、超高强度、高模量、超高模量、耐高温等纤维,主要有芳族共聚酰胺纤维(aromatic copolyamide fibre)简称芳纶,包括对位芳纶(芳纶 1414,Kevlar,Twaron 等)、间位芳纶(芳纶 1313,Nomax,Conex,Technora 等)、芳砜纶、聚对亚苯基苯并二噁唑纤维(PBO)、聚间亚苯基苯并二咪唑纤维(PBI)等。几种高性能纤维物理指标见表 5 – 9。

表 5 – 9　几种高性能纤维的物理指标

| 纤维名称 | 密度<br>( g/cm³) | 断裂比<br>强度<br>( cN/dtex) | 比模量<br>( cN/dtex) | 断裂伸<br>长率<br>( %) | 熔点<br>$T_m$( ℃) | 玻璃化<br>温度 $T_g$<br>( ℃) | 安全可使<br>用温度<br>$T_s$( ℃) | 分解温度<br>$T_d$( ℃) | 极限氧<br>指数<br>LOI( %) | 标准回<br>潮率<br>( %) |
|---|---|---|---|---|---|---|---|---|---|---|
| Kevlar29 | 1.44 | 20.3 | 490 | 3.6 | — | — | 250 | 550 | 30 | 3.9 |
| Kevlar49 | 1.45 | 20.8 | 780 | 2.4 | — | — | 250 | 550 | 30 | 4.5 |
| Kevlar129 | 1.44 | 23.9 | 700 | 3.3 | — | — | 250 | 550 | 30 | 3.9 |
| Nomex | 1.46 | 4.85 | 75 | 35 | — | — | 220 | 415 | 28 ~ 32 | 4.5 |
| Twaron 1000 | 1.44 | 19.8 | 495 | 3.6 | — | — | 250 | 550 | 29 | 4.5 |
| Twaron 2000 | 1.44 | 23 | 640 | 3.3 | — | — | 250 | 550 | 29 | 4.5 |
| Technora | 1.39 | 22 | 500 | 4.4 | | | | 500 | 25 | 3.9 |
| Terlon | 1.46 | 23 | 773 | 2.8 | | 350 | 220 | 470 | 27 ~ 30 | 2 ~ 3 |
| PBO AS | 1.54 | 42 | 1300 | 3.5 | — | | 360 | 650 | 68 | 2.0 |
| PBO HM | 1.56 | 42 | 2000 | 2.5 | — | | — | 650 | 68 | 0.6 |
| PBI | 1.4 | 2.4 | 28 | 28.5 | | | 250 | 550 | 41 | 15 |
| Dyneema SK60 | 0.97 | 28 | 910 | 3.5 | 144 | | 80 | — | < 20 | 0 |
| Dyneema SK65 | 0.97 | 31 | 970 | 3.6 | | | | — | < 20 | 0 |
| Dyneema SK75 | 0.97 | 35 | 1100 | 3.8 | — | | — | — | < 20 | 0 |
| Spectra 1000 | 0.97 | 32 | 1100 | 3.3 | 155 | | 100 | — | < 20 | 0 |
| Spectra 2000 | 0.97 | 34 | 1200 | 2.9 | | | | — | < 20 | 0 |
| 高模碳纤维 | 1.80 | 29.4 | 1530 | 1.8 | — | | 600 | 3700 | — | — |
| 高强碳纤维 | 1.80 | 39.2 | 1630 | 2.0 | — | | 500 | 3700 | — | — |
| E 玻璃纤维 | 2.583 | 7.8 | 280 | 4.8 | | | 350 | 825 | — | — |
| S 玻璃纤维 | 2.78 | 18.5 | 340 | 5.2 | — | | 300 | 800 | — | — |
| 钢丝 | 7.85 | 4 | 265 | 11.2 | — | — | — | 1600 | — | — |

### (一)对位芳纶(芳纶 1414)

对位取代芳香族聚酰胺(聚对苯二甲酰对苯二胺 PPTA),简称其为对位芳纶或芳纶 1414。它具有超刚硬分子链、超高相对分子质量,是问世最早的高性能纤维,其后又不断根据性能要求特点,美国杜邦公司开发生产出了 Kevlar29、Kevlar49、Kevlar119、Kevlar129、Kevlar149 等不同规格产品。对位芳纶分子式如下:

**1. 对位芳纶的性能**

(1)力学性能:对位芳纶具有较高的断裂比强度和比模量,另外,它的强伸性能对于温度是不敏感的,一直到玻璃化温度以上。对位芳纶长丝的断裂强度为 15.9~23.8cN/dtex,断裂伸长率为 1.5%~4.4%,比模量为 379.5~970.9cN/dtex。

对位芳纶的压缩性能完全不同于它的拉伸性能,它在轴向和径向具有较低的压缩性能,这主要是由于它的高结晶和高取向。

对位芳纶具有较低的剪切性能,这是由于它具有较高的各向异性。对位芳纶的剪切性能远远低于拉伸性能和压缩性能。对位芳纶的切变模量虽然低于拉伸和压缩模量,但远远高于一般纤维的切变模量。

由于对位芳纶较低的横向结合力,因此它具有较低的耐磨性能,当纤维之间摩擦或与金属表面摩擦时易原纤化,以致形成断裂。为了保护其表面,大部分 Kevlar 制品需使用上油剂,增加耐磨性。

(2)热性能:对位芳纶比一般纤维具有良好的散热和绝热性能。如 Kevlar 49 室温时比热容为 $1.7 \times 10^3 J/(kg \cdot K)$,且随着温度增加而增加,而 Technora 的比热容为 $1.1 \times 10^3 J/(kg \cdot K)$。Kevlar 的导热系数为 $0.52 J/(m^2 \cdot K)$。Kevlar 29 的织物与相同厚度的玻璃纤维布、石棉布具有相同的热绝缘性能,但在相同质量下,对位芳纶比玻璃纤维和石棉纤维具有更好的热绝缘性能。

(3)其他性能:对位芳纶纤维的平均分子量为 20000,聚合度为 84,分子长度为 108nm。大部分纤维的截面为圆形,直径为 $12\mu m$,密度为 $1.43~1.44g/cm^3$,比锦纶、聚酯纤维大,比碳纤维、玻璃纤维和钢丝小,质量较轻。

对位芳纶的标准回潮率为 3.9%~4.5%。对位芳纶是有光泽的、黄色的,当加热到450℃以上,对位芳纶逐渐变焦和变脆。对位芳纶的颜色是因为在对位取代链中通过酰胺键和氨基氧化形成了共轭结构,具有扭曲的或螺旋线构象的纤维,共轭较低,颜色较淡。

**2. 对位芳纶的用途**　对位芳纶的用途极为广泛,在轮胎帘子线方面,用其制作的帘子线特别适合于载重汽车和飞机的轮胎;在复合材料方面是极为理想的纤维增强材料,主要用于飞机、宇航器的结构材料和火箭发动机壳体材料;在防弹制品(头盔、防弹背心等)方面,其制成品防弹性能优良;另外在绳索、防割手套和体育用品方面也起着重要的作用。

**(二)间位芳纶(芳纶 1313)**

聚间苯二甲酰间苯二胺纤维(PMIA)(间位芳纶亦称芳纶 1313,美国杜邦公司生产的商品名为诺梅克斯 Nomex)是一种耐高温纤维,而且是目前所有耐高温纤维中产量最大、应用最广的一个品种。其分子式如下:

$$\left[ -N\overset{H}{-}\underset{}{\bigcirc}N\overset{H}{-}\overset{}{\underset{O}{C}}\underset{}{\bigcirc}\overset{}{\underset{O}{C}}- \right]_n$$

间位芳纶具有优异的耐热性、阻燃性和高温下的尺寸稳定性、电绝缘性、耐老化性和耐辐射性。在 260℃下连续使用 1000h,其强度损失仅 25%～35%;在高温下不熔融,在温度达到 400℃才开始碳化,且其燃烧时极限氧指数为 28%～30%,具有自熄性。对位芳纶耐酸、耐碱性好,但长期置于强酸和强碱中,强度有所下降。其耐光性较差,这是它的缺点。间位芳纶密度为 1.46g/cm³,标准回潮率为 4.5%,断裂比强度为 4.85cN/dtex,断裂伸长率为 35%,比模量为 75cN/dtex。间位芳纶用途广泛,除用于高温、化学品、烟尘等过滤、提纯外,还可以制作各种军事和消防用防火帘、隔热服、消防服、作战服、地毯、耐热降落伞等,而且在工业用耐高温传输带等生产中发挥重要作用。

### (三) 芳纶 14

聚对苯甲酰胺(芳纶 14)是一种专为航空航天工业而设计的高性能纤维材料。与对位芳纶相比,其强度略低而模量较高,耐高温性、耐酸、耐碱和阻燃性良好。芳纶 14 主要用于制作复合材料,如飞机客舱的护墙板,作为结构材料可制作飞机的机翼,具有质轻且坚牢的特点。

### (四) 芳砜纶

聚苯砜对苯二甲酰胺纤维(polysulfone amide,简称芳砜纶、PSA 纤维)是由 4,4′-二氨基二苯砜、3,3′-二氨基二苯砜和对苯二甲酰氯的缩聚物制成的纤维。其主要特点是具有优良的绝缘性和耐热性,此外其阻燃性高,耐化学稳定性好,除几种极性很强的溶剂和浓硫酸外,在常温下对化学品均具有良好的稳定性。芳砜纶不仅可以制作多种耐高温滤材和高温高压电器中的绝缘材料,而且还可加工成运输工具中的高级阻燃织物等。

芳砜纶属于对位芳纶系列,纤维断裂比强度为 3.3～4.9cN/dtex;断裂伸长率 20%～25%;初始比模量为 760kg/mm²;密度为 1.42g/cm³。

与间位芳纶相比,芳砜纶表现出更优异的耐热性和热稳定性,芳砜纶在 250℃和 300℃时的强度保持率分别为 70%、50%,在 350℃的高温下,依然保持 38% 的强度,而在此温度下间位芳纶纤维已遭破坏。芳砜纶在 250℃和 300℃热空气中处理 100h 后的强度保持率分别为 90% 和 80%,而在相同条件下芳纶 1313 纤维仅为 78% 和 60%。芳砜纶可在 200℃的温度下长期使用。

芳砜纶具有高温下尺寸的稳定性。沸水收缩率为 0.5%～1.0%,在 300℃热空气中的收缩率为 2.0%。

芳砜纶的极限氧指数 LOI 值高达 33,水洗 100 次或干洗 25 次对 100% 芳砜纶织物的阻燃性没有影响。当易燃纤维与芳砜纶纤维混纺时,即使有很小比例的芳砜纶存在,也能限制熔融混合物的熔滴。芳砜纶具有良好的染色性能。这些性能使芳砜纶适合于制作炉前工作服、电焊工作服、均压服、防辐射工作服、化学防护服、高压屏蔽服、宾馆用纺织品及救生通道。

**（五）聚对苯硫醚纤维**

聚对苯硫醚[poly（–p–phenylene sultide），PPS]分子式如下：

PPS 纤维的特点是有优良的耐热性和强度，同时绝缘性、耐化学稳定性良好。玻璃化转变温度为 200℃，熔点为 285℃，可在 200℃ 以上使用，极限氧指数值为 34。短纤维回潮率为 0，密度为 1.37g/cm³，线密度为 2.1dtex，断裂比强度为 3.61cN/dtex，断裂伸长率为 15%~35%，卷曲度为 19.2%，180℃ 时干热收缩率为 1.25%。目前在阻燃、高温尾气过滤等领域广泛应用。

**（六）聚酰亚胺纤维**

聚酰亚胺（polyimide；PI）纤维有多个品种，基本分子式如下：

式中 R 可为：

PI 纤维具有耐高温性，可在 250~280℃ 下长期使用，并在 –150~340℃ 有较好的力学强度和电绝缘性能。密度为 1.34~1.60 g/cm³，断裂比强度为 58~82MPa，拉伸模量为 4~5GPa，断裂伸长率为 1.2%~1.5%。主要用于高温、阻燃环境，在高温尾气过滤中广泛应用。

## 六、聚杂环纤维

**（一）聚对亚苯基苯并二噁唑纤维**

聚对亚苯基苯并二噁唑[poly（p-phenylene benzobisoxazole），PBO]，简称聚苯并噁唑，其分子式如下：

PBO 纤维的特点是高断裂比强度、高比模量以及优良的耐热性和阻燃性。PBO 纤维的断裂比强度为 37cN/dtex，比模量为 1150~1760cN/dtex，断裂伸长率为 1.2~3.5%，密度为 1.54~1.56g/cm³。极限氧指数值为 68，点火时不燃，纤维也不收缩。在 400℃ 的温度下，PBO 纤维的模量和性能基本没有变化，因此它可在 350℃ 以下长期使用。

PBO 纤维富有柔韧性，手感近似于涤纶。其吸湿性比对位芳纶差，标准回潮率为 0.6%，吸湿除湿后，纤维不变形。PBO 纤维有很好的尺寸稳定性，这是由于它耐热性好，吸湿性小，热和水分对其尺寸的影响极小，因此它适于在有张力的条件下使用。

PBO 纤维几乎对所有的有机溶剂和碱具有很好的稳定性，PBO 纤维长时间和这些化学品接触,其强度也几乎没有变化。PBO 纤维对强氧化剂的耐受性也很好,如在浓度为 5% 的次氯酸钠溶液中浸泡 300h,其强度下降还不到 10%。

PBO 纤维的弱点是耐酸性较差,在与酸性物质接触时,其强度随着时间的延长而下降。另外,PBO 纤维的耐光性也较差,光线照射后将引起强度的下降,因此在室外使用时,应采取遮光措施。同时其耐气候老化性也较差。

### (二)聚间亚苯基苯并二咪唑纤维

聚间亚苯基苯并二咪唑[poly(m-phenylene benzobisimidazol),PBI]纤维,简称聚苯并咪唑纤维。

PBI 纤维的密度为 $1.43g/cm^3$,断裂比强度为 2.4cN/dtex(最高可达 6.6cN/dtex),断裂伸长率为 20%~25%,拉伸比模量为 28~32cN/dtex(最高可达 147cN/dtex)。吸湿性好,标准回潮率达 15%,因而加工时不会产生静电。其制品的穿着舒适性与天然纤维的相似,远优于其他合成纤维制品。

PBI 纤维具有优良的耐热性,极限氧指数为 38~43,在空气中一般不燃烧,可在 300℃ 以下的温度中长期使用。

PBI 纤维对化学药品的稳定性良好,对强碱和强酸都有很好的耐受性;对有机溶剂也很稳定,如在醋酸、甲醇、全氯乙烯、二甲基乙酰胺、二甲基甲酰胺、二甲基亚砜、煤油、汽油和丙酮等有机溶剂中,30℃ 浸泡 168h,其强度不变。

PBI 纤维织物是飞行衣、消防服、航天服、赛车服、耐高温工作服的优良面料,也可作为飞机、船艇等内部铺饰材料,如窗帘、盖布及地毯等,还可用于制作宇航用降落伞、吊装带。

### (三)聚醚醚酮纤维

聚醚醚酮[poly(ether-ether-ketone),PEEK]纤维是半结晶的芳香族热塑性聚合物,属聚醚酮类。它是芳香族高性能纤维中难得的可以高温熔体纺丝的纤维材料。其分子式如下:

PEEK 纤维耐湿热性优良,使用温度可达 250℃,熔点为 334℃,极限氧指数为 35。密度为 $1.30~1.32g/cm^3$,结晶度为 30%~35%,体积比电阻为 $5 \times 10^{16} \Omega \cdot cm$,热容量为 1.34kJ/(kg·℃),导热系数为 0.25W/(m·℃),断裂比强度为 6.5cN/dtex,断裂伸长率为 25% 左右,比模量为 40~50cN/dtex,且温度在 80℃ 时的收缩率小于 1%。PEEK 纤维的玻璃化温度为 143℃。

PEEK 纤维的耐化学性较好,在浓度为 10% 的盐酸、硝酸、甲酸、10% 的醋酸、50% 的磷酸中基本无损伤,对于五氧化二磷、溴化钾、二氧化硫、四氯化碳、氯仿、三氯乙烯、芳香族溶剂、苯、矿物油、石油、萘、甲烷、发动机油均无侵蚀作用。

由于 PEEK 纤维具有优良的耐化学和耐热性,及其与常规涤纶相近的力学性能,它可以应用于各种化学腐蚀和热作用场合的传送带和连接器件,压滤和过滤材料,防护带及服装,洗刷用工业鬃丝,电缆、开关的防护绝缘层,热塑性复合材料的增强体,土工膜及土工材料以及乐器的弦和网球板弦线等。

**(四)聚间亚苯基苯二咪唑纤维**

聚间亚苯基苯二咪唑纤维［poly(p‑phengglene benzobis imidazol),PBI］分子式如下：

聚间亚苯基苯并二咪唑

**(五)聚对亚苯基苯并二噻唑纤维**

聚对亚苯基苯并二噻唑纤维［poly(p‑phengglene benzobis thiazole),PBZT］简称苯并噻唑，分子式如下：

聚对亚苯基苯并二噻唑

### 👉 思考题

1.再生纤维有哪些种类？它们的组成与哪些天然纤维相似？它们的超分子结构有哪些特点？

2.纤维素再生纤维的主要性能和蛋白质再生纤维的主要性能如何？有什么差异？

3.半合成纤维主要有哪些种类？组成物质是什么？结构有何特点？性能有何特点？主要用途是什么？

4.合成纤维按组成物质区分主要有哪些品种？合成纤维按形态区分有哪些品种？

5.聚酰胺纤维的主要特征和主要用途是什么？它分哪些品种？

6.聚酯纤维的主要特征和主要用途是什么？它分哪些品种？

7.聚氨酯纤维的主要特征和主要用途是什么？

8.聚烯烃类纤维有哪些品种？主要特征和主要用途是什么？

9.高性能合成纤维有哪些主要品种？性能上有哪些特点？主要用途是什么？

### 参考文献

[1] 于伟东.纺织材料学［M］.北京:中国纺织出版社,2006.

[2] 严灏景.纤维材料学导论［M］.北京:纺织工业出版社,1990.

[3] 李栋高.纤维材料学［M］.北京:中国纺织出版社,2005.

[4] 蔡再生.纤维化学与物理［M］.北京:中国纺织出版社,2004.

[5] J.E.麦金太尔.合成纤维［M］.付中玉,译.北京:中国纺织出版社,2006.

［6］周晓沧,肖建宇.新合成纤维材料及其制造［M］.北京:中国纺织出版社,1998.

［7］张树钧,程贞娟,肖长发,等.改性纤维与特种纤维［M］.北京:中国石化出版社,1995.

［8］李栋高,蒋惠钧.纺织新材料［M］.北京:中国纺织出版社,2002.

［9］S.阿达纳.威灵顿产业用纺织品手册［M］.北京:中国纺织出版社,2000.

［10］宫本武明,本宫达也.新纤维材料入门［M］.东京:日本工业新闻社,1992.

［11］Marjory L. Joseph. Introductory textile science［M］. Holt Rinehart and Winston,1986.

［12］J W S Hearle.高性能纤维［M］.马渝荘,译.北京:中国纺织出版社,2004.

［13］王曙中,王庆瑞,刘兆峰.高科技纤维概论［M］.上海:中国纺织大学出版社,1999.

［14］邢声远,江钖夏,文永奋,等.纺织新材料及其识别［M］.北京:中国纺织出版社,2002.

［15］梅自强.纺织辞典［M］.北京:中国纺织出版社,2007.

［16］邢声远,王锐.纤维辞典［M］.北京:化学工业出版社,2007.

［17］曾汉民.功能纤维［M］.北京:化学工业出版社,2005.

［18］西鹏,高晶,李文刚,等.高技术纤维［M］.北京:化学工业出版社,2004.

［19］郭大生,王文科.聚酯纤维科学与工程［M］.北京:中国纺织出版社,2001:18,26 - 27.

［20］J Scheirs,T E Long.现代聚酯［M］.赵国梁,黄关葆,张天骄,等译.北京:化学工业出版社,2007.

［21］贺福.碳纤维及石墨纤维［M］.北京:化学工业出版社,2010:438 - 439.

［22］丁梦贤.聚酰亚胺:化学、结构与性能的关系及材料［M］.北京:科学出版社,2006.

# 第六章　无机纤维

**本章知识点**

1. 无机纤维的分类。
2. 石棉纤维的性能特点及其应用。
3. 玻璃纤维的性能特点及其应用。
4. 碳纤维的性能特点及其应用。
5. 金属纤维的性能特点及其应用。

无机纤维包括天然无机纤维和人造无机纤维。天然无机纤维主要有石棉;人造无机纤维已有很多品种,包括玻璃纤维、碳纤维、金属纤维、陶瓷纤维等。

# 第一节　石　棉

石棉是天然矿物纤维,是由中基性的火成岩或含有铁、镁的石灰质白云岩在中高温环境变质条件下变质生成的变质矿物岩石结晶。它们的基本化学分子式是镁、钠、铁、钙、铝的硅酸盐或铝硅酸盐,且含有羟基。主要有两大类五种。

## 一、石棉纤维的种类

**1. 角闪石石棉( hornblende asbestos)**　主要有四种[1-2]。

(1)青石棉(又名兰闪石石棉)( crocidolite, blue asbestos, krokidolite):分子式为 $Na_2(Fe_3^{2+}Fe_2^{3+})[Si_4O_{11}]_2(OH)_2$,结晶属单斜晶系。

(2)透闪石石棉( tremolite asbestos):分子式为 $Ca_2(Mg_5)[Si_4O_{11}]_2(OH)_2$,结晶属单斜晶系。

(3)阳起石石棉( actindite asbestos):分子式为 $Ca_2[Mg,Fe]_5[Si_4O_{11}]_2(OH)_2$,结晶属单斜晶系。

(4)直闪石石棉( anthophyllite asbestos, bidalotite asbestos):结晶属斜方晶系。

**2. 蛇纹石石棉**　蛇纹石岩矿中的纤蛇纹石( serpentine asbestos)类岩石的纤维状结晶(另有鳞蛇纹石和叶蛇纹石类),分子式为 $(Mg,Fe)_6[Si_4O_{10}](OH)_8$。

蛇纹石石棉中最主要的品种是温石棉(chrysotile asbestos),分子式为 $Mg_6[Si_4O_{10}](OH)_8$,且结晶属单斜晶系。

## 二、石棉纤维的结构

硅酸盐矿物的天然结晶有两大类,一大类是三维立体柱状结构,其完美纯正结晶是石英;另一大类是二维片状结构,其多层片状叠合结晶是云母,且云母单层厚0.5~0.6nm。将硅酸盐单层片状硅酸盐盘卷成空心圆管,卷叠层数一般为10~18层,这就是单根石棉纤维,且其外直径一般在19~30nm,空心管芯直径4.5~7nm。许多单根石棉纤维按接近六方形堆积结合成束,即构成了石棉纤维结晶束。石棉纤维外形及截面如图6-1[3]所示。石棉矿中束纤维及单纤维长度很长,我国开采保存的最长纤维束达2.18m[3]。但经开采分离后,纤维均有折断,长度视加工条件而定,一般3~80mm。

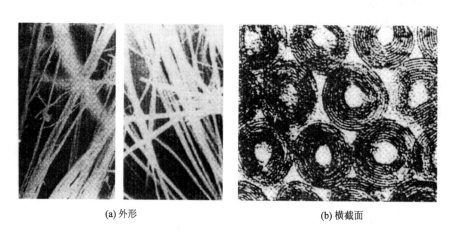

(a) 外形  (b) 横截面

图6-1 石棉纤维外形及截面

## 三、石棉纤维的性能

温石棉的颜色一般为深绿、浅绿、土黄、浅黄、灰白、白色,半透明,有蚕丝光泽,密度为2.49~2.53g/cm³,温石棉耐碱性良好,但耐酸性较差,在酸作用下氧化镁被析出而破坏;角闪石石棉的颜色一般为深蓝、浅蓝、灰蓝色,有蚕丝光泽,密度为(外直径内包括中腔时的密度)3.0~3.1g/cm³。角闪石石棉化学性质较稳定,耐碱性、耐酸性均较好。

石棉纤维未受损伤时,断裂比强度可达36MPa(11cN/dtex)以上,但受损伤后强度会降低。其比热为1.11J/g·℃,导热系数为0.12~0.30W/m·K,表面比电阻为$(8.2×10^7)$~$(1.2×10^{10})\Omega$,体积比电阻为$(1.9×10^8)$~$(14.8×10^9)\Omega·cm$。一般回潮率为11%~17.5%,其中大部分是结构中的结合水。

石棉纤维一般在300℃以下时,无损伤及变化,且耐热性良好;在600~700℃时,将脱析结晶水,结构破坏、变脆;在1700℃及以上时,将破坏结构,强度显著下降、变脆,受力后粉碎。

#### 四、石棉纤维的主要用途

石棉纤维的纺织应用在中国有很悠久的历史。现已较为广泛应用于耐热、隔热、保温、耐酸、耐碱的服装、鞋靴、手套,化工过滤材料、电解槽隔膜织物,锅炉、烘箱等的热保温材料,石棉瓦、石棉板等建筑材料,电绝缘的防水填充材料等。但是由于石棉纤维破碎体是直径亚微米级的短纤维末,在流动空气中会随风飞散,被人吸入肺部将引起硅沉着病,因此在全世界范围内已公开限制或禁止石棉纤维的应用,其生产规模近年来已明显萎缩。

# 第二节　玻璃纤维

玻璃纤维是用硅酸盐类物质人工熔融纺丝形成的无机长丝纤维。

## 一、玻璃纤维的种类

**1. 按化学组成及由其产生的不同特性分**　玻璃纤维的基本组成是硅酸盐或硼硅酸盐,即天然矿物的石英砂、石灰石、白云石、石蜡等加配纯碱(碳酸钠)、硼酸等。其主要成分为二氧化硅、三氧化二铝、三氧化二铁和钙、硼、镁、钡、钾、钠等元素的氧化物,而按后面这些碱金属氧化物含量的不同可形成不同的品种,当前的重点品种有:

(1)无碱电绝缘玻璃纤维(E玻璃纤维,electrical glass fiber)。

(2)碱玻璃纤维(A玻璃纤维,alkali glass fiber)。

(3)耐化学玻璃纤维(C玻璃纤维,chemical glass fiber)。

(4)高拉伸模量玻璃纤维(M玻璃纤维,high modulas glass fiber)。

(5)高强度玻璃纤维(S玻璃纤维,high strength glass fiber)。

(6)含铝玻璃纤维(L玻璃纤维,aluminium glass fiber)。

(7)低介电常数玻璃纤维(D玻璃纤维,dielectric glass fiber)。

(8)其他特种玻璃纤维,例如光导玻璃纤维、防辐射玻璃纤维等。

**2. 按纺丝方法分**

(1)玻璃球纺长丝法:按要求组配成分后混熔制成玻璃球,在剔除次品后,将玻璃球置于小坩埚中熔融,且熔融的玻璃液由坩埚底部小孔流出,并抽引卷绕成丝筒,最后将丝筒上的丝束上油集束后,高速拉伸(2000 ~ 5000m/min)成玻璃纤维长丝。

(2)直接纺长丝法(池窑纺丝法):直接将按组成配料投入池窑熔融后通过拉丝板(喷丝板)小孔流出,抽引卷绕成丝筒,再将丝筒上的丝束上油集束后,高速拉伸成玻璃纤维长丝。

(3)气流牵伸纺短纤维法:由池窑熔融的玻璃液经喷丝板小孔流出后,用高压空气或高压蒸汽喷吹引导,使玻璃液流牵伸变细而制得的玻璃短纤维(即玻璃棉),其一般长度为120 ~ 380mm。

(4)离心纺短纤维法:池窑熔融后的玻璃液经旋转容器周边的小孔喷出,再使其受离心力甩出并牵伸成的玻璃短纤维。

**3. 按单丝线密度（直径）和复丝集束纤维根数分** 有超细玻璃纤维（直径 <5μm）、细玻璃纤维（直径 5~25μm）、中等细度玻璃纤维（直径 25μm 以上）和光导玻璃纤维（直径 125μm 左右）四种，每束丝中单纤维长丝根数一般在 50~4000 根。

**4. 按单丝结构分** 有均质圆截面单丝和皮芯结构单丝两类。一般玻璃纤维均为均质圆截面单丝（作过滤等用途时，也有圆形中空的玻璃纤维）；但光导纤维呈皮芯结构，即用两种玻璃熔融皮芯复合结构纺丝制得，并外包涂层进行保护。其皮层玻璃折射率低，芯层玻璃折射率高，并利用界面全反射效应减少光能传输损失。

## 二、玻璃纤维的组成

几种玻璃纤维的典型组成见表 6-1。

表 6-1 几种常用玻璃纤维的化学组成（%，质量分数）[4-5]

| 纤维品种代号 | E玻璃纤维 | C玻璃纤维 | A玻璃纤维 | S玻璃纤维 | M玻璃纤维 | 防辐射玻璃纤维 | R玻璃纤维 | AR玻璃纤维 | D玻璃纤维 |
|---|---|---|---|---|---|---|---|---|---|
| $SiO_2$ | 55.2 | 64.5 | 72.0 | 64.32 | 53.7 | 38.7 | 60 | 61.0 | 75.5 |
| $Al_2O_3$ | 14.8 | — | — | 24.80 | — | — | 25 | 0.5 | — |
| $Fe_2O_3$ | 0.3 | 4.1 | 0.6 | 0.21 | 0.5 | 5.5 | — | — | 0.5 |
| $MgO$ | 3.3 | 3.3 | 2.5 | 10.27 | 9.0 | — | 6 | 0.05 | 0.5 |
| $CaO$ | 18.7 | 13.4 | 10.0 | <0.01 | 12.9 | — | 9 | 5.0 | 20.0 |
| $B_2O_3$ | 7.3 | 4.7 | — | <0.01 | — | 27.5 | — | — | 3.0 |
| $Na_2O$ | 0.3 | 7.9 | 14.2 | 0.27 | — | — | — | — | — |
| $K_2O$ | — | 1.7 | — | — | — | — | — | 14.0 | — |
| $TiO_2$ | — | — | — | — | 8.0 | — | — | 5.5 | — |
| $BaO$ | — | 0.9 | — | — | — | — | — | — | — |
| $F_2$ | 0.3 | — | — | — | — | — | — | — | — |
| $CeO_3$ | — | — | — | — | 3.0 | — | — | — | — |
| $Li_2O$ | — | — | — | — | 3.0 | — | — | — | — |
| $ZrO_2$ | — | — | — | — | 2.0 | — | — | 13.0 | — |
| $PbO$ | — | — | — | — | — | 27.3 | — | — | — |
| $BeO$ | — | — | — | — | 8.0 | — | — | — | — |

具体各生产企业的各品种牌号纤维的组成有较大差异，但其基本组成是表 6-1 中的几种物质。

## 三、玻璃纤维的主要性能

几种常用玻璃纤维的主要性能指标见表 6-2。由于它们各自用途不同，所以其性能指标也是各不相同的。

表 6-2 几种常用玻璃纤维的主要性能[6]

| 纤维品种代号 | E 玻璃纤维 | RCR 玻璃纤维 | C 玻璃纤维 | A 玻璃纤维 | S 玻璃纤维 | R 玻璃纤维 | AR 玻璃纤维 |
|---|---|---|---|---|---|---|---|
| 密度(g/cm³) | 2.53 | 2.60 | 2.49 | 2.46 | 2.78 | 2.55 | 2.74 |
| 单纤维拉伸断裂应力(GPa) | 3.7 | 3.4 | 3.4 | 3.1 | 4.7 | 4.5 | 2.5 |
| 单纤维拉伸模量(GPa) | 76.0 | 73.0 | — | 72.0 | 86.0 | 85.0 | 80.0 |
| 液相线温度①(℃) | 1140 | — | — | 1010 | — | — | — |
| 纤维化温度②(℃) | 1200 | — | — | 1280 | — | — | — |
| 折射率 $n_d$ | 1.550 | — | — | 1.541 | 1.523 | — | 1.561 |
| 线性热膨胀系数($10^{-6}$/K) | 5.0 | — | 7.1 | 9.0 | 2.85 | 4.10 | — |
| 体积比电阻(Ω·cm) | $10^{15}$ | — | — | $10^{10}$ | $10^{16}$ | — | — |
| 介电常数(25℃,$10^{10}$Hz) | 6.11 | — | — | — | — | 6.20③ | — |
| 介电损耗因数 $10^{-3}$(25℃,$10^{10}$Hz) | 3.9 | — | — | — | — | 1.5③ | — |

①液相线温度是长时间保持会形成结晶的最高温度。此温度与纤维化温度相差越大,纤维成型工艺越稳定。
②玻璃熔体黏度100Pa·s时的温度。
③在电场频率$10^6$Hz下的测定值。

## 四、玻璃纤维的主要用途

玻璃纤维是历史上人工制造最早的纺织纤维材料。目前,玻璃纤维作为重要的功能纤维材料,主要用在以下四个方面。

**1. 绝缘材料** 利用玻璃纤维的不吸湿(回潮率为0)、有较高的电阻率、较低的介电常数和介电损耗因数以及耐高温的特点,织成织物或制成絮片层等形式作为层状电绝缘材料或热绝缘材料,并且这些材料在很长时期中获得了广泛应用。近年来的进一步研究表明,可用玻璃纤维制作电缆绝缘防护管套等。

**2. 过滤材料** 采用玻璃纤维制成的机织物和毡类非织造织物,它们具有耐高温、耐化学腐蚀、有较高的强度和刚度等特性,而作为化学物质过滤处理中的重要材料。

**3. 纤维增强复合材料中的增强材料** 以玻璃纤维织物为增强材料、以高聚物为基体而形成的复合材料,近60年来获得了广泛的发展,且这种复合材料可称为"玻璃钢"。目前,"玻璃钢"作为一种基本材料,在交通、运输、环境保护、石油、化工、电器、电子工业、机械、航空、航天、核能、军事等部门和产业中得到广泛利用,并表现出强度高、刚性好、不吸水、外表面光洁、密度低(比金属低)、抗氧化、耐腐蚀、隔热、绝缘、减震以及容易成形(制成各种形状)和成本较低的特点。

**4. 光导纤维材料[4-5]** 利用玻璃纤维导光损耗低(吸收率低),芯层与皮层界面全反射,并使折射泄漏少的特点(参见第十三章第一节),作为通讯信号的传输专用材料已有多年历史,并且由它制成的光缆穿过大洋成为最重要的国际信号传输工具。目前最好的光导纤维对 $1.3\mu m$ 和 $1.5\mu m$ 波长的近红外线的传输损耗只有 $0.2dB/km$，也就是说在数百公里之间只用设一座中继站保证光信号的传输。

在医疗图像传输领域内，高数值孔径、宽纤芯的复式光导纤维，在胃镜等方面已经得到广泛应用。

近几年来，在光导玻璃纤维原料配方中增加适量的稀土元素，可生产出用于光学放大的纤维激光器，同时这也是玻璃纤维的发展新方向。

# 第三节　碳纤维

碳纤维是纤维化学组成中碳元素含量达90%以上的纤维。

## 一、碳纤维的种类

### （一）按原丝的原料不同分

**1. 纤维素基碳纤维**　以高强度黏胶纤维（帘子线）为基础，经碳化后形成的碳纤维。

**2. 聚丙烯腈基碳纤维**　以高强聚丙烯腈纤维（基本上不加第三单体、第四单体或只加少量第二单体）为原料，（因而不是腈纶）经预氧化和碳化后形成的碳纤维。

**3. 沥青基碳纤维**　以沥青为原料，经碳化后形成的碳纤维。

**4. 酚醛树脂基碳纤维**　以酚醛树脂为原料，经碳化后形成的碳纤维。

**5. 由碳原子凝集生长的碳纤维**　此类碳纤维主要用于制造碳纳米管。

### （二）按制备条件和方法分

**1. 普通碳纤维**　温度在 $800\sim1700℃$ 时，碳化得到的纤维。

**2. 石墨纤维**　温度在 $2000\sim3000℃$ 时，碳化得到的纤维。

**3. 活性碳纤维**　具有微孔及很大比表面积的碳纤维。

**4. 气相中凝结生长的碳纤维**　当前其主要是碳纳米管。

### （三）按纤维的性能分

**1. 高性能碳纤维**　主要是指力学性能有不同强度和不同模量的碳纤维。按强度不同分为超高强度型（UHT）、高强度型（HT）和中强度型（MT）。按模量不同分为超高模量型（UHM）、高模量型（HM）和中模量型（IM）。

**2. 低性能通用碳纤维（GP）**　主要是指力学性能并不很高的碳纤维，如耐火纤维、碳质纤维、活性碳纤维等。

### （四）按纤维长度和丝束分

**1. 小丝束碳纤维长丝**　长丝丝束中纤维根数在6000根及以下。

**2. 大丝束碳纤维长丝**　长丝丝束中纤维根数在6000根以上，甚至120000根以上。

**3. 短碳纤维**　切断的碳纤维或碳纤维毡。

**4. 碳纳米管**　纤维直径为 0.4～200nm,一般长度在 2500nm 以下,但近年已生产有长度 1m 以上的碳纳米管纤维。

## 二、碳纤维的结构

以丙烯腈基碳纤维为例,经致密化牵伸之后的丙烯腈纤维中碳链伸直(由于碳原子价电子 $\sigma$—$\pi$ 价键间夹角为 109°28′,所以伸直链中碳原子主链仍是曲折的),氮原子是侧基上的腈基。在 200～300℃高温预氧化加工过程中,腈基先环化后,再脱氢,最后氧化形成耐热的梯形结构(也可能先脱氢,再环化,最后氧化),如图 6 - 2 所示。然后在 800～1600℃高温碳化过程中,进一步脱去氢、氧、氮,使碳含量达到 90% 以上或 92% 以上,并最终成为相邻平行伸直的曲折链,相互结合形成稠环结构的碳纤维[4-5](在加工过程中还要注意,预氧化过程是一种放热反应,必须将大量的热能导走,以防过高温度破坏高聚物结构;以上反应过程中纤维会缩短,应注意及时拉伸,以防碳链卷缩,从而影响最终纤维性能)。

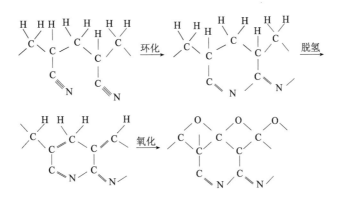

图 6 - 2　丙烯腈的环化与氧化反应

## 三、碳纤维的性能

几种主要碳纤维的力学性能见表 6 - 3 与表 6 - 4。

表 6 - 3　几种主要碳纤维的力学性能[4,6-7]

| 类　别 | 单纤维直径 ($\mu m$) | 密度 ($g/cm^3$) | 拉伸断裂比强度 | | 拉伸模量 | |
|---|---|---|---|---|---|---|
| | | | GPa | cN/dtex | GPa | cN/dtex |
| 高强度碳纤维 | 6 | 1.81～1.82 | 5.59～7.06 | 30.9～38.8 | 294 | 1620 |
| 高强度高模量碳纤维 | 7 | 1.77～1.98 | 3.60～4.41 | 18.2～24.9 | 377～640 | 2180～3372 |
| 高强度中模量碳纤维 | 5 | 1.88～1.91 | 2.45～2.74 | 12.8～15.1 | 392～490 | 2166～2565 |
| 耐火纤维 | 11 | 1.50 | 0.26 | 1.8 | 392 | 2613.3 |
| 碳质纤维 | 9 | 1.70 | 1.18 | 7.1 | 470 | 2764.7 |
| 石墨纤维 | 8 | 1.80 | 0.98 | 5.6 | 98 | 544.4 |

表 6－4　碳纤维力学性能[5]

| 类　别 | 制造企业 | 产品名称 | 密度 (g/cm³) | 拉伸断裂比强度 | | 拉伸模量 | | 断裂伸长率 (%) |
|---|---|---|---|---|---|---|---|---|
| | | | | (GPa) | (cN/dtex) | (GPa) | (cN/dtex) | |
| 聚丙烯腈基碳纤维 | 日本东丽 | T300 | 1.8 | 3.53 | 19.6 | 230 | 1280 | 1.5 |
| | | T1000 | 1.8 | 7.06 | 39.2 | 294 | 1630 | 2.0 |
| | Hercules | M555 | 1.8 | 3.92 | 21.8 | 540 | 3000 | 0.7 |
| | | IM7 | 1.80 | 5.30 | 29.4 | 276 | 1530 | 1.8 |
| 沥青基碳纤维 | Kureha | KCF200 | 1.65 | 0.85 | 5.10 | 42 | 255 | 2.1 |
| | BP－Amoco | Thornel P25 | 1.65 | 1.40 | 5.48 | 140 | 850 | 1.0 |
| | | Thornel P75 | 1.65 | 2.00 | 11.1 | 500 | 3030 | 0.4 |
| | | Thornel P120 | 1.65 | 2.20 | 13.3 | 820 | 4970 | 0.2 |
| 黏胶基碳纤维 | | | 1.50~1.60 | 0.9~1.1 | 5.8~7.1 | 45 | 290 | 2.1~9.5 |

同时碳纤维的比热容约为 0.712 kJ/（kg·K），电阻率也相当低，高强度碳纤维为 0.0015 Ω·cm，高模量碳纤维为 0.000775Ω·cm。同时碳纤维还具有耐高温、耐烧蚀、耐化学腐蚀，以及防水、耐辐射等性能。

### 四、碳纤维的主要用途

碳纤维用于纤维增强复合材料中的增强材料，复合材料中的基体可以用高聚物树脂、金属、陶瓷、无定形碳等。碳纤维与高聚物树脂的复合材料具有质量轻、强度高、耐高温等特性，是飞机、舰艇、宇宙飞船、火箭、导弹等壳体的重要材料。碳纤维与陶瓷的复合材料具有强度高、耐磨损的特点。碳纤维与无定形碳的复合材料具有耐高温、耐烧蚀，是导弹、火箭喷火喉管及飞机等刹车盘的重要制造原料。同时，利用其导电性能而制成的导体材料和防电磁辐射材料也有许多用途。另外，碳纤维在建筑、交通、运输工程中也有应用。目前，全世界碳纤维的总生产能力已达 5 万吨/年。

# 第四节　金属纤维

金属纤维是指金属含量较高，而且金属材料连续分布的、横向尺寸在微米级的纤维形材料。将金属微粉非连续性散布于有机聚合物中的纤维不属于金属纤维。

### 一、金属纤维的种类[4]

**1. 按所含主要金属成分分**　分为金、银、铜、镍、不锈钢、钨等。

**2. 按加工方法和结构形态分**

（1）纯金属线材拉伸法或熔融液纺丝法所形成的直径为微米级的纤维。

（2）在纯金属线材拉伸法形成纤维之外另加镀层的复合纤维。

(3)在有机化合物纤维外层裹镀金属薄层而形成的复合纤维,或者为防止金属薄层氧化在其外再加包防氧化膜的纤维。

(4)在有机材料膜上溅射或镀有金属层的复合片材,经切割成狭条或再经处理形成的纤维。

(5)其他复合型的含金属的纤维。

**3. 按加工方法分**

(1)线材拉伸法:金属线材经过拉伸、热处理回火、再拉伸、再热处理回火反复循环十余次或数十次使线材直径达到微米级纤维的加工方法所制得的金属纤维。

(2)熔融纺丝法:将熔融态金属由小孔直接挤压流出后,拉伸、挤压喷射骤冷或离心力甩出骤冷等方法制成的直径达到微米级的金属纤维。

(3)金属涂层法:在金属纤维上或在有机聚合物纤维上镀连续金属薄膜(电镀、化学镀或溅射)所形成的复合纤维。

(4)膜片法:在有机高聚物膜上镀(溅射、化学镀或电镀)连续金属薄膜后再切割成狭条后加工而成的纤维。

(5)生长法:在气相或液相中沉积或析出结晶生长形成的金属纤维,这种纤维最细可达纳米级或亚纳米级。

## 二、金属纤维的性能

金属纤维一般均达微米级,如不锈钢纤维一般直径在 $10\mu m$ 左右,且目前市场供应的细不锈钢纤维平均直径为 $4\mu m$。金属纤维具有良好的力学性能,不仅断裂比强度和拉伸比模量较高,而且可耐弯折、韧性良好;能耐高温;具有很好的导电性,能防静电,如钨纤维用作白炽灯泡的灯丝,同时它也是防电磁辐射和导电及电信号传输的重要材料;不锈钢纤维、金纤维、镍纤维等还具有较好的耐化学腐蚀性能,空气中不易氧化等性能。

## 三、金属纤维的主要用途

(1)在智能服装中作为电源传输和电信号传输等的导线。

(2)一般功能性服装中的抗静电材料,如果采用金属短纤维混纺,重量混纺比可在 10% 以下;如果采用金属纤维长丝,重量混纺比在 2.5% 以下,即可达到完全消除各种摩擦、感应等静电,这在油、气田及易燃易爆产品的生产企业,石油、天然气等易燃易爆材料的运输过程,电器安全操作场所均很适用。

(3)金属纤维嵌入织物中,可使其达到良好的电磁波屏蔽效果。在军事、航空、通信及机密屏蔽环境等方面,具有广泛应用。

(4)化学药剂、加工材料、废液废水过滤的滤网,高温粉尘过滤器的滤网以及要求高强、耐磨、导电运输带等的材料。

(5)金属复合材料中的增强材料,如防爆轮胎、汽车发动机的连杆等。

(6)其他特殊材料,如制作导电纸、白炽灯泡的灯丝等。

# 第五节　新型无机纤维

新型无机纤维品种很多,简述如下。

## 一、碳化硅纤维[3-4]

它是由碳原子和硅原子用共价键结合的无机高聚物纤维,其目前主要的生产方法有四种。

(1)前驱体法:以二氯二甲基硅烷为原料,在金属钠作用下脱氯并缩聚生成二甲基硅烷,再在400℃以上环境中热分解,生成聚碳硅烷,采用250~350℃熔融纺丝形成纤维,并在160~250℃左右进行不熔性处理,最后在惰性气体中于1000~1500℃裂解烧结,制成碳化硅长丝纤维。

(2)化学气相沉积法:用氯硅烷和氢气的混合气体在高温1200℃分解成碳化硅SiC,并沉积在已纺成的碳或钨丝纤维表面,形成碳或碳化硅复合长丝纤维。

(3)超微粉末烧结法:将 α-SiC 或 β-SiC 微粒分散到聚合物黏合剂中,用挤压法纺丝后,再在高温下,通过溶剂蒸发、煅烧、预烧结和烧结,最后形成碳化硅纤维。

(4)碳纤维转化法:活性碳纤维在真空高温1200~1300℃条件下与 $SiO_2$ 反应生成 SiC,再在高温1600℃氮气条件下热处理制得。

纯碳化硅纤维密度为2.55~2.80g/cm³,长丝单纤维直径为12~14μm,丝束有250~500根单纤维,拉伸断裂比强度为3.0GPa,拉伸比模量为220GPa,拉伸断裂伸长率为1.4%~1.6%。

化学气相沉积法生产的复合碳化硅纤维,直径一般为100~140μm,密度为3.0~3.5g/cm³,拉伸断裂比强度为3.3~4.5GPa,拉伸比模量为400~450GPa。超微粉末烧结法生产的碳化硅纤维,SiC含量99%以上纤维的直径在25μm左右,密度为3.1g/cm³,拉伸断裂比强度为1.2GPa,拉伸比模量在400GPa以上。碳纤维转化法制得的碳化硅纤维,直径在20μm左右,密度为2.1g/cm³,拉伸断裂比强度为1.0GPa,拉伸比模量为180GPa。

以上四种方法制得的碳化硅纤维与纯碳化硅纤维都具有很好的耐热性,且在大气环境下,可耐1200~1500℃的高温,它们目前主要用于宇宙飞行器上的耐高温结构部件,并且在特殊高温环境下的某些产业用纺织品(如耐高温毡垫等)中也有应用。

日本碳公司生产的碳化硅纤维商品名 Nicalon。日本宇都兴产公司生产的碳化硅纤维商品名 Tyranno,美国陶氏(Dow)公司的商品名为 Sylramic。

基本性能见表6-5。

表6-5　几种碳化硅纤维的性能[10]

| 指标 | 块状 SiC 陶瓷 | Cg-Nicalon | Hi-Nicalon | Hi-Nicalon type S | TyrannoSA | Dow-Sylramic |
|---|---|---|---|---|---|---|
| 直径(μm) | — | 14 | 12~14 | 12 | 10 | 10 |
| 密度(g/cm³) | 3.25 | 2.55 | 2.74 | 2.98~3.10 | 3.10 | 3.00~3.10 |

续表

| 指标 | 块状 SiC 陶瓷 | Cg - Nicalon | Hi - Nicalon | Hi - Nicalon type S | TyrannoSA | Dow - Sylramic |
|---|---|---|---|---|---|---|
| 拉伸强度（MPa） | 0 ~ 100 | 2000 ~ 3000 | 2800 ~ 3400 | 2600 ~ 2700 | 2800 | 2800 ~ 3400 |
| 拉伸模量（GPa） | 460 | 170 ~ 220 | 270 | 420 | 380 | 390 ~ 400 |
| 热导率（20℃）W/（m·k） | 100 ~ 350 | 1.5 | 4.0 | 18.0 | 65.0 | 40.0 ~ 45.0 |
| CTE（$10^{-6}$/K） | 4.0 | 3.2 | 3.5 | — | 4.5 | 5.4 |
| 氧质量分数（%） | 0 | 11.7 | 0.5 | 0.2 | <1 | 0.8 |
| C/Si 原子比 | 1.00 | 1.31 | 1.39 | 1.05 | 1.08 | 1.00 |
| 耐高温温度（℃） | — | 960 | 1350 | 1400 | 1800 | |

## 二、玄武岩纤维

玄武岩是火山喷发形成的火成岩，它主要是镁、钙、铁的硅酸盐或偏硅酸盐，同时可能还会含铝、锰、钛、钠、锂等的氧化物。玄武岩在高温熔融后由耐高温、耐腐蚀的金和铂制的喷丝板孔喷出，纺成长丝。它具有耐高温、耐化学腐蚀、耐老化、高强度、高模量、高硬度、电绝缘的特点，其密度为 2.75 ~ 2.90 g/cm³，比强度为 3000 ~ 4840MPa，比模量为 79 ~ 110GPa，拉伸断裂伸长率为 3.0% ~ 3.3%，最高安全使用温度为 650℃，可持续使用温度 820℃。目前主要用作纤维增强复合材料。

## 三、硼纤维[1,2,4-6]

硼纤维是一种复合纤维，它以钨纤维或玻璃（或碳）纤维为芯丝，可采用气相沉积法，即将三氯化硼和氢气混合物在 1300℃高温条件下的化学反应生成的硼原子沉积到芯丝上形成纤维；也可采用乙硼烷热分解或者热熔融乙硼烷析出硼，沉积到芯丝上形成硼纤维。

硼纤维以钨丝纤维为芯材时，常用的钨丝纤维直径为 12.5μm，且生产出的复合纤维直径为 75μm、100μm、140μm，密度在 2.57g/cm³ 左右，拉伸断裂比强度约为 3600MPa，拉伸比模量约为 400GPa，抗压缩比强度约为 6900MPa，且材料压缩模量高达 3200GPa，同时其热膨胀系数约为 $4.5 \times 10^{-6}$/℃，因此它是超高拉伸强度和压缩强度、耐高温的特殊纤维材料。

硼纤维可以与铝、镁、钛等金属为基体或以高聚物树脂为基体制成纤维增强复合材料，应用于航空、航天、工业制品、体育和娱乐等方面的特殊材料。

同时，氮化硼纤维也在无机纤维中崭露头角。它可以用无机方法生产，即将三氧化二硼拉制成丝，再在氮气或氨气中高温烧制成氮化硼；也可以用有机化合物前驱体方法生产，即将三氯化硼与苯胺（或甲苯）反应生成的聚氯—苯基氮化硼熔融纺丝（纺丝温度为 260℃）成纤维，然后再在氨气中加热至 1800℃高温烧结和拉伸，制成白色氮化硼纤维。氮化硼纤维的密度为 1.8 ~ 1.9g/cm³，拉伸断裂比强度为 800 ~ 900MPa，拉伸比模量为 200 ~ 210GPa，耐高温氧化温度在 1400℃以上，耐腐蚀。用氮化硼纤维作增强材料的复合材料主要应用在导热、绝缘电子产品的制造中。

#### 四、氧化铝纤维[1,4-6,8-9]

氧化铝纤维亦称为陶瓷纤维,通常用 $AlCl(OH)_2$、$Al(NO)(OH)$ 或 $Al(HCOOH)(OH)_2$ 等的水溶液,采用凝胶纺丝方法制成纤维,再经干燥和热处理,把水软铝石 $AlO(OH)$ 等未反应的残余化合物析出后,在高温下致密化,使三氧化二铝含量达99%以上(甚至99.9%)。

高纯度氧化铝纤维的纺丝直径为 $10\sim20\mu m$,密度为 $3.6\sim3.9g/cm^3$,拉伸断裂比强度为 $1.0\sim1.9GPa$,拉伸比模量为 $350\sim410GPa$,断裂伸长率为 $0.3\%\sim0.5\%$,且其安全使用温度最高为 $1000\sim1100℃$。氧化铝纤维主要为短纤维(俗称晶须),目前主要用于以陶瓷基作纤维增强材料的复合材料。一般氧化铝纤维,含三氧化二铝为 $70\%\sim85\%$,含二氧化硅(或二氧化镐)为 $15\%\sim28\%$,纺丝直径为 $10\sim20\mu m$,密度为 $3.1\sim3.7g/cm^3$,拉伸断裂比强度为 $1.7\sim2.6GPa$,拉伸比模量为 $210\sim260MPa$,且其安全使用温度最高为 $1250\sim1430℃$。

氧化铝类陶瓷纤维可用针刺方法,制成毡状、非织造毡状、纸状(按抄纸生产方法)等用于工业窑炉腔、烟囱管的耐热、保形、隔热、保温建造材料(包括烘箱壁的隔热材料),以及石油化工的乙烯裂解炉、冶金轧制薄板坯的匀热炉、钢带镀锌退火炉、炼焦炉、燃气炉等炉体的热防护建造材料等。同时,也有少量氧化铝纤维长丝织成在高温环境下使用的织物或缆绳、带等。

#### 五、无机复合纤维[11]

无机复合材料是指以铁、镍、钴、硼和硅为芯材(铁、镍、钴含量 $70\%\sim80\%$,硼含量 $20\%\sim15\%$)、以玻璃为壳体纤维的复合纤维(直径 $5\sim7\mu m$)。金属芯直径是复合外直径的 $1/2\sim1/3$,纤维强度高($2.9\sim3.8$),可弯折,绝缘性好($5kV/\mu m$),耐高温,抗腐蚀。因为金属主要为铁磁材料,形成芯层结构的材料时,具有一定磁阻和荷电量,对高强电磁辐射具有较高吸收率,2009年西北海军 P28 船舶对短切纤维渗层实现电磁辐射检测隐身效果可行。[11]

#### ☞ 思考题

1. 石棉纤维的结构、形态、性能、特点和用途。
2. 玻璃纤维的种类、主要组成物质、结构、主要性能和用途。
3. 碳纤维的生产方法、品种、分类、组成、结构、主要特征及主要用途。
4. 金属纤维的品种、组成、形成方法、结构、主要性能和主要用途。
5. 碳化硅、玄武岩、硼、氧化铝纤维的主要组成成分、性能和主要用途。

#### 参考文献

[1] 现代科学技术词典编辑委员会. 现代科学技术词典[M]. 上海:上海科学技术出版社,1980.

[2] 辞海编辑委员会. 辞海:缩印本[M]. 上海:上海辞书出版社,1990.

[3] 陈维稷. 中国大百科全书:纺织卷[M]. 北京:中国大百科全书出版社,1984.

[4] 梅自强. 纺织辞典[M]. 北京:中国纺织出版社,2007.

[5] 西鹏,高晶,李文刚,等. 高技术纤维[M]. 北京:化学工业出版社.

［6］J W S Hearle.高性能纤维［M］.马渝茳,译.北京:中国纺织出版社,2004.

［7］孙晋良,吕伟元.纤维新材料［M］.上海:上海大学出版社,2007.

［8］崔之开.陶瓷纤维［M］.北京:化学工业出版社,2004.

［9］曾汉民.功能纤维［M］.北京:化学工业出版社,2005.

［10］李崇俊.SiC/sic 复合材料及其应用［J］.高科技纤维与应用,2013,38(3):1 － 7.

［11］王珞.船艇隐身材料技术进展［J］.产业用纺织品:北京,2016(14):54.

引自西班牙 Micromag 公司网宣材料.www.micromag.es.

［12］李新娥.玄武岩纤维和织物的研究进展［J］.纺织学报,2010(1):145 － 152.

［13］詹怀宇.纤维化学与物理［M］.北京:科学出版社,2005.

# 第七章　纱线的分类与结构

本章知识点

1. 纱线的分类方法。
2. 常用纱线的结构特点。

## 第一节　纱线的分类

通常所谓的"纱线",是指"纱"和"线"的统称,"纱"是将许多短纤维或长丝排列成近似平行状态,并沿轴向旋转加捻,组成具有一定强力和线密度的细长物体;而"线"是由两根或两根以上的单纱捻合而成的股线,特别粗的称为绳或缆。纱线的种类很多,分类方法也有多种。

### 一、按纤维原料组成分类

**1. 纯纺纱**　用一种纤维纺成的纱线。如棉纱、毛纱、麻纱、桑蚕丝绢纺纱和涤纶纱、锦纶纱等。

**2. 混纺纱**　由两种或两种以上的纤维纺成的纱,如涤纶与棉的混纺纱,羊毛与黏胶纤维的混纺纱等。

**3. 复合纱**　这类纱线主要是指在环锭纺纱机上通过短/短、短/长纤维加捻而成的纱和通过单须条分束或须条集聚方式得到的纱。

### 二、按纱线结构分类

#### (一)短纤纱

按外形结构,短纤纱又分为单纱和股线等。

**1. 单纱**　由短纤维经纺纱加工,使短纤维沿轴向排列并经加捻而成的纱。

**2. 股线**　由两根或两根以上的单纱合并加捻制成的线;股线再合并加捻为复捻股线。

**3. 绳**　多根股线并合加捻形成直径达到毫米级以上的产品。

**4. 缆**　多根股线和绳并合加捻形成直径达到数十或数百毫米级的产品。

**(二)长丝纱**

**1.单丝纱**　指长度很长的单根连续纤维。

**2.复丝纱**　指两根或两根以上单丝合并在一起的丝束。

**3.捻丝**　复丝加捻即成捻丝。

**4.复合捻丝**　由捻丝再经一次或多次合并、加捻而成。

**5.变形丝**　化学纤维或天然纤维原丝经过变形加工使之具有卷曲、螺旋、环圈等外观特征而呈现蓬松性、伸缩性的长丝。

**(三)特殊纱**

**1.变形纱**　包括弹力丝、膨体纱、网络丝、空气变形丝等。

(1)弹力丝:由无弹性的化纤长丝加工成微卷曲的具有伸缩性的化纤丝,称弹力丝。

(2)膨体纱:一般指腈纶等化纤原料制成的纱线,将化纤长丝或生产短纤维的长丝束在一定温度下加热拉伸,使纤维产生较大的伸长,然后冷却固定便形成高收缩纤维;这种纤维和常规纤维按一定比例混纺制成短纤纱,经过汽蒸加工后,其中高收缩纤维产生纵向收缩而聚集于纱芯,普通纤维则形成卷曲或环圈而鼓起,使纱结构变得蓬松,表观体积增大,称为膨体纱。

(3)网络丝:网络丝是丝条在网络喷嘴中,经喷射气流作用使单丝互相缠结而呈周期性网络点的长丝。网络丝由于有网络结点,所以织造加工中不用浆纱。用它织成的织物厚实,表面有仿毛感。

(4)空气变形丝:化纤长丝经空气变形喷嘴的涡流气旋形成丝圈丝弧,在主杆捻缠抱紧,形成外形像短纤纱的长丝,见图2-8。也有经过磨断丝圈和丝弧形成类似短纤纱的毛羽。

**2.花式纱线**　由芯纱、饰线和固纱加捻组合而成,具有各种不同的特殊结构性能和外观的纱线,称花式纱线,如图7-1。

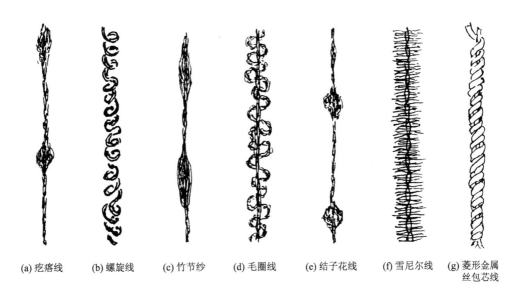

(a)疙瘩线　　(b)螺旋线　　(c)竹节纱　　(d)毛圈线　　(e)结子花线　　(f)雪尼尔线　　(g)菱形金属丝包芯线

图7-1　花式纱线示意图

**3. 花色纱线**　用多种不同颜色的纤维交错搭配或分段搭配形成的纱或线。

### 三、按纺纱系统分类

**1. 精纺纱**　精纺纱也称精梳纱,是指通过精梳工序纺成的纱,包括精梳棉纱和精梳毛纱、精梳麻纱等。精纺纱中纤维平行伸直度高,短纤维含量少,条干均匀、光洁、线密度较小,但成本较高。精梳纱主要用于高级织物及针织品的原料,如细纺、华达呢、花呢及针织羊毛衫等。

**2. 粗纺纱**　粗纺纱是指按一般的纺纱系统进行梳理,不经过精梳工序纺成的纱,包括粗梳毛纱和普梳棉纱。粗纺纱中短纤维含量较多,纤维平行伸直度差,结构松散,毛羽多,线密度较大,品质较差。此类纱多用于一般织物和针织品的原料,如粗纺毛织物、中特以上棉织物等。近年出现了新纺纱系统,纺制粗纺纱接近精纺纱,也叫半精纺纱线。

**3. 废纺纱**　废纺纱是指用纺织下脚料(废棉)或混入低级原料纺成的纱。纱线品质差、松软、条干不匀、含杂多、色泽差,一般只用来织粗棉毯、厚绒布和包装布等低档的织物。

### 四、按纺纱方法分类

**1. 环锭纱**　环锭纱是指在环锭精纺机上,用传统的纺纱方法加捻制成的纱线。纱中纤维多次内外径向转移包绕缠结,纱线结构紧密,断裂比强度高。此类纱线用途广泛,可用于各类机织物、针织物、编织物、绳带中。目前环锭纱又根据附加装置不同区分为普通环锭纱、集聚(紧密纺)纱、赛络纱、包芯纱、缆形(纺)纱、嵌入式复合(纺)纱。环锭纱线密度范围广,包括很细的纱。

**2. 走锭纱**　在走锭纺纱机上用传统纺纱方法捻制而成的纱线。结构性能与环锭纱相似,但条干均匀度较优。

**3. 自由端纺纱**　自由端纺纱是把纤维分离成单根并使其凝聚,在一端非机械握持状态下加捻成纱,故称自由端纺纱。典型代表纱有转杯纱、静电纺纱、涡流纺纱、喷气涡流纺纱和摩擦纺纱。

(1)转杯纺纱:转杯纺纱曾称气流纺纱,是通过高速旋转的转杯产生的离心力使纤维在转杯周边凝槽中凝聚后并被转杯加捻纺成的纱。只能纺制线密度较粗的纱。

(2)静电纺纱:静电纺纱是利用静电场正负电极,使纤维伸直平行、连续凝聚并加捻制得的纱。其纱线结构同一般纱线。

(3)喷气涡流纺纱:喷气涡流纺纱是利用固定的喷气涡流发生管产生的空气涡流对纤维进行凝聚并加捻纺成的纱。只能纺制线密度较粗的纱。

**4. 非自由端纺纱**　非自由端纺纱是在对纤维进行加捻的过程中,纤维须条两端同时处于受握持状态的纺纱方法。这种新型纺纱方法主要包括自捻纺纱、喷气纺纱和黏合纺纱等。

(1)自捻纺纱:自捻纺纱是通过往复搓动的罗拉给两根纱条施以正向及反向搓捻,当纱条平行贴紧时,依靠其退捻回转力互相扭缠成股线。其纱线分段具有不同捻向的捻度,并在捻向转换区有无捻区段存在,因而纱线强度较低。适于生产羊毛纱和化纤纱,用在花色织物和绒面织物上较合适。

（2）黏合纺纱：利用黏合剂使须条抱合成纱，称黏合纺纱。短纤维的黏合纱为无捻纱。

（3）平行纺纱（parallel spun）：短纤维须条牵伸到适当细度后，用长丝纤维螺旋包缠，防止解体的纱。

### 五、按纱的用途分类

**1. 机织用纱** 机织用纱指加工机织物（梭织物）所用的纱线，分经纱和纬纱两种。经纱用作织物纵向纱线，要求捻度较大、强度较高、耐磨性较好；纬纱用作织物横向纱线，具有捻度较小、强度较低、柔软的特点。

**2. 针织用纱** 针织用纱是针织物所用的纱线。要求均匀度较高、捻度较小（剩余扭矩小）、疵点少、强度适中。

**3. 起绒用纱** 供织绒类织物、形成绒层或毛层的纱。要求纤维较长，捻度较小。

**4. 特种用纱** 特种工业用纱，如轮胎帘子线等。

# 第二节　纱线的结构

纱线的结构是决定纱线内在性质和外观特征的主要因素。纱线的结构不仅受到构成纱线的纤维性状的影响，而且与纱线成形加工的方式有关。对成纱结构的研究开始于20世纪30年代，但到50年代后才有了明显的进展。

纤维及其成纱方式，使纱线在结构上存在很大的差异，如纱线的结构松紧程度及均匀性、纤维在纱线中的排列形式、纤维在纱线中的移动轨迹、加捻在纱线的轴向和径向的均匀性、纱线的毛羽及外观形状等。纱线的结构与所用纤维性能、加工工艺和过程关系密切，其基本问题是纤维在纱中的排列状态，聚集复合形式，以及多组（或多轴）成形。

由于纱中纤维构成（混纺）和成形方式（复合）的多样性，造成了纱线结构上的复杂和多重性。因此，在分析纱线结构时，往往从纤维排列的理想状态入手，并借助于相关实验方法，如利用截面切片观察、示踪纤维法和图像处理技术等进行研究与表征。

### 一、纱线的基本结构特征

#### （一）纱线主要结构特征的要求

纱线结构的要求，是外观形态的均匀性、内在组成质量和分布的连续性以及纤维间相互作用的稳定性。尽管花式纱线、变形纱等在局部段落上不满足此"三性"的要求，但宏观整体特征仍必须满足此三性。而决定此三性的根本是纤维的排列状态、堆砌密度及纤维间的相互作用，前两者即为纱线的结构；后者是结构单元间的联系，取决于纤维表面的性状。

#### （二）纱线结构特征参数

描述上述结构特征的参数有五类。

（1）反映纤维堆砌特征的纱线的单位体积密度（包括纤维内部的空腔、孔隙及纤维之间的缝隙）。

（2）表达加捻纤维排列方向的捻回角，或变形纤维的空间构象及卷曲、蓬松、弹性伸长的参数。

（3）反映多股加捻和多重复捻纱线的根数、加捻方向等参数，或因张力、超喂及编织引起的纱线形态特征变化频率和超喂指标。

（4）反映纱线外观粗细和变化的线密度和线密度变异系数（条干不匀率），或直径和直径变异系数。

（5）表达纱线结构稳定性的纤维间的摩擦因数、缠结点或接触点数、作用片段或滑移长度等。

另外，短纤纱还必须考虑纱体表面的毛羽特征，包括毛羽量、长短、方向等指标。

## 二、理想纱线的加捻

**1. 理想单纱的加捻**　当平行纤维束集聚并形成圆柱体时，如图 7 - 2 所示，设想截取其一片段，并假设片段长度等于加捻后纱线中纤维一螺旋距的长度，如图 7 - 2（a）所示。经加一个捻回后，设想此圆柱底端面固定，上端面自由，纤维不伸长也不缩短时，由于中心以外的纤维形成空间螺旋线而高度下降，成为图 7 - 2（b），此时圆柱体上端面将不成平面而形成圆锥面。事实上纤维是连续体，其在连续体中的上端面不允许成为圆锥形，而必须仍成平面，此时必须使外层纤维拉伸伸长，迫使芯层纤维沿轴向压缩缩短，当四周沿轴向拉伸力与芯层沿轴向压缩力平衡时，纱线长度稳定，此段纱线长度比原纤维束长度缩短了一段，这就是捻缩，如图 7 - 2（c）所示。因此一般纱线（无论短纤纱还是长丝纱），加捻后均是外层张紧，压实内层，而中心层皱缩。这些伸长张力产生的单纱轴向皱缩力也是纤维在纱中内外转移的力量来源。

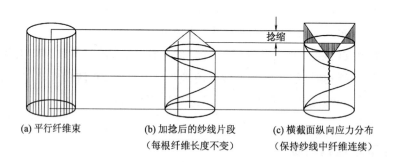

(a) 平行纤维束　(b) 加捻后的纱线片段　(c) 横截面纵向应力分布
　　　　　　　　（每根纤维长度不变）　（保持纱线中纤维连续）

图 7 - 2　传统纱线加捻后横截面的纵向应力分布

**2. 理想合股线的加捻**

（1）合股同向加捻。当合股线的加捻方向与单纱加捻方向相同时，外层的单纱纤维与股线中心轴倾角将增大，这不仅增加了纱线的剩余扭矩，而且纤维受力方向与股线轴偏离更远，纤维强度在股线轴向的分量更低；同时，股线中内外各层纤维张力差异更大，股线拉伸中逐次断裂概率更高，股线强度更低。

一般,单纱很少使用,在多次组合复捻中,如 $10\text{tex} \times 2 \times 3$ 二次并股时,单纱用 Z 捻,第一次二合股用 Z 捻,第二次三合股用 S 捻。

(2)合股反向加捻。如图 7-3 所示,股线表面纤维方向与股线中心轴趋向平行,不仅使股线剩余扭矩下降,趋向稳定,而且纤维受力方向与股线轴方向趋近,股线强度上升。

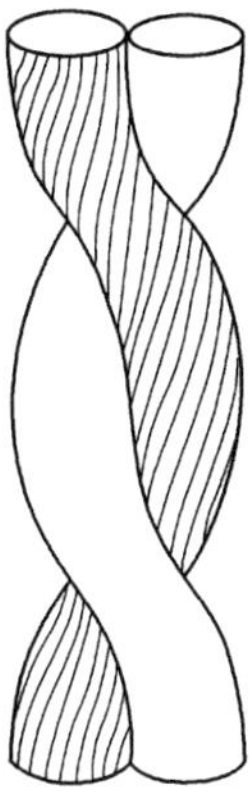

### 三、常用纱线与长丝纱的结构特征

#### (一)常用短纤纱和复合纱的结构特征

**1. 环锭短纤纱(ring spinning yarn)**　对传统环锭短纤纱的结构研究较多,基本结构特征是加捻后纤维内外多次转移,每根纤维多次受到其他纤维包缠,又多次包缠其他纤维,导致纱体不会散解。纱中纤维端有折勾、弯曲,伸出纱表面。不同纤维进行混纺时,会因纤维的优先转移,产生径向分布的不匀,即某种纤维较多分布在外层,另一种纤维则较多地分布在内层。纱体外观存在粗细不匀,质量和结构也存在不匀。

图 7-3　单纱 Z 捻、股线 S 捻

**2. 自由端纱(open-end spinning yarn)**　由于自由端纺纱与环锭纺纱在纤维握持、凝聚状态和加捻方式上不同,故纱线中纤维伸直度低,弯钩、打圈、对折的纤维数量多;纤维内外转移少,多为分层排列的圆柱螺旋线状。转杯纺纱内松外紧,外层多包缠纤维,内层纤维取向性高。静电纺纱纱尾为圆锥形,成纱为内外分层结构,外层捻度多,内层捻度少。摩擦纺为分层加捻堆砌,是典型的分层排列,且内外捻度差异不大。自由端纺纱的条干均匀度好,除喷气涡流纺纱条干接近环锭纱外,一般都优于环锭纱。由于纤维分梳充分、凝聚有效,故疵点也较环锭纱少。自由端纺纱的毛羽较少、耐磨性好、染色和上浆性好,但纱线强度低、伸长较大,通常转杯纱比环锭纱低 $10\% \sim 20\%$,喷气涡流纱比环锭纱低 $15\% \sim 40\%$,摩擦纺纱比环锭纱低 $30\% \sim 40\%$。

**3. 自捻纱(self-twist spinning yarn)**　自捻纱是由两根假捻纱条错位汇合自捻而成的纱,其捻向交替变化,呈"S 捻区—无捻区—Z 捻区—无捻区"的循环。当两根假捻纱条的 S 捻和 Z 捻完全对应时,整纱无捻,单束有捻,有一定强度;当 S 捻或 Z 捻与无捻段对应时,整纱呈弱的 Z 捻或 S 捻,纱也有一定强度,但较弱;当无捻段相对应时,整纱无捻,纱线强度最弱,称弱节;当两束纱 S 捻对 S 捻或 Z 捻对 Z 捻时,整纱有 Z 捻或 S 捻,纱线强度最强。回避弱节的有效方法是两束纱错位 90°;或采用自捻纱复捻,称复合或加强自捻纱,简称 STT 纱;或复合一丝束或单纱,称为包卷自捻纱,简称 STM 纱。还可由此三种方法派生出其他自捻纱。

自捻纱的捻度不匀,故纱的结构纵向周期不匀,但由于两束相并,条干均匀度优于环锭单纱,差于股线。自捻纱的结构特征决定了其强力稍低、伸长较大,耐磨性较好,手感柔软、丰满,光泽因捻向交替,比较特别。

**4. 复合纱线(composite yarn,complex yarn,conjugate yarn)**　复合纱的结构特征由其长/短、短/短、长/长复合比例与张力所决定,其结构仅以长/短复合为例,如图 7-4 所示。该结构可有效提高纱线强度,增加纺纱的连续性。

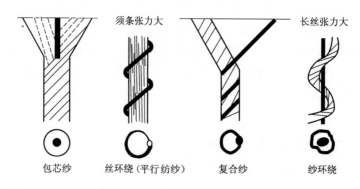

图 7 - 4　长/短复合纱结构示意图

### (二)长丝纱的结构特征

**1.无捻长丝纱**　对无捻长丝纱而言,它是由几根或几百根长丝组成。在无捻长丝纱中,各根长丝受力均匀,平行顺直地排列于纱中,但横向结构极不稳定,易于拉出、分离,丝集合体较为柔软。

**2.有捻长丝纱**　有捻长丝纱的纵、横向都很稳定,而且加捻作用可使纤维各向的不均匀在整根长丝纱中得到改善,丝集合体较硬挺。

**3.变形纱**　变形纱因其加工方法不同,整纱及其中单丝的卷曲形态不同,有螺旋形、波浪形、锯齿形、环圈形等;堆砌密度与排列及其分布也不同。

假捻法加工的弹力丝,卷曲形态主要为螺旋形,有正反两个方向的螺旋形圈,如图 7 - 5 所示。一根单丝从纱的中心到表面来回转移,以不同的直径围绕纱轴呈螺旋形分布。单丝除呈螺旋形卷曲外,还有丝圈、丝辫,这主要由加捻张力不匀所致。整根纱的结构较均匀、蓬松,保暖性和柔软性好,但易钩丝和起毛、起球。

图 7 - 5　弹力丝正反两个方向的螺旋形圈

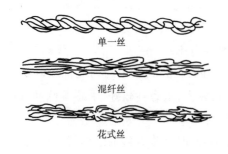

图 7 - 6　空气变形丝的形态

空气变形纱的单一丝、混纤丝和花式丝的形态如图 7 - 6 所示。外表有大小不同的丝圈,使其蓬松、手感好,有类似短纤纱的特征。起圈部分结构松软,伸直部分紧密。丝圈的大小与密度决定其结构的差异。

组合法加工的膨体纱,高收缩率纤维较多地位于纱芯层,紧密堆砌、取向排列;低收缩率纤维较多地位于纱外层,疏松堆砌,无规则排列,使纱具有蓬松性,如图 7 - 7 所示。

图7-7　膨体纱的形态

　　填塞箱法加工的变形丝,纤维卷曲形态呈锯齿形,纱体结构蓬松、均匀[图7-8(a)];刀口变形法使长丝变成近螺旋形,纱体亦略成螺旋形集合[图7-8(b)];编结拆散法得到线圈形卷曲[图7-8(c)];齿轮卷曲法则使单丝形成永久的波纹[图7-8(d)]。

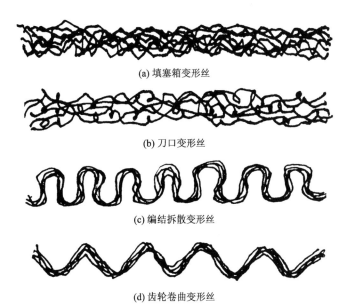

(a) 填塞箱变形丝

(b) 刀口变形丝

(c) 编结拆散变形丝

(d) 齿轮卷曲变形丝

图7-8　各种变形纱的形态

### 👉 思考题

　　1. 纱线按原料组成、纱线结构和形成方法的分类。

　　2. 纱线的基本结构特征和加捻的影响是什么?

## 参考文献

[1]梅自强.纺织辞典[M].北京:中国纺织出版社,2007.

[2]张建春.化纤仿毛技术原理与生产实践[M].北京:中国纺织出版社,2003.

[3]王善元,于修业.新型纺织纱线[M].上海:东华大学出版社,2007.

[4]杨锁廷.现代纺纱技术[M].北京:中国纺织出版社.2004.

# 第八章　纱线的结构参数与性能指标

## 本章知识点

1. 纱线的细度指标及计算。
2. 常用纱线的规格与品质特征。
3. 纱线细度均匀度的表征与测量方法。
4. 纱线的捻度、捻系数以及纤维的径向转移规律。
5. 纱线的疵点定义和分类,毛羽和毛羽指数概念。

纱线的直径、线密度、捻度、细度均匀度、疵点、强度等指标决定着纱线的用途或档次,纱线的线密度偏差、粗细均匀程度、捻度偏差、强度以及外观疵点是表征纱线质量的主要指标,是纱线交付验收和品质评定的重要依据,本章主要介绍这些方面内容。

## 第一节　纱线的细度指标

纱线的细度或粗细通常用间接指标——线密度表示(参见第二章第一节),因为纱线中具有不同层次的缝隙和孔洞,纱线的横截面不规则并且容易变形,纱线的线密度是纱线最重要的规格特征指标之一,它直接影响到织物性能和外观风格,如硬挺度、纹路、光泽、耐磨性、厚度等。粗细不同的纱线,对原料、加工设备和工艺等要求不同,成本和用途均不同。

### 一、纱线的公定回潮率与公定重量

**1. 纱线的公定回潮率**　线密度是单位长度纱线的质量或重量,纱线重量与所含水分密切相关,介绍纱线的线密度以前,应该首先了解纱线的公定回潮率和公定重量。从第二章第五节可知,纺织纤维中所含水分的多少不但与其组成物质或分子结构有关,还与环境温湿度有关,这就是说纺织材料的重量是因环境条件变化的变数。

出于计重等方面的需要,有关标准规定了"公定回潮率",无论纱线的实际回潮率是多少,都要折算到公定回潮率下计重。各类常见纱线的公定回潮率见表 8 – 1,纺织材料的公定回潮率是人为规定的统一折算纺织材料重量的回潮率,对于多数纤维其数值接近于它在温度为20℃、相对湿度为 65% 的标准环境下的回潮率。对于大多数纺织纤维及纱线,世界各个国家或组织规定的公定回潮率相同或相近。

表 8 - 1　纱线的公定回潮率

| 纱 线 种 类 | 公定回潮率(%) | 纱 线 种 类 | 公定回潮率(%) |
|---|---|---|---|
| 棉纱线 | 8.5 | 骆驼绒纱线 | 15.0 |
| 棉缝纫线 | 8.5 | 牦牛绒纱线 | 15.0 |
| 苎麻纱线 | 12.0 | 黏胶纱及长丝 | 13.0 |
| 亚麻纱线 | 12.0 | 富强纤维纱线 | 13.0 |
| 黄麻纱线 | 14.0 | 醋酯纤维纱线 | 7.0 |
| 无毒大麻(汉麻)纱线 | 12.0 | 铜氨纤维纱线 | 13.0 |
| 罗布麻纱线 | 12.0 | 锦纶纱及长丝 | 4.5 |
| 剑麻纱线 | 12.0 | 涤纶纱及长丝 | 0.4 |
| 桑蚕丝 | 11.0 | 腈纶纱 | 2.0 |
| 柞蚕丝 | 11.0 | 维纶纱 | 5.0 |
| 精梳毛纱 | 16.0 | 丙纶纱线 | 0 |
| 粗梳毛纱 | 15.0 | 氯纶纱线 | 0 |
| 羊毛绒线 | 15.0 | 偏氯纶纱线 | 0 |
| 羊毛针织绒线 | 15.0 | 氨纶纱线 | 1.3 |
| 山羊绒纱 | 15.0 | 氟纶纱线 | 0 |
| 兔毛纱线 | 15.0 | | |

**2. 混纺纱线的公定回潮率**　混纺纱线的公定回潮率 $W_k$ 是所混纺纤维的公定回潮率及其干重下的混纺比例的加权平均值,计算公式为:

$$W_k = \frac{W_{k1}P_1 + W_{k2}P_2 + \cdots + W_{kn}P_n}{100} \tag{8-1}$$

式中:$W_k$ ——混纺纱的公定回潮率,%;

$W_{k1}, W_{k2}, \cdots, W_{kn}$ ——混纺纱中第 1 种、第 2 种……第 $n$ 种纤维的公定回潮率,%;

$P_1, P_2, \cdots, P_n$ ——混纺纱中第 1 种、第 2 种……第 $n$ 种纤维的干重混纺百分数,%。

**3. 纱线的公定重量**　纱线在公定回潮率下的重量被称作公定重量 $G_k$,简称公量,计算公式为:

$$G_k = G_a \times \frac{100 + W_k}{100 + W_a} \tag{8-2}$$

$$G_k = G_0 \times \left(1 + \frac{W_k}{100}\right) \tag{8-3}$$

式中:$G_a$ ——纱线的实际重量;

$W_k$ ——纱线的公定回潮率,%;

$W_a$ ——纱线的实际回潮率,%;

$G_0$ ——纱线的干燥重量。

## 二、纱线的细度指标

表征纱线细度的指标有线密度 Tt、纤度 $N_d$、公制支数 $N_m$、英制支数 $N_e$。特克斯是目前国内外的法定计量单位，国内曾经叫做"号数"，线密度在棉型纱线上应用非常普遍。公制支数是过去毛型和麻型纱线的习惯用指标，纤度是过去化学纤维长丝纱的习惯用指标，英制支数是过去棉型纱线的习惯用指标。经过 20 年过渡时期，法定计量单位特克斯(tex)已正式使用，在任何正式文件中只允许使用法定计量单位。它们的定义和换算关系见第二章第一节。

棉纱线英制支数 $N_e$ 定义为单位重量(1 英磅)纱线长度为 840 码的倍数，其与线密度 Tt(tex)的换算式为：

$$Tt = \frac{590.54}{N_e} \tag{8-4}$$

在定长制细度指标下，股线的线密度数值大于组成股线的单纱线密度。使用不同的细度指标时，股线线密度的表示方法不同。实际中使用所谓的"公称线密度"，即纱线名义上的细度，对于"公称线密度"不计由单纱并合加捻后纱线长度的伸缩，规定股线的线密度按照表 8-2 所示方法表示。多数情况下，股线的公称线密度可以用表 8-2 的表达式计算，但是支数和纤度制中有例外情况，如单纱支数不同时，股线公制支数应按式(8-5)计算：

$$股线公支 = \frac{1}{\frac{1}{N_1} + \frac{1}{N_2} + \cdots + \frac{1}{N_n}} \tag{8-5}$$

表 8-2　股线的线密度表示

| 线密度表示 | | 单纱情况 | 表 示 方 法 | 示　例 |
|---|---|---|---|---|
| 定长制 | 线密度 | 线密度相同 | 股线公称线密度 = 单纱公称线密度 × 股数 | 14tex × 2 |
| | | 线密度不同 | 股线公称线密度 = 各单纱公称线密度相加 | (16 + 18)tex |
| | 纤度 | 纤度相同 | 股线公称纤度 = 单丝股数/单丝公称纤度 | 2/20 旦尼尔长丝 |
| | | 纤度不同 | 股线公称纤度 = 各单丝公称纤度相加 | 70 旦 ×1 涤纶 + 50 旦 ×1 锦纶 |
| 定重制 | 公支或英支 | 支数相同 | 股线的公称支数 = $\dfrac{单纱公称支数}{股数}$ | 72 公支/2<br>60 英支/2 |
| | | 支数不同 | 股线公称支数 = $1/\left(\dfrac{1}{N_1} + \dfrac{1}{N_2} + \cdots + \dfrac{1}{N_n}\right)$ | $1/\left(\dfrac{1}{60} + \dfrac{1}{40}\right)$公支 |

例如，由两根 14tex 单纱组成的股线的线密度应为 28tex，规定记作 14tex × 2，这种标记可同时标识股线的结构和线密度。一根 16tex 单纱和一根 18tex 单纱组成的股线的线密度应为 34tex，记作(16 + 18)tex。两根公制支数为 72 的单纱组成的股线的公制支数应为 36，规定记作 72/2。公制支数为 60 和 40 的两根单纱组成的股线的公制支数记作 $\left(\dfrac{1}{60} + \dfrac{1}{40}\right)$，但股线公支支数应按下式计算：

$$N_m = \frac{1}{\frac{1}{60} + \frac{1}{40}} = 24 \text{ 公支}$$

### 三、纱线的线密度偏差

纱线的线密度偏差是指纱线的实际线密度与所要求的线密度或设计线密度之间的偏离程度。

纱线的线密度偏差是评定纱线质量的重要指标之一,它影响着纱线的原料消耗和织品的产量、厚度及坚牢度等。若实际纱线比设计的纱线细,所织成的织物势必偏薄、偏轻,坚牢度变差,当然也并不是超过设计线密度就好,还应视具体的产品要求等情况而定。通常各种纱线的质量标准中都明确规定了其线密度偏差的允许范围。

用特克斯或特数表示纱线的粗细时,线密度偏差的数学含义是实际线密度与设计线密度的差值与设计线密度之比,可以证明此时的线密度偏差等于纱线的重量偏差率(%),所以,线密度偏差也被称为重量偏差,计算公式为:

$$
\begin{aligned}
重量偏差\ G(\%) &= \frac{实际线密度 - 设计线密度}{设计线密度} \times 100 \\
&= \frac{实际干燥重量 - 设计干燥重量}{设计干燥重量} \times 100
\end{aligned}
\tag{8-6}
$$

若重量偏差为正值,说明实际纺出的纱线比设计要求的纱线粗;反之,重量偏差为负时,纺出的纱线比设计要求的纱线细。

### 四、纱线的体积质量与直径

不同种类的纱线,不能直接用公制支数、英制支数、特克斯、旦尼尔来比较其表观直径的粗细,因为纱线的体积质量不同。对于相同线密度的纱线,体积质量越小,纱线的实际直径越大。纱线直径是进行织物设计、制定织造工艺参数的重要依据,可以利用显微镜进行测量,在实际生产中纱线直径通常由其特数或支数等指标换算而得,换算时使用纱线的体积密度。

将纱线看作一近似圆柱体,设:$D$ 为纱线的直径,mm;Tt 为纱线的线密度,tex;$\delta$ 为纱线的体积质量,g/cm³;则可以推导出下式:

$$
D = 0.03568 \sqrt{\frac{Tt}{\delta}}
\tag{8-7}
$$

常见纱线的体积密度见表 8-3,它与纤维密度(表 2-1)有较大差别。纱线捻度越高,体积密度越高。纱中纤维卷曲越大,或中空越大,体积密度越低。由线密度计算纱线直径要比测量简便。

表 8-3 纱线的体积密度

| 纱 线 种 类 | 体积密度 $\delta$(g/cm³) | 纱 线 种 类 | 体积密度 $\delta$(g/cm³) |
|---|---|---|---|
| 棉 纱 | 0.78~0.90 | 生 丝 | 0.90~0.95 |
| 精梳毛纱 | 0.75~0.81 | 黏胶纤维纱 | 0.80~0.90 |
| 粗梳毛纱 | 0.65~0.72 | 涤/棉纱(65/35) | 0.80~0.95 |
| 亚麻纱 | 0.90~1.00 | 维/棉纱(50/50) | 0.74~0.76 |
| 绢纺纱 | 0.73~0.78 | | |

# 第二节　常用纱线的规格与品质特征

线密度是纱线的主要规格指标。作为上一节知识的应用,本节介绍常见纱线的品种、规格、主要性状与用途,以便读者了解一些最基本的应用知识。棉型纱和化纤长丝纱在纱线总量中占有的比例最大,其次是毛型纱线。

## 一、纱线原料及混纺品种、比例的标志

纱线标志一般由纤维品种和线密度为主要标志。纤维品种用汉字缩写或字母代号表示。线密度以特克斯表示。纤维品种标志代号见表8-4。

表8-4　纱线常用纤维原料的标志代号

| 纤维原料品种 | 汉字符号 | 字母符号 | 纤维原料品种 | 汉字符号 | 字母符号 |
|---|---|---|---|---|---|
| 棉纤维 | 棉 | C | 黏胶纤维 | 黏 | R |
| 毛纤维 | 毛 | W | 涤纶 | 涤 | T |
| 山羊绒纤维 | 绒 | Ca | 锦纶 | 锦 | P |
| 苎麻纤维 | 苎 | Ra | 维纶 | 维 | V |
| 亚麻纤维 | 亚 | L | 腈纶 | 腈 | PAN |
| 黄麻纤维 | 黄 | J | 丙纶 | 丙 | PP |
| 无毒大麻(汉麻)纤维 | 汉 | H | | | |

纱线中纤维原料混纺比用斜杠分开,含量高者在前,含量低者在后。如涤纶65%、棉35%混纺纱为:涤/棉(65/35)或T/C(65/35)。涤纶50%、棉35%、黏胶纤维15%为:涤/棉/黏(50/35/15)或T/C/R(50/35/15)。

## 二、棉型纱线的主要品种、规格和用途

棉型纱线按照粗细或线密度被分为粗特纱、中特纱、细特纱、特细特纱、超细特纱五类。

粗特纱又称粗支纱,是31tex及其以上的(19英支及以下)的棉型纱,适用于制织粗厚织物或起绒、起圈的棉型织物,如粗布、绒布、棉毯等。

中特纱又称中支纱,是22~31tex(19~27英支)范围的棉型纱,适用于中厚织物,如平布、斜纹布、贡锻等织物,应用较广泛。

细特纱又称细支纱,是10~21tex(28~59英支)的棉型纱,适用于细薄织物,如细布、府绸、针织汗布、T恤面料、棉毛布(针织内衣面料)等。

特细特纱又称高支纱,是5~10tex(60~120英支)的纱线,适用于高档精细面料,如高档衬衫用的高支府绸等。

超细特纱又称超高支纱,是 5tex 以下(英制 120 英支及以上)的纱线,2006 年纯棉纱最细已纺到 1.97tex(300 英支),用于特精细面料。

英制支数在棉型纱中应用非常普遍,习惯用右上标"S"简略表示其单位,如 $21^S$、$45^S$ 分别表示 21 英支和 45 英支。

普梳棉纱一般可纺纱特数为 14tex 以上,更高的细特纱和特细特纱要用精梳工艺纺制。精梳和普梳工艺的选用不仅根据纱支,还与具体用途密切相关。普梳棉型纱的主要规格及用途见表 8 – 5,精梳棉型纱的主要规格及用途见表 8 – 6。普梳棉纱的标志符号用棉的代号 C 后加线密度(特克斯数或公制支数或英制支数)。精梳棉纱的标志符号用棉的代号 C 后加精梳代号 J 再续线密度,如精梳棉纱 14tex 记为 CJ14。中特棉纱多数是普梳棉纱。由于转杯纺纱经济效益的优势,近年来相当数量的粗特棉纱特别是机织用粗特棉纱采用转杯纺方法生产,而针织用的粗特棉纱部分开始用毛纺的半精纺工艺路线纺制。

表 8 – 5　普梳棉型纱的主要用途及品种规格

| 用　　　途 | | tex(英支) |
|---|---|---|
| 针织用纱 | | 98.4(6),59.1(10),28.1(21),18.5(32),15.5(38),14.1(42 ) |
| 机织用纱 | 毛巾被单用纱 | 42.2(14),36.9(16),32.8(18) |
| | 中平布、纱卡、哔叽用纱 | 29.5(20),24.6(24) |
| | 细平布、床品等用纱 | 18.5(32) |
| | 纱府绸、手帕及麻纱织物用纱、线卡、华达呢用纱 | 14.8(40) |
| | 巴厘纱织物用纱 | 10.0 ~ 14.8(40 ~ 59) |
| 工业用纱 | 橡胶帆布用纱 | 29.5(20),28.1(21),59.1(10)多股线 |
| | 造纸帆布用纱 | 28.1(21) |

表 8 – 6　精梳棉型纱的主要用途及品种规格

| 用　　　途 | | tex(英支) |
|---|---|---|
| 针织用纱 | | J18.5(J32),J14.8(J40),J12.8(J46),J9.8(J60),J7.0 × 2(J84/2),J5.9 × 2(J100/2) |
| 高档卡其、细纺或府绸用纱 | | J1.9(J300),J2.4(J250),J3.0(J200),J3.9(J150),J4.9(J120),J5.9(J100),J7.4(J80),J14.8(J40),J9.8(J60),J9.8 ~ 14.8(J40 ~ 60) |
| 羽绒布用纱 | | J7.4 × 2(J80/2)、J5.9 × 2(J100/2)、J4.9 × 2(J120/2)、J3.9 × 2(J150/2) |
| 缝线及编结线 | 绣花线及编结线 | J98.4(J6),J29.5 × 2 × 2(J20/2 × 2),J14.1 × 4(J42/4),J29.5 × 2(J20/2),J65.6(J9),J11.8 × 4(J50/4) |
| | 缝线 | J14.8 × 3(J40/3),J11.8 × 3(J50/3),J9.8 × 3(J60/3),J7.4 × 3(J80/3) |
| 工业用线 | 印刷胶版布用线 | J24.6(J24),J24.6 × 2(J24/2),J16.4 × 2(J36/2),J16.4 × 4(J36/4) |
| | 打字带用线 | 经:J7.7(J77),纬:J6.2(J95) |
| | 导带用线 | J10.5 × 4(J56/4) |
| 手帕用纱 | | J11.8(J50),J9.8(J60),J7.4 × 2(J80/2) |

### 三、毛型纱线的主要品种、规格和用途

按照纺纱加工系统,毛型纱线分为精梳毛纱、粗梳毛纱、半精梳毛纱三种。精梳毛纱是采用精梳毛纺生产线制成毛条再纺成纱线,使用细绵羊毛或超细绵羊毛及相应化学纤维生产细密轻薄毛织物。在纱线中纤维排列较为平直,抱合紧密,条干均匀度和纱线强度较高,产品外观较为光洁,线密度较小,弹性好,其织物称为精纺毛织品。粗梳毛纱采用粗梳毛纺生产线纺成,其中短纤维多、纤维排列不太整齐、茸毛较多、线密度大而不太光滑,条干均匀度和强度不及精梳毛纱。粗梳毛纱的织物一般较厚重,称为粗纺毛织物。半精梳毛纱的加工工艺比精梳纱简单,比粗梳纱精细,以细绵羊毛及相应化学纤维生产线密度较小的毛纱,工艺流程缩短、成本降低,其产品性状介于精梳和粗梳之间。近年也用棉型纤维、中长纤维纺制半精纺毛纱,所以产品风格多变。

精梳毛纱的规格一般在 5.6~27.8tex(36~180 公支),并以股线居多,近年在向小线密度(高支)方向发展。粗梳毛纱的一般规格为 50~250tex(4~20 公支)。机织用的精梳毛纱和粗梳毛纱一般不出售,都是企业的自用纱线,只销售织物成品。半精梳毛纱主要用于梭织和针织,线密度一般为 10~33tex(30~100 公支)。最细达到 300 公支,用特超细绵羊毛纺至 500 公支。

针编织用的毛型纱线叫绒线。绒线又称毛线、编织线,主要是指采用绵羊毛以及腈纶等毛型化纤纺制成的股线。其捻度较低,结构蓬松、手感柔软而有弹性,并具有较好的保暖性和舒适贴身性等。一般用于织制绒线衫、羊毛衫以及围巾、手套等,适宜做春、秋、冬三季的服装用品。按照生产工艺流程,绒线可分为精梳绒线、粗梳绒线和半精梳绒线。绒线按用途不同可分为供手工编结的手编绒线和供针织机编结的针织绒线两大类,具体规格和结构特征见表 8-7。习惯上常把手工编织用的绒线称为手编绒线,而把针织机编制用的绒线称为针织绒线。

表 8-7　绒线的主要品种与结构特征

| 大　类 | 结　构　特　征 | 小　类 | tex(公支) |
|---|---|---|---|
| 手编绒线 | 三股或多股合捻而成的绞绒和团绒 | 粗绒线 | 400tex 以上(2.5 公支以下) |
| | | 细绒线 | 142.9~333.3tex(7~63 公支) |
| 针织绒线 | 单股、两股、多股 | | 33.3~125tex(8~30 公支),多为 50~100tex(10~20 公支) |

### 四、化纤长丝主要品种、规格和用途

化纤长丝的主要品种是涤纶、锦纶、氨纶、黏胶丝、PTT 长丝等。氨纶长丝、涤纶和锦纶绞边丝及锦纶钓鱼线一般有单丝,其他长丝都是复丝。

化纤长丝的规格用总线密度[特克斯(tex)数或分特克斯(dtex)数]和组成复丝的单丝根数组合表征,如 165dtex/30f,表示复丝总线密度为 165dtex,单丝根数为 30 根。化纤长丝的总特克斯数和复丝根数都是标准化的系列数值,参见表 8-8。一般,纤维生产企业不生产系列以外的产品。但产业用化学纤维却有许多其他规格,例如复丝根数有 1000、3000、6000、12000、24000 等。

**表 8 - 8  常用化纤长丝的规格**

| 线密度(dtex) | 22.2,33.3,44.4,55.6,75,83.3,111.1,133.3,166.7,222.2,277.8,333.3,345,389 等 |
|---|---|
| 复丝根数 | 2,3,12,24,36,48,72,96,144,196,248 等 |

机织、针织面料用的绝大多数合成纤维、再生纤维长丝都按表 8 - 8 中规格生产,锦纶高弹丝有复丝根数为 3 的高档品种,主要用于透明女袜。另外,再生纤维一般只有牵伸丝,而热塑性的涤纶和锦纶等合纤长丝一般都有牵伸丝(full draw yarn,FDY)和弹力丝(draw textured yarn,DTY)两大系列,锦纶和丙纶还有用于地毯的 BCF 系列丝,国内只有极少部分化纤长丝有空气变形丝(air textured yarn,ATY)品种。

# 第三节  纱线的细度均匀度

纱线不仅要求具有一定的线密度,除花式纱线外还要求保持良好的细度均匀度。沿纱线长度方向的粗细不匀不仅直接影响织物的外观均匀性、耐用性等,而且纱线极细处捻度集中强度下降,给后道工序的加工生产带来很多困难,如络筒、织造中断头和停台增加。因此,纱线的细度均匀度是评定纱线质量的重要指标。

纱线的细度均匀度表现为线密度不匀和表观直径(或截面粗细)不匀两种形式,由于纱线体积质量的不均匀性,线密度不匀和表观直径不匀并不完全等价,实际工作中上述两类指标和检测方法同时应用。

## 一、不匀率指标

若纱线的线密度随长度 $l$ 的变化函数为 $x(l)$,参见图 8 - 1,或者线密度的变化由一组离散数据 $x_1, x_2, \cdots, x_i, \cdots, x_N$ 表征($x_i$ 为长度为 $L$ 的第 $i$ 段纱的质量,$N$ 为纱段数),则纱线的平均线密度 $\bar{x}$ 可用式(8 - 7)计算,纱段的平均质量 $\bar{x}$ 可用式(8 - 8)计算。平均线密度和平均质量成正比,在很多均匀度运算中两者的作用等价,所以用同一符号表征。

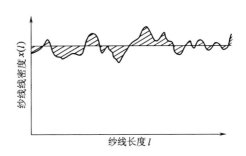

图 8 - 1  纱线的线密度曲线

$$\bar{x} = \frac{1}{N} \sum_{i=1}^{N} x_i \qquad (8-8)$$

$$\bar{x} = \frac{1}{L} \int_0^L x(l)\,\mathrm{d}l \qquad (8-9)$$

根据数理统计原理,定义片段长度为 $L$ 的片段内线密度变异系数 $CV(L)(\%)$ 和片段间质(重)量变异系数 $CB(L)(\%)$,分别用下式计算:

片段内线密度变异系数：
$$CV(L) = \frac{\sigma_1}{\bar{x}} \times 100$$

$$\sigma_1 = \sqrt{\frac{\int [x(l) - \bar{x}]^2 \mathrm{d}l}{L}} \qquad (8-10)$$

片段间质量变异系数：
$$CB(L) = \frac{\sigma_2}{\bar{x}} \times 100$$

$$\sigma_2 = \sqrt{\frac{\sum_{i=1}^{N} (x_i - \bar{x})^2}{N-1}} \qquad (8-11)$$

式中：$\sigma_1, \sigma_2$——标准差，是数理统计上的离散性指标。

可以证明，片段间质量变异系数 $CB(L)$ 等价于片段间线密度变异系数，并且存在式 (8-11) 所示的著名的变异相加定理：

$$[CV(L)]^2 + [CB(L)]^2 = [CV(\infty)]^2 = [CB(0)]^2 \qquad (8-12)$$

$CV(\infty)$ 或 $CB(0)$ 被称作总变异系数。式 (8-12) 表明，片段内线密度变异系数的平方加片段间质量变异系数的平方等于总变异系数的平方，这是变异相加定理的实质。

还可以证明，片段间质量变异系数可用下面简化公式计算：

$$CB(L) = \frac{\sigma}{\bar{X}} \times 100 = \frac{100}{\bar{X}} \sqrt{\frac{\sum X_i^2 - \left(\dfrac{\sum X_i}{N}\right)^2}{N-1}} \qquad (8-13)$$

式中：$X_i$——第 $i$ 个纱样的重量；

$\bar{X}$——纱样的平均重量；

$N$——纱样总个数；

$\sigma$——纱样质量的均方差。

实际中常用的纱线质量变异系数就是该类指标，片段长度就是绞纱长度，棉型纱线的绞纱长度为 100m，所以棉型纱线的质量变异系数就是片段长度为 100m 的片段间质量变异系数。毛型纱线的绞纱长度一般为 50m(20m)、生丝一般为 450m、化纤长丝一般为 100m。

电子计算工具出现以前，标准差 $\sigma$ 的计算繁复，曾经使用过所谓的平均差 $d$ 与平均差不匀率 $H$，现已停止使用。

### 二、纱线不匀的检测方法

**1. 测长称重方法**　测长称重方法也称切断称重方法，习惯用于测定纱线的片段间不匀率，即在纱线上随机地切取长度为 $L$ 的 $N$ 段纱，称取各段的质量 $x_1, x_2, \cdots, x_i, \cdots, x_N$，用式 (8-11) 或式 (8-13) 计算其片段间不匀率指标。实际中纱线的质量变异系数或质量不匀率与纱线的线密度指标、线密度偏差用同一套实验数据计算。纱线各种片段长度、片断间及片段内的线密度不匀一般统称纱线(及其半成品)条干不匀,或简称条干。

**2.条干均匀度仪测试法**　目前,纱线品质检验中采用的另一种方法就是电容式条干均匀度仪或光电式条干均匀度仪,多用于检测细纱、粗纱、条子的条干均匀度,所以将其试样统称为纱条。

电容式条干均匀度仪的传感器为一组平板式电容器。光电式条干均匀度仪的传感器是光电池,对于细纱,电容器极板的长度为8mm,光电传感器的长度为3mm。因为纤维材料的介电常数大于空气的介电常数,当纱条试样以恒定速度通过电容传感器时,传感器中纱线粗细变化引起传感器的电容量变化,进而引起检测电路的电信号变化,这个变化的电信号就被视作图8-1的纱条线密度。光电式条干均匀度仪的遮光量反映的主要是纱线的直径。仪器根据该信号分别计算纱条片段内的直径或直径变异系数、计数细节、粗节、疵点(包括棉结、毛粒、麻粒、颣结等)个数指标。条干均匀度仪的标准测试长度为1000m,以便近似反应片段长度为∞时的总变异系数$CV(\infty)$,工厂质量控制中也用100m、200m、400m的纱样长度。

**3.日光检测法和黑板条干均匀度**　传统习惯用黑板条干均匀度评价细纱的表观直径不匀。具体的做法是先将白色纱线按照规定的排列密度均匀地绕在黑板上(对于彩色纱线一般用白板),通常黑板的尺寸为22cm×25cm,绕纱约80圈,然后在规定的照度和距离下,与标准样照(分棉纱、精纺毛纱等许多套)或者实物对比,确定出该纱的均匀度级别,图8-2为棉纱的部分标准样照示例。这种方法实际上是检验细纱的表观直径或者投影均匀度,可直观反映出细纱短片段的表观粗细不匀,与布面情况直接对应,简便易行。但是评定结果与检验人员的技术水平和经验密切相关,容易受情绪等主观随机因素的影响。在条干均匀度仪普及以前,它是评价短片段不匀的唯一方法,现该方法与条干均匀度仪并用,目前大部分企业都使用条干均匀度仪。

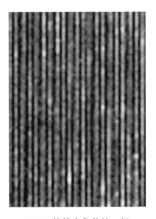
(a) 031 梳棉本色单纱一级

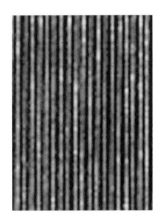
(b) 020 梳棉本色单纱优级

图8-2　黑板条干均匀度评级样照

### 三、波谱图

前面已介绍的不匀率指标及测试方法可用于测试评价纱线均匀度优劣,但对于分析寻找不匀的起因并不方便。纺纱工序的均匀度控制中更为方便有效的方法是所谓的"波谱图",波谱图一般用电容式或光电式条干均匀度仪测试。

按数学中的傅里叶积分原理,图8-1所示纱线的线密度曲线可以表征为很多不同波长的正弦波叠加的和,每一正弦波可视作线密度变化曲线的一个正弦分量。上述各正弦分量的波长与幅值高度的关系图就是波谱图,波谱图的横坐标是线密度变化的各个正弦分量的波长,纵坐标为其波幅值。电容式条干均匀度仪可以方便地检测出细纱、粗纱、棉条等线形纺织材料的波谱图。实际的短纤维纱的正常波谱图如图8-3所示,习惯上波谱图横坐标用对数坐标,其形态与纤维长度有关,不等长纤维是单峰,等长纤维是双峰或多峰,峰尖主波长与纤维长度有关。波谱图形态还与纺纱机件的机械状态密切相关,如图8-4所示,波谱图上的"烟囱"表示罗拉、齿轮等旋转件故障造成的周期性不匀(即机械波),波谱图上的"小山"表明牵伸机构故障或工艺不当造成了非周期性不匀(即牵伸波)。"烟囱"或"小山"的波长与某个机器部件或机构对应,所以,采用波谱图可以方便地寻找出产生不匀的原因并予以清除,成为纺纱品质技术管理的重要手段,有时称波谱图具有指纹性。

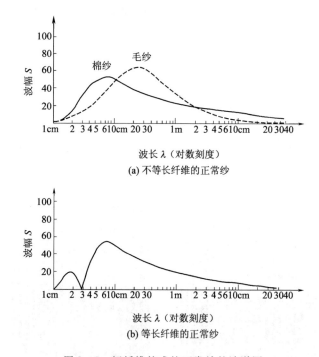

图8-3 短纤维纺成的正常纱的波谱图

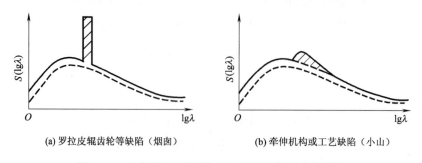

图8-4 含有明显机械附加不匀的短纤维纱的波谱图

#### 四、长片段不匀和短片段不匀

长片段不匀一般是指波长为短纤维长度的 100～3000 倍的不匀,主要由清棉和前纺工序造成。波长为纤维长度 3000 倍以上的不匀称为特长片段不匀。若长片段周期性不匀率高,在织物上会出现明显的横条、竖纹,对布面外观质量影响较大。

短片段不匀一般是指波长为纤维长度的 1～100 倍的不匀,主要由细纱工序的牵伸机构所造成。短片段周期性不匀率严重时,几个粗节或细节在布面上并列汇集的概率较高,容易形成阴影或云斑,对布面外观质量影响很大。

对于同一纱线试样,因所取片段长度或绞纱长度不同,测得的不匀率数值也不同,所以在比较纱线线密度不匀时,应注意试样长度的一致性。纱线的有关测试标准规定:测取长片段不匀的绞纱长度棉型纱线为 100m、精梳毛纱为 50m、粗梳毛纱为 20m、绒线为 5m、生丝为 450m、苎麻纱 49tex 及以上为 50m、苎麻纱 49tex 以下为 100m、亚麻纱和绢纺纱都是 100m。试验次数或者绞纱个数一般取 10 绞。

根据传统测试方法,缕纱重量不匀率是长片段不匀,黑板条干不匀是短片段不匀。电容式或光电式条干均匀度仪的波谱图,按周期性不匀的波长分为短片段不匀和长片段不匀。

## 第四节　纱线的加捻指标与纤维的径向转移

#### 一、纱线的加捻指标

加捻作用是影响纱线结构与性能的重要因素,对于纱线的力学性能和外观、织物手感、光泽、服装的形态风格等均有很大的影响。尤其对于短纤维,所以能形成具有一定强度的连续纱线,加捻起着决定性作用。

纱线的加捻程度和捻向是纱线加捻的两方面重要特征。

**1. 纱线的捻度、捻系数**　纱线的加捻程度用捻度、捻系数来表征。

捻度是指单位长度纱线上的捻回数,即单位长度纱线上纤维的螺旋圈数,其单位长度随纱线种类或者纱线线密度指标而取值不同,特克斯制捻度的单位长度为 10cm,公制捻度的单位长度为 1m,英制捻度的单位长度为 1 英寸。

粗细不同的纱线,单位长度上施加一个捻回所需的扭矩是不同的,纱的表层纤维对于纱轴线的倾斜角也不相同。因此,相同捻度对于纱线性质影响程度也不同。对于不同线密度的纱线,即便具有相同的捻度,其加捻程度并不相同,没有可比性。当需要比较时,需采用捻回角或捻系数。

加捻后纱线表层纤维与纱线轴向所构成的倾斜角,为捻回角,简称捻角,如图 8-5 所示。捻回角虽能表征纱线加捻紧程度,可用于比较不同粗细纱线的捻紧程度,但由于其测量、计算等都很不方便,实际中较少应用。

为此,定义一个指标——捻系数(twist multiple),其计算及推导如下:

设：$T_{tex}$ 为纱线的捻度(捻/10cm)；$\beta$ 为捻回角；$\lambda$ 为捻距或螺距(mm)，$\lambda = \dfrac{100}{T_{tex}}$ (mm)；$D$ 为纱线的直径(mm)。

由图 8 - 5 和式(8 - 7)可知：

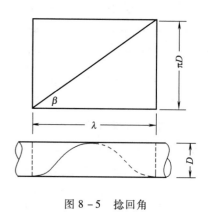

图 8 - 5　捻回角

$$\begin{aligned}
\tan\beta &= \frac{\pi D}{\lambda} = \frac{\pi D T_{tex}}{100} \\
&= \frac{\pi}{100} \times 0.03568 \times \sqrt{\frac{Tt}{\delta}} \times T_{tex} \\
&= \frac{T_{tex}}{892} \times \sqrt{\frac{Tt}{\delta}}
\end{aligned}$$

则

$$T_{tex} = 892 \times \tan\beta \times \sqrt{\frac{\delta}{Tt}}$$

$$892 \times \sqrt{\delta} \times \tan\beta = T_{tex}\sqrt{Tt}$$

定义特克斯制捻系数为：

$$\alpha_t = 892 \times \sqrt{\delta} \times \tan\beta \qquad (8-14)$$

则

$$\alpha_t = T_{tex}\sqrt{Tt} \qquad (8-15)$$

可见,如上定义的捻系数 $\alpha_t$ 与捻回角的正切成正比,即与捻回角成单调增函数关系,可以用于表征不同线密度纱线的捻紧程度,并能够由纱线捻度 $T_{tex}$ 与线密度 Tt 简单地推算,避开捻回角 $\beta$ 的复杂测量,这就是捻系数指标的优越性。

类似地,可推导出公制捻系数 $\alpha_m$ 的计算公式：

$$\alpha_m = \frac{T_m}{\sqrt{N_m}} \qquad (8-16)$$

在相同的公定回潮率条件下,其间的关系是：$\alpha_t = 3.162\ \alpha_m$。

加捻会对纱线的物理力学性能、外观、手感等诸多方面都产生很大影响,纱线拉伸断裂强度随捻系数的变化呈现图 8 - 6 所示的曲线变化,这是因为加捻使纱线中纤维间摩擦力增大、纱线强度不匀率减小,使纱线强度增加；另一方面,加捻作用使纱线中纤维产生预应力,且减少纤维强度的轴向分力,使纱线强度降低。这两种因素的共同作用导致了纱线的强度随着捻度的增加呈现出先增加后减小的趋势。使纱线强度达到最大值的捻度,称临界捻度,相应的捻系数称临界捻系数 $\alpha_c$,如图 8 - 6 所示。但织物强度达到最大的临界捻系数略小于纱线的临界捻系数,故生产中采用的纱线捻系数,一般略小于图 8 - 6 的临界捻系数。当纱线采用的原料种类和质

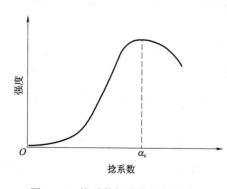

图 8 - 6　捻系数与纱线强度的关系

量规格不同,其临界捻系数也不同。混纺纱线的临界捻系数,还与混纺比有关,如涤棉混纺纱的临界捻系数随着涤纶混纺比的增加而下降。

加捻对于纱线的断裂伸长率也有较大影响。一般而言,纱线拉伸断裂所产生的伸长是由三部分构成的,第一部分是纱线中纤维之间相互滑移;第二部分则是纤维自身在外力作用下产生的伸长;最后一部分是因捻回角和直径变化产生的。随着捻度的增加,第一部分产生的伸长会逐渐减小,但是在临界捻度范围内,后两部分则呈增大趋势,而且这两部分所产生的伸长是主要的。所以,在常用捻系数范围内,随着捻度的增加,纱线的断裂伸长率增大。

加捻对于纱线的直径、长度的影响也很大。纱线直径起初随着捻度的增加而减小,当捻度超过一定的范围以后,纱线的直径一般变化很小,有时甚至会出现纱线直径随着捻度的增加而增加的现象。由于在加捻后,纱线中的纤维从平行于纱线轴线而逐渐转绕成一定升角的螺旋线(参见图7-2),使得纱线长度相应缩短。纱线因加捻引起长度缩短的现象叫捻缩。此外,随着捻度的提高,纱线的光泽变暗,手感渐硬。

**2. 捻向(twist direction)**　纱线加捻时回转的方向称为捻向。单纱中的纤维或者股线中的单纱在加捻后,其捻回的方向由下而上、自右向左的称为 S 捻(顺手捻、正手捻)。自下而上、自左而右的称为 Z 捻(反手捻),如图 8-7 所示。生产中为了减少细纱的翻改和操作上的不便,单纱一般采用 Z 捻。对于股线而言,其捻向的表示方法,第一个字母表示单纱的捻向,第二个字母表示股线的初捻捻向,第三个字母表示复捻(股线进一步并捻)捻向,如单纱为 Z 捻,初捻为 Z 捻,复捻为 S 捻,则复捻股线的捻向以 ZZS 表示。

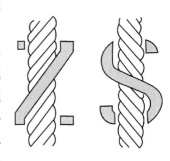

图 8-7　捻向示意图

## 二、纱中纤维的径向转移

**1. 基本概念**　纤维在纱中的径向转移主要发生在环锭纱和走锭纱上,参见图 7-2 及图 8-8,纱线可以被看成近似圆柱体,加捻前须条中纤维平行排列,加捻使纤维由直线变成螺旋

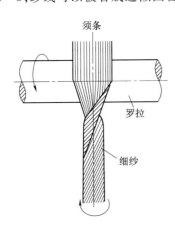

图 8-8　环锭纱的加捻三角区

形。须条中原本长度相等的纤维,加捻后若处于纱线外层,螺旋线路径长,纤维受到拉伸被伸长张紧,所以外层纤维有向内层挤压或转移的趋势。外层纤维挤入内层的同时,内层纤维转移至外层。这种纤维由外向内、由内向外的转移被称作纱中纤维的径向转移或内外转移。前罗拉连续吐出须条、加捻、卷绕的过程中,加捻三角区(图 8-8 由罗拉钳口平展须条至捻成细纱的区段)附近不停地发生着内外转移,一根 30mm 长的纤维往往要发生数十次内外转移,纤维一端或两端露出纱身成为毛羽。所以环锭纱中纤维的空间形态不是圆柱形螺旋线,而是螺旋直径变化的圆锥形螺旋线等形态,这使得环锭纱中每根纤维均有片段包缠在外层,裹压其他纤维;又有片段被

包缠在内层,因此纱线不会散脱,不会解体,并能承受外界的拉伸力。

纤维在纱中的内外转移,是一种复杂的统计现象。由于构成纱线的纤维在长短、粗细、截面形状、初始模量及表面性状等方面有差异,同时加捻三角区中须条的紧密度也不尽相同,致使纤维在环锭纱中的实际排列形态呈现多样性。经过实验观察证实,环锭纱和走锭纱中形态接近于圆锥形螺旋线的纤维占大多数,一小部分纤维没有转移,呈圆柱形螺旋线,其余为弯钩、打圈、折叠纤维,还发现有极少量小纤维束。纱中纤维转移程度的不一致及各种形态纤维的存在,使纱轴向的结构不匀率增大,影响到纱的性质。

新型纺纱由于其加捻方式、纺纱张力和须条状态等因素与环锭纱不同,故纱中纤维的排列形态和分布也与环锭纱有所不同。

**2. 纱中纤维径向分布与纤维性能的关系** 在加捻过程中,纱条中的纤维因受力不均匀而发生内外转移现象,结果使纱中纤维呈圆锥形螺旋线配置。而纤维的这种内外转移现象的发生,必须克服纤维间的摩擦等阻力才能实现。纤维间阻力的大小,与纤维的力学性质、卷曲和捻度、纱的粗细、纺纱张力等工艺因素有关。工艺因素受很多条件制约,一般不能因纤维内外转移而变化。纤维性能是控制纤维在纱圆柱体的内外分布规律的有力手段,科学地应用该手段能够设计出物美价廉的纺织品。特别对于化纤混纺纱线,混纺纤维的性质差异较大,纤维性质对纤维转移规律的影响更加明显。不同性质的纤维在纱的横断面内分布不均匀,有分别集中到纱的外层和内层的趋势。从机织物和针织物的手感、光泽、外观风格和耐穿耐用性来看,研究纤维在纱的横断面内的径向分布,更具有实际意义。因为对于织物的上述性质,起决定作用的是位于纱线表层的纤维。若有较多的细而柔软的纤维分布在纱的表层,织物的手感必然柔软滑糯;若粗而刚硬的纤维分布在纱的表层,织物的手感必然粗糙刚硬。如果较多的强度高和耐磨性能好的纤维分布在纱的表层,织物必然耐穿耐用等。下面介绍一些实用的研究结果。

(1)纤维长度不等时,较长纤维会优先向纱内转移,较短纤维倾向于转移至外层。

(2)纤维粗细不等时,一般粗纤维会较多地分布在纱的外层,而细的纤维则较多地分布于纱的内层,这是因为粗纤维一般较硬挺,空间位阻大,在细纱加捻区中不容易挤入纱中心部分,细软的纤维则相对容易嵌入纱的内层。

(3)初始模量较大的纤维会较多地趋向纱的内层,因为加捻时纤维的张力较大,故产生较大的向心压力。

(4)抗弯刚度大的纤维容易分布在纱的内层。

(5)圆形截面纤维因比表面积小,或体积小,则容易克服阻力挤入纱内层。

(6)除此以外,纤维的卷曲性、摩擦因数,纱的线密度和捻系数也是影响纤维转移的因素。

**3. 纤维径向分布的转移指数 M** 为了能够定量地说明混纺纱横截面内纤维的分布规律,通常引用汉密尔顿(Hamilton)提出的纤维转移指数 $M$(以百分数表示)。汉密尔顿指数以计算纤维在纱截面中的分布矩为基础,求出两种纤维中的一种向外(内)转移分布参数。其步骤为:

(1)细纱包埋切片,取得截面图像(当混纺纱中纤维截面形状和粗细相同时,应先用适当染料使一种纤维着色)。

(2)测细纱截面重心及覆盖圆面积,确定细纱截面最大半径。

（3）将最大半径等分5份绘成半径均分的同心圆环（参见图8-9）。

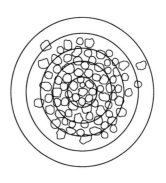

（4）点数各环中不同纤维的数量及纤维平均截面积，分别计算每环中两种纤维的总面积。

（5）计算参数及汉密尔顿指数[19]。

下面仅以两种纤维混纺为例，说明转移指数 $M$ 的意义：

当 $M=0$ 时，表示两种混纺纤维在纱的横截面内是均匀分布的。

当 $M>0$ 时，表示这种纤维向纱的外层转移；$M<0$ 时，表示这种纤维向纱的内层转移。$M$ 的绝对值越大，表示纤维向外或向内转移的程度越大。

图8-9　汉密尔顿指数计算流程及等分同心圆

当 $M=100\%$ 时，表示两种纤维在纱的横截面内完全分离；$M=+100\%$ 的纤维集中分布在纱的外层，$M=-100\%$ 的纤维集中分布在纱的内层。

对于两种纤维的混纺纱来说，不论混纺比如何，两种纤维的 $M$ 值必定是数值相等而符号相反。

# 第五节　纱线的疵点和毛羽

## 一、纱线的疵点

纱线上附着的影响纱线质量的物体称为疵点或纱疵。纱疵的存在严重影响着纱线和织物的质量，尤其是其外观质量，所以纱疵是纱线质量评定的一项重要内容。

纱线上疵点的种类很多，根据其危害和起因可分为三类：影响纱线粗细均匀度的疵点、影响纱线光洁度的疵点、杂质污物等疵点；根据纱疵在纱条上的出现规律，又可分为常发性纱疵与偶发性纱疵两大类。

**1. 常发性纱疵**　常发性纱疵通常分为细节、粗节、糙节三种，一般以每千米纱上出现的个数表示，有时以一定重量的纱线上存在的纱疵个数表示。粗节和细节是指纱条的粗细发生异常变化，超过一定范围，是纱线上短片段的过粗或过细的疵点，主要影响纱线的粗细均匀度。纱线的糙节是由数根、甚至数十根纤维互相缠绕形成的节瘤，节瘤上的游离纤维端在纺纱过程中与其他纤维一起形成纱线，使得节瘤非常牢固地附着在纱线上，纱线上的节瘤不仅影响纺织品的外观，在织造时还很容易引起断头。糙节是影响纱线光洁度的主要疵点，棉纱上的糙节被称为棉结，毛纱上的糙节被称为毛粒，麻纱上的称为麻粒，生丝上的称为颣结。

常发性纱疵目前用电容式条干均匀度仪进行检测，细节、粗节、糙节的计数界限可供选择或设定，按相对于平均线密度变粗或变细的程度纱疵的计数界限设定为四档，见表8-9，通常环锭纱的设定范围取细节 $-50\%$，粗节 $+50\%$，棉结 $+200\%$，转杯纺纱棉结取 $+280\%$。细节、粗节的长度上限统一为 $320mm$，对于长度超过此范围的纱疵被视为条干不匀。

电容式条干均匀度仪检测到的各类纱疵指标的物理意义如下。

（1）细节：指长度为 12～320mm 的细节纱疵，以比正常纱线密度低 30% 为起点，可选择表 8-9 第一行中的任一档，各档的严重程度见表 8-10。

表 8-9　电容式条干均匀度仪的细节、粗节、棉结上限

| 纱疵 | 粗细设限（%） | | | | 长度设限（mm） |
| --- | --- | --- | --- | --- | --- |
| 细节 | -30 | -40 | -50 | -60 | 12～320 |
| 粗节 | +35 | +50 | +70 | +100 | |
| 棉结/毛粒 | +140 | +200 | +280 | +400 | ≤4 |

表 8-10　细节设限值与纱疵严重程度

| 设定值［%（档）］ | 纱疵截面相当正常<br>纱截面的大小（%） | 纱疵严重程度 |
| --- | --- | --- |
| -60（1） | ≤40 | 严重细节（距黑板几米远就能看出） |
| -50（2） | ≤50 | 较严重细节（距黑板约 1m 能看出） |
| -40（3） | ≤60 | 较轻微细节（距黑板很近才能看出） |
| -30（4） | ≤70 | 很轻微细节（在黑板上看起来不明显） |

（2）粗节：指长度为 12～320mm 的粗节纱疵。粗节的粗度以比正常纱线密度高出 35% 为起点，可选择表 8-9 第二行中的任一档，各档的严重程度见表 8-11。

表 8-11　粗节设限值与纱疵严重程度

| 设定值［%（档）］ | 纱疵截面相当正常<br>纱截面的大小（%） | 纱疵严重程度 |
| --- | --- | --- |
| +100（1） | ≥200 | 严重粗节 |
| +70（2） | ≥170 | 较严重粗节（距黑板几米远就能看出） |
| +50（3） | ≥150 | 较轻微的粗节（距黑板较近能看出） |
| +35（4） | ≥135 | 很轻微的粗节（在黑板上看起来不明显） |

（3）糙节：条干仪上检测的糙节纱疵是指长度小于 4mm、并在前沿与后沿都达到一定陡度的疵点，粗度以比正常纱线密度高 140% 为起点，可选择表 8-9 第三行中的任一档，各档的严重程度见表 8-12。仪器对于糙节是以参考长度为 1mm 来评定其粗度。例如，粗度为 +100%、长度为 4mm 的棉结可等价为长度 1mm、粗度 +400% 的糙节。

表 8-12　糙节设限值与纱疵严重程度

| 设定值［%（档）］ | 纱疵截面相当正常<br>纱截面的大小（%） | 纱疵严重程度 |
| --- | --- | --- |
| +400（1） | ≥500 | 很大的棉结 |
| +280（2） | ≥380 | 较大的棉结（距黑板几米远就能看出） |
| +200（3） | ≥300 | 较小的棉结（距黑板较近能看出） |
| +140（4） | ≥240 | 很小的棉结（靠近黑板才能看出） |

**2.偶发性纱疵(10万米纱疵)**　电容式条干均匀度仪对细纱进行条干测定时的试验长度较短(100~1000m),对那些出现概率较低的偶发性纱疵不足以发现其纱疵规律。为了对各类偶发性纱疵进行定量分析,得出可靠的统计数据,一般以每10万米长度细纱中发现的各类疵点数来衡量偶发性纱疵。

偶发性纱疵采用电容式纱疵分级仪检测,先将纱疵信号变成电信号,再转换成数字信号,送到微处理机进行储存与运算,到试验结束时,能按纱疵的粗度和长度进行自动分级计数。打印出分级的纱疵数,并打印出折算成相当于10万米长细纱上的各级纱疵数。如果需要,可以自动将有纱疵的纱条剪断取样,与样照作对比。根据纱疵长度和粗细将偶发性纱疵分成短粗节、长粗节或双纱、细节3大类23小类。

短粗节纱疵共分16小类,按其线密度(粗细)大小分四档,按纱疵的长度分四档。

长粗节纱疵分3小类,分别表示一定的截面和长度范围。

细节纱疵共分4小类,按其线密度大小分两档,按纱疵的长度分两档。

**3.杂质、污物等疵点**　杂质、污物等疵点是指附着在纱线上的有害纤维(如丙纶膜裂纤维,一般称异性纤维)和较细小的、非纤维性物质,主要是梳理等加工过程中清理不干净而引发的疵点。棉纱中常见的杂质是带有纤维的籽屑及碎叶片、碎铃片等杂质;毛纱中的草刺、皮屑等及其他植物性夹杂物;麻纱中的表皮屑、秆芯屑等。纱线中的杂质影响着织物的外观质量和印染加工。在评定纱线质量时,一般也是以一定长度或者一定重量纱线内所含有的杂质粒数来表示。

纱线的污物主要是指纱线在生产和保管过程中因管理不善造成的各种污染,其中最为常见的是生产时被机油污染的油污纱、棉纤维中夹入的异性纤维(丙纶丝、头发等)、毛纤维中夹入的绵羊标记物料(沥青、油漆等),这些污物对于染整加工非常不利,不能用于织造高质量织物或者浅色织物。

### 二、纱线的毛羽

毛羽是指纱线表面露出的纤维头端或纤维圈。毛羽分布在纱线圆柱体360°的各个方向,毛羽的长短和形态比较复杂,因纤维特性、纺纱方法、纺纱工艺参数、捻度、纱线的粗细而异。毛羽的作用有正负两方面,对于缝纫线、精梳棉型织物、精梳毛型织物,毛羽越少越好,毛羽对纱线和织物的外观、手感、光泽等不利;而对于起绒织物、绒面织物等,一般纱线上的毛羽还不够,需要想方设法通过缩绒、拉毛等手段增加毛羽;毛羽对织造工艺的负面影响较大,毛羽多时织机开口不清,容易引起断头、停机等问题。

纱线毛羽的测量方法有投影计数法、烧毛法、光电检测法等。投影计数法为基础方法,计数不同长度毛羽的根数,直接而准确,但是费时费力,效率低下。烧毛法是利用烧毛工艺烧掉纱线表面的毛羽,测量烧毛后纱线的重量损失率,该方法简单易行,但适应范围有限,对于涤纶、锦纶等合成纤维的纱线,高温烧毛使这些纤维的毛羽熔融黏结,重量损失很小,其重量损失率不能表征毛羽多少。目前最常用的方法是光电检测法,利用光电原理,当纱线以恒定速度通过检测头时,凡大于设定长度的毛羽会遮挡光束,使光电传感器产生信号而计数。纱线四周都有毛羽,光电检测法只测量纱线一侧的毛羽,一般计数各种长度的累积根数,如图8-10所示,分布一般呈负指数曲线,该数值与纱线的毛羽总量成正比。

常用"毛羽指数"来表征纱线毛羽量。它是每米长度纱线上的毛羽纤维的根数,实际是单位长度纱线单侧,毛羽伸出长度(垂直距离)超过某一定值(设定毛羽长度)的毛羽根数。由于纱线毛羽随机不匀,通常用毛羽指数平均值和毛羽指数 CV 值联合表征纱线毛羽量。

常见毛羽指数与设定毛羽长度关系见图8-10的负指数关系。

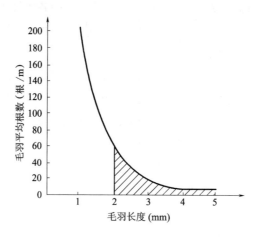

图8-10　毛羽指数与毛羽长度关系曲线

## ☞ 思考题

1. 简述纱线的细度指标及其与纤维细度指标的关系。

2. 简述纱线的公定回潮率及其与纱线线密度的关系;纱线线密度的表示方法。

3. 简述棉纱线、毛纱线的主要品种和主要用途。

4. 纱线的主要性能指标有哪些?纱线线密度的不匀及其波谱图的特征和用途有哪些?

5. 简述纱线捻度、捻系数的指标及其对成纱性能的影响。

6. 简述纱线疵点和毛羽的结构、性能、指标及影响。

## 参考文献

[1] 王善元.变形纱[M].上海:上海科学技术出版社,1992.

[2] 周惠煜,曾保宁,刘树梅.花式纱线开发与应用[M].北京:中国纺织出版社,2002.

[3] 袁观洛.纺织商品学[M].上海:中国纺织大学出版社,2004.

[4] 东华大学纺织学院.新型纺织纱线[M].上海:东华大学出版社,2004.

[5] 蒋耀兴,郭雅琳.纺织品检验学[M].北京:中国纺织出版社,2004.

[6] 刘国涛,谢春萍,徐伯俊.新型纺纱[M].北京:中国纺织出版社,1999.

[7] 朱进忠.实用纺织商品学[M].北京:中国纺织出版社,2000.

[8] 王志良.纺织品商品学[M].北京:中国人民大学出版社,1996.

［9］王义宪.纺织品商品与检验［M］.北京:中国轻工业出版社,1994.

［10］董念慈,陈士琢,桂家祥,顾华丰.进出口纱线检验［M］.北京:中国纺织出版社,1995.

［11］纺织品大全(第二版)编辑委员会.纺织品大全［M］.2 版.北京:中国纺织出版社,2005.

［12］黄罗兰,申志恒.服装和纺织品商品学［M］.北京:立信会计出版社,1996.

［13］西北纺织工学院棉纺教研组.新型纺纱［M］.西安:西北纺织工学院教材科,1988.

［14］纺织工业科学技术发展中心.中国纺织标准汇编:棉纺织卷［M］.北京:中国标准出版社,2001.

［15］纺织工业科学技术发展中心.中国纺织标准汇编:毛纺织卷［M］.北京:中国标准出版社,2001.

［16］纺织工业科学技术发展中心.中国纺织标准汇编:化纤卷［M］.北京:中国标准出版社,2001.

［17］Peter R lord. Handbook of yarn production technology, science and economics［M］. Cambridge:Woodhead publishing limited,2003.

［18］R H Gong, Wright R W. Fancy yarns, their manufacture and application［M］. Cambridge:Woodhead publishing limited in association with the textile insititute,2002.

［19］余序芬.纺织材料实验技术［M］.北京:中国纺织出版社,2004.

［20］于伟东.纺织材料学［M］.北京:中国纺织出版社,2006.

# 第九章 织物的组成、分类与结构

**本章知识点**

1. 织物的组成、形成方法及其分类。
2. 机织物的结构参数及特点。
3. 针织物的结构参数及特点。
4. 编结物的结构参数及特点。
5. 非织造物的结构参数及特点。

将纤维集合,制成一定尺寸规格的平板状的物体,称为织物,简称为布。它是纺织材料的组成部分之一,是纤维制品的重要种类,是纺织品的基本形式。织物也是纤维制品应用的主要单元。

## 第一节 织物的组成、形成方法及其分类

织物(fabrics)的种类极其繁多,原料、形态、花色、结构、形成方法等千变万化。本节主要介绍织物按组成和形成方法进行的分类。

### 一、织物按组成分类

无论是哪种织物,按生产织物所用纤维和纱线种类进行分类是其最基本的方式之一。

**1. 按纤维原料分** 包括纯纺织物、混纺织物和交织织物。

纯纺织物是指由单一纤维原料纯纺纱线所构成的织物,如纯棉、纯毛、纯桑蚕丝、纯亚麻织物以及各种纯化纤织物等。混纺织物是指以单一混纺纱线形成的织物,如经、纬纱均用涤/棉(65/35)纱织成的涤棉混纺织物;经、纬纱均用毛/腈(70/30)纱织成的毛腈混纺织物,简称及缩写见表8-4。交织织物是指经纱与纬纱使用不同纤维原料的纱线织成的机织物;或是以两种或两种以上不同原料的纱线并合(或间隔)针织而成的针织物;或是以两种或两种以上不同原料的纱线并合(或间隔)而成的编结织物等。如经纱用棉纱线、纬纱用黏胶长丝或桑蚕丝的线绨织物;棉纱与锦纶长丝交织、低弹涤纶丝与高弹涤纶丝交织的针织物;柔性纱线绑定高性能纤维成型的编结物等。此外,在织物中用金、银线进行装饰点缀,也可算作一种交织形式,是低比

例的装饰交织织物。

**2.按纱线的类别分**　包括纱织物、线织物、半线织物、花式线织物、长丝织物等。

纱织物,即完全采用单纱织成的机织物或针织物。线织物,即完全采用股线织成的机织物、针织物或编结织物。半线织物,是指经纬向分别采用股线和单纱织成的机织物及单纱和股线并合或间隔针织而成的针织物。花式线织物,即各种花式线织成的机织物或针织物。长丝织物,是指采用天然丝或化纤长丝织成的机织物或针织物。

## 二、织物按形成方法分类

织物按形成方法的分类,是最主要的分类方式之一。织物按形成方法可分为机(梭)织物、针织物、编结(织)物、非织造织物和复合织物。机织物、针织物和编结(织)物虽然有不同的组织结构特征,但从原料的构成、织物的规格、织物成形前后的加工等方面具有相同或相似的特征。非织造织物作为一种由纤维网构成的纺织品,其所用的纤维原料一般较单一,较多地按纤网形成方式和固着方式来分类。

**1.机(梭)织物(woven fabrics)**　机织物也称梭织物,是由互相垂直的一组(或多组)经纱和一组(或多组)纬纱在织机上按一定规律纵横交编织成的制品。有时机织物也可简称为织物。现代的多轴向加工,如三向织造、立体织造等,已突破机织物的这一定义的限制。

**2.针织物(knitted fabrics)**　一般针织物是由一组或多组纱线在针织机上按一定规律彼此相互串套成圈连接而成的织物。线圈是针织物的基本结构单元,也是该织物有别于其他织物的标志。常见的针织物有纬编针织物和经编针织物。

(1)纬编针织物:纬编针织物是由一根(或几根)纱线沿针织物的纬向顺序弯曲成圈,并由线圈依次串套而成的织物。

(2)经编针织物:经编针织物是由一组或几组平行的纱线同时沿织物经向顺序成圈并相互串套联结而成的织物。

**3.编结(织)物(braided fabrics)**　编结(织)物一般是以两组或两组以上的线状物,相互错位、卡位或交编形成的产品,如席类、筐类等竹、藤制品;或者是以一根或多根纱线相互串套、扭辫、打结的编结产品,如渔网等;另外一类是由专用设备、多路进纱按一定空间交编串套规律编结成三维结构的复杂产品。产业用纤维增强复合材料产品中相当一部分用此法生产。

**4.非织造织物(non-woven fabrics)**　非织造织物亦称非织造布,是指用机械、化学或物理的方法使由纤维、纱线或长丝黏结、套结、绞结而成的薄片状、毡状或絮状结构物,但不包含机织、针织、簇绒和传统的毡制、纸制产品。非织造织物过去曾简称为无纺布,我国1984年才按产品的特性定名为"非织造织物"。近年来,产业用非织造织物出现了许多新品种,如无纬织物(laid fabrics,weftless cord fabrics),它是纱线或化纤长丝伸直平行均匀排列以胶黏膜为基底黏着固定的织物。由于纤维伸直平行无交织点,高模量充分体现,主要用于复合增强材料(如作为防弹设备的重要材料)。

**5.复合织物(compound fabrics)**　由机织物、针织物、编结物、非织造织物或膜材料中的两种或两种以上材料通过交编、针刺、水刺、黏结、缝合、铆合等方法形成的多层织物。

# 第二节　机织物的结构

## 一、基础织物组织

常规的机织物,是由两组纱线,即经纱与纬纱在垂直于其二维平面的方向交织形成的纤维集合体,经纬纱交织的规律和形式,称为织物的组织。

### (一)织物组织的基础参数

通过织物组织表达经纬纱交织规律的基础参数主要有以下四项。

**1.组织点**　组织点是指织物中经纬纱线的交织点。当经纱在纬纱之上时为经组织点,以■或⊠方格表示;当纬纱在经纱之上时为纬组织点,用□方格表示。

**2.组织循环**　当经组织点和纬组织点的排列规律能够同时满足循环并在织物中重复出现时,重复之前的这一个组织单元,称为一个组织循环或一个完全组织。在一个组织循环中,经组织点数多于纬组织点时为经面组织,纬组织点数多于经组织点时为纬面组织,若经组织点和纬组织点数目相同,则为同面组织。

**3.纱线循环数**　构成一个组织循环的经纱或纬纱根数称为纱线循环数。构成一个组织循环的经纱根数称为经纱循环数,用 $R_j$ 表示;构成一个组织循环的纬纱根数称为纬纱循环数,用 $R_w$ 表示。织物一个完全组织或一个组织循环的大小由纱线循环数来决定。图 9 – 1 所示为平纹织物的组织图与结构图,箭头所示即为一个组织循环,平纹组织的纱线循环数 $R_j = R_w = 2$。

**4.组织点飞数**　在一个组织循环中,同一系统纱线相邻的两根纱线上,相应组织点之间间隔的另一系统纱线数称为组织点飞数,简称为飞数,用 $S$ 表示。产生在相邻经纱相应组织点之间的飞数,称为经向飞数,用 $S_j$ 表示;产生在相邻纬纱相应组织点之间的飞数,称为纬向飞数,用 $S_w$ 表示。如图 9 – 2 所示,组织点 $B$ 相应于组织点 $A$ 的飞数是 $S_j = 2$,组织点 $C$ 相应于组织点 $A$ 的飞数是 $S_w = 3$。在织物是经面组织时,采用经向飞数 $S_j$;若是纬面组织,则采用纬向飞数 $S_w$。

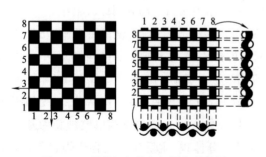

图 9 – 1　平纹组织的组织图与结构图

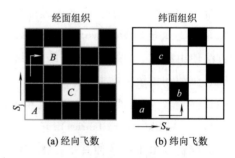

(a) 经向飞数　　(b) 纬向飞数

图 9 – 2　组织点飞数

### (二)原组织

原组织也称为基本组织,属基础织纹组织。凡使用原组织的织物,其纱线的交织规律必须符合以下三个条件。

（1）经纱和纬纱的纱线循环数必须相等，即 $R_j = R_w$。

（2）经纱和纬纱的组织点飞数均为常数。

（3）经纱或纬纱系统的每根纱线在一个组织循环内只能与另一系统纱线交织一次。

原组织中的纱线只形成三种基础织纹组织，它们分别是平纹组织、斜纹组织和缎纹组织，所以机织物原组织也被称为三原组织。

**1. 平纹组织（plain weave）**　平纹组织是最简单的织纹组织，它由两根经纱和两根纬纱组成一个组织循环，经纱和纬纱每隔一根纱线交织一次，所以说它是所有织纹组织中交织数最多的组织，也是使用最为广泛的一种原组织。

平纹组织的 $R_j = R_w = 2$，飞数 $S_j = S_w = 1$。平纹组织的组织循环中，经组织点和纬组织点的数目相同，属同面组织。平纹组织可以用分式 $\dfrac{1}{1}$ 表示，读作一上一下的平纹组织，分式中分子和分母分别表示一个组织循环中每根纱线上的经组织点数和纬组织点数，如图 9-1 所示。

因为交织点多，平纹组织的织物比较挺括，耐磨性好，断裂强度高，手感较硬。平纹组织的纹理虽然很简单，但若改变织物的结构因素，也可以得到风格与特点相差很大的织物。如利用配置不同粗细经、纬纱的方法，就可以在平纹织物表面产生横向或纵向的凸条纹；利用织造时经、纬纱的张力变化和色彩搭配，也可使织物得到不同的延伸性和变色效果；利用不同捻向经、纬纱的相间排列，可以在织物表面形成若隐若现的隐条或隐格；利用经、纬纱强捻、弱捻的搭配及捻向的变化，可以在布面产生细小的凹凸皱纹；配置不同的经、纬纱排列密度，可以得到稀密相间的平纹布；利用不同颜色的纱线或不同结构的花式纱线进行搭配，则可以形成各种形式的色织物或有特殊装饰效果的平纹花式纱织物。

**2. 斜纹组织（twill-weave）**　斜纹组织最少要有三根经纱和三根纬纱才能构成一个组织循环，它的特征是会在织物表面有序生成由经纱或纬纱浮点组成的倾斜纹路，称为斜纹线。斜纹线的倾斜方向有左有右，分别称为左斜纹和右斜纹。当斜纹线由经纱浮点组成时，称为经面斜纹；由纬纱浮点组成时，则称为纬面斜纹。在斜纹组织的织物中，经纬纱的交织次数比平纹组织少，因而可以增加单位长度织物中可排列的纱线根数，在其他条件相同的情况下，它应比平纹组织的织物更加紧密、厚实，并且有较好的光泽。

图 9-3 斜纹组织的纱线循环数 $R_j = R_w = 3$，组织点飞数 $S_j = S_w = \pm 1$，斜纹组织的分式表达与平纹组织相似，通常还会在斜纹分式右边加一个斜向的箭头表示斜纹线的方向。图 9-3 中的 $\dfrac{1}{2}\nearrow$ 读作一上二下纬面右斜纹；$\dfrac{2}{1}\nwarrow$，读作二上一下经面左斜纹。

斜纹织物表面斜纹线的倾斜角可以随经纬纱线的粗细或密度而变化，如当经纬纱线密度相同时，经纱密度增加就会使布面的斜纹线倾斜角增大。纹理的清晰效果和经纬纱的捻向配置方式关系很大，当斜纹线的方向和纱线中倾斜的纤维轴相垂直时，斜纹线的纹理会更加清晰。

**3. 缎纹组织（satin weave）**　在三种原组织中，缎纹组织的每一根经纱或纬纱上相邻两个单独浮点间的距离可以是最长的，因而缎纹组织的织物表面通常被有较长浮点（称为浮长）的纱线所覆盖,这时浮长短的另一系统纱线便不容易在织物表面显现,所以缎纹组织的正反面有很明显的区别,一般是正面特别平滑并富有光泽,反面则比较粗糙,光泽也差。在织物单位长度内纱线根数相同的条件下,缎纹组织是原组织中组织点最少的组织,要相距好几根纱线才交织一次,所以手感最柔软,强度也最低。

缎纹组织的纱线循环数必须是 $R_j = R_w \geqslant 5$(6 除外),其组织点飞数是 $1 < S < R-1$,且 $S$ 和 $R$ 之间不能有公约数,图 9-4 为两种十枚缎纹织物的组织图。缎纹组织的分式表达方法与平纹和斜纹不同,分子表示的是缎纹组织的纱线循环数 $R$(读作枚数),分母则表示组织点的飞数 $S$,飞数的方向必须由织物是经面缎纹还是纬面缎纹来确定,如十枚三飞经面缎纹应写成 $\dfrac{10}{3}$ 经面缎纹;十枚三飞纬面缎纹应写成 $\dfrac{10}{3}$ 纬面缎纹。

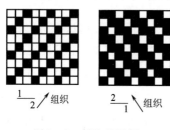

$\dfrac{1}{2}$↗组织　　$\dfrac{2}{1}$↖组织

图 9-3　斜纹组织图

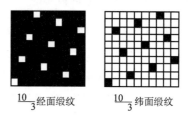

$\dfrac{10}{3}$ 经面缎纹　　$\dfrac{10}{3}$ 纬面缎纹

图 9-4　缎纹组织图

改变缎纹的组织图,织物的外观和性能就会发生变化,如在其他条件不变时增大组织循环,织物就会因纱线浮长增加,更加光滑柔软,但坚牢度降低;如为了突出缎纹的效果,经面缎纹可取经密大于纬密,纬面缎纹可取纬密大于经密等。

有捻纱线与无捻纱线比,光泽感比较差,如果把加捻引发的扭矩留存在纱线上,纱线又会变硬(如作解扭松弛处理,纱线会变软),因此若要使缎纹织物手感柔软且光泽明亮,经纬纱最好是采用无捻纱或弱捻纱。

**(三)在原组织基础上形成的其他织物组织**

在原组织的基础上可以衍生出许多其他的织物组织,应用最多的有四种。

**1. 变化组织**　变化组织是指在原组织的基础上,通过变更原组织的循环数、浮长和飞数等参数而派生出来的一种织物组织,主要有平纹变化组织、斜纹变化组织和缎纹变化组织。

**2. 联合组织**　联合组织是指由两种或两种以上的原组织或变化组织联合构成的新组织,这种组织形式主要提供图案纹理。使用联合组织的织物,会形成多种风格特征,如在织物表面生成几何图案或小花纹的纹理或分布均匀的小孔洞;在织物表面形成边凸中凹形似蜂巢的框格纹理(蜂巢组织);因织物中的经纬纱倾斜扭曲而在织物表面产生形似起绉的纹理在织物经向、纬向或倾斜方向生成有凸条的纹理等。

**3. 复杂组织**　复杂组织可以由一组经纱与两组纬纱,或两组经纱与一组纬纱构成,也可以由两组及两组以上经纱与两组及两组以上纬纱构成。常见的复杂组织有二重组织、双层组织、起毛组织、毛巾组织、纱罗组织等。

**4. 大提花组织** 大提花组织是用一组经纱和一组纬纱，或一组以上经纱或纬纱，并使用多重或多层织物组织来构成花纹图案的组织，专用于大提花织物（纹织物）。大提花织物的特点是织物成形时，每一根经纱的提降次序都可以单独控制，这是专门为花纹图案的构成而设计的一种成形方式，称为提花织造。

## 二、结构相的表述

经纬纱在织物中交织时的结构状态称为织物的结构相。可以用屈曲波高来描述纱线在同一平面中发生的屈曲状态。这种描述方法对于纱罗组织和绉组织织物（亦称泥地组织织物）及利用纱线或纤维的形状记忆功能、通过解扭起拱获得绉效应（纹理）的织物都是不适合的，因为在这些织物中，纱线都是以三维起拱的状态实现交织屈曲的，如图 9-5 所示。

图 9-5 绉效应（纹理）织物中经线纱的扭曲形态

现以平纹织物为例，来说明用经纬纱的屈曲波高描述织物结构相的方法。图 9-6（a）所示即为该织物的纬向切面图，图 9-6（b）为经向切面图，经纬纱直径分别用 $d_j$、$d_w$ 表示，设经纬纱直径之和为 $(d_j + d_w) = D$。经纱或纬纱屈曲波的波峰与波谷（相对于纱的截面中心而言）之间的垂直距离即为该系统纱线的屈曲波高，以 $h_j$ 表示经纱的屈曲波高，$h_w$ 表示纬纱的屈曲波高。由图 9-6 可以看出，当织物内经纱无屈曲，即 $h_j = 0$ 时，$h_w = d_j + d_w = D$；当纬纱无屈曲，即 $h_w = 0$ 时，$h_j = d_j + d_w = D$。在这两个极端的情况之间，$h_j$ 与 $h_w$ 可以有各种不同的数值，但它们之间必须遵循 $h_j + h_w = d_j + d_w$ 的关系。由此可见，如要使用这一模型对机织物的结构相进行表述，前提是织物中的纱线必须是可以任意弯曲的，并具有同样的截面形状，而且不管织物结构如何变化，相互交织的纱线间必须是互相紧贴的。

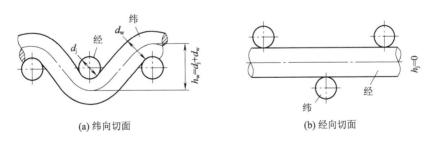

(a) 纬向切面          (b) 经向切面

图 9-6 平纹织物第 1 结构相的经、纬向切面图

为方便计，通常是把织物的结构相，按织物中经纬纱的屈曲波高比（$h_j/h_w$）分成九种阶序的结构相。两个相邻阶序之间的阶差为 $h_j/h_w = D/8$，即经纱的屈曲波高每递增 $D/8$，纬纱的屈曲波高即相应递减 $D/8$，这样结构相即可过渡到下一个阶序。

将上述经纱伸直（$h_j = 0$）纬纱屈曲（$h_w = D$）时的极端状态定义为第 1 结构相。另一个极端状态，即纬纱伸直（$h_w = 0$）经纱屈曲（$h_j = D$）时的状态，相应为第 9 结构相。在这 9 个结构相之外,有时还把一个系统纱线的屈曲波高恰好等于另一个系统纱线直径时的状态(即 $h_j = d_w$,$h_w = d_j$)定义为0结构相,这个结构相的特点是这时织物的经、纬纱有同样的厚度,即经纱和纬纱都在同一个高度平面上。显然在经、纬纱直径相等时,0结构相便是9种结构相中的第5结构相,如果经纬纱直径不等,0结构相就会对应其他的结构相,各结构相的具体划分办法见表9-1。

表9-1　织物结构相的参数特征

| 阶序(结构相) | 1 | 2 | 3 | 4 | 5 | 6 | 7 | 8 | 9 | 0 |
|---|---|---|---|---|---|---|---|---|---|---|
| 经纱屈曲波高 $h_j$ | 0 | $\frac{1}{8}D$ | $\frac{1}{4}D$ | $\frac{3}{8}D$ | $\frac{1}{2}D$ | $\frac{5}{8}D$ | $\frac{3}{4}D$ | $\frac{7}{8}D$ | $D$ | $d_w$ |
| 纬纱屈曲波高 $h_w$ | $D$ | $\frac{7}{8}D$ | $\frac{3}{4}D$ | $\frac{5}{8}D$ | $\frac{1}{2}D$ | $\frac{3}{8}D$ | $\frac{1}{4}D$ | $\frac{1}{8}D$ | 0 | $d_j$ |
| $\dfrac{h_j}{h_w}$ | 0 | $\frac{1}{7}$ | $\frac{1}{3}$ | $\frac{3}{5}$ | 1 | $\frac{5}{3}$ | 3 | 7 | 8 | $\dfrac{d_w}{d_j}$ |

由图9-6还可以看到,屈曲的经纱或纬纱,在织物正反面之间可及的最大距离(即纱线的屈曲波高与该纱线的直径之和),实际上就是该系统纱线的厚度,设经纱厚度为 $H_j(mm)$,纬纱厚度为 $H_w(mm)$,即有下列计算式:

$$H_j = h_j + d_j$$
$$H_w = h_w + d_w \tag{9-1}$$

比较经纱与纬纱厚度,显然大者即为织物的厚度 $H_z(mm)$,即当 $H_j > H_w$ 时,$H_z = H_j$;当 $H_w > H_j$ 时,$H_z = H_w$。当经纬纱厚度相等时,即为0结构相。

织物在一定压力下与一平面相接触时的面积和织物总面积之比的百分率,称为织物的支持面。从理论上讲,在0结构相时,因经纬纱都已进入织物的同一表面,此时的支持面最大。

结构相对织物性能和风格的形成影响很大,为了找到控制结构相的手段,就需要找出屈曲波高和织物构造参数之间的关系,因为后者可以在设计与织造时加以控制。图9-7所示是一个织物的交织单元模型(经向剖面),各符号给出的参数意义分别是:经纬纱的屈曲波高 $h_j$、$h_w$ (mm);经纬纱的几何密度 $p_j$、$p_w$ (根/100mm);经纬纱的屈曲长度 $L_j$、$L_w$ (mm);经纬纱轴对织物中心平面的倾角 $\theta_j$、$\theta_w$;经纬纱的屈曲缩率 $C_j$、$C_w$ (%);经纬纱的直径 $d_j$、$d_w$ (mm)及经纬纱直径之和 $D$ (mm)。

假设模型中纱线为直径均一的圆柱体,并令交织纱线轴的几何形态为"直线+圆弧",即在经纬纱交织处为包围圆弧,其余部分为直线段。根据模型给出的几何关系,可以提供以下四组方程,共含七个参数。

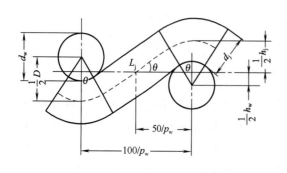

图9-7　机织物的交织单元模型

（1）缩率方程：
$$C_j = \left(1 - \frac{1}{p_w \cdot L_j}\right) \times 100; C_w = \left(1 - \frac{1}{p_j \cdot L_w}\right) \times 100 \qquad (9-2)$$

（2）密度方程：
$$p_j = \frac{100}{(L_w - D\theta_w)\cos\theta_w + D\sin\theta_w}$$

$$p_w = \frac{100}{(L_j - D\theta_j)\cos\theta_j + D\sin\theta_j} \qquad (9-3)$$

（3）屈曲波高方程：
$$h_j = (L_j - D\theta_j)\sin\theta_j + D(1 - \cos\theta_j)$$

$$h_w = (L_w - D\theta_w)\sin\theta_w + D(1 - \cos\theta_w) \qquad (9-4)$$

（4）结构相方程：
$$D = h_j + h_w = d_j + d_w \qquad (9-5)$$

解上述四组方程，可近似得到屈曲波高和几何密度、屈曲缩率之间的函数关系为：

$$h_j = p_w\sqrt{2C_j}$$

$$h_w = p_j\sqrt{2C_w} \qquad (9-6)$$

式（9-6）表明：织物结构相中某一系统纱线的屈曲波高，可以由织物中另一系统纱线的几何密度及屈曲缩率的函数关系来表征。

但因为实际的织物结构和模型的假设前提仍有较大出入（织物中纱线截面已非正圆、沿厚度方向压扁并不对称或纱线柔软已充分弯曲等），所以在模型基础上获得的上述结论，主要还是在于分析织物结构参数之间的联系规律，作为设计和实际控制时的参考。

### 三、多向、多维及多层机织物

多向机织物是指纱线在二维平面中以并非垂直分布的形式交织形成的二维机织物，这样形成的织物在结构上有以下两个特点。

（1）织物由两组以上纱线交织而成。

（2）纱线可以在其所在的二维平面中，可以选择各种不同的角度分布并进行交织。

如图9-8所示即是由两组纱线斜交形成的多向机织物示意图，图9-9所示则是由三组纱线斜交组成的多向机织物示意图，它们最后形成的都是二维的平面状织物，故前者也被称为平面二轴向织物，简称二轴向织物；后者被称为平面三轴向织物，简称三轴向织物。

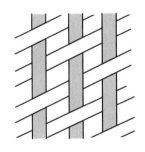

图9-8 二轴向（斜交）机织物结构示意图

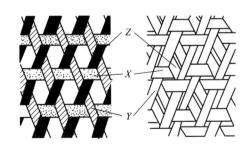

图9-9 三轴向机织物结构示意图

多经轴织机织成多层复合织物(交联纱线交编联结成一体),可以形成很厚的织物,也可以形成厚度变化及中空的三维立体织物。

纱线除了可以在平面方向,即二维集合的范畴中进行交织,同时还可以在垂直于该二维平面的方向,即在三维集合的范畴中进行交织,这样形成的就是 3D 机织物,也称为三维机织物,或多维机织物。

如图 9-10 所示就是纱线在三维方向进行交织形成的一种 3D 机织物,这类织物中纱线至少有三个方向,据此可以将所用纱线分为经纱、纬纱和垂纱,垂直于经纱和纬纱的是垂纱,沿垂纱方向交织的层数可以不同,同时织物的形状也可按需要进行设计,如可以织成具有特定截面形状的工程材料,或织成类似于工字钢、十字钢截面的织物。

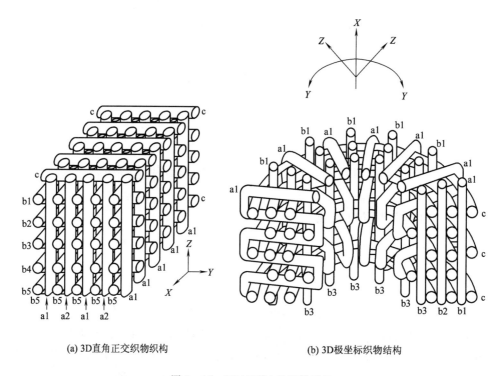

(a) 3D直角正交织物织构          (b) 3D极坐标织物结构

图 9-10   3D(三维)机织物结构

多向与多维机织物通常都是针对均匀受力要求比较高的工程材料和工业器件材料而专门设计的,这是在许多合成纤维的物理性能指标已超越钢铁等传统工程材料的情况下,涌现出来的一个纺织新技术领域。

# 第三节   针织物的结构

针织物的结构因素包括线圈结构、线圈长度、组织结构、密度、未充满系数、单位面积质量等。本节阐述前三个结构因素,其他参见本章第六节。

针织物是由线圈在纵向相互串套和横向相互连接而成，所以构成针织物的基本结构单元是线圈（loop）。线圈呈三度弯曲的空间曲线。图 9 – 11 所示的线圈 $A$ 是一种典型的纬编线圈。曲线 $B$ 是线圈 $A$ 在 $Oxy$ 面上的投影，它接近线圈的真实情况（形状、大小），所以通常被用作线圈图形分析讨论的基础；曲线 $C$ 和 $D$ 是线圈 $A$ 在另外两个面上的投影，它们能反映线圈的空间弯曲形态，可用作研究针织物性能的参考图形。显然，线圈 $A$ 在三个平面上的投影都呈弯曲状态。

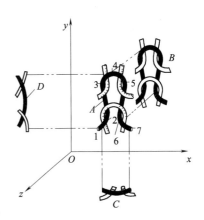

图 9 – 11 纬编线圈的三维形态

线圈长度是一个线圈所具有的长度，一般以毫米为计量单位。线圈长度可根据线圈在平面上的投影（图 9 – 11 中的线圈 $B$）近似地进行计算而得；或用拆散的方法测得组成一只线圈的纱线实际长度；也可在编织时，用仪器直接测量喂入到每枚针上的纱线长度。线圈长度对针织物的密度和性能有重大影响，是针织物的一项重要指标。

线圈及其串套方式，共同组成针织物的线圈结构。不同的线圈结构可构成各种不同的织纹组织，从而使针织物具有一定的几何学外观和物理机械性能。

依据线圈结构的特征，针织物可分为纬编针织物和经编针织物。根据外观的不同，针织物有单面和双面之分。双面针织物可看作是由两个单面针织物嵌合而成，与单面针织物相比，双面针织物较厚实，且不易卷边。利用不同的线圈结构，亦可做成单层、双层和多层针织物。

## 一、纬编针织物的结构与织纹组织

### （一）纬编针织物的线圈和线圈长度

纬编针织物的基本线圈结构如图 9 – 12 所示，它由针编弧（2 – 3 – 4）、圈柱（1 – 2、4 – 5）和沉降弧（5 – 6 – 7）三部分组成。针编弧直接由织针编织而成，沉降弧连接相邻两个线圈。一般把线圈圈柱覆盖于圈弧的一面称为针织物的正面，圈弧覆盖于圈柱的一面称为针织物的反面。

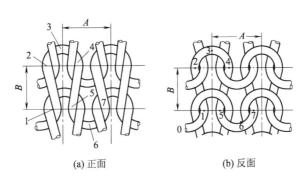

(a) 正面　　　　　　　(b) 反面

图 9 – 12 纬编针织物的线圈结构

无论是纬编还是经编针织物,线圈沿织物横向组成的一行称为线圈横列(course),沿纵向相互串套而成的一列称为线圈纵行(wale)。在线圈横列方向上,两个相邻线圈对应点间的距离称为圈距,一般以 $A$ 表示;在线圈纵行方向上,两个线圈对应点间的距离称为圈高,一般以 $B$ 表示,如图 9 - 12 所示。

纬编针织物除了上述正常参加编织的成圈线圈外,还有集圈线圈和浮线线圈。集圈线圈呈悬弧状,如图 9 - 13 中的黑线;浮线线圈是不参加编织的线圈,呈线状,如图 9 - 14 所示。

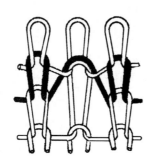

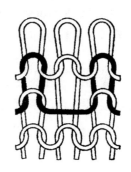

图 9 - 13　集圈线圈图　　　　　　　　图 9 - 14　浮线线圈图

纬编针织物的线圈长度 $L_0$ 由针编弧 $l_1$、两个圈柱 $l_2$ 以及沉降弧 $l_3$ 组成:

$$L_0 = l_1 + 2l_2 + l_3 \tag{9-7}$$

线圈长度 $L_0$ 也可利用总成圈数 $N$ 和所用纱线总长度 $L$ 求得:

$$L_0 = \frac{L}{N} \tag{9-8}$$

线圈长度不仅与针织物的密度有关,而且对针织物的脱散性、延伸性、弹性、耐磨性、强度以及抗起毛起球性、抗钩丝性等都有很大影响,因此线圈长度是针织物的一项重要物理指标。

针织物的线圈长度越长,单位面积针织物内的线圈数越少,即针织物的密度越小,则针织物越稀薄。针织物的线圈长度越长,线圈中的曲率半径较大,力图保持纱线弯曲变性的力较小,而且纱线之间的接触点较少,故纱线之间的摩擦力也较小。因此,针织物容易变形,尺寸稳定性和弹性较差,强度也较低,脱散性较重。线圈长度越长,针织物的耐磨性、抗起毛起球性和抗钩丝性等都较差。线圈长度越长,针织物的透气性越好。

**(二)纬编针织物的织纹组织**

纬编针织物的组织特点,是其横向线圈由同一根纱线按顺序弯曲成圈而成。

根据线圈结构的不同,纬编针织物的织纹组织通常分为基本组织、变化组织和花色组织三大类。基本组织是由一种基本单元组成的最基本的组织。变化组织是由两个或两个以上的基本组织复合而成的组织。由基本组织和变化组织变化而引申的其他组织均归属于花色组织。

纬编针织物的基本组织有纬平组织、罗纹组织、双反面组织和双罗纹组织等。

**1. 纬平组织(weft plain stitch,weft jersey stitch)**　纬平组织又称纬平针组织、平针组织,它是单面纬编针织物中最简单、最常用的基本组织。纬平组织由连续的单元线圈向一个方向串

套而成,织物同一面上每个线圈的大小、形状和
结构完全相同。

纬平组织的线圈结构见图 9 – 15,纬平组织
的正面在自然状态下显露纵行条纹,呈"小辫
状";纬平组织的反面在自然状态下显露横向圈
弧,呈"瓦楞状"。与圈柱相比,圈弧对光线的漫
反射作用更大,因此纬平针织物的正面均匀平
坦、光泽较好;反面粗糙,光泽较暗。

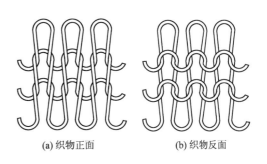

(a) 织物正面　　　(b) 织物反面

图 9 – 15　纬平组织

当纬平针织物受纵向或横向拉伸时,线圈
形态会产生变化。受纵向拉伸,圈弧移至圈柱;受横向拉伸,圈柱转移至圈弧。故纬平针织
物的纵向伸长和横向伸长都很大,而横向伸长更大些,纵向的断裂强度比横向大,质地较薄,
透气性好。在自然状态时,由于加捻纱线残余扭矩使线圈常发生歪斜现象;纬平针织物有严
重的卷边现象,纵向边缘沿线圈纵向反卷,横向边缘沿线圈横向正卷。此外,纬平针织物容
易脱散。

纬平针织物广泛应用于生产毛衫、袜品、手套、内衣、运动服、人造革底布以及服装的衬
里等。

**2. 罗纹组织(rib stitch)** 　罗纹组织是双面纬编针织物的基本组织,它是由正面线圈纵行和
反面线圈纵行以一定组合相间配置而成的。

罗纹组织因正、反面线圈纵行数的组合不同而有许多种。图 9 – 16 为 1 + 1 罗纹,即正面线
圈纵行和反面线圈纵行呈 1 隔 1 配置。图 9 – 17 为 2 + 2 罗纹,即正、反面线圈纵行呈 2 隔 2 配
置。罗纹组织的每一横列是由一根纱线编织,既编织正面线圈又编织反面线圈,由于正、反面线
圈不在同一平面内,使得连接正、反面线圈的沉降弧有较大的弯曲和扭转。而纱线的弹性又使沉
降弧力图伸直,结果同一面的线圈纵行互相靠近,织物的正、反面相同,都呈现正面线圈的外观。

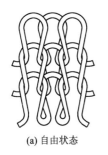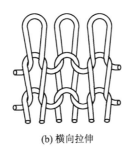

(a) 自由状态　　　(b) 横向拉伸

图 9 – 16　1 + 1 罗纹组织　　　　　　图 9 – 17　2 + 2 罗纹组织

罗纹组织的最大特点是具有较大的横向拉伸性和弹性,密度愈大,弹性愈好。罗纹组织是
双面结构,其织物不易卷边,也不易脱散,较纬平针织物厚实。由于以上特点,罗纹组织一般用
于要求拉伸性和弹性大的场合,如领口、袖口、裤脚、下摆和袜口等。

罗纹组织在长期的反复拉伸力作用下,会产生塑性变形,线圈结构呈现横向拉伸状态,而无

法回复到自由状态,表现为领口、袖口等的松弛变形。

**3. 双反面组织**(purl stitch,links and links stitch) 双反面组织也是双面纬编针织物的一种基本组织,它是由正面线圈横列与反面线圈横列交替配置而成。

双反面组织因正、反面线圈横列数的组合不同而有许多种。图9-18所示为最简单、最基本的1+1双反面组织。图9-18(a)为自由状态时的双反面组织针织物;图9-18(b)是织物受到纵向拉伸状态,1、3、5为纱线编织的正面线圈横列,2、4、6为纱线编织的反面线圈横列,正、反面线圈横列相互交替出现。织物中连接正、反面线圈横列的是线圈的圈柱,由于弯曲纱线弹力的作用,纵向反面线圈相互靠拢,使织物收缩,致使圈弧突出在织物的表面,圈柱凹陷在里面,因而在织物正反两面看起来都像纬平组织的反面,故称双反面组织。

双反面组织由于圈柱的倾斜,使织物纵向缩短,因而增加了织物的厚度和纵向密度,纵向拉伸时具有很大的延伸性和弹性,而且具有纵、横向延展度相近的特点。其卷边性随正面线圈横列与反面线圈横列组合的不同而异,当正、反面线圈横列数相同时,由于正、反面线圈弹性力的抵消,卷边性很小,甚至没有。双反面组织的缺点,与纬平组织针织物一样,容易脱散。

由于双反面组织具有良好的纵横向延伸性,因此可用来制作围巾等;其突出的横棱外观,用来制作手套或毛线外衣,使成品具有明显的条纹;利用双反面组织的特性,可以制成美观、新颖、有凸凹花纹的袜品。

**4. 双罗纹组织**(interlock stitch,interlock rib) 双罗纹组织又称棉毛组织,是最常见的双面纬编组织之一,其结构如图9-19所示。

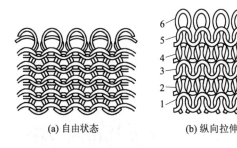

| (a) 自由状态 | (b) 纵向拉伸 | |
| --- | --- | --- |

图9-18 双反面组织　　　　　　　　图9-19 双罗纹组织

双罗纹组织是由两个罗纹组织交叉复合而成,即在一个罗纹组织的线圈纵行之间配置另一个罗纹组织的线圈纵行,这样线圈的反面被互相覆盖。因此,双罗纹组织织物的正反面都具有纬平针织物的正面线圈形态,呈现纵向条纹,光洁度好。

双罗纹组织针织物比较厚实耐用,线圈结构紧密,保暖性较好,光洁美观,脱散性较小,是制作冬季棉毛衫裤的主要面料。此外,双罗纹织物还具有尺寸比较稳定的特点,若采用合适的原料,也可以用于生产运动服装、休闲服和外套等。

**5. 纬编多向添纱组织**(weft directional plating) 纬编针织物也可在经向、纬向、斜向添加不编圈(但包缠在线圈中)组织的织物。

### 二、经编针织物的结构与织纹组织

#### (一)经编针织物的线圈和线圈长度

经编针织物的基本线圈结构如图 9 – 20 所示,它由线段 *abcde* 组成。*cd* 是针编弧,*bc* 和 *de* 是圈干,*ab* 是延展线。圈干和延展线覆盖针编弧的一面为针织物的正面。

经编针织物的线圈分为开口线圈和闭口线圈,由线圈的两个延展线在线圈基部是否交叉加以区分,如图 9 – 20 所示,故 $l_{bc} \neq l_{de}$。

经编针织物的线圈长度 $L_0$ 由延展线 $l_{ab}$、圈干 $l_{bc}$ 和 $l_{de}$ 以及针编弧 $l_{cd}$ 组成,即:

$$L_0 = l_{ab} + l_{bc} + l_{cd} + l_{de} \tag{9 – 9}$$

#### (二)经编针织物的织纹组织

经编针织物的组织特点,是其横向线圈系列由平行排列的经纱组同时弯曲相互串套而成,而且每根经纱在横向逐次形成一个或多个线圈。

经编针织物按组织结构分为基本组织、变化组织和花式组织三类。经编基本组织是一切经编组织的基础,它包括编链组织、经平组织和经缎组织。这些都是单梳栉经编组织,因其花纹效应少,织物的覆盖性和稳定性差,加上线圈产生歪斜,故很少单独使用,但它们是构成多梳栉经编织物的基础。

**1. 编链组织(pillar stitch,chain stitch)**  编链组织是由一根纱线始终绕同一根针垫纱成圈,形成一根连续的线圈链。根据垫纱方法的不同,编链可分为开口编链和闭口编链,如图 9 – 21 所示。

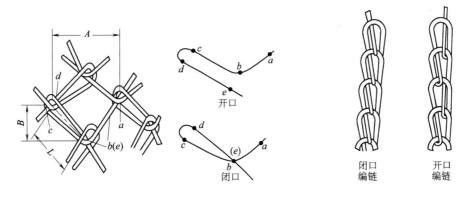

图 9 – 20  经编针织物的线圈结构(正面)    图 9 – 21  编链组织

编链组织每根经纱单独形成一个线圈纵行,各线圈纵行之间没有联系,若有其他纱线连接时,可作为孔眼织物和衬纬织物的基础。

编链组织结构紧密,纵向延伸性小,不易卷边。一般将编链组织与其他组织复合织成针织物,可以限制织物纵向延伸性和提高尺寸稳定性,多用于外衣和衬衫类针织物。

**2. 经平组织(tricot stitch,plain chain stitch)**  经平组织是采用同一根经纱在相邻两根针上轮流垫纱成圈所形成的组织,如图 9 – 22 所示。在这种组织中,同一纱线所形成的线圈轮流地排列在相邻的两个纵行线圈中,它可以由开口线圈、闭口线圈或开口和闭口线圈相间组成。

经平组织中所有线圈都具有单向延展线,即导入延展线和引出延展线都处于该线圈的一侧。由于弯曲线段力图伸直,因此经平组织的线圈纵行呈曲折形排列在针织物中,线圈向着延展线相反的方向倾斜。由于线圈呈倾斜状态,织物纵、横向都具有一定的延伸性。平衡时线圈位于针织物的平面内,因此织物的正反面外观形似,卷边性不明显。其最大的缺点是逆编结方向容易脱散,当一个线圈断裂时,织物易沿纵行分离成两片。

经平组织针织物的正反面都呈菱形网眼,适宜作夏季 T 恤、衬衫和内衣。

**3. 经缎组织**(traverse tricot weave,atlas stitch) 经缎组织是一种由每根纱线顺序地在许多相邻纵行内构成线圈的经编组织。编织时,每根经纱先以一个方向顺序地在一定针数的针上成圈,再以相反方向顺序地在同样针数的针上成圈,如此循环编织。图 9-23 所示为一种简单的经缎组织,纱线顺序地在三枚针上成圈,因此可称为三针经缎组织,它的每个完全组织具有 4 个线圈横列。

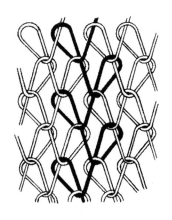

图 9-22 经平组织

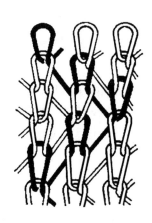

图 9-23 经缎组织

经缎组织的线圈形态接近于纬平组织,因此其卷边性及其他一些性能类似于纬平组织。在经缎组织中,因不同倾斜方向的线圈横列对光线反射不同,所以在织物表面会形成横向条纹。当织物中某一纱线断裂时,也有逆编织方向脱散的现象,但不会在织物纵向产生分离。

在普通纬编或经编组织中夹入衬垫纱,可形成结构、性能介于纬编或经编针织物和机织物之间或兼具针织物和机织物结构、性能特征的织物。这样的组织结构主要有:衬垫组织(fleecy stitch,laying-in stitch,laid-in stitch),以一根或几根衬垫纱按一定的比例在织物的某些线圈上形成不封闭的悬弧,在其余的线圈上呈浮线停留在织物的反面。衬垫组织包括如下几种:

(1)衬纬纬编组织(weft insertion weft knitting stitch):在针织组织中横向夹入不成圈的纬纱而形成的一种介于针织物和机织物之间的组织。依据地组织的不同,衬纬组织分衬纬纬编组织和衬纬经编组织。

(2)衬纬经编组织(weft insertion warp knitting stitch):在经编组织的线圈圈干和延展线之间,周期地垫入一根或几根不成圈纬纱而形成的组织。

（3）衬经衬纬组织（warp and weft inlay stitch）：在纬编或经编组织的基础上，添纱不参加成圈的经纱和纬纱，从而形成一种兼具针织物和机织物结构、性能特征的组织。

（4）多轴向经编织物：是一种由几层伸直和平行的纱线组以不同角度被线圈束缚在一起的经编织物结构。多轴向衬纱组织除了在经向和纬向有衬纱外，还可根据所受外部载荷的方向，在多达 5 个任意方向（在 ≤ −20° ～ ≥ +20°，共 320°范围内）上衬纱，从而形成多轴向经编织物，如图 9 − 24 所示。这些组织通常被列入经编花式组织或纬编花式组织。

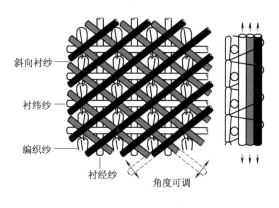

图 9 − 24　多轴向经编织物

# 第四节　编结物

编结物是一类应用现代专用编织设备加工制成的先进材料制品，借助棒针、钩针等工具以手工方式形成的织品也可归入此类。随着复合材料的发展，作为主要的增强基材—编结产品表现出了明显的优势，用编结物做增强结构的复合材料具有质轻、不分层、无切口纱线头端、强度高、整体性能好和结构设计灵活等特点，从而更多地应用于许多技术领域。从生命科学到土木工程，从航空航天到海洋工程，从民用到军用，形成了产业用编结物的主体。

## 一、编结物的基本概念

编结物是编和结的统称与组合，编是指由纤维或纱线材料透过对角线交叉排列组合而成，结则是利用纤维材料或绳辫以手工或棒针钩编相结而形成。

三维编结是在三维编结机上获得立体织物的编结技术，如图 9 − 25 所示，编结时将纱线的一端全部挂在机器底盘上，另一端则沿织物成型的方向挂起，并将其集中在一起。所有参与编结的纱线可分为两个系统，即编结纱系统与轴纱系统。编结纱挂在机器底盘上可运动的携纱器上随之运动，而轴纱则直接挂在机器底盘上不参与运动。在编结过程中，编结纱线有其自身的运动轨迹，所有纱线同时参加编结，每根纱线按一定的规律运动，且都沿编结物长度方向按预定的路线转移（图9 − 26），即纱线的运动轨迹可以看成是 $x—y$ 面内的平面运动与沿编结方向的直线运动合成的结果。最终所有编结纱在三维空间中进行相互交织交叉的同时，把轴纱包围起来，从而形成一个不分层的三维整体编结物，如图 9 − 27 所示。图中外层为编结网层，中心为平行纱束。部分产品（如鞋带、软电导线绝缘外保护层）编结体内也可以没有中心的轴纱（平行纱束），纱线跟随携纱器运动，形成的纱线空间取向和分布形态可用编结物结构单胞进行描述，如图 9 − 28 所示。三维编结物是由不同取向的纱线（面内和面外纱线）组成的空间纤维网格结构,如图9-29和图9-30所示。

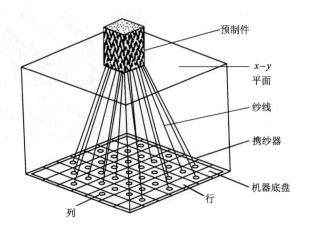

图9-25  三维编结示意图

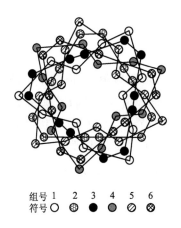

组号  1  2  3  4  5  6
符号  ○ ⊛ ● ⬤ ⊘ ⊗

图9-26  三维编结中编结纱线的运动轨迹

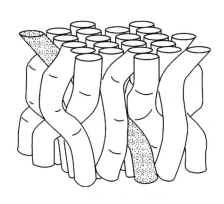

图9-27  三维整体编结物实体模型图

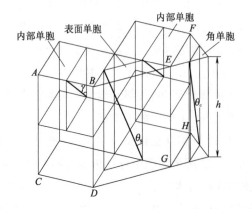

图9-28  编结结构内部的三种单胞

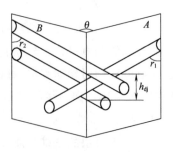

图9-29  三维空间内的两组交错纱线

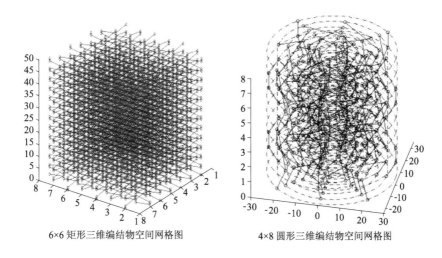

| 6×6 矩形三维编结物空间网格图 | 4×8 圆形三维编结物空间网格图 |

图 9 - 30　三维编结物空间网格图

## 二、四步法立体编结

目前三维异型整体编结物中主流产品的编结原理为:编结纱线由携纱器携带,以行和列的形式分布在编结机的机床上。编结过程由行和列的间歇运动实现,三维整体编结物成形于机床上方。在一个编结循环过程中,携纱器运动四步,且每步运动到相邻一个位置,编结纱线则随即完成其间的相对位移而相互交叉编结。一个编结循环运动过程中各携纱器的运动规律如图 9 - 31所示。第一步,相邻行中的携纱器各列同时交替移动一个位置;第二步,相邻列中的携纱器各行交替移动一个位置;在第三步和第四步中,携纱器各行各列的运动方向分别与第一步

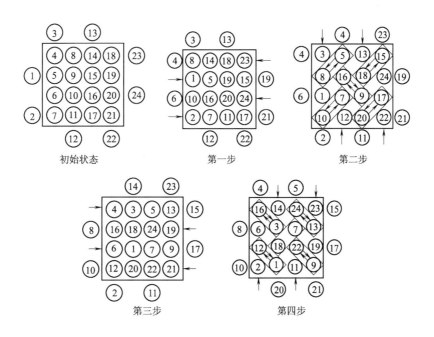

图 9 - 31　矩形截面四步法编织过程

和第二步相反。经过四步运动后,携纱器的排列将恢复原位,但每一携纱器已经移动位置,形成了一次编结循环。重复上述四步运动,得到所需尺寸的三维整体编结物。如图 9-31 所示主体阵列(即方框内部,通常用 $m \times n$ 表示。$m$ 为行数,$n$ 为列数)代表所编结织物的横截面尺寸形状,附加阵列纱线间隔排列。

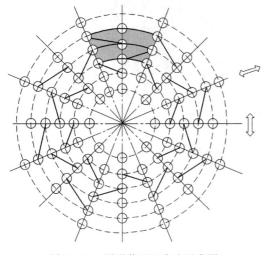

图 9-32 圆形截面四步法示意图

圆形截面立体编结物如图 9-32 所示,主体携纱器按周向和径向排成主体纱阵,其中半径方向的携纱器数称为层数,用 $m$ 表示;圆周方向的携纱器数称为列数,用 $n$ 表示,$n$ 为偶数。附加携纱器间隔排列在主体纱的外围(即圆周的最内层和最外层),列数为 $n/2$。每一携纱器上携带一根编织纱线,编织过程由行和列的四步间歇运动实现:第一步,相邻列的携纱器以相反的方向在径向移动一个携纱器的位置;第二步,相邻层的携纱器以相反的方向在周向移动一个携纱器的位置;第三步,各列携纱器的运动方向与第一步相反;第四步,各层携纱器的运动方向与第二步相反。经过四步运动,完成一个编结循环。在一个编结循环中获得的立体编结物长度定义为花节节距,用 $h$ 表示。

### 三、两步法立体编结

三维异型整体编结物中的另一类产品,编结特点是轴向纱不动而编结纱围绕着轴向纱运动,轴向纱的安排决定了编结纱的数量和编结物的截面积,如图 9-33 所示。纱线的运动过程分两步:第一步,编结纱沿着对角线方向穿过轴向纱而运动;第二步,它们沿着另一个对角线方向而运动。经过一个编结循环,所有编结纱通过的路径将全部轴向纱紧固(图 9-34),重复该过程得到所需的织物长度。与其他的三维编结工艺相比,二步法编结相对简单,由于编织过程中编结纱处于轴向纱排列的外面,因此可随意向结构中加进不同种类的轴向纱或者重新安排轴向纱的几何形状,以改变预成形织物的横截面大小和形状。几乎任何横截面的立体编结物均能编结,而且轴向纱的数量可以很多,使纤维结构做得高度密实,以满足应用需要。

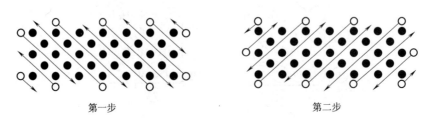

第一步　　　　　　　　　　　　第二步

图 9-33 两步法立体编织原理图

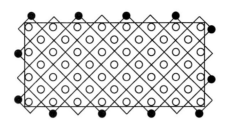

图 9 – 34 两步法编结物横截面内纱线分布

## 四、综合法立体编结

为了编结更复杂截面的三维整体编结物(也称三维异形预制件)、改善三维异形预制件的横向性能并实现其多种纤维集合的多功能化应用需求,出现了更多、更复杂的三维编结工艺与方法。主要有基于四步法和两步法基础的不同组合截面三维异形预制件编结、六步法和多步法的变截面三维异形预制件编结、旋转法的灵活截面变化三维异形预制件编结、多层互锁法的加厚及多种功能三维异形件编织等(图 9 – 35 ~ 图 9 – 37)。随着这些三维编结工艺的出现和逐步成熟,三维编结异形预制件的性能与功能必将更加完善与综合,其应用将会拓展至更宽领域。目前,复杂三维异形预制件的编结技术仍处于早期阶段,有待于全面自动化。

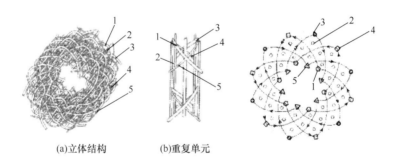

(a)立体结构    (b)重复单元

图 9 – 35 双二步法三维管状编织

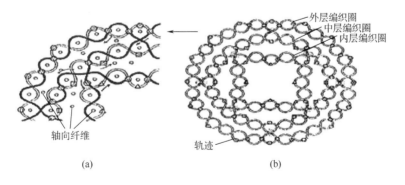

(a)    (b)

图 9 – 36 多层互锁法(花柱法)三维编结纱线路径图

**223**

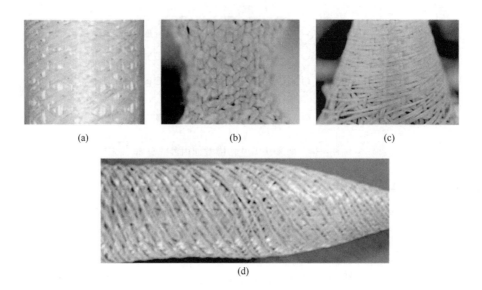

(a)　　　　　　　　(b)　　　　　　　　(c)

(d)

图 9 - 37　多步法三维立体编结产品图（对位芳纶 PPTA 预制件）

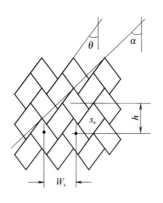

图 9 - 38　三维编结织物表面形态图

### 五、编结物的结构参数

三维编结物中纱线的截面形状、空间形状及纱线间的位置关系是确定编结物结构、性能和外观的重要因素。因此，三维编结物的主要结构参数为纱线的方向角、纤维体积含量和纱线总根数。

纱线的方向角是指纱线在空间平面内的走向与编结物轴向间的夹角。由于纱线交替地从内部走到外部，又从外部走到内部，因此内外纱线方向角是不同的，表面纱线方向角 α（图 9 - 38）与表面纱线倾斜角 θ 间的关系为：

$$\tan\theta = \frac{\tan\alpha}{\sqrt{2}} \qquad (9-10)$$

编结织物表面组织点的宽度（图 9 - 38 中的 $W_s$）和组织点的高度（图 9 - 38 中的 $h$）表示。

纤维体积含量是指在三维编结物内含有的所有纤维体积与整个三维编结物外轮廓体积之比。该系数越高，通常复合材料的性能越好。纤维体积含量与编结物内的纱线体积含量和纱线填充系数大小有关：

纤维体积含量 = 纱线体积含量 × 纱线填充因子 　　　　　　　(9 - 11)

纱线总根数用于表征三维编结物的横截面形状，随横截面的形状和编结工艺而变化。一般两步法三维编结物的纱线总根数 N 为：

$$N = 2mn + 1 \qquad\qquad (9-12)$$

式中:$m,n$——分别为编结物在垂直边上和水平边上的轴向纱线的根数。

四步法矩形立体编织物线总根数 $N$ 为:

$$N = mn + m + n = (m+1)(n+1) - 1 \qquad\qquad (9-13)$$

式中:$m,n$——分别为主体阵列中的纱线行列数。

管状立体编织物的纱线总根数 $N$ 为:

$$N = mn + n = n(m+1) \qquad\qquad (9-14)$$

式中:$m,n$——分别为编结物纱线主阵列中的 $m$ 层和 $n$ 列。

长期以来,采用棒针(竹、金属、塑料制成两端略尖的圆棒)、钩针(金属、竹、象牙、骨等制成,一端圆锥状带倒钩)、手梭(木材、塑料、骨等,两端略尖中有槽)及储线团为工具,以线、绳等为原料,编结网类产品(渔网、防护网、伪装网、罩网等),或用竹片、藤皮、藤条等编制席、筐、篮、箩等日用产品以及手工用丝、绳、线等编制的绳结编结物(中国结)等,宏观上也属于编结物。

# 第五节　非织造织物

## 一、非织造织物的定义和分类

### (一)非织造织物的定义

非织造织物(non - woven fabrics),又称非织造布,过去曾称无纺布、不织布、无纺织物、非织物等,是一种在生产方法、结构上明显有别于传统的机织物、针织物或编结物等的纺织制品。

由于非织造技术的高速发展,新的产品和工艺不断出现,所以对于非织造织物的命名和定义在国际上还一直存在一些不同的看法和争议。我国国家标准 GB/T 5709—1997 赋予非织造织物的定义为:"定向或随机排列的纤维通过摩擦、抱合、黏合或者这些方法的组合而互相结合制成的片状物、纤网或絮垫。不包括纸、机织物、簇绒织物、带有缝编纱线的缝编织物以及湿法缩绒形成的毡制品。所用纤维可以是天然纤维或化学纤维,可以是短纤维、长丝或直接形成的纤维状物。"

为了把湿法非织造织物和纸区别开来,还规定其纤维成分中长径比大于 300 的纤维占全部质量的 50% 以上,或长径比大于 300 的纤维虽只占全部质量的 30% 以上,但其密度小于 $0.4\ \mathrm{g/cm^3}$ 时,这种材料就是非织造织物,反之为纸。

### (二)非织造织物的分类

**1. 按纤维原料和类型分类**　按纤维原料可分为单一纤维品种纯纺非织造织物和多种纤维混纺非织造织物。按纤维类型分为天然纤维非织造织物和化学纤维非织造织物。在非织造织物的生产中,其纤维原料的选择是一个至关重要而又非常复杂的问题,涉及最终产品用途、成本和可加工性等因素。

**2.按产品厚度分类** 可分为厚型非织造织物和薄型非织造织物(有时也细分为厚型、中型和薄型三种)。非织造织物的厚薄直接影响其产品性能和外观质量,不同品种和用途的非织造织物的厚度差异较大,常用非织造织物的厚度范围见表9-2。

表9-2 常用非织造织物的厚度[1]　　　　单位:mm

| 产品类别 | 厚度 | 产品类别 | 厚度 |
|---|---|---|---|
| 空气过滤材料 | 10,40,50 | 球革用基布 | 0.7 |
| 纺织滤尘材料 | 7~8 | 帽衬 | 0.18~0.3 |
| 药用滤毡 | 1.5 | 带用材料 | 1.5 |
| 帐篷保温布 | 6 | 土工布 | 2~6 |
| 针布毡 | 3,4,5 | 鞋用织物 | 0.75 |
| 贴墙布 | 0.18 | 鞋衬里织物 | 0.7 |
| 建筑保温材料 | 25,35,45,55,65 | 汽车隔热布 | 2.5~4.5 |

**3.按耐久性或使用寿命分类** 可分为耐久型非织造织物和用即弃型非织造织物(使用一次或数次就抛弃的)。耐久型的非织造织物产品要求维持一段相对较长的重复使用时间,如服装衬里、地毯、土工布等;用即弃型非织造织物多见于医疗卫生用品。

**4.按用途分类**

(1)医用及卫生保健类非织造织物:医用非织造织物如手术服、手术帽、口罩、包扎材料、医用手帕、绷带、纱布,此外还包括病员床单、枕套、床垫等。卫生保健类非织造织物如卫生巾、卫生护垫、婴幼儿尿布、成人失禁用品、湿巾以及化妆卸妆用材料等。

(2)服装及鞋用非织造织物:主要的用于衬基布、服装及一些垫衬类如黏合衬等,如衬里、衬绒、领底衬、胸衬、垫肩、保暖絮片、劳动服、防尘服、内衣、裤、童装以及鞋内衬、鞋中底革、鞋面合成革、布鞋底等。

(3)家用及装饰用非织造织物:主要用于被胎、床垫、台布、沙发布、窗帘、地毯、墙布、家具布以及床罩及各类清洁布等。

(4)土木工程及建筑用非织造织物:主要用于水利、铁路、公路、机场及球场等,包括加固、加筋、保护、排水、反渗滤、分离等用的土工布、屋顶防水材料、人造草坪和建筑保温材料等。

(5)工业用非织造织物:工业上用的各类过滤材料、绝缘材料、抛光材料、工业用毡、吸附材料、篷盖材料以及造纸毛毯和汽车工业中的地毯、车顶、门饰、护壁等隔热、隔音材料、门窗密封条以及纤维增强复合材料中的增强材料等。

(6)农业及园艺用非织造织物:用于地膜、保温、覆盖、遮光、防病虫害、无土栽培非织造织物等。

（7）其他非织造织物：用于合成纸、包装袋、广告灯箱、地图布、书法毡、标签、人造假花以及钢琴呢、香烟滤嘴、一次性餐具、模型用材、舞台道具等。

**5. 按加工方法分类** 不同的非织造织物对应于不同的加工方法和工艺技术原理。除了根据产品用途、成本、可加工性等要求进行的原料选择外，其生产过程通常可分为纤维成网（简称成网）、纤网加固（成形有时也称为固结）和后整理三个基本步骤。对应于每个不同的生产步骤，又有许多不同的加工方法。

（1）纤维成网（web forming）：纤维成网是指将纤维分梳后形成松散的纤维网结构。成网和加固构成了最为重要的加工过程。成网的好坏直接影响到外观和内在质量，同时成网工艺也会影响到生产速度，从而影响到成本和经济效益。

按照纤维成网的方式，可分为干法成网非织造织物（dry laid nonwoven）、湿法成网非织造织物（wet laid nonwoven）和聚合物直接成网（纺丝成网）非织造织物（spun laid nonwoven）。

①干法成网非织造织物的成网过程是在纤维干燥的状态下，利用机械、气流、静电或者上述方式组合形成纤维网。一般又可进一步细分为机械成网（mechanical laid）、气流成网（air laid）、静电成网（electrostatic laid）和组合成网（combined laid）技术。

②湿法成网非织造织物的成网过程则是类似造纸的工艺原理，又称为水力成网或水流成网，是在以水为介质的条件下，使得短纤维均匀悬浮于水中，并借水流作用，使纤维沉积在透水的帘带或多孔滚筒上，形成湿的纤网。湿法成网又可进一步细分为圆网法和斜网法。

③聚合物直接成网非织造织物则是利用聚合物挤压纺丝的原理，首先采用高聚物的熔体或溶液通过熔融纺丝、干法纺丝、湿法纺丝或静电纺丝技术形成的。前三种方法是先通过喷丝孔形成长丝或短纤维，然后将这些所形成的纤维在移动的传送带上铺放形成连续的纤维网。静电纺丝成网主要是在静电场中使用液体或熔体拉伸成丝，然后收集纤维成网。此外还有一些不是很常用的成网方法，如膜裂法、闪蒸法等。

（2）加固（web bonding）：通过上述方式形成的纤维网，其强度很低，还不具备使用价值。由于不像传统的机织物或针织物等纱线之间依赖交织或相互串套而联系，所以加固也就成为使纤维网具有一定强度的重要工序。加固的方法主要有机械加固（mechanical bonding）、化学黏合（chemical bonding）和热黏合（thermal bonding）三种。

①机械加固：机械加固指通过机械方法使纤维网中的纤维缠结或用线圈状的纤维束或纱线使纤维网加固，如针刺、水刺和缝编法等。

②化学黏合：化学黏合是指首先将黏合剂以乳液或溶液的形式沉积于纤维网内或周围，然后再通过热处理，使纤维网内纤维在黏合剂的作用下相互黏结加固。通常黏合剂可通过喷洒、浸渍或印花、泡沫浸渍等方式施加于纤网表面或内部。不同方法所得非织造织物在柔软、蓬松、通透性等方面有较大的差别。

③热黏合：热黏合是指将纤网中的热熔纤维或热熔颗粒在交叉点或轧点受热熔融固化后使纤维网加固，又分为热熔法和热轧法。

（3）后整理（fabric finishing）[2]：后整理的目的是为了改善或提高其最终产品的外观与使用

性能,或者与其他类型的织物相似,赋予产品某种独特的功能。但并非所有的非织造织物都必须经过后整理,这取决于产品的最终用途。通常后整理方法可以分为以下三类。

①机械式后整理(mechanical finishing):机械式后整理主要是指应用机械设备或机械方法,改进非织造织物的外观、手感或悬垂性等方面的性能,如起绒、起皱、压光、轧花等。

②化学后整理(chemical finishing):化学后整理主要是指利用化学试剂对非织造织物进行处理,赋予其产品某些特殊的功能,如阻燃、防水、抗静电、防辐射等,同时还包括染色及印花等。

③高能后整理(high-energy finishing):高能后整理是指利用一些热能、超声波能或辐射波能对非织造织物进行处理,主要包括烧毛、热缩、热轧凹凸花纹、热缝合等。

### 二、非织造织物的结构

非织造织物与传统的织物有较大的差异。非织造织物工艺的基本要求是力求避免或减少将纤维形成纱线这样的纤维集合体、再将纱线组合成一定的几何结构,而是让纤维呈单纤维分布状态后形成纤维网这样的集合体。典型的非织造织物都是由纤维组成的网络状结构形成的。同时为了进一步增加其强力,达到结构的稳定性,所形成的纤网还必须通过施加黏合剂、热黏合、纤维与纤维的缠结、外加纱线缠结等方法予以加固。因此,大多数非织造织物的结构就是由纤维网与加固系统所共同组成的基本结构。

**(一)纤维网的典型结构**

纤维网的结构指的是纤维排列、集合的结构,可称为非织造织物的主结构。通常取决于成网的方式。

一般纤维网的结构可分为有序排列结构和无序排列结构。有序排列结构中根据纤维排列的方式和方向可分为纤维沿纵向排列的纤维网、纤维沿横向排列的纤维网以及纤维交叉排列的纤维网。无序排列的结构就是纤维杂乱、随机排列形成的纤维网。纤维网结构如图 9-39 所示。但无论是有序还是无序排列,只是说明纤维网中大多数纤维在其结构中的取向趋势,而并非所有的纤维都是这样排列的。纤维网结构会影响到非织造织物的一些性能,如各向异性、强度、伸长等。

(a) 纤维平行排列

(b) 纤维交叉排列

(b) 纤维无序排列

图 9-39 纤维网结构示意图

### (二)加固结构

加固结构,相对于纤网主结构,是一种辅助结构,其取决于纤维网固结的方法。典型的非织造织物加固结构可分为以下三类。

**1. 纤维网由部分纤维得以加固的结构** 由部分纤维加固的结构包括由纤维缠结加固的结构和由纤维形成线圈加固的结构两类。

(1)缠结加固:是利用机械方法,如针刺和水刺等,使纤维网依靠自身内部纤维之间的相互缠结而达到固结和稳定。针刺和水刺是在一个个小的区域内,纤维网内的纤维产生垂直、水平方向的位移而缠结,使纤维网整体得以加固和稳定,如果改变刺针或水刺区数量、刺针排列密度、压力、托网帘输送速度等工艺参数,还可获得不同结构或表面特征、不同密度的非织造织物,如图 9-40 所示。

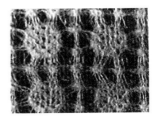

图 9-40 不同结构的花式水刺非织造织物

(2)缝编加固:是利用槽针在缝编过程中从纤维网中抽取部分纤维束,用这些纤维束编结成规则的线圈状几何结构,使纤维网中未参加编结的那部分纤维被线圈结构所稳定,从而使纤维网得以加固,这种非织造织物正面外观非常类似于针织物,如图 9-41 所示。

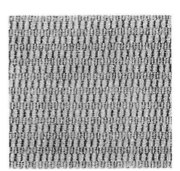

图 9-41 缝编非织造织物

**2. 纤维网外加纱线得以加固的结构** 由外加纱线加固的结构,除了在缝编机上使喂入的纤维网被另外喂入的纱线形成的经编线圈结构加固外,还可在纤维网中引入纱线沿经、纬方向交叉铺放,或经向平行铺放后再通过黏合剂使整体结构稳定。

**3. 纤维网由黏合作用得以加固** 纤维网由黏合作用加固的结构,通常包括两种情况,一种是纤维网由黏合剂加固,另一种是纤维网中纤维加热软化、熔融黏合而加固。

纤维网由黏合剂加固,是指以浸渍、喷洒、涂层等作用方式引入黏合剂而使纤维网得以加固。这种结构曾在非织造织物中占有相当的比例。根据黏合剂的类型、施加方式等,这种类型非织造织物的结构可分为点状黏合结构、膜状黏合结构和团块状黏合结构,其结构和模型如图9-42所示。

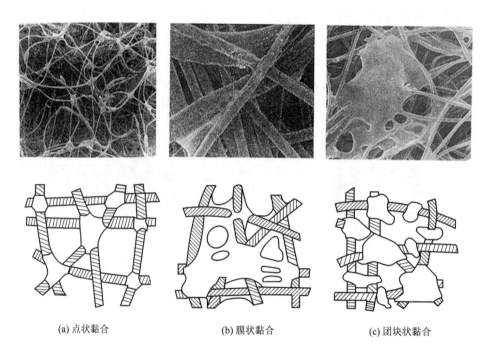

(a) 点状黏合　　　　　　　(b) 膜状黏合　　　　　　　(c) 团块状黏合

图9-42　纤维网黏合加固结构及模型示意图

纤维网由热黏合作用而加固,是指利用热熔纤维或粉末受热熔融而黏结纤维加固成形的结构。其所得结构与前述的黏合剂加固所得结构相似,也可分为点状黏合、团块状黏合结构。图9-43是利用单组分和双组分热熔纤维(含量均为20%)所形成的非织造织物,从该图中可知,利用热熔纤维较容易得到点黏合结构,黏合作用只发生在纤维交叉处。热熔纤维熔融时没有很强的流动性,没有膜状黏合结构。

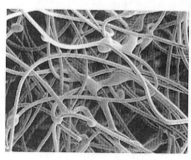 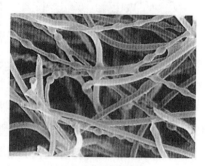

(a) 单组分热熔纤维黏合　　　　　　　　(b) 双组分热熔纤维黏合

图9-43　热熔纤维黏合非织造织物

热黏合还可以采用热轧的方式来加工含有热塑性纤维的纤维网。如图9-44所示,在这种结构中,黏合只发生在纤维网受到热和压力双重作用的局部区域,同时必须包含热塑性纤维。所形成的结构主要取决于热轧的温度、几何图案、纤维网厚度等因素。

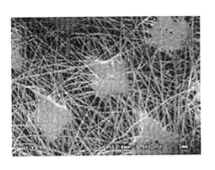

图9-44 热轧黏合非织造织物结构

# 第六节 织物的基本参数

织物是由纱线通过不同的结合方式构成的。机织物是经纬纱交织;针织物是由线圈相互串套;编结物是由纱线相互编结或勾连等形成;非织造织物是由纤维或纱线纠缠粘结形成。为了适应各方面的需要,同一种类的织物在性质上的要求又有所不同。织物的性质及其差别除与纱线的性质和结构有关外,还与织物的结构因素和参数的变化有关。

## 一、织物匹长、幅宽、厚度

**1.织物匹长** 织物匹长是根据织物的原材料、织物用途、织物厚度或平方米重量、织机卷装容量以及印染后整理等因素,而人为确定的卷(包)装长度,单位为米(m)。传统织物中,棉织物的匹长一般为27~40m。毛织物的匹长,大匹为60~70m,小匹为30~40m,目前已发展连匹,一般为120m左右,最长的连匹机织物已达400~1000m。

**2.织物幅宽** 织物幅宽是指织物沿纬向的最大宽度,以厘米(cm)为单位。织物幅宽需根据织物用途、加工过程中收缩程度、裁剪方便以及节约用料等因素设计确定,但在实际生产中往往受到织机箍幅的制约。传统织物中,棉织物中幅为81.5~106.5cm,宽幅127~167.5cm。粗梳毛织物的幅宽一般分为143cm、145cm和150cm。精梳毛织物的宽幅一般为144cm或150cm。目前各种织物主体幅宽已发展为150cm,家用(窗帘等)和产业用(土工布等)宽幅织物幅宽为3~8m。

**3.织物厚度** 织物厚度是指在一定压力下织物的绝对厚度,以毫米(mm)为单位。织物厚度主要根据织物的用途及技术要求决定。厚度对织物的某些物理性能有很大的影响,如在其他条件相同的情况下,织物的耐磨性和保暖性随着厚度的增加而提高。织物厚度对织物的服用性能影响很大,如织物的坚牢度、保暖性、透气性、防风性、刚度和悬垂等性能,在很大程度上都与织物厚度有关。

织物厚度与纱线的细度、织物组织以及纱线在织物中的弯曲程度有关。以平纹组织为例，如图 9 – 45 所示，假定纱线为圆柱体，且无变形，经纬纱线直径相同（$d_j = d_w$），织物厚度可在 $2d \sim 3d$ 范围内变化。应该指出，在织造和染整加工中的张力对织物的屈曲波高有明显的影响，进而影响到织物厚度，染整加工中轧车的压力会使纱线的截面形状变化，也会影响织物厚度。表 9 – 3 列出了棉、毛及丝织物的一般厚度范围。绒类织物较厚，絮用的非织造织物厚度可达 20mm。

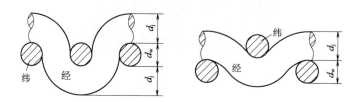

图 9 – 45　织物厚度的示意图

表 9 – 3　一般棉、毛及丝织物的厚度　　　　　　　　　　　　单位:mm

| 织物类型 | 棉型织物 | 毛精纺织物 | 毛粗纺织物 | 丝织物 |
|---|---|---|---|---|
| 轻薄型 | 0.24 以下 | 0.40 以下 | 1.10 以下 | 0.14 以下 |
| 中厚型 | 0.24 ~ 0.40 | 0.40 ~ 0.60 | 1.10 ~ 1.60 | 0.14 ~ 0.28 |
| 厚重型 | 0.40 以上 | 0.60 以上 | 1.60 以上 | 0.28 以上 |

## 二、织物的密度

**1. 机织物密度**　机织物的经向或纬向密度，是指沿织物纬向或经向单位长度内经纱或纬纱排列的根数。国家标准中规定棉织物与毛织物均以公制密度表示，即 10cm 宽度内经纱或纬纱的根数。织物经纬向密度以两个数字中间加符号" × "来表示。例如，236 × 220 表示织物经向密度为 236 根/10cm，纬向密度为 220 根/10cm。不同织物的密度，可在很大范围内变化，麻类织物约 40 根/10cm，丝织物约 1000 根/10cm，大多数棉、毛织物的密度为 100 ~ 600 根/10cm。

**2. 针织物密度**　针织物密度是指 5cm 内的线圈数。横向密度用 5cm 内线圈横列方向的线圈纵行数表示。纵向密度用 5cm 内线圈纵行方向的线圈横列数表示。

密度是考核针织物物理性能的一个重要指标。由于针织物在加工过程中容易产生变形，故在测量密度前应先让针织物所产生的变形得到充分回复，使之达到平衡状态，再进行测量。

**3. 针织物的面密度**　面密度是 $25cm^2$ 内的线圈数，它等于横密与纵密的乘积。

$$P = P_A \times P_B \qquad (9-15)$$

式中：$P$——针织物的面密度，线圈数/25cm²；

$P_A$——针织物的纵向密度，横列/5cm；

$P_B$——针织物的横向密度，纵行/5cm。

**4. 针织物的密度对比系数**　密度对比系数是线圈在稳定条件下，针织物的横向密度与纵向密度的比值。

$$C = \frac{P_B}{P_A} \qquad (9-16)$$

密度对比系数直接与圈距和圈高有关，是设计织物的重要参数。当 $C=1$ 时，圈距与圈高相等。一般的汗布、棉毛布 $C$ 都大于1，即圈高大于圈距，线圈呈细长状，这有利于突出纬编针织物的线圈纵行外观效应，使布面纹路清晰。

针织物的密度对针织物的物理力学性能影响很大。密度较大的针织物比较厚实，保暖性较好，透气性较差，强度、弹性、耐磨性及抗起毛起球性和钩丝性比较好。

**5. 织物的单位面积质量**　所有织物，包括机织物、针织物、编结物、非织造织物的面密度即单位面积质量统一规定为公定回潮率下单位面积的质量，单位为 g/m²。织物的单位面积质量既是织物设计和选用的主要参数，也是对织物进行成本核算的重要依据。如单位面积质量为 185g/m² 以下的凡立丁毛精纺织物适宜于夏季时穿用，而单位面积质量为 280g/m² 左右的厚花呢就适合于初春或深秋季节穿用，同时价格也高出很多。如果只注意降低织物的单位面积质量，固然可以降低成本，但织物的强力也会显著下降，因此在许多的纺织品相关标准中都将单位面积质量作为重要的考核指标，如毛精纺织物行业标准中规定，一等品偏轻不超过5%，二等品偏轻不超过7%。

机织物的单位面积质量不仅可以测定，也可以根据其纱线的线密度与密度近似地估算：

$$G_k = \frac{Tt_j \cdot P_j}{100 - C_j} + \frac{Tt_w \cdot P_w}{100 - C_w} \qquad (9-17)$$

式中：$G_k$——机织物单位面积公定质量，g/m²；

$Tt_j$——经纱线密度，tex；

$Tt_w$——纬纱线密度，tex；

$P_j$——经密，根/10cm；

$P_w$——纬密，根/10cm；

$C_j$——经向织缩率，%；

$C_w$——纬向织缩率，%。

一般棉织物的单位面积质量约为 70～250g/m²；精纺毛织物约为 130～350g/m²。其中单位面积质量在 195g/m² 以下的属轻薄型织物，在 195～315g/m² 之间的属中厚型织物，在 315g/m² 以上的属厚重型织物；粗纺毛织物约为 300～600g/m²；薄型丝织物约为 40～100 g/m²。

同样,针织物的单位面积质量也可以根据纱线细度、密度、线圈长度进行近似计算,由于针织物的线圈密度定义为5cm的线圈数,所以可按下式计算:

$$G_0 = 4l \times P_A \times P_B \times Tt \times 10^{-4} \qquad (9-18)$$

式中:Tt——纱线的线密数,tex;

$P_A$——横向密度,纵行/5cm;

$P_B$——纵向密度,横列/5cm;

$l$——线圈长度,mm;

$G_k$——针织物单位面积公定质量,g/m²。

如果针织物在漂、染、后整理工序中重量损失较大(如棉针织物),则计算时应将这一部分重量损失也考虑在内。

针织物的单位面积质量 $G_k$ 随品种、纱线细度、密度等的不同而异。单面棉汗布的 $G_0$ 约为 100 ~ 215g/m²;棉毛布约为 190 ~ 244g/m²;棉绒布约为 272 ~ 570g/m²;低弹涤纶针织衬衫面料约为 85 ~ 100g/m²;而低弹涤纶针织外衣约为 115 ~ 200g/m²。

**6. 织物的单位体积质量**　织物的单位体积质量是指织物单位体积内的质量,单位为g/cm³,可按下式计算:

$$\delta = \frac{G}{1000t} \qquad (9-19)$$

式中:$\delta$——织物的单位体积质量,g/cm³;

$G$——织物单位面积质量,g/m²;

$t$——织物厚度,mm。

织物的单位体积质量既与厚度有关,更影响丰厚性、柔软性、蓬松性、保暖性等许多性能,毛织物的单位体积质量一般为 0.45 ~ 0.50g/cm³;绒类织物则较低。

### 三、织物的覆盖系数、未充满系数、孔隙率和透孔度

**1. 织物的覆盖系数**　各种织物在平行光投影下被纤维或纱线覆盖的面积与总面积的百分数定义为织物的覆盖系数。

机织物的覆盖系数包括经向覆盖系数 $E_j$、纬向覆盖系数 $E_w$ 和总覆盖系数 $E_z$。

经(纬)向覆盖系数指经(纬)纱线的直径与两根经(纬)纱线的平均中心距离的百分数,根据定义如图 9 - 46 所示。

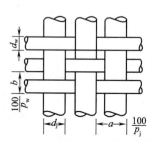

图 9 - 46　计算织物覆盖系数的图解

$$E_j = \frac{d_j}{\frac{100}{P_j}} \times 100 = d_j \times P_j \qquad (9-20)$$

同理　　　　　$$E_w = d_w \times P_w$$

式中:$E_j$,$E_w$——经、纬向覆盖系数,%;

$P_j$,$P_w$——经、纬向纱的线密度,根/10cm;

$d_j$,$d_w$——经、纬纱线直径,mm。

当棉纱的单位体积质量 $\delta = 0.93 \text{g/cm}^3$ 时,棉纱直径 $d = 0.037 \times \sqrt{Tt_j}$。

$$E_j = 0.037 \times \sqrt{Tt_j} \times P_j$$
$$E_w = 0.037 \times \sqrt{Tt_w} \times P_w \tag{9-21}$$

式中:$Tt_j$,$Tt_w$——经、纬纱线的线密度数,tex。

织物的总覆盖系数 $E_z$ 为:

$$E_z = E_j + E_w - 0.01 \times E_j \times E_w \tag{9-22}$$

应该注意,若 $E_j$ 或 $E_w$ 大于100%,就表示织物中经纱或纬线有挤压或重叠,若计算出 $E_z >$ 100%,仍只能表示相当于 $E_z = 100\%$,即表示织物平面完全被纱线覆盖,相当于纱线间没有空隙存在。

各类本色棉布的经纬向覆盖系数、经纬向覆盖系数比与总覆盖系数,见表9-4。

表9-4 各类本色棉布的经纬向覆盖系数与总覆盖系数

| 分类名称 | | 总覆盖系数(%) | 经向覆盖系数(%) | 纬向覆盖系数(%) | 经纬向覆盖系数比 |
|---|---|---|---|---|---|
| 平布 | | 60~80 | 35~60 | 35~60 | 1:1 |
| 府绸 | | 75~90 | 61~80 | 35~60 | 5:3 |
| 斜纹 | | 75~90 | 60~80 | 40~55 | 3:2 |
| 哔叽 | 纱 | 85以下 | 55~70 | 45~55 | 6:5 |
| | 线 | 90以下 | | | |
| 华达呢 | 纱 | 85~90 | 75~95 | 45~55 | 2:1 |
| | 线 | 90~97 | | | |
| $\frac{3}{1}$卡其 | 纱 | 85以上 | 80~110 | 45~60 | 2:1 |
| | 线 | 90以上 | | | |
| $\frac{2}{2}$卡其 | 纱 | 90以上 | 80~110 | 45~60 | 2:1 |
| | 线 | 97以上 | | | |
| 直贡 | | 80以上 | 65~100 | 45~55 | 3:2 |
| 横贡 | | 80以上 | 45~55 | 65~80 | 2:3 |

在用纱线的线密度和织物的密度计算织物的紧度时,需要用到纱线的单位体积质量。对此应注意,如果单位体积质量不合适,则会影响成品的风格与服用性能,甚至给织造带来很大困

难。由同种原料纺成的纱线,其单位体积质量随纱线的细度、纺纱方法、捻度等不同而有一定的差异,一般线密度小,单位体积质量有增大的趋势。当采用不同的纺纱系统时(如环锭纺纱与转杯纺纱),由于纱线中纤维排列的方式和紧密程度不同,纱线的单位体积质量也不同。

**2. 针织物未充满系数** 当两种针织物的密度相同而纱线粗细不同时,这两种针织物的紧密程度是不同的。因此,要真正表示针织物的紧密程度,还需要采用另一指标,即未充满系数。

针织物的未充满系数 $K_n$ 是指线圈长度 $l$ 与纱线直径 $d$ 的比值,可用下式计算:

$$K_n = \frac{l}{d} \tag{9-23}$$

纱线的直径 $d$ 可通过理论计算求得。

由上式可知,当线圈长度一定时,纱线越粗,即直径 $d$ 越大,则针织物的未充满系数 $K_n$ 越小,说明针织物越紧密。反之,纱线直径 $d$ 越小,则 $K_n$ 越大,针织物越稀疏。

**3. 织物的孔隙率** 孔隙率是指织物所含孔隙体积与总体积之比,以百分数(%)表示。该指标不直接测定,可按下式计算:

$$n_p = 100 - \frac{G}{10t\delta} \tag{9-24}$$

式中:$n_p$——孔隙率,%;

$G$——单位面积质量,g/m²;

$\delta$——纺线的单位体积质量,g/cm³;

$t$——织物厚度,mm。

孔隙率与厚度有关,所以孔隙率也随压力增大而变小。有时织造和非织造土工织物的孔径和渗透系数很接近,但不能认为两者水力性能相似,非织造土工织物的孔隙率远大于织造土工织物,因此其具有更好的反渗滤和排水性能。

**4. 织物的透孔度** 织物的透孔度是织物投影面积中直通孔面积所占的百分数。

$$E_t = 100 - E_z \tag{9-25}$$

式中:$E_t$——面积透孔度,%;

$E_z$——总覆盖系数,%。

织物直通孔的透孔度 $E_t$ 是通孔中的极小值。例如机织平纹织物在 0 结构阶序时理论直通孔的九层表面形状如图 9-47 所示。它是一种曲线四边形并带有多次左旋和右旋及收缩和扩张的孔。

织物中非直通孔很多,沿规则及不规则曲线由一面到达另一面,并有不同单孔形状、不同单孔截面积(且有一定分布)的孔。这些孔的数量分布和面积分布对材料的过滤性能和流体透过阻力具有重要影响。

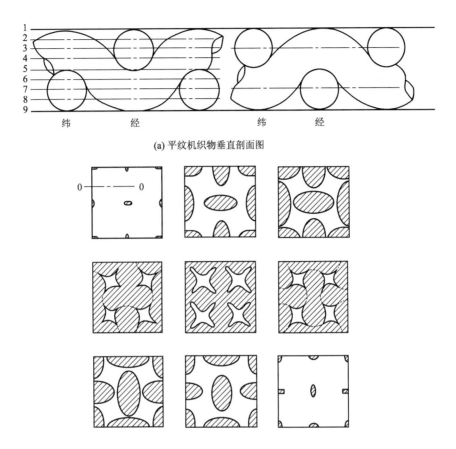

(a) 平纹机织物垂直剖面图

(b) 平纹机织物水平剖面图

图 9 – 47 0 结构阶序机(梭)织平纹织物的透孔形状

### 四、织物表面的平整度

机织物、针织物及非织造织物,宏观上正反两面都是平面。但是在微观上,它们的两面都有凹凸,并有一定规律的纹路。这些凸起点纹路的分布有的沿径向(直向),有的沿纬向(横向),有的沿斜向,也有的是无规的。这些凸起点纹路的高低也是不一致的,有的较高,有的较低,凸凹周期也不一致。这些凸凹影响到织物表面的光泽,也影响到表面的摩擦因数。织物表面在与其他织物或其他物体接触时,凸起点会变形,不同压力下变形程度不同,这也影响到它们之间的摩擦因数。这是织物表面毫米数量级的平整度,以表面尺寸数毫米面积中凹凸的高度表示,以毫米(mm)为单位。一般机织物和针织物表面平整度在 0.1 ~ 0.3mm 之间。但个别品种如机织物蜂巢组织的平面平整度将达到 0.5 ~ 0.9mm。其次,由于织物各局部产生不同程度的收缩时,织物将产生整体的凹凸,呈现 10cm 级面积的凹凸不平,一般归入外观的皱缩不平,采用目视观察评价。

大部分织物表面有毛羽(或纤维的丝圈、丝弧),在与平面接触开始,这些毛羽(或丝圈、丝弧)接触、下压到一定程度才接触到织物组织的凸点。因此,织物厚度的概念也包括了毛羽的厚度、组织凸点的厚度以及表面凹凸的平均厚度等。

## 👉 思考题

1. 简述织物按组成物质、形成方法、结构的分类。

2. 简述机织物的基本组织结构的名称、特征、表征、结构相及其表示方法。

3. 简述机织物坯布后加工对性能的影响。

4. 简述纬编和经编针织物的基本组织结构的名称、特征、表征及主要性能。

5. 简述编结物形成的基本方法、特征和主要用途。

6. 简述非织造织物的主要种类、形成方法、结构特征和主要性能指标。

7. 织物的主要性能指标有哪些？

## 参考文献

[1] 于伟东.纺织材料学[M].北京:中国纺织出版社,2006.

[2] 针织工程手册编委会.针织工程手册[M].北京:纺织工业出版社,1995.

[3] 蔡陛霞.织物结构与设计[M].北京:纺织工业出版社,1992.

[4] S.阿达纳.威灵顿产业用纺织品手册[M].北京:中国纺织出版社 2000.

[5] 王延熹.非织造布生产技术[M].上海:中国纺织大学出版社,1998.

[6] 姚穆.纺织材料学[M].2版.北京:中国纺织出版社,1990.

[7] 诸哲言,李泰亨.针织[M].北京:纺织工业出版社,1988.

[8] 龙海如.针织学[M].北京:中国纺织出版社,2004.

[9] 杨尧栋,宋广礼.针织物组织与产品设计[M].北京:中国纺织出版社,1998.

[10] 许吕菘,龙海如.针织工艺与设备[M].北京:中国纺织出版社,1999.

[11] 马建伟,郭秉臣,陈韶娟.非织造布技术概论[M].北京:中国纺织出版社,2004.

[12] 郭秉臣.非织造布学[M].北京:中国纺织出版社,2002.

[13] 柯勤飞,靳向煜.非织造学[M].上海:东华大学出版社,2004.

[14] 杨汝楫.非织造布概论[M].北京:中国纺织出版社,1990.

[15] 邢声远,张建春,岳素娟.非织造布[M].北京:化学工业出版社,2003.

[16] 王延熹.非织造布生产技术[M].上海:中国纺织大学出版社,1998.

[17] 李栋高.纤维材料学[M].北京:中国纺织出版社,2006.

[18] 李栋高.纺织品设计学[M].北京:中国纺织出版社,2006.

[19] 庄静芬.手编女装与编结花样[M].北京:金盾出版社,2001.

[20] 鲁汉,李绵璐.中国民间美术丛书:民间编结[M].长沙:湖北美术出版社,2006.

[21] 董伟锋,肖军,李勇.2.5维编织复合材料力学性能的有限元分析[J].材料科学与工程学报,2007,25(5):657-661.

[22] R.Schmidt.双轴向和多轴向加固经编织物[J].产业用纺织品,2005(7):71-75.

[23] 吴辉辉,韩其睿,郑嵩.EUCLID3 软件在三维编织 CAD 上的二次开发[J].天津纺织工学院学报,1998,17(2):27-31.

[24] 汪博峰.三维编织复合材料几何成型仿真及算法研究[D].武汉:华中科技大学,2006.

[25] 左惟炜.三维编织复合材料力学性能与工程应用研究[D].武汉:华中科技大学,2006.

[26] 孙义林.三维编织复合材料中织物结构的计算机仿真及力学分析[D].南京:南京航空航天大

学,2000.

［27］阮仕荣,龚小平.三维四步方形编织结构的几何建模[J].工程图学学报,2006(3):1-6.

［28］孙其永,李嘉禄,焦亚男.三维编织物的编织与固化工艺研究概述[J].山东纺织科技,2007(3):1-4.

［29］曹红蓓.三维编织物结构分析与计算机仿真[D].南京:南京理工大学,2002.

［30］董玲.基于知识的三维编织复合材料CAD系统的研究与实现[D].天津:天津工业大学,2006.

［31］李嘉禄.用于结构件的三维编织复合材料[J].航天返回与遥感,2007,28(2):53-57.

［32］乔以以.绒线编结花样888[M].北京:金盾出版社,2002.

［33］《中国结艺》编写组.中国结艺[M].北京:中国轻工业出版社,2001.

［34］马彦霞.壁挂编织[M].天津:天津人民美术出版社,2006.

［35］沈晨辉.编织物三维模拟显示的研究与实现[D].杭州:浙江大学,2005.

［36］Kadir Bilisik. Three-dimensional braiding for composites:A revie[J]. Textile Research Journal,2013(83):1414-1436.

# 第十章　纺织材料的基本力学性质

**本章知识点**

1. 拉伸断裂性能的基本指标,纺织材料拉伸断裂机理及主要影响因素。
2. 纺织材料的蠕变和松弛的概念及主要影响因素。
3. 纺织材料压缩、弯曲、剪切、扭转的基本概念及表达指标。
4. 纺织材料的振动性质和声学性质。
5. 表面摩擦性质的表达指标及摩擦定向效应。
6. 拉伸疲劳性质。
7. 纺织材料在冲击破坏下的特征。

纺织材料的基本力学性质是指纤维、纱线、织物等在外力作用时的性质,总体包括了拉伸、压缩、弯曲、扭转、摩擦、磨损、疲劳等各方面的作用。这是纺织材料服用性能的重要物理性能之一。

## 第一节　拉伸性质

### 一、拉伸断裂性能的基本指标

纺织材料在外力作用下破坏时,主要和基本的方式是被拉断。表达纺织材料抵抗拉伸能力的指标很多,基本的有下述几类。

**（一）拉伸断裂强力和拉伸断裂比强度**

纺织材料和纱线在拉伸作用破坏时的应力指标见第二章第六节。法定计量单位和非法定计量单位换算见表 2 – 11。这里不再赘述。

**（二）拉伸变形曲线和有关指标**

纺织材料在拉伸过程中,应力和变形同时发展,发展过程的曲线图叫"拉伸图"。当横坐标为伸长率 $\varepsilon(\%)$,纵坐标为拉伸应力（$\sigma$、$p_0$ 或 $L$）时,拉伸曲线称为应力应变曲线。典型曲线如图 10 – 1 所示,断裂点（breaking point）$a$ 对应的拉伸应力 $\sigma_a$ 就是断裂应力,对应的伸长率 $\varepsilon_a$ 就是断裂伸长率。

不同材料的拉伸变形曲线形状不同,如图 10 – 2 所示,基本上分为三类。

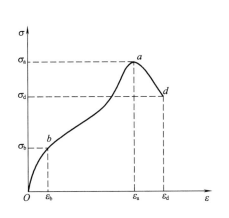

图 10 - 1　拉伸应力曲线伸长率曲线图

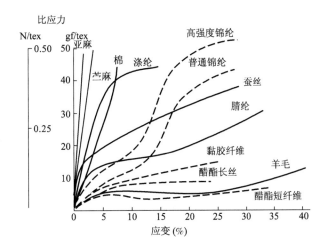

图 10 - 2　不同纤维应力应变曲线图

（1）高强低伸型：如麻、棉纤维表现出脆性特征。

（2）高强高伸型：如锦纶、涤纶表现出延展性特征。

（3）低强高伸型：如羊毛纤维表现出弹性特征。

当然上述分类并不很严格，化学纤维的加工工艺、加工条件不同，它的拉伸变形曲线也会不同，如涤纶短纤维可以有高强低伸（棉型）、低强高伸（毛型）等。

拉伸变形曲线有关指标如下。

**1. 初始模量**　图 10 - 1 中 Ob 线段斜率较大，斜率即拉伸模量 E。

$$E = \frac{\mathrm{d}\sigma}{\mathrm{d}\varepsilon} \qquad (10 - 1)$$

因此，在曲线 Ob 段接近 O 点附近，模量较高，即为初始模量，它代表纺织纤维、纱线和织物在受拉伸力很小时抵抗变形的能力。初始模量的简便求法是：伸长率为 1% 时的纤维应力的 100 倍，即为初始模量，单位为 cN/tex 或 cN/dtex，一般用 $E_0$ 表示。它的大小与纤维材料的分子结构及聚集状态有关，如苎麻纤维 $E_0$ 为 176 ~ 220cN/dtex，棉纤维 $E_0$ 为 60 ~ 82cN/dtex，绵羊毛纤维 $E_0$ 为 8.5 ~ 22cN/dtex，这是由于麻纤维聚合度高（约为 3 万）；而棉纤维聚合度略低（1 ~ 1.5 万），分子链伸展并且氧六环刚硬；毛纤维分子链柔软，且有 α 螺旋，聚合度也低（100 ~ 300），毛织物的手感较柔软，与纺织制品的手感、悬垂、起拱性能等关系密切。

**2. 屈服应力和应变**　图 10 - 1 中曲线上的 b 点为屈服点（yield point），这一点对应的拉伸应力为屈服应力（$\sigma_b$），对应的伸长率就是屈服应变（$\varepsilon_b$）。屈服点是在拉伸变形曲线上，由斜率较大转向斜率较小时的转折点，或者说纺织材料经过弹性变形区后进入到黏弹性区域（在此区域变形迅速增加），从弹性变形到黏弹性变形的转折点。

纤维材料的屈服点不明显，往往表现为一区段，由作图法定出，常见有三种方法。

（1）角平分线法：如图 10 - 3 所示，拉伸曲线在屈服点前后二个区域的切线交于一点，过这点作两切线的角平分线，交拉伸曲线于 Y，则 Y 为屈服点。

（2）考泊兰（Coplan）法：按上述方法，过两切线交点，作平行于应变轴的直线，交拉伸曲线于 $Y_c$，则 $Y_c$ 为屈服点。

（3）梅列狄斯（Meredith）法：如图 10-3 所示，从原点到拉伸曲线断裂点连一直线，作与此直线平行线切于曲线，以此切点 $Y_m$ 为屈服点。

过屈服点后，纺织材料伸长率明显增加，其中不可回复的伸长量和回复缓慢的伸长量占较大的比例，因此，在其他指标相同的情况下，屈服点高的纤维不易产生塑性变形，织成的织物尺寸稳定性较好。

有些纤维（如锦纶）在拉伸过程中会出现第二个屈服点，如图 10-2 中锦纶的二次屈服点，为了考核这一性能，引入强伸余效（强力余效和伸长余效的总称）的指标，强伸余效是拉伸断裂强伸值与第二个屈服点强伸值之差对拉伸断裂强伸值的百分数。

$$强力余效 = \left[ (\sigma_a - \sigma_1)/\sigma_a \right] \times 100 \qquad (10-2)$$

$$伸长余效 = \left[ (\varepsilon_a - \varepsilon_1)/\varepsilon_a \right] \times 100 \qquad (10-3)$$

式中：$\sigma_a$——拉伸断裂强度；

$\quad \varepsilon_a$——拉伸断裂伸长率，%；

$\quad \sigma_1$——第二个屈服点强度；

$\quad \varepsilon_1$——第二个屈服点伸长率，%。

第二个屈服点强伸余效与服用性能密切相关，强伸余效愈高，服用性能愈好。如某些化学纤维中低强高伸型的强伸余效较高，服用性能较好。

**3. 断裂强度和断裂伸长率**　材料拉伸中，材料在拉伸过程中达到应力最大点（图 10-1 中 $a$）称为断裂点（breaking point），其强度为断裂强度（breaking tenacity），其应变为断裂伸长率（beaking elongation），部分材料在 $a$ 点之后，并未直接断脱，而缓慢下降一段之后应力才急剧下降并断脱，因此在断裂点 $a$ 之外，还有一个断脱点 $d$（rupture point）。这点的强度称为断脱强度（rupture tenacity），其伸长率称断脱伸长率（rupture elongation）。

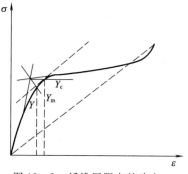

图 10-3　纤维屈服点的确定

**4. 断裂功（breaking work）和断裂比功**　在直接测定中，所得的拉伸曲线如图 10-4 所示。曲线 $Oa$ 下的面积就是拉断纤维、纱线或织物过程中外力对它做的功，也就是材料抵抗外力破坏具有的能量即"拉伸断裂功"。因此，有时将拉伸图称为示功图。

$$W = \int_0^{l_a} p \, dl \qquad (10-4)$$

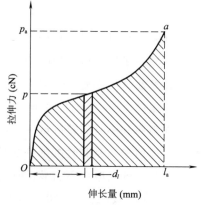

图 10-4　直接记录的拉伸图

式中:$W$——拉伸断裂功,$10^{-5}$J(或 cN·mm)。

图 10-4 中,曲线 $Oa$ 下的面积占矩形 $Op_aal_a$ 的面积的比例为 $\eta$,称为充满系数,断裂功的计算式如下:

$$W = p_a l_a \eta \tag{10-5}$$

式中:$p_a$——拉伸断裂强力,cN;

$\quad l_a$——断裂伸长量,mm;

$\quad \eta$——充满系数。

纤维或纱线的粗细不同时,拉伸断裂功不能反映材料的相对强弱,故为比较起见,要取它的相对值,即折合成单位体积($mm^3$)时拉断纤维或纱线所需做的功(即折合成同样截面积、同样试样长度时的断裂功),称为拉伸断裂比功。

$$W_d = \frac{W}{S \cdot L_0} \tag{10-6}$$

式中:$W_d$——拉伸断裂比功,$10^{-5}$J/$mm^3$;

$\quad S$——试样实际截面积,$mm^2$;

$\quad L_0$——试样拉伸时的名义隔距长度,mm。

当断裂点之后有断脱点时,也有断脱功(rupture work)和断脱比功。

## 二、纺织材料拉伸断裂机理及主要影响因素

### (一)纺织纤维的断裂机理及主要影响因素

**1. 纺织纤维的断裂机理** 纺织纤维在整个拉伸变形过程中的具体情况十分复杂。纤维受力开始时,首先是纤维中各结晶区之间的非结晶区内长度最短的大分子链伸直,即成为接近于与纤维轴线平行而且弯曲最小的大分子(甚至还有基原纤)伸直(这一段一般在拉伸预加张力范围内,在拉伸图中不显示)。其后,这些大分子受力拉伸,使化学价键长度增长、键角增大。在此过程中,一部分最伸展、最紧张的大分子链或基原纤逐步地被从结晶区中抽拔出来。此时,也可能有个别大分子主链被拉断,各结晶区逐步产生相对移动,结晶区之间沿纤维轴向的距离增大,在非结晶区中基原纤和大分子链段的平行度(取向度)提高,结晶区的排列方向也开始顺向纤维轴,而且部分最紧张的大分子由结晶区中抽拔后,非结晶区中大分子的长度差异减小,受力的大分子或基原纤的根数增多。如此,大分子或基原纤在结晶区被抽拔移动越来越多,被拉断的大分子和拔脱的大分子端头也逐步增加,如图 10-5(a)、(b)所示。如此继续进行,大分子或基原纤间原来比较稳定的横向联系受到显著破坏,使结晶区中大分子之间或基原纤之间的结合力抵抗不住拉伸力的作用(如氢键被拉断等)从而明显地相互滑移,大批分子抽拔(对于螺旋结构的大分子则使螺旋链展成曲折链),伸长变形迅速增大,此时出现图 10-1 中 $bc$ 段的现象。此后纤维中的大部分基原纤和松散的大分子都因抽伸滑移作用而达到基本上沿纤维轴向伸直平行的状态[图 10-5(e)],结晶区也逐步松散。

这时,由于取向度大大提高,大分子并拢靠近,大分子之间侧向的结合力可能又有所增加,所以大多数纤维拉伸曲线的斜率又开始有所上升,出现第二屈服点。再继续拉伸,结晶区更松散,许多基原纤和大分子由于长距离抽拔,有的头端已从结晶区中拔出而游离,部分大分子被拉断,头端也游离。最后,在整根纤维最薄弱的截面上断开(一部分基原纤和大分子被拉断,其余全部从对应的结晶区中抽拔出来),达到图10-1拉伸曲线的断裂点($a$ 点)。部分大分子聚合度很高,在过断裂点之后,纤维并未断裂脱开,但抗拉伸力已下降,最后断开达到断脱点(图10-1的 $d$ 点)。

对于某些材料,拉伸区段上出现的细颈不止一个,当一个细颈中由于链状大分子、基原纤、微原纤互相滑动、伸直过程中,取向度明显提高时,此细颈的抵抗力已大于其他细颈处的滑动(及抽拔)阻力,纺织材料并未断裂而继续伸长,但总拉伸力缓慢下降。因而拉伸力在达到最大力之后并未断开。直到数个细颈都被拉伸后才开始断脱即图10-1中的 $d$ 点。

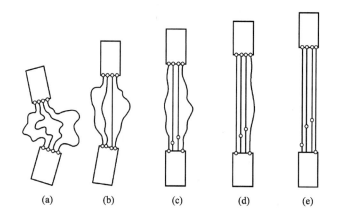

图 10-5  纤维拉伸示意图

**2.影响纺织纤维拉伸断裂强度的主要因素**

(1)纤维的内部结构。

①大分子的聚合度:一般大分子的聚合度愈高,大分子从结晶区中完全抽拔出来越不易,大分子之间横向结合力也更大些,所以强度越高。黏胶纤维的一个例子,如图10-6所示。

②大分子的取向度:纤维中大分子的取向度越高,也就是大分子或基原纤排列得越平行,大分子或基原纤长度方向与纤维轴向越平行,在拉伸中受力的基原纤和大分子的根数就越多,纤维的强度就越高,屈服应力(图10-1中的 $b$ 点)也越高,但当拉伸到纤维断裂时,大分子滑动量减少,伸展量也减少,故断裂伸长率下降。黏胶纤维取向度对拉伸性能的影响,如图10-7所示。

③纤维的结晶度:纤维大分子、基原纤排列越规整,结晶度越高,缝隙孔洞较小且较少,大分子和基原纤间结合力越强,纤维的断裂强度、屈服应力和初始模量都较高,但脆性可能有所增加。这方面的一个例子,如图10-8所示。

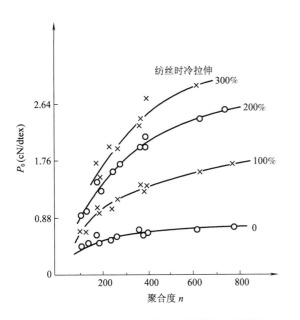

图 10-6 黏胶纤维聚合度对纤维强度的影响

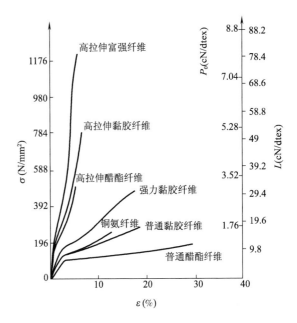

图 10-7 黏胶纤维取向度对拉伸性能的影响

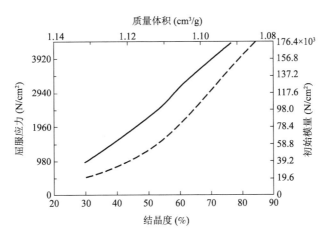

图 10-8 聚丙烯纤维结晶度对拉伸性能的影响

（2）温湿度：空气的温湿度影响到纤维的温度和回潮率，影响到纤维内部结构的状态和纤维的拉伸性能。

①温度：在纤维回潮率一定的条件下，温度高，大分子热运动能高，大分子柔性提高，分子间结合力削弱。因此，一般情况下，温度高，拉伸强度下降，断裂伸长率增大，拉伸初始模量下降，如图 10-9 所示。

②空气相对湿度和纤维回潮率：纤维回潮率越大，大分子之间结合力越弱。所以，一般情况下，纤维的回潮率高，则纤维的强度越低、伸长率增大、初始模量下降，如图 10-10 所示。但是，棉麻等纤维有一些特殊性。因为棉纤维的聚合度非常高，大分子链极长，当回潮率提高后，大分子链之间氢键有所削弱，增强了基原纤之间或大分子之间的滑动能力，反而调整了基原纤和大

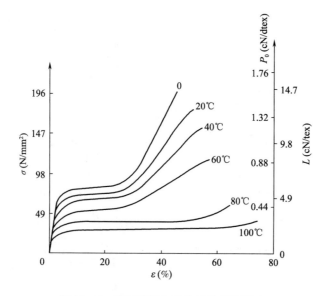

图 10 - 9　温度对细羊毛拉伸性能的影响

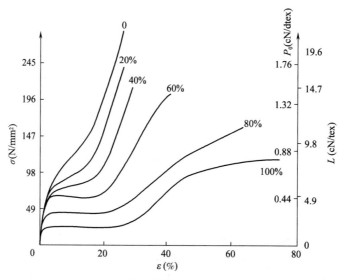

图 10 - 10　相对湿度对细羊毛拉伸性能的影响

分子的张力均匀性,从而使受力大分子的根数增多,使纤维强度有所提高,如图10 - 11所示。

　　纺织材料吸湿的多少,对它的力学性质影响很大,绝大多数纤维随着回潮率的增加而强力下降,其中黏胶纤维尤为突出,但棉麻等天然纤维素纤维的强力则随着回潮率的上升而上升。所有纤维的断裂伸长都是随着回潮率的升高而增大。常见几种纤维在润湿状态下的强伸度变化情况见表 10 - 1。

表 10 - 1　常见几种纤维在润湿状态下强伸度的变化情况

| 纤维种类 | 棉 | 羊毛 | 黏胶纤维(短) | 锦纶(短) | 涤纶 | 维纶 | 腈纶 |
|---|---|---|---|---|---|---|---|
| 湿干强度比(%) | 110 ~ 130 | 76 ~ 94 | 40 ~ 60 | 80 ~ 90 | 100 | 85 ~ 90 | 90 ~ 95 |
| 湿干断裂伸长率比(%) | 110 ~ 111 | 110 ~ 140 | 125 ~ 150 | 105 ~ 110 | 100 | 115 ~ 125 | 125 左右 |

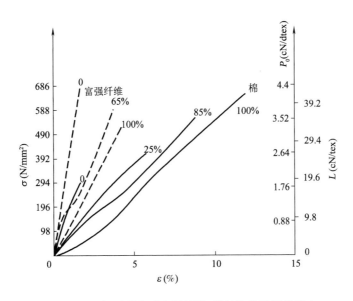

图 10 - 11 相对湿度对富强纤维、棉的拉伸性能的影响

温湿度对纺织加工的影响,主要由纤维吸湿后力学性能变化引起。总的情况是:如回潮率太低,则纤维或纱线的刚性变大而发脆,纤维内摩擦和抱合性能削弱,加工中易于断裂,如回潮率太高则纤维中的杂质难以清除,同时易于相互纠缠成结或缠绕在机器上,影响加工的正常进行。纤维的刚性或弹性还影响到纤维的相互抱合,使纱线的结构和质量受到影响;吸湿性对纤维变形的影响,反映在加工成品如纱线和织物的长度或尺寸上的不稳定。如细纱纺出线密度的设计,必须考虑到络筒、摇纱工序的伸长。整经、浆纱、织造各工序的伸长,对产品质量影响很大;再如本色棉布织机下机的幅宽,每当梅雨季节将缩窄,而冬季干燥季节则要增宽。温湿度对布幅和匹长的影响,还会引起密度和单位面积质量的变化。

(3)试验条件。

①试样长度:试样长度是指纤维或纱线被夹持在上下夹持器之间的直接参加试验部分的长度。纤维上各处截面积并不完全相同,而且各截面处纤维结构也不一样,因而同一根纤维各处的强度并不相同,测试时总是在最薄弱的截面处被拉断并表现为断裂强度。当纺织材料试样长度缩短时,最薄弱的环节被测到的概率下降,只测得一部分次薄弱环节的断裂强度,从而使测试强度的平均值提高。这一概念称为弱环定理。按弱环定理的推导结果可知,纤维试样截取越短,平均强度越高;纤维各截面强度不匀越厉害,试样长度对测得的强度影响也越大。

②试样根数:同时拉伸纤维的根数越多时,由于各根纤维强度并不均匀,特别是断裂伸长率不均匀,试样中各根纤维伸直状态也不相同,这就会使各根纤维不同时断裂。其中伸长能力最小的纤维达到伸长极限即将断裂时,其他纤维并未承受到最大张力,故各根纤维依次分别被拉断,使几根纤维成束拉断测得的强力比单根测得的平均强力的总和小,而且根数越多,差异越大。如在纤维强度测试仪上测定的束纤维强度与单纤维平均强度有以下关系。

$$P = n \cdot p \cdot \frac{1}{K} \tag{10 - 7}$$

式中：$p$——单纤维平均强力，cN；

    $P$——束纤维平均强力，cN；

    $n$——纤维束中的纤维根数；

    $K$——系数，在我国标准条件下，棉纤维在 $1.412 \sim 1.481\left(\dfrac{1}{K} = 0.675 \sim 0.708\right)$；苎麻纤维

在 $1.582$ 左右 $\left(\dfrac{1}{K} = 0.632\right)$；蚕丝在 $1.274$ 左右 $\left(\dfrac{1}{K} = 0.785\right)$。

③其他：试验测定的拉伸速度（或拉伸到断裂经历的时间）以及拉伸过程的类型［例如等速伸长强伸仪（CRE）、等速牵引强伸仪（CRT）、等加负荷强力仪（CRL）、各种不等速型强伸仪等］不同，所测定的强度读数有较明显的差异。

**（二）纱线的断裂机理及主要影响因素**

**1. 纱线的断裂机理**　纱线拉伸断裂过程首先决定于纤维断裂过程，两者在一定程度上有相似之处。但纱线已是纤维的集合体，故又有相当大的区别。

当纱线开始受到拉伸时，纤维本身的皱曲减少，伸直度提高，表现出初始阶段的伸长变形。这时，纱线截面开始收缩，增加了纱中外层纤维对内层纤维的压力。在传统纺纱方法纺成的细纱中，任一小段都是外层纤维的圆柱螺旋线较长，内层纤维的圆柱螺旋线较短，中心纤维呈皱曲直线。因而外层纤维伸长多，张力大；内层纤维伸长少，张力小；中心纤维可能未伸长，还被压缩皱曲（参见第七章图 7-2）。所以，各层纤维受力是不均匀的。而且细纱外层纤维螺旋角大，内层螺旋角小，因而纤维张力在纱线轴向的有效分力，也是外层小于内层。所以，细纱在拉伸中，首先断裂的是最外层的纤维。

短纤维纺成的细纱，任一截面所握持的纤维，伸出长度（向纱轴两端方向）都有一个分布（这种分布就是须条分布曲线，即计数频率的二次累积曲线，见第二章第三节）。这些纤维中，向两端伸出都较长的纤维被纱中两端其他纤维抱合和握持，拉伸中在此截面上只会被拉断，不会滑脱。但沿此截面向一端伸出长度较短的纤维，当其伸出长度 $L_c$ 上与周围纤维抱合摩擦的总切向阻力小于这根纤维的拉伸断裂强度，则沿细纱这一截面断裂时，这些纤维将被从纱中抽拔出来而不被拉断。因此，这些纤维承担的外力小于它的拉伸断裂强度。这种开始会被拔出的长度 $L_c$，叫"滑脱长度"。纱中长度小于 $2L_c$ 的纤维，在中央截面上两端都处在被抽拔滑脱的状态，它们抵抗外力拉伸的作用就更小。这种短纤维越多，细纱强度就越低。

在细纱继续经受拉伸的过程中，纱中外层纤维，短的部分滑脱被抽拔，长纤维受到最紧张的拉伸。到一定程度后，外层纤维受力达到拉断强度时，外层纤维逐步断裂。这时，整根细纱中承担外力的纤维根数减少（在纱的截面各层同心圆环中，最外层纤维根数最多，按规则模型计算，如果截面中纤维总数为 100 根，最外层就不少于 30 根），细纱上的总拉伸力将由较少的纤维根数分担，纱中由外向内的第二层纤维的张力猛增。而且，纱中外层纤维断裂后，最外层纤维对内层纤维的抱合压力解除，内层纤维之间的抱合力和摩擦力迅速减小，这就造成更多的纤维滑脱。未滑脱的纤维，随之将更快地增大张力，因而被拉断。如此，终至细纱完全解体。这样被拉断的细纱，断口是很不整齐的；由于大量纤维滑脱而抽拔出来，断口呈现松散的毛笔头似的形状。

长纤维,特别是长丝捻成的细纱或捻度很高的短纤维细纱,纤维不易滑脱和拔出。这种纱在外层纤维被拉断后,逐步使向内各层纤维分担的张力猛增,因而被拉断。这时在外层纤维断裂最多的截面上,迅速向内扩展断裂口,终至全部纤维断裂。在这种情况下,被拉断细纱的断裂口是比较整齐的。

用不同性能的短纤维混纺的细纱,拉断过程还受其他因素的支配。当混纺原料各组分拉伸断裂伸长率不同时,必然是断裂伸长率小的纤维分担较多的拉伸力,而断裂伸长率大的纤维分担较少的拉伸力。在前一种组分的纤维被拉断后,后一种组分的纤维才主要承担外力作用,因而,混纺纱的强度总比其组分中性能好的那种纤维的纯纺纱强度低,如图 10 - 12 所示。当两种纤维混纺时,若两种纤维的强度相差不大而伸长能力有较大差异时,由于分阶段被拉伸断裂,成纱强度随混纺比变化的曲线将出现有极低值的下凹形。如果两种纤维的伸长能力差异不大时,则曲线呈现渐升(或渐降)的形状。

膨体纱是利用两种热收缩性相差较大的纤维混纺后进行热收缩,使细纱中热收缩性大的纤维充分回缩,同时迫使热收缩性小的纤维沿轴向压缩皱曲而呈现膨体特性。因此,膨体纱中负担外力的纤维根数较少,而且各根纤维的张力很不均匀。在膨体纱被拉伸时,只有一部分纤维承担外力,其他纤维皱曲松弛。当前一种纤维被拉断后,后一种纤维才伸直并承担拉伸力,直至最后被拉断。因此,膨体纱的拉伸断裂强度比传统纱小,而断裂伸长率则较大。

变形纱和弹力丝都是依靠各种定形方法(如加热—加捻—冷却或加热—刀口弯曲—冷却等),使每根纤维呈螺旋弹簧形的空间皱曲曲线,因此有很高的断裂伸长率,甚至在开始拉伸的相当一段过程中,实际上是在拉伸力增加很小的条件作用下使纤维逐步伸直。这几类纱

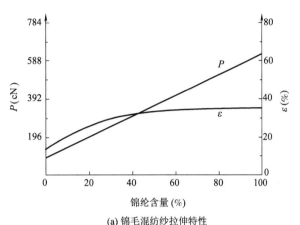

(a) 锦毛混纺纱拉伸特性

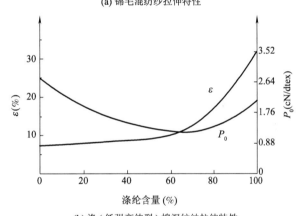

(b) 涤(低强高伸型)棉混纺纱拉伸特性

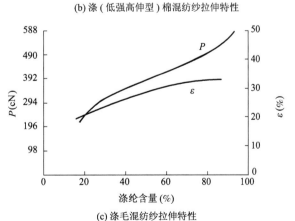

(c) 涤毛混纺纱拉伸特性

图 10 - 12 几种混纺纱的拉伸特性

的典型拉伸曲线,如图10-13所示。

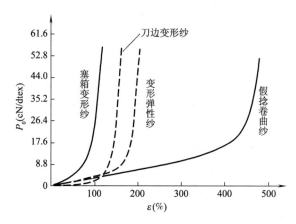

图10-13　变形纱和弹力丝的拉伸曲线

**2.影响纱线拉伸断裂强度的主要因素**

(1)纤维的性能。

①纤维的长度:纤维长度,特别是长度短于$2L_c$(滑脱长度)的纤维含量,对纱线强度有很大影响。如棉纤维中短绒率平均增加1%,纱线强度下降1%~1.2%。

②纤维的强度:纤维的相对强度越高,纱线强度也越高。同时,影响纤维强度的各项因素,同样会表现在纱线上,但因和纱线结构有关,又不完全相同。

③纤维的细度:纤维较细,较柔软,在纱中互相抱合就较紧贴,滑脱长度可能缩短,纱截面中纤维根数可以较多,使纤维在纱内外层转移的机会增加,各根纤维受力比较均匀,因而成纱强度较高。

(2)纱线的结构:几种特种纱线(膨体纱、变形纱、弹力丝等)的结构对拉伸特性的影响已如上述。传统纺纱纱线的结构对拉伸断裂强度和其他特性的影响也是很大的。除了纱线中纤维排列的平行程度、伸直程度、内外层转移次数等之外,最重要的影响因素是纱线的捻度。

传统纺纱的单纱,强度随着捻度的增加,开始上升,后来又下降,极大值处于临界捻度(捻系数)(参见第八章图8-6)。

传统混纺纱线的各种不同混纺比对纱线强度的影响,如图10-14所示。

股线捻向与单纱捻向相同时,股线加捻同单纱继续加捻相似。股线捻向与单纱捻向相反时,开始合股反向加捻使单纱退捻而结构变松,强度下降,但继续加捻时,纱线结构又扭紧。而且由于纤维在股线中的方向与股线轴方向的夹角变小,提高了纤维张力在拉伸方向的有效分力,股线反向加捻后,单纱内外层张力差异减小,外层纤维的预应力下降,使承担外力的纤维根数增加。同时,单纱中的纤维,甚至是最外层的纤维,在股线中单纱之间被夹特,使纱线外层也不易滑脱、解体。股线外侧纤维对股线轴心倾角减小,其张力的有效分力增大,因而股线强度增加,比合股中单纱强度之和还大,达到临界时,甚至为单纱强度之和的1.4倍左右,如图10-15所示。

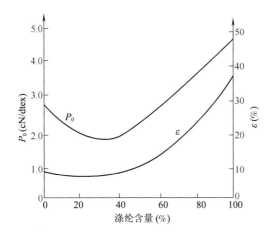

图 10-14 涤(低强高伸型)棉混纺纱不同的
混纺比对纱线强度的影响

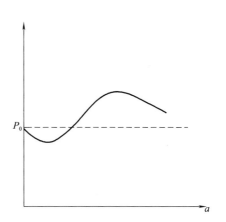

图 10-15 合股反相加捻对股线
强度的影响

长丝短纤并捻复合纱,其中长丝为涤纶加弹网络丝(线密度为 167dtex/144f),短纤为涤/棉(65/35)环锭纱(线密度为 13tex,捻度为 85.7 捻/10cm);分析长丝短纤并捻复合纱的拉伸力学性能与捻度的关系,由图 10-16 曲线关系可以看出,该复合纱的断裂强度随捻度增加先增加后减小,其变化规律与短纤维纱线基本相似,但由于长丝的复合,纱线的绝对强力等部分力学性能明显优于短纤纱,复合纱的外观特性也不同于短纤纱,拓宽了新产品的开发范围。

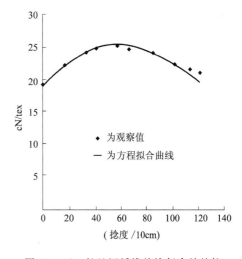

图 10-16 长丝短纤维并捻复合纱的拉
伸力学性能与捻度的关系

**(三)织物拉伸测定方法、断裂机理及主要影响因素**

织物拉伸断裂时所应用的主要指标有断裂强度,断裂伸长率,断裂功,断裂比功等。这些指标基本上与前述纤维和纱线拉伸断裂的指标意义相同,本节仅就不同之处加以讨论。

**1.织物拉伸测定方法** 拉伸断裂强度与断裂伸长率的测定方法一般有拆纱条样法、剪割条样法与抓样法三种。

(1)拆纱条样法(raveled-strip method):从试样两侧拆去一定数量的纱线使织物试样达到规定的试验宽度(50mm),并全部夹入夹钳内的一种测试方法,如图 10-17(a)所示,然后在适宜的强力测试仪上进行。强力测试仪有等速伸长强力仪(CRE)、等速牵引强力仪(CRT)和等加负荷强力仪(CRL)三种类型,通常规定使用等速伸长测试仪。当织物断裂伸长率≤75%时,试样夹持长度为 200mm;当织物断裂伸长率>75%时,试样的夹持长度为 100mm。根据织物断裂伸长率设定拉伸速度。试样的预加张力按试样单位面积质量而定。每一样品经、纬向各测

5条。

（2）抓样法（grab method）：将规定尺寸的织物试样仅一部分宽度被夹入夹钳内的一种试验方法，如图10-17（b）所示（夹钳口宽度50mm）。

（3）剪割条样法（cut-strip method）：对针织物、非织造织物、涂层织物及不易扯边纱的机织物试样，则采用剪割条样法。剪取试样的长度方向应平行织物的纵向或横向，其宽度符合规定的尺寸，织物试样全部夹入夹钳内。

与抓样法相比，拆纱条样法所得试验结果的不匀率较小，所用试验材料比较节约，但抓样法的试样准备较容易，效率高，并且试样状态较接近实际使用情况，所得试验强度与伸长率略高。

针织物的矩形试条在拉伸时，由于横向收缩，使在钳口处所产生的剪切应力特别集中，因而造成试条大多数在钳口附近撕断，影响试验的准确性。这种情况，对于合成纤维针织外衣试条则更为明显。为了改善这种情况，根据有关试验研究，以采用梯形或环形试条较好。图10-18（a）为梯形试条，两端的梯形部分被钳口所夹持。图10-18（b）为环形试条，虚线处为试条两端的缝合处。这两种试条的拉伸伸长均匀性都比矩形试条好，因此用来测定针织物的伸长率较为合理。如果要同时测定强度和伸长率，也以用梯形试条为宜。

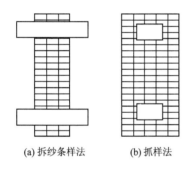

(a) 拆纱条样法　　(b) 抓样法

图10-17　织物拉伸断裂试验时试条的夹持方法

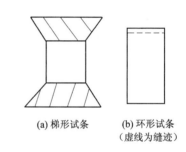

(a) 梯形试条　　(b) 环形试条
　　　　　　　　（虚线为缝迹）

图10-18　针织物拉伸断裂试验时试条的夹持方法

与纤维、纱线的测试一样，织物强度与伸长率的测试，也应在恒温恒湿条件下进行。如果工厂在一般温湿度条件下进行快速测试，则可根据测试时的实际回潮率，用下式对本色棉布或针织内衣坯布的强度加以修正：

$$P = K \cdot P_0 \tag{10-8}$$

式中：$P$——修正后本色棉布或针织内衣坯布的强度，N；

$P_0$——实测的本色棉布或针织内衣坯布的强度，N；

$K$——强度修正系数。

强度修正系数在国家标准中有规定。但必须指出，在上述修正中没有把温度的影响考虑在内，此外不同原料的机织物或针织物，应根据原料的特性分别进行修正。

**2. 织物的断裂机理**　在附有绘图装置的织物强力仪上，对织物进行拉伸测试时，可得到织物的拉伸曲线，如图10-19和图10-20所示。根据拉伸曲线，不仅可以知道织物的断裂伸长率，而且可以了解在整个受力过程中负荷与伸长的变化。如图10-19和图10-20所示，织物的拉伸曲线特征与组成织物的纱线和纤维的拉伸曲线相似。棉织物与麻织物的拉伸曲线呈直线而略向上弯曲,毛织物与蚕丝织物的拉伸曲线有明显的屈服。因此,棉、麻等织物的充满系数接近而略小于0.5;毛、丝织物的充满系数大于0.5。化纤混纺织物的拉伸曲线保持所用混纺纤维的特性曲线形态,如65%高强低伸涤纶与35%棉混纺织物的拉伸曲线同高强低伸涤纶的拉伸曲线相似,而65%低强高伸涤纶与35%棉混纺织物的拉伸曲线同低强高伸涤纶曲线接近。织物结构不同时,织物的拉伸曲线也会有一定差异。织物拉伸曲线和经纬向织缩率有关。织缩率越大,表现在拉伸阶段伸长较大的现象越明显,如棉府绸的经纬向拉伸曲线,如图 10 - 21 所示。几种针织物的拉伸曲线,如图 10 - 22 所示。

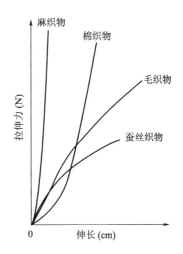

图 10 - 19　天然纤维织物拉伸曲线

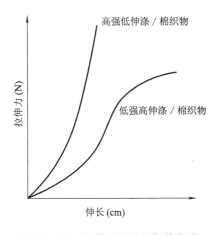

图 10 - 20　涤棉混纺织物拉伸曲线

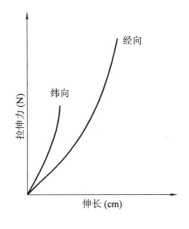

图 10 - 21　棉府绸的经纬向拉伸曲线

　　为了对不同结构的织物进行比较,常采用断裂功。断裂功相当于织物拉伸至断裂时所吸收的能量,也就是织物具有的抵抗外力破坏的内在结合能,因而在一定程度上可以认为,织物的这种能量越大,织物愈坚牢。实验数据表明,涤/棉和涤/棉/锦织物的断裂功比纯棉织物高100%~200%,棉/维织物的断裂功比棉织物高50%。合成纤维长丝织物、蚕丝织物与绢纺类织物虽然平方米重比棉织物低得多,但断裂功一般较大,实际使用牢度也良好。这说明断裂功与实际穿着牢度有一致趋势。但必须指出,断裂功是一次拉伸概念,而实际穿着中织物破坏不是一次外力作用的结果,而是小负荷或小变形下的反复多次作用。

　　由于断裂功包括强度与伸长率两项指标,还涉及拉伸曲线的形态,因此断裂功比断裂强度能更全面地反映染整工艺质量,尤其对化纤织物更是如此。此外,织物的断裂功指标比耐磨指标更为稳定。

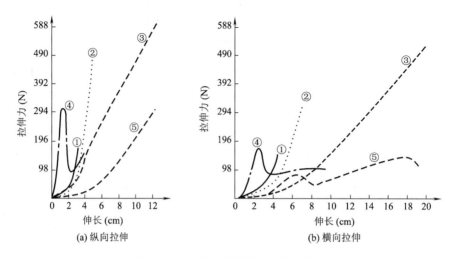

(a) 纵向拉伸　　　　　　(b) 横向拉伸

图 10 - 22　几种针织物的拉伸曲线

①—棉汗布　②—棉毛布　③—低弹涤纶长丝纬编外衣织物　④—衬经衬纬针织物　⑤—衬纬针织物

### 3. 影响织物拉伸强度的因素

（1）织物密度与织物组织：机织物经纬密度及针织物纵横密度的改变对织物强度有显著影响。如（14tex×2）×28tex 纯棉半线卡其，当经纬密度变化时，测得织物强度见表 10 - 2。

表 10 - 2　（14tex×2）×28tex 纯棉半线卡其的经纬密度与断裂强度的关系

| 设计密度（根/10cm） | | 断裂强度（N） | |
| --- | --- | --- | --- |
| 经 | 纬 | 经 | 纬 |
| 518 | 266 | 1326.9 | 563.5 |
| 518 | 287 | 1312.2 | 616.4 |
| 518 | 301 | 1322.0 | 672.3 |
| 548 | 266 | 1362.2 | 547.8 |
| 548 | 287 | 1367.1 | 632.1 |
| 548 | 301 | 1354.4 | 655.6 |
| 575 | 266 | 1423.9 | 582.1 |
| 575 | 287 | 1393.6 | 641.9 |
| 575 | 301 | 1412.2 | 657.5 |
| 606 | 266 | 1465.1 | 586.0 |
| 606 | 287 | 1462.2 | 653.7 |
| 606 | 301 | 1501.4 | 688.9 |

当机织物经纬密度同时变化或任一系统的密度改变时，织物的断裂强度随之改变。若经向密度不变，仅纬向密度增加，则织物中纬向强度增加，而经向强度有下降趋势。这种现象可以认

为是由于纬向密度的增加,织造工艺上需要配置较大的经纱上机张力,同时经纱在织造过程中受到反复拉伸的次数增加,经纱相互间及与机件间的摩擦作用增加,使经纱疲劳程度加剧,引起经向强度有下降趋势。若织物的纬向密度不变,仅使经向密度增加,则织物的经向强度增加,纬向强度也有增加的趋势。这种现象可以认为是由于经向密度的增加使经纱与纬纱的交错次数增加,经纬纱间的摩擦阻力增加,结果使纬向强度增加。

应该指出,对某一品种的机织物,经纬密度都有一极限值。经纬密度在某一极限内,可能对织物强度有利。若超过某一极限,由于密度增加后纱线所受张力、反复作用次数以及屈曲程度过分增加,将会给织物强度带来不利的影响。机织物组织的种类很多,就平纹、斜纹及缎纹这三种基本组织来说,在其他条件相同的情况下,平纹织物的强度和伸长大于斜纹织物,而斜纹织物又大于缎纹织物。织物在一定长度内纱线交错次数越多,浮线长度越短,则织物的强度和伸长越大。

(2)纱线的线密度和结构:在织物的组织和密度相同的条件下,用线密度高的纱线织造的织物,其强度比较高。很明显,这是由于线密度高的纱线断裂比强度较大,此时纱线织成相同密度的织物,其紧度较大,织物较厚,断面积大,经纬纱线之间接触面积增加,纤维间的摩擦力增大,使织物强度提高。

由股线织成的织物强度大于由相当于同线密度单纱所织成的织物。以16tex×2股线作为经纱,不同特数的纱线作为纬纱织成$\frac{3}{1}$卡其织物,测得强度结果见表10-3。由表可知,全线卡其的织物强度比半线卡其高,这是由于单纱合股反捻成股线后,减少了扭应力,使纱中纤维承担外力均匀,并使股线的条干不匀、强度不匀与捻度不匀有所降低,提高了股线中纤维的强度利用程度。

表 10 – 3    股线与单纱对织物强度的影响

| 纬向纱线线密度(tex) | 18×2 | 36 | 21×2 | 42 | 24×2 | 48 | 29×2 | 58 |
|---|---|---|---|---|---|---|---|---|
| 织物纬向强度(N) | 833 | 715.4 | 916.3 | 840.8 | 961.4 | 894.7 | 985.9 | 924.1 |

纱线捻度对织物强度的作用包含着互相对立的两个方面。当纱线捻度在临界捻度以下较多时,在一定范围内增加纱线的捻度,织物强度有提高趋势;但当纱线的捻度接近临界捻度时,织物强度明显下降,因为当纱线还没有达到临界捻度时,织物强度已达到最高点。

纱线的捻向,通常从织物光泽的角度考虑较多,但也与织物的强度有关。当经纬向两系统纱线捻向相同时,织物表面的纤维倾斜方向相反,而在经纬交织处则趋于互相平行,因而纤维互相啮合和密切接触,纱线间的阻力增加,以致织物强度有所提高。两种棉织物的经纬纱捻向不同时,织物强度的变化见表10-4。同时,经纬纱线捻向相同时,交织点处经纬纱线互相啮合,织物厚度变薄,但织物卷角效应较轻,当经纬纱线捻向相反时,交织处两系统纱线中纤维方向互相交叉,无法啮合,因而织物厚度较厚;但因两系统纱线扭应力合力作用,使卷角效应比较明显。

表 10-4 纱线捻向对织物强度的影响

| 织物品种 | | 19.5tex×16tex 细布 | | 14.5tex×14.5tex 纬面缎纹 | |
|---|---|---|---|---|---|
| 纱线捻向 | 经 | Z | Z | Z | Z |
| | 纬 | S | Z | S | Z |
| 织物强度 (N/5cm) | 经 | 363.6 | 376.3 | 390.0 | 399.8 |
| | 纬 | 270.5 | 288.1 | 571.3 | 619.4 |

　　转杯纱织物与环锭纱织物相比,一般具有较低的强度和较高的伸长。转杯纱织物与环锭纱织物的拉伸曲线,如图 10-23 所示。转杯纱织物的断裂功一般比环锭纱织物小,这说明转杯纱织物断裂强度的减少,并没有从断裂伸长的增加而得到补偿。

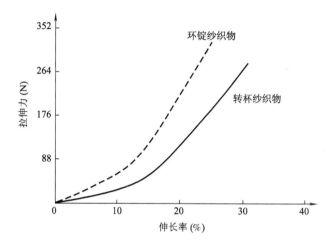

图 10-23　涤/棉(50/50)平纹织物经向拉伸曲线

　　转杯纱的特性,在织物设计时应加以考虑。如灯芯绒织物,可用 14tex×2 环锭纱作经纱、28tex 转杯纱作纬纱进行交织,用转杯纱作为纬纱起绒,充分发挥转杯纱的特性。这是因为转杯纱棉结与杂质少,可以减少割绒时跳刀,而且转杯纱结构蓬松,染色鲜艳,绒毛丰满厚实;而经向用环锭纱,可以保持较高的强度,承受较大的上机张力,大线密度转杯纱的强度接近于同线密度环锭纱,因此其转杯纱织物强度也接近于同线密度环锭纱织物。

　　(3)纤维品种与混纺比:织物结构基本相同时,织物中纱线的强度利用系数大致保持稳定,纱线中纤维强度利用程度的差异也在一定范围内,因此纤维的品种是织物强伸性能的决定因素。各种化纤的拉伸性能差异甚大,因此化纤织物的拉伸性能也有很大的不同。表 10-5 为几种化纤长丝织成的相同规格过滤布的强度。

表 10-5　织物原料对织物强度的影响

| 织物原料 | 锦纶 | 涤纶 | 丙纶 | 腈纶 | 氯纶 |
|---|---|---|---|---|---|
| 织物强度(N/5cm) | 1705.2 | 1685.6 | 1519 | 1058.4 | 823.2 |

由于化纤制造工艺不同、纤维内部结构不同,即使品种相同的化纤,纤维的拉伸性能也有很大的差异,因此织物的强伸性能也会产生相应的变化。例如,对棉型低强高伸和高强低伸涤纶作对比试验,以 13tex 涤/棉(65/35)纱,织平纹细布,相同规格织物的强伸性能见表 10 – 6。

表 10 – 6　纤维性能对织物强伸性能的影响

| 纤　维　类　型 | | 低强高伸 | 高强低伸 |
|---|---|---|---|
| 织物强度(N/5cm) | 经 | 422.4 | 473.3 |
| | 纬 | 414.5 | 496.9 |
| 断裂伸长率(%) | 经 | 35.3 | 23.2 |
| | 纬 | 31.3 | 19.6 |
| 断裂功(N·m) | 经 | 16.1 | 7.8 |
| | 纬 | 13.4 | 8.5 |
| | 经 + 纬 | 29.5 | 16.3 |

由表 10 – 6 可知,由低强高伸涤纶织得的织物,断裂强度较低,但断裂伸长率特别是断裂功明显较大。如前所述,由于断裂功是织物抵抗外力破坏的内在能量,因此在一定程度上也可反映织物的服用牢度。穿着实践证明,低强高伸涤纶织物较为耐穿。

由合成纤维混纺纱的强伸特性可知,当混纺纱中两种纤维的断裂伸长率不同而混入纤维的初始模量又低于另一种纤维的初始模量时,如果用低强高伸涤纶与棉或黏胶纤维混纺,则混纺织物的断裂强度与混纺纱的断裂强度相似,并不是在任何情况下都能得到提高,见表 10 – 7。因此,国内外涤棉混纺织物大多数的混纺比在 65/35 左右,原因之一是考虑到要提高织物的强伸性能。在涤纶含量低于 50% 时,混纺织物的强度将比纯棉织物还低。

表 10 – 7　涤棉混纺织物强度的影响

| 涤棉混纺比 | 0/100 | 35/65 | 50/50 | 65/35 |
|---|---|---|---|---|
| 织物强度(N/5cm) | 470.4 | 460.6 | 558.6 | 784 |

当合成纤维与羊毛混纺时,混纺织物的断裂强度与混纺纱的断裂强度一样,都是随合成纤维含量的增加而逐渐增加,即使混入少量的合成纤维,混纺毛织物的断裂强度也有提高。如图 10 – 24 所示,为毛涤混纺织物在不同混纺比下的织物强度变化曲线。

## 三、纺织材料的蠕变和松弛

### (一)蠕变、松弛的基本概念

纺织材料在一定拉伸力的作用下,它的变形

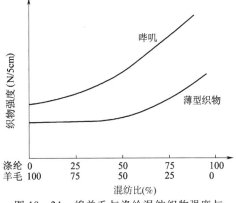

图 10 – 24　绵羊毛与涤纶混纺织物强度与
混纺比的关系

量(伸长率)与拉伸力成某种比例。但在此力连续作用过程中,变形量实际上并不恒定,而随时间不断变化。如图 10 - 25 所示,在时间 $t_1$ 时立即加上拉伸力 $p_1$,这几乎是立即出现伸长变形 $\varepsilon_1$。从时间 $t_1$ 开始,拉伸力 $p_1$ 不变,但伸长变形却一直不断增加。如果拉伸力不去除,就会一直伸长下去以致最后断裂。从时间 $t_1$ 到时间 $t_2$,伸长 $\varepsilon_2$。如果到时间 $t_2$ 处,立即全部去除拉伸力 $p_1$,这时将立即产生一段回缩 $\varepsilon_3$。在 $t_2$ 以后的时间内,拉伸力也不变($p = 0$),则纺织材料的拉伸变形仍在不断回缩($\varepsilon_4$)直到最后(极长时间后)仍有一些伸长量不能全部回缩而剩余下来,就是 $\varepsilon_5$。从这种典型的变化过程中可以看出,纺织材料的伸长变形可分为三类。

**1. 急弹性变形**　加上拉伸力,几乎立即产生的伸长变形(图 10 - 25 中 $\varepsilon_1$)和除去拉伸力,几乎立即产生的回缩变形($\varepsilon_3$)。

**2. 缓弹性变形**　在拉伸力不变的情况下产生的伸长或回缩变形($p = p_1$ 时的 $\varepsilon_2$,$p = 0$ 时的 $\varepsilon_4$),是随时间变化的变形。

**3. 塑性变形**　受拉伸力作用时能伸长,但拉伸力除去后不能回缩的变形($\varepsilon_5$)。

这种在一定拉伸力作用下,变形随时间而变化的现象,称为蠕变。

另一种状态,在拉伸变形(伸长)恒定的条件下,内部应力即张力将随时间的延续继续不断地下降,这种现象称为松弛。松弛的基本情况,如图 10 - 26 所示。在时间 $t_1$,立即产生伸长 $\varepsilon$ 并保持不变,张力立即上升到 $F_0$,以后张力随时间的延续逐步下降。

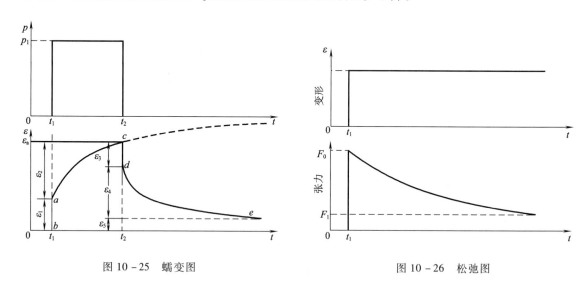

图 10 - 25　蠕变图　　　　　　　　　　图 10 - 26　松弛图

纤维蠕变和松弛的基本原因在纤维的内部结构。在恒定拉伸力条件下,纤维内基原纤、大分子皱曲状态的伸展,特别是大分子链键长的伸长或缩短和键角的张开或收合,只需要极短的时间就可以完成,这就是急弹性变形。随着时间的延续,大分子主链局部旋转,使大分子伸展(参见图 1 - 2),微原纤间位置的调整和基原纤的取向度逐渐增加,特别是大分子在结晶区被抽拔滑动,从而使纤维长度不断伸长,呈现蠕变现象。因此,缓弹性变形也叫"黏弹性变形"或"流变"。在恒定拉伸变形条件下,随着黏弹性变形,各个大分子本身逐渐回缩皱曲,相邻大分子相互滑移错位,呈现出张应力逐渐下降的松弛现象。

纱线蠕变和松弛的原因基本上与纤维的相似,首先是因为纤维蠕变和松弛的存在,其次是因为纱线内纤维相互间也产生滑移和错位。

因为纤维蠕变和松弛的主要原因是大分子之间的滑移,所以影响大分子之间作用力的因素(如温度、回潮率等)都会影响蠕变和松弛。这方面的几个例子,如图 10-27 ~ 图 10-30 所示。由图中可以看出,许多种纤维(如棉、毛、涤纶等)在高温高湿条件下较易蠕变和松弛,所以常用高温高湿条件来消除内应力,例如针织或织造前蒸纱或纬纱给湿等。而涤纶拉伸变形时(特别在小变形时)松弛极少,所以它的回弹性和抗皱性特别好。

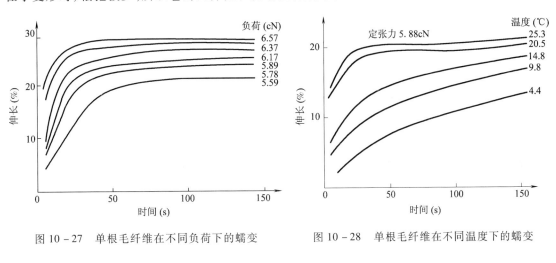

图 10-27 单根毛纤维在不同负荷下的蠕变　　　图 10-28 单根毛纤维在不同温度下的蠕变

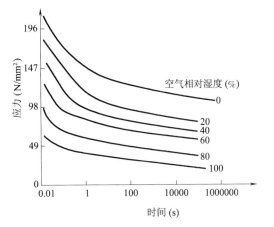

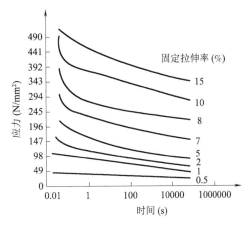

图 10-29 单根毛纤维在不同相对湿度下的松弛　　　图 10-30 涤纶在不同初拉伸下的松弛

在进行正常拉伸试验时,如前已述,拉伸速度不同,拉伸时间将不同,出现的缓弹性变形量将有区别,因而拉伸图出现差别。这方面例子,如图 10-31 所示。

**(二)纺织材料拉伸弹性回复率**

纤维和纱线拉伸弹性回复率 $R_e$(%)常用图 10-25 中一定拉伸变形 $\varepsilon_a$ 后的急弹性回缩率 $\varepsilon_3$ 与一定时间的缓弹性回缩率 $\varepsilon_4$ 之和占 $\varepsilon_3$ 的百分数来表示。

$$R_\varepsilon = \frac{\varepsilon_3 + \varepsilon_4}{\varepsilon_a} \times 100 \qquad (10-9)$$

如图 10-32 所示,在一次循环中,拉伸时外力对纤维(或纱线)所作的功是曲线四边形 $Oabe$ 的面积;回缩时纤维对外力作用的功(即纤维释放出拉伸储存的能量)是曲线三角形 $bec$ 的面积。因而在一次循环中,外力对纤维净作功是曲线四边形 $Oabc$ 的面积。外力作用这些功,使纤维产生了一些局部的破坏(某些结晶区局部松散、某些大分子被抽拔或拉断等),上述面积 $bec$ 对 $Oabe$ 的比值称为拉伸功回复率 $R_w$(%)。

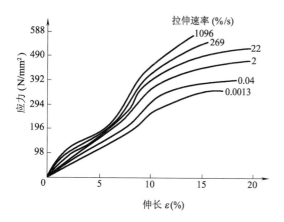

图 10-31 不同拉伸速度时锦纶 66 的拉伸图

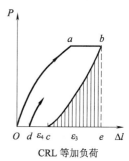

图 10-32 等速伸长和等加负荷试验拉伸图

$$R_w = \frac{面积\ bec}{面积\ Oabe} \times 100 \qquad (10-10)$$

纤维或纱线的拉伸功回复率越大,每次拉伸循环净耗功越小,材料受到破坏越小,耐疲劳越好。

一些纤维的拉伸弹性回复率的例子,如图 10-33 所示。一般是初拉伸应力或初拉伸变形(图 10-33 中的横坐标)较大时,拉伸弹性回复率较小,也就是剩余变形较大。

影响缓弹性变形的外在因素很多,最主要的是材料的温度和回潮率。当温度较高时,分子热运动能较大,大分子链节的旋转、大分子链的伸展和皱曲、基原纤方向和位置的调整移动等都比较容易,结晶区的结合力也较弱,黏滞性减小,因而缓弹性变形较大并发展较快。回潮率较大时,纤维大分子之间结合力减弱,缓弹性变形也较大并发展较快。这些规律在图 10-28、图 10-29 中已经显示。

在生产中和日常生活中,这方面的影响有时非常明显。例如,纺纱、织造(针织)、染整等加工过程中积累的缓弹性伸长,有一部分在出厂时尚未完全缩回;当纺织物放在水中,特别是在温水或热水中浸洗时,缓弹性变形快速大量回缩,表现出纺织物缩短或变窄,这就是通常所称的缩水。

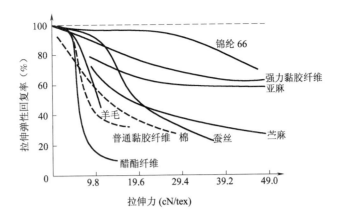

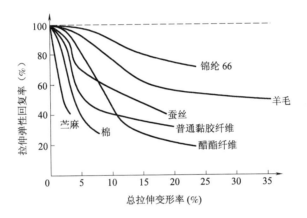

图 10－33 纤维拉伸弹性回复率

此外,纱线的结构、纱线中纤维的排列状态、捻度等,对各种变形也有明显的影响。

**(三)纺织材料拉伸力学模型**

在某些研究中,有时需要对纺织材料的蠕变和松弛进行定性的或半定量的分析,这种分析常借助于一些力学模型。如图 10－34 所示为一简单的三元件模型,此力学模型上端固定,下端挂一恒重负载 $P$;模型的上半段是一根螺旋弹簧 1,弹性模量为 $E_1$;模型的下半段由一根弹簧 2(弹性模量是 $E_2$)和一只活塞式阻尼器(黏滞系数为 $\eta$,即阻尼力与滑动速度的比值,即 $P = \eta \cdot \dfrac{d\varepsilon}{dt}$),两者并联。

在某一时刻 $t = t_1$ 开始,挂上恒定负载 $P$,弹簧 1 立即伸长变形。

$$\varepsilon_1 = \frac{P}{E_1}$$

但此时模型下半段的阻尼器还没来得及运动,弹簧 2 也未伸长,不承担外力,负载 $P$ 全部用在阻尼器上。故这时总伸长 $\varepsilon = \varepsilon_1$。这就是图 10－25 中的 $ab$。

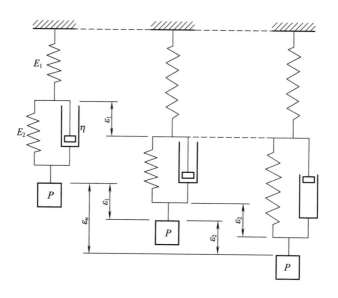

图 10 - 34　蠕变力学模型

随着时间延长，弹簧 1 的伸长量 $\varepsilon_1$ 不变，但阻尼器逐渐滑动，弹簧 2 产生伸长并承担部分外力。在模型下半段，作用力和变形的关系如下：

$$P = F_e + F_\eta$$

式中：$F_e$——弹簧 2 的拉伸力；

　　　$F_\eta$——阻尼器的拉伸力。

按定义：

$$F_e = \varepsilon_2 E_2$$

$$F_\eta = \eta \cdot \frac{\mathrm{d}\varepsilon_2}{\mathrm{d}t}$$

代入前式：

$$P = \varepsilon_2 E_2 + \eta \frac{\mathrm{d}\varepsilon_2}{\mathrm{d}t}$$

整理后得：

$$\frac{\mathrm{d}\varepsilon_2}{\dfrac{P}{E_2} - \varepsilon_2} = \frac{E_2}{\eta}\mathrm{d}t$$

两边积分后得：

$$-\ln\left(\frac{P}{E_2} - \varepsilon_2\right) = \frac{E_2}{\eta}t + C$$

设初始条件 $t = t_1$，$\varepsilon_2 = 0$，则：

$$C = -\ln\frac{P}{E_2} - \frac{E_2}{\eta}t_1$$

代入前式,整理后得:

$$\ln\left(1 - \frac{E_2}{P}\varepsilon_2\right) = -\frac{E_2}{\eta}(t - t_1)$$

$$\varepsilon_2 = \frac{P}{E_2}\left[1 - e^{-\frac{E_2}{\eta}(t - t_1)}\right]$$

这时总的伸长(从图 10 – 25 可知,$\varepsilon_a = \varepsilon_1 + \varepsilon_2$)为:

$$\varepsilon_a = \frac{P}{E_1} + \frac{P}{E_2}\left[1 - e^{-\frac{E_2}{\eta}(t - t_1)}\right] \qquad (10 – 11)$$

这就是图 10 – 25 中的曲线 $bc$。到 $t = t_2$,共伸长 $\varepsilon_a$。

当时间 $t = t_2$,去除负荷 $P$,则模型上半段的弹簧 $E_1$ 立即缩回,回缩量为 $\varepsilon_3$,这就是图10 – 25 中的 $cd$。

这时模型下半段已伸长了 $\varepsilon_2$,弹簧 2 在伸长 $\varepsilon_2$ 条件下去除了负荷,它具有收缩弹力 $F_e$。这时阻尼器因被拔长后有黏滞性阻滞而尚未回缩,收缩弹力 $F_e$ 全部作用于阻尼器逐步回缩。按上述同样方法,可以求得这一过程的方程式。

$$\varepsilon = (\varepsilon_a - \varepsilon_3) e^{-\frac{E_2}{\eta}(t - t_2)} \qquad (10 – 12)$$

这就是图 10 – 25 中曲线 $de$。

这类模型也可以对松弛过程作数学描述。即在固定伸长变形时,随时间的延续,阻尼器滑动,使弹簧 1 中的张力逐渐下降,呈现图 10 – 26 的松弛曲线。

上述模型是较简单的一种,三元件模型未体现塑性变形的存在。一般情况下,蠕变过程曲线也与实际曲线有较明显的差异。目前这类简化模型均采用六元件模型。如果进行详细分析,由于纤维中结晶区和非结晶中各个大分子(和基原纤)链节旋转使分子链伸展、缩皱的弹性模量并不相等,各个大分子、基原纤从结晶区中抽拔出来的黏滞阻力也各不相同,因而它们都呈现一定的"谱"(一定的分布)。所以在详细分析中,常把按一定分布的各种弹性模量的弹簧并联或串联代替图 10 – 34 中弹簧 1、弹簧 2,把按一定分布的各种黏滞系数的阻尼器并联或串联代替图 10 – 34 中的 $\eta$,组成一个多单元结构的复杂模型,使推导的蠕变方程式和松弛方程式中的 $E_1$、$E_2$、$\eta$ 都用一定的"谱"叠加起来,可以更接近地模拟各种纤维和纱线变形的实际情况,从而推断各种复杂运动过程的拉伸与回缩过程。

## 四、纺织材料动态力学性能简介

在实际测定过程中,根据正弦规律的重复作用,较简单的内部结构力学模型(图 10 – 34 的下半段),进行分析。其结果如下:

$$W_r = \pi E \varepsilon_m^2 \cdot \tan\delta \qquad (10 – 13)$$

式中:$W_r$——纺织材料重复拉伸的体积比功;

　　　$\varepsilon_m$——每一循环拉伸中最大伸长率;

$E$ ——模型中弹簧的弹性模量;

$\delta$ ——纺织材料重复拉伸的损耗角。

$$\tan\delta = \frac{\eta\omega}{E} \qquad (10-14)$$

式中:$\omega$——周期重复拉伸的角频率;

$\eta$——模型中阻尼器的黏滞系数。

当材料内无黏滞作用(完全弹性体)时,$\eta = 0$,此时$\delta = 0$,$\tan\delta = 0$,$W_r = 0$,即没有任何拉伸能损耗。当材料中有黏滞作用引起内摩擦时($\eta \neq 0$),重复拉伸的体积比功将不等于零,而与$\tan\delta$成正比。这种功的损耗是由于应力变化和伸长变化同频但相位不同,这和交流电压与电流同频不同相位时的无功损耗相似。这种性能一般称为动态力学性能。

重复拉伸每一循环中纤维和纱线消耗的功和动态模量的一些情况,见表10-8~表10-10。

表 10-8　几种纤维的动态力学性能

| 纤维种类 | 静态拉伸断裂强度(MPa) | 动态弹性模量 $E_m$(GPa) | | | 损耗角正切 $\tan\delta$ | | |
|---|---|---|---|---|---|---|---|
| | | 1Hz | 100Hz | 100kHz | 1Hz | 100Hz | 100kHz |
| 黏胶丝 | 60.08 | 12.7 | 13.7 | 13.7 | 0.05 | 0.03 | 0.04 |
| 铜氨丝 | 64.7 | 18.6 | 18.6 | 20.6 | 0.04 | 0.03 | 0.05 |
| 醋酯纤维 | 39.2 | 4.9 | 4.9 | 5.9 | 0.03 | 0.03 | 0.04 |
| 桑蚕生丝 | 49.0 | 15.7 | 14.7 | 14.7 | 0.02 | 0.02 | 0.02 |
| 煮练蚕丝 | 51.9 | 11.8 | 12.7 | 14.7 | 0.03 | 0.03 | 0.03 |
| 锦　纶 | 39.2 | 4.9 | 4.9 | 5.9 | 0.09 | 0.07 | 0.10 |

表 10-9　几种纤维和纱线动态力学性能

| 品　　种 | 静态断裂强度(MPa) | 动态弹性模量 $E_m$(GPa) | | | $\eta\omega$ 值(cN/cm²) |
|---|---|---|---|---|---|
| | | 1.5~10Hz | 10kHz | 100kHz | 1.5~100Hz |
| 普通黏胶纤维 | 41.2 | 10.39 | 16.76 | 19.11 | 4.7 |
| 强力黏胶纤维 | 64.7 | | | 25.68 | |
| 醋酯纤维 | | 5.00 | 6.37 | | 1.47 |
| 绵羊毛 | 30.4 | | | 7.94~9.02 | |
| 刚　毛 | 35.3 | | 5.88~6.86 | 7.94 | 1.47 |
| 锦　纶 | 28.4 | 5.68 | 7.58~9.21 | 6.86 | 3.72 |
| 桑蚕生丝 | | 16.46 | 19.01 | | 3.72 |
| 煮练蚕丝 | | 13.23 | | | 4.21 |
| 亚麻纱 | | | 45.08 | | |
| 钢　丝 | 18.9 | | | 1.94 | |

表 10-10　几种纱线重复拉伸的损耗功

| 纱　线 | 线密度（tex） | 重复拉伸应力范围（cN/tex） | 损耗功（J） |
|---|---|---|---|
| 棉　纱 | 16 | 0.78~3.9 | $4.6 \times 10^{-3}$ |
| | 20 | 0.59~3.1 | $2.5 \times 10^{-3}$ |
| | 30 | 1.17~2.74 | $1.3 \times 10^{-3}$ |
| | 34 | 0.39~1.96 | $1.3 \times 10^{-3}$ |
| | 40 | 0.69~1.86 | $1.3 \times 10^{-3}$ |
| 普通黏胶纤维 | 25 | 0.59~3.72 | $3.1 \times 10^{-3}$ |
| | 29 | 0.39~3.03 | $3.6 \times 10^{-3}$ |
| 锦　纶 | 58 | 1.18~4.7 | $17.2 \times 10^{-3}$ |

# 第二节　压缩性质

## 一、纺织材料压缩的基本规律

单根纤维和纱线沿轴向的压缩性能，是纺织工艺和产品结构分析的一个重要方面。但由于单根测定上的困难，至今研究不多。在研究纤维和纱线的弯曲性能时，所测定和计算的压缩弹性模量综合了沿轴向拉伸和压缩的性能。随着横向压力的增大，纤维和纱线沿受力方向被压扁，沿垂直方向变宽，见表 10-11。

表 10-11　几种单纤维的横向压缩压扁变形率

| 纤维种类 | 各种加压（cN）下直径变化率（%）[1] | | | | | | | 除压后剩余变形（%）[2] |
|---|---|---|---|---|---|---|---|---|
| | 49 | 98 | 196 | 294 | 392 | 490 | 637 | |
| 黏胶纤维 | 17.5 | 26.5 | 39.0 | 47.7 | 53.5 | 58.0 | 65.1 | 48.5 |
| 绵羊毛 | 16.0 | 24.5 | 35.0 | 42.7 | 47.5 | 51.0 | 56.2 | 35.2 |
| 锦　纶 | 12.5 | 21.5 | 37.0 | 48.4 | 55.5 | 60.5 | 66.4 | 33.1 |
| 涤　纶 | 7.5 | 15.0 | 29.0 | 41.0 | 49.0 | 55.5 | 62.4 | 47.2 |
| 腈　纶 | 16.5 | 27.5 | 41.0 | 49.6 | 55.5 | 60.0 | 66.2 | 55.6 |
| 蛋白质纤维 | 10.5 | 17.5 | 29.0 | 38.8 | 46.0 | 50.5 | 55.6 | 38.7 |
| 玻璃纤维 | 1.5 | 3.0 | 5.0 | 6.4 | 8.0 | 9.0 | 11.3 | 0.0 |

① $\dfrac{d_0 - d}{d_0} \times 100$（$d_0$ 为原始直径，$d$ 为压缩后的直径即厚度）。

② $\dfrac{d_0 - d_n}{d_0} \times 100$（$d_n$ 为压缩回复后的直径即厚度）。

纤维集合体的压缩性能是纺织材料的一项重要性能。它与纤维基本性质有关,是纤维诸多性质的反映,因此可以用于纤维压缩性、柔软性、弹性、蓬松性以及羊毛、山羊绒等品质的评价。同时,纤维集合体的压缩性能又影响到纺织产品的加工和使用性能,例如它与织物手感、蓬松、保暖性关系密切。几种纤维集合体的压缩弹性模量,见表 10 – 12。

表 10 – 12　纤维集合体的压缩弹性模量

| 纤维种类 | 压缩弹性模量 $E_p$(MPa) | 纤维种类 | 压缩弹性模量 $E_p$(MPa) |
|---|---|---|---|
| 棉 | 7497 | 醋酯纤维 | 3499 |
| 绵羊毛 | 3528 | 锦纶 | 1499 |
| 蚕丝 | 10800 | 玻璃纤维 | 59976 |
| 黏胶纤维 | 8996 | | |

纤维集合体压缩时,压缩变形示意图如图 10 – 35 所示。由于纤维集合体横向变形系数很大,单纯用厚度变形率来表示是不够确切的,故压缩曲线的变形坐标一般改用单位体积质量。这样可以比较方便地折算成截面不变时的厚度,即纤维集合体堆砌成一定截面的柱体,在截面不变、质量不变时,单位体积质量与厚度成反比。由图 10 – 35 可看出,当纤维集合体单位体积质量很小(纤维间空隙很大)时,压力稍有增大,纤维间空隙缩小,单位体积质量增加极快,而且压力与单位体积质量的对应关系并不稳定。随着压力增大,单位体积质量增大,纤维间空隙减小,压缩弹性模量增大,压力与单位体积质量间对应关系也趋稳定。当压力很大,纤维间空隙少时,再增大压力,将挤压纤维结构本身,故单位体积质量增加极微,抗压刚性很高,并表现出似乎以纤维单位体积质量为极限的渐近线的特征(测试时应注意柱状体轴向压缩中柱体半径方向膨胀的压力与圆筒壁所产生摩擦力的影响)。

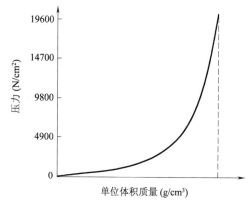

图 10 – 35　纤维集合体压缩时压缩变形示意图

纤维集合体加压过程中的变形,也与拉伸近似,有急弹性、缓弹性和塑性三类。故加压再解除压力后,纤维集合体体积逐渐膨胀,但一般不能回复到原来的体积。压缩后的体积(或一定截面时的厚度)回复率表示了纤维集合体被压缩后的回弹性能。这方面的例子,见表 10 – 13 和表 10 – 14。

表 10 – 13　纤维集合体的压缩性能

| 纤维种类 | 各种压力时纤维集合体的质量体积($cm^3/g$) | | | 压缩回复率 |
|---|---|---|---|---|
| | 0.07(hPa) | 34.4(hPa) | 68.9(hPa) | (%) |
| 长绒棉 | 49.7 | 10.3 | 9.4 | 37.7 |
| 细绒棉 | 50.4 | 9.6 | 8.7 | 37.8 |

| 纤维种类 | 各种压力时纤维集合体的质量体积（cm³/g） | | | 压缩回复率（%） |
|---|---|---|---|---|
| | 0.07（hPa） | 34.4（hPa） | 68.9（hPa） | |
| 细绵羊毛 | 54.7 | 9.7 | 8.2 | 55.8 |
| 桑蚕生丝 | 41.1 | 10.8 | 9.5 | 52.2 |
| 黏胶纤维 | 38.9 | 13.1 | 12.0 | 30.7 |
| 醋酯纤维 | 64.7 | 11.1 | 9.8 | 44.4 |
| 锦　纶 | 22.0 | 7.9 | 7.1 | 53.0 |
| 木　棉 | 56.0 | 15.3 | 13.7 | 44.0 |

表 10-14　纤维集合体的压缩回复率

| 纤维种类 | 原始高度（mm） | 压缩回复率（%） | | |
|---|---|---|---|---|
| | | 15min | 2h | 24h |
| 黏胶纤维 | 33.0 | 8 | 8 | 9 |
| 醋酯纤维 | 21.3 | 11 | 12 | 12 |
| 涤　纶 | 27.9 | 14 | 16 | 18 |
| 腈　纶 | 30.5 | 17 | 17 | 18 |
| 花生蛋白纤维 | 12.7 | 24 | 24 | 26 |
| 绵羊毛 | 25.4 | 31 | 42 | 52 |
| 锦　纶 | 25.4 | 90 | 92 | 96 |
| 弹力锦纶 | 7.6 | 100 | 100 | 100 |

**注**　测试时，以 77Pa 加压后测定初始高度，再用 6.8894MPa 加压后测压缩后高度，然后除去负载 15min、2h、24h 测定回复率。

不同直径、不同卷曲密度的分梳山羊绒纤维集合体的压缩性能，与细绵羊毛作对比，可对山羊绒、细绵羊毛的客观检验和评价提供参考：

（1）山羊绒压缩变形量比细绵羊毛小，大体可以小 20%，并且压缩松弛较慢。

（2）山羊绒压缩功小，压缩弹性功回复率比细绵羊毛高 7%~10%，说明山羊绒易被压缩，压缩弹性好，耐压缩疲劳好。

（3）山羊绒的压缩变形量与纤维直径、卷曲度密切相关。因此在选育、饲养山羊过程中，纤维直径、卷曲形态都应考虑。

（4）毛、绒纤维集合体的压缩性能在一定程度上可描述松散纤维的柔软手感，纤维集合体耐压缩力小，手感柔软。

不同温湿度条件下的压缩曲线是不同的，例如原棉在不同回潮率下的压缩曲线如图10-36所示。表 10-14 是在标准的温湿度条件下试验的，如果回复时条件改变，则压缩回复率将明显改变。涤纶、腈纶等回复时，如果提高温度，压缩回复率将有明显增加。而黏胶纤维在标准条件下，经过 15min，只能回复 8%；但如果浸泡到 20℃的水中，则经过 30s 即可回复 100%。

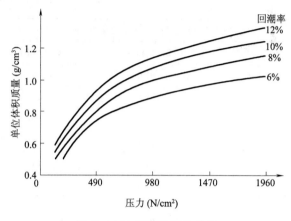

图 10 - 36　原棉的压缩曲线

在对纤维集合体进行研究,尤其是理论分析时,出于分析的简便,往往假设集合体是随机取向排列的,即纤维集合体各向同性。但是,多数情况下,实际纺织产品中的纤维是有一定程度取向的,如织物、纱线、粗纱、毛条等。这些取向的纤维在集合体受力时其受力状态不同,因此总体性能表现有所不同。通过对由条子构成的定向排列纤维集合体压缩性能的研究可知,纤维横向排列时,压缩弹性模量、压缩回复率开始较小,后来比纵向大。

压缩过程的蠕变和松弛也是明显的,因而在重复压缩条件下也会出现类似于拉伸的示功图,它的规律和前述的各类力的作用相似。

## 二、纺织材料在压缩中的破坏

纤维和纱线一般在压缩条件下不会造成明显破坏,但在强压缩条件下会造成破坏。纤维集合体或纱线在经受强压缩条件下,纤维互相接触处出现明显压陷痕(受压产生的凹坑)。更严重时,开始出现纵向劈裂(这与纤维中大分子取向度较高、横向拉伸强度明显低于纵向拉伸强度有关)。当压缩力很大时,这些劈裂伸展,会碎裂成巨原纤或原纤。如棉纤维集合体在压缩后体积质量达 $1.00g/cm^3$ 以上,回复后的纤维在显微镜中可以发现纵向劈裂的条纹,而且纤维强度下降,长度也略有减短(少量折断)。因此,原棉打包密度不可超过 $0.8g/cm^3$,各国棉包密度均为 $0.40 \sim 0.65g/cm^3$。打包越紧,纺纱厂使用拆包松解、消除疲劳所需要的时间也越长,回复时的条件(温湿度等)也需要作更多的考虑。否则,原棉开松效果差,纤维损伤也会加剧,对产品质量不利。其他纤维也是如此。特别是结晶度、取向度很高的黏胶纤维(莱塞尔,Lyocell)在大压力径向压缩后,表皮层破裂会呈现巨原纤束,这对生产纤细绒面织物有利。

# 第三节　弯曲性质

纤维和纱线在纺织加工、染整加工中以及织物在服用中都会受到弯曲力作用,产生弯曲变形。纱线和织物弯曲是纤维自身弯曲和纤维间相互作用的叠加。纤维间相互作用在纱线中受纱线捻度和纱线中纤维的径向转移的影响,在织物中受交织点和浮长的影响。纱线与织物弯曲性能的测试方法有三点弯曲法、悬臂梁法、纯弯曲法、圈状环挂重法,还有心形法、共振法、频闪摄影法和瓣状环压缩法等。纤维自身弯曲性能是影响纱线和织物弯曲的最基本因素,然而受测量方法和测量范围的限制,加上尺寸和感量的原因,使得对单纤维弯曲的测量,精度难以满足要求。纺织品弯曲评价仍然停留在纱线这一层次。

### 一、纤维和纱线的抗弯刚度

由材料力学可知,纺织材料在悬臂梁端受横向力 $F$(由 $F$ 力产生弯矩)作用下所产生的弯曲变形挠度 $y$ 为:

$$y = \frac{F \cdot f(l)}{a \cdot EI} \tag{10-15}$$

式中:$F$——悬臂梁端横向作用力,cN;

　$E$——材料在弯曲作用下的弹性模量(实际是拉伸模量和压缩模量的综合值),cN/cm²;

　$y$——悬臂梁端的弯曲挠度,cm;

　$I$——纤维和纱线的断面惯性距,cm⁴;

　$l$——$F$ 作用力距支撑原点的距离,cm;

　$a$——常数,单端悬臂梁时为 3。

当纤维和纱线的 $EI$ 值较大时,在 $F$ 力作用下的弯曲变形挠度较小,表示纤维和纱线比较刚硬,故 $EI$ 值称为抗弯刚度。

$$R_f = EI \tag{10-16}$$

式中:$R_f$——纤维和纱线的抗弯刚度,cN·cm²。

一般圆形截面物体半径为 $r$ 时的断面惯性矩 $I_0$ 为:

$$I_0 = \frac{\pi r^4}{4} \tag{10-17}$$

实际上,纺织纤维和纱线的截面形状一般都不是正圆形,为简化计算起见,目前常用的方法是按下式计算:

$$I = \eta_f \cdot I_0 \tag{10-18}$$

$$I = \frac{\pi}{4} \eta_f r^4 \tag{10-19}$$

式中:$I$——纺织材料的断面惯性矩,cm⁴;

　$I_0$——纺织材料截面按等面积折合成正圆形时的断面惯性矩,cm⁴;

　$r$——纺织材料截面按等面积折合成正圆形的半径,cm;

　$\eta_f$——弯曲截面形状系数,可按典型状态的 $\frac{I}{I_0}$ 算出。

因而：
$$R_f = \frac{\pi}{4}\eta_f E r^4 \qquad (10-20)$$

纤维和纱线粗细不同时,抗弯刚度也不同,为了便于比较并确切了解材料的性能,一般把抗弯刚度折合成相同粗细(1tex)时的抗弯刚度,称为相对抗弯刚度 $R_{fr}$。当初始模量单位改为 cN/tex(即 $E_t$)时,式(10-20)改为相对抗弯刚度：

$$R_{fr} = \frac{1}{4\pi}\eta_f \cdot \frac{E_t}{\rho} \cdot 10^{-5} \qquad [10-20(a)]$$

几种纤维的弯曲截面形状系数 $\eta_f$ 和相对抗弯刚度 $R_{fr}$ 的典型例子,见表10-15。

表10-15　纤维的抗弯性能

| 纤维种类 | 截面形状系数 $\eta_f$ | 体积密度 $\rho$ （g/cm³） | 初始模量 $E_L$（cN/tex） | 相对抗弯刚度 $R_{fr}$（cN·cm²/tex²） |
|---|---|---|---|---|
| 长绒棉 | 0.79 | 1.51 | 887.1 | $3.66 \times 10^{-4}$ |
| 细绒棉 | 0.70 | 1.50 | 653.7 | $2.46 \times 10^{-4}$ |
| 细绵羊毛 | 0.88 | 1.31 | 220.5 | $1.18 \times 10^{-4}$ |
| 粗绵羊毛 | 0.75 | 1.29 | 265.6 | $1.23 \times 10^{-4}$ |
| 桑蚕丝 | 0.59 | 1.32 | 741.9 | $2.65 \times 10^{-4}$ |
| 苎麻 | 0.80 | 1.52 | 2224.6 | $9.32 \times 10^{-4}$ |
| 亚麻 | 0.87 | 1.51 | 1166.2 | $4.96 \times 10^{-4}$ |
| 普通黏胶纤维 | 0.75 | 1.52 | 515.5 | $2.03 \times 10^{-4}$ |
| 强力黏胶纤维 | 0.77 | 1.52 | 774.2 | $3.12 \times 10^{-4}$ |
| 富强纤维 | 0.78 | 1.52 | 1419.0 | $5.80 \times 10^{-4}$ |
| 涤纶 | 0.91 | 1.38 | 1107.4 | $5.82 \times 10^{-4}$ |
| 腈纶 | 0.80 | 1.17 | 670.3 | $3.65 \times 10^{-4}$ |
| 维纶 | 0.78 | 1.28 | 596.8 | $2.94 \times 10^{-4}$ |
| 锦纶6 | 0.92 | 1.14 | 205.8 | $1.32 \times 10^{-4}$ |
| 锦纶66 | 0.92 | 1.14 | 214.6 | $1.38 \times 10^{-4}$ |
| 玻璃纤维 | 1.00 | 2.52 | 2704.8 | $8.54 \times 10^{-4}$ |
| 石棉 | 0.87 | 2.48 | 1979.6 | $5.54 \times 10^{-4}$ |

由表10-15可以看出,各种纤维的相对抗弯刚度的差异是很大的。如绵羊毛的 $R_{fr}$ 较小,而苎麻、亚麻、涤纶等的较大。织物的挺爽、软糯性能及身骨,与 $R_{fr}$ 有一定关系。织物的组织结构、形成情况等也与 $R_{fr}$ 有关系。但是纱线具有捻度,由于扭应力的存在,使纱线自动弯曲,因而一般测定条件下抗弯刚度极小,甚至是负值,并不能真正反映纱线的抗弯性能。因此,一般不单独讨论纱线的抗弯刚度。

## 二、纤维和纱线在弯曲时的破坏

纤维和纱线在弯曲过程中,和任何梁的弯曲一样,各个部位的变形是不同的,如图10-37

所示,中性面以上受拉伸,中性面以下受压缩。弯曲曲率越大(曲率半径 $r_0$ 越小),各层变形差异也越大,特别是最外层受到的拉伸应力和拉伸变形越大,在许多情况下,不仅会超过拉伸一阶屈服的条件,使变形不可能恢复,而且会超过二阶屈服条件,受到严重结构性破坏。曲率半径过小时将发生折断,如图 10 – 38 所示。

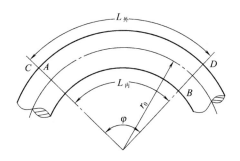
图 10 – 37　纤维和纱线弯曲时变形

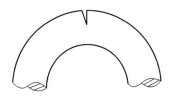
图 10 – 38　纤维和纱线弯曲时的破坏

如图 10 – 37 所示,当纤维或纱线的厚度为 $b$ 时,最外层的拉伸伸长率 $\varepsilon$ 为:

$$\varepsilon = \frac{\widehat{CD} - \widehat{AB}}{\widehat{AB}} \times 100 = \frac{\left(r_0 + \dfrac{b}{2}\right)\varphi - r_0\varphi}{r_0\varphi} \times 100$$

$$\varepsilon = 50\frac{b}{r_0} \qquad\qquad (10 - 21)$$

随 $r_0$ 减小,$\varepsilon$ 增大。当 $\varepsilon$ 增大到等于拉伸断裂伸长时,最外层开始被拉断,进而被撕裂折断。因而,纱线防止折断的最小允许曲率半径 $r_0$ 为:

$$r_0 \geqslant 50\frac{b}{\varepsilon} \qquad\qquad (10 - 22)$$

即纤维和纱线越细( $b$ 越小)、拉伸断裂伸长率 $\varepsilon$ 越大时,越不易折断(允许的曲率半径 $r_0$ 越小)。

　　通常情况下,纱线或纤维互相钩接或打结的地方,最容易产生弯断。这时,弯曲曲率半径基本上等于纤维或纱线的厚度(直径)的一半。针织物中线圈互相钩接承受拉伸,也属于这种状态。为了反映这方面的性能,许多纤维要进行钩接强度和打结强度的试验。试验仍在拉伸强度试验仪上进行,试样如图 10 – 39、图 10 – 40所示。设钩接绝对强力为 $p_g$ ( cN),当纤维或纱线线密度为 Tt ( dtex)时,则钩接相对强度 $p_{og}$ ( cN/dtex)为:

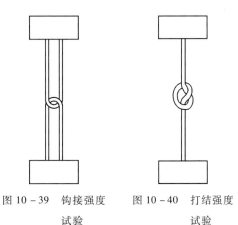
图 10 – 39　钩接强度
　　　　　　试验　　　　　　图 10 – 40　打结强度
　　　　　　　　　　　　　　　　　　　　试验

$$p_{og} = \frac{p_g}{2Tt} \qquad\qquad (10-23)$$

有时用钩接绝对强力（或钩接断裂比强度）占拉伸绝对强力（或拉伸断裂比强度）的百分数表示钩接强度率。

$$K_g = \frac{p_g}{2p} \times 100 \qquad\qquad (10-24)$$

$$K_g = \frac{p_{og}}{p_0} \times 100 \qquad\qquad (10-25)$$

式中：$K_g$——钩接强度率，%；

$\quad p_g$——钩接绝对强力，cN；

$\quad p_{og}$——钩接断裂比强度，cN/dtex；

$\quad p$——拉伸绝对强力，cN；

$\quad p_0$——拉伸断裂比强度，cN/dtex。

打结强度也有这些相应的关系：

$$p_{od} = \frac{p_d}{Tt} \qquad\qquad (10-26)$$

$$K_d = \frac{p_d}{p} \times 100 \qquad\qquad (10-27)$$

$$K_d = \frac{p_{od}}{p_0} \times 100 \qquad\qquad (10-28)$$

式中：$p_d$——打结绝对强力，cN；

$\quad p_{od}$——打结断裂比强度，cN/dtex；

$\quad K_d$——打结强度率，%。

根据以上分析，一般情况下，钩接强度和打结强度之间所以较拉伸断裂强度小，主要原因是在钩接和打结处纤维弯曲，当纤维拉伸力尚未达到拉伸断裂强度时，弯曲外边缘拉伸伸长率已超过拉伸断裂伸长率而使纤维受弯折断。因而相对抗弯刚度高和断裂伸长率大的纤维，钩结强度率和打结强度率都较高。这方面的一组例子，如图10-41所示。同时，纤维或纱线的粗细对钩接强度率、打结强度率也有显著的影响。

一般来说，钩接强度率和打结强度率最高可达到100%。但是，某些纱线由于结构较松，纤维断裂伸长率较大，在钩接或打结后，反而增强了纱线内纤维之间的抱合，减少了滑脱根数，故纱线的钩接强度率和打结

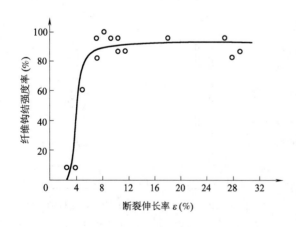

图 10-41　一种纤维的钩结强度率

强度率也可能大于100%。

由于弯曲过程中纤维主要承受拉伸作用力,所以弯曲也和拉伸一样,会出现蠕变和松弛,它们之间的规律也相似。

织物的弯曲一般不造成破坏,但是织物在形成褶皱和折皱时的受力也在极度弯曲情况下,纱线的弯曲特别是纱线外层纤维的拉伸应力和拉伸变形不仅超过了一阶屈服点,甚至超过二阶屈服点,导致折皱不能回复或褶皱长期保持。纤维的弯曲也会造成振动,见第五节。

# 第四节　剪切性质

随着扭转变形的增大,纤维和纱线中剪切应力增大,在倾斜螺旋面上相互滑移剪切。在纱线中,它造成纤维相互滑动。在纤维中,它造成结晶区巨原纤晶粒沿纵向剪切劈裂,大分子被拉断,最后断裂。

## 一、纤维和纱线的抗扭刚度

纤维和纱线与任何物体一样,在扭矩作用下,会产生扭变形,如图 10-42 所示。当一个圆柱体在扭矩 $T$ 作用下,上端面对下端面产生扭变形时。

$$\theta = \frac{T \cdot l}{E_t \cdot I_p} \qquad (10-29)$$

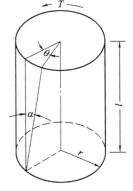

图 10-42　扭变形示意图

式中:$\theta$——扭变形角,弧度;

　　$T$——扭矩,cN·cm;

　　$l$——长度,cm;

　　$E_t$——剪切弹性模量,cN/cm$^2$;

　　$I_p$——截面的极断面惯性矩,cm$^4$。

在相同扭力条件下,物体的扭变形与参数 $E_t \cdot I_p$ 成反比。$E_t \cdot I_p$ 越大,物体越不易变形,表示物体越刚硬。这个指标称为抗扭刚度 $R_t$:

$$R_t = E_t \cdot I_p \qquad (10-30)$$

当物体截面按面积折算成实心正圆的时候,极断面惯性矩为:

$$I_{po} = \frac{\pi r^4}{2} \qquad (10-31)$$

式中:$I_{po}$——截面按面积折算成实心正圆时的极断面惯性矩,cm$^4$;

　　$r$——截面按面积折算成实心正圆时的半径,cm。

通常纤维或纱线截面不是实心正圆,为简化计算,极断面惯性矩 $I_p$ 可用下式求得:

$$I_p = \eta_t \cdot I_{po} \qquad\qquad (10-32)$$

式中：$\eta_t$——扭转截面形状系数，实质上它是比值$\dfrac{I_p}{I_{po}}$。

因此有下式：

$$R_t = \frac{1}{2\pi}\eta_t \cdot E_t \cdot r^4 \qquad\qquad (10-33)$$

由于纤维粗细不同，为能正确表达和便于比较，通常将抗扭刚度统一折合成线密度为1tex时的抗扭刚度，称为相对抗扭刚度$R_{tr}$。

$$R_{tr} = \frac{1}{2\pi} \cdot \eta_t \cdot \frac{E_t}{\rho} \cdot r^4 \qquad\qquad (10-34)$$

一些纤维的扭转截面形状系数$\eta_t$和相对抗扭刚度$R_{tr}$的典型数据见表10-16。$\rho$值见表10-15。

表 10-16　各种纤维扭转性能

| 纤维种类 | $\eta_t$ | $E_t$ ( cN/tex ) | $R_{tr}$ ( cN · cm² /tex² ) |
|---|---|---|---|
| 棉 | 0.71 | 161.7 | $7.74 \times 10^{-4}$ |
| 木 棉 | 5.07 | 197 | $71.5 \times 10^{-4}$ |
| 绵羊毛 | 0.98 | 83.3 | $6.57 \times 10^{-4}$ |
| 桑蚕丝 | 0.84 | 164.6 | $10.00 \times 10^{-4}$ |
| 柞蚕丝 | 0.35 | 225.4 | $5.88 \times 10^{-4}$ |
| 苎 麻 | 0.77 | 106.8 | $5.49 \times 10^{-4}$ |
| 亚 麻 | 0.94 | 85.3 | $5.68 \times 10^{-4}$ |
| 普通黏胶纤维 | 0.93 | 72.5 | $4.6 \times 10^{-4}$ |
| 强力黏胶纤维 | 0.94 | 69.6 | $4.41 \times 10^{-4}$ |
| 富强纤维 | 0.97 | 64.7 | $4.31 \times 10^{-4}$ |
| 铜氨纤维 | 0.99 | 100 | $6.86 \times 10^{-4}$ |
| 醋酯纤维 | 0.70 | 60.8 | $3.33 \times 10^{-4}$ |
| 涤 纶 | 0.99 | 63.7 | $4.61 \times 10^{-4}$ |
| 锦 纶 | 0.99 | 44.1 | $3.92 \times 10^{-4}$ |
| 腈 纶 | 0.57 | 97 | $5.1 \times 10^{-4}$ |
| 维 纶 | 0.67 | 73.5 | $3.53 \times 10^{-4}$ |
| 乙 纶 | 0.99 | 5.4 | $4.9 \times 10^{-4}$ |
| 玻璃纤维 | 1.00 | 1607.2 | $62.72 \times 10^{-4}$ |

拉伸弹性模量$E_p$和剪切弹性模量$E_t$之间，按材料力学基本原理，有以下关系：

$$E_p = E_t \cdot 2(1+\mu) \qquad\qquad (10-35)$$

式中:$\mu$——横向变形系数(泊松比)。

这方面的一组试验结果,见表 10 - 17。由表 10 - 17 中可以看出,纤维中大分子取向度对 $E_p/E_t$ 的影响是很大的,且取向度越高的纤维,$E_p/E_t$ 值越大。

表 10 - 17　纤维的 $E_p/E_t$

| 纤维种类 | $E_p/E_t$ | 纤维种类 | $E_p/E_t$ |
|---|---|---|---|
| 棉 | 3.7 | 强力黏胶纤维 | 28 |
| 绵羊毛 | 3.2 | 富强纤维 | 22 |
| 蚕　丝 | 3.9 | 醋酯纤维 | 8.1 |
| 亚　麻 | 19.0 | 锦　纶 | 5.8 |
| 普通黏胶纤维 | 8.2 | | |

随着纤维和纱线扭变形的增加,相对抗扭刚度将继续增加。由于纤维和纱线的拉伸变形示功图和扭转变形示功图(图 10 - 43)都不是直线,所以相对抗扭刚度随扭变形的增加也不呈直线,如图 10 - 43 所示。纤维和纱线的扭变形与拉伸、弯曲相似,也有蠕变、松弛现象,如图 10 - 44所示。

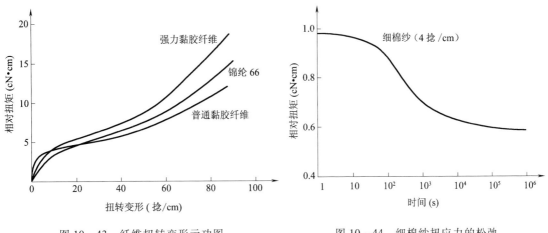

图 10 - 43　纤维扭转变形示功图　　　　图 10 - 44　细棉纱扭应力的松弛

由于纤维的相对抗扭刚度取决于纤维的结构,并有蠕变、松弛过程,因而相对抗扭刚度也随着材料温度、空气相对湿度、变形速度等变化,如图 10 - 45、图 10 - 46 和表 10 - 18 所示。

对长丝与短纤维复合纱线(sirofil,plyfil)的扭转性能及扭应力松弛行为的研究表明:

(1)相同扭变形时,复合结构纱线扭矩大于短纤维合股线;sirofil 复合纱扭矩大于 plyfil 复合线。

(2)在常温下放置数小时以后,短纤维合股线的残余扭矩较小,但 sirofil、plyfil 复合纱线的残余扭矩却很大。所以,复合纱线应采用较强的扭应力松弛工艺条件。

(3)纱线扭应力的松弛速度在温度升高时加快,对温度的依赖性很强,而它与纱线结构关系并不密切。

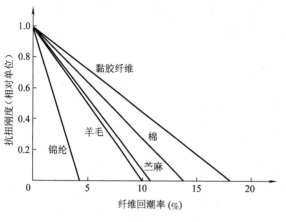

图 10 - 45　回潮率对抗扭刚度的影响

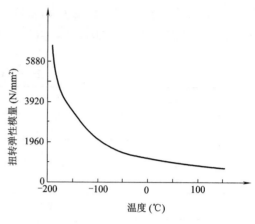

图 10 - 46　温度对扭转弹性模量的
影响(干的黏胶纤维)

纤维和纱线在重复扭应力作用下也会出现疲劳,其规律和拉伸、弯曲相似。这些规律对于帮助正确选择工艺措施是有益的。如为了使织造用纬纱、针织用纱迅速减少扭应力,以防止扭结,就可提高温度、增加湿度,以促使扭应力尽快松弛。而且纱线保持适当张力,不容易产生扭结。

表 10 - 18　试验条件与抗扭刚度

| 项　目 | | 抗扭刚度($cN \cdot cm^2$) | 项　目 | | 抗扭刚度($cN \cdot cm^2$) |
|---|---|---|---|---|---|
| 试样长度<br>(mm) | 10 | 0.11448 | 拉伸张力<br>(cN) | 0.49 | 0.10791 |
| | 20 | 0.10719 | | 0.98 | 0.12287 |
| | 40 | 0.12331 | | 1.96 | 0.12289 |
| | 70 | 0.13408 | | 3.92 | 0.14777 |

## 二、纤维和纱线扭转时的破坏

随着剪切应力增大,在纱线中,它造成纤维相互滑动,在纤维中,它造成结晶区大分子被拉断,沿纵向劈裂,最后断裂。纤维的抗剪切强度比拉伸强度要小得多,在不同湿度条件下这方面的一组试验结果见表 10 - 19。

表 10 - 19　不同湿度时纤维的抗剪切强度

| 纤维种类 | 抗剪切强度(cN/tex) | | 拉伸断裂比强度(cN/tex) | |
|---|---|---|---|---|
| | $\phi = 65\%$ | 水湿 | $\phi = 65\%$ | 水湿 |
| 棉 | 8.4 | 7.6 | 23.5 | 21.6 |
| 亚　麻 | 8.1 | 7.4 | 25.5 | 28.4 |
| 蚕　丝 | 11.6 | 8.8 | 31.4 | 24.5 |

| 纤维种类 | 抗剪切强度（cN/tex） | | 拉伸断裂比强度（cN/tex） | |
|---|---|---|---|---|
| | $\phi = 65\%$ | 水湿 | $\phi = 65\%$ | 水湿 |
| 普通黏胶纤维 | 6.4 | 3.1 | 17.6 | 6.9 |
| 富强纤维 | 10.4 | 9.4 | 70.6 | 58.8 |
| 铜氨纤维 | 6.4 | 4.6 | 17.6 | 7.8 |
| 醋酯纤维 | 5.8 | 5.0 | 11.8 | 7.8 |
| 锦　纶 | 11.2 | 9.5 | 39.2 | 35.3 |
| 偏氯纶 | 9.8 | 9.4 | 19.6 | 24.5 |

当扭转变形达到一定程度时，纤维在圆柱面螺旋线上沿纵向剪切而劈裂，逐渐发展，随之断裂。因此，表达纤维抗扭强度的一种通用指标是捻断时的捻角，即当纤维或纱线不断扭转到捻断时的螺旋角 $\alpha$（图 10-42），有时也用 $\alpha$ 的余角表示。各种纤维断裂捻角，见表 10-20。

表 10-20　各种纤维的断裂捻角

| 纤维种类 | 断裂捻角 $\alpha$（°） | |
|---|---|---|
| | 短纤维 | 长　丝 |
| 棉 | 34 ~ 37 | — |
| 绵羊毛 | 38.5 ~ 41.5 | — |
| 蚕　丝 | — | 39 |
| 亚　麻 | 21.5 ~ 29.5 | — |
| 普通黏胶纤维 | 35.5 ~ 39.5 | 35.5 ~ 39.5 |
| 强力黏胶纤维 | 31.5 ~ 33.5 | 31.5 ~ 33.5 |
| 铜氨纤维 | 40 ~ 42 | 33.5 ~ 35 |
| 醋酯纤维 | 40.5 ~ 46 | 40.5 ~ 46 |
| 涤　纶 | 59 | 42 ~ 50 |
| 锦　纶 | 56 ~ 63 | 47.5 ~ 55.5 |
| 腈　纶 | 33 ~ 34.5 | — |
| 酪素纤维 | 58.5 ~ 62 | — |
| 玻璃纤维 | — | 2.5 ~ 5 |

随着纱线捻度的增大，纤维上捻角也增大，纤维的扭应力增大，脆性增大；纱线在超过临界捻系数之后，断裂比强度下降，断裂伸长率减小，脆性也增大。

当纤维和纱线存在一定扭应力时，初始抗弯刚度将随扭应力的增大而下降。这是纺织生产中不可忽视的现象。

# 第五节　纺织材料的振动性质和声学性质

## 一、纺织材料的机械振动

纺织材料的机械振动遵循材料力学的基本规律。由于纺织纤维和纱线是柔性物体,所以在一定张应力下,支撑点之间将会有相应的响应振动和自振频率。

$$f = \frac{10^4}{2l}\left(\frac{F}{\text{Tt}}\right)^2\left[1 + \frac{\text{Tt}}{100l}\times\left(\frac{\eta_\text{f}\cdot E}{10\pi\delta F}\right)^{\frac{1}{2}}\right] \tag{10-36}$$

式中：$f$——纤维或纱线的自振频率,Hz;

　　$F$——纤维或纱线的轴向张力,cN;

　　$l$——纤维或纱线在两支撑点之间的距离,cm;

　Tt——纤维或纱线的线密度,tex;

　　$E$——纤维或纱线的轴向拉伸模量,cN/tex;

　　$\delta$——纤维或纱线的体积质量,g/cm$^3$;

　$\eta_\text{f}$——纤维或纱线弯曲截面形状系数(表10-15)。

在一定条件下,可以用测共振频率$f$的方法来测试纺织纤维或纱线的线密度。

$$\text{Tt} = \frac{10^4}{4}\times\frac{F}{f^2l^2} + \frac{10^{13.5}\cdot\eta_\text{f}^{0.5}\cdot E^{0.5}\cdot F^{1.5}}{8\pi^{0.5}\delta^{0.5}l^{0.5}f^4} \tag{10-37}$$

纺织材料在摩擦过程中引起纤维振动经空气传递出声波,如蚕丝的"丝鸣"。

## 二、纺织材料的吸音性能

机械振动在空气中传播形成的声波,在接触纺织材料透射、反射过程中会被吸收一部分,这一部分一般是由纤维、纱线在集合体中交互接触的支撑点之间自振频率吸收声波中同频波的能量产生共振转变成热能消耗所致。因而纺织材料在不同细度、不同集合密度(支撑点之间距离与之有关)时吸收声波的频谱是不同的。对于低频声波,面振动也有相应的共振频率和吸收。

空气中声波透过纺织材料的衰减率,除与材料共振吸收有关之外,还与纺织材料的空气透过阻力有关。材料的空气透过阻力虽然没有改变声波传递的频率,但是减少声波传递的振幅,这部分消耗的声波能量,减弱了透过声波的能量。

家用纺织品中的窗帘及贴墙布等类产品常需考虑其吸音性能。高速公路隔声墙也是纺织品。

防噪声耳塞,特别是炮兵用的护耳塞,要有能高效吸收相应频率声波的能量及爆炸中气压的突变。

### 三、声波在纺织纤维中的传递

纺织材料由于高聚物大分子取向排列结构的原因,它的轴向力学性能和径向力学性能有很大的差异。声波在纤维内传播时,沿轴向传播速度和沿径向传播速度有很大的差异。由于材料中声速与其初始模量有密切关系[1]:

$$\frac{C}{C_u} = \sqrt{\frac{E}{E_u}} \tag{10-38}$$

式中:$C$——沿部分取向纤维轴向的声速,m/s;

$C_u$——材料各向同性结构时的声速,m/s;

$E$——沿部分取向纤维轴向的初始模量,简称声速模量,cN/dtex;

$E_u$——材料各向同性结构时的初始模量,cN/dtex。

或声速模量 $E$ 的计算式如下:

$$E = \delta C^2 \tag{10-39}$$

式中:$\delta$——材料的密度,g/cm³。

沿纤维轴向声速恒远大于横向(径向)声速,其值与纤维中大分子取向度有关。

$$C = \frac{C_u}{\sqrt{1-f}} \tag{10-40}$$

式中:$f$——材料中大分子的赫尔曼(Hermann)取向度。

因此,在测得纤维声速后,可以求得初始模量(声速模量)。测试纤维沿轴向的声速,也可以表达纤维中大分子的取向度。

$$E = E_u \cdot \left(\frac{C}{C_u}\right)^2 \tag{10-41}$$

$$f = 1 - \left(\frac{C_u}{C}\right)^2 \tag{10-42}$$

# 第六节 表面摩擦性质

摩擦学(tribology)近 40 年来有了重大发展[2]。

纤维间的摩擦是纤维形成并维持纤维集合体稳定结构的关键因素。在纱线、织物中存在数量极多的纤维,纤维间的摩擦使纱线中纤维空间位置和纱线结构保持相对稳定,使织物中纱线间借助摩擦而得到稳定的组织结构。如果纤维间不存在摩擦,整个纺织品体系就无法形成。

纤维的摩擦和抱合也是整个纺织品体系成形和加工的基础。在成纱和织造过程中,纤维和纺织加工器件间的摩擦是整个纺织加工的重要参数。如在成纱过程中纤维运动,既要使纤维和器件间有一定的摩擦,又不能使纤维黏结于器件。

摩擦定义为外力作用下,使物体在接触面间发生相对运动所需的切线方向的阻力。而摩擦定律(Amontons – Coulomb friction law)[3] 的具体内容是:

(1)摩擦力与法向载荷成正比。

(2)摩擦力与物体接触面积无关。

(3)摩擦力与物体表面滑动速度无关。

(4)静摩擦力大于动摩擦力。

(5)在静摩擦条件下,两个物体间的摩擦力是:

$$f = \mu N \tag{10 – 43}$$

式中:$f$——摩擦力,cN;

$\mu$——静摩擦因数;

$N$——物体间正压力,cN。

## 一、纤维摩擦的实验结果

纤维间的摩擦与经典摩擦定律有不符之处,尤其对于纤维材料等聚合物软质材料,摩擦力不能简单地用上述线性关系来表示,在外加正压力为零时,纤维集合体中由于卷曲、转曲等形态因素存在,使纤维间抽拔时切向阻力并不为"零",在纺织材料中称之为"抱合力"。同时摩擦因数不再是常数值,随正压力增大,纤维间摩擦因数减小。典型结果如图 10 – 47 所示,用如下的数学公式可以拟合图 10 – 47 中摩擦力与摩擦因数的关系。

$$F = \mu_0 N + \alpha S \tag{10 – 44}$$

$$\frac{F}{N} = A - B\ln N \tag{10 – 45}$$

$$F = aN + bN^c \tag{10 – 46}$$

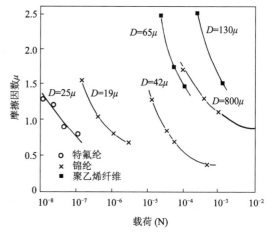

图 10 – 47　不同正压力下纤维的摩擦因数

（$D$ 是纤维直径）[4]

式中:$S$——接触面积;

$\mu_0, \alpha, A, B, a, b, c$——常数。

其中联系摩擦力与正压力最常用的公式见(10 – 45)[5-7],该公式可以用于计算非金属材料的摩擦[8],后来由 Lincoln[6],Howell 和 Mazur[7] 首先用于纤维材料摩擦的计算。

$$f = aN^n \tag{10 – 47}$$

式中:$a, n$——常数,$n$ 取值为 0.67 ~ 1。

一些典型的摩擦因数见表 10 – 21[9]。

表 10-21 单纤维垂直交叉摩擦时的摩擦因数[9]

（表中纵列纤维在横行纤维上的摩擦）

| 纤维 | 醋酯纤维 | 锦纶 | 黏胶纤维 | 涤纶 | 羊毛 |
|------|----------|------|----------|------|------|
| 醋酯纤维 | 0.94 | 0.89 | 0.90 | 0.86 | 0.92 |
| 锦纶 | 0.86 | 0.81 | — | — | — |
| 黏胶纤维 | 0.89 | 0.88 | 0.91 | 0.88 | 0.87 |
| 涤纶 | 0.88 | — | — | — | — |
| 羊毛* | 0.88 | 0.86 | 0.92 | 0.86 | 0.90 |

注 *顺鳞片与逆鳞片摩擦因数的平均值。

在上式的条件下，纤维间的摩擦表现出与通常工程材料不同的性质，即接触面积对纤维间的摩擦有影响。

黏胶纤维间摩擦因数随着正压力的增加而减小，则摩擦力的计算式如下：

$$f = \alpha N + \beta l R \qquad (10-48)$$

式中：$R$——纤维半径；

$l$——纤维间接触长度；

$\alpha, \beta$——常数。

对于锦纶和涤纶，也有类似的规律。其中 $\alpha$ 是相对稳定的常数，约为 0.25；而 $\beta$ 变化比较大。

假设在面积 $A_1$ 上作用的载荷是 $N$，摩擦力是 $F_1$。

$$F_1 = aN^n \qquad (10-49)$$

如果相同的载荷 $N$ 作用于面积 $A_2$（$A_2 = xA_1$），总摩擦力 $F_2$ 可以认为是 $x$ 份作用于面积为 $A_1$、正压力为 $\dfrac{N}{x}$ 时的摩擦力总和。而由 $F_1 = aN^n$ 可有以下计算式：

$$a = a\left(\frac{N}{x}\right)^n$$

所以：

$$F_2 = \sum f = xa\left(\frac{N}{x}\right)^n$$

$$\frac{F_2}{F_1} = \frac{xa\left(\dfrac{N}{x}\right)^n}{aN^n} = x^{(1-n)} = \left(\frac{A_2}{A_1}\right)^{(1-n)} \qquad (10-50)$$

此时经典摩擦定律将由下列关系式代替。

（1）在接触表面积是常数时：

$$F = aN^n$$

式中：$a$——与面积有关的常数。

（2）在压力是常数时：

$$F = bA^{(1-n)}$$

式中：$b$ ——与载荷有关的常数。

上式中 $a$ 和 $b$ 是有量纲的量，$n$ 是无量纲的量。

## 二、静摩擦和动摩擦

纤维间动摩擦因数通常低于静摩擦因数。一些典型的结果如表 10－22[10] 所示。两类摩擦因数的差异是会影响织物的手感和风格。丝绸织物的"丝鸣"效果就是静、动摩擦因数的差异造成的。更确切地说就是如图 10－48 所示的摩擦过程"黏—滑"效应引起的振动所致[10]。对织物表面的柔润光滑整理将可以降低静、动摩擦间的差异，织物也会表现得更加柔软。

表 10－22　纤维的静、动摩擦因数[10]

| 纤维及运动方向 | | 静摩擦因数 $\mu_s$ | 动摩擦因数 $\mu_k$ |
|---|---|---|---|
| 黏胶纤维与黏胶纤维 | | 0.35 | 0.26 |
| 锦纶与锦纶 | | 0.47 | 0.40 |
| 羊毛与羊毛 | 顺鳞片 | 0.13 | 0.11 |
| | 逆鳞片 | 0.61 | 0.38 |
| | 纤维同向摩擦 | 0.21 | 0.15 |
| 羊毛在锦纶上摩擦 | 顺鳞片 | 0.26 | 0.21 |
| | 逆鳞片 | 0.43 | 0.35 |
| 羊毛在黏胶纤维上摩擦 | 顺鳞片 | 0.11 | 0.09 |
| | 逆鳞片 | 0.39 | 0.35 |

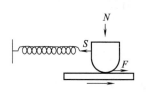 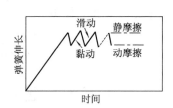

图 10－48　静摩擦、动摩擦差异所致的黏滑现象[11]

## 三、表面状态对摩擦的影响

摩擦力受表面状态的影响，如图 10－49[9] 所示，当醋酯纤维表面添加超过 1% 的油剂时，摩擦力将随油剂含量和油剂黏度增加而增加。然而有时纤维表面油剂的去除会大幅度增加摩擦因数，如棉纤维与钢的摩擦因数为 0.25，漂白棉纤维的摩擦因数是 0.7，表面润滑的棉纤维摩擦因数为 0.14 ~ 0.35。

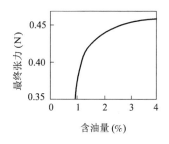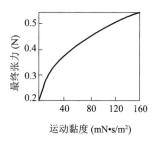

图 10 - 49  醋酯纤维纱与导纱器间的摩擦因数[9]

对于羊毛纤维,经过表面处理使纤维表面粗糙后,会使羊毛与某些材料间摩擦因数下降,见表 10 - 23[12]。

表 10 - 23  羊毛表面粗糙化后与一些材料间摩擦因数对比[12]

| 材  料 | 抛 光 表 面 | | 粗 糙 表 面 | |
| --- | --- | --- | --- | --- |
| | 顺鳞片 | 逆鳞片 | 顺鳞片 | 逆鳞片 |
| 干酪素 | 0.58 | 0.59 | 0.47 | 0.57 |
| 硬橡胶 | 0.60 | 0.62 | 0.50 | 0.61 |
| 羊  角 | 0.62 | 0.63 | 0.52 | 0.63 |
| 牛  角 | 0.49 | 0.54 | 0.42 | 0.53 |

随着回潮率增加,纤维的摩擦因数也相应增加,如图 10 - 50 所示[13]。

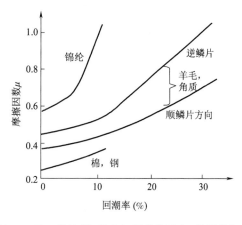

图 10 - 50  锦纶间、羊毛与硬质角蛋白、棉纤维与钢的摩擦因数与回潮率的关系[12]

## 四、纤维摩擦因数 $\mu = \dfrac{F}{N}$ 的典型值

虽然纤维不存在均一恒定的摩擦因数,但在某些情况下用 $\mu = \dfrac{F}{N}$ 的值表达纤维的摩擦还是比较有效的。由于该值受许多实验条件如载荷、滑动速度、接触面积和形状、湿度等影响,这里只列出一些典型值,见表 10 - 24 和表 10 - 25。

通常情况下纤维与塑料间的摩擦因数 $\mu$ 为 0.1 ~ 0.8,且当纤维表面很光滑时,该值会增加。

表 10 - 24  纤维间相互摩擦的摩擦因数 $\mu$ 值

| 纤维品种 | 纤维垂直交叉摩擦[14] | 纤维平行排列摩擦[10] |
| --- | --- | --- |
| 锦  纶 | 0.14 ~ 0.6 | 0.47 |
| 蚕  丝 | 0.26 | 0.52 |
| 黏胶纤维 | 0.19 | 0.43 |

| 纤维品种 | 纤维垂直交叉摩擦[14] | 纤维平行排列摩擦[10] |
|---|---|---|
| 醋酯纤维 | 0.29 | 0.56 |
| 棉纤维 | 0.29 ~ 0.57 | 0.22 |
| 玻璃纤维 | 0.13 | — |
| 黄麻纤维 | — | 0.46 |
| 涤 纶 | — | 0.58 |
| 羊毛(顺鳞片) | 0.20 ~ 0.25 | 0.11 |
| 羊毛(逆鳞片) | 0.38 ~ 0.49 | 0.14 |

表 10 - 25  纱线与导纱器间摩擦的摩擦因数 $\mu$ 值[15]

| 纱线的纤维品种 | 硬质钢 | 瓷 釉 | 纤维导轮 | 陶质杆 |
|---|---|---|---|---|
| 黏胶纤维 | 0.39 | 0.43 | 0.36 | 0.30 |
| 无消光醋酯纤维 | 0.38 | 0.38 | 0.19 | 0.20 |
| 消光醋酯纤维 | 0.30 | 0.29 | 0.20 | 0.22 |
| 锦 纶 | 0.32 | 0.43 | 0.20 | 0.19 |
| 棉纤维 | 0.29 | 0.32 | 0.23 | 0.24 |
| 亚麻纤维 | 0.27 | 0.29 | 0.19 | — |

### 五、羊毛纤维间的摩擦与缩绒

羊毛纤维间的摩擦取决于摩擦的方向,即顺鳞片或逆鳞片方向。在两方向上摩擦性质有较大差异,这称为方向性摩擦效应,该效应如图 10 - 51 所示。

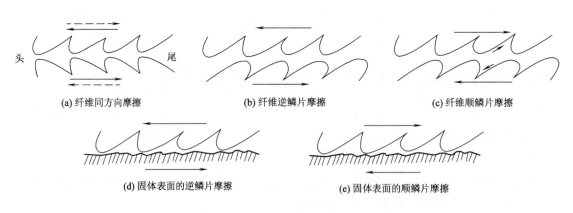

(a) 纤维同方向摩擦　　　(b) 纤维逆鳞片摩擦　　　(c) 纤维顺鳞片摩擦

(d) 固体表面的逆鳞片摩擦　　　(e) 固体表面的顺鳞片摩擦

图 10 - 51  羊毛纤维的方向性摩擦效应

羊毛纤维间的这种方向性摩擦效应将导致羊毛的缩绒现象,即在羊毛纤维集合体中,一根羊毛纤维会沿某一占优势的方向运动,随毛纤维空间卷曲方向使该纤维在空间穿插交编,与其他纤维紧密纠缠,形成紧密的无规排列纤维集合体。关于羊毛纤维摩擦方向性效应的实验数据见表 10 - 26。

表 10 - 26　羊毛纤维的方向性摩擦效应

| 纤 维 状 态 | | 摩擦因数值 $\mu$ | |
|---|---|---|---|
| | | 顺 鳞 片 | 逆 鳞 片 |
| 干羊毛[16] | | 0.11 | 0.14 |
| 饱和吸湿羊毛[16] | | 0.15 | 0.32 |
| 未膨润羊毛与软化橡胶[12] | | 0.58 | 0.79 |
| 经水膨润羊毛与硬质橡胶[12] | | 0.62 | 0.72 |
| 经水膨润羊毛与软质橡胶[12] | | 0.65 | 0.88 |
| 羊毛与羊角干燥摩擦[17] | | 0.3 | 0.5 |
| 羊毛与羊角湿态摩擦,pH = 4.0[17] | 未经处理 | 0.3 | 0.6 |
| | 氯漂 | 0.1 | 0.1 |
| | 氢氧化钾酒精溶液处理 | 0.4 | 0.6 |
| | 硫酰氯处理 | 0.6 | 0.7 |

从表中看出无论羊毛纤维经过表面润滑或膨润处理,摩擦的方向性效应始终存在。在水中或其他膨润剂中经过膨润处理的羊毛,摩擦的方向性效应大于空气中未经膨润处理的羊毛。羊毛表面经过磨损或者化学处理,会使摩擦的方向性效应减小,进而可以减少毡缩。

# 第七节　力学疲劳性质

材料的疲劳是指当低于破坏(拉断、折裂)强度的应力施加于材料,经过一段时间的作用后导致材料失效的现象。疲劳分为两种类型。

(1)静态载荷施加于材料,经过材料的蠕变而导致的材料失效,通常称这种失效模式为蠕变失效或静态疲劳。

(2)循环载荷施加于材料导致的失效,而本节讨论的就是此种类型的疲劳。

## 一、拉伸疲劳性质

由于纤维材料柔性的特点,纤维的拉伸疲劳、弯曲疲劳和扭转疲劳是研究较多的内容。对于拉伸疲劳测试,图 10 - 52 是典型的测试应力应变曲线。

图 10 - 52(a)中材料在初始长度开始拉伸,拉伸伸长率是固定值。这种模式下的拉伸会使材料逐渐产生多余长度,使原来紧张拉伸的材料变得松垮,材料中的应力也逐渐松弛,随测试循环增加,材料内应力逐渐减低,即这种测试方式很难使材料疲劳破坏,除非施加的伸长接近材料的断裂伸长。图 10 - 52(b)是材料每次循环产生的多余伸长释放,再施加相同的伸长率,使材料始终处于紧绷状态,并且每次循环后材料的应力逐渐增加。图 10 - 52(c)是材料载荷循环测试方式,材料的应力上限维持不变,材料逐渐伸长失效,并且这种测试方式可以达到很高的加载

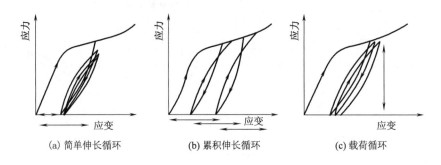

(a) 简单伸长循环　　　　(b) 累积伸长循环　　　　(c) 载荷循环

图 10 - 52　重复加载的几种模式

频率(如 50Hz)。

在累积伸长加载方式下,常见纤维的疲劳失效寿命见表 10 - 27[18]。

表 10 - 27　累积伸长循环测试下纱线疲劳破坏的平均循环次数[18]

| 施加伸长(%) | 2.5 | 5 | 7.5 | 10 | 12.5 | 15 |
|---|---|---|---|---|---|---|
| 黏胶纤维 | a | 79 | — | 6 | — | — |
| 醋酯纤维 | 32000 | 58 | — | 6 | — | — |
| 锦纶 | — | — | $>5 \times 10^5$ | 11000 | 220 | 12 |
| 涤纶 | — | $>5 \times 10^5$ | 16000 | 18 | 7 | — |

注　a 为 40% 的纤维在 $5 \times 10^5$ 次循环时失效。

无论是何种疲劳方式,纤维将表现出不同的疲劳破坏形态,即纤维的断口形态与一次性测试失效有明显不同的特征。

如图 10 - 53[19]所示,纤维呈现端部被剥离撕裂的特征,主要是疲劳测试时出现横向细微裂纹,裂纹转向并沿长度方向扩展,直至纤维失效。通常一次性测试破坏纤维的表观呈现 V 形凹口破坏特征。

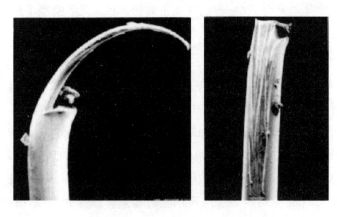

图 10 - 53　锦纶 66 拉伸疲劳失效的一对断口[19]

(测试条件:载荷范围处于 0 ~ 60% 断裂应力,加载频率为 50Hz, 循环次数为 58000)

涤纶的拉伸疲劳断口形态如图 10 - 54[20] 所示,并且其测试条件与图 10 - 53 中的锦纶一样,在图中表现出纤维的纵向劈裂扩展和表现的环状凹陷。

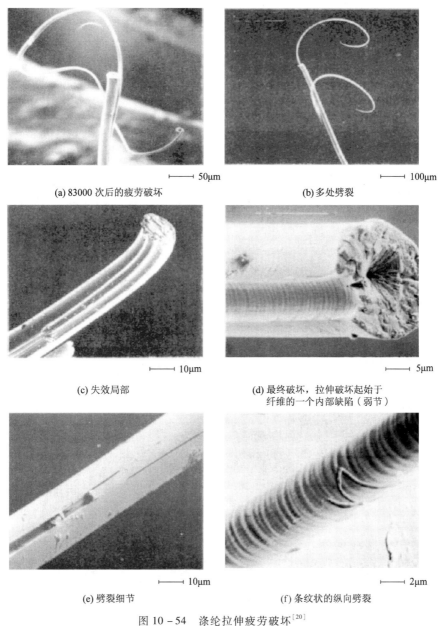

(a) 83000 次后的疲劳破坏 ├── 50μm

(b) 多处劈裂 ├── 100μm

(c) 失效局部 ├── 10μm

(d) 最终破坏,拉伸破坏起始于
纤维的一个内部缺陷(弱节) ├── 5μm

(e) 劈裂细节 ├── 10μm

(f) 条纹状的纵向劈裂 ├── 2μm

图 10 - 54　涤纶拉伸疲劳破坏[20]

## 二、弯曲疲劳性质

纤维的弯曲疲劳表现出纤维的原纤折皱和裂纹扩展,如图 10 - 55 所示。在纤维内侧出现的折皱在弯曲疲劳过程中不断发展,逐渐出现纵向劈裂,最后导致纤维断裂。

在弯曲疲劳过程中也伴随纤维在裂纹尖端处的剪应力集中,而导致的不同失效模式,如图 10 - 56所示。作为弯曲疲劳破坏的一个例子,图 10 - 57[20] 是锦纶弯曲疲劳破坏的各种断口图。

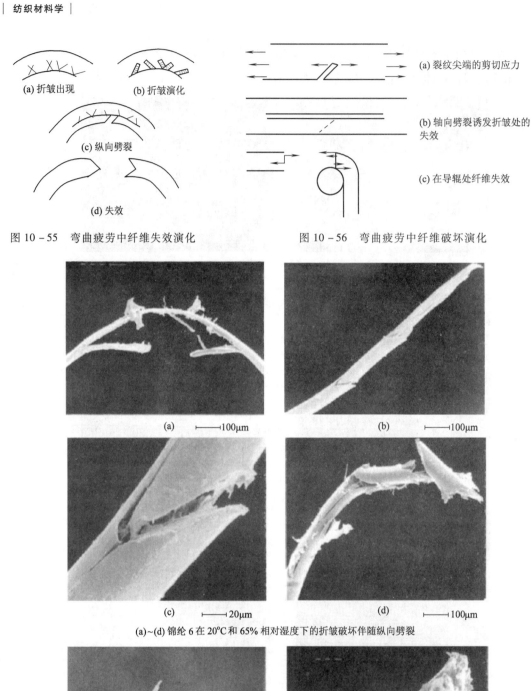

(a) 折皱出现    (b) 折皱演化

(c) 纵向劈裂

(d) 失效

图 10 – 55　弯曲疲劳中纤维失效演化

(a) 裂纹尖端的剪切应力

(b) 轴向劈裂诱发折皱处的失效

(c) 在导辊处纤维失效

图 10 – 56　弯曲疲劳中纤维破坏演化

(a)　⊢——⊣100μm

(b)　⊢——⊣100μm

(c)　⊢——⊣20μm

(d)　⊢——⊣100μm

(a)~(d) 锦纶 6 在 20℃和 65% 相对湿度下的折皱破坏伴随纵向劈裂

⊢——⊣100μm

⊢——⊣50μm

(e) 锦纶66的折皱破坏和纵向裂纹

(f) 锦纶6(明显的折皱破坏)

图 10 – 57　锦纶的弯曲疲劳破坏[20]

纤维重复弯曲疲劳损伤也是纺织加工及纺织品应用中的一种破坏形式。几种纺织纤维在 0.75cN/dtex 张力悬挂下,重复折弯 $-50° \sim 50°$,直至纤维断裂的循环次数,见表10-28。

表 10 - 28 几种纺织纤维的重复弯曲到断裂的循环次数[21]

| 纤维名称 | 弯曲到断裂的循环次数 | | |
| --- | --- | --- | --- |
| | 线密度(dtex) | 平均值 | 对数分布的变异系数 |
| 细绵羊毛 | 4.03 | 1569 | 8.90 ~ 14.70 |
| 阳离子改性涤纶(1) | 3.33 | 2710 | 12.17 ~ 12.64 |
| 阳离子改性涤纶(2) | 4.44 | 5568 | 8.76 ~ 12.90 |
| 涤纶短纤维 | 3.06 | 7144 | 9.36 ~ 16.23 |
| 阻燃腈纶 | 3.78 | 5048 | 9.77 ~ 14.73 |
| Spikio 纤维① | 3.54 | 2168 | 16.35 ~ 19.69 |
| Spikio 纤维① | 6.17 | 4751 | 14.00 ~ 15.40 |
| 阳离子改性涤纶(1)热处理后 | 3.54 | 2303 | 14.40 ~ 18.16 |
| 阳离子改性涤纶(2)热处理后 | 4.72 | 4533 | 14.54 ~ 16.77 |

①为日本帝人公司生产的抗起球涤纶短纤维的商品名。

### 三、扭转疲劳性质

纤维重复扭转疲劳损伤也是纺织加工及纺织品应用中破坏的一种形式。织物表面起毛起球后纤维球的脱落也与重复扭转疲劳和重复弯曲疲劳有关。绵羊毛纤维重复扭转疲劳断裂的一些数据见表10-29。

表 10 - 29 绵羊毛重复扭转疲劳断裂次数[22]

| 重复扭转角度(°) | $p = 0.05$ | $p = 0.10$ | $p = 0.15$ | $p = 0.20$ |
| --- | --- | --- | --- | --- |
| 35 | 6.5 | 6.5 | 4.5 | 3.6 |
| 30 | 10.8 | 7.9 | 7.4 | 6.0 |
| 25 | 13.9 | 11.0 | 9.2 | 8.6 |
| 20 | 15.2 | 12.9 | 11.0 | 11.4 |
| 15 | 21.8 | 19.4 | 19.2 | 16.6 |
| 10 | 25.7 | 23.0 | 21.9 | 20.2 |

注 $p$——纤维张应力,cN/dtex。

# 第八节 侵彻性质

侵彻(penetration)性质是指织物在超高速应力作用(如子弹或破片打击)织物过程中织物产生的变形和破坏,以及这些变形和破坏导致的对子弹或破片高速动能的吸收。在软质和轻质防护装甲中,由高性能纤维织造的织物得到大量应用。目前各种高性能纤维不断涌现,采用新的织物结构和弹道侵彻的设计方法,可以对织物和纺织结构复合材料侵彻性质作优化设计[23]。

在织物弹道贯穿过程中,起阻碍子弹前进、吸收子弹能量的是纤维。纤维一般经受断裂时间在 $50\sim150\mu s$,应变速率(单位时间内材料的应变率)在 $500\sim1500s^{-1}$ 的瞬态冲击,所以纤维高应变速率下的力学特性将会影响到弹道冲击过程中子弹与纤维的作用,且纤维高应变速率下的力学特性可分为两种,即高应变速率下具有应变率相关特性和高应变速率下应变率无关或应变率不敏感特性。所谓高应变速率相关特性是指随着测试应变率的提高,测试纤维的强度、模量、断裂伸长、断裂功等力学性能指标值会发生变化。应变率无关或是应变速率不敏感是指随着测试应变率的提高,测试纤维的强度、模量、断裂伸长、断裂功等力学性能指标值保持不变或变化很小。

由于加载机制的不同,普通的力学性能试验仪器无法产生瞬态高应变速率的加载载荷。分离式霍普金森(Hopkinson)冲击装置是有效的产生应变速率水平在 $10^3s^{-1}$ 左右的冲击装置,加上纤维束试样的大长径比和短的长度能够基本保证该装置的一维应力波传递和应力应变在试样内是近似均匀的设计原理要求,此装置是目前普遍采用的纤维束中、高应变速率冲击拉伸力学性能测试装置。图 10-58[24] 是 Twaron ® 1000(对位芳族聚酰胺纤维的一种牌号)型纤维束在不同应变速率下的拉伸应力应变曲线,可以看出其在静态拉伸下与高速拉伸下应力应变曲线的差异,力学性质参数见表 10-30[24]。

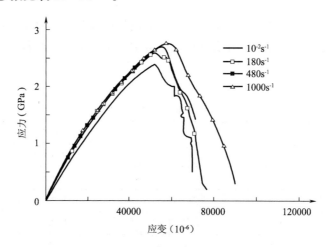

图 10-58　Twaron ®1000 型纤维束在不同应变速率下的
应力应变曲线[24]

表 10-30　Twaron ® 1000 型长丝束冲击拉伸数据表[24]

| 应变速率($s^{-1}$) | 初始模量(GPa) | 最大断裂应力(GPa) | 最大断裂伸长率(%) |
|---|---|---|---|
| $10^{-2}$ | 62 | 2.395 | 5.19 |
| 180 | 69 | 2.596 | 5.22 |
| 480 | 70 | 2.704 | 5.47 |
| 1000 | 72 | 2.753 | 5.70 |

如图 10-59 所示,纱线在子弹以速度 $v$ 的横向打击下,将产生沿长度方向的纵波和垂直于长度方向的横波。如果把纱线作为弹性体,纱线中纵波波速即材料中沿轴向声速[参考本章第五节式(10-38)],它决定于纤维中高聚物分子的取向度等因素,且对于具体对象是常数。

$$c = \sqrt{\frac{E}{\delta}} \qquad (10-51)$$

式中:$c$ ——轴向波速,m/s;

$E$ ——纱线拉伸弹性模量,cN/dtex;

$\delta$ ——纱线密度,g/cm$^3$。

图中横波速度 $u_{lab}$ 决定于子弹速度及其导致的瞬时应变 $\varepsilon$:

$$u_{lab} = c\left(\sqrt{\varepsilon(1+\varepsilon)} - \varepsilon\right) \qquad (10-52)$$

瞬时应变 $\varepsilon$ 可由子弹速度 $v$ 与轴向波速 $c$ 求出:

$$v = c\sqrt{2\varepsilon\sqrt{\varepsilon(1+\varepsilon)} - \varepsilon^2} \qquad (10-53)$$

式中:$v$ ——子弹速度,m/s。

由于纱线的纵波和横波也会导致织物的纵波和横波,织物吸收子弹动能的机理是纤维断裂、织物纵波区域的应变能、织物横波区域的应变能和动能。采用高模量纤维,纵波波速增加,织物应变区域增大,使能量吸收增大;采用失效应变高的纤维,纤维断裂功增加,吸收动能量也增加。在织物设计中,通常选用对位芳族聚酰胺纤维和超高分子量高强度高模量聚乙烯纤维;而碳纤维由于相对较低的失效应变,以及其断裂功有限,一般不用于防弹织物的设计。

机织物在弹道冲击下呈现如图 10-60 所示的金字塔变形形态,针织物呈现圆锥形变形形态。在织物组织中,由于经纬纱间的滑移等因素,一般选用平纹组织作为防弹衣面料。理论计算表明,方平组织具有最好的抗弹道侵彻性质,针织物不具有好的弹道防护能力[26]。

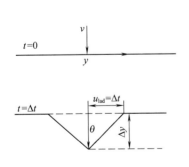
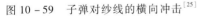

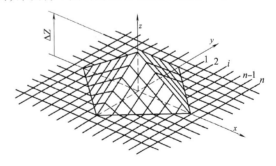

图 10-59　子弹对纱线的横向冲击[25]　　图 10-60　织物在垂直弹道冲击下变形示意图[25]

在织物抗弹道侵彻性质设计中,数值计算方法(如有限元方法)体现出较好的优势,图 10-61[26]是叠层平纹织物弹道冲击破坏的一个例子。

子弹在垂直侵彻织物过程中,由于纤维的逐次断裂和纱线间的滑移,以及另外存在纵波、横波区域的变化,使子弹受力一直处于变化过程中。图 10-62[24]是子弹贯穿五层平纹织物时子弹负加速度(减速度)的变化图,可以看出子弹的受力呈振荡状态。

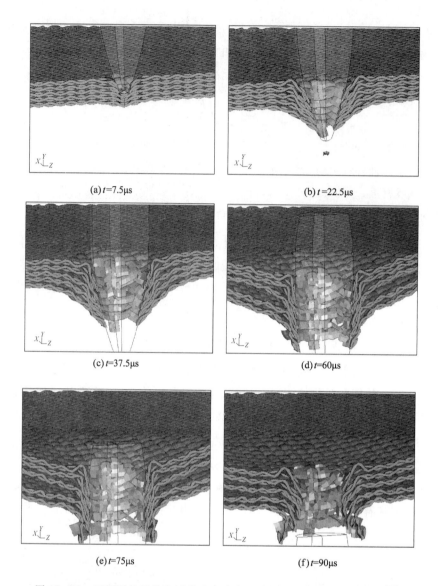

(a) $t=7.5\mu s$        (b) $t=22.5\mu s$

(c) $t=37.5\mu s$        (d) $t=60\mu s$

(e) $t=75\mu s$        (f) $t=90\mu s$

图 10 - 61　五层平纹织物在子弹垂直冲击下破坏过程的数值计算结果[26]

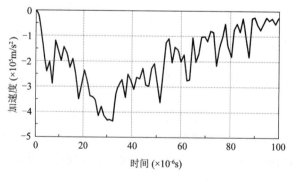

图 10 - 62　子弹贯穿五层平纹织物过程中的负加速度[26]

在子弹射向织物过程中,子弹接触到织物表面有两种可能,一种是子弹接触到织物纱线缝隙,从纱线缝隙中穿过,如图 10 - 63(a)[26]所示,另一种是子弹直接接触纱线,纱线受到拉伸而断裂,如图 10 - 63(b)[26]所示。

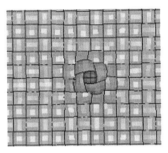 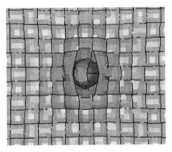

(a) 子弹从纱线间的缝隙穿过　　　　　(b) 子弹与纱线的接触点为纱线交织点

图 10 - 63　弹着点位置[24]

图 10 - 64[26]为不同接触点子弹贯穿速度与时间关系曲线,从速度方面反映两者间的差异;图 10 - 65[26]为不同接触点子弹动能损失与时间关系曲线,从能量方面反映两者间的差异。从图 10 - 63[26]中可以看到,当子弹刚接触到织物表面,接触点为纱线时子弹速度下降比接触点为缝隙时要快。同一时刻,弹着点为纱线的情况下,纱线发生断裂;弹着点为缝隙的情况下,纱线还没有断裂(从图 10 - 63[26]可以看出),因此接触点为纱线情形下起始阶段子弹速度下降较快;在弹道侵彻后期,弹体与缝隙接触时相邻两根纱线可以同时消耗其应变能和断裂功,从而引起子弹速度下降的绝对值大于弹体与纱线直接接触的情形。

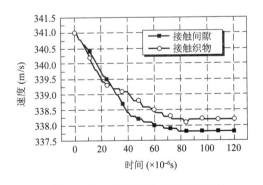 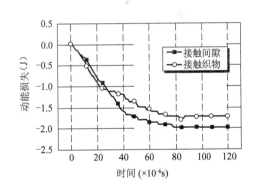

图 10 - 64　不同接触点子弹速度与　　　　　图 10 - 65　不同接触点子弹动能损失
　　　　时间关系曲线[26]　　　　　　　　　　　　与时间关系曲线[26]

上述表明在一定的经纬纱密度（如对于 3360dtex 的经纬纱,通常的经纬密是 6～8 根/cm）,子弹冲击点位置对于织物的抗弹性质没有太大影响,即冲击点无论是位于经纬纱的交织点还是位于经纬纱交织缝隙,都不影响织物防弹性能,有时位于交织缝隙的情形下反而具有更好的防弹效果。

👉 **思考题**

1. 简述纺织材料拉伸力学性能指标的类型、单位和表达的性能内容。

2. 简述纺织材料拉伸破坏的机理和影响因素。

3. 简述纺织材料蠕变和松弛的原因、规律、影响因素及其模拟表达方式。

4. 简述纺织材料压缩力学性能的指标、单位和影响因素。

5. 简述纺织材料弯曲力学性能的指标、单位、影响因素和破坏形式;纤维和纱线的钩接强度和打结强度的概念和影响因素。

6. 简述纺织材料的扭转刚度、剪切模量、抗剪切强度的指标、单位和影响因素。

7. 简述纺织材料的振动吸音及传递声速的指标和单位。

8. 简述纺织材料的表面摩擦、抱合性能的指标及影响因素。

9. 简述纺织材料的疲劳破坏形式及影响因素。

10. 简述纺织材料侵彻性能的破坏形式、表达指标及测试特点。

## 参考文献

[1] 高绪珊,吴大诚,童俨.纤维应用物理学[M].北京:中国纺织出版社,2001.

[2] 谢友柏.摩擦学科学及工程应用现状与发展战略研究:摩擦学在工业节能、降耗、减排中地位与作用的调查[M].北京:高等教育出版社,2009.

[3] Bowden F. P, Tabor D. The friction and lubrication of solids, Part I[M]. Oxford:Clarendon Press, 1950:87 – 89.

[4] Pascoe MW, Tabor D. The friction and deformation of polymers[J]. Proceedings of the Royal Society of London Series A:Mathematical and Physical Sciences,1956, 235(1201):210 – 224.

[5] Bowden F P, Young J E. Friction of diamond, graphite, and carbon and the influence of surface films[J]. Proceedings of the Royal Society of London Series A:Mathematical and Physical Sciences, 1951, 208 (1095):444 – 455.

[6] Lincoln B. Frictional and elastic properties of high polymeric materials[J]. British Journal of Applied Physics,1952, 3(8):260 – 263.

[7] Howell H G, Mazur J. Amonton's law and fiber friction[J]. Journal of the Textile Institute,1953(44):T59 – T69.

[8] 蒋惠钧.衣用纺织品学[M].北京:中国纺织出版社,2006.

[9] Mazur J. Friction between dissimilar fibres[J]. Journal of the Textile Institute,1955(46):712 – 714.

[10] Bowden F P, Leben L. The nature of sliding and the analysis of friction[J]. Proceedings of the Royal Society of London Series A:Mathematical and Physical Sciences,1939, 169(938):371 – 391.

[11] Olofsson B, Gralen N. Measurement of friction between single fibers:V. frictional properties of viscose rayon staple fibers[J]. Textile Research Journal,1950, 20(7):467 – 476.

[12] King G. Some frictional properties of wool and nylon fibres[J]. Journal of the Textile Institute,1950, 41 (4):135 – 144.

[13] Morrow J A. The frictional properties of cotton materials[J]. Journal of the Textile Institute, 1931, 22:

425 – 440.

[14] Mercer E H, Makinson K R. The Frictional Properties of Wool and Other Textile Fibers[J]. Journal of the Textile Institute,1947(38):227 – 240.

[15] Buckle H, Pollitt J. An instrument for measuring the coefficient of friction of yarns against other materials [J]. Journal of the Textile Institute,1948, 39:199 – 210.

[16] Lindberg J, Gralen N. Measurement of friction between single fibers：Ⅱ. frictional properties of wool fibers measured by the fiber – twist method[J]. Textile Research Journal, 1948, 18(5):287 – 301.

[17] Mercer E H. Frictional properties of wool fibres[J]. Nature, 1945, 155(3941):573.

[18] Morton W E, Hearle JWS. Physical properties of textile fibres[M]. 2nd ed. London：The Textile Institute, 1975：395.

[19] Bunsell A R, Hearle J W S. A mechanism of fatigue failure in nylon fibres[J]. Journal of Materials Science, 1971, 6(10):1303 – 1311.

[20] Hearle J W S, Lomas B, Cooke W D. Atlas of fibre fracture and damage to textiles[M]. 2nd edition. Cambridge：Woodhead Publishing Limited in association with The Textile Institute, 1998:81 – 88.

[21] 顾伯洪,蒋素婵.纺织纤维重复弯曲疲劳性能的研究[J].西北纺织工学院学报,1992(3):21 – 24.

[22] 徐卫林.羊毛纤维重复扭转疲劳性能的研究[J].西北纺织工学院学报,1994(3):7 – 10.

[23] 顾伯洪,孙宝忠.纺织结构复合材料冲击动力学[M].北京:科学出版社,2012.

[24] Gu B H. Analytical modeling for the ballistic perforation of planar plain – woven fabric target by projectile [J]. Composites Part B 2003, 34 (4):361 – 371.

[25] Hearle J W S, Leech C M, Cork C R. Ballistic impact resistance of multilayer textile fabrics[J]. AD – A128064 ,1981.

[26] Gu B H. Ballistic penetration of conically cylindrical steel projectile into plain – woven fabric target – A finite element simulation[J]. Journal of Composite Materials, 2004, 38 (22):2049 – 2074.

[27] 于伟东.纺织材料学[M].北京:中国纺织出版社,2006.

[28] 李栋高.纤维材料学[M].北京:中国纺织出版社,2006.

[29] 梁柏润.高分子物理学[M].2 版.北京:中国纺织出版社,2000.

[30] 来侃,姚穆.激振式纤维线密度测试中影响参数的研究[J].纤维标准与检验,1996:5 – 7.

# 第十一章 纺织材料的热学性质

**本章知识点**

1. 比热容与热焓、纤维的导热系数、绝热率、保暖率、热阻概念及表达指标。
2. 纺织材料热力学三态的基本概念及特点。
3. 阻燃性的定性及定量表达指标及提高阻燃性的途径。
4. 纺织材料的热收缩性及熔孔性的概念及表达指标。

随着环境温度的变化,纺织材料的各项性质均会产生相应的变化,而纺织材料在不同温度下表现的性质称为纺织材料的热学性质。它是纺织材料的基本性能之一,在大多数情况下它表现为物理性质的变化,但也有化学性质的变化,如线状大分子的交联与解交联、氧化反应、热裂解等。研究和了解纺织材料的热学性质,是进行加工和应用的前提。

## 第一节 比热容与热焓

### 一、比热容

#### (一)基本概念

比热容简称比热,指单位质量物质的热容量。此概念在物理学中有着清晰的规定:单位质量的某种物质温度升高1℃吸收的热量为此物质的比热容(specific heat),用符号"c"表示,单位是 $J/(kg \cdot ℃)$,纺织上常用 $J/(g \cdot ℃)$ 作为单位。由于定容比热容和定压比热容对于固体而言所存在的差异可以忽略不计,因此在下面的讨论中不再加以区分。

纤维材料的比热容随环境条件的变化而变化,不是恒量。同时,它又是纤维材料、空气、水分三者混合体的综合值。所以以纤维材料的比热容是一个条件值,即条件不同,其数值不同。如果要比较不同纤维比热容的大小,则应当在相同的条件下测试。几种常见干燥纤维在20℃环境下的比热容见表11-1,且从表内数据可以看出,各种干燥纺织材料的比热容基本是相近的,其数值处于静止空气和水之间。纤维、空气、水分三者比例的不同将导致纤维材料比热的不同。

比热容的大小,反映了纤维材料释放、储存热量的能力,或者温度升降的缓冲能力。随比热容增加,纤维材料升高1℃需要吸收的热量随之增加,那么降低1℃所释放的热量也随之增加,且吸收和放出的热量是相等的。在吸热(放热)速度相同的条件下,较大比热容的纤维材料升温(降温)速度较慢(需要较长的时间),所以其在温度快速波动的场合,具有较高的保持温度平稳变化的能力,如在干燥的内陆地区昼夜温差较大,而湿润的沿海城市昼夜温差较小一样。比热容的大小和织物的接触冷暖感密切相关。

表 11 - 1　几种干纤维材料的比热容

| 材　　　料 | 比热容[J/(g·℃)] | 材　　　料 | 比热容[J/(g·℃)] |
|---|---|---|---|
| 棉 | 1.21 ~ 1.34 | 锦纶 66 | 2.05 |
| 亚麻 | 1.34 | 芳香聚酰胺纤维 | 1.21 |
| 汉(大)麻 | 1.35 | 涤纶 | 1.34 |
| 黄麻 | 1.36 | 腈纶 | 1.51 |
| 羊毛 | 1.36 | 丙纶[①] | 1.80 |
| 桑蚕生丝 | 1.38 ~ 1.39 | 玻璃纤维 | 0.67 |
| 精炼蚕丝 | 1.386 | 石棉 | 1.05 |
| 黏胶纤维 | 1.26 ~ 1.36 | 静止空气 | 1.01 |
| 醋酯纤维 | 1.464 | 水 | 4.18 |
| 锦纶 6 | 1.84 | — | — |

①在温度为 50℃时测量的结果。

**(二)影响比热容的因素**

**1.环境温度的影响**　随着温度的提高,纤维材料的比热容将逐渐增大,而且以玻璃化转变温度为标志分界点,在低于玻璃化转变温度区间,随温度升高,比热容的增加较慢;接近玻璃化转变温度时,比热容增加较快;在玻璃态向高弹态转换区间,比热容增加最快,且完成转换之后,其值的增加将逐渐变慢。由此可见比热容随着温度提高的变化规律呈台阶式上升。一般认为随温度升高,纤维内部大分子的运动能力和彼此之间的结构(如相变)状态发生了改变,可以容纳更多的热能,而且这种变化具有阶跃特征(即不是连续的,是量子化的能级跃迁),同时需要注意的是水分子的进入会使这种变化更加明显。

**2.环境相对湿度的影响**　相对湿度的变化会导致纤维材料内部水分多少的变化,而水的比热容比纤维的大,为常见纤维的 2 ~ 3 倍,所以纤维的比热容随回潮率的增加而变大,其关系近似于线性关系,用式(11 -1)进行估算。

$$C = \frac{100 \cdot C_0 + W \cdot C_W}{100 + W} \qquad (11-1)$$

式中:$C$ ——回潮率为 $W$ 时的比热容,J/(g·℃);

　　$C_0$ ——干纤维的比热容,J/(g·℃);

　　$C_W$ ——水的比热容,J/(g·℃);

　　$W$ ——纤维的回潮率,%。

纺织材料吸收水分或放出水分时,水由气态变固态的凝结热和由固态变气态的蒸发热不计在比热容中。

**3. 纤维中孔洞和纤维间缝隙的影响** 纤维中孔洞和纤维间缝隙的存在,使空气滞留其中,静止空气的比热容比纤维小,所以一般随孔隙率增加,比热容下降,升温速度提高,纤维及其集合体的接触冷感随之下降,但是当其中的空气形成对流之后升温的速度将会减缓。

## 二、热焓

热焓亦称为焓(enthalpy),它是表示物质系统能量状态的参数,用 $H$ 表示,其数值等于系统的内能 $U$ 加上压强 $P$ 与体积 $V$ 的乘积,则热焓的计算公式为:

$$H = U + PV \tag{11-2}$$

此式在描述流动物质的能量关系时特别有用。

物质系统在等压过程中所吸收的热量,就等于热焓的增量,若体积的变化可以忽略不计的话,则热焓的增量就是物质分子内能的增量,单位质量物质的焓称为比焓,因此,比热容也可以定义为温度升高1℃时单位质量物质热焓的增量。利用热焓的概念能更方便地理解比热容及其变化规律。

# 第二节　导热性质

在温差场中传热的方式有三种:传导、辐射、对流,虽然其概念定义比较清晰,但在实际测量中却难以细致区分。人们常笼统地把热量从高温向低温传递称之为导热性,其特征值为导热系数;而把对热量传递的阻隔能力称之为保暖性,其特征值为热阻。由于作为服用对象的纺织材料通常是以纤维集合体的形式出现,所以研究纤维集合体的导热性质具有重要的实际价值。

## 一、纤维的导热系数
### (一)基本概念

纤维材料的导热系数是指:在传热方向上,纤维材料厚度为1m、面积为1m²,两个平行表面之间的温差为1℃,1s内通过材料传导的热量焦耳数。可用下式表示:

$$\lambda = \frac{Q \cdot D}{\Delta T \cdot t \cdot A} \tag{11-3}$$

式中:$\lambda$ ——导热系数,J/(m·s·℃)或 W/(m·℃);

$Q$ ——传导的热量,J;

$D$ ——材料的厚度,m;

$\Delta T$ ——温差,℃;

$t$ ——传导热量的时间,s;

$A$ ——材料的截面积,m²。

导热系数也称热导率(其倒数称为热阻),它表示的是材料在一定温度梯度条件下,热能通过物质本身扩散的速度,物理学中常用单位为 W/(m·K),有时也以 W/(m·℃)为单位。导热系数 $\lambda$ 值越小,表示材料的导热性越低,它的热绝缘性或保暖性越好。通常把导热系数较低的材料称为保温材料,常用的纺织纤维都是优良的保温材料。

导热系数与材料的组成结构、密度、回潮率、温度等因素有关。非晶体结构、密度较低的材料,其导热系数较小;材料回潮率、温度较低时,导热系数也较小。

### (二)导热性质的方向性差异

纤维本身的导热系数由于纤维结构各向异性而存在着方向性差异。原则上,热能是分子(高聚物的链节)的运动能,热振动沿大分子链方向可直接传递,垂直于大分子链方向则是依靠热振动中的分子碰撞来进行传递的。

用复合导热测试方法测得的纤维本身沿轴向的导热系数 $\lambda_{FL}$ 及沿径向的导热系数 $\lambda_t$ 见表 11-2,这种方法基本排除了辐射和对流的影响。

表 11-2　几种纤维导热系数的方向性差异[1]

| 序号 | 试样名称 | $\lambda_{FL}$ [W/(m·℃)] | $\lambda_{Ft}$ [W/(m·℃)] | $\lambda_{FL}/\lambda_{Ft}$ | 序号 | 试样名称 | $\lambda_{FL}$ [W/(m·℃)] | $\lambda_{Ft}$ [W/(m·℃)] | $\lambda_{FL}/\lambda_{Ft}$ |
|---|---|---|---|---|---|---|---|---|---|
| 1 | 绵羊毛 | 0.4789 | 0.1610 | 2.9744 | 7 | 苎麻 | 1.6624 | 0.2062 | 8.0623 |
| 2 | 马海毛 | 0.3548 | 0.1685 | 2.1056 | 8 | 黏胶纤维 | 0.7180 | 0.1934 | 3.7125 |
| 3 | 兔毛 | 0.3308 | 0.1321 | 2.5039 | 9 | 涤纶 | 0.9745 | 0.1921 | 5.0720 |
| 4 | 桑蚕丝 | 0.8302 | 0.1557 | 5.3315 | 10 | 腈纶 | 0.7427 | 0.2175 | 3.4146 |
| 5 | 柞蚕丝 | 0.9783 | 0.1587 | 6.1633 | 11 | 锦纶 | 0.5934 | 0.2701 | 2.1974 |
| 6 | 棉 | 1.1259 | 0.1598 | 7.0469 | 12 | 对位芳纶 | 4.3396 | 0.2117 | 20.4942 |

表 11-2 中 $\lambda_{FL}$ 是沿纤维轴向的导热系数,$\lambda_{Ft}$ 是沿纤维径向的导热系数。从表中数据可以看出纤维轴向的导热系数大于纤维径向的导热系数,高取向材料差 20 倍以上,蛋白质纤维的差异只有 2 倍多。这是因为蛋白质纤维中大分子上存在各种大小不一的侧向基团,结晶度低,大分子的伸直程度较差,取向度不高,整体结构的各向异性不显著,所以其不但导热系数较小,而且轴向和径向的导热系数差异也较小;麻纤维因结晶度、取向度和聚合度均高,其导热系数较高及其轴向和径向的导热系数差异均较大;棉纤维比麻纤维的取向度和结晶度偏低,所以其导热系数及其轴向和径向的导热系数差异比麻纤维小。其他纤维所反映出来的规律也说明了纤维的导热性质具有各向异性特征。

## 二、纤维集合体的导热系数

### (一)导热系数

研究和测量纤维集合体的导热性能具有重要的实际意义,需要强调的是纤维集合体的导热系数是无规则排列集合体状态的综合值或条件值,即纤维、空气和水分三者混合物的值。表11-3是在环境温度为20℃、相对湿度为65%的条件下测得的几种纤维集合体的导热系数。

表11-3　几种纤维材料集合体的导热系数

| 材料① | λ[W/(m·℃)] | 材料 | λ[W/(m·℃)] |
|---|---|---|---|
| 棉 | 0.071～0.073 | 涤纶 | 0.084 |
| 绵羊毛 | 0.052～0.055 | 腈纶 | 0.051 |
| 蚕丝 | 0.050～0.055 | 丙纶 | 0.221～0.302 |
| 黏胶纤维 | 0.055～0.071 | 氯纶 | 0.042 |
| 醋酯纤维 | 0.05 | 锦纶 | 0.244～0.337 |

①静止空气的导热系数为0.026;水的导热系数为0.697。

由表11-3可以看出,水的导热系数最大,静止空气的导热系数最小,所以空气是最好的热绝缘体。因此,纤维材料集合体的保暖性主要取决于纤维间保持的静止空气和水分的数量,即静止空气越多,保暖性越好;水分越多,保暖性越差。空气的流动(风)会使保暖性下降,且下降的程度取决于纤维间静止空气在风压影响下流动的速度。所以冬天烘晒的被褥因为蓬松及干燥,含静止空气增加、水分减少,保暖性显著提高。而编织毛衫作为外套穿在外面,由于纤维间的空气易于流动,使它的保暖性随风压上升显著下降,但当在毛衫外面加套薄层的挡风罩衫时,风压对其保暖性的影响就会减小。

**(二)影响纤维集合体导热性的主要因素**

**1. 环境温湿度**　随着环境温度的提高,纤维内部大分子的运动能力提高,因分子运动传递的热能也会增加。表11-4中的数据说明了几种纤维集合体导热系数与温度的关系。纤维内部的水分随相对湿度的变化而变化,相对湿度越高,纤维内部的水分越多,测得的纤维导热系数越大,而且这个变化要比温度引起的变化大得多。

表11-4　几种纤维集合体导热系数与温度的关系

| 纤维 | 导热系数 λ[W/(m·℃)] | | |
|---|---|---|---|
| | 0℃ | 30℃ | 100℃ |
| 棉 | 0.058 | 0.063 | 0.069 |
| 绵羊毛 | 0.035 | 0.049 | 0.058 |
| 桑蚕丝 | 0.046 | 0.052 | 0.059 |
| 亚麻 | 0.046 | 0.053 | 0.062 |

随回潮率的增加,纺织材料保温性能下降,冰凉感增加,导热系数上升,点燃温度上升,玻璃化转变温度下降,热收缩率上升,抗熔孔能力有所改善。回潮率的变化对材料热学性质的影响是很大的。

纺织材料在吸湿和放湿过程中还有明显的热效应,即吸湿放热或放湿吸热。空气中的水分子被纤维大分子上的极性亲水基团吸引而结合,使水分子的运动能量降低,所降低的能量转换为热能释放出来,其值相当于水分子的凝结潜热。这种热效应可以用以下两个指标来表示。

（1）吸湿微分热:它是纤维在某一回潮率状态下,达到完全润湿时吸附1g水所放出的热量,单位为J/g(水),且回潮率状态不同,吸湿微分热不同。实验表明各种干燥纤维的吸湿微分热大致接近,为830~1256J/g。各种常见纤维吸湿微分热与回潮率关系如图11-1所示,可以看出它们的曲线形状基本相同,这说明它们吸湿能力虽有差异,但吸湿过程和吸湿机理基本相同。

（2）吸湿积分热:它是1g干燥纤维在某一回潮率状态下,吸湿达到完全润湿时,所放出的总热量,单位为J/g(干燥纤维)。由于是到达完全润湿状态,所以也有人称其为"润湿热"。常见干燥纤维的吸湿积分热分别为:棉46.1、绵羊毛112.6、桑蚕丝69.1、苎麻46.5、黄麻83.3、亚麻54.4、黏胶纤维104.7、锦纶31.4、涤纶5.4、维纶35.2、醋酯纤维34.3、腈纶7.1,单位均为kJ/g,可以看出各种纤维的吸湿积分热差异很大,这说明它们的吸湿能力差异很大。纤维吸湿积分热与回潮率的关系如图11-2所示。

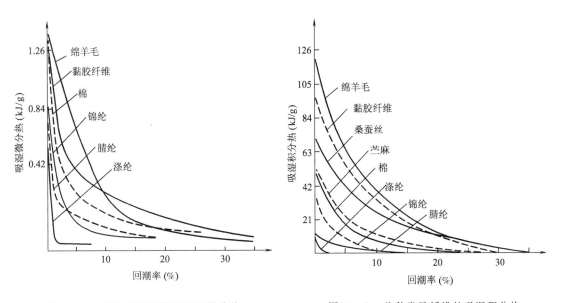

图11-1　几种常见纤维的吸湿微分热　　　　图11-2　几种常见纤维的吸湿积分热

在吸湿放热或放湿吸热发生时,纤维的导热系数也是波动的,要比较纤维间的导热系数,应在纤维达到吸湿平衡后进行测试。

纤维的吸湿和热效应实际上是紧密联系的,吸湿达到平衡时,热的变化也达到平衡,而且纤维内部水分的扩散和热的传递都需要一个过程。纤维吸湿的热效应除了对纺、织、染整加工工艺构成影响外,在纺织材料储运过程中必须注意纤维的吸湿放热现象,注意保持通风、干燥,否则可能会使纤维吸湿发热而产生霉变,甚至引起自燃。

**2.体积质量**　纤维集合体的导热系数 λ 与其体积质量 δ 的关系如图11-3所示,选取合理的纤维集合体体积质量是获得良好保暖性的保证。当纤维集合体的体积质量小于 $\delta_k$ 时,虽然集合体中保有较多的空气,但在风压的作用下对流传导较大,保暖性变差;当纤维集合体的体积质量大于 $\delta_k$ 时,纤维间良好的接触使得热传导能力提高,保暖性变差。实验表明,在没有气压差的条件下,纤维集合体的体积质量为 $0.03 \sim 0.06\text{g/cm}^3$,即达到 $\delta_k$ 时,导热系数最小,纤维集合体的保暖性能最好。因此,通过制造中空纤维、增加纤维卷曲,使纤维集合体能保有较多的静止空气,这已成为提高化学纤维保暖性的重要途径。

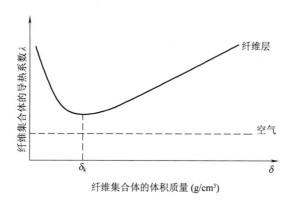

图 11 - 3　纤维集合体的导热系数 λ 与其体积质量 δ 的关系

**3. 纤维的排列状态**　集合体中纤维的排列状态影响着纤维间的接触面积的大小,接触面积越大,热传导能力越强;纤维间的平行排列程度会导致集合体热传导性能的各向异性,同时和热源的方向性关系也会影响集合体的导热性能,如纤维的轴向和热的传递方向一致,将使集合体的热传导能力明显上升。

**4. 纤维的形态**　纤维的粗细、横截面形状、卷曲、中空等状态都会影响纤维集合体的导热系数。这些因素主要从三个方面产生影响,一是形态导致纤维集合体中维持静止空气而使导热系数下降;二是形态导致纤维间接触面积减小而使导热系数下降;三是形态导致纤维集合体中直通孔隙的减少而使导热系数下降。

异形截面的纤维随着轮廓凹凸状况的变化,尤其是多沟槽化会使纤维集合体的导热系数下降;卷曲丰富的纤维有利于长时间维持纤维集合体的蓬松;在相同体积和密度条件下,细的纤维可以形成更少直通性的空间,维持更多的静止空气;中空纤维的空腔非常有利于保持静止空气,但单孔大中空的纤维抗压扁能力较差,使用效果不好,新型的多孔(如 4 孔、7 孔等)中空纤维比较有效地解决了这个问题。

**5. 其他**　在固体表面、固—气界面上一般均吸附气体分子以及很薄的气体稳定区,因此,在固体·气体界面上也有热阻,它们也影响热传导系数的数值。

**(三)常用保暖性指标**

纤维集合体的保暖性或绝热性是一种重要的使用性能。但是保暖性受多种因素的影响,使基础的热学指标测量和应用都较困难,所以人们为了方便,定义了一些综合性的实用指标。

**1. 绝热率**　绝热率表示纤维集合体隔绝热量传递保持体温的性能。它通常采用降温法测得,即将被测试样包覆在一热体外面,再用另一个相同的热体作为参照物(不包覆试样),同时

测得经过相同时间后的散热量或温度下降量,则绝热率的计算式为:

$$T = \frac{Q_0 - Q_1}{Q_0} \times 100 = \frac{\Delta t_0 - \Delta t_1}{\Delta t_0} \times 100 \qquad (11-4)$$

式中:$T$——绝热率,%;

$Q_0$——不包覆试样热体的散热量,J;

$Q_1$——包覆试样热体的散热量,J;

$\Delta t_0$——不包覆试样的热体单位时间温度下降量(温差),℃;

$\Delta t_1$——包覆试样的热体单位时间温度下降量(温差),℃。

绝热率数值越大,说明该材料的保暖性越好。实际测试中,为了方便和达到测试结果的稳定可靠,通常使用两只相同的容器,加入同质量和温度的水,测量经过一定时间后的温差。应当注意的是,比较不同纺织品的保暖性差异应该在相同的实验环境中进行。

**2. 保暖率**　保暖率是描述织物保暖性能的指标,该指标利用织物保暖仪进行测定。其数值是在保持热体恒温的条件下无试样包覆时消耗的电功率和有试样包覆时消耗的电功率之差占无试样包覆时消耗的电功率的百分数,该数值越大,说明该织物的保暖能力越强。新的国家标准将保暖率在30%以上的内衣称之为保暖内衣,但需要说明的是保暖率的高低不是评价保暖内衣的唯一指标,还需要其他指标(如透气率)综合评估。单位克重保暖率可用于比较不同重量纺织品之间的保暖性能,是一个相对指标。

**3. 热阻**　热阻也称为热欧姆,是导热系数的倒数。

$$R_h = \frac{1}{\lambda} \qquad (11-5)$$

式中:$R_h$——热阻,$m^2 \cdot K \cdot s/J$ 或 $m^2 \cdot K/W$。

热阻有另一种单位,即"克罗值"(clo),它是在温度为20℃、相对湿度不超过50%、空气流速不超过10cm/s 的环境中,一个人在静坐并感觉舒适时衣服所具有的热阻。"克罗值"常用于服装保暖性的评价,它的工程意义是热阻的实用单位。1 克罗 $= 4.30 \times 10^{-2} m^2 \cdot K \cdot h/kJ = 0.155 m^2 \cdot K/W$。

$$R_{clo} = \frac{R_h}{155} \qquad (11-6)$$

式中:$R_{clo}$——热阻,克罗。

服装的热阻通常包括纺织材料层、纺织材料之间的空气层、纺织材料与皮肤之间的空气层等总体的热阻,并考虑人体不同部位、不同皮肤温度的影响及其加权平均。

# 第三节　热转变温度

研究纺织材料在不同温度下内部结构和性质的变化规律,对其合理加工和正确使用有重要意义。纤维性质在温度转变点前后表现有明显不同,用不同的温度转变点来表征。从研究的内容看主要有热力学性质、热定形、热破坏等。

热力学性质,是指在温度的变化过程中,纺织材料的力学性质随之变化的特性。绝大多数纤维材料的内部结构呈两相结构,即晶相(结晶区)和非晶相(无定形区)共存。对于晶相的结晶区,在热的作用下其热力学状态有两种:一种是熔融前的结晶态,其力学特征表现为刚性体,且具有强力高、伸长小、模量大的特性;另一种是熔融后的熔融态,其力学特征表现为黏性流动体。两者可以用熔点(melting temperature Tm)来区分。对于非晶相的无定形区,在热的作用下其热力学状态有脆折态、玻璃态、高弹态和黏流态,分别按变形能力的大小采用脆折转变温度、玻璃化转变温度、黏流转变温度来划分。

## 一、纤维材料的热力学四态

对于线型高聚物,材料非晶相的黏流转变温度和结晶区的熔点常互相重合,很难区分,所以测量纤维的热力学性质时首先表现出来的变化是非晶相的变化,其典型曲线如图 11 – 4 所示。

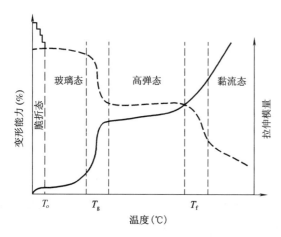

图 11 – 4 纤维材料的典型热力学曲线

图 11 – 4 是在恒应力条件下纤维的变形能力(实线)和拉伸模量(虚线)随温度变化的过程,其转折点分别为脆折转变温度(brittle transition temperature)$T_b$、玻璃化转变温度(glass transition temperature)$T_g$ 和黏流转变温度(viscous flow transition temperature)$T_f$,且转变温度都有一个区段,这是非晶态高聚物所特有的力学四态特征。其中,多数合成纤维的力学四态特征比较明显,而天然纤维(棉、麻、毛、丝)及再生纤维素纤维等在某些升温速率下(高温时)不呈现比较明显的黏流态特征,而直接分解、炭化。

### (一)玻璃态(glass state)

在低温状态时,纤维内部大分子热运动的能量比较低,运动单元只有侧基、链节、短支链等短小单元,链段处于被"冻结"状态,运动方式主要为局部振动和键长、键角的变化。因此,纤维的拉伸模量很高,强力高,变形能力很小,且外力去除后,变形很快消失,纤维硬脆,表现出类似玻璃的力学性质,故称玻璃态(或硬玻璃态)。当温度进一步升高,运动单元尺寸增加,纤维大分子链段有了一定的回转能力,纤维表现出一定的柔曲性、坚韧性,作用力大的情况下可见塑性变形,这个状态常被称为软玻璃态(或称为强迫高弹态),绝大多数纤维在室温条件下处于此状态。

纺织纤维的玻璃化转变温度大都高于室温,所以在室温条件下,衣服能保持一定抗拉伸能力和硬挺度,如氨纶的玻璃化温度在 – 40℃ 以下(聚醚型为 – 70 ~ – 50℃),在常温环境下具有优良的弹性。

## （二）高弹态（high‐elastic state，rubber state）

当温度继续升高超过某一温度（玻璃化转变温度 $T_g$）后，纤维的拉伸模量突然下降，纤维受较小的力的作用就发生很大变形，而且当外力解除后，变形快速恢复。在"温度—变形"或"温度—模量"曲线上出现一个平台区，这个区间的力学行为类似于橡胶的力学特征，纤维的这种力学状态就称为高弹态或称橡胶态。从分子运动机理看，在此温度下纤维内部的大分子链段已经"解冻"，链段可以绕主链轴做旋转运动，使大分子卷缩、伸直变形比较容易（参见第一章图1‐2），且产生的变形也易于通过链段的热运动恢复原来的形态。这是高聚物特有的力学状态，高弹形变的实质是链段运动使大分子发生伸展—卷曲运动的宏观表现。

## （三）黏流态（viscous flow state）

当温度再继续上升达到某一温度（黏流转变温度 $T_f$）后，大分子的热运动克服了分子间的作用力，运动单元从链段扩展至大分子链，大分子之间可以出现相对滑移，变形能力显著增大且不可逆。纺织纤维呈现出一种具有黏滞性、可流动的液体状态，纤维的这种力学状态就称为黏流态。当大分子的聚合度极高，分子间作用力极大，大分子间的缠结严重时，分子间的相对滑移极困难，不会出现黏流态。

## （四）脆折态（brittle state）

当链节、链段、主链旋转及侧基均被冻结固定时称为脆折态，在外力作用下，显示平、脆、易碎状态和性能。

上述从分子运动学观点描述了热力学四态，从相态角度看是面部结晶，脆折态是主体结晶，玻璃态、高弹态和黏流态均属非结晶相，即大分子间的排列状态呈无规（无序、非晶）状态。

# 二、热转变温度

## （一）熔点

熔点（melting point）$T_m$ 既是纤维的重要热性质，也是纤维结构参数。它反映了纤维材料在使用中的耐热程度，也可以作为鉴别纤维的依据。熔点是指晶体从结晶态转变为熔融态的转变温度。低分子物的这种相变在很窄的温度范围内完成，所以叫熔点。对纤维材料，结晶体是由高聚物形成的，它的熔化过程有一个较宽的温度区间——熔程，由于该熔程比较宽，所以通常把开始熔化的温度叫起熔点，把晶区完全熔化时的温度叫熔点 $T_m$（测量方法不同，熔点的定义和数值略有差异）。

若纤维材料的结晶度高，晶体比较规整，则熔程变窄，熔点也随之提高；同样结晶度时，晶粒大，晶区分布均匀，熔点较高。因此，熔点在一定程度上反映了纤维结晶的状态和结晶的热历史过程。

## （二）黏流转变温度

黏流转变温度 $T_f$ 是指纤维从高弹态向黏流态转变的温度，黏流态时，大分子间能产生整体的滑移运动，即黏性流动。黏流转变温度是纤维材料失去纤维形态逐渐转变为黏性液体的最低温度，也是纤维材料的热破坏温度。

纤维材料的黏性流动具有以下特点。

（1）大分子的流动是通过链段的位移运动来完成。描述低分子流动的孔穴理论并不适合高聚物,因为在高聚物熔体中要形成许多能容纳下整根大分子的孔穴是困难的,再者对烷烃类大分子进行流动活化能的测试中发现,当碳原子数增加到 20～30 个以上时,流动活化能达到一个极限值,出现与分子量无关的现象,这表明大分子的流动不是简单的整根分子的流动,而是类似于蚯蚓的蠕动。

(2)大分子的流动不符合牛顿流体的流动规律。黏度(黏性系数)不随剪切应力和剪切速度改变,而始终保持常数的流体称之为牛顿流体,低分子液体和高分子的稀溶液属于此类,纤维大分子熔体不属于此类。用牛顿流体的数学方程分析纤维时,一些精度要求不高的简单行为尚可应用,但在深入研究和实际应用时需要区别对待。

(3)大分子流动时伴随有高弹变形,即大分子流动过程中产生的变形有一部分是可逆的。大分子的流动不是大分子间简单的质心相对位移结果,而是各个链段分段运动的综合结果。链段的伸展在宏观上也类似"流动",这个流动特点在高聚物材料的成形加工中必须给予充分重视,而且黏流转变温度是成形加工的下限温度。

**(三)软化转变温度(softening transition temperature)**

纤维软化转变温度,也称软化温度,用变形能力的大小来判断。当温度到达某点时,一般结晶度不高的聚合物,尤其是分子量分散度较大的高聚物在没有熔融之前明显变形,即呈现出外力作用下的流动特征——软化,此时的温度为软化转变点(softening point),用 $T_S$ 表示。从概念上分析,它应该是开始熔融的温度,所以软化转变点可以用熔点来估计,目前国际上一般把低于熔点 20～30℃ 的温度称为软化温度。常见的软化温度测量方法有环球法和维卡变形法。

**1. 环球法** 该方法是把被测高聚物固定在一个内径 16mm 的环上,上面放置一个直径 9.5mm、重 3.5g 的钢球,在恒速升温(如 5℃/min)条件下,直至钢球落到下底板(试样环与下底板之间的距离约 25mm)时,温度计所指的温度即为软化温度。

**2. 维卡变形法** 维卡软化温度试验用于评价热塑性材料高温变形趋势。该方法是在等速升温条件下,用一根带有规定负荷、截面积为 $1mm^2$ 的平顶针放在试样上,当平顶针刺入试样 1mm 时的温度即为该试样的维卡软化温度。

**(四)玻璃化转变温度**

**1. 玻璃化转变温度 $T_g$ 的概念** 玻璃化转变温度(glass transition temperature)是指纤维材料从玻璃态向高弹态转变时的温度。玻璃态向高弹态的转变在一定的温度区间内完成,不同材料的转变区间宽度不同,一般在 3～5℃,这种转变用玻璃化转变温度 $T_g$ 来表示,从严格意义上讲 $T_g$ 是指一个温度区间,并随测量方法的不同略有差异。

$T_g$ 有升温定义(从玻璃态转变为高弹态——链段解冻)和降温定义(从高弹态转变玻璃态——链段冻结)两种,但在众多的文献中,$T_g$ 定义为玻璃态向高弹态转变的起始点或高弹态转变为玻璃态的结束点。

$T_g$ 不但对纤维材料性能的研究影响重大,而且在纺织工程中有着重要的作用。对于纤维自身,玻璃化转变温度是纤维许多性能特别是力学性能的突变点,除了前面介绍过的比热容、导热系数外,初始模量、双折射率、介电系数、弹性、耐疲劳性等均发生显著变化。在工业上可以利用玻璃化转变温度前后纤维性能的差异进行纤维材料的热定形加工、织物风格的整理加工、化纤制造中的拉伸和变形加工等。

**2. 影响玻璃化转变温度 $T_g$ 的因素**　玻璃化转变温度是分子链段开始"解冻"的温度,凡能使大分子链的柔曲性增加、分子间作用力降低的因素都会使玻璃化温度下降。影响因素可以分为两类,一类是结构性因素(即内因),一类是外界因素(如升温速度、外力大小、作用的频率、拉伸速度等)。这里介绍几个主要的结构性因素。

(1)分子大小的影响:在单基相同的条件下,随聚合度(分子量)增加,$T_g$ 逐渐增加;但到达一定程度后,当分子量增加时,$T_g$ 趋向稳定。

(2)基团极性的影响:大分子链上侧基基团的多少和大小会影响大分子链的柔曲性,侧基越多、尺寸越大,分子链的柔曲性越差,玻璃化温度将升高。基团的极性产生两方面的影响,一方面是因为基团极性增强而使分子间作用力增加,导致 $T_g$ 升高;而另一方面基团极性的增加使纤维的吸湿性上升,水分的进入却降低了大分子间的作用力,从而导致 $T_g$ 下降,如棉、毛、麻、黏胶纤维的玻璃化温度在绝干状态时都在160℃以上,润湿后玻璃化温度的下降量竟然在150℃以上,这也是许多定形效果在水洗之后会丧失的主要原因,许多资料不列出上述纤维 $T_g$ 的原因也在于此。几种纤维玻璃化转变温度随回潮率变化的情况如图 11−5 所示。

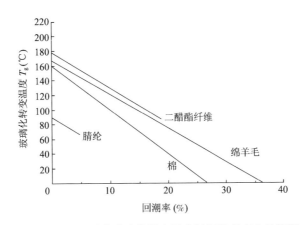

图 11−5　几种纤维玻璃化转变温度随回潮率变化的情况

(3)共聚的影响:共聚物的 $T_g$ 与共聚高分子的性能有关。一般而言,共聚物的 $T_g$ 是参与共聚的各组分 $T_g$ 的综合值,如二元共聚物的 $T_g$ 随着其中某一组分的含量增加而大致呈线性变化,利用共聚改变聚合物的 $T_g$ 是一种方便的方法。

(4)结晶度的影响:玻璃化转变是非晶区的特性,随着结晶度的增加,非晶区在减少,同时非晶区链段的活动能力因晶粒的牵制也在下降,所以结晶度高的纤维其玻璃化转变温度较高。

(5)交联的影响:大分子链段的活动能力会因分子间的化学交联而降低,从而导致玻璃化温度 $T_g$ 升高。

**(五)脆折转变温度**

脆折转变温度也叫脆化温度(brittle transition temperature)或脆化点,它是指在温度很低的时候,高聚物内的链节、链段等运动单元都被"冻结",此时纤维的力学性能呈现出模量很高、变形很小、脆性破坏的特征,出现这种转变的温度点称为脆折转变温度,以 $T_b$ 表示。对于纤维材料而言,$T_b$ 表征了纤维材料的耐寒性,$T_b$ 越低,说明这种纤维材料在低温下的使用性能越好。纺织纤维中,仅有聚四氟乙烯纤维的脆折转变温度达到 $-160℃$,能达到低温不脆的性能。其他纺织纤维很难在 $-45℃$ 以下保持不脆碎的性能。

### (六)热破坏温度

**1. 热破坏温度与耐热性** 纤维材料的耐热性是指其抵抗热破坏的性能,在热能的作用下纤维内部的大分子会分解,纤维强力下降,同时颜色和其他性能也会发生变化,这种改变(即耐热性)可用破坏温度或受热时性能的恶化来表示。一般把受热温度超过400℃时材料表现出来的耐热性称为耐高温性,但常规纺织纤维无法耐受这样的温度。

热分解温度是众多的热破坏温度之一,由于人们对纤维材料破坏的界定是多样的,所以有多种热破坏温度,如定形效果的破坏温度是玻璃化温度;材料开始失去其强韧和形状的破坏温度是软化点;材料完全失去固体状态的破坏温度是熔点;大分子被破坏为小分子的温度是分解温度;熨烫衣物不被破坏的最高温度是熨烫温度等。实验表明:在天然纤维中,棉纤维的耐热性较好,受热不软化不熔融,在120℃下5h开始发黄,150℃时分解;麻纤维200℃时分解(黏胶纤维类似,260~300℃时开始变色分解);羊毛的耐热性较差,100℃时开始变黄,强度下降,130℃时分解,300℃时炭化;蚕丝可以承受110℃短时间处理而不受损,235℃时分解,270~465℃时燃烧。合成纤维受热后大多有熔融收缩现象。表11-5中所列是几种常见纤维的热转变温度。

表11-5　几种常见纤维的热转变温度

| 材　料 | 温　度(℃) | | | | | |
|---|---|---|---|---|---|---|
| | 玻璃化转变温度 | 软化点 | 熔　点 | 分解点 | 熨烫温度 | 洗涤最高温度 |
| 棉 | 0~160 | — | | 350 | 200 | 90~100 |
| 绵羊毛 | 0~168 | — | | 245 | 180 | 30~40 |
| 桑蚕丝 | — | — | | 250 | 160 | 30~40 |
| 黏胶纤维 | — | — | | 350 | 190 | 30~40 |
| 锦纶6 | 47,65 | 180 | 215~225 | 431 | 110~120 | 80~85 |
| 锦纶66 | 82 | 225 | 253 | 403 | 120~140 | 80~85 |
| 涤纶 | 80~90 | 235~240 | 256 | 420~449 | 160~170 | 70~100 |
| 腈纶 | 65~90 | 190~240 | | 280~300 | 130~140 | 40~50 |
| 维纶 | 85 | 干:220~230 湿:110 | — | — | 150(干) | — |
| 乙纶 | -120,-130 | 110 | 137 | — | — | — |
| 丙纶 | -35,-10 | 145~150 | 163~175 | 469 | 100~120 | — |
| 氯纶 | 82~87 | 90~100 | 227~273 | 190 | 30~40 | 30~40 |
| 氟纶 | 126 | 305 | 327 | 400 | 180 | 90~100 |
| 间位芳纶 | 275 | 355 | 375 | 410 | 180 | 100 |
| 对位芳纶 | 340 | 540 | 560 | 595 | 195 | 100 |

2.**热稳定性**　纺织材料的热稳定性是指在一定温度条件下,随时间增加纤维抵抗性能恶化的能力,可以用各种性能的损失量或损失率来表达,通常用强力的降低程度来表述。经测试表明:在纺织纤维中,涤纶的耐热性与热稳定性都是最好的;锦纶、腈纶、黏胶纤维的耐热性较好,但热稳定性差些;羊毛、蚕丝类蛋白质纤维的耐热性和热稳定性较差;棉、麻类纤维素纤维的耐热性和热稳定性一般;维纶的耐热水性很差。表11-6是几种纤维热稳定性的测试数据。

表11-6　纺织材料的热稳定性

| 材　料 | 剩余强度(%) | | | | |
| --- | --- | --- | --- | --- | --- |
| | 在20℃时未加热 | 在100℃时经过 | | 在130℃时经过 | |
| | | 20天 | 80天 | 20天 | 80天 |
| 棉 | 100 | 92 | 68 | 38 | 10 |
| 亚麻 | 100 | 70 | 41 | 24 | 12 |
| 苎麻 | 100 | 62 | 26 | 12 | 6 |
| 蚕丝 | 100 | 73 | 39 | — | — |
| 黏胶纤维 | 100 | 90 | 62 | 44 | 32 |
| 锦纶 | 100 | 82 | 43 | 21 | 13 |
| 涤纶 | 100 | 100 | 96 | 95 | 75 |
| 腈纶 | 100 | 100 | 100 | 91 | 55 |
| 玻璃纤维 | 100 | 100 | 100 | 100 | 100 |

### (七)热定形温度

1.**热定形的基本概念**　定形是指使纤维、纱、织物达到一定的(所需的)宏观形态(状),再尽可能地切断大分子间的联结,使大分子应力松弛,然后在新的平衡位置上重新建立尽可能多的分子之间联结点的处理过程。热定形则是指在热的作用下(以加热、冷却的手段进行大分子之间联系的切断、应力松弛和重组)进行的定形,在热定形机理上它既有玻璃化温度的"冻结"定形(如合成纤维定形),也有纤维内部结构变化的结构定形(如毛纤维定形)。

热定形的目的是为了消除纤维材料在加工中所产生的内应力,使其在以后的使用过程中具有良好的尺寸稳定性、形态保持性、弹性、手感等。生活中衣物的熨烫,生产中弹力丝的加工、蒸纱,毛织物的煮呢、电压、蒸呢及其他整理工艺都是在运用热定形或湿热定形。

2.**热定形的效果**　热定形的效果从时效和内部结构的稳定机理来看可以分为:暂时定形与永久定形。暂时定形的稳定时间短、抗外界干扰能力差,这是由于定形时没有充分消除纤维内部的内应力,只是利用玻璃态下链段的"冻结"来维持外观形状;而永久定形时不但使内应力充分松弛,而且使纤维内部形成了新的分子间的稳定结合,所以永久定形的纤维材料,其形态维持能力很强。如果要破坏定形效果,只有外界条件超过定形条件才能实现。评定热定形效果的好坏可以用汽蒸或熨烫收缩率,其收缩率越大,定形效果就越差。水分子进入纤维中,不仅可以降低玻璃化转变温度,而且还可以拆开纤维间氢键、盐式键联结,对某些纤维(特别是有盐式键和二硫键的毛纤维)的定形有促进作用,故又称为湿热定形。

**3. 热定形温度** 纤维的热定形温度必须高于玻璃化转变温度,但不得高于黏流转变温度。温度太低,大分子运动困难,内应力难以完全消除,达不到热定形的效果;温度太高,会使纤维材料产生破坏,纤维颜色变黄,手感发硬,甚至熔融黏结。适当降低定形温度,不但可以减少染料升华,而且会使织物手感优良,如毛纤维、蚕丝纤维定形温度过高,会导致纤维强力下降、手感发硬、出现极光;变形丝紧张定形温度过高,会使其弹性下降,失去蓬松弹力感;合成纤维定形温度过高,则可能出现布面极光、甚至熔粘。几种纤维织物的比较合适的热定形温度见表 11 − 7。

表 11 − 7　几种纤维的热定形温度　　　　　　　　　　单位:℃

| 纤　　　维 | 热水定形 | 蒸汽定形 | 干热定形 |
|---|---|---|---|
| 涤　纶 | 120 ~ 130 | 120 ~ 130 | 190 ~ 210 |
| 锦纶 6 | 100 ~ 110 | 110 ~ 120 | 160 ~ 180 |
| 锦纶 66 | 100 ~ 120 | 110 ~ 120 | 170 ~ 190 |
| 丙　纶 | 100 ~ 120 | 120 ~ 130 | 130 ~ 140 |
| 绵羊毛 | 85 ~ 95 | 110 ~ 130 | 125 ~ 150 |
| 山羊绒 | 85 ~ 95 | 105 ~ 125 | 110 ~ 130 |

**4. 影响热定形效果的因素** 完成热定形并达到好的定形效果并不只需要热能,除温度是非常重要的因素外,其他因素也不能忽略。

(1)定形时间:大分子间的联结只能逐步拆开,达到比较完全的应力松弛需要时间。重建分子间的联结也需要时间。在一定范围内,温度较高时,热定形时间可以缩短;温度较低时,热定形时间较长。时间不足会导致内应力松弛不完全或结构不稳定(分子间联结不良),达不到应有的定形效果,织物的形态维持能力比较差。

(2)定形张力(负荷):在张力为"零"时进行的热定形称为松弛定形,在有张力或负荷的条件下进行热定形称为紧张(张力)热定形。张力的大小与织物的性能要求和风格特点有关,张力大时布面容易舒展平整,但手感通常偏板硬,如滑爽挺括薄型面料的定形;反之,张力小时织物布面较易显现凹凸起伏,手感偏软糯,如蓬松丰满织物的定形。

(3)定形介质:最常见的定形介质是水或湿汽,水可以有效地降低纤维材料的玻璃化转变温度,并能拆开氢键、盐式键、二硫键等,所以吸湿性越强的纤维 $T_g$ 下降幅度越大(图 11 − 5)。采用合适的化学药剂会比水更有效地拆解大分子之间的作用力,降低热定形温度,既达到定形目的,又把对纤维的损伤降到最低。当然有些纤维的热定形离开定形介质就无法获得永久定形效果,如毛纤维用干热定形无法拆解胱氨酸二硫键,只能获得暂时定形,但其在湿热条件下就可以获得较好的定形效果。若采用适当的定形介质(整理剂)就可以获得很好的定形效果,如绵羊毛拉细纤维和丝光纤维的加工需要严格的定形介质和温湿度条件。

# 第四节　阻燃性

纤维材料抵抗燃烧的性能称为阻燃性。纤维的燃烧可以认为是一种纤维分子快速热降解的过程,该过程伴随有化学反应和大量热量的产生,燃烧所产生的热量又会加剧和维持纤维的燃烧。燃烧是一个相当复杂的问题,燃烧过程需要经过一系列复杂的物理和化学变化,是纤维、热、氧气三要素构成的复杂循环过程。高聚物的燃烧过程大体上可分为三个连续的阶段:固体受热降解并析出可燃性气体阶段、火焰燃烧(氧化)阶段和生成燃烧产物阶段,其中前两个阶段是可以循环的。

纤维燃烧所造成的危害是显而易见的,纤维的阻燃性是构成纺织品安全防护的一项重要内容。而在纺织加工中,烧毛技术则利用超高温,短时间内使纱线或织物表面毛羽升温达到燃烧温度并被燃烧、氧化分解,纱线或织物本体温度仍远低于安全温度未受损伤从而除去纱线或织物表面的毛羽。常规使用的火焰温度在1070~1100℃,织物通过火焰的时间为9~12ms。

## 一、阻燃性的定性表述

根据纤维在火焰中和离开火焰后的燃烧情况,可以把纤维材料的阻燃性定性地分为四种,即易燃纤维、可燃纤维、难(阻)燃纤维和不燃纤维。

(1)易燃纤维:快速燃烧,容易形成火焰。如纤维素纤维、腈纶、丙纶等。

(2)可燃纤维:缓慢燃烧,离开火焰可能会自熄。如羊毛、蚕丝、锦纶、涤纶和维纶等。

(3)难燃纤维:与火焰接触时可燃烧或炭化,离开火焰便自行熄灭。如氯纶、腈氯纶、阻燃涤纶、间位芳纶、对位芳纶、酚醛纤维、聚苯硫醚纤维等。

(4)不燃纤维:与火焰接触也不燃烧。如石棉纤维、玻璃纤维、金属纤维、碳纤维、碳化硅纤维、玄武岩纤维、硼纤维等。

## 二、阻燃性的定量表述

### (一)极限氧指数 LOI(limit oxygen index)

极限氧指数是纤维材料在氧—氮混合气体里点燃后维持燃烧所需要的最低含氧量体积百分数(按标准,纤维应纺成约定线密度纱线,并按规定的经纬密度织成机织布,并洗去油剂等后进行测试)。

$$\mathrm{LOI} = \frac{\mathrm{O_2 \, 的体积}}{\mathrm{O_2 \, 的体积} + \mathrm{N_2 \, 的体积}} \times 100 \qquad (11-7)$$

极限氧指数越大,燃烧需要的氧气浓度越高,则材料的阻燃性越好,即越阻燃。在正常的大气中,氧气约占20%,所以从理论上可以认为纤维材料的极限氧指数只要超过空气中的含氧量,那么其在空气中就有自熄作用。但实际上,在发生火灾时,由于空气中对流等作用的存在,要达到自熄作用,纤维材料的极限氧指数需要在25%以上,所以当某纤维的极限氧指数达到27%,就可以认为其具有阻燃作用。

**（二）点燃温度**

点燃温度是点燃纤维材料所需的最低温度,单位为℃,即在此温度以下纤维材料难以燃烧,点燃温度越高,其阻燃性越好。

**（三）火焰最高温度**

火焰最高温度是指纤维燃烧时火焰中心的最高温度,单位为℃。纤维燃烧时火焰的温度越高,即燃烧释放的热量越多,越容易使没燃烧的纤维燃烧起来。表11-8是几种纤维材料的极限氧指数、点燃温度和火焰最高温度。

表11-8　纺织纤维的极限氧指数、点燃温度和火焰最高温度

| 纤维种类 | 极限氧指数（%） | 点燃温度（℃） | 火焰最高温度（℃） | 燃烧热（kJ/g） |
|---|---|---|---|---|
| 棉 | 17~20 | 350~400 | 860 | 18.8 |
| 绵羊毛 | 24~26 | 600~650 | 941 | 20.7 |
| 桑蚕丝 | 23~24 | 620~630 | 800 | |
| 黏胶纤维 | 17~19 | 330~420 | 850 | 16.3 |
| 醋酯纤维 | 17~18 | 475~540 | 960 | |
| 三醋酯纤维 | 17~19 | 400~540 | 885 | |
| 锦纶6 | 20~21 | 450~530 | 875 | 33.0 |
| 锦纶66 | 20~21.5 | 450~532 | | 34.5 |
| 涤纶 | 20~22 | 450~580 | 697 | 23.8 |
| 维纶 | 19~19.7 | | | |
| 腈纶 | 17~18 | 330~560 | 855 | 35.9 |
| 丙纶 | 17~18.6 | 450~570 | 839 | 43.9 |
| 氯纶 | 37~39 | 450~650 | | 20.3 |
| 氟纶 | 95 | 560~680 | | |
| 间位芳纶 | 27~28.5 | 430~500 | | |
| 对位芳纶 | 28~30 | 440~550 | | |

**（四）续燃时间**

续燃时间是指在规定的试验条件下,移开（点）火源后纤维材料持续有焰燃烧的时间,单位为s。它主要反映纤维材料持续燃烧的能力。

**（五）阴燃时间**

阴燃时间是指在规定的试验条件下,当有焰燃烧终止后,或者移开（点）火源后,纤维材料持续无焰燃烧的时间,单位为s。它主要反映材料持续燃烧的能力和潜在危险。阴燃是只在固—气相界面处燃烧,不产生火焰或火焰贴近可燃物表面的一种燃烧形式,燃烧过程中可燃物质成炽热状态,所以它也称为无焰燃烧或表面炽热型燃烧。

### (六)损毁长度

损毁长度是指在规定的试验条件下,纤维材料损毁面积在规定方向上的最大长度,单位为mm。长度越长,纤维材料的阻燃性越差。

### (七)火焰蔓延速率

火焰蔓延速率是在规定的试验条件下,单位时间内火焰蔓延的距离,单位为 mm/min。它主要反映纤维材料燃烧时的剧烈程度或易燃性。

### (八)火焰蔓延时间

火焰蔓延时间是在规定的试验条件下,火焰在燃烧着的纤维材料上蔓延规定距离所需要的时间。其单位虽然用 s,但它实际上是蔓延速率的倒数,这是因为燃烧距离是个规定值,即常量。

### (九)熔孔时间及熔滴

在规定试验条件下,测试规定高温物体(钢球、玻璃球,或点燃的香烟)烫出熔孔和穿过所需的时间(s),以及材料在火焰燃烧中熔滴滴落状态(具体内容见本章第五节)。

## 三、阻燃织物的阻燃性能要求

阻燃织物的阻燃性能应符合表 11 - 9 的规定。使用中需要经常洗涤的阻燃织物,应按规定的程序进行耐洗性试验,试验前后的阻燃性能都应达到表 11 - 9 中的要求。

表 11 - 9　阻燃织物的阻燃性能要求

| 项目 | | | 指标 | | 试验方法 |
|---|---|---|---|---|---|
| 级别① | | | $B_1$ | $B_2$ | |
| 装饰用织物 | 公共场所装饰用织物 | 损毁长度(mm)　≤ | 150 | 200 | GB/T 5454—1997 |
| | | 续燃时间(s)　≤ | 5 | 15 | |
| | | 阴燃时间(s)　≤ | 5 | 15 | |
| | 飞机、轮船内饰用 | 损毁长度(mm)　≤ | 150 | 200 | GB/T 5454—1997 |
| | | 续燃时间(s)　≤ | 5 | 15 | |
| | | 滴落物 | 未引燃脱脂棉 | 未引燃脱脂棉 | |
| | 汽车内饰用 | 火焰蔓延速率(mm/min)　≤ | 0 | 100 | FZ/T 01028—1993 |
| | 火车内饰用 | 损毁面积(cm²)　≤ | 30 | 45 | GB/T 14645—1993 |
| | | 损毁长度(cm)　≤ | 20 | 20 | |
| | | 续燃时间(s)　≤ | 3 | 3 | |
| | | 阴燃时间(s)　≤ | 5 | 5 | |
| 防护服用织物(洗涤前和洗涤后②) | | 损毁长度(mm)　≤ | 150 | — | GB/T 5454—1993 |
| | | 续燃时间(s)　≤ | 5 | — | |
| | | 阴燃时间(s)　≤ | 5 | — | |
| | | 熔融、滴落 | 无 | — | |

①由供需双方协商确定考核级别。

②洗涤程序按耐水洗程序执行。

#### 四、提高纺织材料阻燃性的途径

影响纤维阻燃性的因素主要有纤维的化学组成与结构、集合体的结构状态、纤维之外的添加物及环境条件等。提高纤维材料的阻燃性有两种途径。

**1. 对纤维制品进行阻燃整理**　利用各种阻燃整理剂在制品上形成阻燃层,以降低制品可燃性物质的释放,或阻隔热量对纤维的作用,或阻断氧化反应的进行,从而达到阻燃的目的,这种方法实施简单,但它存在阻燃剂引起织物手感恶化、人体致癌和耐洗牢度不高等问题。

**2. 制造阻燃纤维**　阻燃纤维本身的阻燃能力不但使生产阻燃纺织品的工艺简单化,而且使用效能大幅度提高,但阻燃纤维的生产成本较高,技术难度较大。阻燃纤维的生产有两种方法。

(1)在纺丝液中加入阻燃剂,纺丝制成阻燃纤维,如阻燃黏胶纤维、阻燃腈纶、阻燃涤纶、安纺阻燃纤维(anti‐fcell)等改性纤维。其局限性在于会显著降低纤维材料强度和其他性能。

(2)由合成的耐高温高聚物纺制成阻燃纤维,如间位芳纶、对位芳纶、聚苯并咪唑(PBI)、聚对苯撑苯并二噁唑(PBO)、聚酰亚胺(PI)、聚苯硫醚(PPS)、聚芳砜酰胺(PSA)、聚酚醛(PPA)纤维、聚四氟乙烯(PTFE)纤维等。

#### 五、常见纤维的燃烧特征

表 11‐10 是一些纤维的燃烧特征,从靠近火焰时、接触火焰时、离开火焰时、燃烧时的气味及残留物特征几个方面做了表述,此表也可以作为燃烧法鉴别纤维的参考。

表 11‐10　纤维的燃烧特征

| 纤维种类 | 燃烧状态 | | | 燃烧时的气味 | 残留物特征 |
| --- | --- | --- | --- | --- | --- |
| | 靠近火焰时 | 接触火焰时 | 离开火焰时 | | |
| 棉 | 不熔不缩 | 立即燃烧,黄焰,蓝烟 | 继续迅速燃烧 | 燃纸味 | 呈细而软的灰黑絮状 |
| 亚麻 | 不熔不缩 | 立即燃烧,黄焰,蓝烟 | 继续迅速燃烧 | 燃纸味 | 呈细而软的灰白絮状 |
| 黏胶纤维、铜氨纤维 | 不熔不缩 | 立即燃烧,黄焰,无烟 | 继续迅速燃烧 | 燃纸味 | 呈少许灰白色灰烬 |
| 高湿模量黏胶纤维 | 不熔不缩 | 立即燃烧 | 继续迅速燃烧 | 燃纸味 | 呈细而软的灰黑絮状 |
| 醋酯纤维 | 有熔缩 | 熔融燃烧 | 熔融燃烧 | 醋味 | 呈硬而脆不规则黑块 |
| 桑蚕丝 | 熔融卷曲 | 卷曲、熔融、燃烧 | 略带闪光有时自灭 | 烧毛发味 | 呈松而脆的黑色颗粒 |
| 绵羊毛 | 熔融卷曲 | 卷曲、熔融、燃烧 | 燃烧缓慢有时自灭 | 烧毛发味 | 呈松而脆的黑色焦炭状 |
| 大豆蛋白纤维 | 熔缩 | 缓慢燃烧 | 继续燃烧 | 特异气味 | 呈黑色焦炭状硬块 |
| 牛奶蛋白纤维 | 熔缩 | 缓慢燃烧 | 继续燃烧有时自灭 | 烧毛发味 | 呈黑色焦炭状,易碎 |
| 聚乳酸纤维 | 熔缩 | 熔融缓慢燃烧 | 继续燃烧 | 特异气味 | 呈硬而黑的圆珠状 |
| 涤纶 | 熔缩 | 熔融燃烧冒黑烟 | 继续燃烧有时自灭 | 有甜味 | 呈硬而黑的圆珠状 |
| 腈纶 | 熔缩 | 熔融燃烧 | 继续燃烧冒黑烟 | 辛辣味 | 呈黑色不规则易碎粒 |
| 锦纶 | 熔缩 | 熔融燃烧 | 自灭 | 氨基味 | 呈硬淡棕色透明圆珠状 |

| 纤维种类 | 燃烧状态 | | | 燃烧时的气味 | 残留物特征 |
| --- | --- | --- | --- | --- | --- |
| | 靠近火焰时 | 接触火焰时 | 离开火焰时 | | |
| 维纶 | 熔缩 | 收缩燃烧 | 继续燃烧冒黑烟 | 特有香味 | 呈不规则焦茶色硬块 |
| 氯纶 | 熔缩 | 熔融燃烧冒黑烟 | 自灭 | 刺鼻气味 | 呈深棕色硬块 |
| 偏氯纶 | 熔缩 | 熔融燃烧冒烟 | 自灭 | 刺鼻药味 | 呈松而脆的黑色焦炭状 |
| 氨纶 | 熔缩 | 熔融燃烧 | 开始燃烧后自灭 | 特异气味 | 呈白色胶状 |
| 对位芳纶 | 不熔不缩 | 燃烧冒黑烟 | 自灭 | 特异气味 | 呈黑色絮状 |
| 聚烯烃纤维 | 熔缩 | 熔融燃烧 | 熔融燃烧液态下落 | 石蜡味 | 呈灰白色蜡片状 |
| 聚苯乙烯纤维 | 熔缩 | 收缩燃烧 | 继续燃烧冒黑烟 | 略有芳香味 | 呈黑而硬的小球状 |
| 碳纤维 | 不熔不缩 | 像烧铁丝一样发红 | 不燃烧 | 略有辛辣味 | 呈原有状态 |
| 不锈钢纤维 | 不熔不缩 | 像烧铁丝一样发红 | 不燃烧 | 无味 | 变形,呈硬珠状 |
| 石棉纤维 | 不熔不缩 | 发光,不燃烧 | 不燃烧,不变形 | 无味 | 不变形,纤维略变深 |
| 玻璃纤维 | 不熔不缩 | 变软,发红光 | 变硬,不燃烧 | 无味 | 变形,呈硬珠状 |
| 聚酚醛纤维 | 不熔不缩 | 像烧铁丝一样发红 | 不燃烧 | 稍有刺激性焦味 | 呈黑色絮状 |
| 聚芳砜酰胺纤维 | 不熔不缩 | 卷曲燃烧 | 自灭 | 带有浆料味 | 呈不规则硬而脆的粒状 |

# 第五节　热变形性

随着温度的改变,纤维材料的力学性能和形态都会随之而变,在形态方面纤维材料也遵循一般固体材料热胀冷缩的规律,产生微量的变形,但人们印象最为深刻的却是纤维材料受热之后产生的收缩(纤维、纱线长度的变短,织物的尺寸变短,集合体的体积缩小等),即热收缩,织物局部受热收缩严重时会出现熔孔现象。

## 一、热收缩

纤维的热收缩是指在温度升高时,纤维内大分子间的作用力减弱,以致在内应力的作用下大分子回缩,或者由于伸直大分子间作用力的减弱,大分子克服分子间的束缚通过热运动而自动的弯曲缩短,形成卷曲构象,从而产生纤维收缩的现象。纤维收缩是其他热变形的基础,纤维的热收缩是不可逆的,与可逆的"热胀冷缩"现象有本质的区别,如一般合成纤维在加热时会有明显的热收缩现象。由于内应力原因而产生的热收缩一般不会导致明显的纤维性能恶化,只是长度缩短,横截面有所增大,如膨体纱就是利用这种原理加工的,即利用高收缩纤维(暂时定形)和低收缩纤维混合纺纱,而后在热环境中使高收缩纤维收缩,低收缩纤维被挤出成为蓬松体。纤维中伸直的大分子因为受热而获得运动能量,克服分子间的作用力取得卷曲构象而产生的热收缩,不但使纤维形态丧失,而且使纤维的性能明显恶化。

纤维热收缩的程度用热收缩率表示,其定义为加热后纤维缩短的长度占纤维加热前长度的百分数。根据加热介质的不同,热收缩率分为沸水收缩率、热空气收缩率(180℃或204℃)、饱和蒸汽收缩率(130℃)等。如维纶、锦纶的湿热收缩率大于干热收缩率;受热时的温度越高,热收缩率越大;长丝与短纤维相比,一般长丝的热收缩率较大。

纤维材料的热收缩对其成品的服用性能是有影响的,纤维的热收缩大时,织物的尺寸稳定性差;纤维的热收缩不匀时,织物会起皱不平。这里需要强调的是残留内应力所产生的热收缩往往是构成成品使用过程中疵病的原因,只有良好的热定形才能克服;大分子取得卷曲构象而产生的收缩,通常是织物失去使用价值的根源,这个问题可以划归耐热性。

## 二、熔孔性及熔滴性

织物接触到热体在局部熔融收缩形成孔洞的性能,称为熔孔性。织物抵抗熔孔现象的性能,称为抗熔孔性。它也是织物服用性能的一项重要内容。同时,燃烧中熔融滴落称熔滴性。

对于常用纤维中的涤纶、锦纶等热塑性合成纤维,在其织物接触到温度超过其熔点的火花或其他热体时,接触部位就会吸收热量而开始熔融,熔体随之向四周收缩,在织物上形成孔洞。当火花熄灭或热体脱离时,孔洞周围已熔断的纤维端就相互黏结,使孔洞不再继续扩大。织物燃烧中产生熔滴对人体烫烧影响更为严重。但是天然纤维和再生纤维素纤维在受到热的作用时不软化、不熔融,在温度过高时会分解或燃烧。

**1. 影响织物熔孔和熔滴的主要外界因素**

(1)热体的表面温度:温度必须高于纤维的熔点。

(2)热体的热容量:热体没有足够的热量,即使温度很高也难以形成熔孔。如从50℃到熔融,涤纶需要117.2J/g的热量、锦纶纤维需要146.5J/g的热量。

(3)接触时间:吸收热量并熔缩需要一定的时间,接触时间太短也难以形成熔孔。

(4)相对湿度:相对湿度的提高会使纤维中的水分含量增加,形成孔洞将需要更多的热量。

**2. 织物抗熔孔性的测试方法**

(1)落球法:先把玻璃球或钢球在加热炉内加热到所需要的温度后,使之落在水平放置并具有一定张力的织物试样上,这时试样与热球接触的部位开始熔融,最后试样上形成孔洞,而热球落下。可以用在试样上形成孔洞所需的热球的最低温度,或用热球在织物试样上停留的时间来表示织物的抗熔孔性。

(2)烫法:使用加热到一定温度的热体(金属棒、纸烟)等与织物试样接触,经过一定时间后,观察试样接触部分的熔融状态,进行评定。或将纸烟点燃,以75°角与织物表面接触,测定织物产生熔孔的时间。

表11-11是采用玻璃球法测试几种纤维织物抗熔孔性的结果,测试的是试样形成孔洞所需玻璃球的最低温度。

表 11 - 11　织物的抗熔孔性

| 纤　维 | 坯布重量($g/m^2$) | 抗熔孔性(℃)（玻璃球法） | 纤　维 | 坯布重量($g/m^2$) | 抗熔孔性(℃)（玻璃球法） |
|---|---|---|---|---|---|
| 涤　纶 | 190 | 280 | 毛/涤（50/50） | 190 | 450 |
| 锦　纶 | 110 | 270 | 腈　纶 | 220 | 510 |
| 涤/棉（65/35） | 100 | >550 | 间位芳纶 | 210 | >550 |
| 涤/棉（85/15） | 110 | 510 | | | |

实践证明,织物的抗熔孔性大约在 450℃ 以上就是良好的。由表 11 - 11 可以看出,涤纶和锦纶的抗熔性较差,腈纶织物优良,棉涤混纺和毛涤混纺后大大提高了涤纶的抗熔孔性。图11 - 6 是涤纶和不同纤维混纺时随混纺比变化抗熔孔性的变化曲线。织物的重量与组织等,对织物的抗熔孔性也有影响,如在其他条件相同时,轻薄织物更容易熔成孔洞。

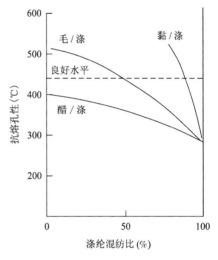

图11 - 6　混纺比与织物的抗熔孔性

### 思考题

1. 纺织纤维的比热容、导热系数、软化温度、沸水收缩率、熔孔温度等名词的概念是怎样的？分别说明材料的什么性质？

2. 试讨论纤维比热容和导热系数对织物的隔热性和接触冷暖感的影响。

3. 纤维集合体的传热能力和体积质量有怎样的关系？为提高衣着的保温性应考虑哪些因素？

4. 研究和测定纤维的热收缩有什么重要意义？热收缩的机理是怎样的？生产上有什么用途？

5. 什么是纤维的热力学曲线？研究它有何意义？

6. 试分析影响热定形效果的主要因素。

7. 什么是极限氧指数？各种纤维的燃烧性能如何？

8. 纺织材料按燃烧的难易程度可以分为哪几类？定量描述纤维材料的指标有哪些？

9. 考核纤维耐热性的指标有哪些？热稳定性如何衡量？

10. 为什么要对纤维材料进行热定形？热定形的过程是怎样的？合成纤维的热定形和毛纤维的湿热定形有何异同之处？热定形的温度应该如何选择？

### 参考文献

[1] 姚穆,施楣梧,张燕,等.蛋白质纤维的导热性及其方向性差异[J].西北纺织工学院学报,1993 (12):14 - 16.

［2］何曼君.高分子物理［M］.上海:复旦大学出版社,1982.

［3］梁伯润.高分子物理学［M］.2版.北京:中国纺织出版社,2000.

［4］潘志娟.纤维材料近代测试技术［M］.北京:中国纺织出版社,2005.

［5］W E Morton,J W S Hearle. Physical properties of textile fibres［M］.3rd ed. Manchester:The Textile Ins.,
1993.

［6］J W S Hearle,L W C Wiles.纤维和织物的定形［M］.李辛凯,译.西安:西北纺织工学院,1980.

［7］于伟东.纺织物理［M］.上海:东华大学出版社,2002.

［8］曾汉民.功能纤维［M］.北京:化学工业出版社,2005.

# 第十二章　电学及磁学性能

## 第一节　纺织材料的介电性能

介电性能是材料在电场作用下发生极化,由于电荷重新排布所表现出的性质。在电场作用下,电介质(材料)由于极化现象表现出的对静电能的储蓄以及在交变电场中的损耗性质。评价材料的介电性能的主要指标有介电常数、介电强度和损耗因子。

### 一、电介质与极化现象

#### (一)电介质的分类

电介质按其分子中正负电荷的分布情况可以分为三种。

(1)中性电介质:它是由结构对称的中性分子组成,如图 12-1(a)所示,其分子内部的正负电荷中心重合,因而电偶极矩 $P=0$。

(2)偶极电介质:它是由结构不对称的偶极性分子组成,如图 12-1(b)所示,其分子内部的正负电荷中心不重合,中心距为 $d$;而显示出分子电偶极矩 $P=qd$。

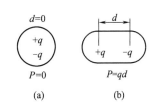

图 12-1　中性分子与偶极分子电荷分布图

(3)离子型电介质:它是由正负离子组成。一对极性相反的离子可以看作一个偶极子。

电介质在电场作用下,其内部的束缚电荷发生的弹性位移现象和偶极子的取向现象,称为电介质的极化。电介质的极化与外加电场的频率和强度有关。

### (二)电介质极化的基本形式

电介质极化的形式可以分为四类。

(1)电子式极化:在电场作用下,构成电介质原子的电子云中心与原子核发生相对位移,形成感应电偶极矩而使电介质极化。电子式极化的形成过程很快,极化是完全弹性的,在外电场消失后立即恢复,且不消耗任何能量。

(2)离子式极化:正负离子在电场作用下发生相对位移而引起极化。离子弹性位移极化时间短,位移有限,不消耗能量;离子热极化,极化过程时间长,需要消耗能量。

(3)偶极子极化:在外电场作用下,偶极子转位产生极化。极化过程时间较长,且内摩擦需要消耗能量。

(4)空间电荷极化:某些电介质存在可移动的离子,在外电场作用下,正离子将向负电极侧移动并积累,而负离子将向正电极侧移动并积累,正负离子分离所形成的极化称为空间极化,且其极化时间最长,需要消耗能量。

## 二、电介质的介电常数

介电常数是描述电介质极化行为的一个宏观物理量,反映了电介质在交变电场作用下的综合特性,描述电介质对外电场作用的响应能力。介电常数是外加电场电压、频率和温度的函数。

当极板之间空间为真空时,平行板电容器的电容量 $C$ 与平板的面积 $S(\text{m}^2)$、极板间距离 $d$ (m)的关系为:

$$C_0 = \varepsilon_0 \frac{S}{d} \tag{12-1}$$

式中: $C_0$——真空中电容器的电容量,F(法拉);

$\varepsilon_0$——真空中的介电常数, $\varepsilon_0 = 8.854188 \times 10^{-2} \text{F/m}$。

当极板间存在电介质时,则:

$$C = \varepsilon \frac{S}{d} \tag{12-2}$$

式中: $C$——电容器中有电介质的电容量,F;

$\varepsilon$——电介质中的静态介电常数(标量的介电常数值)。

相对介电常数 $\varepsilon_r$ 为:

$$\varepsilon_r = \frac{C}{C_0} = \frac{\varepsilon}{\varepsilon_0} \tag{12-3}$$

当电位即电压差为 $U(\text{V})$ 时,电容器存储的能量 $W$ 为:

$$W = \frac{1}{2}CU^2 = \frac{1}{2}\varepsilon\frac{S}{d}U^2 = \frac{1}{2}\varepsilon\frac{S}{d}(Ed)^2 = \frac{1}{2}\varepsilon SdE^2 \tag{12-4}$$

因此
$$\varepsilon = \frac{2W}{VE^2}$$

式中：$E$——电场强度；

$V$——电容器的体积。

所以介电常数 $\varepsilon$ 又可理解为单位电场强度下单位体积中所存储的能量。

平行板电容器在真空中的电极化强度 $p$ 为：

$$p = \varepsilon_0(\varepsilon_r - 1)E \qquad (12-5)$$

电介质的极化强度 $p$ 不但随外电场强度 $E$ 上升,而且还取决于材料的相对介电常数 $\varepsilon_r$。

电容器极板上自由电荷的电势位移,也称电位移,用矢量 $D_i$ 表示。电位移 $D_i$ 与外加电场强度 $E$ 的关系为：

$$D_i = \varepsilon E = \varepsilon_0 E + P \qquad (12-6)$$

当电介质在正弦函数交变电场作用下,$D_i$、$E$、$P$ 均为复数矢量,若电介质中发生松弛极化,$D_i$、$E$、$P$ 均有不同相位。

如果矢量滞后相位角为 $\delta$,则有 $E = Ee^{i\omega t}$,$D_i = D_i e^{i(\omega t - \delta)}$。因为 $D_i = \varepsilon^* \cdot E$,所以介电常数也为复数矢量值。

$$\varepsilon^* = \frac{D_i}{E} = \frac{D_{i0}}{E_0}e^{-i\delta} = \varepsilon_S(\cos\delta - i\sin\delta) = \varepsilon' - \varepsilon'' \qquad (12-7)$$

式中：$\varepsilon^*$——复数的介电常数；

$\varepsilon_S$——静态介电常数(即标量的介电常数)；

$\varepsilon'$——复数介电常数的实部；

$\varepsilon''$——复数介电常数的虚部。

有机纤维的相对介电常数一般为 $2 \sim 4$,而固态水的相对介电常数高达 81,所以纤维不同回潮率条件下相对介电常数不同,这方面的实例如图 12-2 所示。由于相对介电常数是电子、离子对电场中位移及能量的响应,不同电场频率下响应将会不同,这方面的实例如图 12-3 所示。

常见纺织纤维的相对介电常数见表 12-1。电容式纱线条干仪就是利用其介电性能测量其纱线条干变化的仪器。

表 12-1　纺织纤维的相对介电常数 $\varepsilon_r$

| 纤维品种 | 相对湿度(0) | | | | 相对湿度(65%) | | | |
|---|---|---|---|---|---|---|---|---|
| | 100Hz | 1kHz | 10kHz | 100kHz | 100Hz | 1kHz | 10kHz | 100kHz |
| 棉 | | 3.2 | | 3.0 | | 18.0 | | 6.0 |
| 绵羊毛 | | 2.7 | | 2.6 | | 5.5 | | 4.6 |
| 桑蚕丝 | | | | | | | | 4.2 |

续表

| 纤维品种 | 相对湿度(0) | | | | 相对湿度(65%) | | | |
|---|---|---|---|---|---|---|---|---|
| | 100Hz | 1kHz | 10kHz | 100kHz | 100Hz | 1kHz | 10kHz | 100kHz |
| 黏胶短纤维 | 3.8 | 3.6 | 3.6 | 3.5 | 17.0 | 8.4 | 6.0 | 5.3 |
| 黏胶长丝 | 3.8 | 3.6 | 3.6 | 3.5 | 37 | 15.0 | 8.9 | 7.1 |
| 醋酯短纤维 | | 2.6 | | 2.5 | | 3.5 | | 3.3 |
| 醋酯长丝 | | 4.0 | | 3.7 | 4.1 | 4.0 | 3.8 | 3.7 |
| 锦纶短纤维 | | 2.5 | | 2.4 | | 3.7 | | 2.9 |
| 锦纶长丝 | | — | | — | | 4.0 | | 3.2 |
| 涤纶短纤维 | 2.6 | 2.6 | 2.5 | 2.3 | 3.7 | 3.5 | 3.4 | 3.3 |
| 涤纶长丝 | | | | | | 2.9~3.2 | | 3.0 |
| 腈纶(短纤维,去油) | | — | | — | | 2.8 | | 2.5 |
| 聚乙烯纤维 | | | | | | 2.26 | | |
| 聚氯乙烯纤维 | | | | | | 4.45 | | |
| 聚丙烯纤维 | | | | | | 2.2 | | |
| 聚四氟乙烯纤维 | | | | | | 2.1 | | |

**注** 空气的相对介电常数为 1.0018。

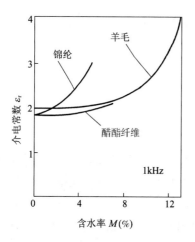

图 12-2 纤维介电常数与含水率的关系

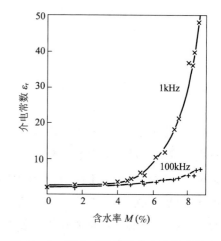

图 12-3 频率对棉纤维介电常数的影响

### 三、电介质的介电损耗因素

电介质在外加交变电场作用下,极性基团和极性分子旋转、摇摆、碰撞、摩擦消耗能量使其内部发热。电介质在电场作用下,在单位时间内发热而消耗的能量称为电介质的损耗功率,或称为介电损耗功率,介电损耗功率是应用于交变电场中电介质的重要品质之一。与介电常数一样,介电损耗功率是频率 $f$、温度和外加电场强度 $E$ 的函数。介电损耗功率 $P$ 可以用公式表示。

$$P = 0.556 \cdot f \cdot E^2 \cdot \varepsilon_r \cdot \tan\delta \times 10^{-12} \qquad (12-8)$$

介电损耗功率取决于介电常数 $\varepsilon_r$ 和介电损耗角正切 $\tan\delta$(亦称介电损耗因素)。$\varepsilon_r$ 和 $\tan\delta$ 主要由纤维的组成和结构决定,也与电场频率有关。干燥纤维材料的介电常数一般为 $2 \sim 4$,$\tan\theta$ 为 $0.001 \sim 0.05$,而固态冰的介电常数为 $5 \sim 81$,$\tan\theta$ 为 $0.15 \sim 1.2$,吸附固态水的介电损耗因数至少比干燥纺织纤维大几十倍,因此不同回潮率的纤维有不同的介电性能。固态水的介电性能如图 12-4 所示。

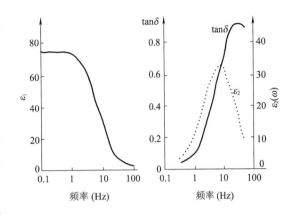

图 12-4 固态水的介电性能

被加热物质的介电损耗是微波加热干燥的主要机制,也是现代军事雷达隐形(吸波)材料的主要机制。

在真实介电材料中,产生介电损耗的原因和种类多种多样,但常见的形式主要有电导损耗、极化损耗、电离损耗和结构损耗几种类型。

(1)电导损耗:在外电场的作用下,电介质中总会存在少量载流子发生贯穿于两个电极之间的定向迁移而引起微弱的电流,这种电流在介电物质的极化过程中称为漏导电流,而漏导电流引起的介电损耗称为电导损耗。介电材料的电阻值越小,即绝缘性越差,漏导电流就越大,电导损耗越严重。

(2)极化损耗:在介电物质极化过程中产生的介电损耗,称为极化损耗。极化损耗是极化电场频率的函数,极化损耗在具有极性结构的高分子中普遍存在。

(3)电离损耗:由于介电物质在外加电场作用下发生电离时产生能量损耗。绝缘物质中电离损耗通常是造成介电击穿的重要原因之一,应当避免。

(4)结构损耗:由于介电物质内部结构不均匀而产生的介电损耗。

## 四、电介质的介电强度

当施加于电介质上的电场强度(即电压)增大到一定程度以上时,电介质由介电状态转变为导电状态,这一突变现象称为电介质的击穿,此时所加的电压称为击穿电压,用 $U_b$ 表示,发生击穿时的电场强度称为击穿电场强度,用 $E_b$ 表示,又称为介电强度,它们在均匀电场中有以下关系:

$$E_b = \frac{U_b}{d} \qquad (12-9)$$

式中:$d$——纤维材料的厚度,mm。

各种电介质都有一定的介电强度,即不允许外电场无限加大。在电极板之间填充电介质的目的就是使极板间可承受的电位差能比空气介质承受得更高些。几种纤维的介电强度见表 12-2。

表 12-2　介电击穿强度　　　　　　　　　　　单位:kV/mm

| 纤维品种 | 温度20℃,相对湿度0 | 温度20℃,相对湿度65% | 纤维品种 | 温度20℃,相对湿度0 | 温度20℃,相对湿度65% |
|---|---|---|---|---|---|
| 棉纤维 | 8～13.6 | 4.5 | 石棉纤维 | | 2.4 |
| 绵羊毛 | | 4.0～5.0 | 氯纶 | | 40.0 |
| 乙纶 | | 18.0 | 维纶 | | 3.5 |
| 醋酯纤维 | | 13.0 | 真空 | 100 | |
| 涤纶 | | 12.0～15.0 | 空气 | | 3.0 |
| 锦纶66 | | 16.0 | | | |

### 五、影响介电性能的主要因素

影响介电性能的主要因素分为内部因素和外部因素。

#### (一)内部因素

**1. 聚合物分子结构的影响**　分子结构对于介电损耗产生影响的主要有分子的极性、极性基团的含量和极性基团的运动能力。一般情况下,聚合物的分子极性越大,极性基团的相对含量越高,极性基团的运动能力越强,产生的介电损耗也会越高。纤维结晶度不同的介电损耗也不同。常见聚合物在 20℃ 和 50Hz 交变电场下测定的介电损耗角正切值见表 12-3。

表 12-3　常见聚合物的介电损耗角正切值

| 材料 | $\tan\delta$ | 材料 | $\tan\delta$ |
|---|---|---|---|
| 聚乙烯纤维 | 0.0002 | 锦纶6 | 0.010～0.040 |
| 聚丙烯纤维 | 0.0002～0.0003 | 锦纶66 | 0.014～0.060 |
| 聚氟氯乙烯纤维 | 0.0012 | 涤纶 | 0.002 |
| 聚四氟乙烯纤维 | <0.0002 | 棉 | 0.70 |
| 聚苯乙烯纤维 | 0.0001～0.0003 | 黏胶纤维 | 0.78 |
| 聚氯乙烯纤维 | 0.0070～0.0200 | 绵羊毛 | 0.35 |
| 聚甲基丙烯酸甲酯纤维 | 0.040～0.06 | 醋酯纤维 | 0.05 |
| 聚酰亚胺纤维 | 0.04～0.015 | | |

**2. 高聚物材料化学组成的影响**　在高聚物材料中,除了聚合物分子本身之外,通常还要加入添加剂,包括增塑剂、增强剂、稳定剂、颜料等。加入种类不同,影响规律不同。

**（二）外部因素**

**1. 外加电场频率的影响**　其他条件一定,随着频率的增加,介电损耗会增大,高聚物分子链侧基共振频率处介电损耗正切值达到峰值。

**2. 温度的影响**　温度变化影响高分子材料的运动黏度,温度升高,黏度下降,自由体积增加,分子发生极化过程的条件会发生变化。

**3. 电压的影响**　电压是产生极化的主要外在影响因素,对于具有特定介电常数的同一种聚合物,电压直接导致极化程度的增加,伴随的极化损耗也会增加。同时,由于电导损耗与流过电介质的电流成正比,且电流与其材料两侧施加的电压成正比,因此电导损耗也随着电压的升高而升高。

几种主要纤维的相对介电常数和介电损耗角正切如图 12-5~图 12-8 所示。涤纶介电常数和介电损耗角正切值随温度和频率的等高线图如图 12-9 和图 12-10 所示。

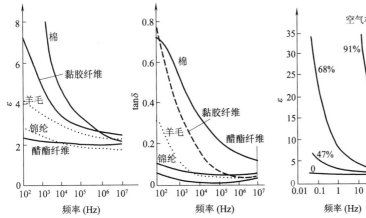

图 12-5　空气相对湿度 65%（与空气混合体）时不同纤维的介电性能

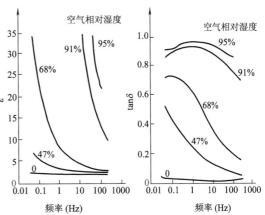

图 12-6　棉纱线不同频率不同回潮率的介电性能（锥形电容器　棉纤维的体积为 44%,空气的体积为 56%）

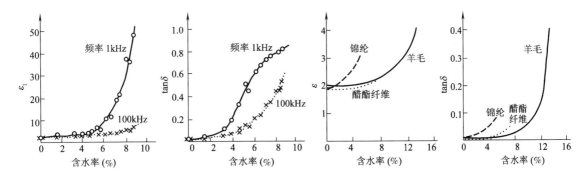

图 12-7　不同含水率不同频率条件下棉的介电性质

图 12-8　频率 1kHz 时不同纤维的介电性能

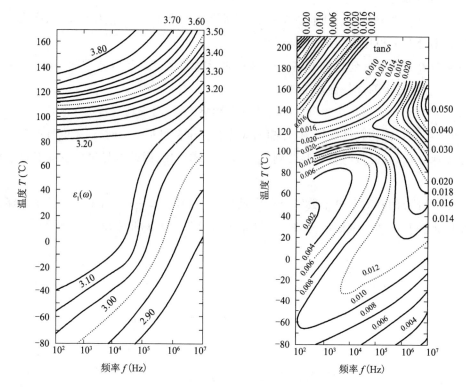

图 12 - 9　涤纶介电常数和介电损耗角正切随温度和频率的等高线

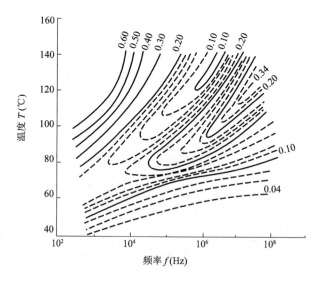

图 12 - 10　聚酰胺 66 的 tanδ

# 第二节　纺织材料的导电性能

导电性能是材料的重要性质之一,在各类聚合物中,导电性能的跨度极大,从绝缘性能最好的聚四氟乙烯到导电性能最好的本征导电聚合物聚乙炔,其导电性能接近良导体金属铜。

材料的导电性能可以用材料的电导和电导率、体积电阻和体积电阻率、表面电阻和表面电阻率来表征。

## (一)电阻率和电导率

通过材料的电流 $I$ 与两端的电压 $U$ 的关系,可以用欧姆定律表示。

$$U = RI \qquad (12-10)$$

式中:$R$——材料的电阻,$\Omega$。

材料的电阻值不仅与材料的本身的特性有关,而且与材料的尺寸形状有关,即与其长度 $L$（cm）与截面面积 $S(\mathrm{cm}^2)$ 有关。

$$R = \rho \frac{L}{S} \qquad (12-11)$$

式中:$\rho$——电阻率或比电阻,$\Omega \cdot \mathrm{cm}$。

电阻率只与材料特性有关,而与导体的几何尺寸无关,是评定材料导电性的基本参数。

$$\sigma = \frac{100}{\rho} \qquad (12-12)$$

式中:$\sigma$——电导率,即电阻率的倒数,$\mathrm{S/m}$。

根据材料电导率的大小,通常把材料划分为导体、半导体、绝缘体。当 $\sigma$ 值大于 $10^2\,\mathrm{S/m}$ 时,为导体;当 $\sigma$ 值介于 $10^{-8} \sim 10^2\mathrm{S/m}$ 时,为半导体;当 $\sigma$ 值小于 $10^{-8}\mathrm{S/m}$ 时,为绝缘体。纺织材料大多数通常都为绝缘体。

## (二)材料的电阻和比电阻

在材料两端施加电压 $U$ 后产生的电流,由于存在趋肤效应,一般可以分成两个部分,其中在材料内部通过的电流,称为体积电流;在材料表面流过的电流称为表面电流。因此,电阻有体积电阻 $R_\mathrm{v}$ 和表面电阻 $R_\mathrm{s}$ 之分,材料总电阻可以看作是体积电阻与表面电阻的并联。

$$\frac{1}{R} = \frac{1}{R_\mathrm{v}} + \frac{1}{R_\mathrm{s}}$$

式中:$R$——材料实际测量的总电阻,$\Omega$;

　　$R_\mathrm{v}$——材料的体积电阻,$\Omega$;

$R_s$——材料的表面电阻，$\Omega$。

（1）体积比电阻 $\rho_v$：体积比电阻是指单位长度上所施加的电压 $U$ 相对于单位截面上所流过的电流 $I$ 之比，其值是电阻率，单位为 $\Omega \cdot cm$。体积比电阻是描述材料电阻特性的主要参数，仅和材料的属性有关。

$$\rho_v = R_v \frac{S}{L} \qquad (12-13)$$

式中：$S$——截面积，$cm^2$；

$L$——长度，$cm$。

（2）表面比电阻 $\rho_s$：纤维柔软细长，体积或截面积难以测量，而纤维导电电流中表面电流占重要部分，因此采用表面比电阻 $\rho_s$ 表达。$\rho_s$ 是单位长度上的电压 $\frac{U}{L}$ 与单位宽度上流过的电流 $\frac{I}{H}$ 之比，单位为 $\Omega$。

$$\rho_s = \frac{\dfrac{U}{L}}{\dfrac{I}{H}} = R_s \frac{H}{L} \qquad (12-14)$$

表面比电阻的单位和表面电阻的单位相同，这点与体积比电阻不同。材料的表面比电阻不仅与材料的性质相关，而且还和材料表面的结构、形态、组成（包括表面吸附的水分和其他物质）等有关。

（3）质量比电阻 $\rho_m$：考虑纤维材料比电阻测量的方便，引入质量比电阻 $\rho_m$ 概念，即单位长度 $L(cm)$ 上的电压与单位线密度 $\frac{W}{L}(g/cm)$ 纤维上流过的电流之比，单位为 $\Omega \cdot g/cm^2$。

$$\rho_m = \frac{\dfrac{U}{L}}{\dfrac{I}{\dfrac{W}{L}}} = R \frac{W}{L^2} = \delta \rho_v \qquad (12-15)$$

式中：$\delta$——材料的密度，$g/cm^3$。

**（三）影响材料导电性能的主要因素**

**1. 回潮率对导电性能的影响**　对于大多数吸湿性能好的纤维，在空气相对湿度为 30%~90% 时，纤维材料的含水率（$M$）与质量比电阻（$\rho_m$）之间存在以下经验公式。

$$\rho_m M^n = K \qquad (12-16)$$

$$\lg \rho_m = -n\lg M + \lg K \qquad (12-17)$$

式中：$n$、$K$——经验常数，常用各种纤维的 $n$、$\lg \rho_m$ 如表 12-4 所示。

表 12 - 4　纺织材料的质量比电阻　　　　　　　　　单位：$\Omega \cdot g/cm$

| 纤维种类 | $n$ | $\lg \rho_m$（$M = 10\%$） | $\lg \rho_m$（65% 相对湿度） |
|---|---|---|---|
| 棉 | 11.4 | 5.3 | 6.8 |
| 亚麻 | 10.6 | 5.8 | 6.9 |
| 苎麻 | 12.3 | 6.3 | 7.5 |
| 羊毛 | 15.8 | 10.4 | 8.4 |
| 蚕丝 | 17.6 | 9.0 | 9.8 |
| 黏胶纤维 | 11.6 | 8.0 | 7.0 |
| 涤纶 |  |  | 8.0 |
| 涤纶（去油） |  |  | 14.0 |
| 锦纶 |  |  | 9 ~ 12 |
| 腈纶 |  |  | 8.7 |
| 腈纶（去油） |  |  | 14.0 |

含水率和空气的相对湿度对纤维材料质量比电阻的关系如图 12 - 11 和图 12 - 12 所示。

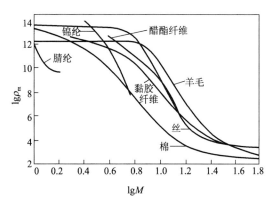

图 12 - 11　含水率对纤维质量比电阻的影响　　图 12 - 12　空气相对湿度对纤维质量比电阻的影响

**2. 温度对导电性能的影响**　棉纤维的质量比电阻随温度的变化关系如图 12 - 13 所示，其经验公式为：

$$\lg \rho_m = \frac{c}{2} T^2 - (a - b)MT \qquad (12 - 18)$$

式中：$a, b, c$——常数；

　　　$M$——含水率；

　　　$T$——温度。

**3. 材料结构对导电性能的影响**　材料的结构决定了材料的导电性能，纤维的化学结构影响吸湿，因此对纤维的导电性能有影响。同时材料的超分子结构也影响材料的导电性能，随着材料结晶度的增大，

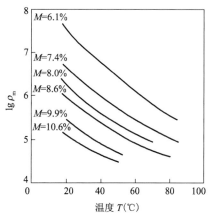

图 12 - 13　棉纤维的质量比电阻
随温度的变化曲线

纤维的电阻变大;随材料取向度的增加,纤维的电阻变小。

**4.杂质对导电性能的影响**　目前研制的导电纤维就是利用掺杂导电成分或导电成分包覆的办法生产的。

**5.测试条件对导电性能的影响**　测试条件(如测试的距离、测试的电压、测试时的充电、放电时间等)对测试结果有显著的影响,因此,在测试时应严格控制。

# 第三节　纺织材料的静电

## 一、纺织材料的静电现象

两种材料互相接触摩擦及其后分开时会产生电荷分离,一方带正电荷,另一方带负电荷,并呈现相当高的电位差(电压),在服装穿着中表现出表面纤维竖立,毛羽突起;吸附黏着灰尘及杂物;裙及裤裹腿;穿脱衣服时出现电火花,并发出声响;人和人或物体接触时,电击打手等。静电问题不仅影响织物美观,引起人的不舒适、不快之感,同时可能引起重大破坏和灾害。在纺织加工中表现出带同种电荷的纤维互相排斥飞散,与不同电荷的机件黏附缠绕,无法顺利成形等现象,轻则影响产品质量(条干均匀度恶化),重则无法生产,甚至引起灾害,如爆炸及火灾(油田、天然气田、煤矿等)。因此,纺织材料的静电很久以来都是纺织材料性能研究的重要领域。

静电产生的方式多种多样,有摩擦带电、接触带电、冲流带电、冻结带电等多种形式。不同种类的电荷引起的灾害形式也有非常显著的区别,见表 12-5。纺织纤维在实际生活应用中由于静电而产生的问题见表 12-6。抗静电纤维制品的产业和用途见表 12-7。

表 12-5　电荷种类与灾害种类[1]

| 现　象 | 电荷种类 | 灾害种类 | 影　响 |
|---|---|---|---|
| 静电引力 | 单极性 | 吸附尘埃、黏附机器 | 污损、品质恶化、操作效率降低、无法操作 |
| | 双极性 | 无法剥离 | |
| | 束缚性 | 筛网堵塞 | |
| | 非束缚性 | 凝　聚 | |
| 静电排斥力 | 单极性 | 纸张等凌乱 | |
| | 双极性 | 整形性不佳 | |
| | 束缚性 | 混合不良 | |
| | 非束缚性 | 物料杂乱无章、纤维飞散 | |
| 静电感应 | 单极性 | 静电噪声 | 可靠性降低,出现废品,产生不安的感觉 |
| | 双极性 | 机器损耗 | |
| | 束缚性 | 继电器误动作 | |
| | 非束缚性 | 继电器误动作 | |
| 放　电 | 单极性 | 静电噪声 | |
| | 束缚性 | 着火、爆炸 | |
| | 非束缚性 | 机器损坏、误动作生理上的不愉快感 | |

表 12－6　纺织纤维的静电危害[2-4]

| 种　　类 | 现　　象 | 危　　害 |
|---|---|---|
| 静电力的干扰和危害 | 吸　引 | 灰尘附着、沾污、缠绕、粘黏、不快感 |
| | 排　斥 | 纷乱、扭结、不能集束、印刷、涂装时不能附着 |
| | 其　他 | 对人体的危害(血液 pH 值上升) |
| 静电放电 | 电　击 | 刺激、不快感、皮肤受损害<br>引火(可燃性气体、液体、粉体) |
| | 放　电 | 爆炸(可燃性气体、粉尘)<br>电子元件损坏、造成静电烧蚀痕迹 |

表 12－7　抗静电纤维制品的产业和用途[5-6]

| 危害的种类 | | 适用的产业 | 衣料用途 | 其他用途 |
|---|---|---|---|---|
| 引火<br>爆炸 | 可燃性气体、纤维絮、粉尘的引火爆炸 | 纺织、石油精制、煤气、煤、橡胶、食品工业、医疗、邮政、化学、有机油剂运输、涂装、通信、电子、情报、胶片 | 各工种及采矿的安全工作服、医院手术服、工作服 | 消防管道、输送带、邮政、救生带、救生衣 |
| 电击破坏绝缘 | 电击刺激导致间接的死亡,电子元件的损坏、发光 | | 各工种的安全工作服,医院和电子机房的工作服 | 汽车内的装饰、床单、毯子 |
| 吸引<br>排斥 | 灰尘和脏物的附着、缠绕、黏堵、飞花、纷乱、纠结 | 纺织、造纸、印刷、精密机械、医疗、制药、食品、胶片、电子、涂装 | 礼服、学生服等各种服装,无尘、无菌衣等 | 滤材、输送带、缝纫线、锭带、帐篷、带子 |

## 二、静电产生的机理

要采取防静电的有力措施,必须首先了解静电的产生过程。科学地解释静电起电的微观机理,仍然是当前该领域研究的疑难问题之一。静电的产生,是一种很复杂的物理过程,对于静电产生机理的研究,目前,这方面的理论尚不成熟,有各种各样的假说。概括起来,产生静电有三条途径[7-9]。

(1)在没有外电场时,原来不带电的物体相互作用而带电。

(2)带电体和非带电体间的电荷转移。

(3)存在外电场时,使原来不带电的物体带电。

目前完全一致的观点认为两个不同的物体接触、分离或摩擦后,就会产生静电。

按照接触带电理论,静电的产生是接触、分离、积累和耗散的复杂复合过程。整个过程可以分为四个阶段,即接触过程、分离过程、积累过程和耗散过程。

**1. 接触过程**　当摩擦时两物体接触表面间层距小于 2.5nm 时,从定性角度理解,由于分子内部原子核对彼此的电子产生吸引作用,界面两侧的分子就会相互吸引,这是因为位于表面层分子的电子,既受该物体原子核的吸引,又要受到界面另一侧不同物质的原子核吸引,两侧原子核吸引电子的能力不同,同时位于界面两侧的电子又有互相排斥作用,其共同作用的结果,吸引电子能力强的那种物质的原子核,会使界面另一侧的部分电子偏向界面移动,同时使它原来吸引的部分电子被排斥到离开界面的方向。这样,在界面两侧相对集中了相反电荷的吸附层。在离开界面的方向上,分布着各自界面一侧电荷相反的离子扩散层,随着电子移动,伴随着离子化,形成偶电层。影响偶电层形成的主要因素有:接触面之间的"隧道效应"、接触时材料的"压电效应"、摩擦时的不对称性导致的两材料的温度差,这些都将引起电荷转移。各种聚合物的表面电子逸出功(单位为电子伏特,eV)和电荷穿入深度见表 12 - 8。

表 12 - 8 聚合物材料的表面电子逸出功和电荷穿入深度

| 材料名称 | 表面电子逸出功<br>(eV) | 电荷穿入深度<br>(nm) | 材料名称 | 表面电子逸出功<br>(eV) | 电荷穿入深度<br>(nm) |
|---|---|---|---|---|---|
| 聚碳酸酯 | 4.26 | 46 | 聚氯乙醚 | 5.11 | |
| 聚酰亚胺 | 4.36 | 20 | 聚氯乙烯 | 5.13 | 48 |
| 聚酰胺66 | 4.30 ~ 4.54 | 52 | 聚氯丙烯 | 5.14 | |
| 乙烯吡啶苯<br>乙烯共聚物 | 4.27 | | 聚氯三氟乙烯 | 5.30 | |
| 聚醋酸乙烯酯 | 4.38 | | 聚四氟乙烯 | 5.45 | 13 |
| 聚甲基丁烯酸酯 | 4.68 | | 铝 | 3.0 ~ 4.3 | |
| 聚苯乙烯 | 4.90 | 42 | 碳 | 4.0 ~ 4.8 | |
| 聚氯醇 | 4.95 | | 铬 | 4.3 ~ 4.7 | |
| 聚砜 | 4.95 | | 铁 | 4.0 ~ 4.7 | |
| 聚四氯四甲<br>氯基苯乙烯 | 5.02 | | 锌 | 3.1 ~ 4.3 | |
| 聚四氯苯乙烯 | 5.11 | | | | |

当高聚物带有极性侧基时,外表面与液体或气体的接触界面上将形成双电层,其中氢离子浓度不同,成为材料的表面电位 pI 值。它采用与酸碱度相同的氢离子浓度的 pH 值的单位。蛋白质纤维所含各种氨基酸的 pI 值见表 12 - 9。在不同组成成分及不同结晶度时,它们将表现出不同的表面电位。

表 12 - 9 氨基酸及有关物质的等电位点 pI 值

| 氨基酸或有关物质 | 等电位点 pI 值 | 侧基的等电位点 pI 值 | 氨基酸或有关物质 | 等电位点 pI 值 | 侧基的等电位点 pI 值 |
|---|---|---|---|---|---|
| 甘氨酸 | 5.97 ~ 6.06 | | 组氨酸 | 7.59 | 6.00 |
| 丙氨酸 | 6.00 | | 精氨酸 | 10.97 | 12.48 |
| 亮氨酸 | 5.98 | | 色氨酸 | 5.89 | |
| 异亮氨酸 | 6.02 | | 丝氨酸 | 5.68 | |
| 苯丙氨酸 | 5.48 | | 苏氨酸 | 5.60 ~ 6.16 | |
| 缬氨酸 | 5.96 | | 酪氨酸 | 5.66 | 10.07 ~ 10.97 |
| 脯氨酸 | 6.30 | | 天冬氨酸 | 2.77 ~ 2.97 | 3.65 ~ 3.86 |
| 赖氨酸 | 9.74 | 10.53 | 天冬胱胺 | 5.41 | |

| 氨基酸或有关物质 | 等电位点 pI 值 | 侧基的等电位点 pI 值 | 氨基酸或有关物质 | 等电位点 pI 值 | 侧基的等电位点 pI 值 |
| --- | --- | --- | --- | --- | --- |
| 谷氨酸 | 3.22 | 4.25 | 蛋氨酸 | 5.74 | |
| 谷酰胺 | 5.65 | | 绵羊毛 | 3.6~4.2 | |
| 胱氨酸 | 4.80 | | 桑蚕丝素 | 2.0~3.0 | |
| 半胱氨酸 | 5.05~5.07 | 8.18~8.33 | 桑蚕丝胶 | 3.8~4.2 | |

**注**　测试温度为28℃。

按照量子力学理论,自由原子中的电子具有完全固定的能级,并由一定的禁带互相隔离,物体的静电序列是由物体原子核对电子吸引力大小即能级高低决定的。当两物体摩擦接触并且接触间距小于一定值时,就会产生热激发作用,赋予能量,使电子从高位能向低位能方向移动,即对电子吸引力强的物体将对电子吸引力弱的物体表面的部分电子吸引,通过隔离层中隧道效应,从而使吸引力弱的物体带上正电荷,吸引力强的物体带负电荷。当物体对电子的吸引力达到平衡时,电子交换就达到平衡,此时物体之间的平衡电压,即为接触电位差。一般接触所产生的接触电位差在 1eV 以下。

**2. 分离过程**　在分离过程中,外力所作的功转变成电能,即电荷的电位,使带电物质的电位显著上升(与界面间距离成反比,即界面间距离为 0.5nm 时,有 1eV 电位差,界面间距移到 100μm 时,将变成 $2.0 \times 10^5$ V)。在这一过程中,同时由于超高电位引起放电和电荷的泄漏,使一部分电荷散失。通常所说的带电是纤维不断发生的电荷量与散失电荷量的差,即达到平衡时的残留电荷量。在两物体接触并达到平衡后,界面形成被隔离层隔开的双电位层,其中正电荷量与负电荷量相等。

**3. 静电的散失过程**　在静电场中,纺织材料高聚物的静电散失过程是按直流电导实现,在这种条件下,直流电导有四类。

(1)位移电流:物体中原子内的质子和电子因电场力作用产生的位移,此位移对每个质子和电子虽只有 0.1nm 左右,但累积量将出现电流,且在 $10^{-4} \sim 10^{-3}$ s 内完成,形成类似脉冲电流的形式。

(2)电容充电电流:由于纺织纤维基本上接近绝缘体,在带静电接触—分离、摩擦或外加电场后,在正电荷区和相应负电荷区之间,形成电容器。电场将对电容器充电,形成充电电流。这种电流也是以电子原子位移为主,一般将在 $10^{-3} \sim 10^{-2}$ s 内完成,但在纺织纤维体系中,因回路阻抗较大,也可能延长至数秒。

(3)吸收电流:在电场作用下,大分子侧向基团可能极化,微晶界面也可能极化,极化中电子迁移形成电流,一般在 $10^{-2} \sim 10$ s 内进行,对于比电阻较大的纺织纤维体系,可能延长至数十秒。

(4)漏导电流:在电场环境及电流场稳定后,电场将导引继续产生某些电流,对于纺织材料主要有隧道击穿的电子电流和分散于吸附介质中的离子电流。

由于位移、充电、吸收、漏导过程的进行,电荷中和,电量量减少,电场强度(电位)将下降。

$$Q = Q_0 \left[ a_1 \exp \left( -\frac{t}{\tau_1} \right) + a_2 \exp \left( -\frac{t}{\tau_2} \right) + a_3 \exp \left( -\frac{t}{\tau_3} \right) + a_4 \exp \left( -\frac{t}{\tau_4} \right) \right] \quad (12-19)$$

$$E = E_0 \left[ a_1 \exp \left( -\frac{t}{\tau_1} \right) + a_2 \exp \left( -\frac{t}{\tau_2} \right) + a_3 \exp \left( -\frac{t}{\tau_3} \right) + a_4 \exp \left( -\frac{t}{\tau_4} \right) \right] \qquad (12-20)$$

$$a_1 + a_2 + a_3 + a_4 = 1 \qquad (12-21)$$

式中: $Q$ ——泄漏过程中剩余的电荷量,C;

$\quad Q_0$ ——摩擦产生的电荷量,C;

$\quad E$ ——泄漏过程中剩余的电位,V;

$\quad E_0$ ——摩擦产生的电位,V;

$\quad t$ ——泄漏过程的时间,s;

$\quad \tau_1$ ——漏导电流的时间常数,s;

$\quad a_1$ ——漏导电流的电荷份数;

$\quad \tau_2$ ——吸收电流的时间常数,s;

$\quad a_2$ ——吸收电流的电荷份数;

$\quad \tau_3$ ——电容充电电流的时间常数,s;

$\quad a_3$ ——电容充电电流的电荷份数;

$\quad \tau_4$ ——位移电流的时间常数,s;

$\quad a_4$ ——位移电流的电荷份数。

由于位移电流和电容充电电流在很短时间内完成,在一般测试条件下,摩擦完成后均在 1s 以上开始测试电位(电压),此时,位移电流及电容充电电流已经消失,不易测出,因此,实际表现没有四类,通常只有两类。

$$Q = Q_0 \left[ a_1 \exp \left( -\frac{t}{\tau_1} \right) + a_2 \exp \left( -\frac{t}{\tau_2} \right) \right] \qquad (12-22)$$

$$E = E_0 \left[ a_1 \exp \left( -\frac{t}{\tau_1} \right) + a_2 \exp \left( -\frac{t}{\tau_2} \right) \right] \qquad (12-23)$$

而此时的 $Q_0$ 和 $E_0$ 只包括吸收电流和漏导电流的电荷量和峰值电压。

当两聚合物相互摩擦时,所带电荷的正负取决于聚合物的介电常数 $\varepsilon$ 和表面电位 pI 的关系。一般认为,介电常数大者带正电荷,小者带负电荷。摩擦产生静电的大小,与摩擦力和摩擦速度有关。1757 年,由实验得到了各种纤维的静电电位序列,当两种纤维发生摩擦时,排在右侧的纤维带正电荷,左侧的带负电荷。此后又根据不同的实验条件,公布了许多不同的静电电位序列。在空气相对湿度为 60% 时,纺织材料的静电电位序列见表 12 - 10。表中左右电位差间距越大,互相摩擦产生的静电电位差越高。

### 三、表征织物抗静电性能的相关指标

(1)比电阻:织物比电阻越小,静电泄漏越多、越快,静电影响相对越小。

(2)带电量:材料所带静电的"强度",用材料单位量(件)或单位质量的带电荷量(C)表示。

(3)面电荷密度:表示单位面积上材料所带电荷量的多少,单位为 $C/m^2$。

表 12 – 10　纺织材料静电序列表[9-10]

氟　乙　丙　腈　氯　腈　涤　聚　醋　苎　蚕　棉　黏　锦　羊
纶　纶　纶　纶　氯　纶　纶　乙　酯　麻　丝　　胶　纶　毛
　　　　　　纶　　　　烯　纤　　　　　纤　纤
　　　　　　　　　　　醇　维　　　　　维
　　　　　　　　　　　纤
　　　　　　　　　　　维

⊖　　　　　　　　　　　　　　　　⊕

←

（4）半衰期：表示材料静电衰减快慢的物理量，指材料的静电电位从原始值衰减到原始值的一半所需要的时间，通常用 $\tau$ 表示，单位为 s。半衰期与织物的表面电阻关系密切。

（5）静电电压：指材料经过摩擦之后的静电峰值电压，表示材料感应静电电压的大小，单位为 V。

## 四、纺织品抗静电的原理及方法

静电产生的机理及其散失规律是抗静电设计的前提和基础，纺织品抗静电的基本原理和方法将围绕着这条主线展开。

**（一）织物抗静电的基本原理**

织物抗静电的基本原理可以概括为减少静电的产生，加快静电的泄漏，造成使静电能够中和的条件。

**（二）影响织物抗静电效果的主要因素**

**1. 比电阻的影响**　材料的比电阻是织物抗静电设计中必须要考虑的一个重要因素。材料的比电阻除了和材料本身的种类有着非常密切的关系之外，还受到回潮率的影响，而材料的吸湿性能主要取决于材料的自身结构，以及纤维表面和内部亲水基团的多少及排列情况。因此，只要设法降低材料的比电阻，就能加快静电荷的泄漏，降低其危害。采用导电纤维嵌织和交织的方法，其最终的目的是降低材料的表面电阻，加快电荷的泄漏和中和。根据经验，其表面比电阻与织物抗静电性的关系见表 12 – 11。

表 12 – 11　表面比电阻与织物抗静电性的关系[11]

| $\lg \rho_s$ | 抗静电性 | $\lg \rho_s$ | 抗静电性 |
|---|---|---|---|
| >13 | 无 | 10 ~ 11 | 较好 |
| 12 ~ 13 | 低 | <10 | 很好 |
| 11 ~ 12 | 中等 | | |

**2. 摩擦材料的影响**　不同材料摩擦，可以产生不同的结果。根据静电摩擦序列（表 12 –

10),按照柯恩(Coehn)法则,总是序列中前端(介电常数较大者)带正电,后端的(介电常数较小者)带负电,且带电量可按以下公式估算:

$$Q = k \cdot (\varepsilon_1 - \varepsilon_2) \qquad (12-24)$$

式中:$Q$——带电量;

$k$——比例系数;

$\varepsilon_1$,$\varepsilon_2$——分别是参与摩擦的两种材料的相对介电常数。

根据公式,材料的选择应考虑材料在静电序列中的位置,达到降低静电的目的。

**3. 摩擦条件的影响** 摩擦次数、摩擦速度、摩擦力对产生的静电都有显著影响,在实际和设计时,应给予考虑和关注。总之,设法降低或削弱摩擦条件,一定程度上可以达到降低静电的危害。

**4. 环境条件的影响** 周围环境的温度和湿度,以及周围的空气中的离子化程度,对静电的产生和泄漏都有显著的影响,在高温、干燥的环境下,静电的产生和积累将更加严重和明显,如在我国的北方,尤其是在冬季时,静电现象非常严重。另外,空气中的离子化程度状态也有影响,如果存在相反极性的电荷,将有利于静电荷的泄漏;如果存在相同极性的电荷,将不利于静电荷的泄漏。因此,使用场合和条件在设计时,应有针对性地加以考虑。

在纺纱生产过程中,为防止纤维与机件摩擦产生静电引起纤维飞扬缠附机件等,在产生静电区域的附近,用高压电离子释放装置,释放正负电子以中和摩擦产生的静电。

**(三)织物抗静电的基本方法[11]**

**1. 表面处理法**

(1)采用表面活性剂对纤维或织物进行亲水化处理,提高纤维的吸湿性,从而降低纺织品的比电阻,加快电荷逸散。此类方法的抗静电效果难以长久保存,耐洗涤效果差,且在低湿度条件下不显示抗静电性能。此外,在纺织材料界面上涂敷的抗静电油剂,使材料之间不能充分、直接的摩擦、接触,从而可以减少电荷的转移,即减少静电荷的产生量。

(2)使表面活性剂分子疏水端吸附于纤维表面,亲水性基团指向空间,形成极性界面,吸附空气中的水分子,降低纤维或织物的表面比电阻,加速电荷逸散,这是大多数抗静电剂发挥作用的主要方式。

(3)离子化:离子化的抗静电剂本身具有良好的导电性,这种油剂分子在表层水分子的作用下发生电离,显著提高了纤维表面的导电性,同时可通过中和表层电荷的方式消除带电。抗静电整理剂根据其化学结构分为阳离子型、阴离子型和非离子型;按使用目的可以分为耐久性和非耐久性。

**2. 化学改性方法** 对成纤高聚物进行共混、共聚合、接枝改性引入亲水性极性基团,或在纤维内部添加抗静电剂,制取抗静电纤维。这两种方法的共同特点是提高纤维的吸湿性能,加快电荷的散逸。由抗静电纤维制造纺织品,或混用较高比例到普通合成纤维中,可消除加工和使用中的静电问题,但其仍以高湿环境作为电荷散逸的必要条件。

**3. 导电纤维的混纺或嵌织** 导电纤维包括金属纤维、碳纤维、有机导电聚合物纤维等导电均一型导电纤维;在合成纤维外层涂覆炭黑等导电成分的导电物质——包覆型导电纤维;炭黑或金属化合物高聚物通过复合纺丝得到的导电物质——复合型导电纤维。导电纤维的应用使纺织品抗静电效果显著、耐久而不受环境湿度的影响,并可应用于防静电工作服等特种功能性纺织品。目前导电纤维的研究开发及应用正成为研究的热点。

**4. 静电序列的利用**　利用材料在静电序列位置的不同,进行不同纤维的混纺或交织,可达到降低静电的目的。此种方法,可以有一定作用,但局限性比较强,应用受到限制。

# 第四节　纺织材料的磁学性质

磁性是一切物质的根本属性之一,它存在的范围很广,从微观粒子到宏观物体以至宇宙天体都存在着磁的现象。任何物质处于磁场中,均会使其所占有的空间的磁场发生变化,表现出一定的磁性,这种现象称为磁化现象。材料磁化的程度通常可用所有原子固有磁化矩矢量 $p_m$ 的总和 $\sum p_m$ 来表征。由于材料的总磁矩和尺寸因素有关,为了便于比较材料磁化的强弱程度,一般用单位体积的磁矩量来表示,且单位体积的磁矩称为磁化强度,用 $M$ 表示,单位为 A/m。

$$M = \frac{\sum p_m}{V} \tag{12-25}$$

式中:$V$——为物体的体积,$m^3$。

磁化强度不仅与外加磁场强度有关,还与物质本身的磁化特性有关:

$$M = \chi H \tag{12-26}$$

式中:$\chi$——单位体积磁化率,量纲为1,其值可正可负,它表征物质本身的磁化特性;

　　$H$——外加的磁场强度,A/m。

通过垂直于磁场方向单位面积的磁力线数称为磁感应强度,用 $B$ 表示,单位为 T(特斯拉),它与磁场强度 $H$ 的关系如下:

$$B = \mu_0(H + M) = \mu_0(1 + \chi)H = \mu_0\mu_r H = \mu H \tag{12-27}$$

式中:$\mu_0$——真空磁导率,它等于 $4\pi \times 10^{-7}$,单位为 H/m(亨/m);

　　$\mu_r$——相对磁导率;

　　$\mu$——磁导率(导磁系数),反映了磁感应强度 $B$ 随外磁场强度 $H$ 变化的速度。

由式(12-26)可知:

$$\mu_r = 1 + \chi \tag{12-28}$$

材料的单位体积磁化率 $\chi$ 与温度 $T$ 成反比:

$$\chi = \frac{c}{T} \tag{12-29}$$

式中:$c$——常数。

材料的磁导率和磁化率一般用磁天平测量。一些材料的主要磁参数见表 12 - 12。

表 12 - 12　部分纤维的磁化率

| 材　　料 | 磁化率 $\chi$ | 材　　料 | 磁化率 $\chi$ |
| --- | --- | --- | --- |
| 乙纶 | $-10.3 \times 10^{-6}$ | 涤纶 | $-6.35 \times 10^{-6}$ |
| 丙纶 | $-10.1 \times 10^{-6}$ | 锦纶 66 | $-9.55 \times 10^{-6}$ |
| 氟纶 | $-47.8 \times 10^{-6}$ | | |

　　20 世纪 70 年代以来,纺织纤维的磁学性质受到广泛关注。不锈钢纤维是典型的磁性材料。目前市场上的防电磁辐射纺织品大多采用以金属纤维嵌织或混纺的形式加入而成的。防电磁辐射的效果与加入量有密切的关系。但加入重量比为 20% 时,对电磁波的屏蔽效率达 99% 以上。早在 1972 年至 1973 年就有研究工作者将三氯化钬($HoCl_3$)渗入棉纤维,使棉纤维磁化并能在强磁场中沿磁场方向顺向排列。并研究了一系列顺磁性聚合物,其中有金属酞菁系聚合物、席夫碱系聚合物和电荷转移络合物,同时还研制了具有铁磁性的聚合物,如聚 1,4—双 (2,2,6,6—S 四甲基—4 羟基—1 氧自由基派啶)丁二炔(简称 BSPO)和将聚丙烯腈(pyzoPAN) 在 900 ~ 1100℃ 热裂解产生的具有中等饱和磁化强度的铁磁性聚合物材料。这些铁磁性聚合物可作为磁性检测传感器的屏蔽材料。磁性材料除了具有较高的相对磁导率之外,还有一些值得注意的其他性能。对于硬磁性材料,一旦充磁后能长期保持磁强度,特别是镝(Dy)、钬 (Ho)、铽(Tb)、铒(Er)等金属 3 价离子的加入将产生很高的磁导率和很强的磁场保持率,从而可作为磁场源使用。不少软磁化物质有磁致伸缩效应,可成为智能服装等的重要控制手段。如坡莫合金类的镍 78%、铜 14%、钼 8% 的合金,$\mu_r$ 值在 $10^5 \sim 10^6$,比电阻达 $40\mu\Omega \cdot cm$,具有高磁致伸缩效率,铁 80%、硼 20% 的合金也有类似的性能;钴 80%、镍 10%、锆 10% 的合金不仅磁导率高,而且磁致伸缩几乎为 0,并有很快的磁衰减效果,是良好的磁屏蔽材料,已经广泛应用于磁检测传感器的环境屏蔽。

# 第五节　纺织材料防电磁辐射性能评价

## 一、电磁波的特性及电磁辐射的危害

　　电磁波根据波长和频率的不同,电磁波谱可以分为无线电波、光波和宇宙射线。电磁波谱图如图 12 - 14 所示。

　　根据麦克斯韦(Maxwell)的电磁场理论,变化的电场能够在其周围激发涡旋磁场,变化的磁场也能在其周围激发涡旋电场。交变电场和交变磁场相互激发,使电磁波在空间由振源向远处传播,形成电磁波。在无损媒质中均匀平面波的电场、磁场强度在空间沿某一直线传播过程的示意图如图 12 - 15 所示。

　　当电磁波能够脱离振源向远处传播,在远离波源处,$E$ 和 $B$ 都与传播方向垂直,波面在一定

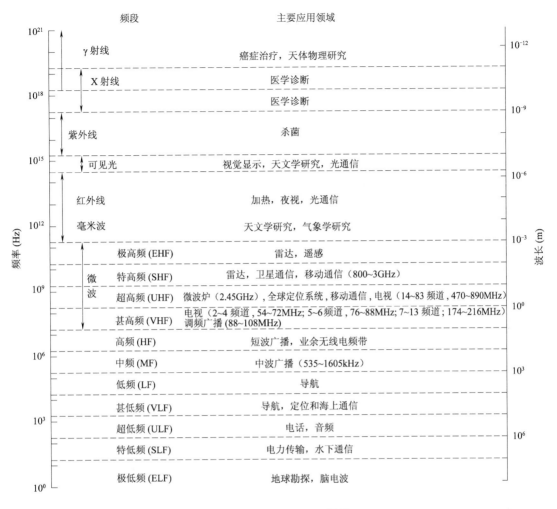

图 12 – 14　电磁波谱图[13-14]

范围内,可以看成平面,此时的电磁波为平面电磁波。平面电磁波具有以下基本性质[15]。

（1）电磁波中 $E$、$B$ 的方向与电磁波传播的方向三者互相垂直,说明电磁波是横波。三者的方向构成右手螺旋定则。

（2）沿一定方向传播的电磁波,$E$ 和 $B$ 分别在各自的平面上振动,且具有偏振性。

（3）$E$ 和 $B$ 作同相位振动,其量值之间满足下面的公式。

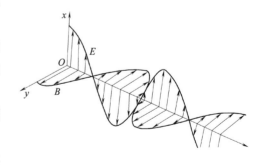

图 12 – 15　无损媒质中均匀平面波的电场、磁场强度[16]

$$B = \sqrt{\varepsilon\mu}E \qquad (12-30)$$

（4）变化的电场和变化的磁场以相同的速度传播,且在真空中以光速进行传播,它们在介质中的传播规律和光在介质中的传播规律一致。电磁波传播的基本性质是电磁波利用和防护

**339**

的理论基础。

根据国内外大量的研究报道:可以知道电磁辐射对人体的伤害主要有以下几个方面。

(1)对中枢神经系统的危害[16-19]:神经系统对电磁辐射的作用很敏感,当其受到低强度电磁辐射反复作用后,中枢神经系统机能发生改变,使人出现神经衰弱等症状,主要表现有头痛、头晕、无力、记忆力减退、睡眠障碍(失眠、多梦或嗜睡)、激动、多汗、心悸、胸闷、脱发、入睡困难等。

(2)对机体免疫功能的危害:机体免疫系统在抵御外部病原侵袭中起着十分重要的作用,并与肿瘤的发生关系密切[20]。长期接触电磁辐射会使身体抵抗力下降、白血球吞噬细菌的百分率和吞噬的细菌数均明显下降,从而使体内抗体的形成受到明显的抑制等。

(3)对心血管系统的影响[21-22]:受电磁辐射作用的人,常发生血液动力学失调,血管扩张,血流量增加,血管通透性和张力降低等症状。植物神经调节功能受到影响的人多有心动过缓症状出现,其中有少数还会呈现心动过速症状。如果受害者出现血压波动,心电图 RT 波的电压下降,PBQ 间延长,P 波加宽,则说明房室传导不良等。

(4)对血液系统的影响[23-25]:在电磁辐射的作用下,血象可出现白血球不稳定、红血球的生成受到抑制,从而出现网状红血球减少等症状。

(5)对生殖系统和遗传的影响[25]:长期接触超短波发生器的人,男性可出现性机能下降、阳痿;女性则会出现月经周期紊乱、卵细胞变性,从而失去生育能力。高强度的电磁辐射还可以影响遗传效应,会使其后代出现先天性出生缺陷(如畸形婴儿)。

(6)对视觉系统的影响[25-27]:眼睛组织内含有大量的水分,易吸收电磁辐射功率,而且眼睛的血流量少,温度升高时产生白内障甚至导致眼晶状体蛋白质凝固,并可能造成某些视觉障碍。此外,长期低强度电磁辐射的作用,可促使视觉疲劳,视力下降,结膜充血,角膜损害,视网膜黄斑区出现灰褐色斑,黄斑区陈旧性病变,对光反应弱,眼底小血管痉挛、出血,眼睛感到不舒适和干燥等。

(7)对内分泌及代谢的影响[28]:主要表现为脑垂体机能紊乱,基础代谢升高,甲状腺摄碘能力增强,白细胞 AKP 活性升高等。

(8)对其他组织器官的影响[29]:电磁辐射对消化器官、骨组织、皮肤、毛发以及微量元素的含量等也会产生巨大影响。

(9)电磁辐射的致癌作用[22]:大部分实验动物经微波作用后,可以使癌的发生率上升。一些微波生物学家的实验表明,电磁辐射会促使人体内的(遗传基因)微粒细胞染色体发生突变和有丝分裂异常,而使某些组织出现病理性增生过程,即导致正常细胞变为癌细胞。如受高功率远程微波雷达影响下的地区,癌症患者较一般地区多。

## 二、纺织品防电磁辐射的评价指标及方法

对于防护材料本身,通常用屏蔽效能(shielding effectiveness)的概念,其指标用屏蔽效率(shielding effectivity),简称为 $SE$,单位为 dB(分贝),用来定量评价屏蔽体的性能,其定义为空间某点上未加屏蔽时的电场强度 $E_0$(或磁场强度 $H_0$,或功率 $W_0$)与加屏蔽后该点的电场强度

$E_1$（或磁场强度 $H_1$ 或功率 $W_1$）的比值的对数或能量损耗比倒数的对数。

电磁波在材料中传播,主要有反射、透射、吸收三种表现形式,因此测试指标采用不同频率点的反射率、透射率、吸收率来表达材料对电磁波的作用特性。对于研究材料的作用机理,可以采用反射率、透射率、吸收率三个指标来定量的表达。

$$SE = 20\lg\left|\frac{E_0}{E_1}\right| = 20\lg\left|\frac{H_0}{H_1}\right| = 10\lg\left|\frac{W_0}{W_1}\right| \tag{12-31}$$

反射率:
$$R = \frac{E_{1R}^2}{E_0^2} = \frac{H_{1R}^2}{H_0^2} = \frac{W_{1R}}{W_0} \tag{12-32}$$

透过率:
$$T = \frac{E_{1T}^2}{E_0^2} = \frac{H_{1T}^2}{H_0^2} = \frac{W_{1T}}{W_0} \tag{12-33}$$

吸收率:
$$A = 1 - R - T \tag{12-34}$$

综合考虑材料研究和防电磁辐射产品的评价,可以采用反射率(%)、透过率(%)、吸收率(%)和屏蔽效率四个指标来表达。

材料防电磁辐射的测试方法有波导管(标量或矢量)法、微波暗箱法、微波暗室法、旷野测试法、反射板衰减法等系列测试方法。波导管法标量法测试原理如图 12-16 所示,仪器如图 12-17 所示。每一种测试方法的性能比较见表 12-13。

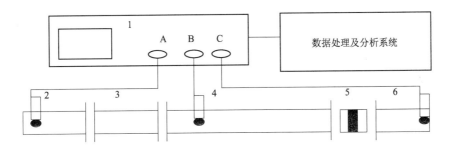

图 12-16　波导管法标量法测试原理[30]

1—网络分析仪,频率范围为 2.2~3.2GHz,可以一路输出端口 A,两路输入(B 为反射输入端口,C 为透射输入端口)

2—信号输出发射器　3—信号精密衰减器　4—波导管,具有反射检测传感器

5—样品测试窗口　6—透射信号检测传感器

图 12-17　纺织品防微波测试系统

表12-13 防电磁辐射测试方法的比较

| 性能指标 | 波导管矢量法 | 波导管标量法 | 微波暗箱法 | 微波暗室法 | 旷野测试法 | 反射板衰减法 |
|---|---|---|---|---|---|---|
| 场地尺寸(m) | 0.6×1.0 | 0.6×1.0 | 2×6 | 8×30 | 100×5000 | 1.0×1.0 |
| 测试指标 | 电磁参数、$R$、$T$ | $R$、$T$ | $R$ 或 $T$ | $R$ 或 $T$ | $R$ | $R$ 衰减率 |
| 测试精度 | $R$、$T$ 精度低 | $R$、$T$ 精度高 | $R$、$T$ 较低 | $R$、$T$ 较高 | $R$、$T$ 较低 | 概念不清 |
| 样品尺寸 | 较小 | 较小 | 较大 | 较大 | 特大 | 中等 |
| 存在问题 | 理论计算复杂,操作烦琐 | 不能测电磁参数 | 只能测物体性能 | 只能测物体性能 | 易受外界干扰 | 无法测出反射率吸收率 |

### 三、纺织品防电磁辐射的方法

防电磁辐射主要有两类,一类是防电磁透射,使服装保护身体;考虑如何增加纺织品反射性能和吸收性能,以达到防电磁辐射透射的效果。另一类是防电磁波反射,在隐身上有重要作用。

纺织品防电磁辐射透射的方法目前主要有以下三种方法[31]:

(1)金属纤维及有机导电纤维的混纺和交织:用比较细的金属纤维,如直径小于 $5\mu m$ 的不锈钢短纤维,采用混纺或交织的方式,掺入纺织品中达到防电磁辐射的目的。防电磁辐射的效果与金属纤维的混入量有密切关系。目前多数防电磁辐射产品属于此类型,以反射为主要形式,可以具有一定的效果,但此类织物的手感较差。

(2)织物表面涂层:利用后整理涂层技术,将导电涂料(如银系、铜系、镍系、碳系等)涂敷在织物表面,可以使其具有一些防电磁辐射效果,而且此涂层处理工艺较简单,但对织物服用性能影响比较大。

(3)镀层技术:利用金属溅射、真空金属镀、电镀或化学镀的方法,在织物表面覆盖一层导电膜,从而使其得到很好的防电磁辐射效果,但此方法的缺点是成本昂贵,耐久性较差。

对于金属纤维或导电纤维嵌织型织物,其防电磁辐射效果具有方向性。金属纤维或导电纤维的排列方向对电磁屏蔽效能的影响遵循余弦规律[32]:

$$SE = k\cos^2\theta \qquad (12-35)$$

式中:$SE$——电磁屏蔽效能,dB;

$\theta$——波导管中磁场的振动方向和金属纤维或导电纤维的排列方向之间的测试夹角,(°);

$k$——材料系数,介于 0~1。

不同处理方法的屏蔽效率与频率的关系如图12-18所示,在频率为2450MHz附近的屏蔽效率如图12-19所示。

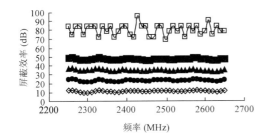

频率 (MHz)

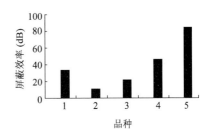

品种

图 12-18    不同样品的电磁波防反射
屏蔽效率与频率的关系

图 12-19    样品在 2450MHz 的屏蔽效率

1—镀铝织物    2—聚苯胺涂层织物

3—含不锈钢纤维(8.2%)织物

4—单面镀银织物    5—双面镀银织物

防电磁波辐射,特别是超高频电磁波($3 \sim 14GHz$)雷达波的材料有多种。

防护材料主要用无机纤维,目前应用有以下几种。

(1)碳化硅纤维:电阻率 $10^3 \sim 10^7\Omega \cdot cm$,介电常数(10GHz 时)$6.5 \sim 9.0$,与环氧树脂复合,成纤维增强复合材料。

(2)石墨粉或乙烯碳黑粉的纳米颗粒与环氧树脂复合(碳颗粒占 15%)在频率 $7 \sim 12GHz$ 间有效。

(3)磁性金属(铁、镍、钴)合金的超细纤维、须晶、微粒,与基体结合成复合材料。

(4)表面改性碳纤维:碳纤维电阻率 $10^{-2}\Omega \cdot cm$ 是雷达电磁波的强反射体。采用时,降低碳纤维结晶度,改变纤维线密度和截面形状,在碳纤维表面沉积形成具有小孔率微孔的碳颗粒。在碳纤维表面喷涂一层金属镍等方法,以使碳纤维的环氧树脂复合材料强度适当,具有一定吸波能力,但效率有限,适应电磁波频率的范围有限。

## 思考题

1. 简述纺织材料介电性能的机理、表达指标、单位和影响因素。

2. 简述纺织材料导电性能的机理、表达指标、单位、影响因素和主要用途。

3. 简述纺织材料静电产生的机理、危害、表达指标、单位、衰减过程、测试方法、影响因素和消除静电的方法。

4. 简述纺织材料磁学性质的概念、表达指标、单位和主要用途。

5. 简述纺织材料防电磁辐射的机理、表达指标、单位和测试方法。

## 参考文献

[1] 不详.电子工业防静电危害[M].鲍重光,译.北京:北京工业学院出版社,1987.

[2] 张开.高分子界面科学[M].北京:中国石化出版社,1997.

[3] D T Clark, W J Feast. Polymer surfaces[M]. Chichester:John Wiley,1978.

[4] A K kitahara, A Watanabe. Electrical phenomena at interfaces[M]. New York:Marcel Dekker Pub,1984.

［5］Donald A Seanor. Electronic properties of polymers［M］. New York：John widely，1982.

［6］钱樨成，秦家浩，刘紫葳，陆宗鲁. 纺织材料静电的消除［M］. 北京：纺织工业出版社，1984.

［7］马峰，杨定君. 纺织静电［M］. 西安：陕西科学技术出版社，1991.

［8］高绪珊，吴大诚. 纤维应用物理学［M］. 北京：中国纺织出版社，2001.

［9］鲍重光. 静电技术原理［M］. 北京：北京理工大学出版社，1993.

［10］于伟东，储才元. 纺织物理［M］. 上海：东华大学出版社，2002.

［11］赵文元，赵文明，王亦军. 聚合物材料的电学性能及其应用［M］. 北京：化学工业出版社，2006.

［12］西北纺织工学院纺织材料教研室. 毛纤维结构［M］. 西安：西北纺织工学院教材科，1978.

［13］夏其昌，曾峰. 蛋白质化学与蛋白质组学［M］. 北京：科学出版社，2006.

［14］赵春晖，杨莘元. 现代微波技术基础［M］. 哈尔滨：哈尔滨工业大学出版社，2000.

［15］倪光正. 工程电磁场原理［M］. 北京：高等教育出版社，2002.

［16］Bhag Singh Guru，Huseyin R，Hiziroglu. Electomagnetic field theory fundamentals（电磁场与电磁波）［M］. 周克定，张肃文，董天临，等译. 北京：机械工业出版社，2000.

［17］郭鹞. 电磁辐射生物学效应及其应用［M］. 西安：第四军医大学出版社，2002.

［18］丁朝阳，吕志忠，窦兰君，等. 微波辐射对作业人员某些生理功能的影响［J］. 解放军预防医学，1994，12（6）：454－456.

［19］王少光，周安寿，杨文娟. 比较微波与高频对人体健康危害的研究［J］. 中华预防医学，1992（2）：11.

［20］赵清波，金永哲，张云生，郑传海. 通讯微波辐射对作业人员健康影响的调查［J］. 中国工业医学，1994，7（5）：293－294.

［21］陆定中，周宜开，丁克洋. 环境中微波对男青年健康的影响［J］. 同济医科大学学报，1986（6）：388－391.

［22］曹兆庆，张洪桥，李双黎. 中国射频微波电磁辐射生物学效应研究：综述［R］. 北京：电磁辐射与健康国际研讨会，1999.

［23］吴卫平，陈挺娟，肖方威. 微波辐射对人体健康影响的调查［J］. 铁道劳动卫生通讯，1986（2）：33－35.

［24］刘文魁，王为众，续中莲. 高频微波辐射对作业人员脑血流图影响的探讨［J］. 职业医学，1985（5）：2－5.

［25］卢晓翠. 我国微波生殖学效应研究概况［J］. 中国工业医学杂志，1995，8（1）：36－38.

［26］黎勉勤，金锡鹏. 微波对眼睛的影响［J］. 眼外伤与职业性眼病杂志，1983（1）：6－8.

［27］潘达颜，杨超敏，李京花. 微波辐射对人体健康影响的调查［J］. 职业医学，1992（6）：330－332.

［28］郑吉亚. 微波作业人员眼部调查［J］. 眼外伤与职业性眼病杂志，1982（4）：218－219.

［29］刘文魁，庞东. 电磁辐射的污染及防护与防治［M］. 北京：科学出版社，2003.

［30］孙润军. 纺织品抗静电与防电磁辐射机理及评价方法的研究［D］. 上海：东华大学，2005.

［31］孙润军. 防电磁波辐射纺织品屏蔽效果测试［J］. 毛纺科技，2004（9）：63－64.

［32］LAI Kan，SUN Runjun，CHEN Meiyu，WU Hui，et al. Electromagnetic shielding effectiveness of fabrics with metallized polyester filaments［J］. Textile Research Journal，207，77（4）：242－246.

［33］赵玉峰. 环境电磁工程学［M］. 北京：化学工业出版社，1982.

［34］R C O Hnadley. 现代磁性材料原理和应用［M］. 周永洽，译. 北京：化学工业出版社，2002.

［35］邢丽英，等. 隐身材料［M］. 北京：化学工业出版社，2004.

# 第十三章　纺织材料的光学性质

本章知识点

1. 纺织纤维的折射率和双折射率的概念及指标。
2. 光通过纺织材料的反射、透射和吸收规律。
3. 纺织材料的衍射特征。
4. 纺织材料的吸收光谱的特征及用途。

　　纺织材料的光学性质是指纺织材料在可见光照射下,纺织材料表面反射、折射及入射光在纺织材料内部的传播、吸收等性质。本章主要分析纺织材料的光折射、双折射特性,纺织材料的光反射率、透射率和吸收率,纺织材料的光衍射和彩色的吸收光谱。

## 第一节　折射率和双折射率

### 一、折射率

　　按几何光学概念,当平行光入射到透明、均匀、各向同性的两种介质的分界界面上时,一般情况下,一部分光从界面上反射,形成反射光;另一部分光将进入另一介质,形成折射光。如图 13 - 1 所示,将入射光线与入射点处界面法线构成的平面称为入射面,入射线、反射线、折射线与界面法线的夹角分别称为入射角 $i$、反射角 $\alpha$ 和折射角 $\phi$。折射光线位于入射面内,折射线与入射线分居法线两侧,入射角的正弦与折射角的正弦之比为一常数,且与入射角无关,并命名为相对折射率。

$$\frac{\sin i}{\sin \phi} = \frac{n_2}{n_1} = n_{21} \qquad (13 - 1)$$

式中:$n_1$,$n_2$——第 1 种和第 2 种介质的折射率;

　　　　$n_{21}$——第 2 种介质对第 1 种介质的相对折射率。

　　光在真空中的传播速度为一恒量。在介质中,光的传播速度将会减小,某种介质的折射率(也称绝对折射率)等于光在真空中的速度与在该介质中的速度之比值。一般来说,折

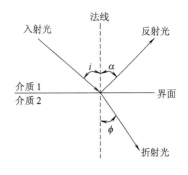

图 13 - 1　光的传播

射率随介质的不同而异,且与光的波长有关。

从物理光学理解,实际上折射和反射的界面并不在几何界面上,当光源从空气进入固体物质(如纤维),折射和反射的界面实际在几何界面之下大约波长的深度。一般纺织材料的界面粗糙,各入射点处法线不平行,即使入射光是平行的,反射光和折射光将向各方向分散,这种现象称为漫反射和漫折射,且统称为漫射。

光波的电矢量振动平面和磁矢量振动平面是互相垂直的。一般光源在围绕光线前进方向四周360°的电矢量振动平面内均匀分布。但是在图13-1中的反射光线和折射光线的电矢量振动平面将不一定都均匀分布,而会出现偏振。当入射角 $i$ 大于布儒斯特(Brewster)临界角 $\theta_B$ 时,折射光的偏振面(电矢量振动平面)平行于入射面,而反射光的偏振面将垂直于入射面。

$$\theta_B = \arctan \frac{n_2}{n_1} \qquad (13-2)$$

式中:$\theta_B$——布儒斯特临界角;

$n_1$——入射侧介质的折射率;

$n_2$——折射侧介质的折射率。

当 $n_1 > n_2$ 时,入射角 $i > \theta_B$ 时,将发生反射光的全反射,而没有折射光线。此时命名为全反射临界角 $\theta_C$。

$$\theta_C = \arcsin \frac{n_2}{n_1} \qquad (13-3)$$

在通讯光缆中,全反射临界角是光导纤维的关键性指标,在光导纤维中光线的传输过程如图13-2所示。光导纤维的芯层是高折射率 $n_1$ 的透光玻璃纤维,外层是用低折射率 $n_2$ 的玻璃

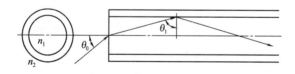

图13-2  光导纤维中光线的折射和反射

纤维,且芯层与外层的玻璃纤维都是通过熔融复合纺丝方法生产的,通常 $n_1 = 1.62$、$n_2 = 1.52$,即传输光线的内传输入射角 $\theta_1 \geqslant \arcsin \frac{1.52}{1.62} = 68.76°$ 时,其在光导纤维内就能全程全反射,且不向玻璃纤维外漏光。此时玻璃纤维芯层的吸收率也较低,可以达到每千米长光能损失量不到5%。同时考虑到光缆端入射的要求,还有一个指标是光源从空气进入玻璃纤维芯层的入射角 $\theta_0$ 的临界范围 $\theta_m$(入射孔径)。

$$\theta_m = \frac{\arcsin \sqrt{n_1^2 - n_2^2}}{n_0} \qquad (13-4)$$

式中：$\theta_\mathrm{m}$——光导纤维端面入射临界角，即光导纤维的入射值孔径；

　　　$n_1$——玻璃纤维芯层折射率；

　　　$n_2$——玻璃纤维皮层折射率；

　　　$n_0$——空气折射率1.0002。

通常情况下，由于光导纤维的折射率为可知，则 $\theta_\mathrm{m} = \dfrac{\arcsin\sqrt{1.62^2 - 1.52^2}}{1.0002} = 34.08°$，即入射角 $\theta_0$ 为 0~34.08°的光将可进入光纤全反射传输。

近代光缆用的光导纤维，除复合玻璃纤维外，有机高聚物的复合纤维也已开始应用。

## 二、双折射率

当一束光由空气照射到各向异性晶体表面时，一般情况下，在晶体内将产生两束折射光，这种现象称为双折射。同一束入射光在晶体内所产生的两束折射光中，其中一束光遵从折射定律，而另一束光一般情况下并不遵从折射定律，即其折射线一般不在入射面内，并且当两种介质一定时，折射线随入射角的改变而变化，前者称为寻常光，简称为 O 光；后者称为非(寻)常光，简称为 E 光。晶体中存在一些特殊方向，沿此方向传播的光不发生双折射，这些特殊方向称为晶体的光轴，只有一个光轴的晶体称为单轴晶体。大部分纺织纤维属于单轴晶体，即光线只沿此光轴方向射入时，不发生双折射现象，顺这个方向所引的任何直线，都叫纤维的光轴，纤维的光轴一般是与纤维的几何轴相平行的。进一步分析可知，在纤维内部分解成的两条折射光都是偏振光，且振动面相互垂直，其中遵守折射定律的寻常光的电场振动面与光轴垂直，其折射率用 $n_\perp$ 表示；另一条不遵守折射定律的非常光的电场振动面与光轴平行，其折射率用 $n_/\!/$ 表示。在非光轴方向，O 光和 E 光的折射率 $n_\perp$ 和 $n_/\!/$ 不同，光在纤维内部的速度 $V_O$ 和 $V_E$ 也不同。大多数纤维是正晶体，在不同方向上 $V_O > V_E$，因此 O 光叫快光，E 光叫慢光。纤维的双折射能力用双折射率 $\Delta n(\Delta n = n_\perp - n_/\!/)$ 表示。常见纤维折射率、双折射见表13-1。

表13-1　常见纤维折射率、双折射率

| 纤　维 | $n_/\!/$ | $n_\perp$ | $n_/\!/ - n_\perp$ |
|---|---|---|---|
| 棉 | 1.573~1.581 | 1.524~1.534 | 0.041~0.051 |
| 苎麻 | 1.595~1.599 | 1.527~1.540 | 0.057~0.068 |
| 亚麻 | 1.594 | 1.532 | 0.062 |
| 黏胶纤维 | 1.539~1.550 | 1.514~1.523 | 0.018~0.036 |
| 二醋酯纤维 | 1.476~1.478 | 1.470~1.473 | 0.005~0.006 |
| 三醋酯纤维 | 1.474 | 1.479 | -0.005 |
| 绵羊毛 | 1.553~1.556 | 1.542~1.547 | 0.009~0.012 |
| 桑蚕生丝 | 1.5778 | 1.5376 | 0.0402 |
| 桑蚕精练丝 | 1.5848 | 1.5374 | 0.0474 |
| 锦纶6 | 1.568 | 1.515 | 0.053 |

| 纤　维 | $n_{//}$ | $n_{\perp}$ | $n_{//} - n_{\perp}$ |
|---|---|---|---|
| 锦纶 66 | 1.570 ~ 1.580 | 1.520 ~ 1.530 | 0.040 ~ 0.060 |
| 涤纶 | 1.725 | 1.537 | 0.188 |
| 腈纶 | 1.500 ~ 1.510 | 1.500 ~ 1.510 | − 0.005 ~ 0 |
| 维纶 | 1.547 | 1.522 | 0.025 |
| 乙纶 | 1.507 | 1.552 | 0.045 |
| 丙纶 | 1.523 | 1.491 | 0.032 |
| 氯纶 | 1.500 ~ 1.510 | 1.5000 ~ 1.505 | 0.005 ~ 0 |
| 空气 | 1.0002 | 1.0002 | 0 |
| 水 | 1.333 | 1.333 | 0 |

由表 13 - 1 可以看出,纺织纤维的折射率一般在 1.5 ~ 1.6 范围内,但醋酯纤维的折射率低于 1.5,涤纶的折射率大于 1.6;就纺织纤维的双折射率而言,三醋酯纤维的为 − 0.005,是最小的,涤纶的双折射率为 0.188,是最大的。由于纺织纤维的结构不完全均匀,在纤维之间或单一纤维的表层与内部都会存在差异,所以,纤维的折射率和双折射率必然存在差异,表 13 - 1 的数据仅作为参考。

纤维双折射率的大小与分子的取向度和分子本身的不对称程度有关,纤维中大分子的取向度越高,其双折射率越大;当纤维中大分子随机排列时,其双折射率等于零。因此用双折射率的大小可以计算纤维的平均取向度。另外,纤维大分子本身结构的非线性、极性方向、多侧基和非伸直构象,也会使双折射率减小,如三醋酯纤维分子上的侧基数量多,致使其双折射率为负值;绵羊毛大分子的多侧基和螺旋构象,使其双折射率比蚕丝小得多;聚丙烯腈系纤维(腈纶)的侧基(腈基)极性极大,又含有 12% 以上第二单体和第三单体,大分子纵向排列无法整齐,而侧向有序,以至于纤维的双折射率接近零,甚至为负值。

纤维双折射的测量方法分为间接测量法和直接测量法。间接测量法中常用浸没法,即把纤维浸没在特制液体中,用显微镜观察,如果纤维与液体的折射率不同,则在纤维与液体的界面上可以看到一条亮线——倍克线(becke - line)。当提升显微镜的物镜时,倍克线移向折射率较大的介质;当降低物镜时,倍克线移向折射率较小的介质。如果纤维与液体的折射率相同,则因光线在界面上不产生折射,倍克线消失。因此,可用这种方法,通过调整和判断液体折射率的大小使之与纤维折射率一致,用测试此液体折射率的方法实现纤维折射率的测量。操作时,选择两种折射率不同、不易挥发、不使纤维膨化、密度接近,可以任意混合的液体(一般可选用苯和 α - 溴萘),将纤维试样浸没在混合液中,用钠光照明,且采用单色平面偏振光,在恒温恒湿条件下,用上述方法比较纤维与液体的折射率的大小,并不断改变液体的混合比,反复观察比较,直到液体的折射率与纤维的折射率相同为止。然后用阿贝折光仪,测量液体的折射率,就可得到纤维的折射率。用这种方法,分别测量纤维的 $n_{//}$ 和 $n_{\perp}$,即可得到纤维的双折射率。这种判断纤维与液体折射率是否相同的方法,也叫倍克线法。用这种方法可测得纤维表层的折射率。

直接测量法中常采用光程差法,纤维的光程差 $\Delta$ 或相位差 $\delta$、纤维的厚度 $d$(或直径)及纤维的双折射率有以下关系:

$$\Delta = d(n_{/\!/} - n_{\perp}) \qquad\qquad (13-5)$$

$$\delta = \frac{2\pi d}{\lambda}(n_{/\!/} - n_{\perp}) \qquad\qquad (13-6)$$

式中:$\Delta$——光程差,nm;

  $n_{/\!/}$——光线电场振动平面沿纤维轴向的折射率;

  $n_{\perp}$——光线电场振动平面垂直于纤维轴向的折射率;

  $d$——纤维厚度,nm;

  $\lambda$——测试用光波的波长,nm;

  $\delta$——相位差。

在已知纤维细度的情况下,可以直接测得光程差,进而求得纤维的双折射率。常用的测量方法有石英楔子法、干涉法、萨那蒙补偿法或其他补偿法。石英楔子补偿器使用方法是:首先使偏振光显微镜的起偏器和检偏器正交,这时视野全暗,然后放置纤维使其与正交的起偏器和检偏器成 45°角,以得到最大的光强,这时纤维明亮,然后把石英楔子补偿器插入显微镜筒,使石英楔子的快光方向与纤维的慢光方向(纤维几何轴方向)相重合,再调节石英楔子的位置或厚度,使石英楔子产生的光程差恰好等于纤维所产生的光程差,两者相抵消,且纤维中央全暗,最后从石英楔子的刻度上,读出纤维的光程差数值。萨那蒙补偿器包括平行于起偏器的 $\lambda/4$ 晶片和可以转动的检偏器,利用 $\lambda/4$ 晶片垂直于纤维轴插入补偿,可以使平面偏振光通过纤维后所产生的椭圆偏振光重新转变成平面偏振光,再用检偏器转动消光可以测出平面偏振光的振动方位角 $\alpha$,又由于理论上 $\alpha = \dfrac{\delta}{2}$,则可用式(13-6)求得被测纤维的双折射率。

显然,光程差法中重要的参数是纤维的厚度 $d$。通常纤维的厚度是较难确定的,其原因是纤维截面通常为不规则圆形,且纤维的直径沿纤维长度方向变化。因此这种方法要做到准确,就必须限制纤维的形态,即要求被测纤维截面是圆形的,且纤维粗细均匀。

为了用显微镜观察纤维样品,要了解纤维对某些液体的吸收膨胀、溶解、破坏等,可以在载玻片和盖玻片之间滴入相应的液体(如水、NaOH、HCl 等)。当不希望纤维膨胀、变形,但希望影响清晰时,宜用甘油(折射率为 1.4730)或石蜡油(折射率为 1.4200)作介质;当希望使纤维样品透明时(如将加有染色示踪纤维观察纱线加捻中纤维径向转移),可用磷酸三甲苯酯(折射率为 1.5586)作介质。

## 第二节　反射率、透射率和吸收率

### 一、反射、透射和吸收的基本规律

光线在纤维表面反射、折射,且其反射光与折射光的强弱可用菲涅尔(Fresnel)公式表示:

$$R = \frac{I_r}{I_0} = \frac{1}{2}\left[\frac{\sin^2(i-\phi)}{\sin^2(i+\phi)} + \frac{\tan^2(i-\phi)}{\tan^2(i+\phi)}\right] \tag{13-7}$$

式中:$R$——反射率;

    $I_0$——入射光通量;

    $I_r$——反射光通量;

    $i$——光线入射角;

    $\phi$——光线折射角。

因为纤维折射率决定了光线入射角和折射角的关系,所以反射率随光线入射角变化,当入射角 $i$ 很小时,反射系数 $R$ 很小;当 $i$ 超过一定值后,$R$ 开始显著上升(图 13-3)。图 13-4 是折射率 $n = 1.5$ 时,入射角与反射率的关系曲线,它是漫反射和正反射的叠加。

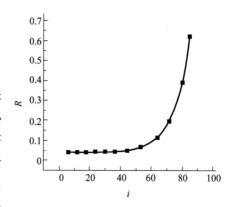

图 13-3 入射角与反射系数

当光线法向(垂直)入射时($i = 0°$),菲涅尔公式可改写为:

$$R_0 = \left(\frac{n-1}{n+1}\right)^2 \tag{13-8}$$

式中:$R_0$——法向反射率;

    $n$——折射率。

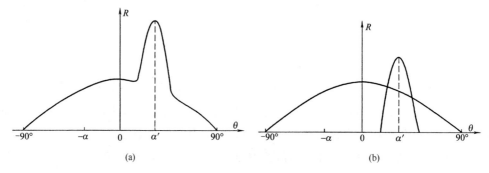

(a)                          (b)

图 13-4 入射侧半球反射光分布

对纤维来说,折射率一般为 1.5 ~ 1.6,故其法向反射率 $R_0$ 一般为 0.040 ~ 0.053。

折射光相对入射光强弱可用下式表示:

$$z = \frac{I_z}{I_0} = 1 - R \tag{13-9}$$

式中:$z$——透射率;

    $R$——反射率;

    $I_z$——折射光通量。

纺织纤维的透射率在 0.95 左右。

在光线进入纤维后,透射光通量 $I_t$ 与入射光通量 $I_{z_0}$ 之间有下列关系:

$$I_t = I_{z_0} e^{-\alpha l} \qquad (13-10)$$

式中:$l$——样品厚度;

$\alpha$——吸收系数。

吸收系数由纤维本性所决定,同时也与其波长有关。大多数无定形高聚物在可见光范围内没有特征的选择吸收,吸收系数很小,因此其表现出无色透明的状态。仔细研究光的强度随穿透介质深度而衰减的现象表明,这里还应区分真吸收和散射两种情况,前者是光能真正被介质吸收后转化为热能,后者则是光被介质散射到其他方向。若考虑到散射,则透射光通量 $I_t$ 与入射光通量 $I_0$ 关系式应改写为:

$$I_t = I_0 \exp^{[-(\alpha+\beta)]l} \qquad (13-11)$$

式中:$\beta$——散射系数,常数。

上式可称为普遍的消光定律。

纤维的颜色除由本身固有的颜色所决定外,还决定于所含的其他物质和表面特征。无定形高聚物通常是无色透明的,而纤维大多则是部分结晶的高聚物,由于光散射,其一般透明度较低或呈乳白色。纤维的颜色一般是加入染料、颜料等造成的,当加入没有溶解性的染料、颜料时,纤维成为有色不透明体;当加入无色不溶的物质(如二氧化钛)时,纤维成为无色(白色)的不透明体。

## 二、纤维反射光及其应用

### (一)反射光的分布及光泽

纺织纤维及其加工产品在平行光束入射时,反射光比较复杂。首先纤维截面形状比较复杂,许多纤维截面近似圆形或椭圆形,导致表面一次反射光方向分散(图 13-5)。其次,由于纤维折射率一般在 1.5 左右,折射光在纤维后表面从反射到入射方向有两次反射透射及高次反射透射(图 13-6)。因此,平行入射光束照射下的反射不是平行光束,而是呈一定分布(带有部分散射性质)。对于平面的纺织材料(织物等),平行入射光束产生的在入射侧半球中的反射光分布如图 13-7 所示,它的分布曲线图为图 13-4(a),它还可以近似地分解为图 13-4(b)所示的

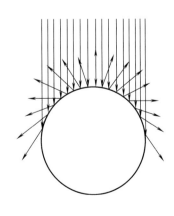

图 13-5　纤维表面一次反射光

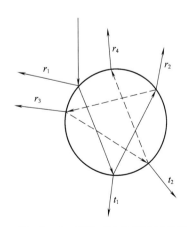

图 13-6　纤维二次及高次反射光

两余弦曲线的叠加。此分布图反映了织物光泽的明亮、柔和、精亮、菱暗等主观评价概念。

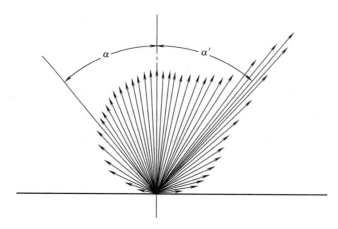

图 13 - 7　入射侧半球反射光球状分布

### (二)纺织材料的颜色和色光

折射光在穿越纤维内部时,不仅会与纤维物质发生作用,还会与纤维中的染料分子发生作用,这时穿越纤维内部的光在相应的光谱段按式(13 - 10)被吸收,其中的 $l$ 就是在纤维内部穿越的距离。在穿越过程中,染料分子的选择性吸收,使高次反射光中部分波长的光被吸收减少,从而使反射光中显示出相应吸收光区补色的颜色。

但是如上所述,纤维表面一次反射光的反射并不在几何界面上(图 13 - 8),而是进入物质

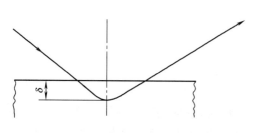

图 13 - 8　纤维表面一次反射的反射面

一定厚度 $\delta$,$\delta$ 的值随光波长的不同而不同,且大约接近光波波长的数量级。纺织材料染色后染料的分布在纤维中不是均布的,纤维表层染料分子的吸收光谱与穿越纤维内部的吸收光谱也不尽相同,从而纺织品在入射光方向不同及观察方向不同的情况下,观察到的颜色并不相同,习惯上将上述表面一次反射光的颜色称为"色光",因而纺织材料染色后的"颜色"和"色光"不尽相同,如蓝色染料的命名中有"红光蓝""绿光蓝""黄光蓝"等名称。因此,纺织品的光泽对颜色的表达有一定程度的干扰,目前这方面的研究工作尚有待深入。

# 第三节　衍射性质

从点(线)光源发出的光经过小孔(或狭缝)之后,并不仅沿小孔(或狭缝)和光源的延长线方向直线传播,而是在每一小孔(或狭缝)后发散开来成为次级球(柱)面波,正是这种效应使得两次波可以在空间发生交叠,从而使干涉成为可能。像这样波在传播过程中遇到障碍物时偏离

几何光学路径的现象称为光波的衍射。通过单缝衍射和圆孔衍射，可以看到衍射现象在表观上有以下共同特征：波动可以绕过几何阴影区；衍射区光强的空间分布一般有多次起伏变化，即出现明暗交替的条纹或圆环，它们称为衍射图样；对光束的空间限制越甚，则该方向的衍射效应越强，如单缝衍射中，缝越窄，在垂直于缝的方向衍射光散得越开；圆孔衍射中，孔越小，衍射图样的中心亮斑越大。

衍射与干涉一般是同时存在的，一种现象到底是称为干涉还是衍射，一方面看该过程中是何因素起主导作用，另一方面也与习惯有关。衍射是一切波动的固有特性，无论是机械波（如水波、声波）、电磁波、物质波，都会发生衍射效应。但是，为什么有些波（如声波）的衍射现象相当明显，而另一些波（如可见光波）绕过障碍物的能力就不太容易觉察，这是由于衍射现象的明显程度和所考察波动的波长 $\lambda$ 与引起衍射的障碍物（或孔径）的线度 $a$ 之比密切有关，且比值 $\frac{\lambda}{a}$ 越大，衍射现象就越显著，大致说来，若此比值小于 $10^{-3}$，则衍射现象不明显；若此比值在 $10^{-2}$、$10^{-1}$ 数量级，则衍射现象显著；若此比值再增大，即粒子或孔径的线度近似或小于波长量级，则衍射光强对空间方位的依赖关系逐渐减弱，这时衍射现象逐渐过渡为散射现象。引起衍射的障碍物可以是振幅型的，也可以是相位型的，一般说来，只要以某种方式使波前的振幅或相位分布发生变化，即引入空间不均匀性，而且这种不均匀性的特征线度 $a$ 与 $\lambda$ 的相对大小在前述适当范围内，就会发生衍射现象，这里仍是特征比值 $\frac{\lambda}{a}$ 决定了衍射与媒质不均匀性所引起的其他现象，如大尺度不均匀性所形成的反射或折射，以及极小尺度不均匀性所形成的散射的区别。既然衍射现象的显著程度与比值 $\frac{\lambda}{a}$ 有关，则可以推出，若此比值趋于零，衍射现象就会消失，波动将按照几何光学的规律传播，因此几何光学可以看作是波动光学当 $\frac{\lambda}{a}$ 趋于零时的极限情况。

# 第四节　纺织材料的吸收光谱

光是一种电磁波，其波长形成按一定分布来表示，根据光线波长由低到高顺序，可把光线分为 X 射线、紫外线、可见光、红外线、微波、无线电波等波段（参见第十二章第四节）。物质对不同波长的光有不同的吸收，如果用不同波长的光依次射入被测物质，并测出不同波长时物质的透光度或吸光度，然后以波长为横坐标，以透光度或吸光度为纵坐标作图，所得的曲线称为透射光谱或吸收光谱曲线。

所有的原子或分子均能吸收电磁波，且对吸收的波长有选择性。吸收光谱的产生主要是因为分子的能量具有量子化的特征，分子吸收光子后，依光子能量的大小不同而引起价键或基团转动能级、价键振动能级和电子能级的跃迁，因而产生三类吸收光谱，即转动光谱、振动光谱和电子光谱。转动光谱在电磁波谱的远红外区及微波区，主要针对气体物质。电子光谱位于紫外及可见光区，应用于含有不饱和键的化合物。振动光谱（价键的伸缩振动、摇摆振动等）相应的光波波长范围在近红外区,也称为红外吸收光谱。纺织纤维主要用红外吸收光谱进行分析,其分子内的共价键振动分为伸缩振动与弯曲振动两类,键长改变而键角不变的振动称为伸缩振动,且其分为对称与反对称两种运动形式;键长不变而键角改变的振动称为弯曲振动,且其分为剪式、摆式、摇式和扭曲式几种运动形式。

各种纺织纤维对不同波长(或每厘米波数)红外辐射的吸收程度是不同的,因此当不同波长(或波数)的红外辐射依次照射到样品纤维时,由于某些波长的辐射能被样品纤维选择吸收而减弱,从而形成红外吸收光谱。通常用透射率(或吸收率)与波长(或波数)所作的红外吸收光谱曲线来表征各种纤维的红外吸收光谱,一般,图中纵坐标表示透过率百分数;横坐标表示每厘米波数,它与波长成倒数关系。

由于不同物质具有不同的分子结构,从而会吸收不同的红外辐射能量而产生相应的红外吸收光谱,因此用仪器测绘纤维试样的红外吸收光谱,然后根据各种纤维的红外特征吸收峰位置、数目、相对强度和形状(峰宽)等参数,就可推断出试样纤维中存在的基团和价键,并确定其分子结构,这就是红外吸收光谱的定性和结构分析的依据。同一物质不同浓度时,在同一吸收峰位置具有不同的吸收峰强度,在一定条件下试样物质的浓度与其特征吸收峰强度成正比关系,这就是红外吸收光谱的定量分析依据。

纺织纤维的红外光谱分析主要用于纤维鉴别,红外光谱鉴别主要是"测谱"和"读谱",测谱即实测待检样品;读谱则是对已测红外光谱图进行特征峰的确定或直接与已知谱图进行比对。目前读谱可以根据已有的实样图谱对照,也可以由计算机图谱直接完成识别。图13-9给出了部分常见纺织纤维的红外光谱图。

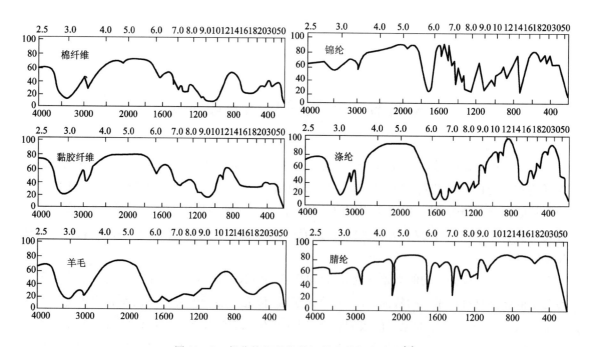

图13-9　部分纺织纤维的红外光谱基本特征[1]

由于各种合成纤维是由相同结构的单体聚合形成的高分子化合物,因此它们具有相同的基本结构单元,即可以根据它们的官能团在特征频率区中的吸收峰位置基本确定其结构。

天然纤维的情况比合成纤维复杂,因此仅靠对特征频率区吸收峰的分析还不够准确。纤维素纤维(包括棉、麻等天然纤维和黏胶纤维、铜氨纤维等再生纤维)的基本结构都有羟基(—OH)、亚甲基(—CH$_2$—)和苷键(—C—O—),而不同种类的纤维素纤维在指纹区的结构各不相同,如麻纤维中含有半纤维素等其他成分;黏胶纤维、铜氨纤维的聚合度、结晶度要比棉纤维低,则与棉纤维的红外图谱相比时,它们在与结晶度有关的吸收峰上,明显比棉纤维弱;天然蛋白质纤维包括绵羊毛、山羊绒、骆驼绒、兔毛、牦牛毛、牦牛绒、蚕丝等,情况比较复杂,但由于它们的基本结构是蛋白质,含有酰胺键,而且在侧基上通常含有甲基,因此它们在特征频率区的共同特点是在3300cm$^{-1}$有氨基(—N—H)、1640cm$^{-1}$有羰基(—C=O)、2960cm$^{-1}$有甲基的伸缩振动特征峰,又由于蛋白质是由20多种氨基酸组成的复杂结构,而且不同种类的蛋白质纤维其组成中氨基酸种类、数量、排列顺序以及立体结构都不同,因此只能根据它们在指纹区的特征,结合实践经验加以区别。

由于具有全反射[式(13-3)]及反射光进入纤维表面(图13-8)的性质,采用高折射率玻璃梯形测块,可以检测出纤维表面0.5~0.7μm厚度薄层中的红外吸收光谱,并由此可以分析纤维表面薄层中的成分和结构特征,则此光谱可称为表面全反射红外光谱。

高能量光子被物质吸收后,若其能量高于外层电子的能级时,将可能激活原子发射较低能量的光子。因此,在近紫外光源照射下,不少物质将会辐射可见光和红外光的发射谱,则这些人眼也能观察并分辨物质激发的可见光,称为荧光。不少物质在紫外线照射停止后,仍能继续发射一些可见光,称为磷光。一些常用纤维的荧光和磷光见表13-2。

表13-2　纺织纤维的荧光和磷光

| 纤维品种 | 荧光颜色 | 磷光颜色 | 磷光半衰时间(s) |
|---|---|---|---|
| 成熟棉 | 淡黄 | 淡黄 | 20 |
| 未成熟棉 | 淡蓝 | 淡黄 | 17 |
| 丝光后棉 | 淡红 | 淡黄 | 27.5 |
| 绵羊毛(净毛) | 淡黄 | 暗 | — |
| 桑蚕丝(脱胶后) | 淡蓝 | 淡黄 | 23.5 |
| 黄麻(熟) | 淡黄 | 黄 | 15 |
| 亚麻(原麻) | 紫褐 | 暗 | — |
| 黏胶纤维 | 白带紫光 | 黄 | 10 |
| 锦纶 | 淡蓝 | 淡黄 | 22.5 |
| 涤纶 | 白带蓝光 | 白带蓝光 | 25.3 |
| 转基因荧光桑蚕丝 | 绿色 | 绿色 | — |

人眼可见光波长区间在 380～780nm。国际照明委员会（CIE）经多年大量人群目测结果，总结和认证了人眼感觉色彩与可见光波长的关系为：紫色（380～430nm），蓝色（430～450nm），青色（450～500nm），绿色（500～570nm），黄色（570～600nm），橙色（600～630nm），红色（630～780nm）；并规定了白色光源 D65 在此波长区间的标准强度分布。在 D65 光源照射下，纺织品反射光各波长的强度分布总结成人眼观察颜色时的三个光电检测基础指标 $X_{10}$、$Y_{10}$、$Z_{10}$，同 1976 年发布的人眼观察色度三维色度指标 $L^*$、$a^*$、$b^*$。并由此三指标可以转化为三维极坐标系统。在 $a^*$、$b^*$ 二维平面建成二维极坐标，围绕 $a^*b^*$ 点对中央原点 $O$ 的圆周方向（不同角度），表达颜色的"色调"，依次是红、橙、黄、绿、青、蓝、紫，并与波长对应。$a^*b^*$ 点与原点的距离（半径），表达彩色光中纯彩色光和白光的混合比例，命名为彩色的"饱和度"；垂直纵坐标轴 $L^*$ 表达反射光的总强度（亮度），命名为"明度"。由此形成彩色的三维立体颜色指标：

色调角：$h_{ab}^* = \arctan \dfrac{b^*}{a^*}$

彩度（饱和度）：$C_{ab}^* = [(a^*)^2 + (b^*)^2]^{\frac{1}{2}}$

明度 $L^*$：$L^*$ 数值越大，色彩越鲜亮，数值越小，色彩越灰暗。

纺织品实测颜色与标准要求颜色的差异量，由此系统指标计算色差：$\Delta E_{ab}^* = [(\Delta L^*)^2 + (\Delta a^*)^2 + (\Delta b^*)^2]^{\frac{1}{2}}$。使纺织品颜色的光学测量系统数字化。有关表达指标的方程式及相应的许多国际规定的标准参数见中国标准 GB/T 5698—2001 及 GB/T 7921—2008。

## ☞ 思考题

1. 简述纺织材料的折射率和双折射率的概念、指标及光导纤维设计的原理。

2. 简述纺织材料的反射率、透射率和吸收率的指标、单位、影响因素和主要用途。

3. 简述纺织材料的衍射性质的机理和主要用途。

4. 简述纺织材料的吸收光谱及主要用途。

## 参考文献

［1］于伟东,储才元.纺织物理［M］.上海:东华大学出版社,2002.

［2］于伟东.纺织材料学［M］.北京:中国纺织出版社,2006.

［3］陈治,刘志刚,陈祖刚.大学物理:下册［M］.北京:清华大学出版社,2006.

# 第十四章  纺织品的服用性能

---

**本章知识点**

1. 纺织品的外观性能表示方法及指标。
2. 纺织品的手感概念及表达指标。
3. 纺织品服用的耐用性能表示方法及指标。
4. 纺织品的卫生安全性能表示方法及指标。

---

纱线和织物应用的重要方面之一是作为服装穿着。纺织品在服用中的要求不断地发生变化,由远古的防寒、蔽体(遮羞)、坚牢、耐用,发展到冬暖夏凉、装饰美化、显示身份地位、防护伤害及各种功能要求。

## 第一节  纺织品的外观性能

纺织品的外观性能包括了相当宽泛的内容,如颜色、光泽、遮蔽、花纹、组织、平挺、折皱、褶裥、起球、钩丝、悬垂、飘逸、起拱和折叠、存放、悬挂、穿着中的变化等;它还包括了几何学、力学、光学、热学、心理学、美学、艺术学等许多学科的内容。

### 一、光泽

纺织品的光泽(luster)是纺织材料光学性质的一部分,但由于纺织材料的特点和人类心理感应发展,而出现了进一步的内容。

纱线和纺织品一方面是由 $10\mu m$ 数量级直径的纤维组成。另一方面它由纱线编织或编结,其表面是由 $100\mu m$ 级圆柱形曲面编织而成,再者绝大多数纺织品都经过染色、印花,加上了许多种颜色,同时纺织纤维的折射率义比较高,这些因素影响到织物表面的反射光包含了多种内容。

#### (一)织物的光泽度

织物表面纱线曲面和纤维曲面使平行入射光的反射方向形成了宽泛的分布(图 13 – 4)。在过入射光线及织物表面法线的平面上,反射光的分布如图 13 – 7 所示,可以近似地分解成两种余弦函数的叠加,而反射角 $\alpha'$ 近似等于入射角 $\alpha$,但是由于纱线捻度的存在及织物中纱线的空间螺旋卷曲,以及织纹组织的不对称性等,实际上反射角一般不在过入射光线及织物面法线的平面上,有偏离,且偏离方向和程度与纱线捻度、织物组织等有关。

表示织物反射光光泽的常用指标主要有两种对比光泽度,即平面对比光泽度与旋转对比光泽度。

**1. 平面对比光泽度** 它是反射光的峰位光强与法向反射光强之比(通常情况下峰值反射光偏离入射光及织物法线平面不多,可以用此平面中的峰位反射光强计算,见图 13 – 4)。

$$L_p = \frac{I_{\alpha'}}{I_o} \tag{14 – 1}$$

式中:$L_p$——平面对比光泽度;

$I_o$——法向(0°)反射光强;

$I_{\alpha'}$——反射光的峰位光强。

完全均匀反射(反射分布曲线呈半圆)时 $L_p = 1.00$。

**2. 旋转对比光泽度(Jeffris 光泽度)** 当织物以图 14 – 1 中绕 OZ 轴旋转时,测试反射光强变化,并作出相应曲线如图 14 – 2 所示,通常入射光方向在 $\alpha = -45°$,测光传感器方向在 $\alpha' = 45°$进行测试。旋转对比光泽度计算式如下:

$$L_j = \frac{I_{max}}{I_{min}} \tag{14 – 2}$$

式中:$L_j$——旋转对比光泽度;

$I_{max}$——最大反射光强度;

$I_{min}$——最小反射光强度。

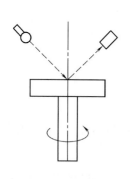

图 14 – 1 Jeffris 光泽度测试方法

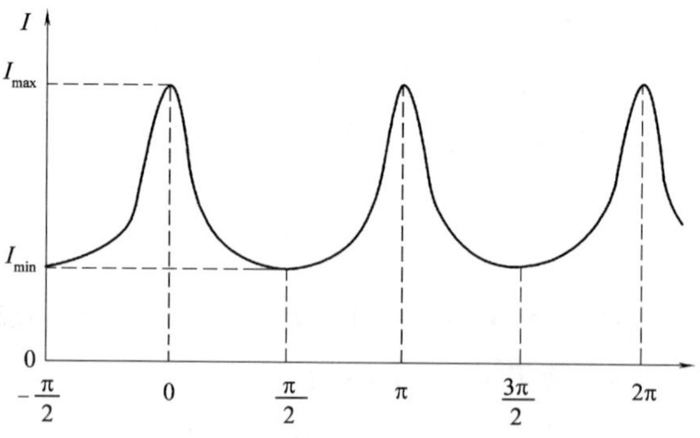

图 14 – 2 Jeffris 光泽度测试的反射光强曲线

**(二)织物反射光的内容**

织物的反射光包括两种来源,即纤维的表面反射光和内部反射光。

**1. 纤维的表面反射光** 它并不在几何光学定义的纤维与空气的界面上,而是在纤维表面之内深度大约与光波波长相当的区域内(参见第十三章第三节及图 13 – 8),因此这些反射光受纤维表层有色物质吸收的影响,称为表面反射光。如图 13 – 7 与图 13 – 8 所示,其中 $\alpha'$ 附近的叠加光主要是表面反射光。

**2. 纤维的内部反射光** 入射光线进入纤维与空气的界面穿过纤维内部,在底层纤维与空气的界面上反射(甚至多次反射)后,再从入射表面折射出来(见图13-6),这些反射光受纤维内部有色物质吸收的影响,称为内部反射光。

当织物中纤维染色的染料在纤维截面中分布不均匀时,表面反射光和内部反射光被吸收的光谱与吸收率不同,因而表面反射光和内部反射光的光谱也不同。织物表面反射光对光泽和颜色的影响内容很复杂,目前尚未形成正式标准。

## 二、白度、色度与色牢度

物体的白度、色度虽然是人眼感光生理反应通过心理反应所呈现的主观判断,但近一百年来科学家的不懈工作,已经形成了比较完善的客观标准(虽然它的基础是以数十万人眼睛测试主观判断为基础的)。织物的白度、色度都是指在一定的光源(光谱分布)条件下(如$D_{65}$光源)按一定光谱分布的三原色(如$X$、$Y$、$Z$)的量,通过标准方程计算得出的相应白度和色度的定量指标。目前,全世界在纺织品、印刷品等领域,已全部采用国际标准的CIE($L^*a^*b^*$指标),且这是由三原色$X$、$Y$、$Z$转换均匀色度空间后形成的指标。但是随着科技进步,国际色度学委员会不断提出了修正、补充和微调的许多补充方程式,并且这些方程式已通用于纤维、纱线、织物及最终产品的评价。

纺织品经穿着、使用、洗涤等色度会产生变化。染料的附着牢度因纺织纤维种类、染料种类及加工处理、使用条件的不同而改变。通过模拟各种使用条件,测试纺织品和服装色度变化的程度,来表达纺织品的染色牢度,且根据模拟的方式不同可区分为耐日晒色牢度、耐气候色牢度、耐水洗色牢度、耐皂洗色牢度、耐酸性汗渍色牢度、耐碱性汗渍色牢度、耐刷洗色牢度、耐干摩擦色牢度、耐湿摩擦色牢度、耐干热色牢度、耐常压汽蒸色牢度、耐升华色牢度、耐烟熏色牢度、耐直接蒸汽硫化色牢度、耐熨烫色牢度、耐丝光色牢度、耐臭氧色牢度、耐氧化氮色牢度、耐氯化硫色牢度等。采用测试处理前后纺织材料色度差的方法评价色牢度。色差可按式(14-3)计算:

$$\Delta E^* = \left[ (L_1^* - L_0^*)^2 + (a_1^* - a_0^*)^2 + (b_1^* - b_0^*)^2 \right]^{\frac{1}{2}} \qquad (14-3)$$

式中:$\Delta E^*$——色差值;

$L_0^*$,$a_0^*$,$b_0^*$——纺织品原样的色度值;

$L_1^*$,$a_1^*$,$b_1^*$——经色牢度测试处理后纺织品的色度值。

近十年来,国际色度学委员会组织研究并总结了CIE($L^*a^*b^*$)色度空间的不均匀性,进一步修订了计算方程式(见CIE 142—2001《工业色差评估的比较》),有关具体内容可以参考有关文献。一般情况下,常将色差值转化成等级来评价,一般采用0~5级灰色样卡比照评级,或用色度仪器测定后计算色差值评级,其中5级最好,1级最差,并设有半级值。评级数值见表14-1。

表 14 - 1　色牢度级的色差值

| 色牢度级 | 变色色差值 | 沾色色差值 | 色牢度级 | 变色色差值 | 沾色色差值 |
|---|---|---|---|---|---|
| 5 | 0 + 0.2 | 0 + 0.2 | 2 - 3 | 4.8 ± 0.5 | 12.8 ± 0.7 |
| 4 - 5 | 0.8 ± 0.2 | 2.3 ± 0.3 | 2 | 6.8 ± 0.6 | 18.1 ± 1.0 |
| 4 | 1.7 ± 0.3 | 4.5 ± 0.3 | 1 - 2 | 9.6 ± 0.7 | 25.6 ± 1.5 |
| 3 - 4 | 2.5 ± 0.35 | 6.8 ± 0.4 | 1 | 13.6 ± 1.0 | 36.0 ± 2.0 |
| 3 | 3.4 ± 0.4 | 9.0 ± 0.5 | | | |

### 三、折皱回复性和褶裥保持性

#### (一)概念

折皱回复性(crease recovery)是指服装在穿着、储放、使用时具有折皱回复的性能。在近 30 年来,提高服装在"可机洗"(洗衣机水洗)、"洗可穿"(易洗、快干、免烫)等方面的基本要求,就是提高织物在干态、湿态、凉态、热态环境下抗皱指标。褶裥保持性(pleat retention)是指服装上的褶裥(如叠缝边、裤褶缝、领边、裙褶等)能保持长久,而不会自动变形的性能。

#### (二)原理

抗皱性的典型要求是织物折叠加压(图 14 - 3),并在折痕处弯曲时,此处中性面的曲率半径能达到织物厚度的一半以下。织物虽在长度、宽度方向上有良好弹性,但对于一般纺织纤维是无法承受中性面不伸长、不收缩,弯曲外表面伸长 100%,内表面压缩 100% 的变形,所以纱线在折皱中会产生减小内应力的位移和错位。以平纹机织物为例,如图 14 - 4 所示,纱线截面按典型简化椭圆,由左右两小半径圆弧[圆心在图 14 - 4(b)的 $H$ 及其他对称点]和上下两大半径圆弧组成,它们的接点是图 14 - 4(a)小半径圆弧的半角 $\alpha$ 和大半径圆弧的半角 $\beta$ 的分界线。图 14 - 4(a)和图 14 - 4(b)中的 $\delta$ 角是平纹半个完全组织中相邻纱线上下凸点的连线对织物平面的倾角。图 14 - 4(b)中 $HO_3$ 是折皱相邻纱圆弧中心线。

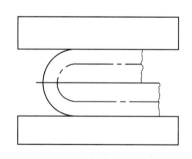

图 14 - 3　织物折皱测试

由上面这些参数可以计算出折皱时纱线折曲产生的拉伸变形量[10]。即使在纱线为进一步压缩,并减小原来的厚度,其截面变为椭圆形的情况下,外层纤维的伸长变形四个组织点平均仍将达到 22.8%(如果织物经纬向密度很大,且纱线不易压扁变薄,则其表面纤维的拉伸变形将更大)这种因压皱后弯曲,外层纤维的伸长变形已明显超过了其拉伸曲线的屈服点(甚至超过了第二阶屈服点),即使在缓弹性回复完成后也无法完全回复,从而折皱不能完全回复,形成皱痕。同时这也说明了织物的结构越挤紧,其折皱回复性能就越差。

#### (三)评价指标

基本指标是织物折叠加压(一定压力)一定时间后,释放外加压力,使之恢复一定时间,然后测试两折页间的夹角,当折皱能完全回复时,折页间夹角为 180°;当释压后折页间夹角越大时,则表示织物的抗折皱性越好。测试织物抗折皱性的方法很多,其中大部分为折页水平加压,并且在释压后使折缝铅垂放置,使织物回复回弹,但对于刚度小的薄织物,此方法易产生折页三维弯曲变形,故有一类方法是将折页的活页铅垂向下(图 14 - 5),使织物靠自身重力展平活页。

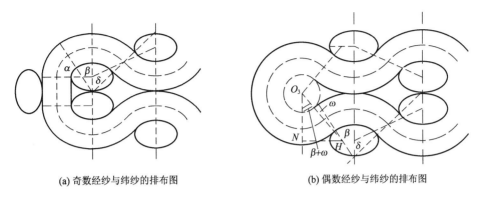

(a) 奇数经纱与纬纱的排布图　　　　　(b) 偶数经纱与纬纱的排布图

图 14 - 4　椭圆截面紧密织物折压时经纱与纬纱的排布图

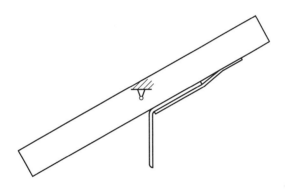

图 14 - 5　倒重锤折页测试方法

测试条件不同折皱回复角也不同,其中 20℃干态、20℃湿态、40℃干态、40℃湿态、100℃干态的折皱回复角分别称为干冷、湿冷、干热、湿热和压烫的折皱回复角。织物经纬向密度、纱线线密度、捻度不同,则其经纬向折皱回复性能也不同。在评价时,为简单方便,常将经向折皱回复角和纬向折皱回复角之和称为折皱回复角作为评价指标。几种织物折皱回复性能见表 14 - 2,测试条件为试样折边长 40mm,加压 30N、30min,释压急弹性回复时间为 15s,缓弹性恢复时间为 30min。

表 14 - 2　几种织物折皱回复性能举例

| 织物品种 | 干冷 | | 干热 | 湿冷 | | 湿热 | | 压烫 |
|---|---|---|---|---|---|---|---|---|
| | 急 | 缓 | 急 | 急 | 缓 | 急 | 缓 | |
| 涤/棉平布 | 170 | 208 | 180 | 236 | 272 | 166 | 222 | 29.7 |
| 毛凡立丁 | 298 | 332 | 230 | 204 | 248 | 204 | 242 | 35.0 |
| 涤纶长丝平纹布 | 302 | 330 | 260 | 288 | 324 | 250 | 292 | 89.3 |
| 涤纶长丝斜纹哔叽 | 320 | 338 | 290 | 306 | 334 | 298 | 326 | 110.0 |
| 涤纶长丝平纹府绸 | 286 | 306 | 246 | 256 | 292 | 254 | 286 | — |

除上面方法之外,还有热湿拧绞测试法,即先将织物放在40℃热水中再对其施加张力拧绞后,从热水中取出并干燥,然后通过与实物标准皱纹照片比对剩余皱纹的方法,来给织物评级。标准皱纹照片分为五级,1~5级如图14-6所示。

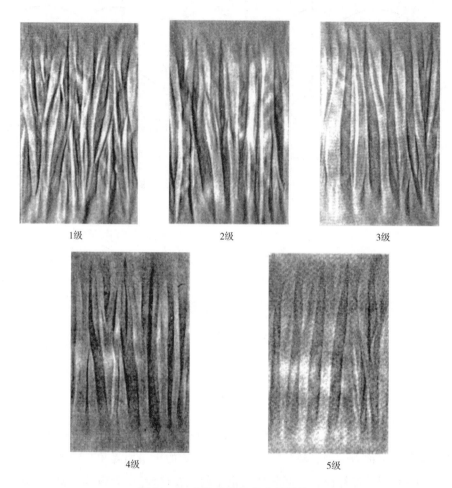

1级　　　　　　　　　　　2级　　　　　　　　　　　3级

4级　　　　　　　　　　　5级

图14-6　织物热湿拧绞分级照片

褶裥保持性的原理与折皱回复性相似,但折皱回复性是使织物在平挺状态下通过整理加工(煮呢,蒸呢,热定形等)具有在折叠作用后还能回复到平挺的能力,而褶裥保持性是使在成衣过程中对织物折叠压烫形成的褶裥在穿着、使用、悬挂、洗涤中具有抵抗变形展平的能力。测试中试样要与分为5级的标准照片比对,且5级最优,1级最差。

## 四、抗起球性与抗钩丝性

### (一)起球(pilling)

织物在使用过程中,不断受到摩擦,使其表面的纤维端被牵、带、钩、挂拔出,并在织物表面形成毛羽的现象称为起毛。随毛羽逐渐被抽拔伸出,一般超过5mm以上时,再承受摩擦,这些纤维端会互相钩接、缠绕形成不规则球状的现象称为起球。织物随着使用中继续摩擦,纤维球逐渐紧密,并使连在织物上的纤维受到不同方向的反复折曲、疲劳以至断裂,纤维球便从织物表面脱落,但此后折断头端的纤维毛羽还会在使用中继续被抽拔伸出并再次形成纤维球。新织物在使用的开始阶段,纤维球数量会逐渐增加,并随摩擦时间的延长,最先形成的纤维球开始脱落,但这时纤维球的总量却在增加,当到达一定时间后,纤维球的脱落数量与新增数量逐渐持平,而后纤维球总量开始逐渐下降。当纤维刚硬不易弯曲缠绕时,织物表面不易起球;当织物内纤维相互缠结较紧密、纱线捻度较高、织物紧度较高且摩擦因数较大时,织物表面的纤维端不易被抽拔伸出,起毛起球较少;当纤维耐重复弯曲疲劳强度较低时,织物表面的纤维球较容易脱落,从而使纤维球总量较低。

织物起毛起球后,会改变其表面的光泽、平整度、织纹和花纹,并浮起大量颗粒,严重影响织物的外观和手感。

**(二)起球的测试和评定**

将被测试样固定在水平圆盘上,使其在一定压力下转动摩擦一定转数后,取下与起球标准样品照片比较纤维球数量、大小、松紧程度进行评级,共分五级,5级最优,1级最差。或者将被测试样固定在金属圆管外,置于方形滚箱中滚动,与滚箱内壁的材料(软木或橡胶粒)摩擦一定次数后取出,将试样展开与标准样照对比评级,5级最优,1级最差。过去美国标准规定,将织物试样置于内壁贴有砂布的金属筒内高速旋转翻滚一定时间后,取出与标准样照比照评级,但此方法目前已逐渐停止使用。

**(三)勾丝(snagging)**

当织物中纱线比较光滑,编织紧度较低时,织物遇到尖锐物体刺挑,会出现织物表面纱线被抽拔、拱起等的现象称为"勾丝"。勾丝不仅在织物表面拱起纱线颗粒,并使其附近纱线抽直,从而改变织纹形状及屈曲波分布。

**(四)勾丝的测试和评定**

织物抗勾丝性测试一般采用带刺钉的钢球(钉锤)或带刺钉的钢辊(针筒)在织物试样面上无规滚动一定转数后,将试样与实物标准样品照片比对评级,或者将试样固定在样棍上或试样包覆在多粒钢球或玻璃球外,并置于滚箱(内壁面有斜形齿条)中滚转一定次数后取出,再把试样展平与实物标准样品照片比较评定,5级最优,1级最差。

## 五、悬垂性(drape behaviour)

服装的肩、袖、襟、裙与裤的线条曲面都是织物在重力作用下所形成的各种曲面和褶纹,特别是在人行动时,这些曲面和褶纹的运动和变化是服装外观的重要内容,而这些内容可归纳为织物的悬垂性,包括静态悬垂性和动态悬垂性。

影响悬垂性的因素主要有织物的单位面积质量、织物经(直)纬(横)向与正反向的抗弯刚度。

**(一)静态悬垂性**

静态悬垂性根据织物类别的不同,通常采用三类方法进行模拟和评价。

**1.折叠悬垂法** 将矩形织物沿一段窄边作多层折叠夹持、悬垂,如图14-7所示,测量下端宽度占原宽度的百分数：

$$D_c = \frac{L}{L_0} \times 100 \qquad (14-4)$$

式中：$D_c$——折叠悬垂系数，%；

　　$L_0$——织物试样原宽度，mm；

　　$L$——织物试样折叠悬挂后下边宽度，mm。

这种方法重点用于衡量窗帘及折皱裙的悬垂性，且 $D_c$ 值越小，悬垂性越好。

**2.心形悬垂法**　将织物条两端拼齐对贴，再用支架夹取 1cm 悬垂，如图 14-8 所示，测量心形悬垂长度并计算心形悬垂系数：

$$D_h = \frac{L_1}{\frac{L_0}{2} - 1} \times 100 \qquad (14-5)$$

式中：$D_h$——心形悬垂系数，%；

　　$L_0$——试样长度，mm；

　　$L_1$——心形悬垂长度，mm。

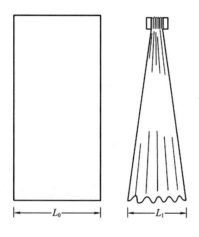
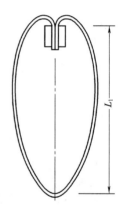

图 14-7　织物折叠悬垂测试方法　　　　图 14-8　织物心形悬垂测试方法

这种方法重点针对结构不稳定或具有明显剩余内应力（特别是弯应力和扭应力）的织物，如纬编针织物等不易自然展平织物的悬垂性测试。$D_h$ 值越大，悬垂性越好；$D_h$ 值越小，织物刚度越大，悬垂性越差。

**3.伞式悬垂法**　试样剪成圆形，置于水平的圆形托盘之上，测量褶棱数 $N$、平面投影上褶棱的最大半径、最小半径、相邻褶棱的张角和悬垂织物的投影面积。可有三类多种指标表达织物悬垂性能。

（1）第一类：悬垂程度指标。

①悬垂系数。

$$D_s = \frac{\frac{\pi}{4}D_0^2 - A}{\frac{\pi}{4}D_0^2 - \frac{\pi}{4}d^2} \times 100 \tag{14-6}$$

式中：$D_s$——伞式静态悬垂系数，%；

$\quad D_0$——织物试样直径，240mm 或 200mm；

$\quad d$——托盘直径，120mm 或 80mm；

$\quad A$——织物投影面积，$mm^2$。

②硬挺系数 $F$。

$$F = \frac{A - \frac{\pi}{4}d^2}{\frac{\pi}{4}D_0^2 - \frac{\pi}{4}d^2} \times 100 \tag{14-7}$$

实际上：
$$D_s + F = 100 \tag{14-8}$$

③等效圆直径 $D_e$（mm）：即悬垂投影面积折算成正圆形时的直径（mm）。

$$D_e = \sqrt{\frac{4A}{\pi}} \tag{14-9}$$

④褶数（波数）$N$。

（2）第二类：悬垂均匀度指标。

①波峰面积（曲线高于等效圆半径区）的均方差 $S_{a1}$（$mm^2$）。

②波谷面积（曲线低于等效圆半径区）的均方差 $S_{a2}$（$mm^2$）。

③波峰半径的均方差 $S_{b1}$（mm）。

④波谷半径的均方差 $S_{b2}$（mm）。

（3）第三类：悬垂曲线形态指标。

①平均波高/波长比 $\overline{H}$：将极坐标的悬垂曲线折算成直角坐标曲线，以等效圆直径 $D_e$ 处的圆周长为横坐标（表达内容也即圆周角度），纵坐标为悬垂投影半径与等效圆半径之差，如图 14-9 所示。

$$\overline{H} = \frac{1}{N}\sum_1^N \frac{R_i - r_i}{L_i} \tag{14-10}$$

式中：$R_i$——第 $i$ 波的波峰半径，mm；

$\quad r_i$——第 $i$ 波的波谷半径，mm；

$\quad L_i$——在等效圆周线上第 $i$ 波的弧长，mm。

②波高/波长的变异系数 $CV_N$。

③波峰顶曲率半径的极小值 $r_{amin}$（mm）。

④波谷底曲率半径的极小值 $r_{bmin}$（mm）。

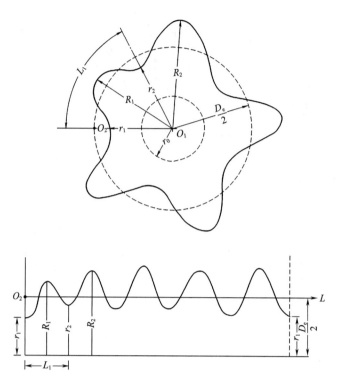

图 14 - 9　织物伞式悬垂波的转换曲线

按图 14 - 9 的直角坐标曲线计算出一阶导数 $\dfrac{dy}{dx}$ 和二阶导数 $\dfrac{d^2y}{dx^2}$，并找到各峰顶和谷底的 $\dfrac{dy}{dx}$ 和 $\dfrac{d^2y}{dx^2}$ 值，再按式(14 - 11)计算出曲率半径 $r_x$：

$$r_x = \frac{\left[1 + \left(\dfrac{dy}{dx}\right)^2\right]^{\frac{3}{2}}}{\dfrac{d^2y}{dx^2}} \qquad (14 - 11)$$

并选取其峰顶曲率半径的极小值和谷底曲率半径的极小值。

伞式悬垂法重点用于模拟裙、裤等的悬垂美感外观效果，其评价指标有静态悬垂系数 $D_s$，且 $D_s$ 值越大表示悬垂性越好。同时还有褶棱数 $N$，各褶棱间最大半径、最小半径、最大夹角、最小夹角及其变异系数。

**(二)动态悬垂**

裙装、飘带等的舞蹈美学外观效果靠静态悬垂是无法体现的，比较好的模拟测试方法是动态悬垂。现在较通用的是伞式动态悬垂，如图 14 - 10 中的托盘柱绕其轴旋转，用高速摄像设备摄下的投影图形，可以分析出在适当转速条件下伞式动态悬垂系数 $D_d$［计算方法按式(14 - 6)］及其与静态悬垂系数的差异率、褶棱某些部位大半径的差异率及其滞后角等。

### 六、飘逸性(fluttering elegance)

纺织品、服装在某些环境中,特别是舞蹈演员在舞台上表演用的长袖、长裙、飘衣片、旗帜、飘带等,要求在风中展开并飘动。这和纺织品的单位面积质量、抗弯曲刚度、位移速度等有关。织物在牵引移动或风吹的环境中,会形成连续的波动曲线。评价织物飘逸性时主要考虑在一定漂移条件下,依次的波幅,波长以及波幅衰减系数和波长衰减系数。

### 七、织物抗起拱性

服装穿用中某些部位(如肘、膝等部位)易产生永久性鼓突变形,成为服装外观美感的重要缺陷。为模拟测试织物的抗起拱性(bagginess),可在力学仪器上加装零件进行测试。如图 14-11 所示,环形夹持器夹紧圆形试样在半球形压头上压移变形至一定程度,并测出变形力,在延迟一定时间后,释放压力,并让试样回复一定时间后,测试剩余鼓凸变形量。同时,此变形量也可进行多次加压、释压变形后测试。

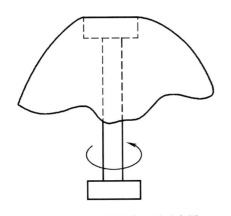

图 14-10　织物动态悬垂示意图

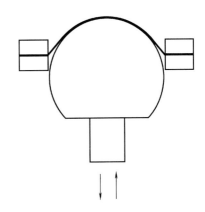

图 14-11　织物起拱测试示意图

## 第二节　织物的手感

服用织物在服用中接触皮肤,并以拉伸、压缩、弯曲、摩擦、刺扎等力学作用于皮肤,使人体皮肤中的各种感觉神经元受到刺激,并通过人体神经网络传递到大脑并作出综合性判断。人体皮肤中神经元分布密度最高的区域是手掌,所以用手摸来感觉及评价织物与皮肤接触的效果和特征,成为千余年来人类检测和评价织物的一种方法,即织物的手感(handle)。

长久以来,织物手感评价是依赖人群进行主观评定的。我国从 20 世纪 50 年代中期以后,由纺织工业部每年多次在全国范围内组织纺织工作者广泛进行用主观评价方法评定织物手感,形成了"一捏、二摸、三抓、四看"的手感评价方法,同时形成了一套专用术语,如硬挺、挺括、软糯、疲软、软烂、蓬松、紧密、细腻、粗糙、弹性、活络、刺痒、刺扎、戳扎、光滑、滑糯、爽脆、活泼、糙、涩、燥、板等。

1970 年日本京都大学的川端季雄（Kawabata）教授、奈良女子大学的丹羽雅子（Niwa）教授及松尾达树先生等专家开始研究织物手感的客观评价方法,经过十多年的努力,培养出了一大批织物手感检测师,并且还研制出了川端型织物手感评价系统（Kawabata's evaluation system,缩写为 KES）。其由 4 台电子式仪器和 1 台计算机组成,其中 FB – 1 测试织物的拉伸和剪切性能,FB – 2 测试织物的正反向弯曲性能,FB – 3 测试织物法向压缩性能,FB – 4 测试织物表面凹凸波动量（平整度）及摩擦性能,计算机可计算织物单位面积质量等 16 种低应力下的基础指标。

在此基础上川端季雄教授和丹羽雅子教授又经过十多年的努力,分别对男式和女式夏季内衣、冬季内衣、夏季外衣、冬季外衣、女式袍裙装、服装用皮革等提出了织物的单项手感指标（hand value,HV）（如硬挺度、爽脆度、丰满度、平展度、滑糯度、柔软度等）和最终综合手感指标（total hand value, THV）。在经过大量客观仪器测试和检验师主观测试评价（每一小类都经过千种样品测试和评估）的基础上,用非线性回归方法求出经验评价方程式,结合仪器测试的 16 种基础指标和试样的用途,可以计算出被测试样的单项手感值（$HV_1$、$HV_2$、$HV_3$、$HV_4$ 等）和综合手感值（THV）。

当基础指标为 $X_i$（16 种指标中有 11 种取对数值）时,基本手感值 $HV_j$ 的计算式为:

$$HV_j = C_0 + \sum (A_{ji} \cdot X_i) \tag{14 – 12}$$

式中:$A_{ji}$——第 $j$ 个单项手感值的第 $i$ 个基础指标的权重系数;

　　　$C_0$——常数项系数。

KES 低应力条件下单项指标见表 14 – 3[1],男夏季外衣裤的权重系数 $A_{ji}$ 如表 14 – 4 所示,其中自变量 $X_i$ 有的用原值,但大部分用对数值,它的结果是表达这些指标在计算方程中是乘除关系,而不是加减关系。

表 14 – 3　KES – FB 测试织物物理性能的指标[1]

| 序号 | 符号 | 名　称 | 概　念　内　容 |
|---|---|---|---|
| 1 | $L_T$ | 拉伸线形度 | 经、纬拉伸曲线下面积对直线下面积之比① |
| 2 | $W_T$ | 拉伸功（cN·cm/cm²） | 经、纬向拉伸曲线下的面积 |
| 3 | $R_T$ | 拉伸弹性（%） | 经、纬向拉伸弹性恢复率 |
| 4 | $B$ | 弯曲刚度（cN·cm²/cm） | 经、纬向弯曲刚度（曲率 0.5~1.5）平均值 |
| 5 | $2HB$ | 弯曲滞后矩（cN·cm²/cm） | 经、纬向正反弯力矩之差的平均值 |
| 6 | $G$ | 剪切刚度{cN/[cm·(°)]} | 经、纬向剪切 0.5°~5°斜率的平均值 |
| 7 | $2HG$ | 剪切滞后矩（cN/cm） | 经、纬向剪切 0.5°~ -0.5°斜率差的平均值 |
| 8 | $2HG_5$ | 剪切滞后矩（cN/cm） | 经、纬向剪切 5°~5°斜率差的平均值 |
| 9 | $L_C$ | 压缩线性度 | 压缩曲线下面积对直线下面积之比 |

续表

| 单序号位 | 符号 | 名　称 | 概　念　内　容 |
|---|---|---|---|
| 10 | $W_C$ | 压缩功($cN \cdot cm/cm^2$) | 压缩曲线下面积 |
| 11 | $R_C$ | 压缩弹性(%) | 压缩弹性恢复率 |
| 12 | $T_0$ | 表观厚度(mm) | $0.5cN/cm^2$ 压力下压缩厚度 |
| 13 | $MIU$ | 动摩擦因数 | 动程2cm中摩擦因数平均值 |
| 14 | $MMD$ | 摩擦因数平均差 | 动程2cm中摩擦因数变异的平均值 |
| 15 | $SMD$ | 表面粗糙度($\mu m$) | 0.5mm 直径单丝位移上下平均波动的值 |
| 16 | $W$ | 单位面积重量($mg/cm^2$) | — |
| 17 | $E_T$ | 拉伸伸长率(%) | 满负荷拉伸伸长率 |
| 18 | $T$ | 稳定厚度(mm) | $5cN/cm^2$ 压力下的厚度 |
| 19 | $E_C$ | 压缩率(%) | $0.5 \sim 5cN/cm^2$ 压力下的厚度压缩率 |

①实际是织物拉伸功充满系数。

表 14-4　KES-FB 手感计算的回归方程和权重系数 $A_{ji}$（男夏季外衣裤）[1]

| 序　号 | 符　号 | $HV_1$ 硬挺度 | $HV_2$ 爽脆度 | $HV_3$ 丰满度 | $HV_4$ 平展度 |
|---|---|---|---|---|---|
| 1 | $L_T$ | -0.0031 | 0.2012 | -0.4652 | 0.0156 |
| 2 | $\lg W_T$ | 0.1154 | 0.1632 | -0.1793 | -0.1115 |
| 3 | $R_T$ | 0.0955 | 0.1385 | 0.0852 | 0.0194 |
| 4 | $\lg B$ | 0.7727 | 0.4260 | -0.0209 | 0.8702 |
| 5 | $\lg 2HB$ | 0.0610 | -0.1917 | 0.0201 | 0.1494 |
| 6 | $\lg G$ | 0.2802 | 0.0400 | 0.0567 | 0.0643 |
| 7 | $\lg 2HG$ | -0.1172 | -0.0573 | 0.0361 | -0.0938 |
| 8 | $\lg 2HG_5$ | 0.1110 | 0.1237 | -0.0944 | 0.2345 |
| 9 | $L_C$ | -0.0193 | 0.0828 | -0.0388 | -0.1153 |
| 10 | $\lg W_C$ | -0.1139 | -0.0486 | 0.1411 | -0.0846 |
| 11 | $R_C$ | -0.1164 | -0.2252 | 0.0440 | -0.0506 |
| 12 | $\lg T_0$ | 0.0245 | 0.0001 | -0.0591 | 0.0067 |
| 13 | $MIU$ | -0.2272 | -0.2712 | -0.1157 | -0.3662 |
| 14 | $\lg MMD$ | 0.0472 | 0.1304 | -0.0635 | 0.1592 |
| 15 | $\lg SMD$ | 0.1208 | 0.9162 | -0.0560 | 0.1347 |
| 16 | $\lg W$ | 0.0549 | 0.0824 | 0.2770 | 0.0918 |
| 17 | $C_0$ | 4.6089 | 4.7480 | 4.9217 | 5.3929 |

如涤纶复合变形长丝的测试结果及计算的单项手感值见表14-5。

表 14 - 5　KES 测试结果举例[1]

| 序　号 | 符　号 | 军港呢 | 军港绸 | 军港哔叽 | 毛/涤凡立丁 |
|---|---|---|---|---|---|
| 1 | $L_T$ | 0.682 | 0.783 | 0.724 | 0.729 |
| 2 | $W_T$ | 3.47 | 5.65 | 3.48 | 7.18 |
| 3 | $R_T$ | 64.40 | 61.56 | 59.22 | 69.76 |
| 4 | $B$ | 0.0615 | 0.0337 | 0.1198 | 0.0781 |
| 5 | $2HB$ | 0.0400 | 0.0198 | 0.1108 | 0.0310 |
| 6 | $G$ | 1.92 | 0.58 | 1.37 | 1.28 |
| 7 | $2HG$ | 0.92 | 0.80 | 0.97 | 1.08 |
| 8 | $2HG_5$ | 5.53 | 1.84 | 4.25 | 2.78 |
| 9 | $L_C$ | 0.344 | 0.335 | 0.458 | 0.295 |
| 10 | $W_C$ | 1.057 | 0.203 | 0.433 | 0.105 |
| 11 | $R_C$ | 44.88 | 38.34 | 46.28 | 43.80 |
| 12 | $T_0$ | 0.472 | 0.579 | 0.922 | 0.490 |
| 13 | $MIU$ | 0.312 | 0.316 | 0.258 | 0.239 |
| 14 | $MMD$ | 0.0454 | 0.0486 | 0.0213 | 0.0547 |
| 15 | $SMD$ | 11.04 | 12.99 | 6.97 | 10.78 |
| 16 | $W$ | 17.2 | 13.1 | 19.7 | 18.1 |
| 17 | $HV_1$ | 4.78 | 3.44 | 9.42 | 5.58 |
| 18 | $HV_2$ | 4.47 | 1.83 | 0.44 | 5.60 |
| 19 | $HV_3$ | 10.00 | 8.57 | 8.46 | 10.00 |
| 20 | $HV_4$ | 3.14 | 2.02 | — | 3.38 |

　　除川端式客观评价织物手感的仪器系统之外,类似的测试方法还有多种。如澳大利亚联邦科学与研究组织,面向织物手感及成衣加工性能的客观评价系统——织物简化测试系统(fabric assurance by simple testing,FAST)采用计算机联动的四台测试仪器(其包括直横斜向拉伸仪、压缩仪、弯曲仪、湿干变形测试仪)测试织物在低应力条件下的基础指标以评定织物的手感和织物在成衣加工中的性能。近年又出现了多种相应的仪器设备,如 SDL 等。

# 第三节　纺织品服用的耐用性

　　服用纺织品除了要具备一般的拉伸、压缩、剪切、摩擦性能之外,还要从实际应用角度出发具备某些力学性能。

## 一、织物的顶破强度或胀破强度

织物在某些时候会在起拱时产生破裂,这时测得的破裂强度称为顶破强度(pushing strength)。同时可测得顶破面积增加率。

某些拉伸时横向收缩变形过大而无法正确反映结构承载能力的织物,及具有专门用途的织物(如降落伞等),则采用气压胀破的方法测试。测试方法如图 14 – 12 所示,先把圆形织物试样与下面的橡胶膜(带有泄气孔)一起被夹在金

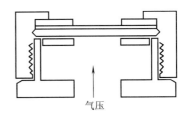

图 14 – 12　织物胀破测试示意图

属圆环夹头之间,再由下向上施加气压,最后在织物破裂时,可测得其最大压强和最大上凸变形量。对于针织物许多标准都采用胀破强度(bursting strength)代替拉伸强度。

## 二、抗纰裂强度

当织物的接缝处受力时,纱线可能滑移呈现透光缝隙,甚至有的纱线可能会滑移裂开,从而使织物丧失使用价值,织物抵抗这种滑移的能力可用抗纰裂强度(crack strength)来进行衡量。抗纰裂强度的测试方法可分为缝迹测试法和针排测试法。

**1. 缝迹测试法**　将织物条分经、纬(或直、横)向分别对折叠合用缝纫线缝合,再剪开展平(图 14 – 13),缝边留 $\delta = 6mm$,在织物拉伸测试仪上拉伸一定外力测缝合处裂缝宽度,或测交织纱线滑脱时的强力。

**2. 针排测试法**　先在离织物剪切边缘 6mm 处插入针排(图 14 – 14)$\delta = 6$,再在织物拉伸测试仪上拉伸至一定大小的应力时,测试其纱线裂缝宽度,或拉伸至交织纱线全部滑脱时的最大拉伸力。

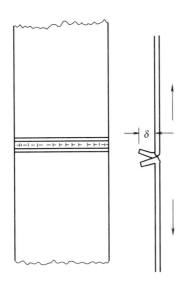

图 14 – 13　织物缝迹纰裂测试示意图

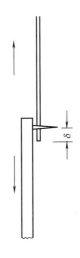

图 14 – 14　织物针排纰裂
测试示意图

### 三、抗撕裂强度

织物在已有破口(剪口)条件下受拉伸力破坏的过程中,常呈现纱线被逐根拉断的现象,表现出其抵抗外力能力较低的性质,而这种撕裂破坏是某些具有专门用途织物的常见损坏方式。一般服用织物均需评价其抗撕裂强度(tear strength)。织物抗撕裂强度测试方法主要有四类。

**1. 单缝撕裂法(对撕法)**　如图 14 - 15 所示,织物沿某一方向剪开切口,再将两翼分别夹持于织物拉伸测试仪上、下夹口间,拉伸至断裂,测出平均拉伸断裂力。

**2. 双缝撕裂法(舌形法)**　如图 14 - 16 所示,织物沿某一方向平行剪开两个切口,再将其舌形两端分别夹持于织物拉伸测试仪上、下夹口间,拉伸至断裂,测出平均拉伸断裂力。

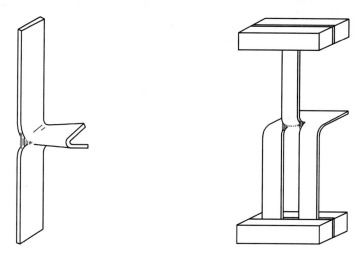

图 14 - 15　织物单缝撕裂示意图　　　　图 14 - 16　织物双缝撕裂示意图

**3. 梯形撕裂法**　如图 14 - 17 所示,织物沿某一个方向绘出梯形夹线后,沿梯形边剪开切口,再将梯形两斜边平行夹于上下夹口间,拉伸至断裂,测出平均拉伸断裂力。

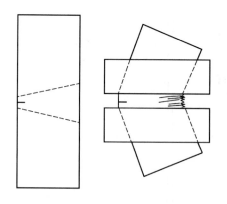

图 14 - 17　织物梯形撕裂示意图

**4. 冲击撕裂法**　织物按规格尺寸裁成矩形试样后,将其夹于织物冲击撕裂仪两个夹口间,再用专用切刀切开定长的切口,最后使扇形摆杆冲击至试样撕裂,并测读出冲击撕裂试样所作的功。

#### 四、织物耐磨性

织物服用中受摩擦力产生纤维损伤、断裂、毛茸伸出、脱落及破坏是常见的破坏形式。织物耐磨性(abrasion property)按模拟方式的不同主要有三类。

**1. 平面往复磨损法**　织物平展夹持于平台上,用磨料(如 400 号砂纸)往复磨损一定次数后,测量试样上破损的面积。

**2. 平面旋转磨损法**　圆形织物试样展平夹于圆形平台上,平台旋转,并与压于织物上面的砂轮在交叉方向摩擦一定转数后,测量织物表面磨损的面积。

**3. 屈曲磨损法**　织物试样绕过多个磨辊,反复正反方向弯曲、伸展并摩擦,一般测量在一定张力下试样条断裂的磨损次数。

#### 五、织物的其他特种耐用性

织物服用中抵抗特种外力破坏的能力,还有多种。下面简单介绍三种,其中一种是抵抗匕首尖刺穿的能力,即防刺性,这在警服、安全服和防割手套中需要测试和评价。将尖刃刀具固定于跌落架下端,织物水平张紧安装于跌落架下方一定距离处的试样夹中,调整跌落架的高度及重量(即调整刺穿速度及刺穿所作的功),释放跌落架使之加速下落刺击织物,测量刺穿的功及破口的程度(刺入深度)等。其次是防刀刃割伤。

再一种是抵抗子弹及子弹破片击穿的能力,即防弹性,学名为防侵彻性(anti-penetration)(见第十章第八节)。将织物试样夹持于固定样品架中,一般在距试样 5m 处用适当型号的枪支和一定质量和结构的枪弹头,并要调整好子弹的炸药量(即调整子弹射击织物时的线速度)。当测量一半子弹(如五发子弹)击穿织物、另一半子弹(五发子弹)未击穿织物时,这五对子弹线速度的平均值(规定最高速的子弹与最低速的子弹线速度之差小于30m/s),可称为侵彻临界速度(未击穿及击穿概率各 50% 时的子弹线速度,$v_{50}$),参见第十章第八节。

# 第四节　织物的卫生安全性能

由于服装与人体距离最近,接触时间最长,所以它的卫生防护性能成为最受人类关注的内容。织物的卫生安全性能包括许多层次和方面,以下重点介绍六个方面的性能。

#### 一、织物的服用舒适性

织物服用的要求由远古的防寒、蔽体发展到现代,人类对其舒适性的要求不断提高。织物的服用舒适性包括下面两个重要内容。

**(一)织物和服装的热湿舒适性**

冬季人体为防寒要求服用织物减少热传导的损失;夏季人体为热能发散要求服用织物增加

热传导和皮肤水分(汗液)的散发。水分散发有液态水传输、气态水传输和液态水蒸发;热能的散发有固体物质及空气的热传导,有空气的热对流,有热辐射(入射、反射、透射、出射及吸收转变为温升),还有气态水凝结(放热)、液态水蒸发(吸热)等,内容十分复杂,而且热与湿是互相交叉的,很难独立分离。

关于织物和服装的热湿舒适性,已经有许多人进行了数十年的理论研究,发表了各种相应的方程组,并提出了一些数学解析解,但从总的来说其仍然是很复杂的问题。目前对于织物和服装的热湿舒适性的测试和评价基本上有两大方面内容。

**1. 单项指标的测试和分析**  这方面主要包括织物干态的热传导系数、织物湿态的热传导系数[由于纺织纤维都是轴向有序的高聚物形态,热传导在纤维轴向和纤维径向有很大差异,且一般相差 2~40 倍(参见第十一章第二节表 11-2),因此织物中热传导本身不是沿织物法向直线进行的]、织物液态水传递速度、织物低湿侧液态水的蒸发速度、织物的热辐射率(红外辐射)、织物红外反射率、织物红外吸收率、织物的透气性(对流)等。虽然这些单项测试结果可以局部解释许多现象和问题,但尚无法直接计算人体的热湿舒适性。

**2. 综合测试和分析**  这方面主要包括三类方法。

(1)综合仪器法:许多单位研制出了能够测试织物两面在不同温湿度差条件下的温湿度变化、热能流、湿量流的仪器。但这些仪器只能用来测试、了解和分析一些现象和规律。由于人体各部位温度分布不同(有时相差很大)、汗腺分布密度不同等原因,这种测试无法表述整个人体的实际情况。

(2)人体着装主观检测法:一些单位研制了温湿度测头,选择适当受测人群(身高、体重、年龄、出生地和生长环境、习惯等),由受测者穿着设计好的整套服装,在恒温恒湿室内,保持一定姿势或运动状态,维持一定时间,用仪器自动连续监测每个被测试者身体各部位的温度、湿度及其变化速度,并记录受测试者每人的主观感受和评价,最后用统计方法评价人体各部位温湿度数据和主观感觉评价数据。这种方法在寒区保暖服装的设计、考核、评价方面,进行得很多,而且取得了比较满意的效果。但是在中高温湿度方面,工作还不多,虽有一定效果,但有一定局限性。而且此测试的工作量庞大,组织受测试者团队最少也得数十人,反复测试时间长(至少半个月,一般为 2~3 个月),影响变动因素多,受试人员生病、变动,特别是心理状态变化等能严重影响测试结果,因而这类方法尚不能成为真正完整系统的测试方法。

(3)用模仿人体尺寸、温度分布及汗腺分布的出汗暖体假人,穿着设计好的全套服装进行测试。这方面许多单位做了很多努力,取得了一定效果。

**(二)织物的接触舒适性**

织物的接触舒适性中最主要的部分在织物手感主观评价中已有体现,但还有一项主要内容是纤维端的刺痒、刺扎、戳扎感觉问题。一般情况下,纤维端顶压皮肤,且顶压压力与纤维弯曲刚度及纤维直径平方成正比,纤维越粗,顶压力越大,刺痒感或刺扎感越强[图 14-18(a)]。

当纤维细软,特别是纤维尖呈锥状时,顶压中迅速折弯如图 14-18(b)所示,不仅压力下降,而且接触面积增加、压强大幅下降,刺痒感减轻甚至消失,呈现柔软、轻抚的舒适感。

但当纤维粗硬,特别是遇到热湿条件(出汗时),不仅纤维润湿膨胀、直径增大,而且皮肤上毛孔口和汗腺口张开,一旦纤维端插入毛孔,将触动毛囊立毛肌的神经末梢、克氏小体神经元等

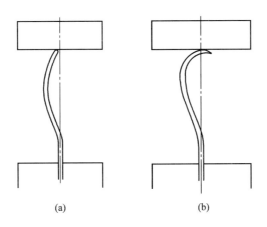

(a) (b)

图 14 - 18 圆柱形及圆锥形纤维端顶压变形

神经丛,此信号传导至脊柱神经反馈触动立毛肌收缩,使汗毛直竖,更导致纤维端深入毛孔,并进一步激化刺激作用,呈现严重的戳扎感觉。这是湿热气候导致出汗条件下,同样织物引起严重戳扎感的主要原因。

因此,作为内衣用的织物表面的毛羽,首先尽量不出现自由端,而有自由端时,纤维应尽量细软,并呈锥状纤维端为佳。这是为什么单纤维较粗的空气变形长丝织物一般没有刺痒感(织物和纱线表面的"毛羽"均是丝圈和丝弧,没有自由端)以及棉织物和无毒或低毒大麻(汉麻)织物基本没有刺痒感(纤维头端是很细的锥形)的原因。

## 二、抑菌性、抗菌性、防臭性

纺织纤维原料主要是有机高聚物(尤其是内衣)不仅吸纳汗液,更吸纳大量皮屑(表皮细胞新陈代谢脱落的角质细胞)。这些都是部分细菌的滋生条件和营养物质,容易引起细菌繁殖,并且其中一些细菌可能危害人类致病(现在国际标准化组织及各国标准均测试金黄色葡萄球菌、白色念珠球菌、大肠杆菌。但中国人体皮肤病变处取样分析,有害病菌主要为须癣毛癣菌、红色毛癣菌、犬小孢子菌和绿脓杆菌、肺炎杆菌等),而另一些细菌以皮屑为营养源,在吞食分解皮屑时,分解出氨、硫的化合物,产生臭味。织物能抑制对人体有害的细菌,减少繁殖的性能称之为抑菌;若能杀灭这些细菌和霉菌,称为抗菌;若能杀灭会分解产生氨、硫的异味化合物的细菌,称为消臭。

一部分纺织纤维本身具有抑菌、抗菌功能,如汉(大)麻、黄麻、竹纤维等,只要处理得当就能使织物也具备抑菌、抗菌、消臭功能。本身不具备杀菌功能的纤维制成的织物,可以在染整加工中引入抗菌剂整理,使其具备这种功能。

织物抑菌、抗菌、防臭功能一般采用引入专门对象的菌种进行培养,检测培养后细菌数量,以计算出针对各种细菌对象的抑菌率和杀菌率。

## 三、紫外线屏蔽率

随着地球高空臭氧层变薄,南极出现冬季臭氧层空洞及中国南方臭氧低槽的出现,地球表面紫外线辐照强度增大,其中特别是中紫外(UVB,波长为 280 ~ 320nm 的紫外线)辐照强度的增加,导致皮肤癌发病率 1983 年以来以每年 10% 的速率递增。这对服用织物的紫外线屏蔽率提出了日益紧迫的要求。

天然纤维中的木质素(lignin)具有较强的紫外吸收功能,因此保留部分木质素的韧皮纤维和叶纤维的织物具有一定的紫外屏蔽功能。其他织物可以用织物整理的方法渗入、吸附或涂敷紫外线吸收剂以增加紫外线屏蔽功能。常用的紫外线吸收剂有纳米级的金属氧化物粉末,如纳米氧化锌在化学纤维纺丝时混入,混纺后均匀分布时织物只要达到 $50\text{mg/m}^2$,即可吸收紫外线(特别是中紫外)99% 以上。

织物紫外线屏蔽的测试一般由紫外区吸收光谱与紫外线对人类皮肤的致变影响因子积分计算。中紫外(UVB)区段(波长为 280 ~ 320nm)紫外线屏蔽效率(以分贝 dB 为单位)称为日晒防护系数 SPF,织物 SPF 最高可达 50 甚至更高。近紫外(UVA,波长为 320 ~ 400nm)及中紫外区段的综合屏蔽效率[以分贝(dB)为单位],称为紫外防护系数 UPF。计算式见式(14 − 13)及式(14 − 14),紫外各波段辐射导致人体皮肤红斑效应的系数 $\xi(\lambda)$ 见表 14 − 6。

表 14 −6　北欧日光光谱辐射度与红斑效应系数表[2]

| $\lambda$ 组中值(nm) | $\xi(\lambda)[\text{W}/(\text{m}^2 \cdot \text{nm})]$ | $\xi(\lambda)$ | $\lambda$ 组中值(nm) | $\xi(\lambda)[\text{W}/(\text{m}^2 \cdot \text{nm})]$ | $\xi(\lambda)$ |
|---|---|---|---|---|---|
| 290 | $3.090 \times 10^{-6}$ | 1.000 | 350 | $5.590 \times 10^{-1}$ | $0.684 \times 10^{-5}$ |
| 295 | $7.860 \times 10^{-4}$ | 1.000 | 355 | $6.080 \times 10^{-1}$ | $0.575 \times 10^{-5}$ |
| 300 | $8.640 \times 10^{-3}$ | 0.640 | 360 | $5.640 \times 10^{-1}$ | $0.484 \times 10^{-5}$ |
| 305 | $5.770 \times 10^{-2}$ | 0.220 | 365 | $6.830 \times 10^{-1}$ | $0.407 \times 10^{-5}$ |
| 310 | $1.340 \times 10^{-1}$ | $0.745 \times 10^{-1}$ | 370 | $7.660 \times 10^{-1}$ | $0.348 \times 10^{-5}$ |
| 315 | $2.280 \times 10^{-1}$ | $0.262 \times 10^{-2}$ | 375 | $6.635 \times 10^{-1}$ | $0.218 \times 10^{-5}$ |
| 320 | $3.14 \times 10^{-1}$ | $0.835 \times 10^{-3}$ | 380 | $7.540 \times 10^{-1}$ | $0.243 \times 10^{-5}$ |
| 325 | $4.030 \times 10^{-1}$ | $0.290 \times 10^{-4}$ | 385 | $6.055 \times 10^{-1}$ | $0.204 \times 10^{-5}$ |
| 330 | $5.320 \times 10^{-1}$ | $0.136 \times 10^{-4}$ | 390 | $7.570 \times 10^{-1}$ | $0.172 \times 10^{-5}$ |
| 335 | $5.135 \times 10^{-1}$ | $0.115 \times 10^{-4}$ | 395 | $6.680 \times 10^{-1}$ | $0.145 \times 10^{-5}$ |
| 340 | $5.390 \times 10^{-1}$ | $0.965 \times 10^{-5}$ | 400 | 1.010 | $0.122 \times 10^{-5}$ |
| 345 | $5.345 \times 10^{-1}$ | $0.860 \times 10^{-5}$ | | | |

近紫外辐射对人类皮肤辐照常引起表皮底层色素细胞中色素分解酶的破坏而导致皮肤颜色变深(黄、红、褐色),在当今流行希望白皙的趋势下,许多人(特别是女性)也希望屏蔽近紫外辐射,但是近紫外辐射不应该过多屏蔽,这是因为人类体表有害细菌在一定程度上需要依靠 UVA 辐射杀灭,特别是 UVA 辐照到达皮肤下微毛细血管时有利于将血液中从食物内获得的胡萝卜素转变成维生素 D,而后者又是很难从自然界中直接摄取的。

$$\text{UPF} = \frac{\sum_{\lambda=290}^{\lambda=400} E(\lambda) \cdot \xi(\lambda) \cdot \Delta\lambda}{\sum_{\lambda=290}^{\lambda=400} E(\lambda) \cdot T(\lambda) \cdot \xi(\lambda) \cdot \Delta\lambda} \tag{14 − 13}$$

式中:UPF——紫外防护系数(ultraviolat protecyion factor);

　　　λ——紫外线波长,nm;

　　$E(\lambda)$——各波段紫外线的标准强度;

　　$T(\lambda)$——各波长处紫外线的透射率;

　　$\xi(\lambda)$——各波长紫外线引起人表皮肤红斑辐射效应系数(erythema action spectrum)。

$$SPF = \frac{\sum\limits_{\lambda=280}^{\lambda=320} E(\lambda) \cdot \xi(\lambda) \cdot \Delta\lambda}{\sum\limits_{\lambda=280}^{\lambda=320} E(\lambda) \cdot T(\lambda) \cdot \xi(\lambda) \cdot \Delta\lambda} \qquad (14-14)$$

式中:SPF——日晒防护系数(solar protection factor)。

### 四、红外辐射性

纺织材料除了对红外电磁波有选择性吸收的特征之外,反射分布及吸收以后使电磁能转变成热能,以及在常温下也有相当辐射(使热能转变成电磁能)等特征。

#### (一)红外反射率

织物红外线反射率在不同角度方向的分布,与标准漫反射有一定差异。当法向入射(0°)时,在反射角35°以内与余弦分布基本吻合,但在反射角35°以上比余弦分布明显偏离,如图14-19所示。

织物涤/棉(65/35)不同纬密形成不同单位面积质量、不同覆盖系数及不同重叠层数对红外反射率的影响如图14-20~图14-22所示。由于水对红外波段的波有强吸收率,故织物回潮率对反射率有显著影响,如图14-23所示。

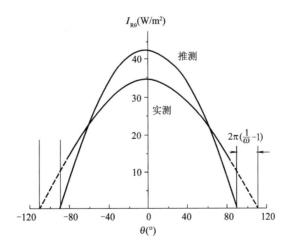

图14-19　法向入射时织物红外反射分布曲线[3]

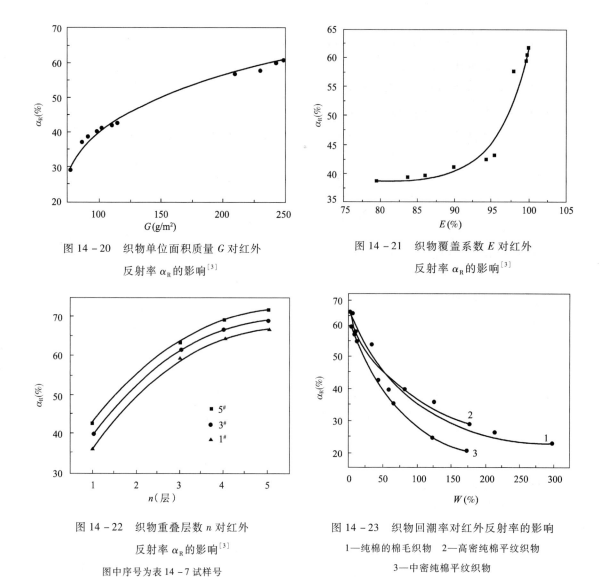

图 14-20　织物单位面积质量 $G$ 对红外
反射率 $\alpha_R$ 的影响[3]

图 14-21　织物覆盖系数 $E$ 对红外
反射率 $\alpha_R$ 的影响[3]

图 14-22　织物重叠层数 $n$ 对红外
反射率 $\alpha_R$ 的影响[3]
图中序号为表 14-7 试样号

图 14-23　织物回潮率对红外反射率的影响
1—纯棉的棉毛织物　2—高密纯棉平纹织物
3—中密纯棉平纹织物

## （二）红外辐射升温

红外电磁波被物质吸收后将转变为物质分子的热运动能,体现为物质的升温(热能)。对一批样品测试结果见表 14-7,同一品种两层织物叠置时,测两层织物之间在入射功率为 650W/m² 、主波长 $\lambda_m$ 为 2.04μm 时,照射开始后 2~7s 升温速率,并计算织物吸收红外辐射转变热能的效应。

表 14-7　涤/棉(65/35)织物(经密 440 根/10cm)红外辐射的吸收升温[3]

| 试样序号 | 组织结构 | 单位面积质量（g/cm²） | 经纬纱线密度（tex） | 纬纱密度（根/10cm） | 覆盖系数 $E$（%） | 单层织物透射强度（W/m²） | 升温速度（℃/s） | 能量吸收转换率 |
|---|---|---|---|---|---|---|---|---|
| 1 | 平纹 | 85.47 | 13.3×13.3 | 180 | 79.0 | 374 | 0.3291 | 11.25 |

续表

| 试样序号 | 组织结构 | 单位面积质量（g/cm²) | 经纬纱线密度（tex) | 纬纱密度（根/10cm) | 覆盖系数 $E$(%) | 单层织物透射强度（W/m²) | 升温速度（℃/s) | 能量吸收转换率 |
|---|---|---|---|---|---|---|---|---|
| 2 | 平纹 | 92.10 | 13.3 × 13.3 | 210 | 84.7 | 365 | 0.3080 | 11.41 |
| 3 | 平纹 | 96.08 | 13.3 × 13.3 | 240 | 86.4 | 354 | 0.2914 | 11.20 |
| 4 | 平纹 | 101.68 | 13.3 × 13.3 | 270 | 90.1 | 337 | 0.2868 | 11.66 |
| 5 | 平纹 | 109.00 | 13.3 × 13.3 | 330 | 94.7 | 332 | 0.2768 | 12.06 |
| 6 | 平纹 | 116.42 | 13.3 × 13.3 | 360 | 96.8 | 317 | 0.2716 | 12.65 |
| 7 | 斜纹 | 190.66 | 27.7 × 104.6 | 180 | 98.0 | 205 | 0.1827 | 15.25 |
| 8 | 斜纹 | 230.77 | 27.7 × 104.6 | 210 | 99.1 | 188 | 0.1800 | 16.62 |
| 9 | 斜纹 | 242.26 | 27.7 × 104.6 | 240 | 100.0 | 176 | 0.1790 | 17.35 |
| 10 | 斜纹 | 250.22 | 27.7 × 104.6 | 270 | 100.0 | 173 | 0.1784 | 17.86 |
| 11 | 絮片 | 25.00 | — | — | — | 448 | 0.3580 | 10.74 |

　　由于水在红外波段有强吸收峰,故织物在不同回潮率时红外射线吸收和升温情形有明显差别,一些实验结果如图 14 - 24 和图 14 - 25 所示。因此,红外辐照也成为织物快速烘干的方法之一。但是用红外辐照织物时,当织物中含有较多水分情况下,由于水分蒸发带走水分子的蒸发潜热,则织物温度并不高(一般在 70℃ 左右)。但当织物中水分减少时,织物将快速升温,甚至碳化损坏,且它们的升温典型曲线如图 14 - 26 所示。

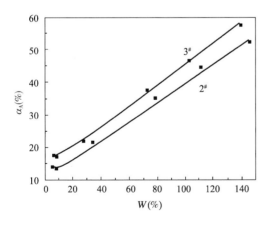

图 14 - 24　织物回潮率对红外光吸收率的影响[3]

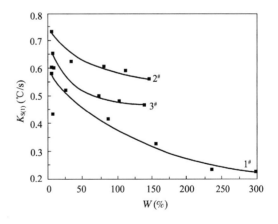

图 14 - 25　织物回潮率 $W$ 对红外辐射升温速率的影响[3]

### (三)织物的红外辐射

　　任何物质在温度 0K 以上都具有辐射红外电磁波的性能,将分子热运动能转换成电磁波辐射,且热体的辐射服从普朗克(Plank)定律。

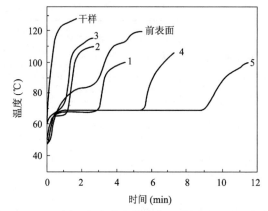

图 14 - 26　不同回潮率本白棉细布红外辐照下升温曲线[3]

1—W = 153.6%　2—W = 89.02%　3—W = 75.61%

4—两层,W = 181.60%　5—三层,W = 182.37%

$$E_\lambda = \frac{3.743 \times 10^{-16} \times \lambda^{-5}}{e^{1.4387 \cdot 10^{-2}/(\lambda T)} - 1} \tag{14 - 15}$$

式中:$E_\lambda$——在波长 $\lambda$ 处的辐射强度,$W/(cm^2 \cdot \mu m)$;

　　　$\lambda$——波长,$\mu m$;

　　　$T$——热体温度,K。

　　它的分布如图 14 - 27 所示,其峰值即主波长是由方程式(14 - 15)取一阶导数为零(求极大值)的方程,即为维恩位移定律(Wien's displacement law)。

$$\lambda_m \cdot T = 2.8976 \times 10^{-3} \tag{14 - 16}$$

式中:$\lambda_m$——主波长,$\mu m$;

　　　$T$——热体温度,K。

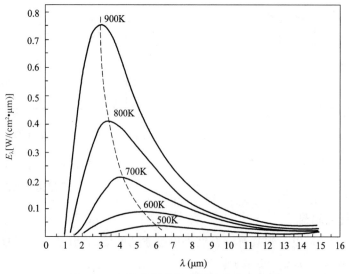

图 14 - 27　热体辐射温度随波长的变化[3]

实际物质,对外来的电磁波有选择性共振吸收性能,物质升温后原子和分子热振动加剧将发射(对外辐射)相同频率(或波长)的热辐射,但材料热辐射能力比吸收能力(理论发射能力)要弱一些。减弱的程度一般称为灰度。因此,不同的物质在相同温度下虽然辐射波谱的主波长相同,但辐射强度有很大差异。某些金属氧化物或碳化物陶瓷粉(如 $ZrO_2$、$ZrC$、$MgO$ 等)具有较强的红外辐射性能。近年发现近红外辐射和中红外辐射对人体皮肤有刺激作用,大脑发出信号促使毛细血管动静脉吻合打开阀门,加快血流微循环,有利于局部肿痛的散瘀消肿等,这是红外辐射纺织品的治疗功能。

### 五、辐射屏蔽性

纺织材料作为辐射屏蔽材料有很宽的范围,除了前述红外、紫外射线的辐射屏蔽以外,对高频电磁波、X 射线、高能粒子(α 射线、β 射线、γ 射线、中子等)的屏蔽均已提到日程之中。其中高频电磁波已成为当今世界上继水污染、空气污染、噪声污染之后的第四大污染环境因素,由于高能粒子体积小,能量高(β 粒子能量为 0.511MeV,α 粒子和中子粒子能量为 939.553MeV),中子不带自由电荷,所以它们的破坏性穿透更深,对人体损伤更严重。这就要求除了核电站、核反应堆、核研究室、高能粒子对撞系统等单位工作人员需要屏蔽防护外,在空间技术发展方面,特别是宇航员舱外行走和舱外工作中的屏蔽防护服装已是不可或缺的材料。

由于这些要求都以屏蔽防护为主,因此重点考虑屏蔽防护材料在该环境中的透过率。由于透过率要求已严格到小于 $10^{-4}$,因此屏蔽防护服指标采用分贝(dB)为单位,其计算公式如下:

$$E = -10\lg \frac{I_t}{I_0} \qquad (14-17)$$

式中:$E$——屏蔽效率,dB;

$I_0$——投向屏蔽防护材料前的能量;

$I_t$——屏蔽防护材料后透过的能量。

一般情况下,要求屏蔽效率在 40dB 左右,即要求透过率在 0.0001 以下。对于高频电磁波屏蔽的纺织材料要求有较高的电导率,使电磁波感应的电场和磁场形成闭路电流回路,使能量消耗而减小透过量。

高能粒子屏蔽的纺织材料要求用特殊的高性能纤维制造,一般用聚酰亚胺(能耐辐射)为基础材料,增加适当的吸收物质。对于 X 射线、α 射线、β 射线、γ 射线一般用含铅等重金属粒子的共混纤维制造。对于防中子要求用碳化硼、氮化硼等纤维或将氟化锂等微粉分散在基体中纺丝形成纤维使用。

### 六、隐身性(concealed hidden)

二十多年来,多国军工、国防的服装、装备、指挥中心帐篷等进行了大量隐身纺织品研发,大量应用在军服、军用帐篷、坦克、军车、头盔、军用装备及部分保密建筑上。主要有可见光隐身、近红外隐身、雪地等室外隐身三类。

这三种分别形成适应多种环境背景的花纹,常用的分别是绿化丛林背景、沙滩背景及其他(城市建筑群或雪地)。近年应用在空军飞机、船艇等增加对雷达、核潜艇海中防声波等的侦视。

(1)可见光及近红外光隐身技术:为了让对方白天用望远镜和摄像机观察时分辨不出人体和背景,使服装的颜色和图案模拟背景制作。并使用四种染料(将可见光反射率曲线区分为四段,分别模拟树叶、树枝、树干的颜色,形成迷彩)图案,模拟丛林环境。同时,为了让对方黑夜用红外线望远镜及红外相机观察和拍摄的画面中分辨不出人体和背景,使服装相应颜色区域的染料同时具有与环境对象相同的近红外线反射性能,形成模拟丛林的树叶、树枝、树干的发光量的迷彩图案。类似的,模拟沙滩环境的使用相应黄褐色染料及夜晚红外线反射性能,形成与沙漠迷彩环境相似的图案。这类迷彩图案隐身技术也用于头盔、帐篷、背袋、行李箱、子弹袋、鞋面织物等,同时也应用于汽车、坦克及部分武器,也可用于某些保密建筑的外表面。

(2)可见光及紫外光隐身模拟雪地技术:在雪地隐身采用白色织物,使对方用望远镜及拍摄像机观察时与背景无法分辨。同时,为了防止太阳紫外线影响,应使织物的白色染料具有与雪花相同的紫外线反射条件。

核潜艇是航空母舰的最重要敌对者。近年来,除了使潜艇动力平稳,降低声波及声波反射率来隐身外,根据潜艇在海洋水下磁场的反射率比较高,故侦查核潜艇采用了磁场反射率的方法。为此核潜艇防磁场反射率的问题提到现实中来,近年开始有所进展。

(3)海洋海水中潜艇防声波雷达隐身技术:为防止海洋深水区潜艇、特别是核动力潜艇的威袭,令各国军舰装备深水区声波雷达,利用声波反射信号暴露对方潜艇的威袭。为了防声波雷达的侦察,潜艇(特别是核动力潜艇)外表面加敷一层纤维材料后,利用纤维段弯曲振动消耗声波能量,大幅减少声波反射量,实现潜艇的隐身性能。

(4)飞机在空中、潜艇在海面防电磁波吸收材料:可使雷达波测不到反射信号。

### 七、磁场屏蔽性

在某些强磁场环境中,长时间停留时对人体器官等会有损伤。例如核动力潜艇内,磁场强度较高,而每次下沉工作常至3个月,对身体健康有影响。因此核动力潜艇人员的服装、鞋、帽等需要具有防磁场功能。现在可以应用的材料主要有两种。

一种是无机复合纤维,用铁、镍、钴、硼和硅作为芯材,以玻璃为壳体生产的复合纤维,见本书第六章第五节之五。

另一种是用 $Fe_3O_4$ 微粉作为添加剂的化学纤维。

### ☞ 思考题

1. 简述纺织品光泽、白度、色度的指标和测试原理。

2. 简述纺织品折皱回复性和褶裥保持性的原理、评价指标、测试方法及表达概念。

3. 简述纺织品抗起球性、抗钩丝性的原理、评价指标、测试方法及表达概念。

4.简述纺织品悬垂性的测试方法、评价指标及表达概念。

5.简述纺织品手感的主观、客观评价方法、指标及应用。

6.简述纺织品的抗顶破、抗纰裂、抗撕裂及特种破坏性能的指标和测试方法。

7.简述织物卫生安全性的要求、评价、测试方法及其重要性。

## 参考文献

[1] 中国标准出版社第一编辑室编.生态纺织品技术标准汇编[M].北京:中国标准出版社,2003.

[2] 中国纺织工业协会产业部.生态纺织品标准[M].北京:中国纺织出版社,2005.

[3] 徐卫林.红外技术与纺织材料[M].北京:中国纺织纤维,2005.

[4] 梅自强.纺织辞典[M].北京:中国纺织出版社,2007.

[5] 张建春.化纤仿毛技术原理与生产实践[M].北京:中国纺织出版社,2003.

[6] 西北纺织工学院纺织材料教研室.皮肤感觉生理学[M].西安:西北纺织工学院教材科,1983.

[7] 中国毛纺织行业协会编译.国际毛纺织组织仲裁协议及标准总汇[M].北京:中国纺织出版社,2005.

[8] 深圳出入境检验检疫局.国际纺织服装市场遵循的技术法规与标准解析[M].北京:中国标准出版社,2005.

[9] 李庆云.神经解剖学[M].西安:第四军医大学出版社,2006.

[10] 武燕.织物折皱恢复性能的测试研究[D].西安:西安工程大学,2008.

# 第十五章　纺织材料的标准与管理

## 本章知识点

1. 纺织材料标准的分类。

2. 纺织材料标准制定与管理概况。

标准(standards)是为了在既定的范围内获得最佳秩序,按照规定的程序,经协商一致制定并由公认机构批准,为各种活动或其结果提供规则、指南或特性,共同使用和重复使用的一种规范性文件。标准应以科学、技术和经验的综合成果为基础,以促进最佳的共同效益为目的。

为了在既定的范围内获得最佳秩序,促进共同效益,针对现实问题或潜在问题制定确立共同使用和重复使用的条款的活动称为标准化。标准化活动主要包括编辑、发布和实施应用标准过程。标准化的主要作用效益在于为了预期目的改进产品、过程或服务的适用性,防止贸易壁垒,并促进交流及技术合作。

## 第一节　纺织材料标准的概况

纺织材料标准是在天然纤维生产、收购、化学纤维生产、纺织半制品和纺织制品加工制造、服装制造、家用纺织品加工、产业用纺织品及其制品以及加工设备、专件、器材、化工助剂及纺织制品品质要求和检验方法等范围内,以科学技术和实践经验为基础,经科研、经营、生产、检验及使用各方共同协商提出,由有关公认管理机构批准、发布而共同使用的各项统一规定。

我国纺织材料标准化起步较早,自20世纪50年代初便开展了标准的制定工作,经过几代标准化工作者的努力,形成了以产品标准为主体,以基础标准和方法标准相配套的纺织材料标准体系。它包括了纤维、纱线、长丝、织物、纺织制品、服装、纺织机械、纺织器材、染料、化工药剂、辅助材料等的基本规范、名词术语、品质要求、检验方法、环境条件、测试仪器、考核指标、数据处理方法以及校验、计量检定等,在数量和覆盖面上基本满足了纺织材料生产和贸易需要。我国也积极与各国专家进行技术交流和沟通,参与研究和制定国际标准。

### 一、按领域范围制定的标准

**1. 国际标准（international standards）** 由国际标准化组织或国际标准组织通过并公开发布的标准。国际标准化组织（ISO）是国际标准化领域中一个十分重要的组织。我国制定的 ISO 15625:2014《生丝 疵点、条干电子检测试验方法》国际标准已正式批准发布。

**2. 国家标准（national standards）** 由政府有关部门、国家标准机构管理、批准、通过、公开发布，在全国范畴内统一实施的标准。标准代号用"国标"汉语拼音的声母"GB"来表示。

**3. 行业标准（traditional industry standards）** 没有国家标准，由各行业主管部门管理、标准机构批准通过并公开发布，并在该行业范围内统一实施的标准。纺织标准中除国家标准外的行业标准代号用"纺织"汉语拼音的首字母"FZ"来表示。

**4. 地方标准（local provincial standards）** 没有国家标准和行业标准，由各省、市、自治区根据本行政区域的特殊需求，由标准机构批准通过有关部门管理、公开发布，并在该省、市、自治区内实施的标准。

**5. 团体标准（group standards）** 没有国家标准、行业标准和地方标准，由依法成立的社会团体制定，并由标准机构批准通过、公开发布的标准，由社会团体成员约定使用。

**6. 企业标准（department company standards）** 没有国家标准、行业标准和地方标准，或已有国家标准、行业标准和地方标准，但性能要求严于国家标准、行业标准和地方标准的产品，鼓励本企业管理，由本企业管理、制定、通过，经地方标准化主管部门机构备案在本企业内实施的标准。

**7. 国家标准化指导性技术文件** 技术尚在发展中，需要有相应的标准文件引导其发展，或具有标准化价值，尚不能制定标准的项目，以及采用国际标准化组织的技术报告的项目，可以制定国家标准化指导性技术文件。

### 二、按性质制定的标准

**1. 强制性标准（mandatory standards）和推荐性标准（recommendable standards）** 中华人民共和国标准的执行方式分为强制性标准和推荐性标准。为保障人体健康、人身和生命财产安全、国家安全、生态环境安全及满足社会经济管理基本需要的标准，以及发布的法律、行政法规规定强制执行的标准是强制性标准，其他标准为推荐性标准。从事科研、生产、经营的单位和个人，必须严格执行强制性标准，不符合强制性标准要求的产品禁止生产、销售和进口。

我国现有的纺织材料强制性标准见表 15-1，主要涉及天然纤维原料质量、与人体健康密切相关的纺织产品安全、必须统一规定的测试环境以及纺织材料回潮率。这些强制性标准在规范市场，打击假冒伪劣产品，保护消费者利益；保护消费者的健康和安全；规范和统一需要重点控制的技术条件和维护国家的经济利益等方面，起到了法规的强制性作用。

表 15 – 1　我国纺织材料强制性国家标准

| 标准编号 | 标准名称 |
|---|---|
| GB 1103.1—2012 | 棉花 第1部分:锯齿加工细绒棉 |
| GB 1103.2—2012 | 棉花 第2部分:皮辊加工细绒棉 |
| GB 1103.3—2005 | 棉花 天然彩色细绒棉 |
| GB 1523—2013 | 绵羊毛 |
| GB 1797—2001 | 生丝 |
| GB 5296.4—1998 | 消费品使用说明 纺织品和服装的使用说明 |
| GB 6529—1986 | 纺织品的调湿和试验用标准大气 |
| GB 9994—1988 | 纺织材料公定回潮率 |
| GB 18267—2013 | 山羊绒 |
| GB 18383—2007 | 絮用纤维制品通用技术要求 |
| GB 18401—2010 | 国家纺织产品基本安全技术规范 |
| GB 19635—2005 | 棉花 长绒棉 |
| GB 31701—2015 | 婴幼儿及儿童纺织产品安全技术规范 |

推荐性标准的代号是在标准代号"GB"后加"/T"(T是"推"字汉语拼音的首字母)。

国家鼓励企业自愿采用推荐性标准。推荐性标准是全国、全行业范围内共同遵守的准则,制定标准时都积极采用已标准化的成果,使标准具有先进性和科学性,企业采用推荐性标准有利于提高产品质量提高,提升企业市场竞争能力。

**2. 技术指南试行标准( prestandards )**　试行标准是由标准化机构临时通过并公开发布的暂行文件,目的是从它的应用中取得必要的经验,再据以建立正式的标准。

**3. 技术规范( technical specification )**　技术规范是规定产品、过程或服务应满足的技术要求的文件。技术规范应指明可以判定其要求是否得到满足的程序。技术规范可以是标准、标准的一个部分或与标准无关的文件。如 GB 18401—2010《国家纺织产品基本安全技术规范》规定了纺织产品的基本安全技术要求、试验方法、检验规则及实施与监督,适用于在我国境内生产、销售和使用的服用和装饰用纺织产品。

**4. 规程( code of practice )**　规程为设备、构件、产品、过程或服务全生命周期的设计、制造、安装、维护或使用等有关阶段而推荐良好惯例或程序的文件。例如:JJG(纺织)040—1990《织物起毛起球仪检定规程》如 JJG(纺织)070—1999《纺织通风式烘箱检定规程》。

## 三、按形式区别的标准

按形式区分的标准分为文字标准、实物标准和标准样照三类。

**1. 文字标准**　仅以文字表达的标准为文字标准。

**2. 实物标准**　以实物形态出现的标准为实物标准。实物标准又称为标准样品,是具有足够均匀的一种或多种化学的、物理的、生物学的、工程技术的或感官的特征,经过技术鉴定,并附有说明及有关性能数据证书的一批样品。实物样品一般附属于文字标准。在不同的时间和空间对同一材料进行检测时,制定一个共同的参考物即标准样品,以保证检测结果的一致性。实物样品经国家标准化机构按国家标准样品审批程序批准,由承制单位生产,附上标准样品证书,贴上国家标准样品标签后方可发行。实物样品具有规定的有效使用日期,逾期的实物标准须经复验后予以确认或废除。如 GB/T 7568.2—2008《棉纺织品 色牢度试验 标准贴衬织物 第 2 部分:棉和黏胶纤维》、GB/T 250—2008《纺织品 色牢度试验 评定变色用灰色样卡》等都是常用的实物标准。

**3. 标准样照**　一些用实物标准无法较长期保存外形的样品,采用标准样品照片方式使用。纺织标准中有棉纤维成熟系数标准样照、纱线条干黑板样照、织物起毛起球分级标准样照、织物褶裥保持性样照、织物拧绞式抗折皱性标准样照、织物刺辊式分级标准样照、喷淋法织物防水性标准样照等,这些标准照片与实物比较,制作过程差异可控制得更小,更易保管,更好地体现标准的统一性和稳定性。

## 四、按功能区别的标准

**1. 基础标准( basic standards)**　基础标准是具有广泛的适用范围或包含一个特定领域的通用条款的标准。基础标准主要包括纺织材料名词术语、通用法则、试验条件规定、统计方法规定、数字修约规则、样品抽取原则等。如 GB/T 29862—2013《纺织品 纤维含量的标识》、FZ/T 01035—2014《纺织品 标示线密度的通用制(特克斯制)》等。除专业基础标准之外,一些通用的基础标准(如名词术语、法定单位、法定计量单位、基础量值传递等)纺织专业也必须遵守。

**2. 试验方法标准( testing method standards)**　试验标准是与试验方法有关的标准,即在适合指定目的精确度范围内和给定环境下,全面描述试验活动以及得出结论方式的简称为方法标准,有时附有与测试有关的其他条款,例如抽样、统计方法的应用、试验步骤。方法标准包括原材料、产品物理机械性能、化学组成等有关技术指标测试方法。其主要内容为测定的原理,使用仪器和材料,试样的要求及制备,试验的程序,试验的结果计算,试验报告的表示等。如 GB/T 2543.1—2015《纺织品 纱线捻度的测定 第 1 部分:直接计数法》、FZ/T 01082—2017《黏合衬干热尺寸变化试验方法》等。

**3. 产品标准( product standards)**　产品标准是规定产品应满足的要求以确保其适用性的标准。产品标准包含了纺织纤维、纺织品、服装、纺织电子设备、纺织器材、染料等的产品分类、规格及代号、术语、技术要求及品质评定、抽样检验规定、试验方法、检验规则、包装、标志、运输与储存以及计量单位、量纲等内容。如 GB/T 28464—2012《纺织品 服用涂层织物》、FZ/T 12001—2015《转杯纺棉本色纱》等。

# 第二节　标准制定与管理的组织系统

## 一、国际和国外的管理组织

### （一）颁发标准的国际标准化组织（ISO）

**1. 组织机构**　国际标准化组织（international standards organization，即 international organisation for standardisation，ISO）正式成立于 1947 年 2 月，我国是创始成员之一，由于历史原因，我国于 1978 年参加为正式成员。ISO 是世界上最大和最具权威的标准化机构，它是一个非政府性的国际组织，总部设在日内瓦，国际标准化组织的主要任务是制定国际标准，协调世界范围内的标准化工作，组织各成员国和技术委员会进行信息交流。ISO 的工作领域很广泛，除电工电子外涉及其他所有学科，ISO 的技术工作由各技术组织承担，按专业性质设立技术委员会（TC），各技术委员会又可以根据需要设立若干分技术委员会（SC 和 TC），且 SC 的成员分参加成员和观察成员两种。在 ISO 下设的 188 个技术委员会中，明确活动范围属于纺织行业的有三个。

（1）第 38 技术委员会：纺织品技术委员会，简称为 ISO/TC 38，它的工作范围是制定纤维、纱线、绳索、织物及其他纺织材料、纺织产品的试验方法标准及有关术语和定义，但不包括现有的或即将成立的 ISO 其他技术委员会工作范围；纺织加工及测试所使用的原料、辅助材料、化学药品的标准化；制定纺织品产品标准。ISO/TC 38 现有 10 个分技术委员会，下属 52 个工作组（WG），这些分技术委员会和直属工作组的名称分别是 SC1 染色纺织品和染料的试验、SC2 洗涤、整理和抗水试验、SC5 纱线试验、SC6 纤维试验、SC11 纺织品和服装的保管标记、SC12 纺织地板覆盖物、SC19 纺织品和纺织制品的燃烧性能、SC20 织物描述、SC21 土工布、SC22 产品规格、WG9 非织造布、WG12 帐篷用织物、WG13 试验用标准大气和调湿、WG14 化学纤维的一般术语、WG15 起毛起球、WG16 耐磨、钩丝和接缝滑移（纰裂）、WG17 纺织品的生理性能、WG18 服装用机织物的低应力、机械和物理性能。该技术委员会的秘书国是英国，秘书处现设在我国上海。我国由中国纺织科学研究院承担 ISO/TC 38 的技术归口工作。

（2）第 72 技术委员会：纺织机械及附件技术委员会，简称为 ISO/TC 72，其工作范围主要是制定纺织机械及有关设备、器材、配件等纺织附件的有关标准。我国由中国纺织机械总公司承担 ISO/TC 72 的技术归口工作。TC72 技术委员会下设四个分委员会：SC1 前纺、精纺及并、捻线机械，SC2 络筒、织造准备机械，SC3 织造机械，SC4 染整机械及有关机械和附件。该技术委员会的秘书国是瑞士。

（3）第 133 技术委员会：服装的尺寸系列和代号技术委员会，简称为 ISO/TC 133，其工作范围是在人体测量的基础上，通过规定一种或多种服装尺寸系列实现服装尺寸的标准化。该技术委员会的秘书国是南非。

**2. 标准系列**　国际标准化组织制定发布的标准主要是 ISO 9000 系列标准。这是 50 年前 ISO 在美国、英国标准基础上，吸取了加拿大、法国、荷兰等国的质量体系内容制定的。按照质量术语、质量技术指南、质量保证要求或指南和质量管理指南这四大类标准形式划分,已经完成和正在制定的有关国际标准如图 15 - 1 所示。

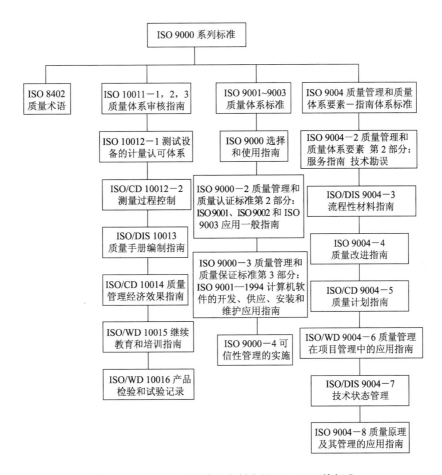

图 15 - 1 ISO/T 176 委员会制定的 ISO 9000 族标准

ISO 9000 质量体系认证的实施程序:申请→初步非正式访问→选定质量保证模式→评定费用的估计→供方准备质量手册和质量体系评定附件→评定质量体系文件→供方做好准备工作→现场评审→供方修改质量体系→批准注册→监督→重新评定。

中国国家标准鼓励采用国际标准化组织的标准。但由于文字格式、术语规范、应用范围等原因,又分为等同采用和修改采用(等效采用)两类。

**(二)国际上颁发公布标准的专业组织**

国际上许多专业组织如国际纺织品生态研究和检测协会、国际毛纺织组织、国际棉业咨询委员会等也研究制定、发布供国际采用的标准。

**1. 生态—纺织品标准 100(Oeko - Tex standard 100)**  1991 年年底,维也纳的奥地利纺织研究院(Austrian textile research institute)设计出生态—纺织品标准 100(Oeko - Tex standard 100);德国海恩斯坦研究院采纳了该标准,并由国际纺织品生态研究和检验协会(international association for research and testing in the field of textile ecology)颁布。该协会在所有欧洲国家的

13 个独立的研究院中几乎均有检验实验室,可进行"Oeko – Tex"的研究测试工作,并由德国纺织协会资助。1993 年 3 月 29 日,消费者和环境保护纺织品协会(MST)决定放弃原有的标记,认可"Oeko – Tex"标记。目前,"Oeko – Tex standard 100"是使用最广的国际性生态纺织品标签。

"Oeko – Tex standard 100"根据纺织品及衣服类别,标准号从 101 到 116 分为 16 大类,即 101 纺织织物、102 衣服辅料、103 衣服、104 婴儿衣服用纺织品、105 婴儿衣服辅料、106 婴儿衣服、107 地毯织物、108 墙壁装饰织物、109 家具织物和窗帘、110 装潢织物、111 毯子和垫子、112 床单、113 床垫、114 家用纺织品、115 纱线、116 皮革。

为了告诉消费者在纺织品上无有害物质,"Oeko – Tex standard 100"规定的检测内容包括甲醛、多氯联苯、酸碱度(pH 值)、重金属、杀虫剂、五氯苯酚防腐剂、有机氯载体、染色牢度、可以分解出 MAK(Ⅲ)A1 及 A2 组中胺类的偶氮染料及其他致癌染料等。这些标准规定可严格限制的含量极限值(mg/kg),而且这些标准极限值每隔一至三年修改一次,逐渐收严。

**2. 欧盟"关于化学品注册、评估、授权与限制的法规"(简称 REACH 法规)** 由欧盟理事会 2006 年 12 月 18 日批准,2007 年 6 月 1 日开始生效,2008 年 6 月 1 日起逐步实施的《关于化学品注册、评估、授权与限制的法规》简称 REACH 法规,开始取代以往化学品管理的 40 余项法律、法规,包括纺织品服装、纤维制品的各种产品中所含有害化学物质(表 15 – 2)的限额规定,并将逐步扩展和不断对新物质(化学物质)进行评估和规定限额。

**(三)制定及发布标准的国际行业组织**

国际有关行业组织研究、制订、审定、批准、发布、实施标准的单位很多,与纺织有关的组织也不少,影响最大的有国际毛纺织组织(internatioanl wool textile organization,IWTO),对毛纤维、含毛纱线、含毛服装等制定一系列标准;国际棉业咨询委员会(international cotton advisory committee,ICAC);国际再生纤维和合成纤维委员会(international rayon and synthetic fiber committee,IRSFC)等也制定、发布一系列标准。这些标准得到世界许多国家和地区的认同和执行,并作为纺织纤维原料、纺织助剂、纺织半成品和成品、服装、纺织加工设备与器材等交付与验收的依据。

表 15 – 2 欧盟 REACH 法规考核的化学物质的主要种类

| 大　　类 | 中　　类 | 小　　类 |
|---|---|---|
| 1. 直接危害人类健康 | (1)过敏 | ①皮肤　②眼睛　③呼吸系统 |
| | (2)腐蚀性 | |
| | (3)致敏性 | ①皮肤　②呼吸系统 |
| | (4)累积计量毒性 | |
| | (5)致畸性 | |
| | (6)致癌性 | ①第一类已列 188 种　②第二类已列 891 种 |
| | (7)生殖毒性 | ①致基因突变物质已列 176 种　②影响生殖毒性　③影响发育的毒性物质已列 183 种 |
| | (8)其他影响 | |

| 大　　类 | 中　　类 | 小　　类 |
|---|---|---|
| 2. 物理化学特性危害人类健康 | (1)爆炸性 | |
| | (2)可燃性 | |
| | (3)潜在氧化性 | |
| 3. 环境危害影响人类健康生活 | (1)水生部分(包括沉淀物) | |
| | (2)陆生部分 | |
| | (3)大气部分 | |
| | (4)污水处理系统的微生物活性 | |
| 4. 具有持久生物累积性的有毒物质 | (1)海水中持久累积性 | |
| | (2)淡水中持久累积性 | |
| | (3)海洋沉淀物中持久累积性 | |
| | (4)淡水或河口沉淀物中的持久累积性 | |
| | (5)土壤中持久累积性 | |
| 5. 高持久性和高生物累积性的有毒物质 | (1)水中高持久,高生物累积性 | |
| | (2)土壤中高持久,高生物累积性 | |

　　**注**　1. 上述有毒化学物质重点为三组:致畸性有毒物质;致癌性有毒物质;生殖毒性有毒物质。联合代号为 CMR 物质。

　　　　2. 持久生物累积性的有毒物质的代号为 PBT。

　　　　3. 高持久性和高生物累积性的有毒物质的代号为 vPvB。

### (四)其他国家的标准管理组织

　　世界各国标准管理组织不同。一部分国家(如俄罗斯、日本等)由国家政府管理标准制定、审定、批准、发布、实施及修订。俄罗斯继承了苏联国家标准(ГОСТ)的管理系统。日本的工业标准(JIS)也由国家政府审定和发布。其他大部分国家由非官方、不谋经济利益的协会、学会、研究会等组织的有关委员会计划、组织、制定、起草、审定、批准、发布、实施和修订。但美国部分标准由民间机构制定后,通过在国家法规中引用成为强制性标准,将标准引入环境保护局(EPA)或职业安全与健康管理局(OSHA)管辖的联邦政府法规中,就是政府标准的例子。

　　与纺织标准有关的组织很多,其中具有重大影响的,在美国有美国试验与材料科学协会(American society for testing and materials, ASTM)和美国纺织化学家和染色家协会(American association of textile chemists and colorists, AATCC),他们制定、发布了大量与纺织、制衣有关的标准;英国标准协会(British standards institution, BSI),德国标准化学会(Deustsches institut committee for standardization, DIN)等也制定、发布了许多有重大影响的纺织类标准。

## 二、中国标准的管理组织

　　中国的标准化工作已经过历史的很长积累。长期以来,一直由政府统一管理。根据全国人民代表大会通过发布的《标准化法》,国务院指定相关政府机关分层次管理。中华人民共和国国家标准,目前在国家质量监督检验检疫总局管理,由中华人民共和国标准化管理委员会统一管理全国标准化工作,下设分行业的标准化技术委员会,并由中国标准协会的各个分会给予技术支持。各行业标准一般由国家标准化管理委员会委托有关行业主管部门和国务院授权的有关行业协会分工管理本部门、本行业的标准化工作。各省、市、自治区质量技术监督检验检疫局负责地方标准的管理及企业标准的备案。与纺织有关的行业标准化技术委员会主要有纺织品标准委员会、服装标准化技术委员会和纺织机械与附件标准化技术委员会,以及其下设各分支的分委员会。

标准化管理委员会管理和负责标准的制定或修订计划。接受基层单位制、修订标准的建议和申请、落实编制起草单位和人员、启动标准起草工作(形成标准的"征求意见稿"),组织对征求意见稿函审、组织起草单位修改(形成标准的"送审稿"),组织对送审稿的审定、修改会议(形成标准的"报批稿"),呈送国家质量技术监督检验检疫总局审查、批准、发布、实施及修订。有关行业标准的批准、发布和废止,由国家发展和改革委员会公告。

### 三、中国纺织产业标准化亟待提升的两个问题

多年来,中国纺织产业标准化有了重大发展,发布了大量的中国纺织标准。近三十年来,中国纺织检测方法标准取得了大量高水平的成果,创新设计了大量精密仪器设备。21世纪以来,中国纺织产业加工生产为全球第一的生产国家和贸易国家,并为国际标准化组织做了大量的工作,并举办了许多会议。但是中国纺织产业标准化工作还有缺点,中国对标准化组织提供的工作的理解不全面。首先,国际的产品标准及要求是世界最高的,各国的国家标准极少超过国际标准。同时国际标准化和各国标准除了检测方法标准外,一般公布的不是全文,另有保密和绝密部分。各国的国家标准、行业标准、企业标准除公开部分内容之外都是绝密材料。其次,国际标准、国家标准、行业标准等都是系列文件,包括同类的所有产品。因此在这个问题上,中国纺织产业标准处在国际水平较低的档次。

中国正在努力实现"两个一百年"的奋斗目标。中国制造业不仅要成为世界制造、生产和贸易的大国,而且必须成为强国。中国制造第一环节在5~15年过程中纺织产业逐步由纺织大国发展成为纺织强国,在此关键时期,中国纺织产业标准化工作必须快速提升。当前至少有两项工作迫在眉睫。一项是中国纺织服装标准化工作的系统化和细致化,另一项是中国高性能纤维、新功能性纤维品质质量标准的完善化和系统化。中国大量纺织服装产品的品质标准项目比较粗漏。例如日本纤维机械学会主持的日本纯棉机织物行业标准,系列检测项目至少64项,除了公开经纱支数、纬纱支数、经密、纬密、幅宽、平方米质量、经向强度,纬向张力、织纹组织外,其他指标全部不公开,原因是绒布、坯布的用途千差万别,内衣、外衣、帽、冬服、夏服、春秋服、家用纺织品、产业用纺织品的使用要求各不相同,各种用途对性能的要求无法相同。因此,不同的最终产品、不同的用途对性能需求不同。而这些性能差异,既影响材料选用,也影响成本,因此不能千篇一律,要系统分类,分别掌握。这些性能可以根据企业的经验和特殊对象的差异,用于调节成本,这是企业自己的事情,属于保密内容。而中国纺织服装产品的标准却简单一致。因此,中国纺织服装产品的标准也应该有完整的系统和细微的分组。

高性能、新功能、新型合成纤维(特别是长丝)是近40年来世界的创新材料,现在广泛用于国防、军工、航空、航天、装备制造等,如芳纶、碳纤维、聚酰亚胺纤维等。中国经过40年的研究,

已经开发生产这些特种纤维。日本东丽公司生产的碳纤维长丝已有 20 大类,公布的企业标准检测项目却不超过十项。但是高性能、新功能纤维长丝的应用面非常广泛,涉及许多产业和工程,每一种用途对产品性能指标要求都有重大区别。据了解,东丽公司碳纤维检测项目达 70 多项,从纤维原料的聚合度、结晶度、取向度加工过程的变化,到力学、电学、磁学、声学、化学性能,以及对温度的影响等,非常细微。

中国已生产上千个纤维品种,但性能指标表征尚不太完善。而且每一大类纤维都应用于不同用途和不同领域。因此,中国高性能、新功能特种合成纤维的检测标准不能只停留在几种常规的指标下,必须认真仔细分析和形成完整的标准化系统,这会促使中国早日迈向世界纺织强国。

## 思考题

1. 简述中国纺织材料标准化工作的基本内容、范畴和纺织标准的种类。
2. 简述中国纺织标准的管理及制定、修订的方法和程序。
3. 简述国际纺织标准的组织、程序、内容、种类和要求。

## 参考文献

[1] GB/T 20000.1—2002.

[2] 中国大百科全书纺织卷编辑委员会.中国大百科全书:纺织[M].北京:中国大百科全书出版社,1984.

[3] 王建平.国内外纺织标准的发展与应用[J].印染,2004,30(18):37-41.

[4] 何永政.纤维标准样品综述(一)[J].中国纤检,2007,313(5):9-11.

[5] 纺织工业标准化研究所.中国纺织标准汇编:基础标准与方法标准卷第 1~5 卷[M].2 版.北京:中国标准出版社,2007.

[6] 中国标准出版社第二编辑室.染料标准汇编:基础标准与方法卷[M].北京:中国标准出版社,2007.

[7] 中国标准出版社第一编辑室.中国纺织标准汇编:棉卷;毛、麻、丝卷;化纤卷[M].北京:中国标准出版社,2002.

[8] 中国标准出版社第一编辑室.中国轻工业标准目录[M].北京:中国标准出版社,2006.

[9] 中国大百科全书出版社《质量、标准化、计量百科全书》编委会.质量、标准化、计量百科全书[M].北京:中国大百科全书出版社,2001.

[10] 中国标准出版社第一编辑室.生态纺织品技术标准汇编[M].北京:中国标准出版社,2003.

[11] 中国纺织工业协会产品部.生态纺织品标准[M].北京:中国纺织出版社,2003.

[12] 中国毛纺织工业协会编译.国际毛纺织组织仲裁协议及标准总汇[M].北京:中国纺织出版社,2005.

[13] 朱进忠.纺织标准卷[M].北京:中国纺织出版社,2007.

[14] 葛志荣.欧盟 REACH 法规法律文本[M].全译本.北京:中国标准出版社,2007.

[15] 国家质量监督检验检疫总局标准法规中心.欧盟 REACH 法规入门[M].北京:中国标准出版社,2007.

[16] 江苏省技术监督情报研究所,江苏省质量技术监督局 WT/TBT 咨询点.国内外纺织服装皮革标准目录纵览[M].北京:中国标准出版社,2004.

[17] 中国标准化研究院标准馆.美国材料与试验协会(ASTM)标准目录[M].北京:中国标准出版社,2006.

［18］蒋耀兴,郭雅琳.纺织品检验学［M］.北京:中国纺织出版社,2001.

［19］洪生伟.标准化管理［M］.3 版.北京:中国计量出版社,1997.

［20］程鉴冰.国内外纺织品标准化体系及发展战略研究［J］.东华大学学报,2007(3):226－231,234.

［21］刘会广,徐生强,李伟,等.加速生态轻纺产品标准研究促进外向型经济持续稳定发展［J］.中国标准化,2007(11):50－52.

［22］葛志荣.欧盟 REACH 法规法律文本［M］.北京:中国标准出版社,2007.

［23］http://www.standardcn.com.

# 附　录

## 指标符号及单位

| 符号 | 指标 | 单位 | 符号 | 指标 | 单位 |
|---|---|---|---|---|---|
| $A$ | 面积、截面积 | $m^2$，$\mu m^2$ | $E_j$ | 织物经向覆盖系数 | % |
| $a\,b\,c$ | 晶胞三轴向长度 | nm | $E_w$ | 织物纬向覆盖系数 | % |
| $a^*$ | 色度(红、绿) | | $E_t$ | 织物透孔度 | % |
| $B$ | 磁感应强度 | T(特斯拉)(Wb/$m^2$，韦伯/米$^2$) | $E_z$ | 织物面积覆盖系数 | % |
| | | | $F$ | 力 | N(牛顿)，cN(厘牛) |
| $b^*$ | 色度(黄、蓝) | | $F$ | 频率 | Hz(赫兹) |
| $C$ | 电容量 | F(法拉) | $f$ | 取向因子 | |
| $C$ | 光速、声速 | m/s | $f$ | 结晶度 | % |
| $C$ | 比热容 | J/(g·K) | $f_m$ | 结晶度(质量) | % |
| $C$ | 缩率 | % | $f_V$ | 结晶度(体积) | % |
| $C^*$ | 色饱和度 | | $G$ | 质量 | g，kg |
| $C_0$ | 干纤维热容 | J/(g·K) | $G$ | 电导 | S(西门子)，1/$\Omega$ |
| CED | 内聚能密度 | kJ/$cm^3$ | $g$ | 地心加速度 | m/$s^2$ |
| $CV$ | 变异系数 | % | $H$ | 磁场强度 | A/m |
| $C_w$ | 水的热容 | J/(g·K) | $H^*$ | 色调值 | °(角度) |
| $D$ | 直径 | mm | $HV$ | 织物单项手感评价值 | |
| $D_C$ | 折叠悬垂系数 | % | $h_j$ | 织物径向屈曲波高 | mm |
| $D_e$ | 等效圆直径 | mm | $h_w$ | 织物纬向屈曲波高 | mm |
| $D_h$ | 心形悬垂系数 | % | $I$ | 断面惯(性)矩 | $cm^4$ |
| $D_i$ | 电位移 | C/(F·m) | $I$ | 转动惯量 | kg·$m^2$ |
| $D_m$ | 纤维平均径向异形度 | % | $I$ | 电磁波(光波)通量 | lm(流明) |
| $D_R$ | 纤维径向异形度 | % | $I$ | 电流 | A(安培) |
| $D_r$ | 纤维理论径向异形度 | % | $I_a$ | 表面电流 | A |
| $D_s$ | 伞形悬垂系数 | % | $I_P$ | 极断面惯(性)矩 | $cm^4$ |
| $d$ | 直径 | $\mu m$，mm | $I_V$ | 体积电流 | A |
| $E$ | 拉伸模量，卷曲模量 | cN/dtex | $i$ | 入射角 | (°)(角度) |
| $E$ | 电场强度，电位差 | V(伏特) | $J_n$ | 卷曲度 | 个/cm |
| $E$ | 照度 | lx(勒克斯)，lm/$m^2$(流明/米$^2$) | $K$ | 常系数 | |
| | | | $K_d$ | 打结强度率 | % |
| | | | $K_g$ | 钩接强度率 | % |
| $E$ | 屏蔽效率 | dB(分贝尔) | $L$ | 长度 | m，mm |

| 符号 | 指标 | 单位 | 符号 | 指标 | 单位 |
|---|---|---|---|---|---|
| $L_P$ | 纤维品质长度 | mm | $S_w$ | 织物组织纬向飞数 | 根 |
| $L_P$ | 织物平面对比光泽度 | | SPF | 日晒防护系数 | |
| $L_g$ | 纤维计重平均长度 | mm | $T$ | 透过率 | % |
| $L_j$ | 织物旋转对比光泽度 | mm | $T$ | 扭矩 | cN·cm |
| $L_m$ | 纤维主体长度 | mm | $T$ | 绝热率 | % |
| $L_n$ | 纤维计数平均长度 | mm | $T_b$ | 脆折转变温度 | K,℃ |
| $L_r$ | 纤维右半部分平均长度 | mm | $T_t$ | 捻度 | 捻/m |
| $L^*$ | 色彩的明度 | | $T_g$ | 玻璃化转变温度 | K,℃ |
| LOI | 极限氧指数 | % | $T_f$ | 黏流转变温度 | K,℃ |
| $M$ | 含水率 | % | $T_m$ | 熔点 | K,℃ |
| $M$ | 磁化强度 | A/m | THV | 织物综合手感评价值 | |
| $N$ | 个数,根数 | 个,根 | Tt | 线密度 | tex,dtex |
| $N_d$ | 纤度 | d(旦) | $t$ | 时间 | s(秒) |
| $N_m$ | 公制支数 | m/g | $\tan\delta$ | 反复拉伸损耗角的正切值 | |
| $n$ | 折射率(光学) | | $\tan\delta$ | 介电损耗因素 | |
| $n_{21}$ | 相对折射率(光学) | | $U$ | 电势,电位 | V(伏特) |
| $P$ | 断裂强力 | N,cN | UPF | 紫外防护系数 | |
| $P_0$ | 断裂比强度 | cN/dtex | $V$ | 体积 | cm³ |
| $P_A$ | 针织物纵向密度 | 横列/5cm | $v$ | 速度 | m/s |
| $P_B$ | 针织物横向密度 | 纵行/5cm | $W$ | 回潮率 | % |
| $P_j$ | 织物经向密度 | 根/10cm | $W$ | 功率(力学,电学,电磁学) | J |
| $P_w$ | 织物纬向密度 | 根/10cm | $W$ | 断裂比功 | J/cm³ |
| $Q$ | 热量 | J(焦耳) | $X,Y,Z$ | 色度学三原色光谱强度 | |
| $Q$ | 电荷量 | C(库伦) | $X_0,Y_0,Z_0$ | 色度学 D₆₅ 光源下三原色光谱强度 | |
| $R$ | 电阻 | Ω(欧姆) | $x$ | 横坐标 | |
| $R$ | 回复率 | % | $y$ | 纵坐标 | |
| $R_{CLO}$ | 热阻 | clo(克罗) | $y$ | 弯曲挠度 | μm |
| $R_h$ | 热阻 | m²·K/W | $\alpha,\beta,\gamma$ | 结晶单胞三维夹角 | (°)(角度) |
| $R_j$ | 织物经向组织循环数 | 根 | $\alpha_m$ | 公制捻系数 | 捻·g^{1/2}·m^{-3/2} |
| $R_w$ | 织物纬向组织循环数 | 根 | $\alpha_t$ | 特克斯制捻系数 | 捻·g^{1/2}·m^{-3/2} |
| $R_w$ | 拉伸功恢复系数 | % | $\alpha$ | 反射角(光学) | (°)(角度) |
| $R_\varepsilon$ | 拉伸变形弹性恢复系数 | % | $\beta$ | 捻回角 | (°)(角度) |
| $r$ | 半径 | μm,mm | $\delta$ | 密度(体积密度) | g/cm³ |
| $S_m$ | 纤维平均截面异形度 | % | $\delta$ | 相位差角,介电损耗角,重复拉伸损耗角 | (°)(角度) |
| $S_R$ | 纤维相对截面异形度 | % | | | |
| $S_r$ | 纤维理论截面异形度 | % | | | |
| $S_j$ | 织物组织经向飞数 | 根 | $\Delta$ | 光程差 | nm |

续表

| 符号 | 指　标 | 单位 | 符号 | 指　标 | 单位 |
|---|---|---|---|---|---|
| $\Delta E^{*}$ | 色度学色差值 | | $\lambda$ | 光波波长 | nm |
| $\varepsilon$ | 断裂伸长率 | % | $\mu$ | 摩擦因数 | |
| $\varepsilon$ | 介电常数(标量) | F/m(法/米) | $\mu$ | 磁导率 | H/m<br>(亨利/米) |
| $\varepsilon'$ | 介电常数(矢量的实部) | F/m | | | |
| $\varepsilon''$ | 介电常数(矢量的虚部) | F/m | $\mu_0$ | 真空磁导率 | $4\pi\times10^{-7}$H/m |
| $\varepsilon_0$ | 真空介电常数 | $8.85\times10^{-2}$<br>F/m | $\mu_r$ | 相对磁导率 | |
| | | | $\rho$ | 电阻率 | $\Omega\cdot$cm |
| $\varepsilon_r$ | 相对介电常数 | | $\rho_c$ | 结晶晶胞密度 | g/cm$^3$ |
| $\eta$ | 动力黏度系数 | Pa·s<br>(帕·秒) | $\rho_s$ | 表面比电阻 | $\Omega$ |
| | | | $\rho_v$ | 体积比电阻 | $\Omega\cdot$cm |
| $\eta_b$ | 弯曲截面形状系数(惯性矩系数) | | $\sigma$ | 标准差 | |
| | | | $\sigma$ | 断裂应力(体积比强度) | MPa |
| $\eta_t$ | 扭转截面形状系数(惯性矩系数) | | $\sigma,r$ | 电导率 | S/m |
| | | | $\Phi$ | 折射角(光学) | (°)(角度) |
| $\theta$ | 角度 | (°) | $\chi$ | 单位体积磁化率 | |
| $\lambda$ | 热导率,导热系数 | W/(m·K),<br>J/(m·s·K) | | | |

## 国际单位制词头(倍率代号)

| 所代表的因素 | 词 头 名 称 | | 符　号 |
|---|---|---|---|
| | 中文 | 英文 | |
| $10^{24}$ | 尧[它] | yotta | Y |
| $10^{21}$ | 泽[它] | zetta | Z |
| $10^{18}$ | 艾[可萨] | exa | E |
| $10^{15}$ | 拍[它] | peta | P |
| $10^{12}$ | 太[拉] | tera | T |
| $10^{9}$ | 吉[咖] | giga | G |
| $10^{8}$ | 亿 | | |
| $10^{6}$ | 兆 | mega | M |
| $10^{4}$ | 万 | | |
| $10^{3}$ | 千 | kilo | k |
| $10^{2}$ | 百 | hecto | h |
| $10^{1}$ | 十 | deca | da |
| $10^{-1}$ | 分 | deci | d |

| 所代表的因素 | 词 头 名 称 | | 符 号 |
|---|---|---|---|
| | 中文 | 英文 | |
| $10^{-2}$ | 厘 | centi | c |
| $10^{-3}$ | 毫 | milli | m |
| $10^{-6}$ | 微 | micro | μ |
| $10^{-9}$ | 纳[诺] | nano | n |
| $10^{-12}$ | 皮[可] | pico | p |
| $10^{-15}$ | 飞[母托] | femto | f |
| $10^{-18}$ | 阿[托] | atto | a |
| $10^{-21}$ | 仄[普托] | zepto | z |
| $10^{-24}$ | 幺[科托] | yocto | y |

## 参考文献

［1］鲍建成,赵燕编.实用计量单位简编［M］.北京:科学出版社,1999.

［2］王同亿.现代科学技术词典:下册［M］.上海:上海科学技术出版社,1980.